Online-Schlüssel
E39V-5UMM-6Q1S

Joachim Grehn – Joachim Krause

Metzler Physik

Qualifikationsphase Grundkurs

Ausgabe Nordrhein-Westfalen

Joachim Grehn, Joachim Krause,

Georg Peters, Dr. Herbert Kurt Schmidt, Dr. Heiner Schwarze

Schroedel

Metzler Physik
Qualifikationsphase Grundkurs
Ausgabe Nordrhein-Westfalen

herausgegeben von
Joachim Grehn und Joachim Krause

bearbeitet von
Joachim Grehn
Joachim Krause
Georg Peters
Dr. Herbert Kurt Schmidt
Dr. Heiner Schwarze

unter Mitarbeit von
Gerhard Glas
Joachim Gomoletz
Prof. Dr. Rainer Müller
Dr. Jenny Schlüpmann
Michael Voß
Karl-Heinz Zwittlinger

mit Beratung durch
Peter Goldkuhle
Marc van der Schmidt

Druck A [1] / Jahr 2015
Alle Drucke der Serie A sind inhaltlich unverändert.

Redaktion: Bernd Trambauer, Dr. Sebastian Linden
Grafik: newVISION!, Bernhard Peter; Birgit Schlierf; 2&3d. design, R. Diener, W. Gluszak; take five, J. Seifried
Computergrafik: Dr. Joachim Bolz; Joachim Krause; Dr. Monika Scholz-Zemann; Dr. Heiner Schwarze
Umschlaggestaltung: Janssen Kahlert Design & Kommunikation GmbH, Hannover
Satz: Cross Media Solutions GmbH, Würzburg
Druck und Bindung: westermann druck GmbH, Braunschweig

ISBN 978-3-507-**17028**-5

Vorwort

Liebe Schülerin, lieber Schüler!

Dieser Grundkursband der nordrhein-westfälischen Ausgabe der „Metzler-Physik" für die Qualifikationsphase soll Sie durch seine anschauliche Sprache und seine verständlichen Begriffsbildungen weiterhin in Ihrem Physikunterricht unterstützen und Ihnen auch das selbstständige Erarbeiten von Unterrichtsinhalten leicht machen.

In der Einführungsphase wurden für die gesamte Physik grundlegende Begriffe und Arbeitsmethoden mit Betrachtungen über Kräfte und Bewegungen, über Energie und Impuls behandelt. In dem nicht nur historisch interessanten Thema Gravitation und Himmelsmechanik begegnete Ihnen der wichtige Begriff des *Feldes* und am Beispiel der mechanischen Schwingungen und Wellen haben Sie Phänomene kennengelernt, die sich ebenfalls in den nun zu behandelnden Themen wiederfinden.

Im Zentrum der Qualifikationsphase steht die moderne Physik mit ihren konstituierenden Grundpfeilern, der *Quantenphysik* und der *Relativitätstheorie*, und deren Anwendungen in der *Atom-* und *Kernphysik* sowie in der *Elementarteilchenphysik*, die allesamt die Forschungen des 20. Jahrhunderts beherrschten und auch im 21. Jahrhundert die Physiker weiter beschäftigen werden. Die Quantenphysik macht heute in ihren technischen Anwendungen einen Großteil der modernen Industrie und Arbeitswelt aus – Stichworte Computer und Informationstechnologie; sie wirft darüber hinaus aber auch fundamentale philosophische Fragestellungen auf. In Verbindung mit ihr geben die Relativitätstheorie wie auch die Elementarteichenphysik Antworten auf die Frage, wie nach Meinung der Wissenschaft die Welt entstanden ist. Für dies alles ein Grundverständnis zu entwickeln ist Aufgabe dieses zweiten Oberstufenbandes. Dazu werden in diesem Buch – teils wegen ihrer zum Verständnis der modernen Physik notwendigen Grundlagen, teils wegen ihrer Bedeutung für die moderne Technik – auch die Bereiche *Elektrodynamik*, *Atom-* und *Kernphysik* und *Elementarteilchenphysik* behandelt. In grundlegenden Versuchen und Experimenten wird immer wieder deutlich gemacht, dass Beobachtungen und quantitative Auswertungen Grundlage des Erkenntnisprozesses sind.

Ziel dieses Buches ist es, unsere komplizierte, von Naturwissenschaft und Technik geprägte Welt verstehen und neue Entwicklungen kompetent beurteilen zu können. Lassen Sie sich also ein auf das geistige Abenteuer mit der Physik, dieser höchst interessanten und faszinierenden Wissenschaft. Wir wünschen Ihnen dabei Freude und Gewinn.

Zu diesem Buch

Der Grundkursband der Metzler Physik für die Qualifikationsphase folgt in seiner didaktischen Konzeption weitgehend den Intentionen des Kernlehrplans des Landes Nordrhein-Westfalen. Dementsprechend werden die Themen an Kontexten eingeführt, auf die rückblickend immer wieder Bezug genommen wird. Die zur Bearbeitung der grundlegenden Experimente notwendigen Kenntnisse werden – soweit sie nicht vorhanden sind – entweder mit Erläuterungen gegeben oder durch in Vertiefungen ausgegliederte Überlegungen verständlich gemacht, sodass der Blick auf die wesentlichen Aussagen nicht durch langwierige Herleitungen verstellt wird.

Die Inhalte sind – wie in der „Metzler Physik" üblich – klar strukturiert: Die Grundgedanken der zu vermittelnden physikalischen Kenntnisse und Sachverhalte sind in den *Sachtexten* dargestellt; die zu ihrer Erarbeitung notwendigen Verfahren finden sich in den *Methoden*. Besondere Betrachtungen über z.B. historische Sachverhalte, über Umweltphänomene oder über einen Vergleich unterschiedlicher Messmethoden sind in *Exkursen* enthalten.
Diese Vorgehensweise wird beispielhaft am Inhaltsfeld „Quantenobjekte" deutlich: Die Welleneigenschaften des Lichts werden am Phänomen der Interferenz aufgezeigt, die Bestimmung von Wellenlängen wird als Methode erarbeitet. Die diskrete Ladung und die Masse zeigen die Teilcheneigenschaften von Elektronen, die zu ihrem Nachweis notwendigen Kenntnisse zur Lorentz-Kraft werden in einer Methode erläutert. Als Methode werden auch die Bestimmung der kinetischen Energie von Photoelektronen und die Simulation der Photonenverteilung hinter einem Doppelspalt dargestellt. In entsprechender Weise sind die Inhaltsfelder Elektrodynamik, Strahlung und Materie und Relativität von Raum und Zeit behandelt.

Zur Einübung und Festigung der zu vermittelnden Kompetenzen dienen die in jedem Kapitel enthaltenen *materialgestützten Aufgaben*, das *Grundwissen* und die *Wissenstests* am Ende. Die umfangreichen *Musteraufgaben mit Lösungen* und die *prüfungsorientierten Aufgaben* am Ende des Buches dienen der Klausurvorbereitung und sollen bei der Abiturvorbereitung helfen.

Dank gilt dem Verlag für die intensive Betreuung und die hervorragende Ausstattung des Werkes. Dank gebührt ebenso allen, die mit Rat und Auskunft geholfen haben.

Hannover im Frühjahr 2015

Joachim Grehn und *Joachim Krause*

INHALTSVERZEICHNIS

1 Quantenobjekte

2 Elektrodynamik

3 Strahlung und Materie

4 Die Relativität von Raum und Zeit

5 Geschichte

6 Anhang

1 QUANTENOBJEKTE

Als *klassische Physik* bezeichnet man diejenigen physikalischen Theorien, die bis zum Ende des 19. Jahrhunderts ausgearbeitet wurden. In der ersten Hälfte des 20. Jahrhunderts wurden die Theorien der klassischen Physik durch die konzeptionell grundlegend neuen Theorien der Quantenphysik und der Relativitätstheorie ergänzt, die das Fundament der *modernen Physik* bilden. Auf dem Weg von der *klassischen Physik* zur *modernen Physik* hat sich für die Objekte der Mikrophysik ein Bedeutungswandel gegenüber denen der klassischen Physik ergeben. Bei hinreichend genauer Kenntnis aller Parameter und Naturgesetze sollte sich mit der klassischen Physik das Verhalten eines physikalischen Systems präzise vorhersagen lassen: Beispielsweise der Ort eines Teilchens und seine Bahn im Zeitverlauf. Nach den Gesetzen der Quantenphysik lassen sich aber nur Aussagen über Wahrscheinlichkeiten machen. Begriffe aus der Bewegungslehre wie der Bahnverlauf eines Teilchens oder auch die Größe oder Ausdehnung von Teilchen haben sich in der klassischen Physik bewährt. In der Quantenphysik erhalten sie aufgrund der experimentellen Ergebnisse eine geänderte Bedeutung oder verlieren ganz an Bedeutung. Das als nahezu punktförmig gedachte Elektron der klassischen Physik erhält Eigenschaften, wie sie von räumlich ausgedehnten Wellen bekannt sind.

8.1 Zwei Wasserwellen breiten sich aus und überlagern sich, ohne einander zu stören. Im Bereich der Überlagerung kann Wellenberg auf Wellenberg treffen (Verstärkung) oder Wellenberg auf Wellental (Auslöschung)

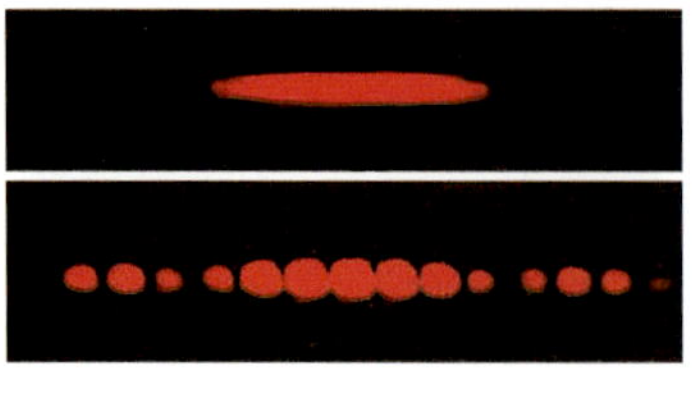

8.2 Der Lichtwelle (oben) wird eine zweite überlagert (unten). Es finden sich Orte, an denen sich die Wellen verstärken oder auslöschen.

Licht als Welle

Die Eigenschaften von Wellen können mit Wasserwellen und Schallwellen eindrucksvoll demonstriert werden (**Abb. 8.1**). Die Betrachtung von Lichtwellen im Rahmen der Wellenoptik hat das Ergebnis, dass sich wesentliche Eigenschaften der mechanischen Wellen auf Erscheinungen des Lichts übertragen lassen. Das Licht kann auf einem Schirm helle und weniger helle Bereiche erzeugen (**Abb. 8.2**). Das Auftreten von Verstärkung und Auslöschung lässt sich mit der Überlagerung von Wellen erklären, wobei die Wellenlängen des Lichts gegenüber denen der Wasserwellen außerordentlich klein sind. Dabei stellt sich ein Zusammenhang zwischen Farbe des Lichts und Wellenlänge heraus (**Abb. 8.3**).

Elektronen als Teilchen

Das Bild von bewegten Elektronen, die in einem Leiter einen elektrischen Strom hervorrufen (**Abb. 9.1**), wird im Folgenden kritisch hinterfragt. Sehen die Elektronen so aus wie in **Abb. 9.1**, **Abb. 9.2** und **Abb. 9.3** dargestellt? Auf dem Weg, die physikalischen Eigenschaften der Elektronen experimentell zu bestimmen, wird ein Wert für die elektrische Ladung und einer für die Masse ermittelt. Alle Elektronen haben genau diesen Wert der Ladung und der Masse. Mit diesem Wertepaar wird ein Elektron als Teilchen charakterisiert. Über die Größe und die Farbe des Elektrons sagen die Experimente wenig aus. Die in **Abb. 9.1** bis **Abb. 9.3** gezeichneten kleinen Kugeln als Bilder für Elektronen sollen die gemessenen Eigenschaften symbolisieren: Die Größe soll beispielsweise die Masse, die Farbe die elektrische Ladung veranschaulichen. Die größeren Protonen und Neutronen im Atomkern in **Abb. 9.3** stehen für eine größere Masse der Kernteilchen im Vergleich zu den Elektronen, nicht etwa für eine größere Ausdehnung des Teilchens. Die gleiche Farbe der Kugeln steht nicht etwa für eine Körperfarbe.

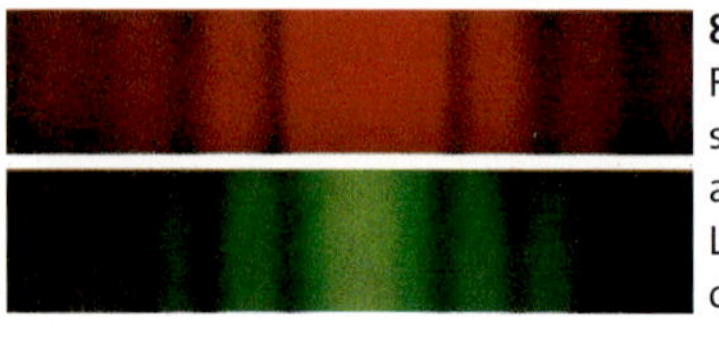

8.3 Abhängig von der Farbe des Lichts ändert sich die Lage der Orte, an denen sich zwei Lichtwellen verstärken oder auslöschen.

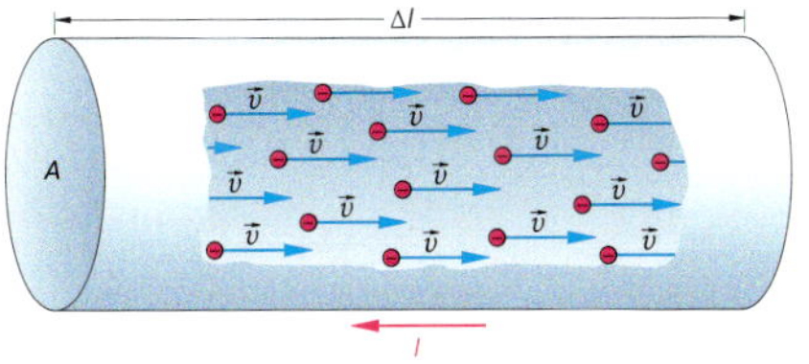

9.1 Elektronen bewegen sich in einem Leiter, ein Strom I fließt.

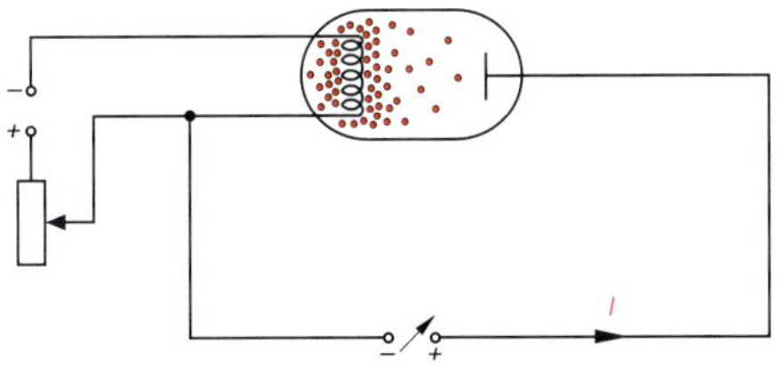

9.2 Elektronen werden im elektrischen Feld beschleunigt.

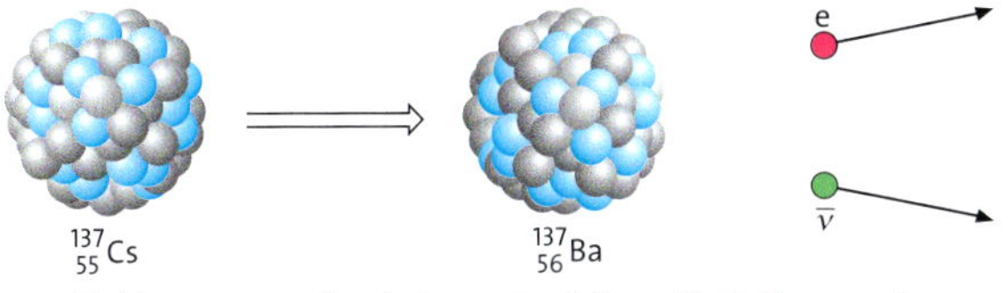

9.3 Elektronen werden beim radioaktiven Zerfall erzeugt.

9.5 Auf einer Kupferplatte sind 50 Eisenatome in einem Ring aufgestellt. Die Spitzen zeigen die elektrische Ladung der Eisenatome. Innerhalb des Rings befinden sich Elektronen. Die räumlich ausgedehnte Ladungsverteilung zeigt eine Welle.

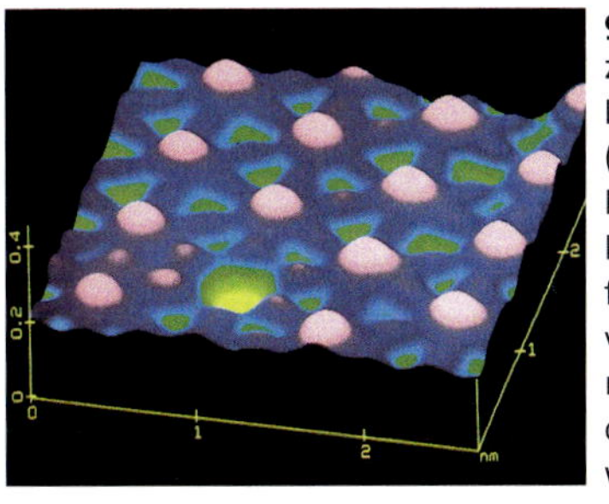

9.6 Die Darstellung zeigt die elektrische Ladung der Iodatome (hellrot) auf einer Platinoberfläche. Die Ladung ist nicht punktförmig verteilt, wie es von einem punktförmigen, geladenen Teilchen zu erwarten wäre.

Photonen als Quantenobjekte

In welcher Weise erfolgt die Energieübertragung von Licht auf Elektronen? Wenn eine Lichtwelle an die vielen Elektronen eines Festkörpers Energie abgibt, dann ist zu erwarten, dass alle Elektronen nach einer kurzen Zeitspanne gleich viel Energie erhalten. Überraschenderweise ist das nicht der Fall. Einzelne Elektronen erhalten einen Energiebetrag, der von der Frequenz des Lichts abhängt. Andere nehmen keine Energie auf, obwohl sie mit der gleichen Helligkeit beleuchtet wurden. Der für die Frequenz des Lichts charakteristische Energiebetrag, der an ein Elektron übertragen wird, stammt von einem Photon. Das Photon überträgt eine elementare Portion der Energie des Lichts an ein Elektron. Unerklärlich erscheint, wie aus dem Energietransport mittels einer räumlich ausgedehnten Welle (**Abb. 9.4**) die Energie mit einem Photon zu einem einzelnen Elektron hin gelangt.

Elektronen als Quantenobjekte

Elektronen zeigen im mikroskopischen Maßstab Phänomene, die nur mit der Überlagerung von Wellen erklärbar sind. Elektronen haben neben festen Werten für die elektrische Ladung und die Masse auch eine Wellenlänge. Diese vorerst sehr theoretischen Eigenschaften konnten in den letzten Jahrzehnten auch experimentell gezeigt werden. In **Abb. 9.5** ist die ausgedehnte Ladungsverteilung von Elektronen innerhalb eines Rings von Eisenatomen zu sehen. **Abb. 9.6** zeigt die Elektronen von Iodatomen auf einer Metalloberfläche. Auch hier sind keine Ladungspunkte registriert worden, wie sie von punktförmigen Teilchen zu erwarten wären, sondern ausgedehnte Bereiche wie bei einer Welle.

Elektron und Photon haben damit neue Eigenschaften und neue Gemeinsamkeiten, die im Verlauf des letzten Jahrhunderts das Bild der klassischen Physik revolutioniert und das der modernen Physik geprägt haben.

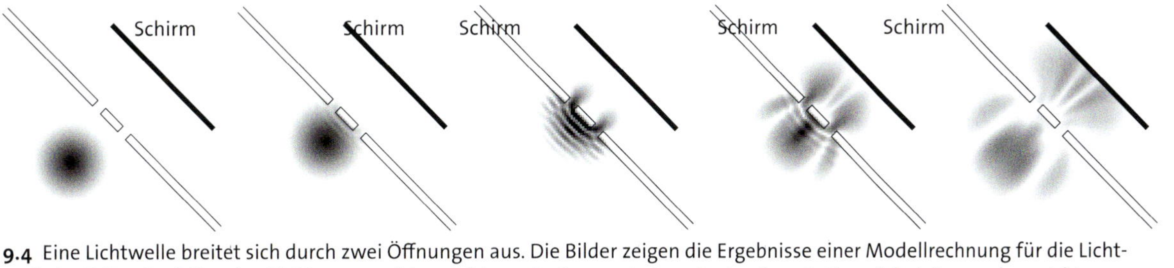

9.4 Eine Lichtwelle breitet sich durch zwei Öffnungen aus. Die Bilder zeigen die Ergebnisse einer Modellrechnung für die Lichtwelle im Zeitverlauf. Einzelne Elektronen auf dem Schirm erhalten nacheinander bestimmte Energiebeträge, andere nicht.

10.1 Das Licht der Autoscheinwerfer scheint von einer kreuzförmigen Lichtquelle auszugehen. Es ist allerdings durch eine Gardine fotografiert. Wird die Gardine zur Seite gezogen, haben die Autoscheinwerfer ihre erwartet runde Form. Die Gardine ändert den Lichtweg.

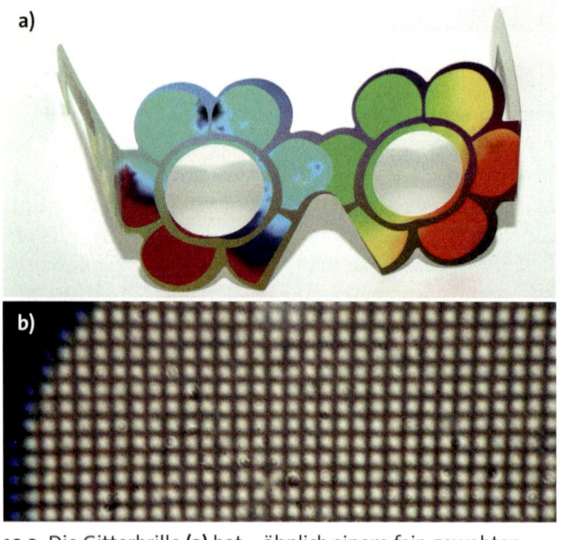
10.2 Die Gitterbrille **(a)** hat – ähnlich einem fein gewebten Stoff – gekreuzte, lichtundurchlässige Stege. Diese sind nur unter dem Mikroskop sichtbar **(b)**.

1.1 Wellenoptik

Dass Licht eine Wellenerscheinung ist und nicht, wie Isaac Newton (1643–1727) meinte, eine Ausbreitung von Teilchen, war schon im Jahre 1678 von Christian Huygens (1629–1695) vermutet und 1801 von Thomas Young (1773–1829) bekräftigt worden.

1.1.1 Wellenphänomene

Die Welleneigenschaften von Licht treten vielfach nur als Nebeneffekte auf und lassen sich in der subjektiven Beobachtung von optischen Täuschungen nicht leicht abgrenzen. Für Lichtwellen charakteristische Helligkeitsmuster treten beispielsweise auf, wenn weit entfernte Lichtquellen durch engmaschige, lichtdurchlässige Stoffe wie Gardinen oder Regenschirme betrachtet werden.

Versuch 1: Durch eine engmaschige Gardine wird abends beim Einsetzen der Dunkelheit der Straßenverkehr fotografiert.
Beobachtung: Das Foto mit vorgezogener Gardine zeigt **Abb. 10.1**. Eine engmaschige Gardine im Lichtweg bewirkt, dass Lichtquellen im Straßenverkehr unscharf oder verschwommen erscheinen. Das Fahrlicht des Pkw in **Abb. 10.1** wird zudem kreuzförmig aufgeweitet.
Ergebnis: Die Fäden des Stoffes der Gardine bewirken eine Auffächerung des Strahlenbündels. Ein Teil des Lichts wird bevorzugt in horizontaler Richtung, ein anderer in vertikaler Richtung abgelenkt. ◂

Das Ergebnis wird mithilfe eines feinen Gitters bestätigt, welches anstelle der Gläser in eine Brille eingebaut ist (**Abb. 10.2**). Unter dem Mikroskop wird die Struktur des Gitters deutlich (**Abb. 10.2 b**). Senkrechte und waagerechte Gitterstreben in gleichem Abstand lassen kein Licht hindurchtreten. Durch die feinen quadratischen Öffnungen des Gitterrasters geht das Licht hindurch und erzeugt das Bild, welches das Auge wahrnimmt.

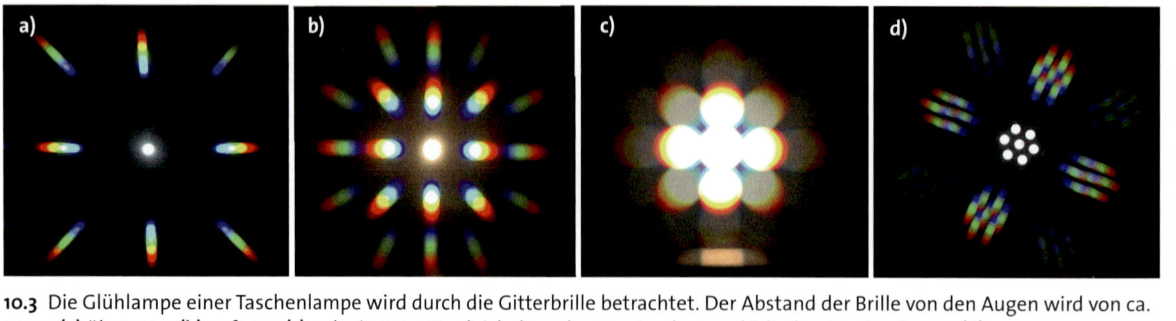
10.3 Die Glühlampe einer Taschenlampe wird durch die Gitterbrille betrachtet. Der Abstand der Brille von den Augen wird von ca. 10 cm **(a)** über 3 cm **(b)** auf 1 cm **(c)** reduziert. Im Vergleich dazu das Muster der Leuchtdioden-Taschenlampe **(d)**.

Versuch 2: Durch die Brille mit einer Kreuzgitterfolie werden die zwei Lichtquellen zweier Taschenlampen betrachtet und die Abstände variiert. Eine Taschenlampe hat eine Glühlampe als Lichtquelle, die andere sieben Leuchtdioden (LED, engl. **l**ight-**e**mitting **d**iode).
Beobachtung: Das Gitter der Brille erzeugt ein farbiges Punktmuster. Bei großem Abstand der Brille von den Augen sind die Bilder der Lichtquelle kleiner und vom zentralen weißen Bildpunkt weiter entfernt (**Abb. 10.3 a**) als bei geringem Abstand (**Abb. 10.2 b, c**). Rote Punkte liegen weiter außen als grüne oder blaue. Die **Abb. 10.3 c** zeigt ein Muster, welches dem des Autoscheinwerfers in **Abb. 10.1** ähnlich ist.
Die Lampe mit sieben Dioden erzeugt um die zentrale weiße Anordnung der Dioden weitere farbige Abbilder.
Ergebnis: Bei beiden Lampen bewirkt das Kreuzgitter neben einem zentralen Abbild der Lichtquelle farbig auseinandergezogene Nebenbilder in einer symmetrischen Anordnung. ◄

Das Auftreten der farbigen Nebenbilder wird durch die Kreuzgitterfolie bewirkt. Auf eine Erklärung, wie die Nebenbilder entstehen, wird mit weiter vereinfachten Experimenten hingearbeitet. Dazu wird das Kreuzgitter durch ein Strichgitter ersetzt (**Abb. 11.1**). Als Lichtquelle dient ein Band mit rot, grün und blau leuchtenden Leuchtdioden (RGB-LED).

Versuch 3: Die Dioden eines sogenannten LED-Stripes (**Abb. 11.2**) werden durch Strichgitter mit unterschiedlichem Stegabstand (**Abb. 11.1**) beobachtet und fotografiert.
Beobachtung: Das Strichgitter erzeugt zusätzlich zum Bild der zentralen Diode ein Muster von Bildpunkten links und rechts davon (**Abb. 11.2 b,c**). Der Abstand der Bildpunkte vergrößert sich, wenn der Abstand der Gitterspalte sich verringert. Bei genauer Betrachtung zeigt sich, dass der Abstand der Bildpunkte bei der rot leuchtenden Diode größer ist als bei der grün leuchtenden bzw. der blau leuchtenden (**Abb. 11.2 c** unten).
Ergebnis: Das Strichgitter erzeugt *neben* dem zentralen Bild der Lichtquelle weitere Bilder. Die dunklen Bereiche zwischen den hellen Lichtpunkten können also nicht als Schatten der Gitterstege erklärt werden. Der unterschiedliche Abstand der Bildpunkte für die in verschiedenen Farben leuchtenden Dioden lässt Wellen vermuten, die unterschiedliche Wellenlängen aufweisen. ◄
Der Nachweis, dass Licht eine Welle ist, gelingt mit einem weiter vereinfachten Versuch, bei dem statt des Strichgitters ein Doppelspalt verwendet wird. Das Licht kann dann nur durch zwei Spaltöffnungen gelangen. Die sich anschließende Überlagerung des Lichts aus dem einen und dem anderen Spalt zeigt Eigenschaften einer Welle.

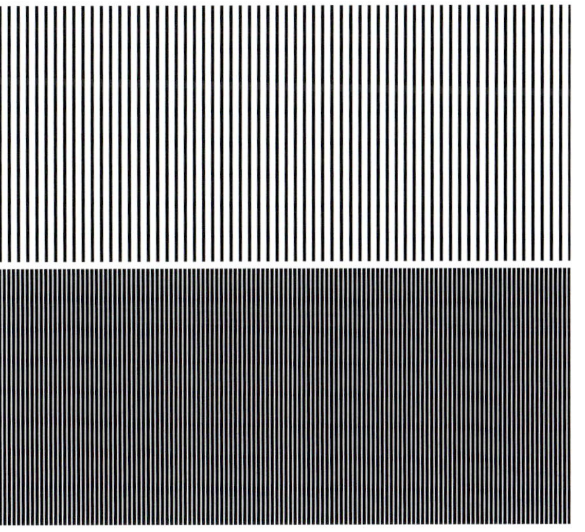

11.1 Zwei Strichgitter, die mit einem Drucker auf einer Transparentfolie hergestellt wurden. Der Abstand der Gitterstege ist auf 1 mm und 0,5 mm eingestellt.

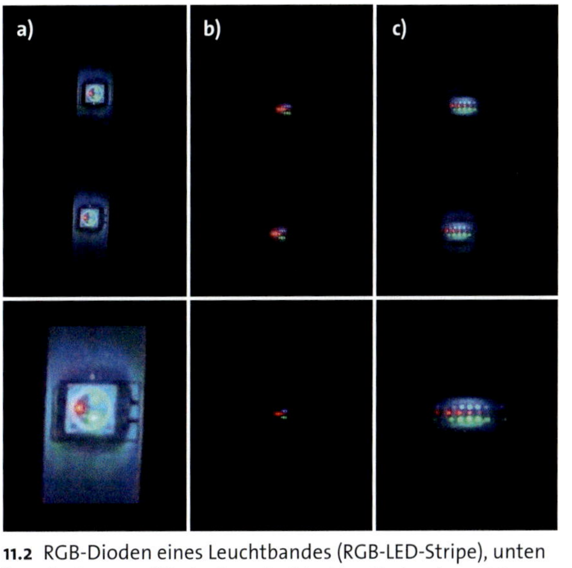

11.2 RGB-Dioden eines Leuchtbandes (RGB-LED-Stripe), unten jeweils der vergrößerte Ausschnitt, **a)** im Abstand von 2,2 m. **b)** RGB-Dioden durch ein Gitter mit einem Stegabstand von 1 mm und **c)** 0,5 mm betrachtet

Aufgaben

1. Betrachten Sie verschiedene, möglichst punktförmige Lichtquellen durch ein Gitter, ähnlich zu **Abb. 11.2**.
   a) Untersuchen Sie, wie die Bilder der Lichtquelle von den Abständen Lichtquelle – Gitter und Gitter – Auge abhängen.
   b) Skizzieren Sie den Lichtweg von der Lichtquelle durch das Gitter zu den Bildern der Lichtquelle auf einem Schirm.
   c) Beschreiben Sie Bilder der Lichtquelle bei einer Drehung des Gitters.

1.1.2 Interferenz am Doppelspalt

Die Überlagerung von Licht wird mit einem Doppelspalt untersucht, der zwei zueinander parallele Spaltöffnungen aufweist. Der Doppelspalt wird zunächst in den Lichtweg von einfarbigem Licht gestellt, sodass die beiden Spaltöffnungen Ausgangspunkte für zwei Wellen von Licht gleicher Farbe sind.

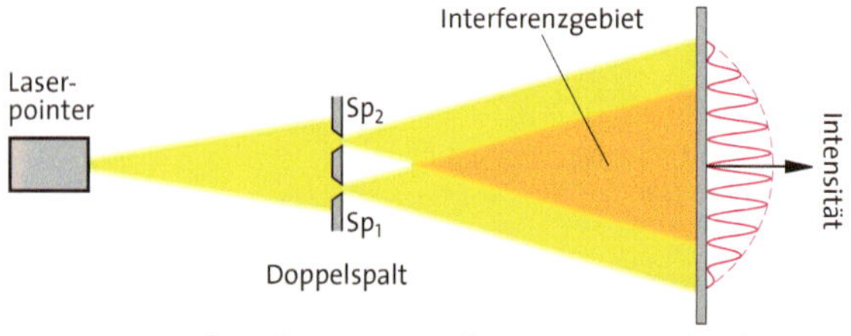

12.1 Versuchsaufbau zur Interferenz am Doppelspalt

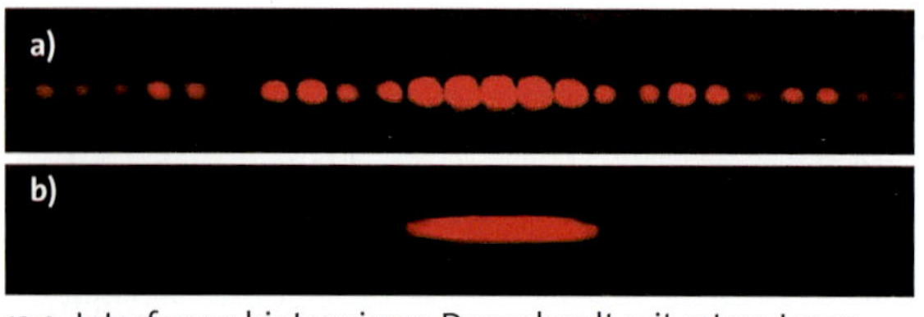

12.2 Interferenz hinter einem Doppelspalt mit rotem Laserlicht. **a)** Das Bild auf dem Schirm weist zwischen den hellen Punkten dunkle Bereiche auf. **b)** Wird der eine oder der andere Spalt verdeckt, verschwindet die Struktur der dunklen Bereiche. Die Verteilung der Helligkeit ist im mittleren Bereich der Figur gleichmäßig.

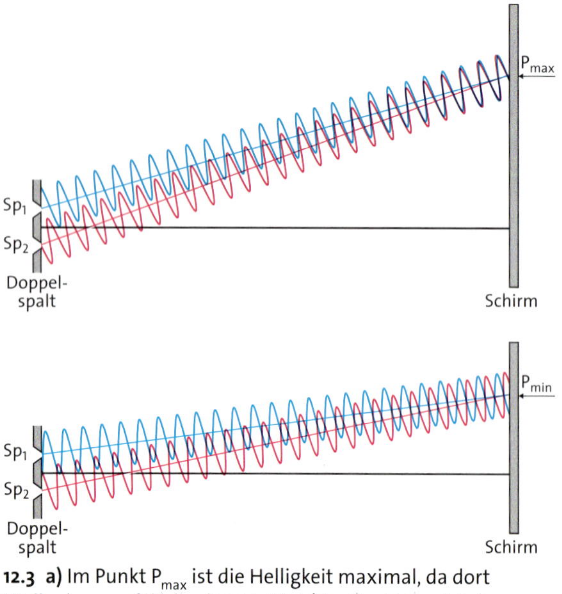

12.3 **a)** Im Punkt P_{max} ist die Helligkeit maximal, da dort Wellenberg auf Wellenberg trifft. **b)** Im Punkt P_{min} ist die Helligkeit minimal, da dort Wellenberg auf Wellental trifft.

Grundversuch – Doppelspalt: Das rote Licht eines Laserpointers fällt auf einen Doppelspalt und von dort auf einen in einiger Entfernung stehenden Schirm (**Abb. 12.1**). Anschließend wird von den beiden Spalten einer verdeckt. Das Laserlicht fällt jetzt nur noch durch einen einzelnen Spalt auf den Schirm.
Beobachtung: Auf dem Schirm entsteht ein Muster aus roten Lichtflecken in gleichen Abständen, zwischen denen sich dunkle Bereiche befinden (**Abb. 12.2 a**).
Wird eine Spaltöffnung abgedeckt, dann ist auf dem Schirm ein breites zentrales Maximum der Helligkeit zu erkennen (**Abb. 12.2 b**). Das Versuchsergebnis ist unabhängig davon, welcher Spalt abgedeckt wird.
Erklärung: Das Licht fällt durch die eine wie durch die andere Öffnung des Doppelspalts auf den Schirm. **Abb. 12.1** zeigt die zwei Lichtbündel. Jedes einzelne Lichtbündel erzeugt die Helligkeitsverteilung wie in **Abb. 12.2 b**. Im mittleren Bereich, den beide Lichtbündel beleuchten, treten helle Lichtflecken auf (**Abb. 12.2 a**). Dies kann mit der Beleuchtung durch Licht beider Spalte erklärt werden. Die dunklen Bereiche zwischen den Lichtflecken hingegen werden ebenfalls vom Licht beider Spalte beleuchtet. Trotzdem sinkt hier die Helligkeit gegenüber der Beleuchtung durch einen Spalt, statt dass sie ansteigt. Die Helligkeit ist dort nicht nur gering, vielmehr herrscht Dunkelheit! Der Versuch zeigt, dass in die dunklen Zwischenräume zwischen den hellen Bereichen kein Licht hingelangt. An diesen Stellen ergibt Licht plus Licht Dunkelheit. ◂

Die Überlagerung von Licht, die statt zu gesteigerter Helligkeit zu Dunkelheit führt, ist für **Wellen** charakteristisch. Sie wird als **Interferenz** bezeichnet (→ Band E 4.2.3.). Die Beschreibung der Lichtausbreitung mit Wellen liefert eine Erklärung für die Maxima (**Abb. 12.3 a**) und Minima (**Abb. 12.3 b**) der Helligkeit.

> **Interferenz vom Lichtwellen**
> Trifft auf dem Schirm ein Wellenberg auf einen Wellenberg, dann entsteht ein Maximum der Helligkeit; wenn Wellenberg auf Wellental trifft, entsteht ein Minimum. Da Minima nur bei der Interferenz von Wellen auftreten, wird die Lichtausbreitung mit dem Wellenmodell beschrieben: der **Wellenoptik**.

Die Überlagerung von Licht aus den Spaltöffnungen eines Doppelspalts wird mit der Überlagerung von Wasserwellen verglichen (→ Band E 4.2.3). Entsprechend den Lichtwellen aus den beiden Spaltöffnungen werden zwei Wellenerreger verwendet. Wenn zwei Wassertropfen gleichzeitig in einigem Abstand in die Wellenwanne fallen, so breiten sich zwei Kreiswellen aus, die sich teilweise überlagern und durchdringen, ohne sich dabei aber gegenseitig zu stören (**Abb. 13.1**).

Prinzip der ungestörten Überlagerung
Treffen an einem Ort mehrere Wellen aufeinander, so addieren sich dort die Auslenkungen der Schwingungen, ohne dass die Wellen in ihrer weiteren Ausbreitung gestört werden.

Versuch 1: Zwei punktförmige Erreger E_1 und E_2 befinden sich nebeneinander an einem Arm, der mithilfe eines Motors in gleichmäßige Auf- und Abbewegungen versetzt wird. Die Erreger tauchen in das Wasser der Wellenwanne ein und erzeugen zwei Kreiswellen, die über die Oberfläche laufen und sich überlagern. Bei stroboskopischer Beleuchtung ist ein Muster zu erkennen (**Abb. 13.1**), das Interferenzmuster.
Erklärung: Von den beiden schwingenden Erregern gehen Wellen gleicher Wellenlänge aus. Ein beliebiger Punkt im Wellenfeld wird daher immer von zwei Wellen erfasst und von beiden zu Schwingungen angeregt. Diese beiden Schwingungen überlagern sich zu einer resultierenden Schwingung. Entscheidend für das Ergebnis der Überlagerung ist, ob sich Wellenberg und Wellental überlagern (**destruktive Interferenz**) oder ob sich zwei Wellenberge überlagern (**konstruktive Interferenz**).
Damit ist Folgendes gemeint: Im Fall der destruktiven Interferenz trifft zu einem Zeitpunkt der Wellenberg der einen Welle auf das Wellental der anderen. Die Summe der Auslenkungen ist am diesem Ort der destruktiven Interferenz Null. Einen kurzen Moment später verringert sich die Auslenkung durch die eine Welle. Die Auslenkung durch die anderen Welle, die der ersten entgegengesetzt ist, verringert sich in gleichem Maß. Die Summe der Auslenkungen ist wieder Null. Im Verlauf der Zeit ist an diesem Ort die Überlagerung minimal, also immer Null, da sich die Auslenkungen durch die beiden Wellen gegenseitig kompensieren. Die Wasseroberfläche bleibt an den Orten der *Minima* in Ruhe.
An Orten konstruktiver Interferenz verdoppeln sich die Auslenkungen gegenüber der, die eine einzelne Welle hervorruft. Das gilt auch hier für jeden beliebigen Zeitpunkt. Bei einem *Maximum* ist die Amplitude der Überlagerung gegenüber der einer einzelnen Welle verdoppelt. ◀

Die Ursache, dass an einem Ort P konstruktive oder destruktive Interferenz auftritt, lässt sich auf die Wege zurückführen, die die Wellen von den Erregern hin zum Punkt P zurückgelegt haben. In **Abb. 13.2** wird die destruktive Interferenz in P_1 dargestellt. Die Wasseroberfläche bleibt dort in Ruhe. Dies ist die Folge der unterschiedlichen Wegstecken s_1 und s_2 von den Erregern zum Punkt P_1 der Überlagerung. Der Weg s_2 ist um eine halbe Wellenlänge länger als s_1. Daher trifft das Wellental von E_1 in P_1 auf den Wellenberg von E_2.

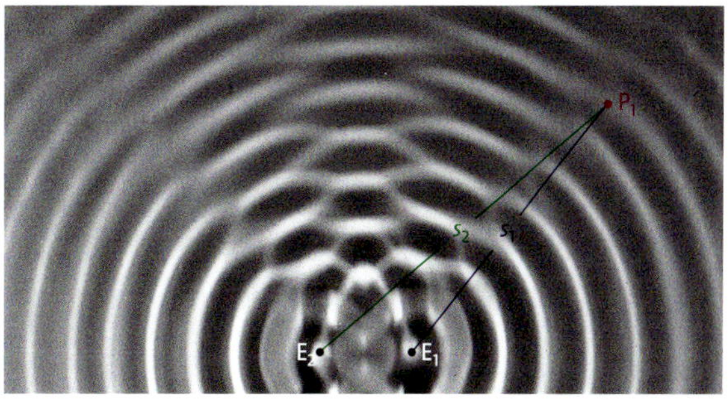

13.1 Interferenz zweier Kreiswellensysteme. Von zwei Erregern E_1 und E_2 gehen Wellen aus, die sich überlagern und an bestimmten Punkten des Wellenfeldes auslöschen.

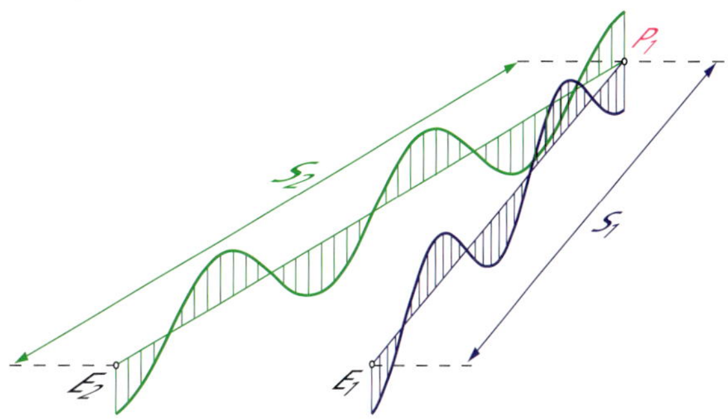

13.2 Von E_1 und E_2 gehen Wellen aus, die sich in P_1 überlagern. Ihre Wegdifferenz in P_1 ist $\Delta s = s_2 - s_1 = 2\frac{1}{2}\lambda - 2\lambda = \frac{1}{2}\lambda$. In P_1 ist Auslöschung die Folge.

Ist in einem anderen Punkt P_2 die Differenz $\Delta s = s_2 - s_1 = \lambda$, dann überlagern sich Wellenberg und Wellenberg konstruktiv. Die Amplituden addieren sich. ◀

Bei Interferenz zweier Wellen gleicher Wellenlänge ergibt sich für Orte im Wellenfeld
maximale Verstärkung (konstruktive Interferenz) bei einer Wegdifferenz von $\Delta s = n\lambda$, mit $n = 0, 1, 2, \ldots$
maximale Abschwächung (destruktive Interferenz) bei einer Wegdifferenz von $\Delta s = (2n - 1)\lambda/2$, mit $n = 1, 2, 3, \ldots$

Aufgaben

1. Beschreiben Sie jeweils anhand einer Skizze, wie sich zwei Wellen überlagern:
   a) bei gleichen Weglängen,
   b) bei einer Wegdifferenz von $\lambda/2$,
   c) bei einer Wegdifferenz von λ.
   d) Ermitteln Sie Gemeinsamkeiten und Unterschiede für die Überlagerung von Aufgabenteil **a)** und **c)**.
2. Erläutern Sie, warum das Auftreten von Minima die Beschreibung mit dem Wellenmodell erfordert.

Methode

Berechnung von Lichtwellenlängen mittels kleinster Wegdifferenzen

Die Berechnung der Wegdifferenz zweier Lichtwege ermöglicht eine Vorhersage darüber, wie die Überlagerung der Lichtwellenzüge erfolgt.

Rechenweg 1: Berechnung der Wegdifferenz durch eine gute Näherung

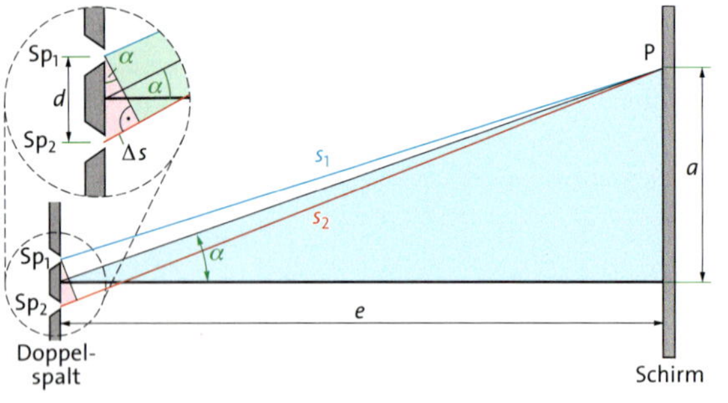

In der Abbildung zeigt der vergrößerte Ausschnitt

$$\sin(\alpha) = \frac{\Delta s}{d} \quad \text{oder} \quad \Delta s = d \sin(\alpha)$$

Der Winkel α kann durch ein Streckenverhältnis aus dem blau gefärbten Dreieck bestimmt werden:

$$\tan(\alpha) = \left(\frac{a}{e}\right) \quad \text{oder} \quad \alpha = \tan^{-1}\left(\frac{a}{e}\right)$$

Dann ist

$$\Delta s = d \sin\left(\tan^{-1}\left(\frac{a}{e}\right)\right)$$

Rechenbeispiel 1: Angenommen, die Lichtwege s_1 und s_2 ließen sich mit beliebiger Genauigkeit messen: Der Wert für den Abstand der Spalte ist $d = 0{,}34$ mm, die Entfernung zum Schirm $e = 2{,}81$ m und der Abstand des Punktes P von der Schirmmitte $a = 0{,}5$ cm. Die Werte werden in die Einheit 1 m umgerechnet und eingesetzt. Damit hat der Winkel α im blau gefärbten Dreieck den Wert

$$\alpha = \tan^{-1}\left(\frac{0{,}005 \text{ m}}{2{,}81 \text{ m}}\right) = 0{,}102°.$$

Im rot gefärbten Dreieck ist dann

$$\Delta s = d \sin(\alpha)$$
$$= 0{,}000\,34 \text{ m} \cdot \sin(0{,}102°) = 0{,}000\,000\,604\,981 \text{ m}.$$

Das Ergebnis stimmt im Rahmen der berechneten Nachkommastellen mit der exakten Lösung (→ S. 15 mittlere Spalte unten) überein.

Rechenweg 2: Berechnung der Wegdifferenz durch eine grobe Näherung

Die folgende Rechnung verwendet eine weitere Näherung, deren Ergebnis vom genauen Ergebnis merklich abweicht. Sie lässt sich jedoch nutzen, um den Einfluss der Größen d, e und a auf die Wegdifferenz Δs zu beurteilen.

Für kleine Winkel α wird $\sin(\alpha)$ näherungsweise $\tan(\alpha)$ gleichgesetzt, also $\sin(\alpha) \approx \tan(\alpha)$. Für $\alpha = 0°$ ist $\sin\alpha = \tan(\alpha)$. Für $\alpha = 5°$ ist $\sin(\alpha) = 0{,}0872$ und $\tan(\alpha) = 0{,}0875$. Erst für Winkel $\alpha > 8°$ wird der Fehler beim Gleichsetzen größer als 1 %.
Unter einem Winkel $\alpha < 8°$ wird die Berechnung mit weniger als 1 % Fehler zu

$$\Delta s = d \sin\left(\tan^{-1}\left(\frac{a}{e}\right)\right) \approx d \sin\left(\sin^{-1}\left(\frac{a}{e}\right)\right) \quad \text{also} \quad \Delta s \approx \frac{d\,a}{e}.$$

Aus diesem Ergebnis lässt sich im Rahmen der Näherung ablesen: Die Wegdifferenz Δs verringert sich mit abnehmendem Abstand d der Spalte, abnehmendem Abstand a von der Schirmmitte und zunehmender Entfernung e zum Schirm. Damit kann eine qualitative Abschätzung der Einflussgrößen d, a und e auf die Wegdifferenz Δs erfolgen.

Rechenbeispiel 2: Mit den Werten aus dem vorangegangenen Beispiel ist

$$\Delta s \approx \frac{d\,a}{e} = \frac{0{,}000\,34 \text{ m} \cdot 0{,}005 \text{ m}}{2{,}81 \text{ m}} \quad \text{also} \quad \Delta s \approx 0{,}000\,000\,605\,9 \text{ m}.$$

Da der Winkel α mit etwa 0,1° viel kleiner ist als 8°, unterscheidet sich das Ergebnis nur geringfügig von dem des Rechenbeispiels 1.

Die Wellenlänge von Licht

Bei einem Interferenzversuch treten neben dem zentralen Maximum weitere Maxima links und rechts davon auf. Diese werden in der Reihenfolge ihres Auftretens als Maxima 1. Ordnung, 2. Ordnung usw. bezeichnet.
Die Lichtwege zum Maximum 1. Ordnung unterscheiden sich um $\Delta s = \lambda$. Mit der Berechnung von Δs wird λ bestimmt.

$$\Delta s = 650 \text{ nm} \Rightarrow \lambda = 650 \text{ nm}$$

Die Lichtwege zum Maximum 2. Ordnung unterscheiden sich um $\Delta s = 2\lambda$. Mit der Berechnung von Δs wird also der Wert von 2λ bestimmt.

$$\Delta s = 1300 \text{ nm} \Rightarrow \lambda = 650 \text{ nm}$$

Hinweis: Näherungen

Für die gut genäherte Berechnung der Wegdifferenz Δs werden zwei rechtwinklige Dreiecke betrachtet (siehe Abbildung), wobei das rote Dreieck die Abstände am Doppelspalt vergrößert darstellt. Die Näherung besteht darin, dass der im roten Dreieck eingezeichnete Winkel als ein rechter Winkel angenommen wird. Der Winkel ist bei genauer Betrachtung kleiner als 90°. Das lässt sich folgendermaßen begründen: Die Differenz $s_2 - s_1$ der Lichtwege s_2 von Sp_2 nach P und s_1 von Sp_1 nach P wird in der vergrößerten Figur eingezeichnet. Das rote Dreieck zeigt die Strecke Δs, das Wegstück, um das s_2 größer ist als s_1. Das benachbarte grüne Dreieck mit der Spitze in P hat Katheten der Länge s_2, es ist also gleichschenklig. Da in einem gleichschenkligen Dreieck die Winkel, die den gleich langen Seiten gegenüberliegen, gleich groß und kleiner als 90° sind, muss der eingezeichnete „rechte Winkel" kleiner als 90° sein.

Exkurs

Berechnung von Wegdifferenzen ohne Näherungen

Die Experimente zur Überlagerung zweier Lichtwellen besitzen Besonderheiten im Aufbau: Die Weglängen des Lichts sind mit guter Genauigkeit messbar, die Wegdifferenzen hingegen nicht, da die Wege selbst nahezu gleich lang sind. Die Wegdifferenzen sind viel zu klein für eine direkte Messung. Der experimentelle Aufbau ist gerade so gewählt, dass die Wegdiffenzen in der Größenordnung der Lichtwellenlänge liegen. Die Wegdifferenz und damit die Wellenlänge muss also aus den Messwerten des Aufbaus mittels einer Rechnung ermittelt werden. Die Rechnung muss mit großer Genauigkeit erfolgen, um aus den Messwerten in der Größenordnung von einigen Zentimetern Wegdifferenzen auf Millionstel Millimeter genau zu bestimmen.

Die folgenden Rechenverfahren werden mit Werten durchgeführt, die mit der angegebenen Genauigkeit nicht gemessen werden können. Hier wird mit **genauen Werten** mathematisch exakt gerechnet, um die Ergebnisse verschiedener Rechenverfahren miteinander zu vergleichen und Fehler durch Näherungen abzuschätzen.

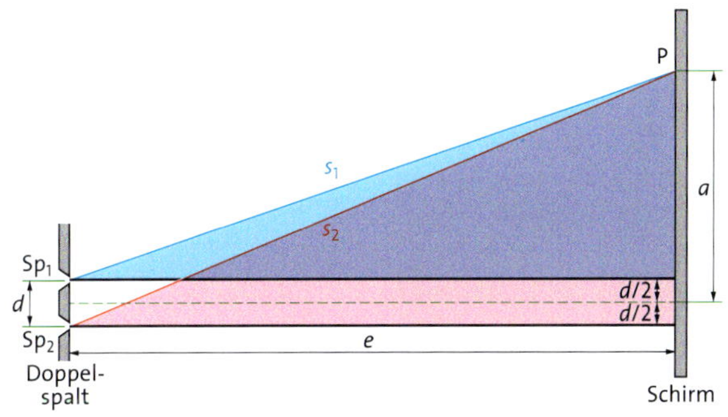

Rechenweg: Exakte Berechnung der Wegdifferenz

Die Abbildung zeigt die beiden von einem Doppelspalt ausgehenden Lichtwege zu einem Punkt P auf dem Schirm. Die Differenz der Lichtwege $\Delta s = s_2 - s_1$ zum Punkt P wird berechnet. Dazu werden die beiden rot und blau eingefärbten rechtwinkligen Dreiecke betrachtet. Für jedes dieser Dreiecke werden aus den Längen der Katheten die Längen der Hypotenusen s_1 und s_2 berechnet.

$$s_1 = \sqrt{e^2 + \left(a - \frac{d}{2}\right)^2}$$

$$s_2 = \sqrt{e^2 + \left(a + \frac{d}{2}\right)^2}$$

Damit können die Lichtwege s_1 von Sp_1 zu P und s_2 von Sp_2 zu P aus den Werten des Versuchsaufbaus ermittelt werden. Die Differenz der Längen der Hypotenusen ist die gesuchte Wegdifferenz Δs:

$$\Delta s = s_2 - s_1 = \sqrt{e^2 + \left(a + \frac{d}{2}\right)^2} - \sqrt{e^2 + \left(a - \frac{d}{2}\right)^2}$$

In die Rechnung werden drei gemessene Längen eingesetzt: der Abstand der Spalte d, der Abstand Doppelspalt-Schirm e und der Abstand a von der Schirmmitte zum Punkt P. Aus diesen Messgrößen wird die nicht direkt zu messende Wegdifferenz Δs berechnet. Die Genauigkeit, mit der das Ergebnis für die Wegdifferenz Δs angegeben werden kann, hängt von der Rechengenauigkeit der Berechnung ab. Im folgenden Beispiel wird auf zwölf Nachkommastellen genau gerechnet, die Wegdifferenz Δs wird entsprechend genau angegeben.

Rechenbeispiel: Die Lichtwege s_1 und s_2 werden aus den Messgrößen berechnet: Der Wert für den Abstand der Spalte ist $d = 0{,}34$ mm, die Entfernung zum Schirm $e = 2{,}81$ m und der Abstand von der Schirmmitte $a = 0{,}5$ cm. Die Werte werden in die Einheit 1 Meter umgerechnet und eingesetzt:

$$s_1 = \sqrt{(2{,}81\text{ m})^2 + \left(0{,}005\text{ m} - \frac{0{,}000\,34}{2}\text{ m}\right)^2}$$

$$= 2{,}810\,004\,151\,047\text{ m}$$

$$s_2 = \sqrt{(2{,}81\text{ m})^2 + \left(0{,}005\text{ m} + \frac{0{,}000\,34}{2}\text{ m}\right)^2}$$

$$= 2{,}810\,004\,756\,028\text{ m}$$

Die Differenz der Lichtwege ist

$$\Delta s = s_2 - s_1 = 0{,}000\,000\,604\,981\text{ m}.$$

Die Berechnung mit einem Taschenrechner liefert das Ergebnis mit nur 8 bis 10 Stellen nach dem Komma. Das Ergebnis ist dann weniger genau.

Vor wenigen Jahrzehnten, vor der Erfindung des elektronischen Taschenrechners, ließen sich die Rechnungen nur mit drei- bis vierstelliger Genauigkeit – mit Rechenschieber und Logarithmentafel – durchführen. Als Ergebnis für die Wegdifferenz bei Lichtwellen liefert der Rechenweg mit $\Delta s = 0{,}000$ m kein brauchbares Ergebnis.

Experimente zur Interferenz von Wasserwellen oder Schallwellen gelingen mit Wegdifferenzen in der Größenordnung von einigen Zentimetern oder Millimetern. In diesen Fällen kann die Berechnung der Wegdifferenzen ohne Näherung exakt erfolgen. Die Rechnung hat beispielsweise das Ergebnis $\Delta s = 0{,}020$ m, ein brauchbares Ergebnis.

Für die Berechnung der Wegdifferenz bei Lichtwellen werden andere Rechenverfahren verwendet, welche mit Näherungen arbeiten. Die Näherungen wirken sich bei Wegdifferenzen im Mikrometerbereich allerdings nicht merklich auf das Rechenergebnis aus, wie der Vergleich zeigt. Das ist insofern erstaunlich, als dass bei Messgrößen in der Größenordnung von 1 m eine Genauigkeit von 10 nm erreicht wird. Die Näherung hat einen sehr geringen Einfluss auf die Genauigkeit der berechneten Wegdifferenz Δs.

Ferner fällt es anhand der mit Näherungen entwickelten Formelzusammenhänge leicht, den Einfluss der Größen des Versuchsaufbaus auf die Wegdifferenz und damit auf die Wellenlänge qualtitativ abzuschätzen. Dies ist ein entscheidender Vorteil der überschaubaren Formelzusammenhänge, die mithilfe von Näherungen gewonnen werden.

1.1.3 Lichtwellenlänge und Farbe

Der Zusammenhang zwischen der Wellenlänge des Lichts und seiner Farbe wird untersucht. Dazu wird eine Lampe verwendet, die weißes Licht erzeugt.

Versuch 1: Das Lichtbündel einer Quecksilberdampflampe wird durch eine enge Öffnung eingegrenzt. Es fällt dann durch einen Doppelspalt auf einen Fotosensor, dessen Bild vergrößert sichtbar gemacht wird (**Abb. 16.1**).
Beobachtung: Das weiße Licht der Lampe erzeugt auf dem Schirm ein zentrales weißes Maximum der Helligkeit. Neben diesem Hauptmaximum herrscht Dunkelheit, gefolgt von farbigen Streifen. (**Abb. 16.2 a**). ◄

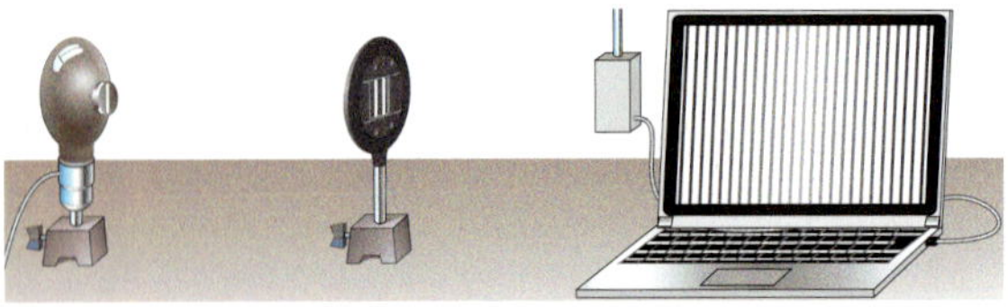

16.1 Eine Quecksilberdampflampe, deren Öffnung mit einem Spalt abgedeckt ist, beleuchtet durch einen Doppelspalt einen Schirm oder den Fotosensor einer Kamera. Das Bild der Kamera wird vergrößert angezeigt.

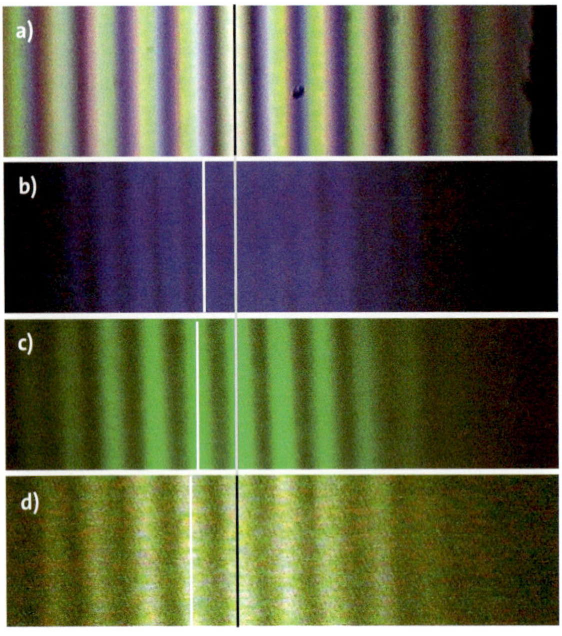

16.2 Vergrößertes Bild des Fotosensors im Versuch nach **Abb. 16.1** bei der Beleuchtung mit weißem Licht **(a)**. Charakteristisch ist das weiße Maximum in der Mitte des Bildes. Durch Farbfilter im Lichtweg wird der Doppelspalt mit einfarbigem Licht beleuchtet. Die Abbildungen zeigen das Interferenzbild bei der Beleuchtung mit blauem Licht **(b)**, grünem Licht **(c)** und gelbem Licht **(d)**.

Erklärung: Der Lichtweg von beiden Spalten des Doppelspalts zum Hauptmaximum ist gleich lang, die Wegdifferenz ist null. Für alle Wellen des weißen Lichts ist die Bedingung erfüllt, dass Wellenberg auf Wellenberg bzw. Wellental auf Wellental trifft. Damit ergibt sich dort für alle Wellenlängen ein Maximum. ◄

Versuch 2: Mit einem Farbfilter werden nacheinander verschiedene Farben aus dem weißen Licht der Quecksilberdampflampe herausgefiltert.
Beobachtung: Mit blauem Licht (**Abb. 16.2 b**) ist die Helligkeitsverteilung ähnlich wie bei der Beleuchtung mit einem Laserpointer. Helle und dunkle Bereiche wechseln einander ab. Gleiches gilt für grünes und gelbes Licht (**Abb. 16.2 c, d**). Allerdings ist der Abstand der Maxima bei gelbem Licht größer als bei grünem und blauem Licht.
Erklärung: Die Wellenzüge laufen von den beiden Spaltöffnungen des Doppelspalts zum Schirm, wobei die Weglängen unterschiedlich sind. An einem Ort nahe dem mittleren weißen Maximum auf dem Schirm, an dem das gelbe Licht ein Maximum der Helligkeit hat, ist die Wegdifferenz Δs so groß wie die Wellenlänge des gelben Lichts. Ein Maximum der Helligkeit des gelben Lichts entsteht, weil Wellenberg und Wellenberg sich überlagern (→ 1.1.2). An dieser Stelle haben das grüne und das blaue Licht jedoch keine Maxima. Näher zum mittleren weißen Maximum hin werden die Wegdifferenzen Δs der beiden Wellenzüge kleiner (→ Methode Berechnung von Lichtwellenlängen …). Das Maximum für grünes Licht liegt näher zur Mitte hin, das Maximum für blaues Licht noch näher an der Mitte. Das bedeutet, die Wellenlänge von blauem Licht ist kleiner als die von grünem Licht und diese kleiner als die von gelbem Licht. ◄

Die Wellenlängen von farbigem Licht sind unterschiedlich. Blaues Licht hat eine vergleichsweise kurze Wellenlänge, grünes Licht eine größere Wellenlänge und gelbes Licht eine noch größere.

Aufgaben

1. Begründen Sie anhand der Ergebnisse von **Abb. 16.2**, dass blaues Licht eine kürzere Wellenlänge hat als gelbes Licht.
2. Weißes Licht tritt in **Abb. 16.2 a** nur im Bereich des Hauptmaximums auf. Begründen Sie den Sachverhalt und folgern Sie, dass weißem Licht keine Wellenlänge zugeordnet werden kann.
3. Rotes Licht hat eine Wellenlänge, die größer ist als die von gelbem Licht. Skizzieren Sie die Ergebnisse, die bei der Beleuchtung mit rotem Licht in **Abb. 16.2** zu erwarten wären. Begründen Sie das Ergebnis.

1.1.4 Interferenz am Gitter

Um Wellenlängen mit hoher Genauigkeit zu messen, werden **optische Gitter verwendet**. Ein Gitter besteht aus N engen parallelen Spalten gleicher Breite. Der immer gleiche Abstand benachbarter Spaltmitten ist die **Gitterkonstante** g.

Versuch 1: Der mit einer Hallogenlampe gut ausgeleuchtete Beleuchtungsspalt wird mit der Linse L auf den Schirm abgebildet. Das Gitter wird mit nahezu parallelem Licht durchstrahlt (**Abb. 17.1**).
Beobachtung: Im weißen Licht erscheinen neben einem hellen Spaltbild in der Mitte farbige Bänder wachsender Breite in den Spektralfarben (**Abb. 17.2**). Mit einem Farbfilter im Strahlengang verschwinden die Bänder bis auf einfarbige (monochromatische) scharfe Linien (**Abb. 17.2**) in etwa gleichen Abständen. ◂

Ein Gitter erzeugt im weißen Licht neben einem weißen Streifen in der Mitte eine Reihe von nach außen hin breiter werdenden **Farbbändern**, die die reinen Spektralfarben von Violett (innen) nach Rot (außen) enthalten. Es sind die (kontinuierlichen) Gitterspektren 1., 2., … n. Ordnung. Im monochromatischen Licht entsteht eine Reihe von scharfen Linien, den **Spektrallinien** 1., 2., … n. Ordnung.

Erklärung: Ähnlich wie beim Doppelspalt gehen von den N Spalten des Gitters Wellen aus. Dabei sind es jeweils N Wellen in Richtung α_n, deren Schwingungen sich in einem Punkt P auf dem Schirm überlagern („**Vielfachinterferenz**"). Die Intensität ist maximal, wenn sich *alle N Wellen* gegenseitig verstärken. Das ist genau dann der Fall, wenn die Wellen aus benachbarten Gitteröffnungen einen Wellenberg im Punkt P erzeugen und diese Wellenberge sich überlagern.
Überlagerung im Punkt H: Die Wegdifferenz für achsennahe Wellen ist nahezu null. Die Linse L sorgt dafür, dass sich alle N Wellen im Punkt H verstärken. Bei gleichen Wegen ist für jede beliebige Wellenlänge des Lichts gewährleistet, dass im Punkt H Wellenberg auf Wellenberg und Wellental auf Wellental trifft. Deshalb ist das *Hauptmaximum* im Punkt H bei der Beleuchtung mit weißem Licht weiß.
Im Punkt P befindet sich ebenfalls ein Maximum der Intensität. Die Wellen zum Punkt P legen unterschiedlich lange Wege zurück. Wenn auch hier Wellenberg auf Wellenberg und Wellental auf Wellental trifft, dann muss die Wegdifferenz der Wellen aus benachbarten Spaltöffnungen ein Vielfaches der Wellenlänge betragen. Die Welle, die länger läuft, erreicht den Punkt P mit dem ersten Wellenberg, wenn von einer anderen Welle bereits der zweite oder dritte Wellenberg im Punkt P angelangt ist. Da die Wege zum Punkt P sich jeweils um die Wellenlänge λ oder Vielfache $n\lambda$ unterscheiden, entsteht ein Maximum im Punkt P nur für Licht dieser Wellenlänge.

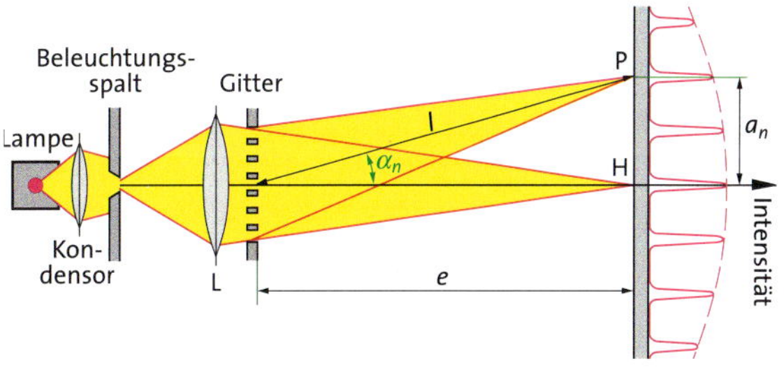

17.1 Der Kondensor sorgt für die Ausleuchtung des Spaltes. Das von der Linse fokussierte Licht durchstrahlt das Gitter und erzeugt im Punkt H maximale Helligkeit.

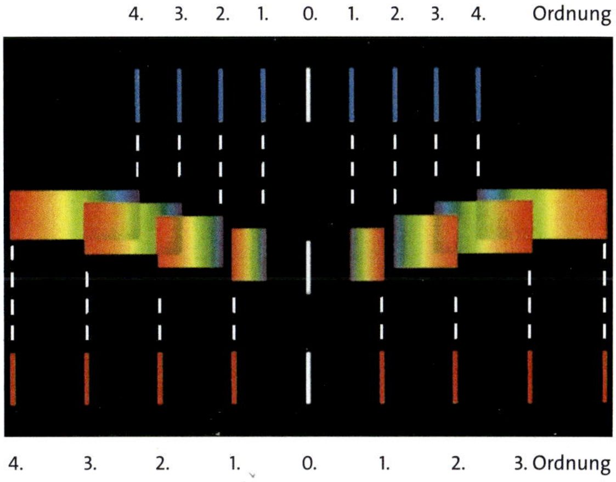

17.2 Gitterspektren. Die Überlagerung der Gitterspektren höherer Ordnung, die versetzt gezeichnet sind, ist aus der Lage der Linien im blauen und roten Licht zu ersehen.

Beim optischen Gitter ist das Hauptmaximum bei der Beleuchtung mit weißem Licht weiß. Die weiteren Maxima zu beiden Seiten des Hauptmaximums sind bei einfarbigem Licht schmal begrenzt, sie werden *Spektrallinien* genannt. Ihre Lage hängt von der Wellenlänge des Lichts ab.

Aufgaben

1. Die Maxima hinter einem Gitter sind heller als die bei einem Doppelspalt. Begründen Sie den Sachverhalt. Ermitteln Sie die Bedingungen, unter denen sich die von den N Spalten des Gitters ausgehenden Wellen konstruktiv überlagern.
2. Die Spektrallinie des Lichts einer Wellenlänge hat immer eine gewisse Breite. Begründen Sie den Sachverhalt.

1.1.5 Wellenlängenmessung mit dem Gitter

Die Vielfachinterferenz am Gitter erzeugt schmale Spektrallinien auf dem Schirm, deren Abstände sich im Vergleich zum Doppelspalt wesentlich genauer messen lassen. Weiterhin sind die Maxima für unterschiedliche Wellenlängen des Lichts räumlich voneinander getrennt.

Grundversuch – Gitter: Die Spalte eines Gitters werden bis auf zwei Spalte mit einer Blende abgedunkelt. Die Helligkeitsverteilung auf dem Schirm wird aufgezeichnet. Der Versuch wird mit einer weiter geöffneten Blende wiederholt, die Licht durch fünf, zehn und zwanzig Spalte des Gitters hindurchtreten lässt. Die Helligkeitsverteilungen werden ebenfalls aufgezeichnet.
Beobachtung: Die Maxima, die bei zwei geöffneten Spalten breit ausgedehnt sind, werden schmaler, wenn weitere Gitterspalte durchleuchtet werden (**Abb. 18.1**). Die Intensität der zunehmend schmaler werdenden Maxima steigt an. Die Lage der Maxima bleibt unverändert. ◂

Das optische Gitter erzeugt Maxima, die mit zunehmender Zahl der beleuchteten Öffnungen schmaler und heller werden. Die Lage der Maxima ändert sich dabei nicht.

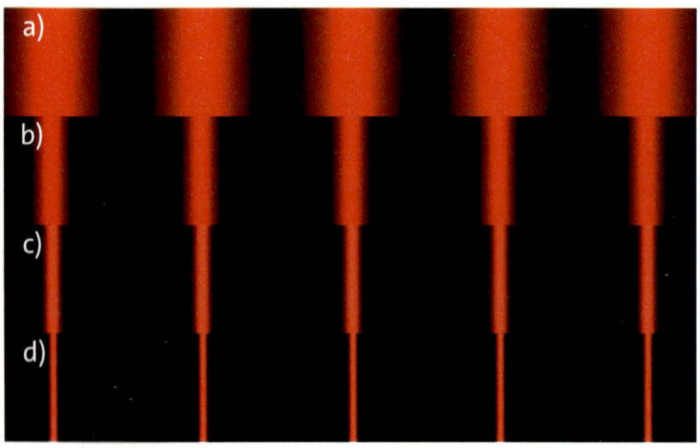

18.1 Die Helligkeitsverteilung hinter einem Doppelspalt **(a)**, und Mehrfachspalten mit **(b)** 5, **(c)** 10 und **(d)** 20 Spaltöffnungen bei gleichem Spaltabstand. Die Hauptmaxima werden mit steigender Anzahl der Spalte schmaler und schärfer. Die Orte der Hauptmaxima auf dem Schirm ändern sich nicht.

Da die Lage der Maxima von der Zahl der beleuchteten Spalte unabhängig ist, kann das Vorgehen zur Berechnung der Wellenlänge vom Doppelspalt auf das Gitter übertragen werden.

Beispiel Wellenlängenmessung

Das Licht einer Quecksilberdampflampe (**Abb. 17.1**) fällt durch ein Gitter mit dem Spaltabstand $g = 0{,}000\,001\,75\ \text{m} = 1{,}75 \cdot 10^{-6}\ \text{m}$. Auf einen Schirm im Abstand $e = 0{,}041\ \text{m} = 4{,}1 \cdot 10^{-2}\ \text{m}$ vom Gitter sind verschiedenfarbige Linien zu erkennen. Bestimmen Sie qualitativ und quantitativ die Wellenlängen.
Auswertung qualitativ: Der Abstand a einer bestimmten Linie, des ersten Hauptmaximums, zum zentralen Maximum bestimmt die Wellenlänge. Je größer der Abstand, desto größer ist die Wegdifferenz benachbarter Lichtwege und damit die Wellenlänge des Lichts. Die gelbe Spektrallinie hat die größte Wellenlänge.
Auswertung quantitativ: Die Wellenlänge der gelben Linie in **Abb. 18.2** wird mit der Wegdifferenz Δs benachbarter Lichtwege bestimmt. Dazu ist in einem ersten Schritt der Winkel α von der optischen Achse zum 1. Maximum zu bestimmen. Der Wert von a ist der **Abb. 18.2** entnommen, der Wert von e ist gegeben. Damit ist

$$\alpha = \tan^{-1}\left(\frac{a}{e}\right) = \tan^{-1}\left(\frac{0{,}0143}{0{,}041}\right).$$

Mit $\alpha = 19{,}2\ °$ erfolgt die Berechnung der Wegdifferenz Δs. Die Wegdifferenz Δs benachbarter Lichtwege zum 1. Maximum ist gleich der Wellenlänge:

$$\lambda = g \sin(\alpha) = 0{,}000\,001\,75\ \text{m} \cdot \sin(19{,}2°)$$
$$= 0{,}000\,000\,576\ \text{m} = 576\ \text{nm}$$

Ergebnis: Das gelbe Licht der Quecksilberdampflampe hat die Wellenlänge $\lambda = 576\ \text{nm}$. ◂

Hinweis: Bei einem optischen Gitter wird vielfach die Zahl der Spalte auf der Breite von 1 mm angegeben. Die Angabe lautet beispielsweise: 570/mm.
Der Spaltabstand g ist bei 570 Spalten pro 1 mm $1/570\ \text{mm} = 0{,}001\,75\ \text{mm} = 1{,}75 \cdot 10^{-6}\ \text{m}$.

18.2 Das Licht einer Quecksilberdampflampe fällt im Aufbau von **Abb. 17.1** auf einen Schirm. Das Schirmbild wird mit einer Digitalkamera aufgezeichnet und um den Faktor 10 vergrößert angezeigt.

Die Frequenz von Licht

Für Licht wie für jede andere Welle gilt der Zusammenhang (→ Band E 4.2.1)

$$c = \lambda / T.$$

In der Zeit einer Schwingungsdauer T des Erregers breitet sich die Welle um die Wellenlänge λ aus. Sie hat damit die Geschwindigkeit $c = \lambda / T$.
Die Frequenz f des Erregers ist der Kehrwert der Schwingungsdauer, $f = 1/T$. Damit folgt (→ Band E 4.2.1)

$$c = \lambda f.$$

Da sich Licht im Vakuum mit der Lichtgeschwindigkeit

$$c = 3{,}0 \cdot 10^8 \text{ m/s}$$

ausbreitet, kann aus der Wellenlänge λ die Frequenz f oder umgekehrt bestimmt werden.
Für den Farbeindruck des Lichts ist seine Frequenz f entscheidend. Beim Durchgang von Licht durch Glas wird die Ausbreitungsgeschwindigkeit herabgesetzt (→ 1.1.8). Die Frequenz f des Licht bleibt gleich, der Farbeindruck ebenfalls, die Wellenlänge λ verringert sich wegen $\lambda = c/f$.

Farbe	**Wellenlänge** in nm	**Frequenz** in 10^{14} Hz
Rot	660–780	4,55–3,85
Orange	595–660	5,04–4,55
Gelb	575–595	5,22–5,04
Grün	490–575	6,12–5,22
Blau	440–490	6,82–6,12
Indigo	420–440	7,14–6,82
Violett	390–420	7,69–7,14

19.1 Farbbereiche im Spektrum des sichtbaren Lichts. Kennzeichnend für eine Farbe ist die Frequenz f des Lichts, die mit λ über $c = \lambda f$ zusammenhängt.

Beispiel Frequenzberechnung

Die Frequenz f des Lichts wird aus seiner Wellenlänge λ berechnet: Das sichtbare Spektrum endet im Roten bei einer Wellenlänge von $\lambda = 780$ nm (**Tab. 19.1**).
Die zugehörige Frequenz ist

$$f = \frac{c}{\lambda} = \frac{3 \cdot 10^8 \text{ m/s}}{780 \text{ nm}} = \frac{3 \cdot 10^8 \text{ m/s}}{780 \cdot 10^{-9} \text{ m}} = 3{,}84 \cdot 10^{14} \text{ s}^{-1}$$
$$= 3{,}84 \cdot 10^{14} \text{ Hz}$$

Ergebnis: Licht der Wellenlänge $\lambda = 780$ nm hat die Frequenz $f = 3{,}84 \cdot 10^{14}$ Hz. ◀

Aufgaben

1. Die Spektren a) von Quecksilber und b) von Natrium sind mit einer Digitalkamera aufgenommen und ausgedruckt worden. Das Hauptmaximum ist nicht zu sehen.
   a) Begründen Sie, auf welcher Seite des Spektrums das Hauptmaximum liegt.
   b) Im Quecksilberspektrum hat die blaue Linie die Wellenlänge $\lambda_1 = 435{,}8$ nm, die grüne Linie $\lambda_2 = 546{,}0$ nm. Bestimmen Sie aus dem gemessenen Abstand der Linien, wie viel Nanometer einem Zentimeter Abstand entsprechen. Bestätigen Sie mit dem Ergebnis die Wellenlängen der orange-farbigen Linien bei $\lambda_3 = 577{,}0$ nm und $\lambda_4 = 579{,}0$ nm.
   c) Das Spektrum **b)** zeigt die Linien von Natrium. Bestimmen Sie die Wellenlängen und Frequenzen aus der Abbildung mit dem in Aufgabenteil b) ermittelten Angaben.
   d) Das Spektrum **c)** wurde mit einer Smartphone-Kamera aufgenommen. Es zeigt wie **b)** das Spektrum von Natrium. Bewerten Sie die Qualität des Spektrums **c)** im Vergleich zu **b)**. Ermitteln Sie mögliche Ursachen für den Qualitätsunterschied.
2. Auf einem Schirm im Abstand $e = 2{,}55$ m vom Gitter (250 Linien pro Zentimeter) wird im monochromatischen Licht der Abstand der Maxima 1. Ordnung (links und rechts vom Hauptmaximum 0. Ordnung) zu 8,2 cm, der der 2. Ordnung zu 16,6 cm und der der 3. Ordnung zu 24,8 cm gemessen. Berechnen Sie die Wellenlänge und die Frequenz.
3. Die beiden Maxima 1. Ordnung der grünen Hg-Linie $\lambda = 546{,}1$ nm haben auf einem $e = 3{,}45$ m entfernten Schirm einen Abstand von 18,8 cm. Berechnen Sie die Gitterkonstante und die Zahl der Gitterspalte, die auf 1 cm kommen.
4. Ein Gitter besitzt 20 000 Linien auf 4 cm.
   a) Berechnen Sie die Winkel, unter denen das sichtbare Spektrum (von etwa 390 nm bis 780 nm) 1. und 2. Ordnung erscheint.
   b) Berechnen Sie den Winkelabstand zwischen beiden Spektren.
   c) Bestimmen Sie die (nicht sichtbare) Wellenlänge und Frequenz, bei der der Ablenkwinkel zur ersten Ordnung 90° beträgt.

1.1.6 Leuchtdioden und Wellenlängen

Leuchtdioden werden für Beleuchtungszwecke eingesetzt (**Abb. 20.1**). Mit verschiedenen Leuchtdioden kann der gesamte Bereich des sichtbaren Spektrums von $\lambda = 380$ nm (Violett) bis 780 nm (Rot) abgedeckt werden. Mit einem einfachen Versuchsaufbau wie in **Abb. 20.2** kann die Wellenlänge des Lichts einer LED bestimmt werden. Allerdings sind im Interferenzbild keine Spektrallinien zu sehen.

Versuch 1: Verschiedenfarbige Leuchtdioden beleuchten nacheinander durch ein Gitter den Schirm.

20.1 Leuchtdioden senden Licht in einem engen Wellenlängenbereich aus.

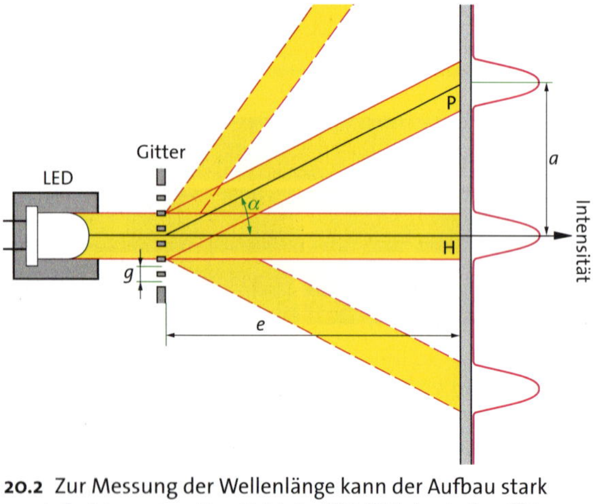

20.2 Zur Messung der Wellenlänge kann der Aufbau stark vereinfacht werden: Das Licht der LED fällt durch das Gitter auf einen Schirm.

Beobachtung: Links und rechts vom zentralen Maximum sind weitere Bilder der LED zu erkennen. Die Abstände der Bilder sind nahezu konstant. Bei rotem Licht sind die Abstände a größer als bei blauem Licht.
Deutung: Die Leuchtdioden senden nahezu paralleles Licht aus, welches durch das Gitter auf den Schirm fällt. Das parallele Licht erzeugt auf dem Schirm einen Lichtfleck in der Umgebung von H (**Abb. 20.2**). Das Maximum erster Ordnung bei P ist ebenfalls ausgedehnt. Wenn die LED Licht einer Wellenlänge (monochromatisches Licht) aussenden würde, dann hätte der Lichtfleck bei P die gleiche Form wie der bei H. Da jede LED Licht aus einem engen *Wellenlängenbereich* aussendet, verbreitert sich der Lichtfleck bei P. Das Licht mit einer größeren als der mittleren Wellenlänge hat das Maximum bei Abständen größer als a. Für Licht mit kleineren Wellenlängen gilt das Gegenteil.
Die mittlere Wellenlänge der Leuchtdioden wird abgeschätzt, indem die Mitte der Lichtflecken zur Abstandsmessung verwendet wird.

Beispiel mittlere Weglänge von LED-Licht

Die mittlere Weglänge des Lichts einer rot leuchtenden LED wird bestimmt. Im Aufbau nach **Abb. 20.2** fällt das Licht der Diode durch das Gitter mit 600 Linien/mm und erzeugt ein Interferenzmuster auf dem Schirm (**Abb. 20.3**).
Der Abstand vom Gitter zum Schirm beträgt $e = 0{,}10$ m.
Der Abstand von der Mitte des zentralen Lichtflecks zu der des ersten Maximums ist $a = 0{,}04$ m.

$$\alpha = \tan^{-1}\left(\frac{a}{e}\right) = \tan^{-1}\left(\frac{0{,}040}{0{,}10}\right) = 21{,}8°$$

Für die rot leuchtende LED ist $\alpha = 21{,}8°$. Die Gitterkonstante bestimmt sich zu $g = 1\ \text{mm}/600 = 1{,}67 \cdot 10^{-6}$ m. Damit folgt für die Wellenlänge

$$\sin(\alpha) = \frac{\lambda}{g} \quad \text{oder}$$
$$\lambda = g \sin(\alpha) = 1{,}67 \cdot 10^{-6}\ \text{m} \cdot \sin(21{,}8°)$$
$$= 620 \cdot 10^{-9}\ \text{m} = 620\ \text{nm}.$$

Die rot leuchtende LED sendet Licht mit der mittleren Wellenlänge $\lambda = 620 \cdot 10^{-9}\ \text{m} = 620$ nm aus. ◄

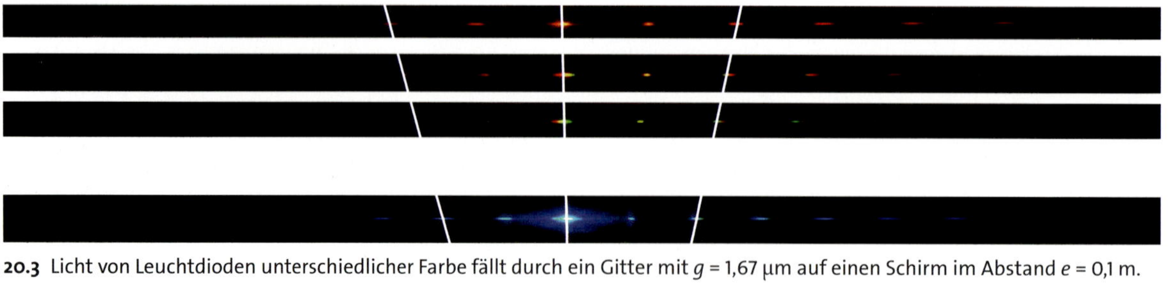

20.3 Licht von Leuchtdioden unterschiedlicher Farbe fällt durch ein Gitter mit $g = 1{,}67$ µm auf einen Schirm im Abstand $e = 0{,}1$ m.

Subjektive Wellenlängenmessung

Bei der subjektiven Betrachtung von Lichtquellen durch ein Kreuzgitter, das z. B. aus dem Stoff einer Gardine oder eines Regenschirms gebildet wird, erscheinen neben der tatsächlich vorhandenen Lichtquelle weitere Bilder der Lichtquelle (→ 1.1.1). Ein Gitter aus senkrecht stehenden, strichförmigen Spalten erzeugt neben der Lichtquelle weitere Bilder (**Abb. 21.1**).

Das Auge nimmt die Interferenzmaxima wahr und ordnet ihnen, in der Verlängerung des Lichtwegs durch das Gitter hindurch, weitere Lichtquellen zu, die real nicht vorhanden sind (**Abb. 21.2**). Es erscheint so, als wenn mehrere, gleichartige Lichtquellen vorhanden wären. Im Falle der Leuchtdioden erscheinen weitere Lichtflecken von der Form der realen LED. Mit dieser einfachen Anordnung gelingt eine Abschätzung der mittleren Wellenlänge des LED-Lichts, ohne dass ein Schirm benötigt wird, auf dem die Maxima registriert werden.

Versuch 2: Verschiedenfarbige Leuchtdioden werden nacheinander durch ein Gitter hindurch betrachtet (**Abb. 21.1**). Es wird also kein Schirm verwendet.

Beobachtung: Neben der LED im Zentrum erscheinen links und rechts davon weitere Leuchtdioden in konstantem Abstand.

Deutung: Bei der Betrachtung der Leuchtdioden durch das Gitter wird Licht von der LED kommend um den Winkel α zu einem Maximum hin abgelenkt. Dem Auge erscheint es so, als ob das Licht unter dem Winkel α von einer weiteren LED käme. Der Abstand a dieser scheinbar leuchtenden LED zur zentralen, vorhandenen LED lässt sich zur Berechnung der Wellenlänge des LED-Lichts verwenden. ◂

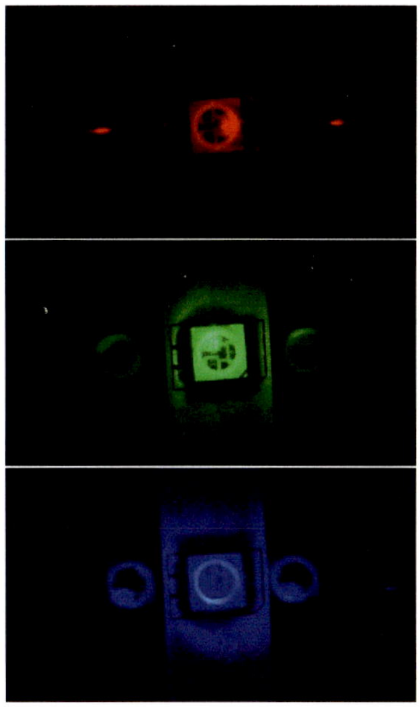

21.1 Durch ein Gitter hindurch werden Leuchtdioden betrachtet. Erst wird die rot leuchtende LED eingeschaltet, dann die grün leuchtende und dann die blau leuchtende. Links und rechts der LED erscheinen jeweils die Interferenzmaxima.

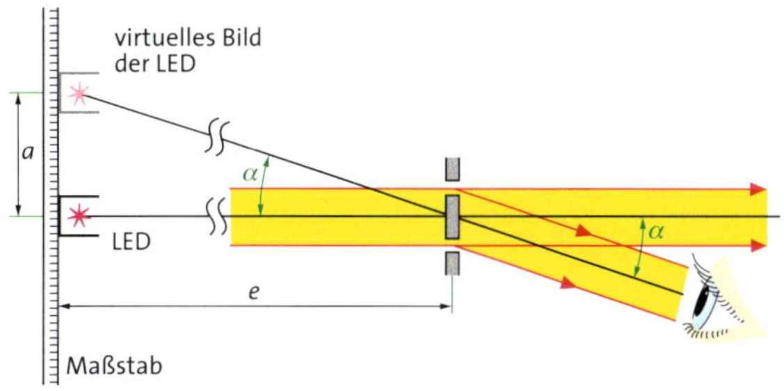

21.2 Eine LED kann auch unmittelbar durch das Gitter betrachtet werden. Durch Messung von a und e lässt sich der Winkel α bestimmen.

Beispiel Wellenlänge in subjektiver Betrachtung

Die Bilder der Leuchtdioden liegen auf einem Maßstab in 1,0 cm Abstand hinter dem Gitter. Das Gitter hat einen Stegabstand von $g = 1\ \mu m$. Durch das Gitter hindurch betrachtet, ist die Mitte des 1. Maximums 0,85 cm vom Hauptmaximum entfernt. Damit ist $a = 0{,}85$ cm und $e = 1{,}0$ cm.

$$\alpha = \tan^{-1}\left(\frac{a}{e}\right) = \tan^{-1}\left(\frac{0{,}0085}{0{,}010}\right) = 40{,}4°$$
$$\lambda = g \sin(\alpha)$$
$$= 1\ \mu m \cdot \sin(40{,}4°) = 648\ nm$$

Die mittlere Wellenlänge des Lichts der rot leuchtenden LED beträgt $\lambda = 648$ nm. ◂

Die Zuordnung von dem gemessenen Abstand a zur Wellenlänge λ ist eindeutig. Deshalb lässt sich auf dem Maßstab auch eine Wellenlängenskala angebringen und die Wellenlänge des Lichts unmittelbar ablesen.

Aufgaben

1. Der Abstand der Lichtflecken in **Abb. 20.3** hängt von der Farbe ab. Begründen Sie den Zusammenhang.
2. Durch ein Gitter hindurch beobachtet zeigen Leuchtdioden keine Spektrallinien, sondern Bilder der Leuchtdioden wie in **Abb. 20.3**. Ermitteln Sie die Ursachen dafür. Entwickeln Sie einen geänderten Aufbau, der es ermöglicht, auch bei Leuchtdioden Spektrallinien zu zeigen.
3. Ausgehend von der rot leuchtenden LED mit $\lambda_{rot} = 620$ nm in **Abb. 21.1** sollen die mittleren Wellenlängen der grün und blau leuchtenden Leuchtdioden bestimmt werden.
   a) Ermitteln Sie aus den Abständen der Bilder links und rechts vom zentralen Bild die Wellenlängen $\lambda_{grün}$ und λ_{blau}.
   b) Für den Farbeindruck Weiß sind alle drei Leuchtdioden gemeinsam eingeschaltet. Skizzieren Sie die Interferenzmaxima.
4. Durch ein Gitter mit $g = 1\ \mu m$ hindurch betrachtet erscheint das Bild einer LED im Abstand $e = 1$ cm um $a = 0{,}6$ cm vom Hauptmaximum entfernt. Berechnen Sie die mittlere Wellenlänge λ und die mittlere Frequenz f des Lichts.

1.1.7 Bestimmung kleinster Wegdifferenzen

Die Wellenlängenmessung von Licht mittels eines Gitters lässt sich in der Umkehrung zur Messung der Stegabstände des Gitters nutzen. Licht eines Laserpointers mit bekannter Wellenlänge erzeugt Interferenzmaxima von monochromatischem Licht bei der Durchleuchtung des Gitters oder in der Reflexion. Die Abstände der Maxima werden mit der bekannten Wellenlänge zur Berechnung der Stegabstände verwendet. Die Messmethode eignet sich beispielsweise zur Bestimmung des Spurabstands von CDs und DVDs. Die Datenspuren wirken in der Durchsicht oder in der Reflexion wie ein optisches Gitter mit einer sehr kleinen Gitterkonstanten (**Abb. 22.1**). Die Spurabstände aktueller Speichermedien wie Blu-Ray-Discs (BD) erfordern allerdings eine veränderte Messmethode, wie sich zeigen wird.

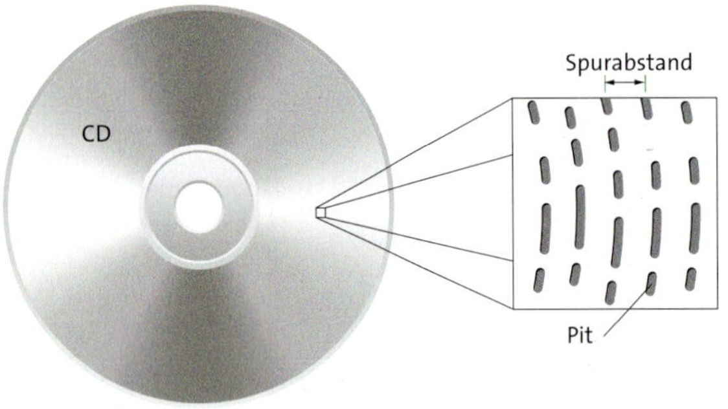

22.1 Die Daten werden auf einer CD mit einer Spur von eingebrannten Pits gespeichert. Der Spurabstand wirkt optisch wie der Abstand der Gitterspalte eines optischen Gitters.

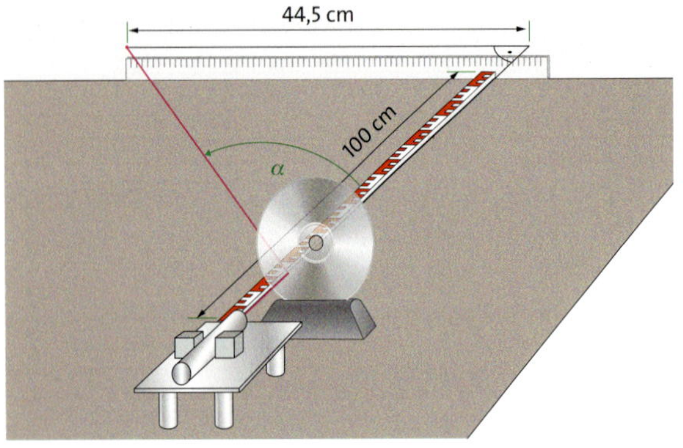

22.2 Der Abstand vom Hauptmaximum zum Maximum 1. Ordnung beträgt a = 44,5 cm. Die CD steht in 1 m Abstand zur Wand.

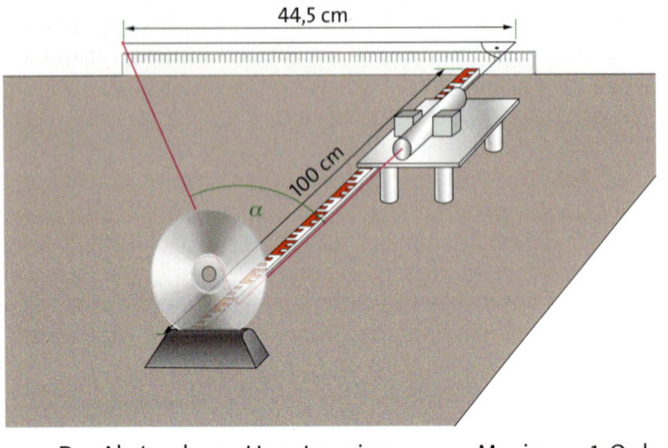

22.3 Der Abstand vom Hauptmaximum zum Maximum 1. Ordnung beträgt a = 44,5 cm. Die CD steht in 1 m Abstand zur Wand.

In einem Vorversuch wird die Wellenlänge des Lichts eines Laserpointers bestimmt (→ 1.1.6). Das Licht der so ermittelten Wellenlänge wird zur Bestimmung des Spurabstands einer CD und einer DVD verwendet.

Mit dem Licht des Laserpointers wird der Spurabstand einer CD bestimmt. Auf der CD sind Datenspuren als eingebrannte Vertiefungen zu erkennen (**Abb. 22.1**). Auf der Rückseite der CD ist eine metallische Reflexionsschicht angebracht. Wird diese Reflexionsschicht entfernt, kann das Licht des Laserpointers durch die CD wie durch ein Gitter hindurchtreten.

Versuch 1: Ein Laserpointer beleuchtet eine CD mit rotem Licht der Wellenlänge 650 nm.
Beobachtung: Auf dem Schirm zeigen sich punktförmige Maxima, ähnlich wie hinter einem Gitter.
Auswertung: Aus den gemessenen Abständen lässt sich bei bekannter Wellenlänge des Laserlichts die Gitterkonstante, also der Abstand zweier benachbarter Spuren der CD, bestimmen. Zur Berechnung von α werden die Werte a = 44,5 cm und e = 1,00 m aus **Abb. 22.2** verwendet:

$$\tan(\alpha) = \frac{44{,}5\ \text{cm}}{100\ \text{cm}} = \frac{0{,}445\ \text{m}}{1{,}00\ \text{m}}$$

$$\alpha = \tan^{-1}\left(\frac{0{,}445\ \text{m}}{1{,}00\ \text{m}}\right) \approx 24{,}0°$$

Für das 1. Maximum gilt $\Delta s = \lambda$, also

$$\sin(\alpha) = \frac{\lambda}{g} \quad \text{oder} \quad g = \frac{\lambda}{\sin(\alpha)} = \frac{650\ \text{nm}}{\sin(24{,}0°)} = 1{,}60\ \mu\text{m}$$

Der Spurabstand der CD hat den Wert g = 1,60 µm. ◄

Versuch 2: Der Versuch 1 wird dahingehend abgewandelt, dass das Laserlicht von der Reflexionsschicht der CD reflektiert wird (**Abb. 22.3**).
Beobachtung und Auswertung: Das Interferenzbild stimmt mit dem von Versuch 2 überein. Die Auswertung führt zum gleichen Ergebnis. ◄

Der Versuch 2 lässt sich weiter vereinfachen, wenn ein Laser verwendet wird, der ein Lichtband erzeugt. Der Laserstrahl wird in schnellem Wechsel von oben nach unten und wieder zurück geführt. Es entsteht ein Lichtband, welches im Schnitt mit der Tischebene schmale Lichtbündel erzeugt (**Abb. 23.1**).

Versuch 3: Der Laserpointer erzeugt ein Lichtband, das von der CD reflektiert wird. Der Laserpointer ist so ausgerichtet, dass der reflektierte Strahl im einfallenden Strahl verläuft. Das Licht trifft also im Winkel von 90° auf die Oberfläche der CD.
Beobachtung: Neben dem einfallenden Lichtstrahl treten zu beiden Seiten zwei weitere Strahlen auf (**Abb. 23.1**).
Auswertung: Der Winkel zwischen dem einfallenden Strahl und dem reflektierten Strahl zum ersten Maximum, für das $\Delta s = \lambda$ ist, wird mit einem Winkelmesser zu $\alpha = 24°$ bestimmt. Dann ist der Spurabstand

$$g = \frac{\lambda}{\sin(\alpha)} = \frac{650\text{ nm}}{\sin(24{,}0°)} = 1{,}60\ \mu\text{m}$$

Ein weiteres Maximum ist unter dem Winkel $\alpha = 54{,}5°$ zu erkennen. Es handelt sich um das Maximum 2. Ordnung mit $\Delta s = 2\lambda$:

$$g = \frac{2\lambda}{\sin(\alpha)} = \frac{2 \cdot 650\text{ nm}}{\sin(54{,}5°)} = 1{,}60\ \mu\text{m}$$

Der Wert des Spurabstandes wird bestätigt. ◂

Der Spurabstand bei einer DVD ist gegenüber dem einer CD verringert, um die Datenkapazität zu erhöhen.

Versuch 4: Der Laserpointer erzeugt ein Lichtband, was von der DVD reflektiert wird. Der Laserpointer ist so ausgerichtet, dass der reflektierte Strahl im einfallenden Strahl verläuft. Das Licht trifft also im Winkel von 90° auf die Oberfläche der DVD.
Beobachtung: Neben dem einfallenden Lichtstrahl treten zu beiden Seiten zwei weitere Strahlen auf (**Abb. 23.2**).
Auswertung: Der Winkel zwischen dem einfallenden Strahl und dem reflektierten Strahl zum ersten Maximum, für das $\Delta s = \lambda$ ist, wird mit einem Winkelmesser zu $\alpha = 61{,}5°$ bestimmt. Dann ist der Spurabstand

$$g = \frac{\lambda}{\sin(\alpha)} = \frac{650\text{ nm}}{\sin(61{,}5°)} = 740\text{ nm}$$

Die DVD hat einen Spurabstand von 740 nm. Das ist weniger als die Hälfte des Spurabstandes einer CD. ◂

Aktuelle Speichermedien wie Blu-Ray-Discs haben eine höhere Datendichte als CD und DVD, die durch weiter verringerte Spurabstände erreicht wird.

Versuch 5: Ein Laserpointer beleuchtet eine Blu-Ray-Disc (BD) mit rotem Licht der Wellenlänge 650 nm.
Beobachtung: In der Reflexion entsteht kein Interferenzmuster.

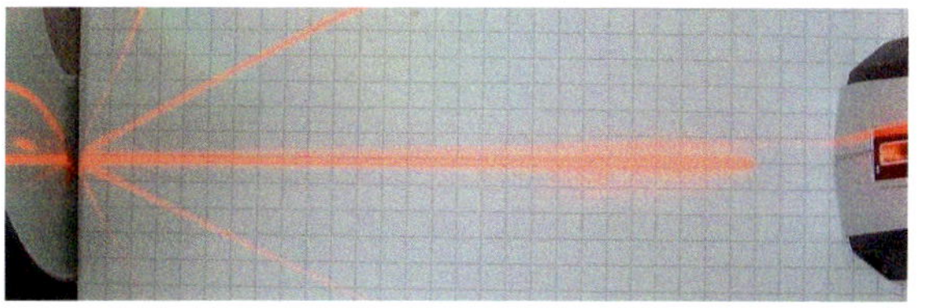

23.1 Das Lichtband eines Laserpointers trifft auf eine CD. Im reflektierten Licht sind die Maxima 1. Ordnung und 2. Ordnung zu erkennen.

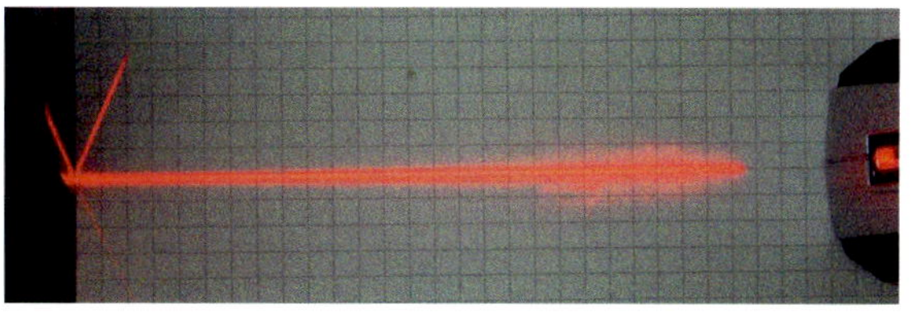

23.2 Das Lichtband eines Laserpointers trifft auf eine DVD. Die Maxima 1. Ordnung entstehen unter einem Winkel $\alpha \approx 64°$.

Auswertung: Die Spurabstände von 320 nm bei einer BD zu messen, gelingt mit dem Messaufbau nicht. Der Winkel α zum ersten Maximum tritt bei einer Blu-Ray-Disk wegen

$$\sin(\alpha) = \frac{\lambda}{g} = \frac{650\text{ nm}}{320\text{ nm}} > 1$$

nicht auf. Deshalb erscheinen Blu-Ray-Discs im weißen Licht nicht farbig. Es entsteht kein Maximum 1. Ordnung. Die Abstandsmessung mittels Interferenzen lässt sich also nur auf Abstände anwenden, die wenig größer sind als die Wellenlänge des verwendeten Lichts. ◂

Aufgaben

1. Die Versuche werden mit einem grün leuchtenden Laserpointer durchgeführt.
   a) Das Licht des Laserpointers fällt durch ein Gitter mit $g = 1\ \mu\text{m}$ auf einen Schirm. Berechnen Sie aus dem Abstand der Maxima $a = 0{,}63$ m und der Entfernung vom Gitter zu Schirm $e = 1{,}00$ m den Winkel α zum ersten Maximum. Berechnen Sie damit die Wellenlänge des Lichts und bestätigen Sie den Wert $\lambda = 533$ nm.
   b) Mit dem Licht des Laserpointers wird wie in Versuch 1 eine CD beleuchtet. Berechnen Sie mit den Werten $a = 35{,}5$ cm und $e = 1{,}00$ m den Winkel α und mit der Wellenlänge $\lambda = 533$ nm den Spurabstand g der CD.
   c) Wie in Versuch 4 fällt das Licht des Laserpointers auf eine DVD mit dem Spurabstand 740 nm. Bestimmen Sie den Ablenkwinkel und den Abstand der Maxima a in der Entfernung $e = 1{,}00$ m.
   d) Bewerten Sie die Eignung des rot leuchtenden und des grün leuchtenden Laserpointers zur Messung kleiner Abstände.

1.1.8 Das Huygens'sche Prinzip

Bereits im 17. Jahrhundert war allgemein bekannt, dass die klassische Deutung von Licht als Bündel geradliniger Strahlen unvollständig sein muss. Interferenzen lassen sich so nicht erklären.

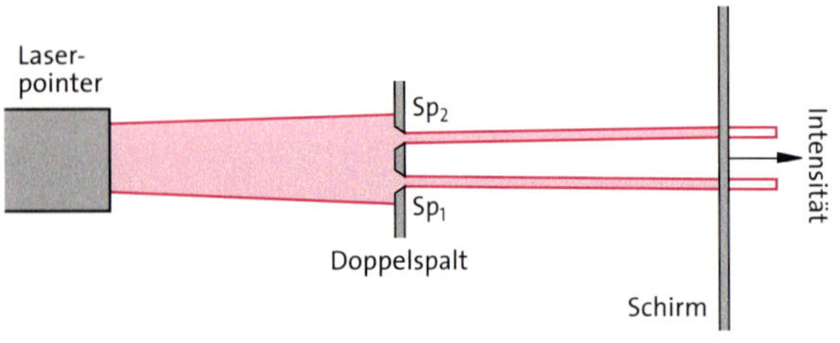

24.1 Nach dem Strahlenmodell des Lichts dürfte es hinter den beiden Spalten eines Doppelspalts zu keiner Überlagerung kommen.

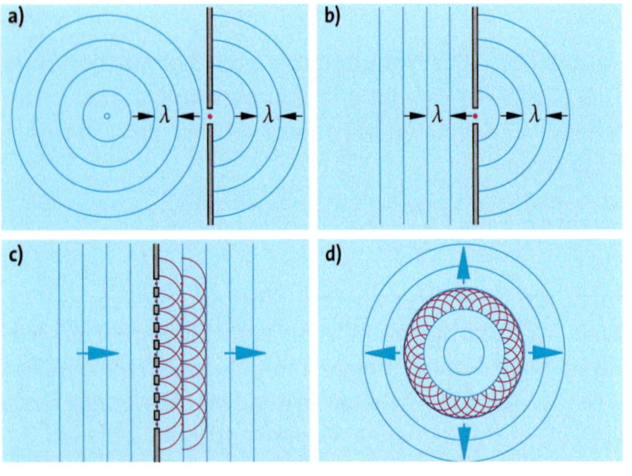

24.2 Huygens'sches Prinzip: Bei Kreiswellen **(a)** und bei geraden Wellen **(b)** kann jeder Punkt der Wellenfront als Zentrum einer Elementarwelle angesehen werden. Diese von einer Wellenfront ausgehenden Elementarwellen setzen sich zu einer neuen geraden Wellenfront **(c)** bzw. zu einer kreisförmigen Wellenfront **(d)** zusammen.

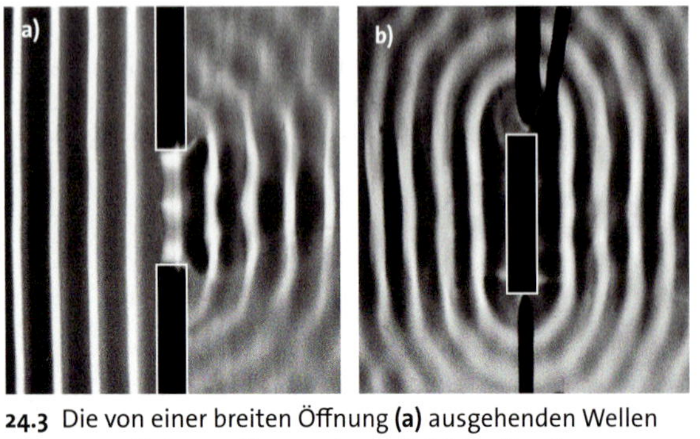

24.3 Die von einer breiten Öffnung **(a)** ausgehenden Wellen stimmen mit denen, die von einem gleich breiten Erreger erzeugt werden **(b)**, überein.

Versuch 1: Das rote Licht eines Laserpointers fällt auf einen Doppelspalt und von dort auf einen in einiger Entfernung stehenden Schirm. Der Strahlenverlauf hinter den Spalten wird mit dem in **Abb. 24.1** eingezeichneten Verlauf verglichen, dem die Schattenkonstruktion aus der Strahlenoptik zugrunde liegt.
Beobachtung: Das Licht hinter den Spalten weitet sich zu beiden Seiten hin auf.
Ergebnis: Das Strahlenmodell des Lichts beschreibt die Ausbreitung hinter einem engen Spalt unzureichend. Das Licht des Laserpointers gelangt in den Bereich des Kernschattens hinter dem Doppelspalt. ◄

Christian Huygens (1629–1695) bemerkte um 1650, dass eine Lichtausbreitung analog zu Wasserwellen die Phänomene erklären würde.

Grundversuch – Wellenwanne 2: In der Wellenwanne werden Kreiswellen (Wellen mit kreisförmiger Wellenfront) bzw. gerade Wellen (Wellen mit gerader Wellenfront) erzeugt, die auf eine Barriere mit einer engen Öffnung zulaufen.
Beobachtung: Von der Öffnung gehen kreisförmige Wellen aus, die gleiche Frequenz und gleiche Wellenlänge wie die erzeugten Wellen besitzen (**Abb. 24.2 a und b**). ◄

Grundversuch – Wellenwanne 3: Läuft eine Welle mit gerader Front gegen eine Barriere, die mehrere nebeneinanderliegende Öffnungen besitzt, so entsteht in einigem Abstand durch die Überlagerung vieler Elementarwellen hinter der Barriere wieder eine vollständige Welle mit gerader Wellenfront (**Abb. 24.2 c**).
Ergebnis: Sobald eine Welle eine Spaltöffnung erreicht, wirkt diese als Zentrum der Entstehung und Ausbreitung einer Kreiswelle. Mehrere Spaltöffnungen nebeneinander senden ebenfalls Kreiswellen aus, die sich zu neuen Wellenfronten überlagern. ◄

Auf eben diese Weise entsteht jede neue Wellenfront aus der vorhergehenden: Auch ohne dass eine Barriere mit schmalen Öffnungen vorhanden ist, ist jeder Punkt einer Wellenfront Zentrum einer Kreiswelle. Alle diese Kreiswellen überlagern sich zu einer neuen Wellenfront, z. B. einer Kreiswelle (**Abb. 24.2 d**).
Die neue Wellenfront, die sich geometrisch als Einhüllende der Kreiswellen konstruieren lässt, entsteht durch Interferenz aller Kreiswellen. Die Bedeutung von Kreiswellen bzw. von Kugelwellen im Raum hat Huygens zuerst erkannt und mit den sogenannten **Elementarwellen** die Wellentheorie begründet. Er hat 1678 in seinem Werk *Traité de la lumière* mit dem Konzept der *Elementarwellen* und der *Einhüllenden* das Verhalten von Wellen erklärt, um vor allem die physikalischen Eigenschaften des Lichts verstehen zu können.

Huygens'sches Prinzip
Jeder Punkt einer Wellenfront kann als Ausgangspunkt von Elementarwellen angesehen werden, die sich mit gleicher Geschwindigkeit und gleicher Frequenz wie die ursprüngliche Welle ausbreiten. Die Einhüllende aller Elementarwellen ergibt die neue Wellenfront.

Grundversuch – Wellenwanne 4: Laufen gerade Wellen auf eine breite Öffnung zu, so entstehen in einem begrenzten Streifen gerade Wellenfronten (**Abb. 24.3 a**). Wird ein Erreger mit derselben Breite wie die vorher verwendete Öffnung benutzt, so bildet sich dahinter nahezu das gleiche Wellenmuster (**Abb. 24.3 b**).
Ergebnis: Die Übereinstimmung der entstehenden Wellenbilder bestätigt die Anwendbarkeit des Huygens'schen Prinzips. ◀

Mit dem Huygens'schen Prinzip lassen sich die Phänomene der Reflexion, Brechung und Beugung von Wellen auf ein einfaches Konzept zurückführen und erklären.

Reflexion

Trifft eine Welle auf die Grenzfläche zweier Medien, so gehen von der Grenzfläche zwei Wellen aus: Eine Welle wird an der Grenzfläche reflektiert und läuft zurück; eine zweite tritt in das andere Medium. Sie bildet die gebrochene Welle.

Versuch 5 – Reflexionsgesetz: Eine gerade Welle läuft gegen ein schräg in die Wellenwanne gestelltes gerades Hindernis. Beobachtet wird in stroboskopischer Beleuchtung.
Beobachtung: Die reflektierten Wellenfronten schließen mit dem Hindernis denselben Winkel ein wie die ankommenden Wellen. Wird die *Wellennormale* (senkrecht zu den Wellenfronten) der ankommenden und der reflektierten Welle zum Einfallslot auf die reflektierende Fläche gezeichnet, so bestätigt eine Messung des Einfallswinkels und des Reflexionswinkels das aus der Optik bekannte Reflexionsgesetz (**Abb. 25.1**). ◀

Die *Erklärung* dieses Gesetzes liefert das Huygens'sche Prinzip (**Abb. 25.2**): Die gerade Wellenfront AB trifft in der Stellung $A_1 B_1$ im Punkt A_1 auf die ebene reflektierende Grenzfläche. Während die Welle vom Punkt B_1 der Wellenfront in der Zeit Δt die Strecke $B_1 B_2 = v\,\Delta t$ durchläuft und in B_2 ebenfalls die reflektierende Grenzfläche erreicht, breitet sich mit gleicher Geschwindigkeit v um A_1 eine Elementarwelle vom Radius $r = v\,\Delta t = A_1 A_2$ aus. Die Tangente von B_2 an diesen Kreis (Konstruktion mit dem Thales-Kreis über $A_1 B_2$, Berührungspunkt A_2) ergibt als Einhüllende der von A_2 und B_2 ausgehenden Elementarwellen die reflektierte Wellenfront $A_2 B_2$. Der Einfallswinkel α und der Reflexionswinkel β finden sich in den Dreiecken $A_1 B_1 B_2$ und $A_1 A_2 B_2$. Aus der Kongruenz der Dreiecke folgt das Reflexionsgesetz.

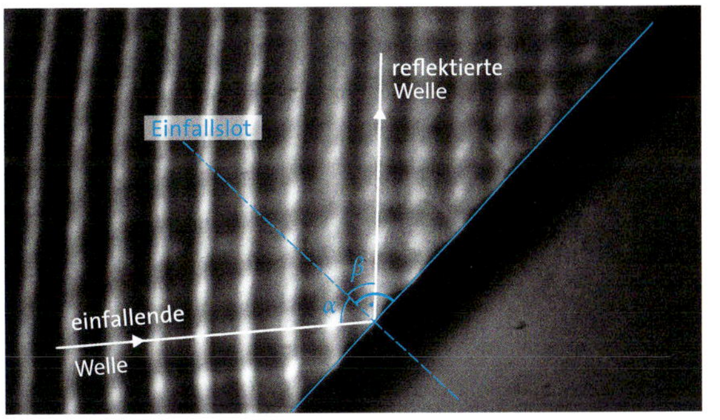

25.1 Reflexion einer geraden Welle an einer geraden Wand: Für die Welle gilt das Reflexionsgesetz $\alpha = \beta$.

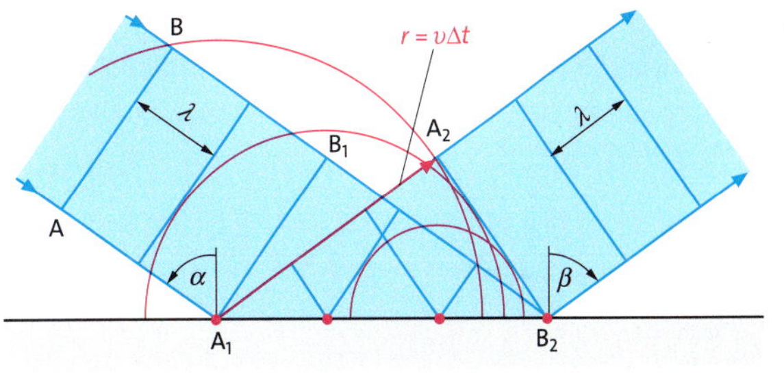

25.2 Erklärung des Reflexionsgesetzes mit dem Huygens'schen Prinzip

Reflexionsgesetz für Wellen
Das Huygens'sche Prinzip zeigt, dass der Einfallswinkel α gleich dem Reflexionswinkel β ist: $\alpha = \beta$.

Brechung

Die gebrochene Welle tritt in ein anderes Medium ein und bewegt sich dort mit veränderter Geschwindigkeit. Das gilt für Wasserwellen wie für Lichtwellen. In der Folge verändert sich die Richtung, in der sich die Welle ausbreitet.

Versuch 6 – Brechungsgesetz: Gerade Wellen laufen schräg auf eine Glasplatte zu, die nur dünn mit Wasser bedeckt ist.
Beobachtung: Die Wellenfronten vor der Glasplatte und über der Glasplatte sind nicht mehr parallel. Die Welle hat ihre Ausbreitungsrichtung geändert. Die Wellen sind gebrochen worden (**Abb. 26.1**). ◀

Bei geeignet gewählter Frequenz der stroboskopischen Beleuchtung scheinen die Wellen sowohl im tiefen als auch im flachen Wasser stillzustehen. Daraus ist zu schließen, dass die Frequenz der Wellen vor der Grenzfläche gleich der hinter der Grenzfläche ist: Die Frequenz der Wellen hat sich bei der Brechung nicht geändert. Jedoch ist die Wellenlänge im flachen Wasser kleiner als im tiefen. Die Wellenlänge ändert sich also, die Frequenz ist konstant.

Nach dem Huygens'schen Prinzip schwingen alle Erregerzentren von Elementarwellen mit derselben Frequenz wie der reale Wellenerreger. Gemäß der Beziehung $v = \lambda f$ muss die Ausbreitungsgeschwindigkeit im flachen Wasser geringer als im tiefen sein.

Demnach erklärt sich die Brechung daraus, dass die im flachen Wasser langsamer vorankommenden Wellenfronten einen geringeren Abstand λ zueinander einnehmen müssen. Um hierbei nicht „abzureißen", müssen sie zum Einfallslot „einschwenken" (**Abb. 26.2**).

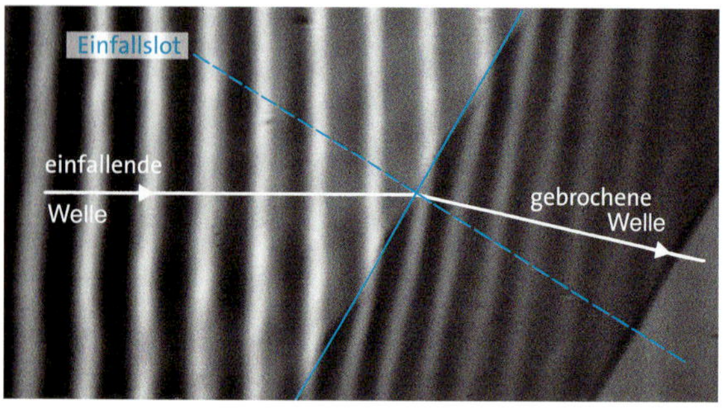

26.1 Brechung einer geraden Welle an einer geraden Grenzlinie zwischen zwei Medien

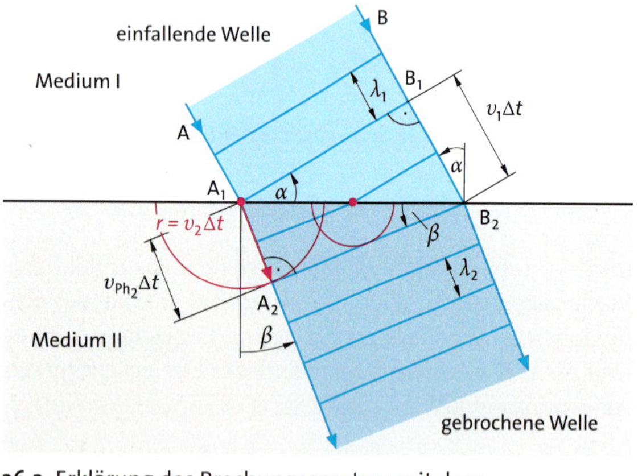

26.2 Erklärung des Brechungsgesetzes mit dem Huygens'schen Prinzip

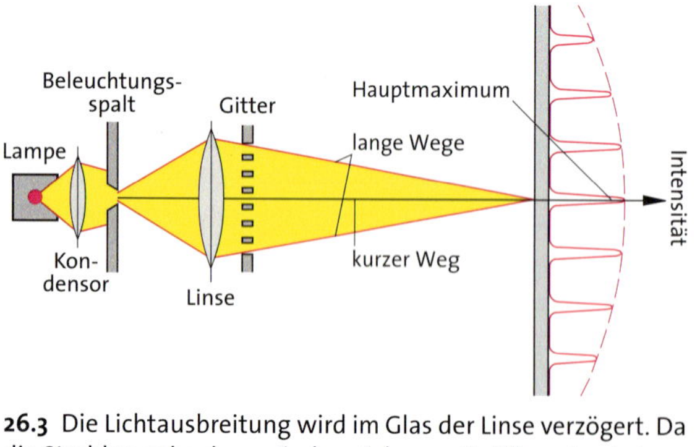

26.3 Die Lichtausbreitung wird im Glas der Linse verzögert. Da die Strahlen nahe der optischen Achse weite Wege durch das Glas zurücklegen, werden sie stärker verzögert als die Randstrahlen. Die Verzögerung gleicht die längeren Lichtwege der Randstrahlen aus.

Dabei stellt sich die Frage, wie das Licht, das sich im Vakuum mit der konstanten Lichtgeschwindigkeit $c = 3 \cdot 10^8$ m/s ausbreitet, in einem Körper diese Geschwindigkeit nicht erreicht.

. In einem Glaskörper, beispielsweise einer Linse, wird das Licht durch die atomaren Bestandteile des Glaskörpers ständig absorbiert und wieder emittiert. Durch diese Vorgänge verzögert sich die Ausbreitung der Lichtwelle gegenüber der Ausbreitung im Vakuum, die Lichtwelle scheint sich langsamer auszubreiten. **Abb. 26.3** zeigt ein Beispiel: Das Licht des Beleuchtungsspalts legt die unterschiedlichen Wege zum Hauptmaximum H in der gleichen Zeit zurück.

Beugung

Mit dem Begriff **Beugung** wird ein Phänomen beschrieben, welches im Gegensatz zu Reflexion und Brechung aus der Strahlenoptik nicht bekannt ist. Mit der Beugung wird erklärt, wie sich Wellen um ein Hindernis herum ausbreiten. Damit ist dann auch eine Erklärung für die Ergebnisse von Versuch 1 möglich.

Grundversuch – Wellenwanne 7: Gerade Wellen gleicher (**Abb. 27.1**) und verschiedener (**Abb. 27.2**) Frequenz laufen in der Wellenwanne gegen unterschiedlich breite (gerade) Hindernisse bzw. gegen Hindernisse mit verschieden breiten Öffnungen.

Beobachtung: Die Wellenfronten werden durch die Hindernisse nicht scharf begrenzt, sondern die Welle breitet sich umso weiter in den geometrischen „Schattenraum" hinter dem Hindernis aus, je schmaler das Hindernis oder je enger die Öffnung wird. ◂

Das Eindringen von Wellen in den geometrischen Schattenraum hinter Hindernissen oder Öffnungen wird als **Beugung** bezeichnet.

Entscheidend für die Ausprägung der Beugungserscheinung ist das Verhältnis der Größe des beugenden Hindernisses zur Wellenlänge. Wellen mit kleiner Wellenlänge werden schwächer gebeugt als Wellen mit größerer Wellenlänge. Die Beugung ist besonders stark, wenn das Ausmaß des beugenden Hindernisses von gleicher Größenordnung wie die Wellenlänge oder kleiner ist (**Abb. 27.2**).

Nach dem Huygens-Fresnel'schen Prinzip gehen von allen Punkten der Wellenfront in den Öffnungen bzw. von allen Punkten der Wellenfront neben den Hindernissen Elementarwellen aus, die sich im Schattenraum ausbreiten und überlagern. Die Beugung gehört also zu den Interferenzerscheinungen. Im Gegensatz zu der bisher behandelten Interferenz von endlich vielen Wellen überlagern sich jetzt unendlich viele. Hier liegt eine kontinuierliche Verteilung gleichartiger Elementarwellenzentren vor, von denen die interferierenden Wellen ausgehen. Bei der Überlagerung der Wellen sind deren Wegdifferenzen zum Überlagerungspunkt von entscheidender Bedeutung.

Beugung tritt immer auf, wenn irgendein Teil der ursprünglichen Wellenfront abgeschirmt ist. In den **Abb. 27.1** und **27.2** z. B. fehlen bei der Entstehung der neuen Wellenfront mehr oder weniger viele Elementarwellen der alten Wellenfront.

> Die Ausbreitung einer Welle unterscheidet sich von der Ausbreitung eines Teilchenstrahls. Eine Welle dringt in den Schattenraum hinter einem Hindernis ein, ein Teilchenstrahl nicht. Ist eine Öffnung bzw. ein Hindernis im Vergleich zur Wellenlänge groß, so kann die Beugung vernachlässigt werden. Die Wellen gelangen kaum in den Schattenraum.

Die Wellenlänge des Lichts ist im Vergleich zu der von Wasserwellen oder Schallwellen sehr klein. Es sind also Öffnungen von wenigen Mikrometern erforderlich, um die Beugung von Licht deutlich zu zeigen.

Fallen zwei Wellen unterschiedlicher Wellenlänge durch einen Spalt, dann wird wie in **Abb. 27.2** das Licht mit der größeren Wellenlänge stärker gebeugt. Rotes Licht wird im Vergleich zu blauem Licht durch Beugung stärker aufgeweitet (**Abb. 27.3**).

Die Beugung ist bereits bei den Experimenten mit dem Doppelspalt wie in **Abb. 12.3** der Grund für die Ausweitung der Lichtbündel hinter den Spaltöffnungen (siehe Versuch 1). Erst die Beugung bewirkt, dass sich das Licht aus den beiden Öffnungen überlagert. Nur im Überlagerungsbereich sind Interferenzen festzustellen. Für ein optisches Gitter gilt die gleiche Überlegung.

Die geometrisch konstruierten Schattenräume der beiden Spaltöffnungen sind hingegen voneinander getrennt und sind zur Erklärung der Überlagerung ungeeignet.

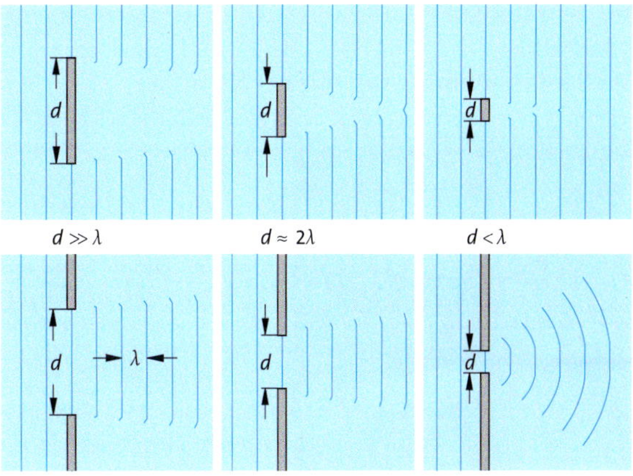

27.1 Beugung an Öffnungen verschiedener Breite

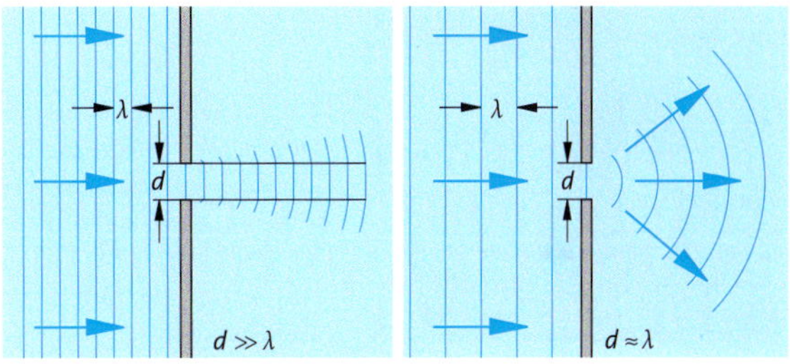

27.2 Bei der Beugung ist das Verhältnis von Wellenlänge und Breite der beugenden Öffnung entscheidend.

27.3 Das Licht hinter einem Spalt (schwarz eingezeichnet) wird durch Beugung unscharf begrenzt. Das rote Lichtbündel wird stärker aufgeweitet als das blaue, da das Verhältnis von Wellenlänge und Breite der beugenden Öffnung größer ist.

Aufgaben

1. **a)** Stellen Sie die Wirkungen von Reflexion, Brechung und Beugung auf die Ausbreitung von Wellen zusammen. Präsentieren Sie das Ergebnis.
   b) Ermitteln Sie, welche Eigenschaften von Reflexion, Brechung und Beugung von der Wellenlänge der Welle abhängen. Begründen Sie das Ergebnis.
   c) Bewerten Sie die Aussagen der Strahlenoptik und der Wellenoptik zu Reflexion, Brechung und Beugung.
2. Das Licht eines Laserpointers tritt durch eine enge Öffnung aus dem Laserpointer aus.
   Kommentieren Sie die Wirkung der Öffnung auf die Aufweitung des Laserstrahls bei einem rot leuchtenden, grün leuchtenden und blau leuchtenden Laser.

Materialgestützte Aufgaben

Wellenlängenmessung mit der Kamera

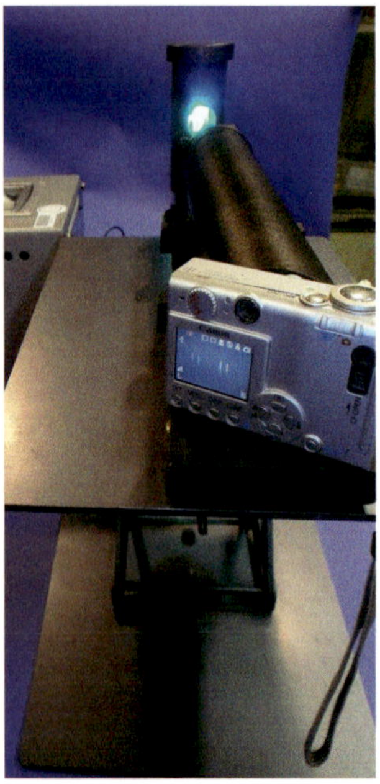

Aufbau: Zur Messung und Aufzeichnung von optischen Spektren wird folgender Aufbau verwendet: Das Gehäuse des Spektrometers besteht aus einer einseitig schräg (30°) angesägten schwarzen Papprolle. Das Licht fällt von der Lichtquelle durch einen Spalt aus im Abstand 1 mm aneinander geklebten Rasierklingen in die Papprolle. Vor der Linse einer Digitalkamera ist ein Streifen Gitterfolie mit 1000 Linien/mm angebracht, die das Licht spektral zerlegt. Im Display der Kamera erscheinen die Maxima erster Ordnung (**Abb. links**). Das Hauptmaximum ist ausgeblendet.

Eichung: Zur Eichung der Anzeige wird das Spektrum von Quecksilber verwendet. Die fünf sichtbaren Linien haben die Wellenlängen Violett $\lambda_1 = 404{,}7$ nm, Blau $\lambda_2 = 435{,}8$ nm, Grün $\lambda_3 = 546{,}1$ nm, Gelb $\lambda_4 = 577{,}0$ nm und $\lambda_5 = 579{,}0$ nm. Der Abstand der Linien vom linken Rand ist ein Maß für die Wellenlänge.

Messung: Mithilfe der Eichung sollen die Wellenlängen eines unbekannten Spektrums bestimmt werden.

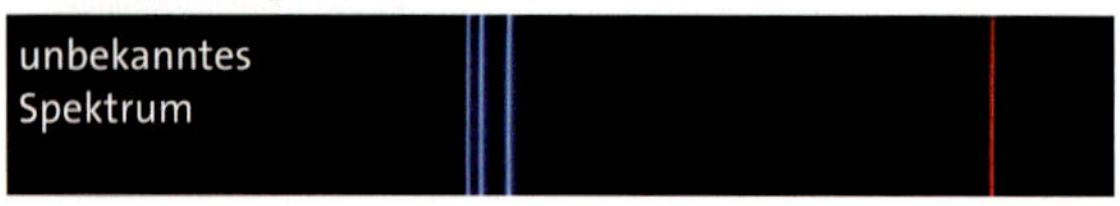

Aufgaben

1. a) Messen Sie im Quecksilberspektrum den Abstand a der Linien vom linken Rand. Tragen Sie die Werte der Wellenlänge λ über dem Abstand a auf.
   b) Zeigen Sie, dass ein linearer Zusammenhang zwischen dem Abstand a und der Wellenlänge λ besteht. Ermitteln Sie einen Formelzusammenhang, der aus dem Abstand a die Berechnung der Wellenlänge λ ermöglicht.
   c) Bestimmen Sie die Wellenlängen der Linien aus dem unbekannten Spektrum.
   d) Ermitteln Sie aus der Literatur die Wellenlängen des Spektrums von Zink (Zn). Vergleichen Sie mit den Werten des unbekannten Spektrums.

Wellentheorie und Korpuskeltheorie des Lichts

Zwei Hypothesen über die physikalische Natur des Lichtes standen sich zu Beginn der Neuzeit gegenüber.
In seiner **Wellentheorie** nahm Huygens an, dass der leere Raum mit einem elastischen **Äther** erfüllt sei und alle durchsichtigen Körper aus kleinsten schwingungsfähigen Teilchen beständen. Wie Schallwellen durch die Luft sollten sich auch hier Wellen von der Lichtquelle mit endlicher Geschwindigkeit durch den Raum ausbreiten.
Als Begründer der **Korpuskulartheorie** gilt Newton (1643–1727). Nach seiner Theorie geht von allen selbstleuchtenden Körpern ein Strom kleinster Teilchen **(Korpuskeln)** aus, die sich mit endlicher Geschwindigkeit durch das Vakuum und alle durchsichtigen Körper zu bewegen vermögen. Im Auge rufen sie Lichtreize und Farbwirkungen hervor.

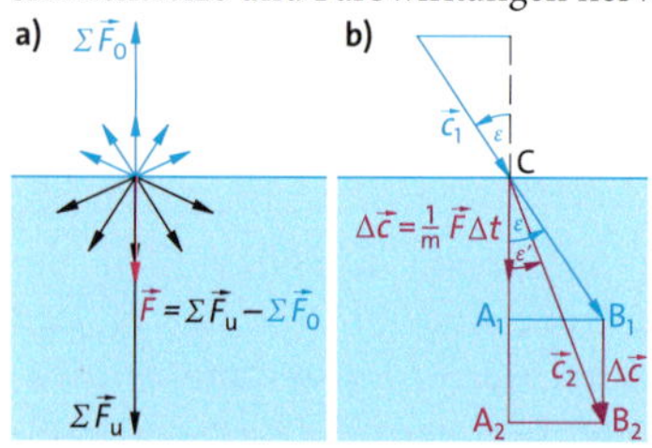

Beide Theorien konnten die damals bekannten optischen Erscheinungen Reflexion und Brechung erklären: Schwieriger war das Brechungsgesetz zu erklären, besonders die beobachtete teilweise Reflexion. Newton half sich mit den „Anwandlungen“, wonach die Korpuskeln beim Auftreffen auf die Grenzfläche verschieden reagieren sollten. Das Brechungsgesetz selbst erklärte er durch unterschiedliche Gravitationswirkungen an der Grenzfläche: Solange sich ein Teilchen in einem Glas bewegt, heben sich die Gravitationskräfte der Umgebung auf, das Teilchen bewegt sich mit konstanter Geschwindigkeit. An der Grenzfläche zweier Medien jedoch sollte eine resultierende Kraft entstehen, die in das dichtere Medium hinein gerichtet ist und das Teilchen in der kurzen Zeit des Übergangs von einem Medium zum anderen beschleunigt (**Abb. a**). Die daraus folgende Geschwindigkeitsänderung $\Delta c = F\Delta t/m$ ändert die Geschwindigkeit c_1 zur Geschwindigkeit c_2 (**Abb. b**). Die Geschwindigkeit im optisch dichteren Medium sollte um den Faktor *n größer* sein als im optisch dünneren.
Nach der Huygens'schen *Wellentheorie müsste* sich das Licht im optisch dichteren Medium um den Faktor *n langsamer* bewegen als im optisch dünneren.

Aufgaben

1. a) Stellen Sie die Theorien von Newton und Huygens im Vergleich vor.
   b) Bewerten Sie beide Theorien hinsichtlich der Erklärung der Brechung.
   c) Entwickeln Sie ein Experiment, mit dem sich entscheiden ließe, ob die Theorie von Newton oder die von Huygens zutreffend ist.
2. a) Ermitteln Sie anhand von **Abb. b** den Formelzusammenhang $c_2 = n\,c_1$ von Newton, wobei c_1 die Geschwindigkeit des Lichts vor der Grenzfläche und c_2 die im Glas ist.
   b) Begründen Sie den Zusammenhang $c_2 = c_1/n$ von Huygens qualitativ mit dem Wellenmodell.

Spektren von nahezu weiß leuchtenden Dioden

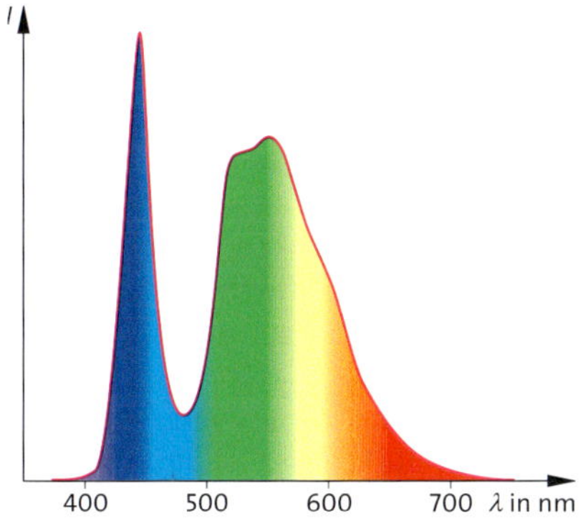

Das gängigere Verfahren für weiß-leuchtende Dioden, sogenannte **weiße Leuchtdioden**, ist das Prinzip der Fotolumineszenz. Hier wird oberhalb einer blauen LED eine dünne Phosphorschicht aufgetragen. Das blaue Licht der LED mit $\lambda = 440$ nm regt die Phosphorschicht zum Leuchten an, die gelb-rotes Licht abgibt. So wird ein Teil des blauen Lichts in gelb-rotes Licht von 480 nm bis 700 nm umgewandelt, was zusammen mit dem blauen Licht nahezu weißes Licht erzeugt. Der Farbton des weißen Lichts kann je nach Dosierung des Phosphor-Farbstoffes variieren. So entstehen verschiedene Weißtöne wie Warmweiß, Neutralweiß oder Kaltweiß.

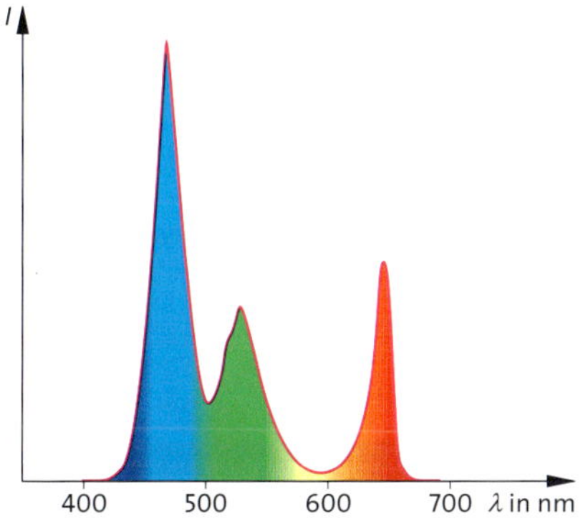

Die zweite Methode zur Gewinnung von weißem LED-Licht mit **RGB-Leuchtdioden** basiert auf dem Prinzip der additiven Farbmischung. Hier entsteht das weiße Licht durch die Mischung von rotem, grünem und blauem LED-Licht (RGB) mit den Wellenlängen 470 nm, 530 nm und 680 nm. Der Vorteil bei dieser Methode: Durch gezielte Ansteuerung kann die Lichtfarbe verändert werden. So kann neben weißem Licht auf Wunsch auch farbiges Licht erzeugt werden.

Aufgaben

1. **a)** Interpretieren Sie die beiden Spektren bezüglich der Farbe des Lichts. Stellen Sie Gemeinsamkeiten und Unterschiede heraus.
   b) Erläutern Sie die Erzeugung des Lichts einer weißen LED und einer RGB-LED im Vergleich.
   c) Ermitteln Sie die Möglichkeiten zur Veränderung der Lichtfarbe bei einer weißen LED und einer RGB-LED.
2. **a)** Recherchieren Sie die Bedeutungen von „Warmweiß", „Neutralweiß" und „Tageslichtweiß".
   b) Stellen Sie die Möglichkeiten dar, mit weißen Leuchtdioden und einer RGB-LED die unterschiedlichen Weißarten zu erzeugen. Bewerten Sie die Verwendung in der Praxis.

Farben hinter einer CD

Eine Experimentierlampe mit Kondensor wird vor einer Wand bzw. einem großen weißen Schirm aufgebaut. Das Licht fällt annähernd orthogonal auf eine transparente CD und trifft den Bereich, in dem die Tangente der Spuren vertikal verläuft. Vielen Spindeln mit CD-Rohlingen liegt eine transparente, nicht verspiegelte Scheibe bei, die Spuren im gleichen Abstand wie bei der CD aufweist. Eine solche Scheibe wird im Experiment verwendet. Das Zentrum der CD wird mit einer lichtundurchlässigen Kreisscheibe von ca. 8 cm Durchmesser abgeklebt.

Außer dem zu erwartenden Schattenwurf beobachtet man im Zentrum des Schattens eine helle, farbige Lichterscheinung. In Abhängigkeit von der Entfernung zwischen Schirm und CD beobachtet man bei geringem Abstand zunächst Purpur, dann Rot, mit zunehmendem Abstand dann Gelb, Grün, Türkis, Blau und Violett. Diese Farberscheinungen gehen nicht immer direkt ineinander über, in bestimmten Abständen beobachtet man keine Farberscheinung bzw. Mischfarben.

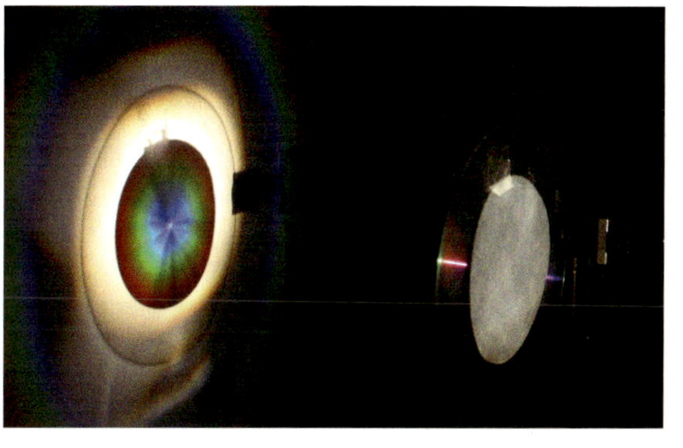

Aufgaben

1. **a)** Beschreiben Sie das Experiment. Fertigen Sie eine Skizze der Lichtwege an und erklären Sie die Entstehung der je nach Abstand unterschiedlich farbigen Lichterscheinungen im Zentrum der Figur.
   b) Der Abstand von der CD zum Schirm wird, beginnend mit kleinen Abständen, vergrößert. Die erste Farbe, die im Zentrum des Schattens auftritt, ist Rot. Begründen Sie das Versuchsergebnis.
   c) Bei weiter vergrößerten Abständen von der CD zum Schirm treten weitere Farben auf, bis als letzte Violett erreicht wird. Begründen Sie das Versuchsergebnis.
   d) Vergleichen Sie die Farbfolge von Rot zu Violett mit dem Spektrum von weißem Licht hinter einem Gitter. Ermitteln Sie, in welchen Fällen Mischfarben statt Spektralfarben auftreten und begründen Sie diese Folgerung.

1.2 Elektronen

Bereits im Altertum war bekannt, dass ein Stück Bernstein nach dem Reiben mit Stoff kleine Staubteilchen anzieht. Um 1600 prägte der Leibarzt von Königin Elisabeth I. von England, William GILBERT (1544–1603), nach dem griechischen Wort „elektron" für Bernstein den Begriff **Elektrizität**. In der Folgezeit entwickelte sich dann die Lehre von der Elektrizität von einer rein phänomenologischen zu einer wissenschaftlichen Disziplin, die nach den Ursachen für die beobachteten Phänomene fragt. Wie stets in der Physik wurde dieser Weg von Modellbildungen begleitet. Die Begriffe **elektrische Ladung** und **elektrisches Feld** erwiesen sich dabei als zentral. Die elektrische Ladung stellt eine fundamentale Eigenschaft jeglicher Materie dar; elektrische Felder beschreiben die Kraftwirkungen, die auf elektrische Ladungen ausgeübt werden.

Von der Elementarladung *e* ...

Die elektrische Ladung baut sich aus einem kleinsten Quantum, der Elementarladung e oder $-e$, auf. Ladung kann nicht stetig vergrößert oder verkleinert werden, sondern ihre Größe lässt sich nur „gequantelt" verändern. Dass beim Fließen eines elektrischen Stromes nichts von der Ladungsquantelung bemerkt wird, liegt daran, dass die Elementarladung im Allgemeinen sehr klein gegenüber der gesamten fließenden Ladung ist. Beim Reiben eines Plastikstabes gehen beispielsweise 10^{10} Elementarladungen auf den Stab über.

... zum Elektron e

Die Materie ist aus kleinsten Teilchen aufgebaut, den Atomen. Das Elektron ist das leichteste, elektrisch geladene Elementarteilchen, es wird wie die Elementarladung e ebenfalls mit e bezeichnet. Der experimentelle Nachweis von Elektronen gelang erstmals im Jahre 1897 durch den Briten Joseph John THOMSON (1856–1940). Im Verlauf der unterschiedlichsten Experimente wurde deutlich, dass ein Elektron Eigenschaften wie elektrische Ladung $-e$, Masse m_e und weitere wie Impuls und Energie hat. Für alle diese Größen lassen sich Messwerte angeben (→ „Physikalische Konstanten" im Anhang). Die festen Werte für die Ladung $-e$ und die Masse m_e, die in genau dieser Kombination wiederholt auftreten, haben zu der Idee geführt, sie zusammenzufassen und damit ein Teilchen, das Elektron, zu charakterisieren. Wenn heute von einem Elektron die Rede ist, dann ist ein Teilchen mit den genannten Eigenschaften gemeint. Andere Teilchen wie Proton oder Neutron haben andere Eigenschaften.
Das Elektron wird also durch seine messbaren Eigenschaften beschrieben. Von diesen werden die wichtigsten in den folgenden Experimenten ermittelt. Dabei wird sich zeigen, dass Elektronen manche, aber nicht alle Eigenschaften makroskopischer Objekte haben. Das wird beispielsweise an den unterschiedlichen Darstellungen von Elektronen deutlich (siehe **Abb. 30.1** und **Abb. 30.2**). Elektronen sind Quantenobjekte, wie sich zeigen wird.

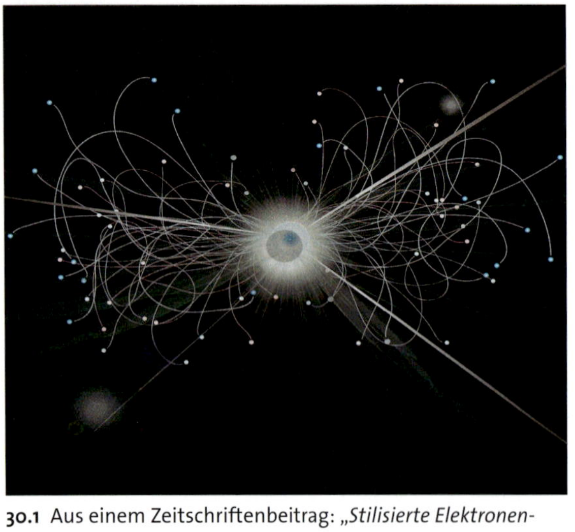

30.1 Aus einem Zeitschriftenbeitrag: *„Stilisierte Elektronenwolke – Elektronen können als Teilchen wie als Welle dargestellt werden."* Hier sind die Elektronen als kleine Kügelchen dargestellt. Ferner sind die Bahnen der Elektronen nachgezeichnet.

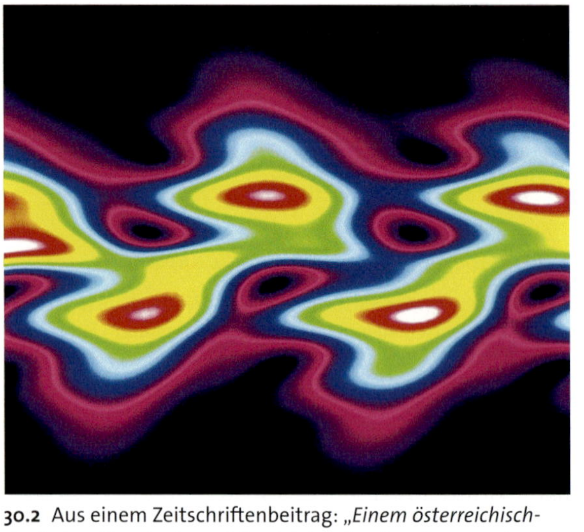

30.2 Aus einem Zeitschriftenbeitrag: *„Einem österreichisch-deutschen Forscherteam ist es jetzt erstmals gelungen, ein „Foto" eines einzelnen Elektrons zu schießen. Eine kleine Sensation, die weltweit aufhorchen lässt."* Hier ist ein Elektron als farbig kodierter, ausgedehnter Bereich dargestellt.

1.2.1 Quantelung der Ladung

Der amerikanische Physiker Robert Andrews MILLIKAN (1868–1953, Nobelpreis 1923) hat ein Experiment durchgeführt mit dem Ziel, die winzigen Ladungen kleiner Öltröpfchen zu bestimmen. Durch diese Messungen hatte er Anlass anzunehmen, dass eine kleinste Ladung, die **Elementarladung *e*,** existiert, von der alle anderen Ladungen ganzzahlige Vielfache sind.

Versuch 1 – Öltröpfchen-Versuch: Zwischen zwei waagerecht angeordnete Metallplatten werden Öltröpfchen mit nahezu konstanter Masse gesprüht, die dabei durch Reibung ein wenig elektrisch aufgeladen sind. Mithilfe eines Mikroskops werden die Tröpfchen bei seitlicher Beleuchtung beobachtet (**Abb. 31.1**).
Ergebnis: Die Öltröpfchen sinken mit konstanter Geschwindigkeit nach unten. Durch die Gravitationskraft fallen sie anfangs beschleunigt. Sie erreichen durch die Reibung in der Luft alsbald auf eine konstante Fallgeschwindigkeit. ◂

Versuch 2 – Öltröpfchen in der Schwebe: Wird nun eine elektrische Spannung U an die Metallplatten gelegt, so werden die elektrisch geladenen Öltröpfchen neben der Gravitationskraft nach unten auch elektrisch beeinflusst. Die Bewegung eines Tröpfchens wird für verschiedene Spannungen U untersucht. Die Spannung wird variiert mit dem Ziel, einzelne Öltröpfchen in der Schwebe zu halten.
Ergebnis: Die meisten Öltröpfchen bewegen sich mit konstanter Geschwindigkeit nach oben oder unten. Bei bestimmten Spannungswerten gelingt es, wenige in der Schwebe zu halten. Bei jedem dieser Öltröpfchen wird die Gewichtskraft F_G durch eine nach oben gerichtete Kraft F_{el} kompensiert (**Abb. 31.2**). ◂

Angenommen, die Öltröpfchen hätten alle die gleiche Größe und die gleiche Masse m, dann wäre die Gravitationskraft $F_G = m\,g$ für alle gleich. Im Gleichgewicht wie in **Abb. 31.3** hätte dann auch die elektrische Kraft F_{el} für alle Tröpfchen den gleichen Wert. Unter der Voraussetzung, dass die elektrische Kraft F_{el}, die mit der angelegten Spannung U eingestellt wird, von der elektrischen Ladung abhängt, hätten die Öltröpfchen in **Abb. 31.3** alle die *genau gleiche* Ladung.

Weitere Versuche zeigen, dass es auch für andere Einstellungen der elektrischen Spannung U gelingt, mehrere der geladenen Öltröpfchen in der Schwebe zu halten. Das heißt, nur bei ganz bestimmten Spannungswerten ist die elektrische Kraft auf die Öltröpfchen entgegengesetzt gleich der Gravitationskraft. Zwischen diesen besonderen Spannungswerten sind allerdings *keine* Einstellungen möglich, die Vergleichbares bewirken. Wenn die elektrische Kraft von der Ladung der Öltröpfchen abhängt, dann muss die Ladung auch ganz bestimmte, besondere Werte haben. Es werden keine Zwischenwerte für die Ladung festgestellt.

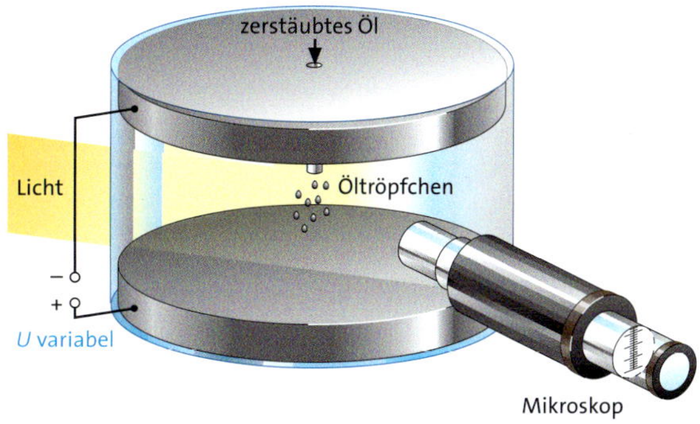

31.1 Kammer zur Bestimmung der Ladung von Öltröpfchen im Millikan-Versuch. Mithilfe eines Mikroskops mit eingebauter Skala wird die Bewegung der Tröpfchen beobachtet.

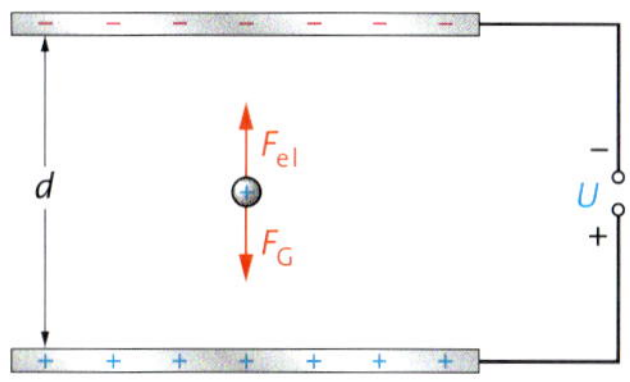

31.2 Kräfte, die im Gleichgewichtszustand auf ein geladenes Tröpfchen wirken

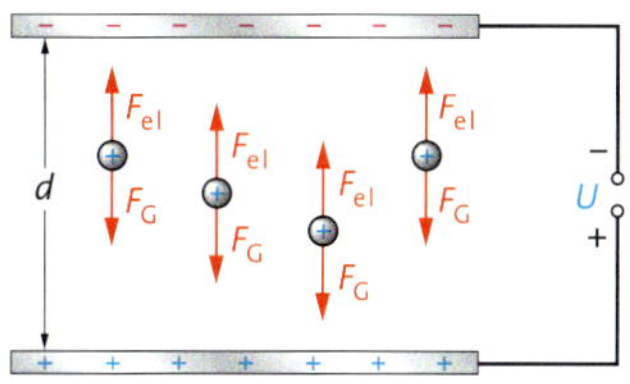

31.3 Wirken auf mehrere gleiche Öltröpfchen die gleichen elektrischen Kräfte, dann ist ihre elektrische Ladung gleich.

> **Ladungsquantelung**
> Die elektrische Ladung der Öltröpfchen zeigt Werte, die sich schrittweise vergrößern oder verringern. Zwischenwerte werden nicht gemessen.

Aufgaben

1. Nehmen Sie an, dass die Ladung eines Öltröpfchens in **Abb. 31.1** um $\frac{1}{10}$tel ihres Wertes vergrößert (verkleinert) würde. Begründen Sie, wie sich die Ladungsänderung auf die Bewegung des Öltröpfchens auswirken würde.
2. Wenn ein Körper elektrisch ungeladen ist, dann bedeutet dies, dass die negativ geladenen Teilchen des Körpers die positiv geladenen Teilchen genau kompensieren. Erläutern Sie, dass dieser Sachverhalt bereits auf die Existenz von quantisierten Ladungen hinweist.

1.2.2 Geladene Teilchen im elektrischen Feld

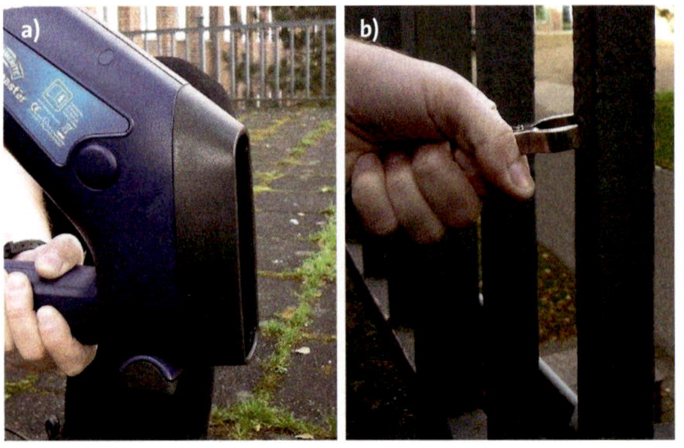

32.1 Die Lacksprühpistole lädt die Lackpartikel elektrisch auf (a). Das zu lackierende Metallgeländer wird elektrisch leitend verbunden (b); damit wird ein elektrisches Feld zwischen Lacksprühpistole und Metallgeländer hergestellt.

32.2 Die Lacktröpfchen bewegen sich von der Lacksprühpistole zum Geländer. Sie treffen jedoch nicht nur an der Vorderseite auf. Manche Lacktröpfchen erreichen die Geländerstrebe von der Seite oder von hinten.

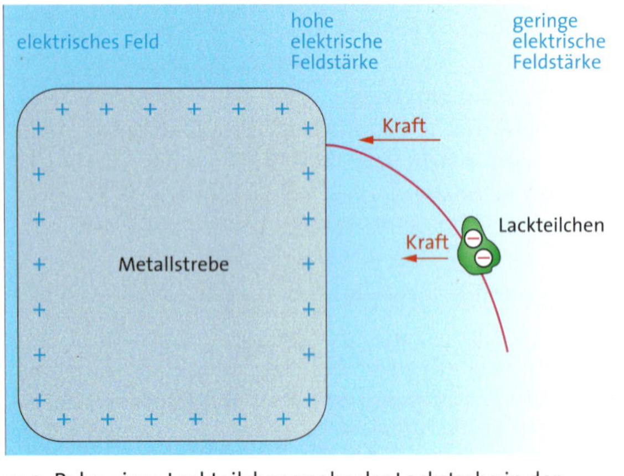

32.3 Bahn eines Lackteilchens nahe der Lackstrebe in der Vergrößerung. Die Bahn des Lackteilchens ist in der Nähe des Metalls gekrümmt. Die Kraft auf das geladene Teilchen wird auf die Stärke des elektrischen Feldes an diesem Ort zurückgeführt.

In der Autoindustrie wird die Technik des Lackauftragens mit elektrisch geladenen Lacktröpfchen zur Beschichtung von Karosserieteilen verwendet. Damit lassen sich auch schwer zugängliche Stellen der Karosserie gleichmäßig mit Lack versehen. Das Ergebnis ist ein gleichmäßiger Lackauftrag an allen Seiten des Metalls. Das Verfahren wird mit der Lackierung eines Metallgeländers demonstriert. Eine Lacksprühpistole lädt die Lacktröpfchen elektrisch auf (**Abb. 32.1 a**). Ferner wird die Sprühpistole elektrisch mit einem Metallgeländer verbunden (**Abb. 32.1 b**). Das eingebaute Netzgerät erzeugt zwischen der Lacksprühpistole und dem Metallgeländer ein elektrisches Feld.

Versuch 1: Die elektrisch geladenen Farbpartikel werden in Richtung Metallgeländer gesprüht (**Abb. 32.2**). Die Bewegung der geladenen Farbpartikel wird beobachtet.
Beobachtung: Die elektrisch geladenen Farbpartikel bewegen sich nicht nur gegen die Vorderseite der Metallstrebe, sondern gelangen auch von den Seiten her (**Abb. 32.3**) und von hinten zum Metall. Die Lacktröpfchen würden im ungeladenen Zustand oder ohne das elektrische Feld an der Metallstrebe vorbeifliegen. Aufgrund ihrer Ladung werden sie zum Metall hin abgelenkt. Es muss eine elektrische Kraft auf die geladenen Teilchen wirken.
Deutung: Das elektrische Feld bewirkt die Ablenkung der geladenen Lackteilchen. ◂

Ein geladenes Teilchen erfährt im elektrischen Feld eine Kraft. Die Stärke der **elektrischen Kraft** an einem Ort hängt von der **elektrischen Feldstärke** an diesem Ort und der **elektrischen Ladung** des Teilchens ab. Die Richtung der Kraft ist abhängig vom Vorzeichen der Ladung und von der Richtung der Feldstärke.

Die Kraft zwischen elektrisch geladenen Körpern ist zunächst – wie auch die Gravitationskraft – als Fernkraft aufgefasst worden, d. h. als Kraft, die unmittelbar und ohne zeitliche Verzögerung von einem elektrisch geladenen Körper auf einen anderen wirkt (**Fernwirkung**). Michael Faraday (1791–1867) deutete die elektrischen Kräfte als Wirkung des *elektrischen Feldes* auf geladene Körper (**Nahwirkung**): Das **elektrische Feld** befindet sich in der Umgebung eines jeden elektrisch geladenen Körpers. In diesem Feld wirkt auf einen anderen elektrisch geladenen Körper eine Kraft. Diese elektrische Kraft hängt davon ab, wo sich der Körper im Feld befindet. Die Stärke des Feldes und die Richtung des Feldes am Ort des Körpers und die Ladung des Körpers selbst bestimmen die elektrische Kraft.

Elektrische Feldlinien

Die elektrische Feldstärke an einem Ort gibt an, wie stark das elektrischen Feld dort ist. Ihr Wert kann mit einem Pfeil dargestellt werden: Dessen Länge entspricht dem Betrag und dessen Richtung der Richtung der elektrischen Feldstärke in diesem Punkt. Die Darstellung elektrischer Felder durch **Feldlinien**, die sich aus aneinandergehängten Pfeilen ergeben, geht auf FARADAY zurück und wird durch die folgenden Versuche angeregt.

Versuch 2: Auf dem Boden einer flachen, mit Rizinusöl gefüllten Glasschale sind Metallplättchen angebracht. Diese Metallplättchen werden aufgeladen und die Ölschicht mit Grieskörnern bestreut. Dieser Versuch kann mit unterschiedlichen Anordnungen und Formen der Metallplättchen wiederholt werden.
Beobachtung: Da die Grieskörner elektrische Ladungen tragen, werden sie durch die Kräfte auf die Ladungen im elektrischen Feld bewegt und ausgerichtet und schließen sich zu Ketten längs der Kraftrichtungen zusammen. (**Abb. 33.1**). ◂

Versuch 3: Zwischen zwei parallele Metallplatten großer Querschnittsfläche, die entgegengesetzt geladen sind, werden kleine Watteteilchen, Styroporkügelchen oder Papierstückchen eingebracht (**Abb. 33.2**).
Beobachtung: Die Watteteilchen bewegen sich im Feld eines solchen Plattenkondensators längs paralleler Bahnen senkrecht zu den Platten. Berührt ein Watteteilchen eine der Platten, so wird es umgeladen und vom Feld in die Gegenrichtung gezogen. ◂

Diese Versuche führen zu der von FARADAY entwickelten Darstellung elektrischer Felder durch **elektrische Feldlinien** (**Abb. 33.3**). Für die Konstruktion von Feldlinienbildern werden drei Festlegungen getroffen:

- In jedem Punkt des Feldes gibt die Richtung der elektrischen Kraft auf eine positive Ladung die Richtung der Feldlinie an.
- Die elektrischen Feldlinien beginnen auf positiven Ladungen und enden auf negativen.
- Der Wert der Ladung bestimmt die Anzahl der Feldlinien, die von ihr ausgehen oder auf ihr enden.

Mit diesen Festlegungen lassen sich Aussagen über das elektrische Feld treffen, die im Folgenden experimentell nachgewiesen werden.

> Die Dichte der Feldlinien ist zur Feldstärke proportional.

Ausgehend von den Feldlinienbildern können sogar quantitative Aussagen gewonnen werden. **Abb. 33.3** zeigt die Feldlinienbilder der elektrischen Felder aus **Abb. 33.1**.

a) b)

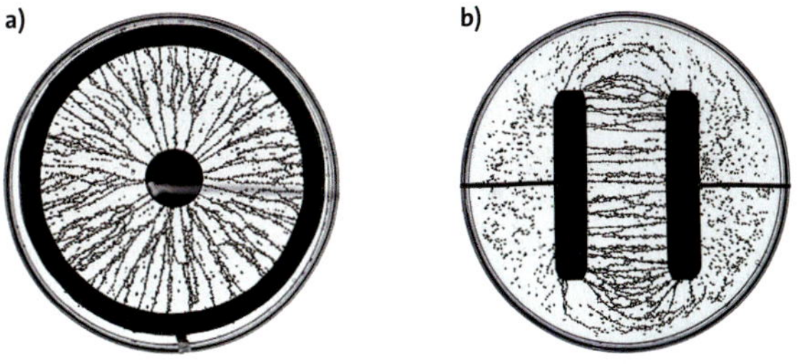

33.1 Ketten aus Grieskörnern zeigen die Strukturen elektrischer Felder: **a)** ein radialsymmetrisches Feld; **b)** ein homogenes Feld.

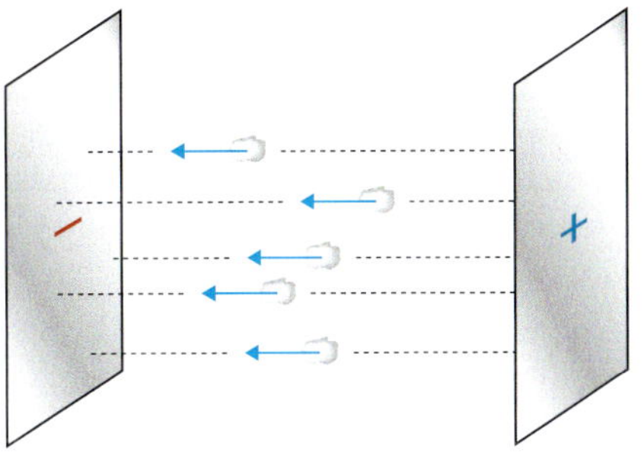

33.2 Wattekügelchen bewegen sich längs der Feldlinien.

a) b)

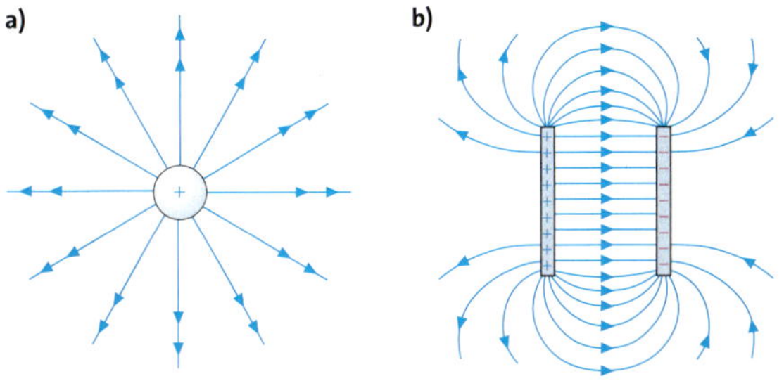

33.3 Feldlinienbilder für die elektrischen Felder aus **Abb. 33.1**. **a)** Die Dichte der Feldlinien und damit die Feldstärke nimmt nahe der zentralen Ladung zu. **b)** Zwischen den Platten ist die Feldliniendichte und damit die Feldstärke konstant.

> Das Feld in einem Plattenkondensator aus parallelen Metallplatten ist, von den Randbereichen abgesehen, **homogen**: Die Feldstärke ist an allen Orten gleich groß, die Feldlinien verlaufen parallel (**Abb. 33.3 b**).

Aufgaben

1. Ermitteln Sie die Wirkung von Feldlinien auf die Bahnen geladener Teilchen. Unterscheiden Sie dabei Feldlinien in Bewegungsrichtung und Feldlinien senkrecht dazu.
2. Diskutieren Sie die beiden Aussagen im Vergleich:
   a) „Die positive Ladung zieht die negative Ladung an."
   b) „Die positive Ladung erfährt im Feld der negativen Ladung eine elektrische Kraft."

1.2.3 Die elektrische Kraft und die Energie

Elektrische Kräfte zeigen sich, wenn ein Kondensator an eine Spannungsquelle angeschlossen wird: Das elektrische Feld im Kondensator übt eine Kraft auf geladene Teilchen aus. Die Frage nach dem Wert der Kraft F_{el} in Abhängigkeit von der Spannung U gilt es zu klären.

Die elektrische Ladung und die Energie

In einem elektrischen Stromkreis wird die transportierte Energie E mit

$$E = U\,I\,t$$

berechnet. Dabei ist I der Strom im Stromkreis, U die angeschlossene Spannung und t die Zeit, in der der Energietransport stattfindet. Da $q = I\,t$ die elektrische Ladung ist, die bei einem Strom I in der Zeit t durch einen Leiterquerschnitt fließt, folgt eingesetzt:

$$E = q\,U$$

> Die Energie mit der Einheit $[E] = 1$ J (1 Joule) ist gleich dem Produkt aus der Ladung mit der Einheit $[q] = 1$ C (1 Coulomb) und der Spannung mit der Einheit $[U] = 1$ V (1 Volt).
>
> $$E = q\,U$$

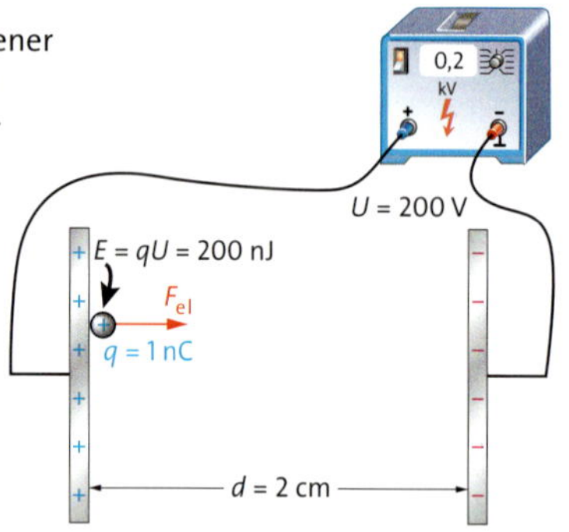

34.1 Ein positiv geladener Körper bewegt sich in Richtung der Feldstärke und nimmt dabei Energie aus dem Feld auf.

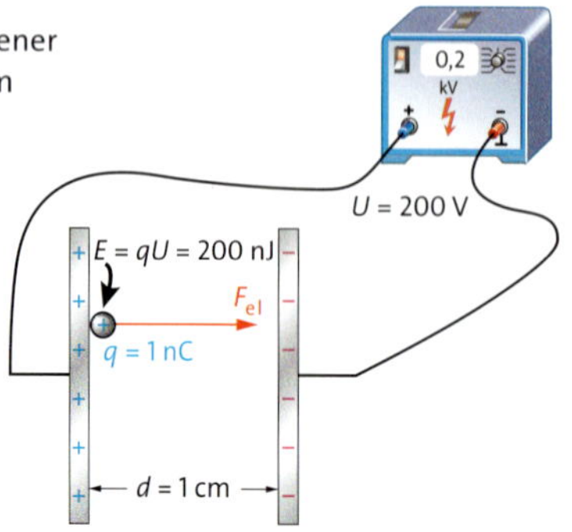

34.2 Ein positiv geladener Körper nimmt auf dem halben Weg die gleiche Energie aus dem Feld auf.

Beispiel Energieaufnahme im Feld

Ein Kondensator ist auf die Spannung $U = 200$ V aufgeladen. Ein Tröpfchen mit der Ladung $q = 1$ nC $= 1 \cdot 10^{-9}$ C nimmt auf dem Weg von einer Kondensatorplatte zur anderen Energie aus dem elektrischen Feld auf (**Abb. 34.1**). Der Energiebetrag ist
$E = q\,U = 10^{-9}\,\text{C} \cdot 200\,\text{V} = 2 \cdot 10^{-7}\,\text{J} = 0{,}2\,\mu\text{J}$. ◂

Ausgehend von der angelegten Spannung U kann die Energie, die ein geladener Körper aus dem elektrischen Feld aufnimmt, einfach berechnet werden. Die elektrische Kraft, die dabei auf den Körper wirkt, ist jedoch nicht immer gleich groß.

Die elektrische Kraft

Die elektrische Kraft auf den Körper mit der Ladung q ist im elektrischen Feld eines Kondensators mit der Spannung U überall gleich groß. Das Feld ist homogen (→ 1.2.2). Auch im Kondensator mit halbem Plattenabstand (**Abb. 34.2**) ist die Kraft überall gleich groß. Es bleibt jedoch offen, ob und wie sich die Kraft gegenüber der im Kondensator in **Abb. 34.1** verändert hat.

Die Energie, die der Körper mit der Ladung q bei der Spannung U aufnimmt, ist in beiden Fällen gleich, da q und U die gleichen Werte haben und $E = q\,U$ gilt. Der Rückschluss auf die elektrischen Kräfte F_{el}, die auf das Teilchen mit der Ladung q wirken, gelingt über $E = F\,s$: Die Energie berechnet sich als Produkt aus Kraft F und Weg s. Bei halbem Plattenabstand d (**Abb. 34.2** gegenüber **Abb. 34.1**) hat die Kraft F_{el} den doppelten Wert. Daraus lässt sich verallgemeinern: Bei gleicher Energie E ist die elektrische Kraft F_{el} umso größer, je kleiner der Plattenabstand d ist. Als Formel: $F = E / d$.

> Die elektrische Kraft F_{el} ist gleich dem Quotienten aus der Energie E und dem Abstand der Kondensatorplatten d.
>
> $$F_{el} = \frac{E}{d}$$
>
> oder mit $E = q\,U$
>
> $$\boldsymbol{F_{el} = q\frac{U}{d}}$$

Aufgaben

1. Die zwei Kondensatoren (**Abb. 34.1** und **34.2**) sind auf die Spannung $U = 200$ V aufgeladen. Berechnen Sie jeweils die elektrische Kraft auf ein Tröpfchen mit der Ladung $q = 1$ nC.
2. Zwei Kondensatoren mit unterschiedlichem Plattenabstand sind auf die gleiche Spannung $U = 200$ V aufgeladen. Diskutieren Sie die Werte der Kraft F_{el} und der Energie E bei der Bewegung eines Teilchens mit der Ladung $q = 1$ nC.

Exkurs

Das Laborbuch von R. A. MILLIKAN

MILLIKAN wurde 1868 als Sohn eines Geistlichen geboren. Zunächst studierte er Mathematik und Griechisch, danach absolvierte er einen mehrwöchigen Physikkurs und betätigte sich nach Examen als Physiklehrer.

1909 begann MILLIKAN ein Forschungsprogramm zur Bestimmung der elektrischen Ladung von Elektronen. Zuerst benutzte er für seine Experimente geladene Wassertröpfchen. Später entwickelte er die Öltröpfchen-Methode, die für die Bestimmung der Elementarladung besser geeignet war, weil die Öltröpfchen sich im Vergleich zu den Wassertröpfchen als viel stabiler erwiesen. Bei diesen Messungen gelang es ihm, die kleinste elektrische Ladung zu bestimmen, die von MILLIKAN mit „*e*" bezeichnet wurde. 1910 veröffentlichte er seine erste Arbeit über 38 Ladungsmessungen an Einzeltröpfchen, die auf großes Interesse, aber auch auf Kritik stieß. Um diese Einwände zu entkräften, veröffentlichte im Jahre 1913 (siehe unten) eine zweite Arbeit zur experimentellen Bestimmung der elektrischen Elementarladung *e*, deren Ergebnisse jedoch wiederum angezweifelt wurden.

In seinem 1918 veröffentlichten Buch „Das Elektron" behauptete MILLIKAN, dass seine Messungen präziser als die der Konkurrenz seien, da die Werte nur sehr wenig streuten. Diese Arbeit wurde zur Grundlage seines späteren Ruhms und seiner Auszeichnung mit dem Nobelpreis im Jahre 1923.

Kritik an MILLIKANS Leistungen

Die Kritik beruht unter anderem auf der Analyse von MILLIKANS Laborbüchern durch den amerikanischen Historiker A. Franklin. Er fand heraus, dass MILLIKAN – entgegen der Behauptung in seiner entscheidenden Veröffentlichung – nicht alle seine Messwerte veröffentlicht hatte. MILLIKAN hat die Ergebnisse seiner Experimente „geschönt", indem er Messdaten weggelassen hat, die nicht ganzzahlige Vielfache der Elementarladung ergaben – also dem eigentlichen Ergebnis widersprachen. Gerade diese Aussage bildete aber ein starkes Argument MILLIKANS gegen die Existenz von „Subelektronen", die der Wiener Physikprofessor Felix EHRENHAFT nachgewiesen haben wollte.

Andererseits lässt sich argumentieren, dass das Verwerfen fragwürdiger Werte durchaus Teil wissenschaftlicher Praxis sei. So besteht bei MILLIKANS Experiment beispielsweise ein Problem darin, dass die Tiefenschärfe des Beobachtungsmikroskops nur sehr klein ist. Insofern kann nicht ausgeschlossen werden, dass sich ein Tröpfchen nach hinten aus der Ebene hinaus- und gleichzeitig ein zweites in die Ebene hineinbewegt. Wahrgenommen wird aber nur, dass der Lichtpunkt unschärfer und anschließend wieder schärfer wird. Dies lässt sich auch damit erklären, dass sich das Teilchen leicht nach hinten und dann wieder in die Ebene zurückbewegt hat.

Originalaufbau des Millikan-Experiments

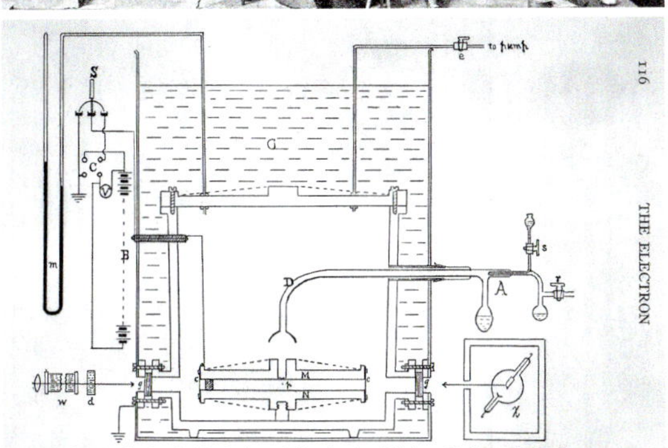

FIG. 8.—*A*, atomizer through which the oil spray is blown into the cylindrical vessel *D*. *G*, oil tank to keep the temperature constant. *M* and *N*, circular brass plates, electrical field produced by throwing on 10,000-volt battery *B*. Light from arc lamp *a* after heat rays are removed by passage through *w* and *d*, enters chamber through glass window *g* and illuminates droplet p between plates *M* and *N* through the pinhole in *M*. Additional ions are produced about *p* by X-rays from the bulb *X*.

MILLIKANS Veröffentlichung aus dem Jahr 1913, Messung 14

VOL. II.] NO. 2.] ELECTRICAL CHARGE AND AVOGADRO CONSTANT. 109

ON THE ELEMENTARY ELECTRICAL CHARGE AND THE AVOGADRO CONSTANT.

BY R. A. MILLIKAN.

I. INTRODUCTORY.

THE experiments herewith reported were undertaken with the view of introducing certain improvements into the oil-drop method[1] of determining *e* and *N* and thus obtaining a higher accuracy than had before been possible in the evaluation of these most fundamental constants.

TABLE VI.

Drop No. 14.

t_g	t_F	$\frac{1}{t_F}$	n'	$\frac{1}{n'}\left(\frac{1}{t'_F}-\frac{1}{t_F}\right)$	n	$\frac{1}{n}\left(\frac{1}{t_g}+\frac{1}{t_F}\right)$	
18.606							
18.732							
18.784							
18.700	46.172	.02163			11	.006820	
18.730	17.896		5	.006874			$V_i = 5077$
18.652	17.818	.05600			16	.006833	$V_f = 5073$
18.656	46.328		5	.006886			$t = 23.09°$ C.
18.730	46.258	.02157			11	.006815	$p = 75.28$
18.760	46.266						$v_1 = .05451$
18.708	67.473		1	.006803			$a = .0002185$
18.658	67.148	.01484			10	.006823	$l/a = .04348$
18.668	67.148		6	.006840			$e_1 = 5.064$
18.826	17.896	.05588			16	.006831	
18.710	15.868	.06305			17	.006850	
18.802	15.854		9	.006853			
18.778	730.0	.001370			8	.006845	
18.790	23.376		6	.006882	14	.006861	
18.846	23.504	.04266	4	.006850			
18.804	65.416	.01526	1	.006871	10	.006865	
18.662	118.970	.008389	1	.006784	9	.006864	
18.704	622.8	.001605			8	.006874	
18.730				**.006850**		**.006844**	

1.2.4 Auswertung des Millikan-Versuchs

Die elektrische Kraft F_{el}, die ein Körper mit der Ladung q in einem Kondensator mit der Spannung U erfährt, ist $F_{el} = qU/d$. Darauf aufbauend hat MILLIKAN Messungen durchgeführt, um den Wert der Ladung q mit sehr großer Genauigkeit zu bestimmen. Die Messungen ergaben, dass eine kleinste Ladung, die **Elementarladung *e*,** existiert, von der alle anderen Ladungen ganzzahlige Vielfache sind.

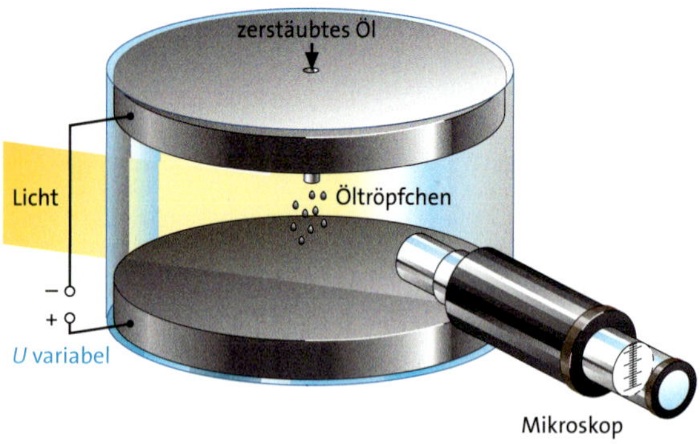

36.1 Kammer zur Bestimmung der Ladung von Öltröpfchen im Millikan-Versuch. Mithilfe eines Mikroskops mit eingebauter Skala wird die Bewegung der Tröpfchen beobachtet.

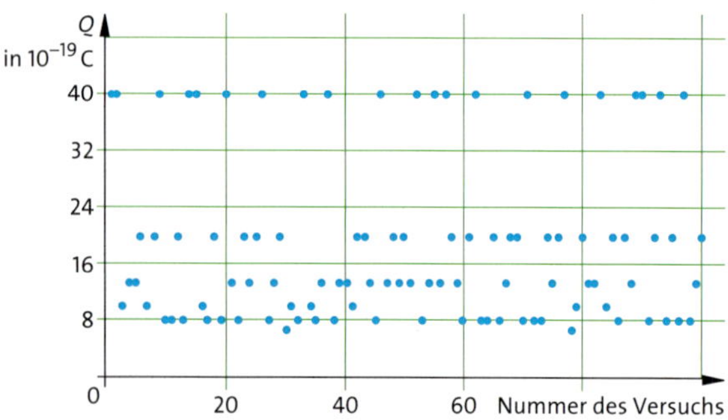

36.2 Beträge der beim Millikan-Versuch gemessenen Ladungswerte für die Öltröpfchen

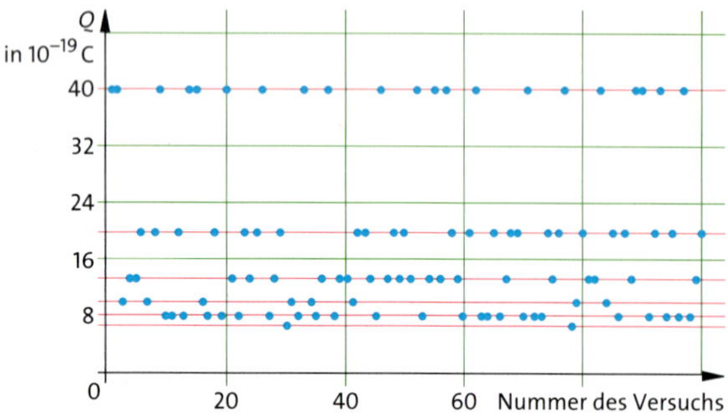

36.3 Die Differenzen der gemessenen Ladungswerte sind Vielfache eines Wertes, des Wertes der Elementarladung.

Millikan-Grundversuch: Zwischen die Platten eines horizontal angeordneten Plattenkondensators, die den Abstand $d = 5$ mm haben, werden Öltröpfchen mit nahezu konstanter Masse $m = 3{,}5 \cdot 10^{-9}$ mg gesprüht, die dabei durch Reibung ein wenig aufgeladen werden (**Abb. 36.1**). Mithilfe eines Mikroskops werden die Tröpfchen bei seitlicher Beleuchtung beobachtet. Wird nun eine elektrische Spannung U an den Kondensator gelegt, so steigen oder sinken die Öltröpfchen unterschiedlich schnell, je nach Stärke des elektrischen Feldes und Ladung des Tröpfchens. Die Luftreibung sorgt dafür, dass nach kurzer Zeit die Geschwindigkeiten konstant sind. Die Spannung U wird so eingestellt, dass ein Tröpfchen in der Schwebe gehalten wird.

Ergebnis: Mit der Spannung $U = 214$ V wird ein Tröpfchen in der Schwebe gehalten. Für das Öltröpfchen wird die Gewichtskraft $F_G = mg$ durch die nach oben gerichtete Kraft $F_{el} = q\,U/d$ kompensiert. Damit kann die Ladung q bestimmt werden. Aus

$$mg = \frac{U}{d}q$$

folgt

$$q = \frac{mgd}{U} = \frac{3{,}5 \cdot 10^{-9} \cdot 10^{-6}\,\text{kg} \cdot 9{,}81\,\text{N/kg} \cdot 0{,}005\,\text{m}}{214\,\text{V}} = 8{,}02 \cdot 10^{-19}\,\text{C}$$

Abb. 36.2 zeigt weitere Messwerte. Das Muster der Messpunkte zeigt, dass bestimmte Ladungswerte häufig auftreten. Zur Verdeutlichung sind die Messwerte in **Abb. 36.3** durch Linien gleicher Ladung verbunden. Wenn die unterschiedlichen Ladungswerte Vielfache einer Elementarladung sind, dann müssen die Abstände der Linien zu dieser Ladung führen. Der kleinste gemessene Abstand ist $1{,}6 \cdot 10^{-19}$ C. Die Messwerte von $6{,}40 \cdot 10^{-19}$ C und $8{,}02 \cdot 10^{-19}$ C unterscheiden sich um $1{,}6 \cdot 10^{-19}$ C. Der Abstand von $8{,}02 \cdot 10^{-19}$ C zu $11{,}02 \cdot 10^{-19}$ C ist doppelt so groß. Die Ladungswerte lassen sich dadurch erklären, dass sie sich jeweils um ein ganzzahliges Vielfaches von $e = 1{,}6 \cdot 10^{-19}$ C voneinander unterscheiden.

Dieses Ergebnis kann nur so gedeutet werden, dass es eine kleinste, immer gleiche Ladung e gibt, von der alle gemessenen Ladungen q ganzzahlige Vielfache sind. Die Messungen zeigen im Rahmen der Messgenauigkeit keine anderen als ganzzahlige Vielfache, was den Rückschluss auf eine elementare Ladung rechtfertigt. ◂

Alle Ladungen sind ganzzahlige Vielfache der elektrischen **Elementarladung** $e = 1{,}602 \cdot 10^{-19}$ C.
Die elektrische Ladung ist eine gequantelte Größe.

Was ist ein Elektron?

Elektronen gehören zu den elementaren materiellen Teilchen. Aktuelle Experimente weisen darauf hin, dass sie nicht aus anderen Teilchen kleinerer Masse zusammengesetzt sind. Deshalb werden sie als „elementar" bezeichnet. Das Elektron ist durch seine physikalischen Eigenschaften charakterisiert. Das sind seine elektrische Ladung

$$q_e = -e = -1{,}602 \cdot 10^{-19}\ \mathrm{C}$$

und seine Masse

$$m_e = 9{,}11 \cdot 10^{-31}\ \mathrm{kg}.$$

Die beiden Größen sind für alle Elektronen genau gleich. Elektronen lassen sich deshalb nicht unterscheiden.
In makroskopischen Körpern sind Elektronen in großer Zahl vorhanden. Nimmt ein solcher Körper ein Elektron auf, dann nimmt seine Gesamtladung um $-e$ zu, seine Masse um m_e, das heißt, die Ladung und die Masse eines Körpers sind quantisiert. Gemessen werden nur ganzzahlige Vielfache dieser Größen. Eine einfache Deutung dieses Ergebnisses ist, dass es sich um ein Elektron oder mehrere Elektronen handelt. Wird das Fünffache der Elementarladung gemessen, dann schließt man auf fünf Elektronen. Oder zehn Elektronen haben eine Masse von $10\ m_e$.
Neben diesen quantisierten, physikalischen Eigenschaften haben Elektronen auch weitere: Sie haben eine Geschwindigkeit, einen Impuls, eine kinetische Energie usw. Die Teilcheneigenschaft der Elektronen zeigt sich darin, dass alle diese Größen eindeutig bestimmte Werte haben. Die Geschwindigkeit hat zu einem Zeitpunkt genau einen Wert, nicht etwa zwei oder mehrere. Das scheint offensichtlich, bedeutet aber, dass genau abgegrenzt ist, was zu einem Elektron dazugehört und was nicht.

Die Größe des Elektrons

Sind Elektronen klein? Haben sie mit ihrer sehr kleinen Masse eine verschwindende Größe? Sind sie punktförmig? Vielfach werden sie so gezeichnet, als kleine Punkte oder Kugeln. Jedoch sagen die Experimente darüber bislang nichts aus. Die Größe der Elektronen lässt sich nicht aus ihrer Masse bestimmen. Ob sie eine bestimmte, feste Größe haben, ist ungewiss.
Die Darstellung der Elektronen als kleine Punkte oder Kugeln führt zu einer Vorstellung, was Elektronen sind. Das führt vielfach zu Fehlvorstellungen, weil mit der punktförmigen Darstellung des Elektrons nicht etwa seine Größe, sondern seine Masse oder eine andere Eigenschaft modellhaft veranschaulicht wird.

Weitere Experimente sind erforderlich, um Aussagen über die Größe von Elektronen zu treffen.

Aufgaben

1. Ein Simulationsprogramm zum Millikanversuch verwendet ein Öltröpfchen mit der Masse $m = 3{,}5 \cdot 10^{-15}$ kg im Kondensator mit dem Plattenabstand $d = 5$ mm. Berechnen Sie die Ladung des Tröpfchens, wenn
a) das Tröpfchen bei einer Spannung $U = 133{,}9$ V langsam nach unten fällt und bei $U = 134{,}0$ V langsam nach oben steigt.
b) Ein weiteres Wertepaar ist $U = 107{,}1$ V und $U = 107{,}2$ V.

2. Die Auswertung der Ladungsmessungen beim Millikan-Versuch vereinfacht sich, wenn nur ganze Zahlen als Messwerte auftreten. Bestimmen Sie aus den folgenden Messwerten den ganzzahligen Ladungswert der elementaren Ladung:
a) 15; 42; 78; 69; 54; 39; 24; 39; 63; 87; 69; 78; 27; 36; 69; 99; 33; 96; 78; 42. **b)** 42; 7; 35; 7; 0; 21; 21; 98; 7; 21; 0; 70; 21; 56; 49; 84; 70; 70; 28; 49. **c)** 12; 36; 12; 72; 66; 6; 0; 78; 84; 24; 6; 48; 60; 18; 48; 30; 66; 66; 12; 12.

3. Die Auswertung der Ladungsmessungen beim Millikan-Versuch wird durch die begrenzte Messgenauigkeit erschwert, selbst wenn der Ladungswert der elementaren Ladung ganzzahlig ist. Bestimmen Sie aus den folgenden Messwerten den ganzzahligen Ladungswert der elementaren Ladung:
a) 96,14; 56,89; 95,30; 99,94; 3,18; 14,25; 23,58; 53,37; 15,67; 60,06; 36,09; 0; 78,56; 72,61; 18,15; 78,03; 50,72; 90,38; 71,56; 15,00. **b)** 34,04; 65,37; 100.89; 9,35; 45,56; 14,72; 29,68; 64,65; 30,73; 90,71; 9,61; 60,85; 99,33; 75,37; 19,29; 0,52; 55,46; 45,50; 75,46; 39,59.

4. Die sehr gute Messgenauigkeit beim Millikan-Versuch ist insbesondere dann erforderlich, wenn der Ladungswert der elementaren Ladung nicht ganzzahlig ist. Verwenden Sie zur Auswertung die Darstellung der Messwerte wie in **Abb. 36.3** und bestimmen Sie den elementaren Wert.
36,59; 19,05; 22,53; 14,76; 38,86; 28,84; 4,34; 31,94; 29,04; 10,88; 28,49; 7,68; 11,15; 21,26; 23,95; 11,18; 12,57; 20,72; 28,99; 32,40.

5. Ein Öltröpfchen mit der Masse $m = 2{,}4 \cdot 10^{-15}$ kg schwebt bei $U = 250$ V in einem Kondensator (Plattenabstand $d = 5$ mm).
a) Bestimmen Sie die Ladung q der Tröpfchens.
b) Bestimmen Sie die Anzahl der Elementarladungen aus der Ladung q.

6. Ein kleiner Wattebausch mit der Masse $m = 0{,}15$ g und der Ladung $q = 5 \cdot 10^{-9}$ C schwebt zwischen zwei Kondensatorplatten, die einen Abstand von 5 cm haben.
a) Skizzieren Sie den Sachverhalt und zeichnen Sie die Kräfte auf den Wattebausch ein.
b) Bestimmen Sie die Spannung U am Kondensator, die den Wattebausch schweben lässt.

7. Die Auswertung des Millikan-Versuchs gelingt mit sehr genauen Messwerten.
a) Schätzen Sie ab, welche Messgenauigkeit für die Ermittlung der Elementarladung erforderlich ist.
b) Millikan soll einige Messwerte bei der Veröffentlichung der Messungen unterschlagen haben. Diskutieren Sie, von welchen Messwerten das zu vermuten ist und welche Ziele damit verfolgt werden. Diskutieren Sie das Vorgehen anhand eines Zahlenbeispiels. Bewerten Sie das Millikan zugeschriebene Vorgehen.

1.2.5 Das Elektron im Fadenstrahlrohr

Neben der Ladung ist eine weitere Eigenschaft des Elektrons seine Masse, welche das Elektron charakterisiert. Wie die elektrische Ladung des Elektrons kann seine Masse nicht direkt bestimmt werden. Die Masse ist zu klein, als dass eine Waage die Masse einer bestimmten Zahl von Elektronen anzeigen könnte. Die Masse kann nur indirekt, durch den Zusammenhang mit anderen, leichter messbaren Größen bestimmt werden.
Die Masse von Elektronen lässt sich z. B. aus der Untersuchung der Kreisbahn (**Abb. 38.1**) bestimmen, auf die Elektronen im Fadenstrahlrohr gelenkt werden.

Das Fadenstrahlrohr besteht aus einer gasgefüllten Glaskugel oder Glasröhre, in der sich Elektronen nahezu reibungsfrei bewegen. In einem ersten Teil der Bewegung durchläuft ein Elektron ein elektrisches Feld (**Abb. 38.2**). Die vom elektrischen Feld an das Elektron abgegebene Energie hat das Elektron als kinetische Energie. Nur unwesentliche Teile dieser Energie werden an das Gas im Fadenstrahlrohr abgegeben, um aus der Leuchterscheinung auf die Bahn der Elektronen zu schließen.
Der zweite Teil der Bewegung, die in einem Magnetfeld stattfindet, zeigt die Elektronen auf einer Kreisbahn (**Abb. 38.1**). Die Kräfte im magnetischen Feld lenken das Elektron auf eine Kreisbahn, aus deren Radius auf die Masse des Elektrons geschlossen werden kann. Ein Teilchen mit einer größeren Masse als das Elektron würde bei gleicher Kraft weniger stark abgelenkt und sich aufgrund seiner Trägheit auf einer Kreisbahn mit größerem Radius bewegen. Der Radius der Kreisbahn hängt also von der Masse des bewegten Teilchens ab.
Der so registrierte Bahnverlauf der Elektronen sagt allerdings nichts über die Geschwindigkeit der Elektronenbewegung aus, die ebenfalls Einfluss auf den Kreisbahnradius nimmt. Auf die Geschwindigkeit muss über die angelegte Spannung U und die Energie E_{kin} der Elektronen rechnerisch geschlossen werden.

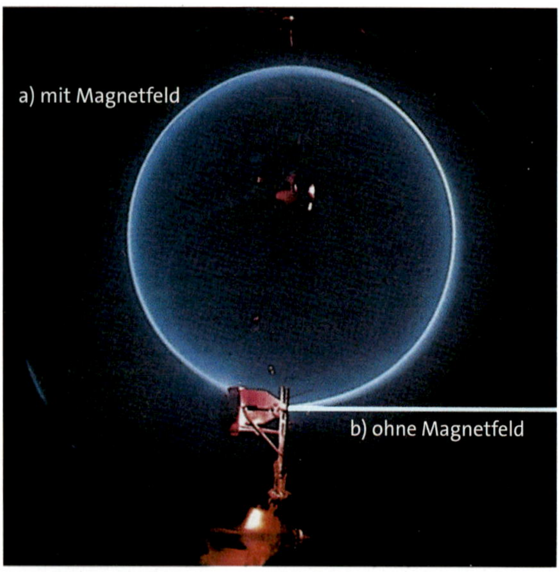

38.1 a) Im Fadenstrahlrohr werden Elektronen im Magnetfeld auf eine Kreisbahn gelenkt. Aus dem Radius der Kreisbahn lässt sich auf die Masse der Elektronen schließen. **b)** Ohne Magnetfeld werden die Elektronen nicht abgelenkt.

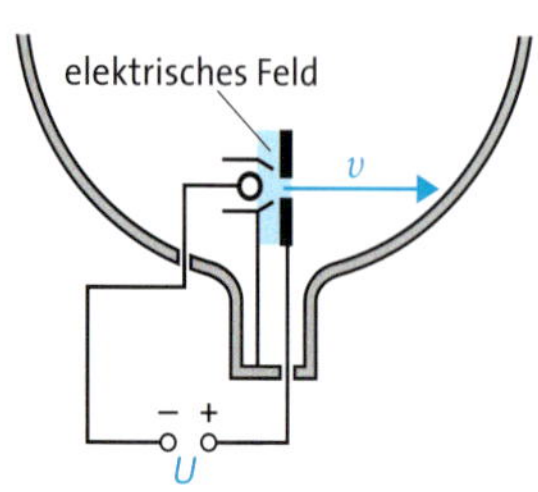

38.2 Im Fadenstrahlrohr werden Elektronen im elektrischen Feld beschleunigt. Anschließend erfolgt die Ablenkung im Magnetfeld wie in **Abb. 38.1**.

Elektronen werden im elektrischen Feld beschleunigt

Im *Fadenstrahlrohr* nehmen Elektronen im elektrischen Feld Energie auf. Die Energieaufnahme E eines einzelnen Elektrons hängt von seiner Ladung e und der Spannung U ab (→ 1.2.3): $E = e\,U$. Das Elektron hat die aufgenommene Energie als kinetische Energie, wenn es das elektrische Feld durchlaufen hat.

$$\frac{1}{2} m_e v^2 = e\,U.$$

Seine Geschwindigkeit v ist dann

$$v = \sqrt{2 \frac{e}{m_e} U}.$$

Die Geschwindigkeit v steigt also mit der angelegten Spannung U an.
Der Wert der Geschwindigkeit lässt sich allerdings nicht angeben, da die Masse m_e eines Elektrons noch nicht bekannt ist. Nachdem das Elektron das elektrische Feld verlassen hat, bewegt es sich mit konstanter Geschwindigkeit weiter. Die elektrische Feldstärke hat außerhalb der Elektroden den Wert null, es wirkt keine elektrische Kraft auf das Elektron.

Aufgaben

1. Berechnen Sie die Geschwindigkeit und die kinetische Energie von Elektronen, die eine Beschleunigungsspannung $U = 300$ V durchlaufen haben.
2. Erläutern Sie, wie sich die Bewegung geladener Teilchen in der Elektronenstrahlröhre ändert, wenn sich statt der Elektronen **a)** Teilchen mit dreifacher Masse, **b)** Teilchen mit dreifacher Ladung oder **c)** Teilchen mit dreifacher Masse und Ladung bewegen.

Fadenstrahlrohr und elektrisches Feld

In einem Fadenstrahlrohr (**Abb. 39.1**) werden freie Elektronen in einem elektrischen Feld beschleunigt.
Die Erzeugung freier Elektronen erfolgt durch hohe Temperaturen. Mit einer Heizspannung wird die Temperatur in einem Metall so weit erhöht, dass Elektronen aus dem Metall austreten. Diese freien Elektronen bilden eine Elektronenwolke um die Heizspirale (**Abb. 39.1**) herum.
Zur Beschleunigung der freien Elektronen wird eine Spannung von beispielsweise $U = 300$ V zwischen Katode und Anode gelegt. Zwischen den beiden Elektroden entsteht ein elektrisches Feld, von dem angenommen wird, dass es annähernd homogen ist. Die Feldstärke ist dann im Bereich zwischen Katode und Anode konstant. Die elektrische Feldstärke ist so gerichtet, dass Elektronen von der Katode hin zur Anode beschleunigt werden und dabei Energie aus dem elektrischen Feld aufnehmen.
Im Glaskolben des Fadenstrahlrohrs sind Gasatome unter geringem Druck vorhanden, die von den beschleunigten Elektronen Energie aufnehmen und die Energie mit dem Licht abgeben (**Abb. 39.2**). Die Leuchterscheinung macht die Bahn der Elektronen sichtbar. Da nur sehr wenige Elektronen Energie an die Gasatome abgeben, wird angenommen, dass die überwiegende Zahl der Elektronen die Energie, die sie aus dem elektrischen Feld aufgenommen haben, als kinetische Energie besitzen.

Die Energie E, die ein Elektron aus dem elektrischen Feld aufnimmt, ist $E = e\,U$. Dabei ist e die Elementarladung und U die Spannung zwischen Katode und Anode. Wenn das Elektron diese Energie nach dem Durchlaufen des elektrischen Feldes als kinetische Energie $E_{\text{kin}} = ½\, m\, v^2$ hat, dann ist

$$\tfrac{1}{2}\, m_e v^2 = e\,U.$$

Seine Geschwindigkeit v ist dann

$$v = \sqrt{2 \frac{e}{m_e} U}.$$

Die Geschwindigkeit v steigt also mit der angelegten Spannung U an. Allerdings hängt die Geschwindigkeit v von der Masse m_e der Elektronen ab. Ohne Kenntnis der Masse kann die Geschwindigkeit nicht angegeben werden.
Zur Massenbestimmung wie für weitere Experimente wird die Bahn der beschleunigten Elektronen durch die Anode hindurch weiter verfolgt. An der Anode ist dazu eine kleine, kreisförmige Öffnung angebracht, durch die die Elektronen sich weiter bewegen. Die elektrische Feldstärke ist hinter der Anode nahezu null, es wirkt keine elektrische Kraft auf die bewegten Elektronen. Die Elektronen bewegen sich hinter der Anode geradlinig gleichförmig, ihre Geschwindigkeit ist konstant.

In **Tab. 39.3** sind Beispielwerte für die Bewegung eines Elektrons im elektrischen Feld zusammengestellt. In Zeitschritten von $\Delta t = 2 \cdot 10^{-10}$ s sind die Werte der Geschwindigkeit v und des Weges s angegeben. Während der beschleunigten Bewegung steigt die Geschwindigkeit v im Zeitintervall um etwa $0{,}88 \cdot 10^6$ m/s an. Anschließend bleibt sie konstant bei $1{,}05 \cdot 10^7$ m/s. Der zurückgelegte Weg s vergrößert sich während der beschleunigten Bewegung in jedem Zeitintervall um $\Delta s = v\,\Delta t$. Anschließend ist der Zuwachs konstant mit $\Delta s = 0{,}21 \cdot 10^2$ m.

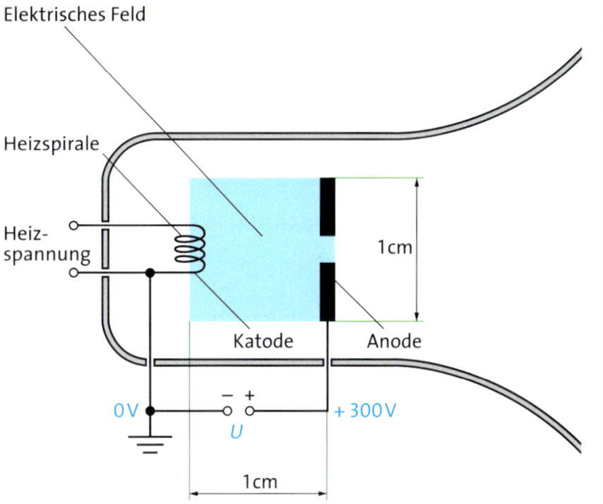

39.1 Im Fadenstrahlrohr werden Elektronen im elektrischen Feld beschleunigt.

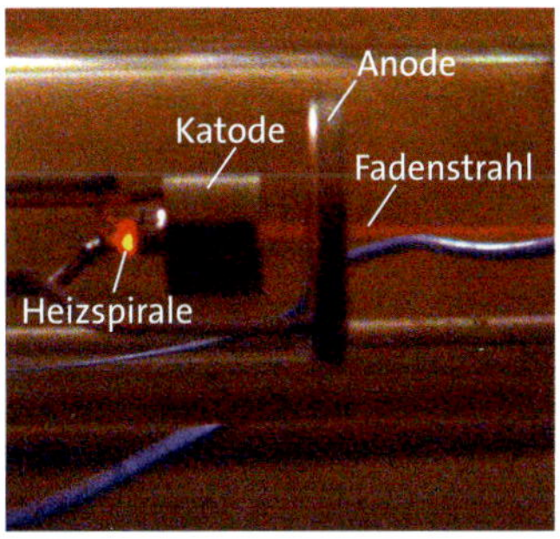

39.2 Im elektrischen Feld zwischen Kathode und Anode werden Elektronen beschleunigt. Die auf der Bahn der Elektronen angeregten Gasatome erzeugen ein Leuchten, das den Bahnverlauf sichtbar werden lässt.

Zeit t in s	**Geschwindigkeit v_x** in m/s	**Weg x** in m
0,00E+00	0,00E+00	0,00E+00
2,00E–10	8,79E+05	0,00E+00
4,00E–10	1,76E+06	1,76E–04
6,00E–10	2,64E+06	5,27E–04
8,00E–10	3,52E+06	1,05E–03
1,00E–09	4,40E+06	1,76E–03
1,20E–09	5,27E+06	2,64E–03
1,40E–09	6,15E+06	3,69E–03
1,60E–09	7,03E+06	4,92E–03
1,80E–09	7,91E+06	6,33E–03
2,00E–09	8,79E+06	7,91E–03
2,20E–09	9,67E+06	9,67E–03
2,40E–09	1,05E+07	1,16E–02
2,60E–09	1,05E+07	1,37E–02
2,80E–09	1,05E+07	1,58E–02
3,00E–09	1,05E+07	1,79E–02

39.3 Werte für die Geschwindigkeit v und den Weg s von Elektronen im Fadenstrahlrohr im Zeitverlauf. Die Werte zeigen, dass auf eine beschleunigte Bewegung eine Bewegung mit konstanter Geschwindigkeit folgt.

1.2.6 Die Masse des Elektrons

Im Fadenstrahlrohr bewegen sich die Elektronen im Magnetfeld auf einer Kreisbahn (**Abb. 40.1**), die durch den Fadenstrahl angezeigt wird. Der Radius dieser Kreisbahn wird verwendet, um zusammen mit anderen Messgrößen auf die Elektronenmasse zu schließen.

Vom Kreisbahnradius zur Elektronenmasse

Der Kreisbahnradius r ist eine Messgröße. Im Folgenden wird ein Weg beschrieben, wie mit dem Kreisbahnradius r auf die Masse m_e des Elektrons geschlossen wird (**Abb. 40.2**).

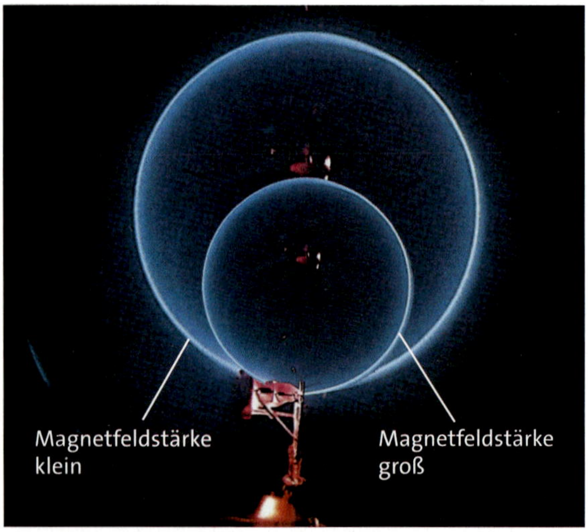

40.1 Im Fadenstrahlrohr werden Elektronen von der Lorentz-Kraft auf eine Kreisbahn gelenkt, deren Radius von der Feldstärke des Magnetfelds abhängt. Aus dem Radius der Kreisbahn lässt sich auf die Masse der Elektronen schließen.

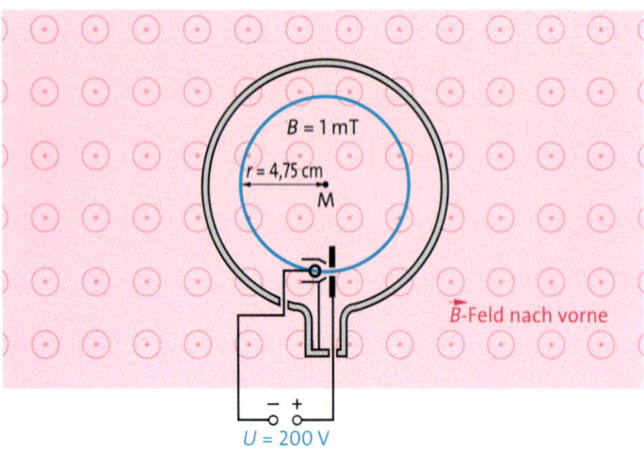

40.2 Ein Maßstab im Fadenstrahlrohr dient zur Messung des Kreisbahnradius. Mit einer Magnetfeldstärke $B = 1$ mT und einer Spannung $U = 200$ V wird ein Kreisbahnradius von $r = 4{,}75$ cm gemessen.

Die Kreisbahn mit dem Radius r erfordert eine Zentripetalkraft $F_Z = m_e v^2/r$ (→ Band E 1.1.4) auf die bewegten Elektronen. Auf der Kreisbahn im Magnetfeld wirkt die Lorentz-Kraft $F_L = e\,v\,B$ (→ 2.1.1) als Zentripetalkraft, dabei ist e die Elementarladung und B die magnetische Feldstärke. Wegen $F_Z = F_L$ ist

$$e\,v\,B = \frac{m_e v^2}{r} \quad \text{oder} \quad m_e = \frac{e\,B\,r}{v}$$

Die Geschwindigkeit v wird aus der Spannung U berechnet

$$v = \sqrt{2\frac{e}{m_e}U}$$

und eingesetzt:

$$m_e = \frac{e\,B\,r}{\sqrt{2\frac{e}{m_e}U}}$$

Die beiden Seiten der Gleichung werden quadriert. Anschließend wird die Gleichung nach m_e aufgelöst:

$$m_e^2 = \frac{e^2 B^2 r^2 m_e}{2\,e\,U}$$

$$m_e = \frac{e\,B^2 r^2}{2\,U}$$

Die Masse eines Elektrons kann mit den Messwerten für B, r und U sowie der Elemtarladung e erechnet werden.

Grundversuch Fadenstrahlrohr 1 – Massenbestimmung: Im Fadenstrahlrohr werden Elektronen im elektrischen Feld beschleunigt und im Magnetfeld auf Kreisbahnen abgelenkt. Bei fester Spannung $U = 200$ V wird die Magnetfeldstärke in Schritten von 1 mT auf 4 mT erhöht und jeweils der Kreisbahnradius gemessen (**Abb. 40.1**). Die Einheit der Magnetfeldstärke B ist das Tesla (nach Nicola Tesla, 1856–1943): $[B] = 1$ T).
Beobachtung: Der Kreisbahnradius verringert sich von 4,75 cm auf 2,4 cm, 1,6 cm und 1,2 cm.
Auswertung für $r = 4{,}75$ cm: Die Beschleunigungsspannung ist $U_B = 200$ V, die Magnetfeldstärke $B = 1{,}0$ mT und der Kreisbahnradius $r = 4{,}75$ cm.

$$m_e = \frac{e\,B^2 r^2}{2\,U} = \frac{1{,}602 \cdot 10^{-19}\,\mathrm{C} \cdot 0{,}001^2\,\mathrm{T}^2 \cdot 0{,}0475^2\,\mathrm{m}^2}{2 \cdot 200\,\mathrm{V}} \approx 9{,}04 \cdot 10^{-31}\,\mathrm{kg}$$

Ergebnis: Die Berechnung der Masse für die vier Messwerte ergibt nach anschließender Mittelung den Wert $m_e = 9{,}11 \cdot 10^{-31}$ kg. ◂

Die **Masse** des Elektrons beträgt

$m_e = 9{,}11 \cdot 10^{-31}$ kg.

Ablenkung und Masse

Die Lorentz-Kraft F_L ändert die Geschwindigkeit der Elektronen in y-Richtung um $\Delta v_y = F_L \Delta t / m_e$, wenn sich das Elektron der Masse m_e und der Geschwindigkeit v um Δx in x-Richtung bewegt. Gleichzeitig verringert sich die Geschwindigkeit v_x, da der Geschwindigkeitsbetrag v auf der Kreisbahn konstant ist.

Teilchen mit der vierfachen Masse $4\,m_e$ würden mit der halben Geschwindigkeit in das Magnetfeld eintreten. Auf einem Stück der Bahn Δx in x-Richtung sind gegenüber den Elektronen mit der Masse m_e zwei Werte geändert: Teilchen mit der vierfachen Masse $4\,m_e$ benötigen wegen der halben Geschwindigkeit die doppelte Zeitspanne für das Wegstück Δx. Ferner hat die Lorentz-Kraft aufgrund der halben Geschwindigkeit nur den halben Wert. Der Geschwindigkeitszuwachs in y-Richtung ist dann für $m = 4\,m_e$:

$$\Delta v_y = \frac{1}{2}\,\frac{F_L(2\,\Delta t)}{4\,m_e} = \frac{1}{4}\,\frac{F_L\,\Delta t}{m_e} \qquad \textbf{(Abb. 41.1)}$$

Das ist ein Viertel des Wertes, der für Teilchen mit $m = m_e$ berechnet wurde.

Geladene Teilchen, die mit der gleichen Spannung U beschleunigt wurden, erfahren im Magnetfeld durch die Lorentz-Kraft eine Zusatzgeschwindigkeit Δv_y, die von der Masse abhängt. Die Zusatzgeschwindigkeit ist zum Quadrat der Masse umgekehrt proportional.

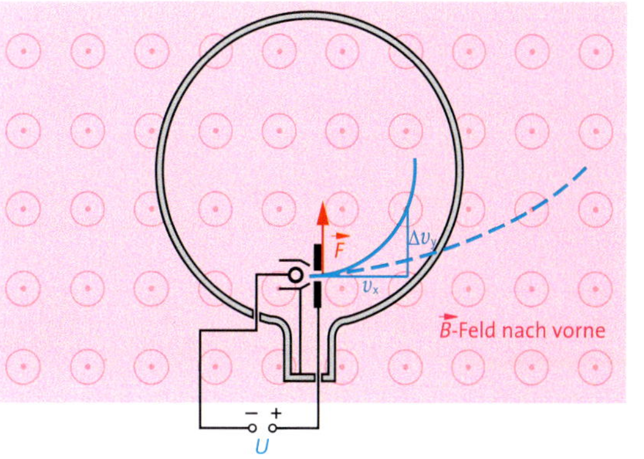

41.1 Im Fadenstrahlrohr werden Elektronen von der Lorentz-Kraft auf eine Kreisbahn gelenkt. Teilchen mit einer größeren Masse werden weniger stark abgelenkt. Der Kreisbahnradius vergrößert sich entsprechend.

Das bedeutet, dass Teilchen mit kleiner Masse eine große Zusatzgeschwindigkeit erhalten. Insbesondere führte die Masse $m = 0$ zu einer unendlich großen Zusatzgeschwindigkeit. Der Bahnverlauf würde dann im Magnetfeld rechtwinklig abknicken. Die Messung der Elektronenmasse zeigt, dass Elektronen eine, wenn auch sehr kleine Masse besitzen.

Aufgaben

1. Die Massenbestimmung des Elektrons wird mit einem Fadenstrahlrohr durchgeführt. Dazu wird die Spannung $U = 200$ V konstant gehalten und die Magnetfeldstärke B schrittweise geändert. Für $B_1 = 1$ mT, $B_2 = 2$ mT, $B_3 = 3$ mT und $B_4 = 4$ mT werden Kreisbahnradien von $r_1 = 4{,}75$ cm, $r_2 = 2{,}40$ cm, $r_3 = 1{,}60$ cm und $r_4 = 1{,}20$ cm gemessen.
a) Tragen Sie die Messwerte in einem Diagramm auf.
b) Bestimmen Sie den Mittelwert für rB und berechnen Sie damit die Masse m_e des Elektrons.

2. Die Massenbestimmung des Elektrons wird mit einem Fadenstrahlrohr durchgeführt. Dazu wird die Magnetfeldstärke $B = 1$ mT konstant gehalten und die Spannung U schrittweise geändert. Für $U_1 = 100$ V, $U_2 = 150$ V, $U_3 = 200$ V und $U_4 = 250$ V werden Kreisbahnradien von $r_1 = 2{,}40$ cm, $r_2 = 3{,}35$ cm, $r_3 = 4{,}15$ cm und $r_4 = 5{,}30$ cm gemessen.
a) Tragen Sie die Messwerte in einem Diagramm auf.
b) Diskutieren Sie, wie aus den Ergebnissen ein Mittelwert zu bilden ist, der die genaue Massenbestimmung ermöglicht.
c) Werten Sie die Ergebnisse aus und bestimmen Sie den Mittelwert die Masse m_e des Elektrons.

3. Statt der Masse des Elektrons soll die eines Protons bestimmt werden. Dazu wird die Spannung U wegen der positiven Ladung e des Protons umgepolt. Bei einer konstanten Spannung $U = 1000$ V wird die Magnetfeldstärke B schrittweise geändert. Für $B_1 = 0{,}1$ T, $B_2 = 0{,}2$ T, $B_3 = 0{,}3$ T und $B_4 = 0{,}4$ T werden Kreisbahnradien von $r_1 = 4{,}55$ cm, $r_2 = 2{,}30$ cm, $r_3 = 1{,}50$ cm und $r_4 = 1{,}15$ cm gemessen. Werten Sie die Ergebnisse aus und bestimmen Sie die Masse m_p des Protons.

4. Elektronen, die mit 150 V beschleunigt wurden, beschreiben im Magnetfeld mit $B = 0{,}85$ mT einen Kreis mit dem Radius $r = 4{,}9$ cm.
a) Berechnen Sie die Masse m_e.
b) Bestimmen Sie die Geschwindigkeit, mit der das Elektron die Anode verlässt.
c) Berechnen Sie die Zeitspanne Δt, die das Elektron für einen Kreisbahnumlauf benötigt.

5. Die magnetische Feldstärke im homogenen Teil eines Helmholtz-Spulenfeldes wird zu $B = 9{,}65 \cdot 10^{-4}$ T bestimmt. Bei einer Beschleunigungsspannung von $U = 210$ V wird im Fadenstrahlrohr der Durchmesser der Kreisbahn zu $d = 10{,}2$ cm gemessen. Berechnen Sie die spezifische Ladung e/m der Elektronen.

6. Ein Proton der Masse $m_p = 1{,}672 \cdot 10^{-27}$ kg bewegt sich mit der Geschwindigkeit $v = 750$ km/s in einem homogenen Magnetfeld der Stärke $B = 245$ mT senkrecht zu den Feldlinien. Berechnen Sie den Radius seiner Kreisbahn.

7. Massenspektrograph: Ionen des Elements Eisen (Fe) mit der Massenzahl 56 (entsprechend $m = 56 \cdot 1{,}660 \cdot 10^{-27}$ kg) werden mit der Geschwindigkeit $v = 2950$ m/s in ein Magnetfeld der Stärke $B = 35$ mT geschossen.
a) Berechnen Sie der Radius der Kreisbahn.
b) Isotope von Eisen haben die Massenzahl 54 oder 57. Bestimmen Sie den Kreisbahnradius bei gleicher Magnetfeldstärke. Berechnen Sie die Spannung, mit der die Isotope beschleunigt werden, um die Geschwindigkeit $v = 438 \cdot 10^3$ m/s zu erhalten. Bewerten Sie das Ergebnis.

Fadenstrahlrohr und magnetisches Feld

Im magnetischen Feld mit der Feldstärke B wirkt auf bewegte Elektronen mit der Geschwindigkeit v und der Ladung $-e$ die Lorentz-Kraft F_L. Für die Lorentz-Kraft auf Elektronen gilt $F_L = e\,v\,B$. Der Formelzusammenhang für die Lorentz-Kraft lässt sich auf verschiedenen Wegen herleiten:

- Die Kraft auf einen stromdurchflossenen Leiter im Magnetfeld B lässt sich messen. Da der Strom auf Elektronen zurückgeführt werden kann, die sich mit der Geschwindigkeit v und der Ladung $q = -e$ bewegen, kann von der Kraft auf den Leiter auf die Kraft geschlossen werden, die auf ein einzelnes Elektron wirkt. Dieser Weg wird an anderer Stelle, in → 2.1.1 *Lorentz-Kraft*, beschritten.
- Die Kraft F_L auf ein Elektron ist der direkten Messung nicht zugänglich, sie ist zu klein. Der Bahnverlauf eines Elektrons im Magnetfeld hingegen lässt sich mit dem Fadenstrahl registrieren. Aus der Ablenkung im Magnetfeld kann ebenfalls auf die ablenkende Kraft F_L geschlossen werden. Die Schwierigkeiten bei diesem Vorgehen bestehen, wie die folgenden Betrachtungen zeigen werden, darin, vom Bahnverlauf auf die nicht sichtbare Bewegung eines Elektrons zu schließen.

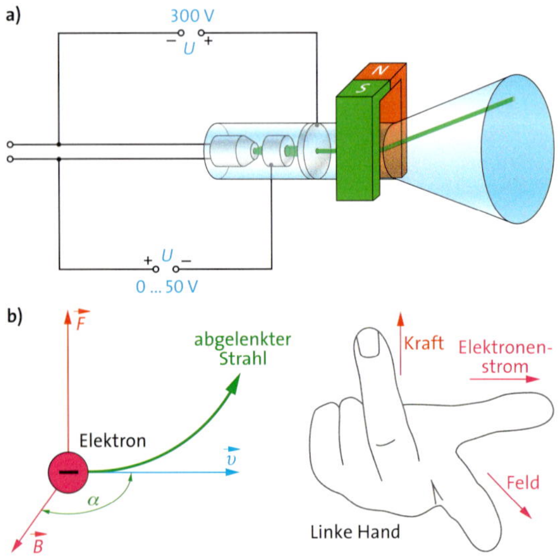

42.1 a) Magnetische Ablenkung des Elektronenstrahls in einer Fadenstrahlröhre. **b)** Mit der Drei-Finger-Regel der linken Hand kann die Richtung der Lorentz-Kraft bestimmt werden.

a) Startgeschwindigkeit $v_x = 9{,}3 \cdot 10^6$ m/s

t s	v_x m/s	v_y m/s	s_x m	s_y m
0,00E+00	9,30E+06	0,00E+00	1,90E−02	0,00E+00
1,00E−10	9,28E+06	5,45E+05	1,99E−02	5,45E−05
2,00E−10	9,04E+06	2,16E+06	2,09E−02	2,70E−04

b) Startgeschwindigkeit $v_x = 18{,}6 \cdot 10^6$ m/s

t s	v_x m/s	v_y m/s	s_x m	s_y m
0,00E+00	1,86E+07	0,00E+00	1,90E−02	0,00E+00
1,00E−10	1,85E+07	2,18E+06	2,09E−02	2,73E+01

42.2 Unter **a)** treten die Elektronen mit der Geschwindigkeit $v_x = 9{,}3 \cdot 10^6$ m/s in das Magnetfeld ein, bei **b)** mit $v_x = 18{,}6 \cdot 10^6$ m/s.

Der Formelzusammenhang wird durch die folgenden Versuche begründet. Ferner ist die Richtung der Lorentz-Kraft bedeutsam. Sie wirkt nicht in Richtung der magnetischen Feldstärke B, sondern senkrecht zur Richtung der Geschwindigkeit v des Elektrons und zur Richtung der Feldstärke. Eine Kraft in Richtung von v würde die Geschwindigkeit des Elektrons erhöhen, eine Kraft in Gegenrichtung sie verringern. Eine Kraft wie die Lorentz-Kraft, die stets senkrecht zur Geschwindigkeitsrichtung wirkt, ändert den Betrag der Geschwindigkeit nicht, sondern lenkt das Teilchen auf eine Kreisbahn. Die kinetische Energie des Elektrons bleibt deshalb auf der Kreisbahn konstant.

Die Richtung der Lorentz-Kraft

Mit einer langgestreckten Fadenstrahlröhre (**Abb. 42.1a**) kann die Richtung und die Stärke der Ablenkung aus der x-Richtung untersucht werden.

Versuch Fadenstrahlrohr 1 – Richtung der Ablenkung: Über den Hals einer Fadenstrahlröhre wird ein Hufeisenmagnet gehalten, sodass der Elektronenstrahl senkrecht zu den Feldlinien des Magneten verläuft (**Abb. 42.1a**).
Beobachtung: Der Leuchtpunkt auf dem Schirm verschiebt sich. Der Verlauf der Elektronenbahn, die durch den Fadenstrahl sichtbar gemacht wird, verdeutlich die Ablenkung im Magnetfeld des Hufeisenmagnets. Die Ablenkung erfolgt senkrecht zur Richtung der Feldlinien des Magnetfelds und senkrecht zur Bewegungsrichtung der Elektronen.
Erklärung: Im Magnetfeld zwischen den Polen wirkt auf die Elektronen eine Kraft, sodass der Elektronenstrahl abgelenkt wird. ◄

Die Richtung der Lorentz-Kraft kann mit der *Drei-Finger-Regel der linken Hand* angegeben werden. Dazu wird der Strahl als Strom von Elektronen aufgefasst. Der Daumen zeigt die Bewegungsrichtung der Elektronen. Mit dem Zeigefinger in Feldrichtung gibt der Mittelfinger die Richtung der Lorentz-Kraft an (**Abb. 42.1b**).

> Auf Ladungsträger, die sich im Magnetfeld bewegen, wirkt die **Lorentz-Kraft.** Sie steht senkrecht auf der Bewegungsrichtung und der Richtung der magnetischen Feldstärke. Sie ist maximal, wenn Bewegung und Feldstärke senkrecht zueinander sind, und null, wenn sie parallel sind.

Versuch Fadenstrahlrohr 2 – Geschwindigkeit der Elektronen: Durch die Änderung der Spannung U wird die Geschwindigkeit variiert, mit der die Elektronen in das Magnetfeld eintreten. Dabei wird der Einfluss auf die Kraft untersucht, welche die Elektronen im Magnetfeld ablenkt.
Beobachtung: Die Bahnkurve der Elektronen verläuft im Vergleich zu der in **Abb. 42.1a** flacher. Die Ablenkung in y-Richtung halbiert sich, wenn sich die Geschwindigkeit der Elektronen verdoppelt. Ferner wird der Fadenstrahl mit zunehmender Spannung U heller.

Deutung: Mit ansteigenden Werten von U nehmen die Elektronen in der Beschleunigungphase mehr Energie $E = e\,U$ aus dem elektrischen Feld auf. Somit können mehr Gasmoleküle zum Leuchten angeregt werden. Die Helligkeit des Fadenstrahls steigt an.
Da die Bahnkurve, abhängig von der Geschwindigkeit v_x der Elektronen, flacher verläuft, scheint die ablenkende Kraft abzunehmen, sich bei doppelter Geschwindigkeit zu halbieren. Doch ist dieser Schluss falsch: Die Geschwindigkeitsänderung in y-Richtung (→ Band E 1.2.2)

$$\Delta v_y = \frac{F_y}{m}\Delta t$$

ist *von* der Zeitspanne Δt abhängig, die ein Elektron für ein bestimmtes Wegstück in x-Richtung benötigt und dabei die Zusatzgeschwindigkeit Δv_y erhält. Bei angenommen *doppelter Geschwindigkeit* v_x legt es die Strecke in der halben Zeit zurück. Für den gleichen Geschwindigkeitszuwachs Δv_y in y-Richtung erfordert dies eine *doppelte Kraft*.
Tab. 42.2 zeigt berechnete Werte für die Bewegung des Elektrons im Aufbau nach **42.1**. Die Geschwindigkeit des Elektrons in y-Richtung erreicht $v_y = 2{,}16 \cdot 10^6$ m/s nach $\Delta t = 2 \cdot 10^{-10}$ s für die Startgeschwindigkeit $v_x = 9{,}3 \cdot 10^6$ m/s. Bei der doppelten x-Geschwindigkeit (**Tab. 42.2 b**) ist die Zeitspanne halb so groß. Der Wert der Kraft in y-Richtung muss also doppelt so groß sein. Daraus folgt zusammenfassend: Wenn sich das Elektron mit doppelten Geschwindigkeit im Magnetfeld bewegt, erfährt es die doppelte Kraft. ◂

> Die **Lorentz-Kraft F_L**, die in einem Magnetfeld auf Elektronen wirkt, ist proportional zu deren Geschwindigkeit: $F_L \sim v$

Weiterhin bestimmt der Quotient der Geschwindigkeiten v_y / v_x die Ablenkung. Damit wird deutlich: Bei gleicher Geschwindigkeit v_y ist für Elektronen mit der *doppelten Geschwindigkeit* $2\,v_x$ *die Ablenkung* s_y *nur halb so groß.*
Dieses Ergebnis lässt sich wiederum mit den Werten aus **Tab. 42.2** bestätigen. Nach einem Weg von 2,09 cm in x-Richtung beträgt das Verhältnis von $v_y / v_x = 2{,}16 \cdot 10^6 / 9{,}04 \cdot 10^6$, für die doppelte x-Geschwindigkeit $v_y / v_x = 2{,}18 \cdot 10^6 / 18{,}5 \cdot 10^6$. Die Ablenkung hat sich bei doppelter x-Geschwindigkeit nahezu halbiert.
Mit einer stromdurchflossenen Spule wird ein Magnetfeld variabler Stärke hergestellt, um die Ablenkung aus der x-Richtung zu untersuchen. Die Feldstärke des Magnetfelds wird schrittweise erhöht und mit einem Messgerät angezeigt.

Versuch Fadenstrahlrohr 3 – Ablenkung und Magnetfeldstärke: Die Magnetfeldstärke wird in Schritten um 1 mT erhöht (**Abb. 43.1**).
Beobachtung: Mit ansteigender Magnetfeldstärke werden die Elektronen stärker abgelenkt. Die Krümmung der Bahnkurve nimmt zu. Die Ablenkung des Elektronenstrahls steigt annähernd proportional zur Magnetfeldstärke B.
Deutung: Die Lorentz-Kraft F_L vergrößert sich mit der Magnetfeldstärke B. Die Geschwindigkeitsänderung

$$\Delta v_y = \frac{F_y}{m}\Delta t$$

wird größer, wenn F_L ansteigt und Δt und m_e konstant sind. ◂

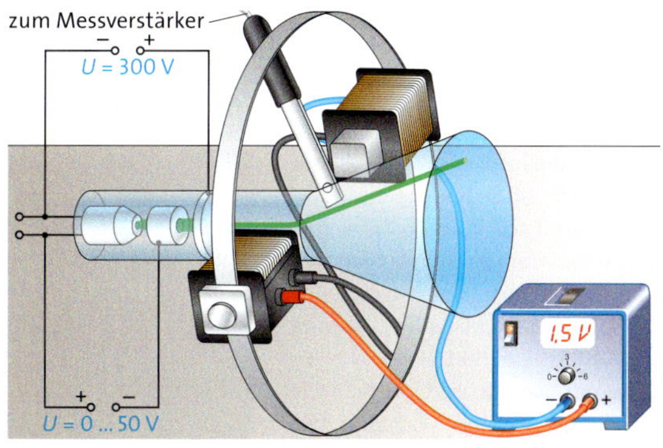

43.1 Die Magnetfeldstärke wird schrittweise erhöht. Die Ablenkung des Fadenstrahls vergrößert sich.

> Die **Lorentz-Kraft F_L**, die in einem Magnetfeld auf Elektronen wirkt, ist proportional zur Magnetfeldstärke B: $F_L \sim B$

Die bisherigen Betrachtungen haben gezeigt, dass die Lorentzkraft F_L auf Elektronen mit der Ladung $-e$ wirkt. Ihre Stärke ist proportional zur Geschwindigkeit v der Elektronen und der Magnetfeldstärke B. Diese Teilergebnisse lassen sich zusammenfassen:

> Die **Lorentz-Kraft F_L** wirkt in einem Magnetfeld der Stärke B auf ein Elektron mit der Geschwindigkeit v und der Ladung $-e$. Sind die Richtungen der Geschwindigkeit v und der Feldstärke B senkrecht zueinander, dann ist $F_L = e\,v\,B$. Da die Lorentz-Kraft in jedem Moment senkrecht zur Geschwindigkeit v wirkt, ändert sie die Richtung und nicht den Betrag der Geschwindigkeit des Elektrons.

Die Besonderheit, dass die Lorentz-Kraft senkrecht zur Geschwindigkeit des Elektrons gerichtet ist, wirkt sich dahingehend aus, dass sich das Elektron auf einer Kreisbahn mit konstantem Geschwindigkeitsbetrag bewegt. Das gilt für jeden Wert der Lorentz-Kraft. Wird die Lorentz-Kraft vergrößert, dann wird das Elektron stärker abgelenkt und beschreibt eine Kreisbahn mit geringerem Radius.

Aufgaben

1. Zwei Teilchen (Ladung e) mit den Massen $m_1 = m_e$ und $m_2 = 2\,m_e$ werden im Fadenstrahlrohr mit der Spannung U in x-Richtung beschleunigt und treten in das Magnetfeld der Stärke B ein.
   a) Bestimmen Sie die Kräfte F_{L1} und F_{L2}.
   b) Vergleichen Sie die Ablenkung in y-Richtung im Zeitverlauf.
2. Angenommen, die Lorentzkraft F_L würde nicht von der Geschwindigkeit v des Elektrons abhängen: $F_L = e\,B$.
   a) Ermitteln Sie qualitativ den Bahnverlauf im Magnetfeld der Stärke B.
   b) Ermitteln Sie qualitativ den Bahnverlauf für ein Teilchen mit der Masse $m = 2\,m_e$.

Exkurs

Polarlicht und Van-Allen'scher Strahlungsgürtel

Im hohen Norden der Nordhalbkugel und im Süden der Südhalbkugel der Erde können bisweilen prächtige Farberscheinungen am Himmel beobachtet werden. Sie heißen *Polarlicht* oder *Aurora*. Das Polarlicht bildet ein wellenförmiges Band und wirkt wie ein Schleier oder Vorhang. Die Leuchterscheinungen sind grünlich weiß und bei größerer Helligkeit in zahllosen Farben leuchtend. Die beiden oberen Bilder wurden in Alaska aufgenommen. Das Polarlicht entsteht im Bereich der Ionosphäre, in der erdnahe Satelliten fliegen. Der untere Rand des Aurorabandes liegt in einer Höhe von etwa 100 km, wobei das Polarlicht bis in Höhen von 1000 km hinauf entstehen kann.

Das Polarlicht tritt nur in ringförmigen Gürteln zwischen dem 60. und 75. Grad nördlicher bzw. südlicher Breite auf. Jeder Gürtel ist zentriert angeordnet über einem der magnetischen Pole der Erde und hat meist die Form eines Ovals. Das Bild auf Seite 45 unten ist eine computerverstärkte Aufnahme des nördlichen Auroraovals, aufgenommen von einem in drei Erdradien Höhe fliegenden Satelliten.

Ursprünglich wurde das Polarlicht für reflektiertes Sonnenlicht gehalten. Ångström zeigte im Jahre 1888, dass dies nicht zutrifft, indem er das Spektrum des Polarlichts mit dem Sonnenspektrum verglich. Das Licht wird von Atomen und Molekülen der oberen Atmosphäre emittiert, wenn sie von schnellen Elektronen getroffen werden. Die Anregung von atomarem Sauerstoff führt zu der grünlich weißen Leuchterscheinung. Höherenergetische Elektronen erzeugen beim Zusammenstoß mit Stickstoffmolekülen rosarotes bis violettes Licht. Nur ein geringer Anteil des Polarlichtes ist sichtbar, denn es enthält auch infrarotes und ultraviolettes Licht und sogar Röntgenstrahlung.

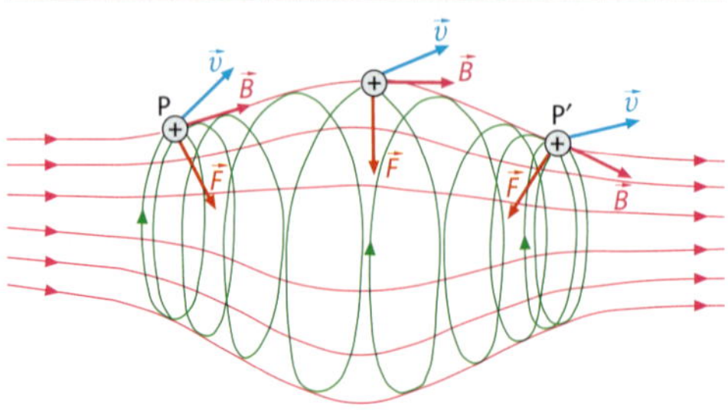

Mit dem in → 1.2.5 behandelten Fadenstrahlrohr kann beobachtet werden, wie beschleunigte Elektronen, die gegen die Moleküle eines unter geringem Druck stehenden Gases stoßen, die Moleküle zum Leuchten anregen (drittes Foto). Auch die Ablenkung von schnell fliegenden Teilchen im Magnetfeld der Erde aufgrund der Lorentz-Kraft, die ein wichtiger Effekt bei der Entstehung des Polarlichts ist, kann mit dem Fadenstrahlrohr demonstriert werden: Wird die Röhre etwas gegenüber dem Magnetfeld der Helmholtz-Spulen gedreht, sodass die beschleunigten Elektronen eine Geschwindigkeitskomponente in Feldrichtung haben, so bewegen sie sich auf schraubenförmigen Bahnen um die magnetischen Feldlinien (drittes Foto). Wird statt eines homogenen Feldes ein inhomogenes Feld mithilfe zweier Stabmagnete erzeugt, so gelingt es, dass sich die Elektronen auf in sich geschlossenen Bahnen bewegen, die sich spiralig zwischen den beiden Polen um das Feld hin und her winden (viertes Foto). Ein Effekt, der als **magnetische Flasche** bezeichnet wird: Bewegt sich ein geladenes Teilchen in einem inhomogenen Magnetfeld, das an den Enden stärker als im Zentrum ist, so ändert sich der Radius der spiralförmigen Bahn und es wirkt beim Eindringen in Bereiche größerer Feldstärke eine rücktreibende Kraft F. Die Bahnen werden enger und es kommt zu einer Umkehr. Das Teilchen ist durch das Magnetfeld eingefangen (unteres Bild).

Zurück zu den Erscheinungen in der Ionosphäre: Auf diese Weise wird auch die Entstehung des 1958 entdeckten **Van-Allen'schen Strahlungsgürtels** erklärt. Bei Satellitenmessungen waren Zonen hoher Strahlungsdichte in Höhen von 2 000 km bis 4 000 km und zwischen 10 000 km und 20 000 km entdeckt worden. Die ringförmigen Zonen erstrecken sich um die geomagnetische Äquatorebene etwa 40° nach Norden und Süden (Bild rechts). Im inneren Gürtel befinden sich vor allem Protonen, im äußeren Elektronen. Die aus dem Weltraum kommenden energiereichen elektrisch geladenen Teilchen werden durch das Magnetfeld der Erde eingefangen und spiralig abgelenkt. Sie oszillieren wie in einer magnetischen Flasche zwischen den Zonenenden im Norden und Süden, wobei sie mehrere Monate in dem Strahlungsgürtel verweilen können.

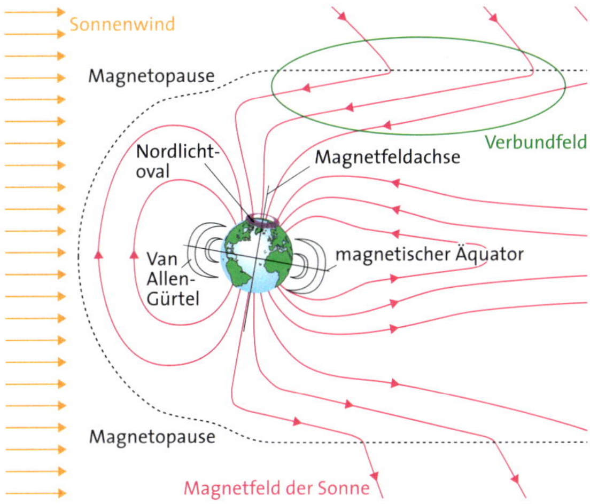

Verantwortlich für die Entstehung des Polarlichts ist der Sonnenwind. Er besteht aus Elektronen und Protonen, die von der Sonnenoberfläche mit Geschwindigkeiten bis zu 1000 km/s in den Weltraum abgestoßen werden. Der Sonnenwind verformt das Magnetfeld der Erde, das auch als *Magnetosphäre* bezeichnet wird. Die äußere Grenze der Magnetosphäre heißt *Magnetopause*. Der Sonnenwind verformt nicht nur das Magnetfeld der Erde, sondern er sorgt außerdem dafür, dass sich das Magnetfeld der Sonne bis zur Erde hin ausdehnt. Dadurch bildet sich im Bereich der Magnetopause aus beiden Feldern ein *Verbundfeld*. Dieses Verbundfeld lenkt aufgrund der Lorentz-Kraft die Teilchen des Sonnenwindes ab. Dadurch bewegen sich auf der Nordseite der Erde die Protonen entsprechend der Drei-Finger-Regel der rechten Hand auf die sogenannte Morgenseite: Im Bild entspricht dies einer Ablenkung nach hinten. Elektronen werden nach vorn auf die Abendseite abgelenkt. Dadurch bilden sich im Weltall der positive und der negative Pol des *Polarlichtgenerators*.

Die Magnetosphäre ist mit einem dünnen Plasma aus Elektronen und Ionen gefüllt, sodass zwischen den Polen des Generators ein Strom fließen kann. Der Strom fließt vom positiven Pol spiralförmig entlang der Feldlinien in die Ionosphäre, die elektrisch leitend ist. Daher fließt der Strom nun in der Ionosphäre quer über die Polregion hinweg und von der Ionosphäre wieder spiralförmig die Magnetfeldlinien hinauf zum negativen Pol. Der Strom nach oben wird durch Elektronen erzeugt, die nach unten fließen und dabei mit Atomen und Molekülen kollidieren, welche ihrerseits Licht emittieren. Dies ist der Anteil des Entladungskreises, der hauptsächlich das Polarlicht erzeugt.

Der Sonnenwind als Urheber des Polarlichts ist großen Schwankungen unterworfen. Grund dafür sind heftige Eruptionen der Sonnenkorona, wodurch „stürmische" Sonnenwinde entstehen. Sie erreichen innerhalb zweier Tage die Erde und können prächtige Polarlichter hervorrufen.

Wie gewaltig die dabei umgesetzte Energie ist, macht der folgende Vergleich deutlich: Die Leistung eines großen Kraftwerks beträgt etwa 1 000 MW, die des Polarlichts 1 bis 10 TW; das entspricht etwa der Leistung von 1 000 bis 10 000 großen Kraftwerken.

Obwohl vieles über die Abläufe bei der Entstehung von Polarlichtern bekannt ist, bleibt die genauere Untersuchung der elektrischen Entladungsprozesse, die diese Naturerscheinung hervorrufen, auch im 21. Jahrhundert eine Herausforderung an die Wissenschaft.

Materialgestützte Aufgaben

Das Elektron auf der Kreisbahn im Modell

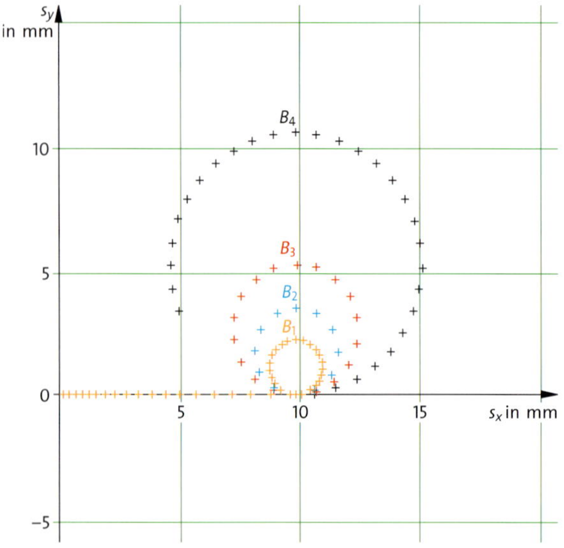

Mit einem Simulationsprogramm wird die Bewegung von Elektronen im Fadenstrahlrohr modelliert. Das Programm markiert den Ort des Elektrons in festen Zeitabständen $\Delta t = 10^{-10}$ s. Auf dem Weg von $s_x = 0$ bis $s_x = 0{,}005$ m wird das Elektron mit der Spannung U beschleunigt. Anschließend bewegt sich das Elektron mit konstanter Geschwindigkeit weiter, bis es $s_x = 0{,}01$ m erreicht. Dann wird das Magnetfeld der Stärke B eingeschaltet. Die Abbildung zeigt den Verlauf der Wegmarken für unterschiedliche Magnetfeldstärken B_1 bis B_4.

Aufgaben

1. Der Abstand der Wegmarken soll für verschiedene Bereiche hinsichtlich der Geschwindigkeit des Elektrons untersucht werden.

a) Untersuchen Sie den Bereich $0 < s_x < 0{,}005$ m. Schätzen Sie anhand der Wegmarken die Geschwindigkeit bei $s_x = 0$ und bei $s_x = 0{,}005$ m.

b) Untersuchen Sie den Bereich $0{,}005 \text{ m} < s_x < 0{,}01$ m und begründen Sie die Geschwindigkeitswerte.

c) Untersuchen Sie den Bereich $s_x > 0{,}01$ m. Begründen Sie die Geschwindigkeitswerte v_x in x-Richtung und v_y in y-Richtung.

d) Begründen Sie die Änderungen der kinetischen Energie im Verlauf der Bewegung.

2. Das Elektron wird im Magnetfeld mit den Magnetfeldstärken B_1 bis B_4 abgelenkt.

a) Sortieren Sie die angegebenen Bahnen nach der Stärke des Magnetfelds. Begründen Sie die Reihenfolge.

b) Ermitteln Sie mit dem Wert der Elektronenmasse m_e, welches die Kreisbahn im Magnetfeld mit $B = 20$ mT ist.

c) Bestätigen Sie den Wert der Elektronenmasse m_e, wenn der größte Radius bei einer Magnetfeldstärke $B = 10$ mT durchlaufen wird.

Bewegung des Elektrons im Fadenstrahlrohr

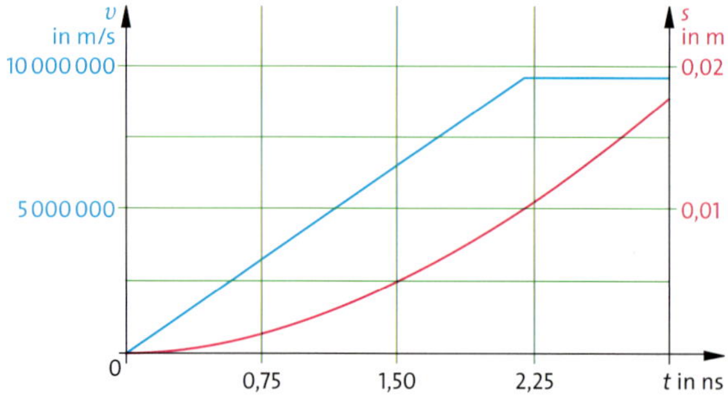

Die Bewegung des Elektrons im Fadenstrahlrohr ist modellhaft aufgezeichnet. Das obere Diagramm zeigt den t-s_x-Graphen und den t-v_x-Graphen der Bewegung vor dem Eintritt in das Magnetfeld. Das untere Diagramm zeigt ferner den weiteren Verlauf des t-v_x-Graphen und den t-v_y-Graphen für die Bewegung im Magnetfeld.

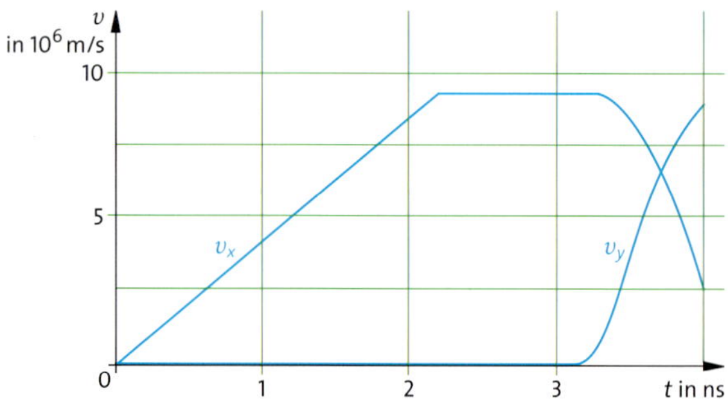

Aufgaben

1. Auswertung des t-s_x- und des t-v_x-Graphen (oben):

a) Diskutieren Sie die Form des t-s_x-Graphen und kommentieren Sie ausgezeichnete Punkte.

b) Diskutieren Sie die Form des t-v_x-Graphen und kommentieren Sie ausgezeichnete Punkte.

c) Bestimmen Sie aus den Graphen die Dauer des Beschleunigungsvorgangs.

d) Bestimmen Sie aus den Graphen die Länge des Beschleunigungswegs.

e) Bestimmen Sie aus den Graphen die Endgeschwindigkeit am Ende der Beschleunigungsstrecke.

2. Auswertung des t-v_x- und des t-v_y-Graphen (unten):

a) Diskutieren Sie die Form des t-v_x- und des t-v_y-Graphen im Vergleich und kommentieren Sie ausgezeichnete Punkte.

b) Skizzieren Sie den weiteren Verlauf des t-v_x- und des t-v_y-Graphen für einen Umlauf auf der Kreisbahn.

c) Bestimmen Sie aus den Graphen die Dauer eines Umlaufs auf der Kreisbahn.

d) Skizzieren Sie den Verlauf des t-v_x- und des t-v_y-Graphen, wenn sich Magnetfeldstärke verdoppelt.

e) Skizzieren Sie den Verlauf des t-v_x- und des t-v_y-Graphen, wenn sich Masse des Teilchens verdoppelt.

Präsentation der Massenabhängigkeit

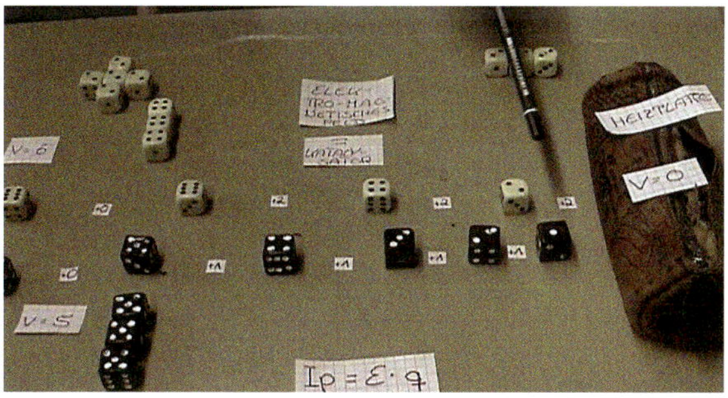

Im Rahmen einer Präsentation wird die Bewegung eines geladenen Teilchens in Fadenstrahlrohr nachgestellt. Es gilt im Wesentlichen zu zeigen, wie sich unterschiedliche Massen von Teilchen auf die Bahn im Fadenstrahlrohr auswirken.
Als Requisiten können, wie die Abbildung gezeigt, Würfel eingesetzt werden, die in festen Zeitabständen den Ort des Teilchens anzeigen. Die zunehmenden Abstände der schwarzen Würfel verdeutlichen die zunehmende Geschwindigkeit der Beschleunigungsstrecke. Die Angaben auf den Zettelchen zwischen den Würfeln beziehen sich auf den Wegzuwachs in jedem Zeitschritt. Der Wegzuwachs ganz links in der Abbildung ist null nach dem Ende der Beschleunigungsstrecke.
Zum Vergleich wird ein weiteres Teilchen mit der gleichen Ladung und der halben Masse dargestellt, hier mit weißen Würfeln. Der Geschwindigkeitszuwachs Δv ist wegen $a = \Delta v / \Delta t = F/m$ bei halber Masse doppelt so groß. Dies zeigen die größeren Abstände der weißen Würfel.
Im weiteren Verlauf der Präsentation ist die Bewegung der beiden Teilchen unterschiedlicher Masse im Magnetfeld zu zeigen. Die Teilchen treten mit unterschiedlicher Geschwindigkeit und Masse in das Magnetfeld ein. Der jeweilige Kreisbahnradius soll im Rahmen der Präsentation entwickelt und präsentiert werden.

Aufgaben

1. Vorbereitungen: **Die Beschleunigungsstrecke**
   a) Stellen Sie mit den verfügbaren Requisiten die Bewegung der beiden Teile mit der Masse m und $2\,m$ in der Beschleunigungsstrecke dar.
   b) Schreiben Sie einen Begleittext, der geeignet ist, das in Aufgabenteil a) entwickelte Modell zu beschreiben und zu begründen. Sinnvoll ist dabei der Bezug zu bekannten Formelzusammenhängen. Für die Präsentation ist es hilfreich, diese Formeln auf Zetteln vorzulegen und in der verbalen Beschreibung darauf zu verweisen.
   c) Präsentieren Sie die Bewegung in der Beschleunigungsstrecke mit dem Begleittext. Dokumentieren Sie die Präsentation mit einem Video.
2. **Bewegung auf der Kreisbahn**
   a) Ermitteln Sie den Kreisbahnradius im Magnetfeld für die beiden Teilchen mit der Masse m und $2\,m$ (v und e gleich) und mit der Geschwindigkeit v und $4\,v$ (m und e gleich).
   b) Erweitern Sie die Präsentation entsprechend Aufgabe 1 um die Bewegung im Magnetfeld.

Teilchenbeschleuniger

In einem Teilchenbeschleuniger werden Protonen bei A mit vernachlässigbar kleiner Anfangsgeschwindigkeit in eine erste Beschleunigungsstrecke b eingebracht (siehe Abb.) und dort durch ein elektrisches Feld gleichmäßig beschleunigt. Danach legen sie bei konstanter Bahngeschwindigkeit unter dem Einfluss eines senkrecht zur Bahnebene gerichteten homogenen Magnetfeldes einen Viertelkreis zurück, worauf sie wiederum längs einer weiteren Strecke b beschleunigt werden usw. Der Radius der Kreisbögen beträgt konstant $r = 100$ m. Längs ihrer gesamten Bahn befinden sich die Protonen im Vakuum.

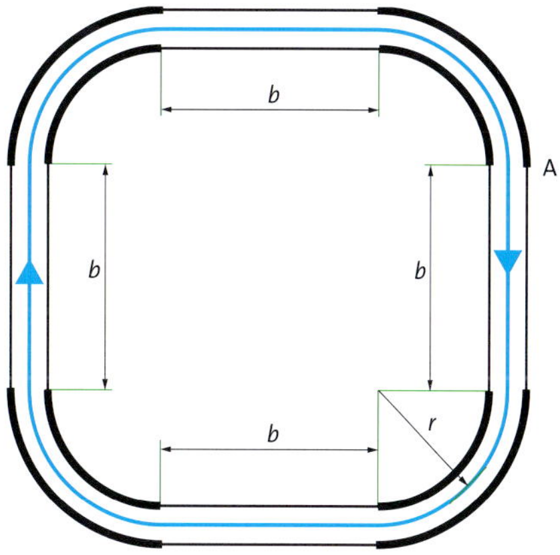

Aufgaben

1. Berechnen Sie die Beschleunigungsspannung U längs der Strecke b, wenn die Protonen der Masse $m_p = 1{,}67 \cdot 10^{-27}$ kg aus der Ruhe auf eine erste Endgeschwindigkeit von $v = 3 \cdot 10^6\ \mathrm{ms}^{-1}$ beschleunigt werden sollen.
2. Mit dieser Geschwindigkeit treten die Protonen in das erste homogene Magnetfeld ein und werden hier umgelenkt. Berechnen Sie die hierzu erforderliche magnetische Feldstärke B_1 und geben Sie ihre Richtung an.
3. Die magnetische Feldstärke B_2 lenkt Elektronen auf die Bahn der Protonen. Ermitteln Sie neben dem Wert der Feldstärke auch deren Richtung.
4. Begründen Sie, dass im Ablenkbereich die Protonen beschleunigt werden, ohne dass sich ihre Energie erhöht.
5. Deuteronen tragen die gleiche Ladung wie Protonen, haben aber eine doppelt so große Masse. Berechnen Sie den Faktor, um den man die magnetische Feldstärke B_1 korrigieren muss, um bei gleicher Beschleunigungsspannung die Deuteronen auf derselben Bahn wie die Protonen zu halten.
6. Die magnetische Feldstärke B muss „synchron“ mit der Geschwindigkeit der Protonen erhöht werden, um sie auf der Bahn zu halten.
   a) Berechnen Sie die Geschwindigkeit der Protonen nach einem vollen Umlauf.
   b) Bestimmen Sie den Faktor, um den man die Flussdichte B nach 5 Umläufen der Protonen gegenüber der Flussdichte B_1 bei der ersten Ablenkung erhöht haben muss.

... Setzt sich der Mensch ungeschützt und im Übermaß UV-Strahlung aus, kann es zur Entwicklung eines Erythems (Sonnenbrand) kommen. Hauptverantwortlich hierfür ist das energiereiche UV-B-Licht, welches etwa einen Millimeter in die Haut eindringt und dort zunächst eine Entzündungsreaktion der Haut in Form einer Rötung hervorruft. ...

48.1 Wissenswertes über das Licht aus einer Information der Universitätsklinik Bonn

1.3 Photonen

Albert Einstein (1879–1957) stellte 1905 in seiner Publikation zum fotoelektrischen Effekt die Lichtquantenhypothese auf. Ihr zufolge ist Licht ein Strom von „in Raumpunkten lokalisierten Energiequanten, welche sich bewegen, ohne sich zu teilen, und nur als Ganze absorbiert und erzeugt werden können".

1.3.1 Der lichtelektrische Effekt

Die Information der Universitätsklinik in **Abb. 48.1** warnt vor den Folgen von „energiereichem UV-Licht", welches Entzündungsreaktionen der Haut erzeugt. Das UV-Licht, auch UV-Strahlung genannt, kann einen „Sonnenbrand" hervorrufen. Bei einer nicht zu lange andauernden Bestrahlung mit UV-Strahlung wird die Haut durch Pigmentierung vor diesen Folgen geschützt, eine Bräunung der Haut tritt auf.

Hier wird von „energiereicher UV-Strahlung" gesprochen. Die Frage ist, was damit ausgedrückt werden soll. Licht transportiert wie jede andere Strahlung Energie.

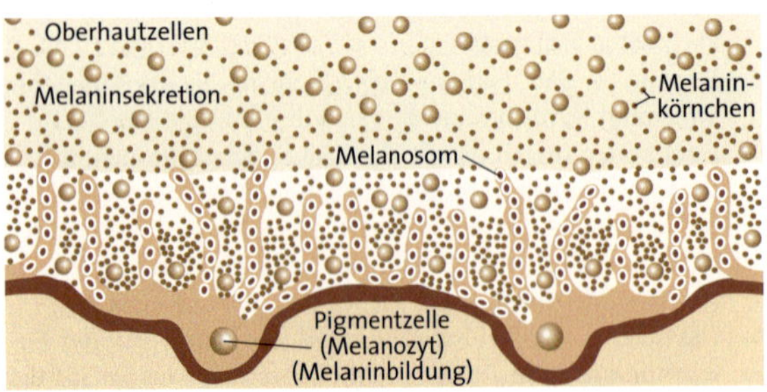

48.2 Im Hautquerschnitt sind die Pigmentzellen (Melanozyten) dargestellt, die bei Bestrahlung mit Sonnenlicht das Pigment Melanin produzieren. Das Melanin wird in die Zellen der Oberhaut abgegeben. Das Licht einer Glühlampe bewirkt – unabhängig von der Intensität – keine Melaninbildung durch die Pigmentzellen und ruft damit keine Bräunung der Haut hervor.

Mit der Dauer der Bestrahlung steigt die übertragene Energie. Ist das Licht heller oder die Strahlung intensiver, dann wird mehr Energie in einer bestimmten Zeit an eine Fläche abgegeben. Ist unter „energiereich" also „heller" bzw. „intensiver" zu verstehen? Die folgenden Betrachtungen zeigen, was damit genau gemeint ist.

Abb. 48.2 veranschaulicht die Vorgänge bei der Bräunung der Haut durch UV-Strahlung. Wie kommt es zur Bräunung der Haut? Bekanntlich wird die „energiereiche" UV-Strahlung als Ursache für die Bräunung angeführt. Doch auch sichtbares Licht gibt Energie an die Haut ab, intensives Licht mehr als weniger intensives.
Was bewirkt die sichtbare Strahlung einer Glühlampe, die mit gleicher Intensität wie die UV-Strahlung die Haut beleuchtet? Gleiche Intensität heißt, dass in einer Zeiteinheit von einem Flächenstück der Haut die gleiche Energie aufgenommen wird.
Erfahrungsgemäß verursacht sichtbares Licht im Gegensatz zu UV-Licht keine mit einer Bräunung verbundene chemische Reaktion. Die Art der Übertragung der in beiden Fällen gleichen Energie in einer Zeiteinheit an die Haut muss sich also für die Strahlungsarten grundlegend unterscheiden. Weiterhin ist die Frage offen, welche physikalische Bedeutung die Formulierung „energiereiche UV-Strahlung" besitzt.

Aus der Erfahrung ist bekannt, dass die Bräunung der Haut mit Sonnenlicht durch eine Fensterglasscheibe behindert wird. Die Glasscheibe hingegen ist für die UV-Strahlung weitgehend undurchlässig.
Dieser Zusammenhang lässt sich auch mit einem einfachen Experiment zeigen. Dazu wird das chemisch-biologische System in der Haut, welches für die Melaninbildung zuständig ist und damit die Bräunung der Haut bewirkt, durch zwei Elektroden, ähnlich einem aufgeladenen Kondensator, ersetzt. Statt des Sonnenlichts wird das UV-Licht einer Quecksilberdampflampe verwendet.

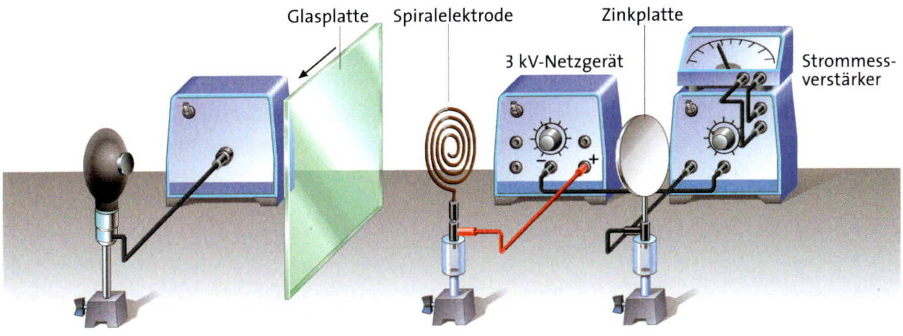

49.1 Grundversuch zum lichtelektrischen Effekt: Im elektrischen Feld zwischen den Elektroden fließt bei Beleuchtung der Zinkplatte ein elektrischer Strom. Die Glasscheibe zwischen der Lampe und den Elektroden verhindert den Effekt, ohne die sichtbare Helligkeit wesentlich zu verringern.

Versuch 1: Eine Zinkplatte wird mit dem Licht einer Quecksilberdampflampe bestrahlt (**Abb. 49.1**). Das Messgerät zeigt einen elektrischen Strom an.
Erklärung: Aus der Zinkplatte werden offenbar Elektronen herausgelöst, die sich im elektrischen Feld zu einer lichtdurchlässigen Spiralelektrode hin bewegen, sodass der Messverstärker einen Strom anzeigt. Die Stromstärke ist proportional zur Anzahl der in der Zeiteinheit ausgelösten Elektronen. ◂

Der folgende Versuch zeigt, wie die Zahl der ausgelösten Elektronen von der Intensität und der Frequenz des Lichts abhängt.

Versuch 2: Die Intensität des Lichtes auf der Zinkplatte wird geändert, indem der Abstand zwischen der Platte und der Lampe variiert wird. Der Zusammenhang zwischen Abstand und Intensität ist offensichtlich, da das Licht kegelförmig von der Lampe ausgeht. Davon unabhängig lässt sich die Frequenz des Lichtes ändern, wenn nacheinander eine Glasplatte und ein UV-Filter in den Strahlengang gestellt werden. Die Glasplatte absorbiert ultraviolettes Licht, das UV-Filter lässt nur ultraviolettes Licht durch.
Beobachtung: Mit zunehmender Intensität wächst die Stromstärke, also die Anzahl der in der Zeiteinheit ausgelösten Elektronen. Befindet sich die Glasplatte im Strahlengang, so geht die Stromstärke auf den Wert null zurück, auch bei erhöhter Intensität. Es werden also keine Elektronen mehr ausgelöst. Wird das UV-Filter verwendet, so fließt nach wie vor ein Strom.
Ergebnis: Eine Veränderung der Intensität des Lichtes, mit dem die Zinkplatte bestrahlt wird, führt zu einer geänderten Anzahl der in der Zeiteinheit ausgelösten Elektronen, der **Fotoelektronen.** Jedoch ist nur das hochfrequente bzw. kurzwellige ultraviolette Licht in der Lage, Elektronen aus der Zinkplatte auszulösen. ◂

Das Auslösen von Elektronen durch sichtbares Licht wird an einem weiteren Experiment (→ 1.3.2) quantitativ untersucht.

Energieübertragung bei gleicher Intensität

Die Frage nach der Energieübertragung vom Licht auf Elektronen soll bei gleicher Intensität für UV-Licht und sichtbares Licht noch einmal neu gestellt werden. Gleiche Intensität auf einen Quadratmillimeter der Oberfläche bezogen heißt, dass pro Sekunde von allen Elektronen zusammen die gleiche Energie aufgenommen wird. Das könnte einerseits bedeuten, dass auch *jedes einzelne Elektron den gleichen Anteil der Energie* aufnimmt. Es könnte andererseits auch bedeuten, dass *manche Elektronen Energie aufnehmen und andere nicht.* Da nur das ultraviolette Licht an einzelne Elektronen hohe Energiebeträge abgibt, wie es das Experiment zeigt, muss es andere geben, die keine Energie aufnehmen.

Vermutung: Die Energie wird vom Licht an einzelne Elektronen nicht gleichmäßig, sondern **quantisiert** übertragen. Ein *einzelnes Elektron* erhält durch die UV-Strahlung ausreichend Energie, um aus der Zinkplatte auszutreten. Bei sichtbarem Licht reicht die auf das *einzelne Elektron* übertragene Energie dafür nicht aus.

Bei der Energieübertragung von der UV-Strahlung auf die Haut ist die übertragene Energie *an ein Elektron* für die Melaninbildung (Bräunung der Haut) ausreichend hoch. Bei sichtbarem Licht reicht die auf das *einzelne Elektron* übertragene Energie dafür nicht aus; es erfolgt keine Melaninbildung. Zwar erhalten hier bei gleicher Intensität mehr Elektronen in der Zeitspanne Energie, die Energie je Elektron wird jedoch kleiner.

Aufgaben

1. **a)** Eine Metallplatte wird auf der einen Hälfte mit UV-Strahlung und auf der anderen mit sichtbarem Licht gleicher Intensität beleuchtet, ähnlich Versuch 2. Vergleichen Sie die zu erwartenden unterschiedlichen Ergebnisse.
b) Angenommen, die Energie des Lichts würde *gleichmäßig* an die einzelnen Elektronen der Zinkplatte verteilt. Erläutern Sie die dann zu erwartenden Ergebnisse.

1.3.2 Energiemessung bei Fotoelektronen

Die Verwendung anderer Metalle als Zink, z. B. Caesium, ermöglicht den lichtelektrischen Effekt, auch Fotoeffekt genannt, bei Bestrahlung mit sichtbarem Licht.

Grundversuch – Fotoeffekt 1: An eine Fotozelle mit einer caesiumbeschichteten Elektrode wird ein Strommessgerät angeschlossen. Durch die Ringelektrode hindurch wird die Fotozelle mit Tageslicht oder dem Licht einer Glühlampe beleuchtet (**Abb. 50.1 a**).
Beobachtung: Im Stromkreis fließt ohne eine extern angeschlossene Spannungsquelle ein Strom.

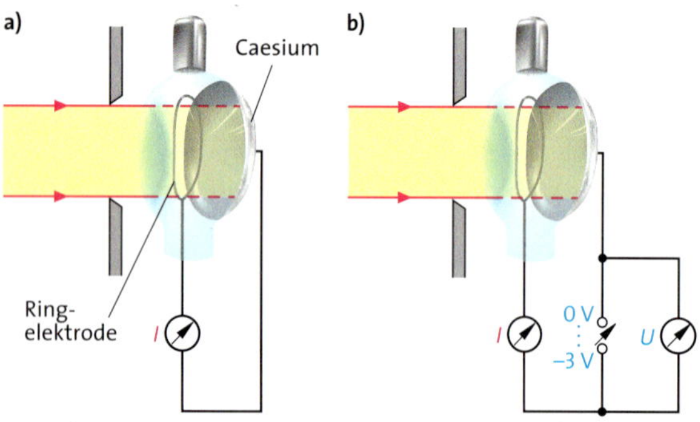

50.1 a) Licht löst in der Fotozelle Elektronen aus. Etliche Fotoelektronen gelangen zur linken Ringelektrode.
b) Die Spannung *U* erzeugt ein elektrisches Feld, welches die Bewegung der Fotoelektronen bremst. *U* wird erhöht, bis der Strom *I* = 0 ist und somit keine Elektronen die Ringelektrode erreichen.

Farbe	λ in nm	f in Hz	U_0 in V
Violett	435,8	$6{,}88 \cdot 10^{14}$	1,44
Blau	491,6	$6{,}10 \cdot 10^{14}$	1,12
Grün	546,0	$5{,}49 \cdot 10^{14}$	0,87
Gelb	577,0	$5{,}20 \cdot 10^{14}$	0,75
Rot	615,0	$4{,}88 \cdot 10^{14}$	0,62

50.2 Die Fotozelle wird mit Licht verschiedener Wellenlängen beleuchtet. Mit der Spannung U_0 werden die Fotoelektronen vollständig abgebremst. Daraus wird auf die kinetische Energie der Fotoelektronen geschlossen.

Farbe	f in Hz	E_{kin} in eV	E_{kin} in J
Violett	$6{,}88 \cdot 10^{14}$	1,44	$2{,}31 \cdot 10^{-19}$
Blau	$6{,}10 \cdot 10^{14}$	1,12	$1{,}80 \cdot 10^{-19}$
Grün	$5{,}49 \cdot 10^{14}$	0,87	$1{,}39 \cdot 10^{-19}$
Gelb	$5{,}20 \cdot 10^{14}$	0,75	$1{,}20 \cdot 10^{-19}$
Rot	$4{,}88 \cdot 10^{14}$	0,62	$0{,}99 \cdot 10^{-19}$

50.3 Aus der Spannung U_0 in Tab. **50.2** wird der Zahlenwert der kinetischen Energie in eV übernommen. Die Berechnung der Energie in J erfolgt mit 1 eV = $1{,}602 \cdot 10^{-19}$ J.

Ergebnis: Der Versuch zeigt, dass Elektronen, durch das Licht ausgelöst, aus der Metallschicht austreten und sich zur gegenüberliegenden Elektrode bewegen. Diese Fotoelektronen müssen nach dem Verlassen des Metalls eine Geschwindigkeit besitzen, also eine kinetische Energie haben, die nur vom Licht stammen kann. ◄

Bislang wurde die Fotozelle mit „weißem“ Licht beleuchtet, das ein kontinuierliches Spektrum besitzt. Um Abhängigkeiten von der Frequenz des Lichts zu untersuchen, lassen sich aus dem weißen Licht Anteile bestimmter Wellenlängen herausfiltern. Besonders einfach ist dies bei Verwendung des Lichts einer Quecksilberdampflampe. Ihr Licht weist – spektral zerlegt – Anteile unterschiedlicher Wellenlänge bzw. Frequenz auf, die sich durch Farbfilter auswählen lassen. Mit dem nächsten Versuch wird die kinetische Energie der Fotoelektronen bestimmt, die mit Licht unterschiedlicher Frequenzen ausgelöst werden.

Grundversuch – Fotoeffekt 2: Die Fotozelle wird jeweils mit Licht einer bestimmten Wellenlänge bzw. Frequenz aus der Quecksilberdampflampe bestrahlt (**Abb. 50.1 b**). Parallel zur beleuchteten Fotozelle werden eine Spannungsquelle und ein Spannungsmessgerät angeschlossen. Das Vorgehen zur Messung der maximalen kinetischen Energie der Fotoelektronen erfolgt mit der Methode → *Messung der Bewegungsenergie von Elektronen*. Die Spannung *U* wird erhöht, bis der Strom *I* auf null abgesunken ist. Das Vorgehen wird für unterschiedliche Wellenlängen bzw. Frequenzen des Lichts durchgeführt.
Ergebnis: Bei $\lambda = 577$ nm (gelbes Licht) wird ab $U_0 = -0{,}75$ V kein Fotostrom gemessen, bei $\lambda = 546$ nm (grünes Licht) ab $U_0 = -0{,}87$ V und bei $\lambda = 436$ nm (violettes Licht) ab $U_0 = -1{,}44$ V (**Tab. 50.2**). Die aus den Wellenlängen mit $f = c/\lambda$ berechneten Frequenzwerte zeigen, dass die Spannungsgrenzwerte U_0 mit der Frequenz wachsen. ◄

Die Berechnung der kinetischen Energie eines Fotoelektrons (**Tab. 50.3**) zeigt:

> Die kinetische Energie E_{kin} eines Fotoelektrons steigt mit der Frequenz *f* des Lichts.

Aufgaben

1. Licht unterschiedlicher Frequenz erzeugt Fotoelektronen. Erläutern Sie die unterschiedlichen Eigenschaften der Fotoelektronen, wenn sie **a)** aus der Metallschicht der Fotozelle austreten, **b)** an die Ringelektrode gelangt sind.
2. Begründen Sie: Der Zusammenhang U_0 zur Frequenz *f* ist einfacher zu beschreiben als der zur Wellenlänge λ.

Methode

Messung der Bewegungsenergie von Elektronen

Elektronen erhalten Energie aus dem elektrischen Feld

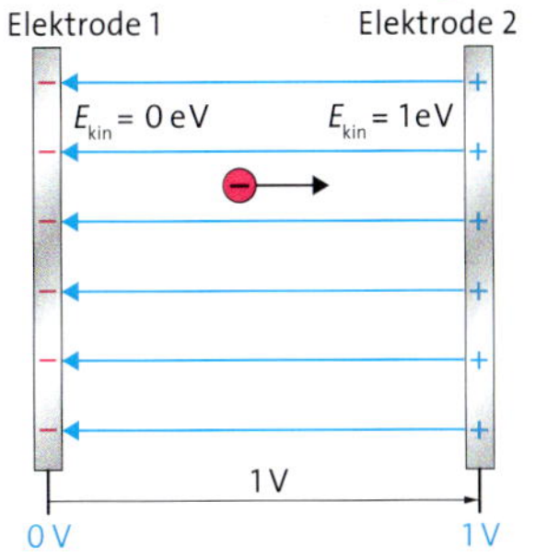

Zwei Elektroden werden an die Spannung $U = 1$ V angeschlossen. Die linke Elektrode ① ist auf 0 V festgelegt, die rechte Elektrode ② hat dann darauf bezogen 1 V. Freie Elektronen bewegen sich im elektrischen Feld zwischen den Elektroden in Gegenrichtung zu den Feldlinien von 0 V zu 1 V. Die Geschwindigkeit der Elektronen nimmt mit der Zeit linear zu. Dabei nehmen sie aus dem Feld die Energie $E = 1$ eV auf.

Die kinetische Energie eines Elektrons beträgt, wenn es die Elektrode ② erreicht, $E_{kin} = 1\ \text{eV} = 1{,}602 \cdot 10^{-19}$ J.

Elektronen tauschen mit dem elektrischen Feld keine Energie aus, wenn die elektrische Feldstärke null ist.

Die Elektrode ② wird als Gitternetz ausgebildet. Die kinetische Energie eines Elektrons beträgt, wenn es das Gitternetz erreicht, $E_{kin} = 1\ \text{eV} = 1{,}602 \cdot 10^{-19}$ J. Dann bewegt sich das Elektron mit konstanter Geschwindigkeit und konstanter Energie durch das Gitter hindurch weiter. Da die elektrische Feldstärke hinter dem Gitternetz null ist, wirkt keine Kraft auf das Elektron, seine Geschwindigkeit bleibt konstant und seine kinetische Energie nimmt weder zu noch ab.

Elektronen geben Energie an das elektrische Feld ab.

Der Aufbau wird um eine Elektrode ③ erweitert. An die Gitterelektrode und die Elektrode ③ wird eine Spannung $U = -1$ V angelegt. Die elektrischen Feldlinien sind in Bewegungsrichtung der Elektronen gerichtet.

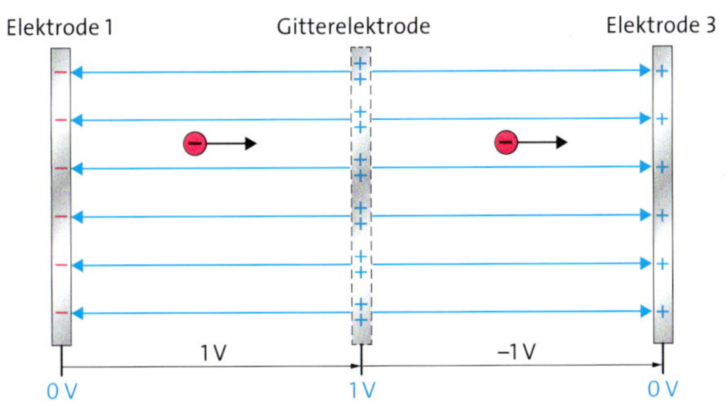

Bewegte Elektronen werden abgebremst. Freie Elektronen mit einer Energie von 1 eV bewegen sich durch die Gitterelektrode hin zur Elektrode 3 von 1 V zu 0 V. Die Energie der Elektronen nimmt mit dem zurückgelegten Weg linear ab. Dabei geben sie die Energie $E = 1$ eV an das Feld ab. Die kinetische Energie eines Elektrons beträgt zu Beginn der Abbremsung $E_{kin} = 1\ \text{eV} = 1{,}602 \cdot 10^{-19}$ J, am Ende 0 eV = 0 J.

Messung der maximalen kinetischen Energie

Werden Elektronen mit $E_{kin} = 1$ eV auf dem Weg von 1 V nach 0 V abgebremst, dann erreichen sie die Elektrode 3 mit der Geschwindigkeit 0 m/s und mit der Energie 0 eV. Bei einer geringeren Bewegungsenergie $E_{kin} < 1$ eV erreichen sie die Elektrode nicht, bei $E_{kin} > 1$ eV schon, die Energie, die 1 eV übersteigt, wird beim Auftreffen an die Elektrode 3 abgegeben.

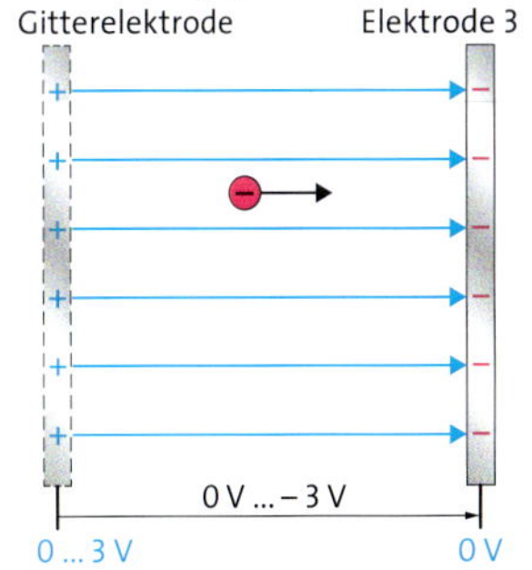

Wird nun ein Ladungstransport und damit ein Strom durch die Elektrode ③ gemessen, dann zeigt dieser Elektronen an, die eine Energie ≥ 1 eV am Start der Abbremsung hatten. Nun wird die Spannung zwischen der Gitterelektrode und der Elektrode ③ von −1 V auf −2 V erhöht. Ein Strom durch die Elektrode ③ zeigt dann Elektronen an, die eine Energie ≥ 2 eV hatten.

Die Messung der maximalen kinetischen Energie von Elektronen erfolgt, indem die Spannung von 0 V über −1 V und weiter geändert wird, bis kein Strom zur Elektrode ③ fließt. Dann erreichen keine Elektronen die Elektrode ③. Die Spannung U_{max} ist erreicht, die der maximalen kinetischen Energie der Elektronen $E_{kin,\,max}$ entspricht. Bei $U_{max} = -2$ V ist dies die Energie 2 eV. Der Zahlenwert der Spannung U_{max} in V ist gleich der maximalen kinetischen Energie der Elektronen in eV. Der negative Spannungswert von U_{max} weist auf die Energieabgabe der Elektronen an das elektrische Feld hin.

Automatische Messung der maximalen kinetischen Energie

Die Gitterelektrode und die Elektrode ③ werden mit einem Kondensator verbunden. Wird der Kondensator aufgeladen, dann steigt die Spannung U am Kondensator. Zum Start der Messung ist der Kondensator ungeladen, seine Spannung ist 0 V. Alle Elektronen, die zwischen der Elektroden ① und der Gitterelektrode Energie aufgenommen haben, erreichen die Elektrode ③ und tragen zur Aufladung des Kondensators bei. Mit Aufladung steigt die Spannung des Kondensators von 0 V auf −1 V. Nun erreichen nicht mehr alle Elektronen den Kondensator, nur die mit $E_{kin} \geq 1$ eV. Die Aufladung des Kondensators setzt sich so lange fort, bis die Elektronen mit der maximalen kinetischen Energie $E_{kin,\,max}$ den Kondensator auf die Spannung U_{max} aufgeladen haben. Der Zahlenwert der Spannung U_{max} in V gibt den Wert der maximalen kinetischen Energie der Elektronen E_{kin} in eV an.

Die kinetische Energie der Elektronen, die von der Elektrode ③ aufgenommen werden, wird zu einem Teil an die Elektrode ③ abgegeben. Die Elektronen schlagen gegen die Elektrode und geben dabei unelastisch Energie ab. Der andere Teil der Energieabgabe erfolgt an das elektrische Feld, dessen Feldstärke durch die Aufladung ansteigt.

1.3.3 $E = hf$

Die Energie, die vom Licht auf ein einzelnes Elektron übertragen wird, gilt es zu bestimmen. Aufgrund der Energieerhaltung ist die aufgenommene Energie gleich der Energie, die das Elektron abgeben kann. Das Elektron gibt die aufgenommene Energie in zwei Schritten ab: Ein Teil der Energie wird benötigt, um aus der caesiumbeschichteten Elektrode der Fotozelle auszutreten. Dieser Anteil wird **Austrittsenergie** oder **Austrittsarbeit** genannt. Den zweiten, restlichen Anteil der Energie hat das Elektron dann als kinetische Energie.

Die Austrittsenergie

Die kinetische Energie eines Fotoelektrons steigt linear mit der Frequenz f des Lichts an, wie **Abb. 52.1** zeigt. Unterhalb der **Grenzfrequenz** f_G bzw. oberhalb der **Grenzwellenlänge** $\lambda_G = c/f_G$ (→ 1.1.5) werden keine Elektronen aus dem Metall herausgelöst, da die übertragene Energie nicht zum Auslösen aus der Metalloberfläche reicht.
Diesen Zusammenhang zeigt auch der lichtelektrische Effekt an einer Zinkplatte (→ 1.3.1). Das UV-Licht mit einer höheren Frequenz als das sichtbare Licht löst Elektronen aus der Zinkplatte aus. Sichtbares Licht mit der im Vergleich geringeren Frequenz gibt an einzelne Elektronen in der Zinkplatte nicht ausreichend Energie ab. Die Elektronen können das Zink nicht verlassen.

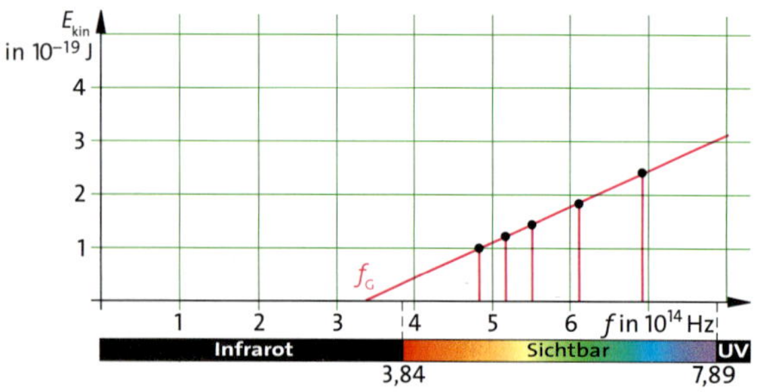

52.1 Die kinetische Energie E_{kin} der Fotoelektronen steigt linear mit der Frequenz. Der Fotoeffekt setzt erst oberhalb der Grenzfrequenz f_G ein.

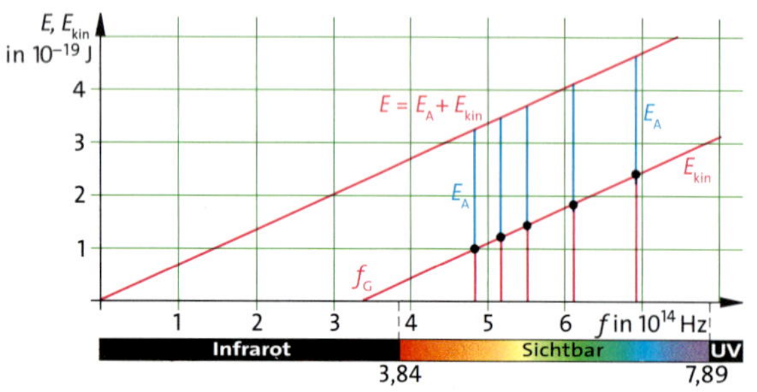

52.2 Die Energie E, die das Licht der Frequenz f an ein Elektron abgibt, ist die Summe aus der Austrittsarbeit E_A und der kinetischen Energie des Fotoelektrons E_{kin}.

Die Energie, die ein Elektron zum Austritt aus einem Metall benötigt, wird verwendet, um die Energie E zu bestimmen, die das Elektron vom Licht erhalten hat. Die Energie E bewirkt, wenn sie ausreichend groß ist, den Austritt aus dem Metall. Dafür wird der Energiebetrag E_A benötigt. Den Rest hat das Elektron nach dem Austritt aus dem Metall als kinetische Energie E_{kin}. Es gilt also: $E = E_A + E_{kin}$.

> Die **Austrittsarbeit E_A** ist die Energie, die ein Elektron zum Austritt aus einem Metall benötigt. Der Wert von E_A ist eine materialabhängige Konstante.

Der Wert von E_A für Caesium wird, ausgehend von der **Abb. 52.1** bestimmt. Der untere Graph in **Abb. 52.2** beschreibt die zu einer bestimmten Frequenz f gemessene kinetische Energie E_{kin}. Wird nun zusätzlich die Energie E_A berücksichtigt, dann verschiebt sich der Graph von $E = E_A + E_{kin}$ nach oben zu höheren Werten.
Mit der Vermutung, dass bei der Frequenz $f = 0$ Hz die Energie $E = 0$ J übertragen wird, ergibt sich ein besonders einfacher Zusammenhang zwischen der Energie und der Frequenz: Die Energie ist dann der Frequenz proportional, $E \sim f$. **Abb. 52.2** zeigt den Graphen von $E = E_A + E_{kin}$ im Vergleich zu dem von E_{kin}. Der Graph von E ist um E_A nach oben verschoben, bis der Graph durch den Ursprung des Koordinatensystems verläuft.
Aus dem Graphen wird die Austrittsarbeit für Caesium zu $E_A = 2{,}24 \cdot 10^{-19}$ J abgelesen. Dem entspricht der Wert $E_A = 1{,}4$ eV. Damit ist nun die Energie E, die vom Licht der Frequenz f an ein Elektron übertragen wird, bestimmt.

> Die Energie E, die das Licht an ein einzelnes Elektron abgibt, ist proportional zur Frequenz f:
> $\boldsymbol{E \sim f}$.
> Die Energie E bei einer Frequenz f wird bestimmt als Summe aus E_A und E_{kin}: $E = E_A + E_{kin}$.

Der Formelzusammenhang $E = hf$

Der proportionale Zusammenhang zwischen der Energie E und der Frequenz f kann mit einer Konstanten h als Formel $E = hf$ geschrieben werden. Es gilt, den Wert der Konstanten h zu bestimmen und den Anwendungsbereich der Formel abzustecken.

Wie weitere Versuche zeigen, hängt die an die Elektronen übertragene Energie nicht von der Austrittsenergie E_A der verschiedenen Materialien ab. **Abb. 52.1** zeigt, dass die Energie E auf E_A und E_{kin} aufgeteilt wird. Wird die Austrittsarbeit E_{A2} gegenüber E_{A1} vergrößert, verkleinert sich die jeweilige kinetische Energie E_{kin2} gegenüber E_{kin1} entsprechend. Der Zusammenhang $E = hf$ ist somit allgemeingültig.

Aus der Steigung der Geraden der Energie E in **Abb. 53.1** lässt sich die Konstante h berechnen. Mit den Wertepaaren $f_1 = 5{,}49 \cdot 10^{14}$ Hz und $E_1 = 1{,}39 \cdot 10^{-19}$ J sowie $f_2 = 6{,}88 \cdot 10^{14}$ Hz und $E_2 = 2{,}31 \cdot 10^{-19}$ J ist

$$h = \frac{E_2 - E_1}{f_2 - f_1} = \frac{(2{,}31 - 1{,}39) \cdot 10^{-19}}{(6{,}88 - 5{,}49) \cdot 10^{14}} \frac{\text{J}}{\text{s}^{-1}} = 6{,}6 \cdot 10^{-34}\ \text{Js}$$

Die Konstante h erhielt von Max PLANCK (1858–1947) den Namen **Wirkungsquantum**. Die Bezeichnung gründet sich auf den physikalischen Begriff der Wirkung als Produkt aus Energie und Zeit mit der Einheit Js.

Planck'sches Wirkungsquantum $h = 6{,}626 \cdot 10^{-34}$ Js
Es ist die universelle Naturkonstante der Quantenphysik.

Die Planck'sche Konstante h beschreibt über den Bereich des sichtbaren Lichts hinaus den Energieaustausch von Strahlung der Frequenz f und einzelnen Elektronen.

Einzelne Elektronen nehmen von der elektromagnetischen Strahlung der Frequenz f (in Hz) die Energie E (in J) entsprechend $E = hf$ auf.

Unterschiedliche Katodenmaterialien

Die Austrittsenergie E_A ist abhängig von der Art des Festkörpers (Stoffes), aus dem Elektronen ausgelöst werden. Sie ist relativ klein für Alkalimetalle wie Rubidium (2,13 eV), Cäsium (2,14 eV), Kalium (2,25 eV) oder Natrium (2,28 eV), während sie für Metalle wie Aluminium (4,20 eV), Zink (4,34 eV) oder Platin (5,66 eV) wesentlich größer ist.
Unabhängig vom Material der Katode und dessen Austrittsenergie sind die Steigungen der Geraden der Energie $E = E_A + E_{kin}$ über der Frequenz f (wie in **Abb. 53.1**) gleich. Somit ist h eine Konstante, die nicht vom Material abhängt.

Zur Erzeugung von Elektronenpaketen für Teilchenbeschleuniger wurde am CERN (Genf) eine Fotokatode aus Cäsium-Tellur (CsTe) entwickelt. Nachteilig ist die im Vergleich zu Cäsium hohe Austrittsenergie des Materials, die einen Laser mit der Wellenlänge $\lambda = 266$ nm erfordert. Der Vorteil liegt im Wirkungsgrad der eingestrahlten Energie zur Anzahl der erzeugten Fotoelektronen.

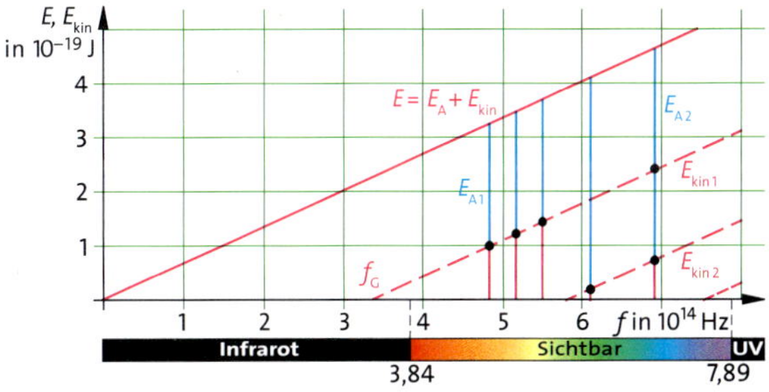

53.1 Materialien mit größerer Austrittsarbeit E_{A2} im Vergleich zu E_{A1} (blau) führen zu geringeren Werte der kinetischen Energie E_{kin1} und E_{kin2} (rot). Die vom Licht einer bestimmten Frequenz f an ein Elektron abgegebene Energie E ist gleich. Die Aufteilung in E_A und E_{kin} ändert sich.

Aufgaben

1. Berechnen Sie jeweils die Energie in Joule und in Elektronvolt, die UKW-Strahlung ($f = 90$ MHz), Mobilfunkstrahlung ($f = 1{,}8$ GHz) und Röntgenstrahlung ($\lambda = 1{,}0$ nm) an ein Elektron übertragen kann.
2. Licht mit einer Wellenlänge von 300 nm fällt auf Kalium. Die emittierten Elektronen haben eine maximale kinetische Energie von 2,03 eV.
   a) Berechnen Sie die Austrittsenergie für Kalium.
   b) Berechnen Sie die Energie der einfallenden Photonen.
   c) Berechnen Sie den Grenzwert der Spannung, wenn das einfallende Licht eine Wellenlänge von 430 nm besitzt.
   d) Berechnen Sie die Grenzwellenlänge des Fotoeffekts für Kalium.
3. **a)** Begründen Sie aus den Ergebnissen von **Abb. 52.2** die Austrittsenergie von Caesium.
   b) Entscheiden Sie durch Rechnung, ob das Licht eines Laserpointers ($\lambda = 650$ nm) den Fotoeffekt bei Caesium auslösen kann.
4. Eine Wolfram-Fotozelle (Grenzwellenlänge $\lambda_G = 271$ nm) emittiert Fotoelektronen mit der Energie 400 meV. Berechnen Sie die Wellenlänge der verwendeten Strahlung.
5. Die Austrittsenergie von Zink beträgt 4,3 eV.
   a) Berechnen Sie die Grenzwellenlänge, unterhalb der der Fotoeffekt für Zink eintritt.
   b) Berechnen Sie die kinetische Energie der ausgelösten Fotoelektronen bei UV-C-Bestrahlung ($\lambda = 250$ nm).
6. Die Grenzwellenlänge des Fotoeffekts für Silber liegt bei 262 nm.
   a) Berechnen Sie die Austrittsenergie für Silber.
   b) Berechnen Sie die Grenzspannung für einfallende Strahlung der Wellenlänge 175 nm.
7. Die Ergebnisse eines Versuchs, bei dem die maximale kinetische Energie der emittierten Elektronen in Abhängigkeit von der Wellenlänge des Lichts gemessen wurde:
   λ in nm: 366, 436, 492, 579
   E in eV: 1,48; 0,93; 0,62; 0,24
   Berechnen Sie die zugehörigen Frequenzen und zeichnen Sie das $E(f)$-Diagramm. Bestimmen Sie aus der Messreihe die Planck'sche Konstante h.

1.3.4 Umkehrung des lichtelektrischen Effekts

Leuchtdioden sind aus dem alltäglichen Gebrauch diverser elektrischer Geräte bekannt. Leuchtdioden bieten im Vergleich zu Glühlampen neue Möglichkeiten als Designelemente, wie beispielsweise in Pkw-Leuchten (**Abb. 54.1**). Weiterhin ermöglichen sie energieeffiziente Beleuchtung. In Leuchtdioden, kurz LEDs genannt, wird die Energie der Elektronen direkt an das Licht abgegeben. Dies zeigen die folgenden Versuche.

54.1 LED-Rückleuchten ermöglichen ein auffallendes Design. Sie sind außerdem sehr energieeffizient.

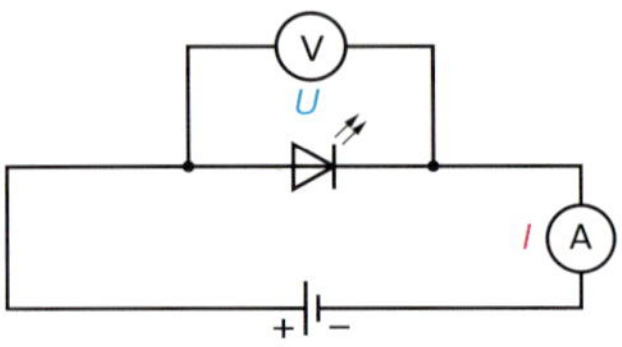

54.2 Bei Erreichen der Spannung U_0 setzt ein Strom I ein und die LED leuchtet.

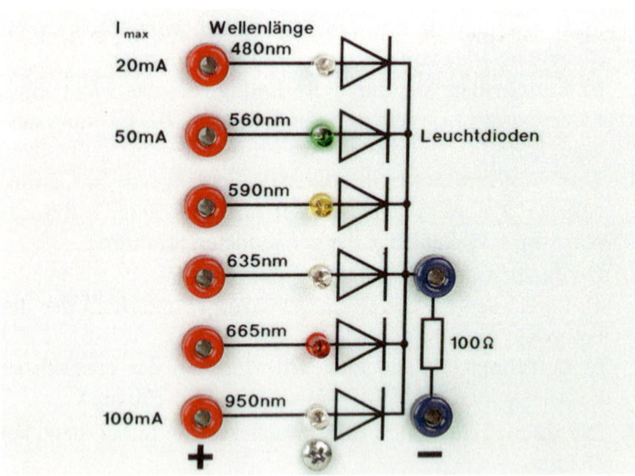

Farbe	U_0 in V	E_{El} in J	λ in nm	E_{Li} in J
Rot	1,85	$2{,}99 \cdot 10^{-19}$	665	$2{,}96 \cdot 10^{-19}$
Orange	1,95	$3{,}13 \cdot 10^{-19}$	635	$3{,}12 \cdot 10^{-19}$
Gelb	2,10	$3{,}37 \cdot 10^{-19}$	590	$3{,}36 \cdot 10^{-19}$
Grün	2,20	$3{,}55 \cdot 10^{-19}$	560	$3{,}52 \cdot 10^{-19}$
Blau	2,60	$4{,}14 \cdot 10^{-19}$	480	$4{,}17 \cdot 10^{-19}$

54.3 Oben: Leuchtdioden für unterschiedliche Wellenlängen; **unten:** Messwerte für U_0 und λ und daraus berechnete Energiewerte $E_{el} = e\,U$ und $E_{Li} = h\,c/\lambda$

Versuch 1: Eine LED wird mit elektrischer Energie versorgt (**Abb. 54.2**). Die Spannung U wird vorsichtig erhöht, bis die LED leuchtet. Die dann erreichte Spannung U_0 wird notiert.
Ergebnis: Bei einer rot leuchtenden LED ist $U_0 = 1{,}85$ V. Bei dieser Spannung hat ein einzelnes Elektron die Energie $E = e\,U_0 = 2{,}99 \cdot 10^{-19}$ J aus dem elektrischen Feld aufgenommen. ◂

Versuch 2: Das Licht einer rot leuchtenden LED wird untersucht. Die Wellenlänge λ des Lichts wird gemessen, um daraus die Frequenz f und die an das Licht übertragene Energie zu bestimmen.
Ergebnis: Bei einer rot leuchtenden LED ist die Wellenlänge $\lambda = 665$ nm. Die Frequenz $f = c/\lambda = 4{,}51 \cdot 10^{14}$ Hz.
Deutung: Beim lichtelektrischen Effekt hat Licht der Frequenz $4{,}51 \cdot 10^{14}$ Hz die Energie $E = h\,f = 2{,}99 \cdot 10^{-19}$ J an ein einzelnes Elektron übertragen. Hier erhält das Licht dieser Frequenz Energie von einem Elektron. Angenommen, dieser Vorgang ist umkehrbar, also rotes Licht der Frequenz $f = 4{,}51 \cdot 10^{14}$ Hz nimmt die Energie $E = h\,f = 2{,}99 \cdot 10^{-19}$ J auf, dann wird die Energie des Elektrons in einem Schritt auf das Licht übertragen. ◂

In einer Leuchtdiode gibt ein Elektron seine kinetische Energie direkt an das Licht ab. Die Energie, die das Elektron abgibt, ist $E = e\,U$. Die Energie, die das Licht aufnimmt, ist $E = h\,f$.

Versuch 3: Ein Schaltbrett enthält Leuchtdioden für Licht unterschiedlicher Farben und Wellenlängen (**Abb. 54.3**). Die Dioden werden nacheinander an eine regelbare Spannungsquelle angeschlossen, deren Spannung bis zum Leuchten der Diode erhöht wird.
Ergebnis: Die Dioden leuchten bei unterschiedlichen Spannungen U_0. U_0 ist umso höher, je kleiner λ ist.
Deutung: Die Elektronen geben ihre Energie an das Licht ab. Je höher die Spannung ist, desto mehr Energie hat das Elektron und desto mehr Energie kann es in einem Schritt an das Licht abgeben (**Tab. 54.3**). ◂

Aufgaben

1. Eine RGB-LED besteht aus einer rot-, grün- und blauleuchtenden LED. Bestimmen Sie die erforderlichen Spannungen. Kommentieren Sie die Energieversorgung im Stromkreis.
2. Eine Diode hat die Durchlassspannung $U_0 = 0{,}65$ V. Berechnen Sie die Wellenlänge des abgestrahlten Lichts.
3. Die in **Abb. 54.3** gezeigte untere Leuchtdiode für 950 nm leuchtet trotz der Stromstärke 10 mA nicht. Berechnen Sie die Spannung U_0 bei dieser Wellenlänge. Vergleichen Sie die Strahlung mit der anderer Leuchtdioden.

1.3.5 Licht und Photonen

Die Vorgänge der Lichtausbreitung wie z. B. Beugung, Brechung und Interferenz lassen sich als Wellenphänomene verstehen. In dieser Vorstellung ist Licht einer Spektralfarbe eine im Raum ausgedehnte Welle mit bestimmter Wellenlänge und Frequenz.
Die Energie, die das Licht transportiert, ist über einen Raumbereich *verteilt.* Wie viel Energie in einem bestimmten Raumbereich vorhanden ist, wird durch die Feldstärke des elektromagnetischen Feldes bestimmt. Je größer die Feldstärke, desto mehr Energie ist in diesem Raumbereich vorhanden. Bei einer bestimmten Feldstärke ist die Energie in einem kleinen Raumbereich gering. In einem nahezu punktförmigen Raumbereich ist nahezu keine Energie vorhanden.
Wird ein Elektron einer Fotokatode beleuchtet, dann steht im Raumbereich des Elektrons nahezu keine Energie vom Licht zur Verfügung. Erst nach einer längeren Zeitspanne könnte ausreichend Energie vom Licht an ein Elektron abgegeben werden. Je größer die Intensität des Lichts, desto kürzer wäre die Zeitspanne für eine bestimmte Energie.

Die experimentellen Ergebnisse des Fotoeffekts stehen im Widerspruch zu klassischen Vorstellungen von Licht als einer im Raum ausgedehnten elektromagnetischen Welle. Die Widersprüche lauten im Einzelnen:
1. Bei einer kontinuierlichen Verteilung der Strahlungsenergie wäre ein verzögertes Einsetzen des Fotoeffektes zu erwarten. *Aber selbst bei geringer Intensität setzt der Fotoeffekt ohne Verzögerung ein.*
2. Wenn das Licht die Fotozelle gleichmäßig ausleuchtet, sollten alle Elektronen gleich viel Energie vom Licht erhalten. *Aber nur wenige Elektronen erhalten in einer Zeitspanne Energie vom Licht, andere erhalten in dieser Zeitspanne keine Energie vom Licht.*
3. Die vom Licht auf ein einzelnes Elektron übertragene Energie hängt davon ab, wie viel Energie vom Licht in diesem Raumbereich verfügbar ist. *Aber die an ein Elektron übertragene Energie wird durch die Frequenz des Lichts bestimmt, nicht jedoch von der Intensität.*
Eine Beschreibung der Energieübertragung fand EINSTEIN im Jahre 1905:

- Der Energieaustausch von Licht mit Materie erfolgt beim lichtelektrischen Effekt durch **Photonen**.
- Ein einzelnes Elektron absorbiert ein einzelnes Photon. Die Energie $E = hf$ wird ausgetauscht.
- Die Energieübertragung erfolgt nicht kontinuierlich, sondern **quantisiert** in festen Energiebeträgen.
- Eine Erhöhung der Intensität des Lichtes bedeutet eine Vergrößerung der Anzahl der **Photonen** in einer bestimmten Zeit auf einer bestimmten Fläche.

Photonen können im Sinne Einsteins vorläufig als Teilchen betrachtet werden. Sie sind durch die Energie $E = hf$, die Ladung $q = 0$ und – wie weitere Versuche zeigen – durch Eigenschaften wie Masse, Impuls, Drehimpuls usw. charakterisiert. Photonen werden in einer Lichtquelle erzeugt und bei der Absorption vernichtet.

Nach dieser Vorstellung wird der lichtelektrische Effekt folgendermaßen erklärt:
Zu 1. Photonen geben an ein einzelnes Elektron des Metalls die Energie $E = hf$ ab.
Zu 2. Die kinetische Energie eines ausgelösten Elektrons ist gleich der Differenz aus der aufgenommenen Energie $E = hf$ und der Austrittsenergie E_A. Wegen $E_{kin} = hf - E_A$ ist die kinetische Energie durch die Frequenz der Strahlung bestimmt.
Zu 3: Da die Absorption eines einzigen Photons genügt, um ein Elektron aus der Katode herauszulösen, kann auch der Fotoeffekt sofort bei Beginn der Bestrahlung einsetzen. Auch bei geringer Intensität können wenige Photonen mit ausreichend hoher Frequenz die Elektronen sofort aus dem Metall herauslösen.

Eine Erhöhung der Intensität des Lichtes führt zu einer Vergrößerung der Anzahl der pro Zeiteinheit und Flächeneinheit absorbierten Photonen und damit zu einem Anstieg des Fotostroms, nicht jedoch zu einer Vergrößerung der von den einzelnen Elektronen absorbierten Energiebeträge. Von intensiverem Licht werden also pro Zeiteinheit und Flächeneinheit *mehr*, jedoch *nicht energiereichere* Elektronen ausgelöst. Dies ist aus Sicht der klassischen Physik eine überraschende Feststellung.

Aufgaben

1. Erörtern Sie, ob die folgenden Aussagen im Einklang mit EINSTEINS Lichtquantenhypothese stehen. Korrigieren Sie gegebenenfalls Fehlvorstellungen.
a) Je größer die Lichtintensität, desto größer ist auch die Photonenenergie.
b) Eine Vergrößerung der Intensität bewirkt eine Erhöhung eines bereits bestehenden Fotostromes.
c) Je größer die Energie der absorbierten Strahlung ist, desto größer ist die kinetische Energie der Fotoelektronen.

2. **a)** Berechnen Sie die Anzahl der Photonen, die eine 60 W-Glühlampe (Lichtausbeute 4,0 %) und eine 11 W-Energiesparlampe (Lichtausbeute 20 %) im sichtbaren Bereich pro Sekunde emittieren. Gehen Sie vereinfachend von der einheitlichen Wellenlänge $\lambda = 600$ nm für alle emittierten Photonen aus.
b) Berechnen Sie die Anzahl der Photonen pro Quadratmillimeter und pro Sekunde für die 60 W-Glühlampe im Abstand 1,0 m und für einen Laserpointer (Strahlungsleistung 1,0 mW, $\lambda = 633$ nm, Strahlquerschnitt 3,0 mm^2).

1.4 Welleneigenschaften der Elektronen

In diesem Kapitel wird gezeigt, dass – ebenso wie das Teilchenmodell die Wechselwirkung der Strahlung mit Materie beschreibt – das Wellenmodell Teilchen in der Ausbreitung beschreibt. Elektronen in der Ausbreitung durch Wellen zu beschreiben, wirkt zunächst befremdlich. Elektronen sind aus der klassischen Physik als nahezu punktförmige Teilchen mit Eigenschaften wie Masse, Impuls, Energie usw. aus Experimenten bekannt. Welleneigenschaften wie Interferenz und Beugung sind nicht einfach nachzuweisen, aber beobachtbar.

1.4.1 De-Broglie-Wellen

Im Jahre 1923 veröffentlichte der Franzose Louis DE BROGLIE (1892–**1987**; ausgesprochen: de brɔj) als Erster Gedanken über eine Wellentheorie von Teilchen. Bei der Herleitung seiner Theorie ließ er sich von der Analogie zum Licht leiten: Die Ausbreitung von Licht lässt sich mit Wellen beschreiben.
Dementsprechend ordnete DE BROGLIE nun allen Teilchen, z. B. den Elektronen, bei ihrer Ausbreitung Welleneigenschaften zu.
Die leitende Idee ist, den Impuls $p = m v$ mit Wellen- und Teilchengrößen auszudrücken. Mit $E = m c^2$ (→ 4.2.2) bzw. $m = E/c^2$ ist der Impuls $p = E/c^2\, v$. Ferner gilt für Licht bzw. Photonen $v = c$ und $E = h c/\lambda$. Damit ist $p = E/c^2\, v = h c/(\lambda c^2)\, c = h/\lambda$ oder $\lambda = h/p$. Es ist zu untersuchen, in welcher Weise dieser Zusammenhang auf Elektronen und eventuell andere Teilchen übertragbar ist. DE BROGLIE ging davon aus, dass diese Beziehungen auch auf Teilchen anwendbar sind und stellte folgende Hypothesen auf:

- Die Ausbreitung von Teilchen wird im Wellenmodell beschrieben. Die Wellenlänge ist $\lambda = h/p$. h ist das Planck'sche Wirkungsquantum und p der Impuls des Teilchens.

Die Gleichung $\lambda = h/p$ wird als De-Broglie-Gleichung bezeichnet, λ ist die **De-Broglie-Wellenlänge** des Teilchens.
Die Welleneigenschaften von Elektronen lassen sich mit einer Elektronenbeugungsröhre demonstrieren:

Grundversuch – Elektronenbeugung: Der gebündelte Strahl von Elektronen in einer Elektronenbeugungsröhre wird auf eine dünne Folie mit Grafitkristallpulver geschossen (**Abb. 56.1**), in der die Elektronen gestreut werden. Da das Schirmbild bei Annäherung eines Magneten verzerrt wird, ist sichergestellt, dass es tatsächlich durch geladene Teilchen (Elektronen) und nicht durch Licht erzeugt wird.
Beobachtung: Auf dem Leuchtschirm der Röhre erscheint ein kreisförmiges Bild mit einer ausgedehnten hellen Mitte und deutlich voneinander getrennten hellen und dunklen Ringen (**Abb. 56.2**), deren Radius bei Erhöhung der Beschleunigungsspannung U abnimmt. ◂

Wird die Ausbreitung der Elektronen im **Teilchenmodell** beschrieben, dann sollte nach der Streuung der Elektronen beim Durchdringen der Grafitschicht auf dem Leuchtschirm eine kreisförmige helle Fläche erscheinen, bei der die Helligkeit von innen nach außen gleichmäßig abnimmt.
Das Auftreten der Ringe ist überraschend, da sie sich nur mit dem **Wellenmodell** erklären lassen und als **Interferenzerscheinung** zu deuten sind. Die dunklen Zonen lassen sich nur durch destruktive Interferenz von Wellen erklären. Deshalb ist es sinnvoll, die Elektronen in der Ausbreitung mit Wellen einer Wellenlänge zu beschreiben. Da der Radius der Interferenzringe mit zunehmender Geschwindigkeit und zunehmendem Impuls der Elektronen abnimmt, muss dies auch für die Wellenlänge der Elektronen gelten. Die Interferenz von Elektronen ist somit eine Bestätigung der Hypothesen DE BROGLIES.

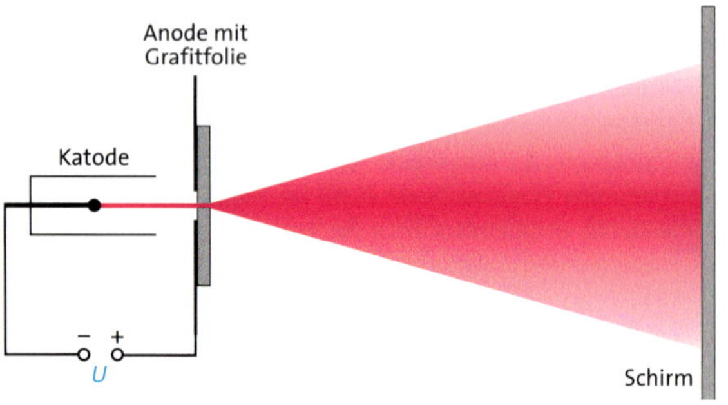

56.1 Schematische Darstellung der Elektronenbeugung an einer dünnen Folie aus Grafitkristallen

56.2 Das Schirmbild einer Elektronenbeugungsröhre zeigt deutlich ein Muster aus hellen und dunklen Ringen. Die dunklen Stellen im Bild lassen sich nur durch destruktive Interferenz der Elektronenwellen erklären.

Die Wellenlänge des Elektrons lässt sich leicht abschätzen:

Die Beschleunigungsspannung der Elektronenbeugungsröhre beträgt $U = 4{,}0$ kV. Zur Berechnung des Impulses wird in die Energieterme $\frac{1}{2}\, m_e v^2 = e\,U$ die Elektronenmasse m_e der Elementarladung e und die Spannung U eingesetzt. Nach der Umformung $v^2 = 2\,e\,U/m_e$ folgt für die Geschwindigkeit $v = 3{,}75 \cdot 10^7$ m/s. Der Impuls $p = m\,v$ ist $p = 3{,}42 \cdot 10^{-23}$ m kg/s, der sich in die De-Broglie-Gleichung $\lambda = h/p$ einsetzen lässt. Daraus ergibt sich die De-Broglie-Wellenlänge des Elektrons zu

$$\lambda = 1{,}937 \cdot 10^{-11}\ \text{m} \approx 19\ \text{pm}.$$

Aufgaben

1. Berechnen Sie die De-Broglie-Wellenlänge von Elektronen, die verschiedene Beschleunigungsspannungen durchlaufen haben: $U_1 = 1$ V; $U_2 = 100$ V; $U_3 = 10000$ V.
   Vergleichen Sie jeweils kinetische Energie, Geschwindigkeit, Impuls und De-Broglie-Wellenlänge.
2. Berechnen Sie für Photonen und Elektronen der Wellenlänge $\lambda = 100$ pm den Impuls und die kinetische Energie.

*3. **a)** Angenommen, der Wert der Konstanten h ändert sich um den Faktor 10 (um $\frac{1}{10}$). Diskutieren Sie unter diesen Voraussetzungen das Ergebnis des Grundversuchs Elektronenbeugung.
b) Schätzen Sie Werte von h ab, bei denen keine Interferenzerscheinungen zu beobachten wären.

Bestätigung der De-Broglie-Gleichung

Die Wellenlänge von Elektronen mit einer kinetischen Energie von wenigen Kiloelektronvolt ist sehr viel kleiner als die von sichtbarem Licht. Versuche, mit denen Interferenzen von Licht hinter einem Doppelspalt oder einem Gitter zu beobachten sind, liefern bei Elektronen keine verwertbaren Ergebnisse. Die Abstände der Maxima sind zu klein.

Der Nachweis von Interferenzen bewegter Elektronen kann demnach erst mit Spalten oder Gittern gelingen, deren Abstände deutlich kleiner sind als die Wellenlängen von sichtbarem Licht. Dies gelingt mit Kristallen, deren Gitterabstände mit Werten um 0,1 nm nahezu vier Größenordnungen kleiner sind als die Lichtwellenlänge.

Die Welle als Modell für die Ausbreitung

Ein Kristall ist aus regelmäßig angeordneten Atomen aufgebaut, die sogenannte Netzebenen bilden (**Abb. 57.1**). Die Welle, die als Modell zur Beschreibung der Ausbreitung des Elektrons verwendet wird, bewegt sich in den Kristall hinein. An den Netzebenen wird jeweils ein Teil der Welle gebeugt, wobei sich **nur die** um den Winkel $2\,\vartheta$ abgelenkten Wellen konstruktiv überlagern: Die von den tiefer liegenden Netzebenen ausgehenden Wellen legen einen längeren Weg zurück als die von den höher liegenden Ebenen: Es kommt zu einer Wegdifferenz Δs zwischen benachbarten Wellen. Analog zum optischen Gitter erfolgt bei einer Wegdifferenz von $\Delta s = \lambda$ eine konstruktive Interferenz der Wellen.

Die Wellenlänge λ lässt sich aus dem Winkel ϑ und dem Netzebenenabstand d berechnen (**Abb. 57.1**): $\lambda = 2\,d \sin(\vartheta)$.

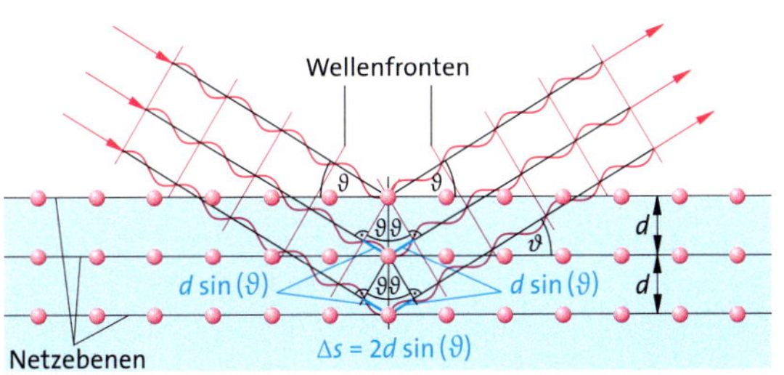

57.1 Eine Welle trifft unter dem Winkel ϑ auf ein Kristallgitter und wird an den einzelnen Netzebenen gebeugt. Zwischen benachbarten Wellen entsteht eine Wegdifferenz von λ.

Beispiel Wellenlänge von Elektronen

Die beiden hellen Ringe in **Abb. 56.2** entstehen durch Beugung an den beiden Netzebenen im Abstand $d_1 = 123$ pm und $d_2 = 213$ pm.

Aus der Geometrie des Aufbaus (**Abb. 57.2 b**) folgt $\tan(2\,\vartheta) = r/l$. Mit den Werten $r = 2{,}2$ cm und $l = 14$ cm aus dem Experiment lässt sich der Winkel ϑ und für $d = 123$ pm die De-Broglie-Wellenlänge λ berechnen:

$$\tan(2\,\vartheta) = r/l \;\Rightarrow\; \vartheta = 4{,}5° \qquad \lambda = 2\,d \sin(\vartheta) = 19\ \text{pm}$$

Dieser Wert stimmt mit dem zuvor nach der De-Broglie-Gleichung $\lambda = h/p$ bestimmten Wert überein. ◂

Die Gleichung $\lambda = 2\,d \sin(\vartheta)$ *ist* die **Bragg'sche Gleichung** für maximale Intensität bei der sogenannten „Reflexion am Kristallgitter" (Sir William Lawrence Bragg, 1890–1971).

Die Tatsache, dass auf dem Schirm Interferenzringe und nicht etwa Streifen zu sehen sind, ist durch die Struktur der Graphitfolie zu erklären: Die Folie besteht nicht nur aus einem einzigen Kristall, sondern aus sehr vielen mikroskopisch kleinen Kristallstücken, die in regelloser Anordnung zusammengepresst sind (**Abb. 57.2 a**). Zu jedem Streuwinkel $2\,\vartheta$ gibt es rotationssymmetrisch zum einfallenden Welle in jeder Richtung einen Mikrokristall, dessen Netzebenen unter dem Winkel ϑ getroffen werden. Bei entsprechender Wegdifferenz interferieren die auslaufenden Wellen konstruktiv und es ergibt sich ein heller Interferenzring mit dem Winkel $2\,\vartheta$ zur ursprünglichen Richtung.

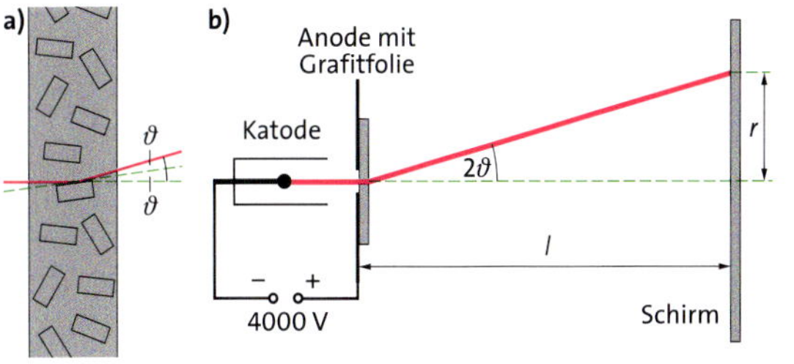

57.2 a) Der Elektronenstrahl fällt unter dem Winkel ϑ auf die Netzebenen eines Mikrokristalls und wird um $2\,\vartheta$ abgelenkt. **b)** Im Abstand l zur Streufolie wird ein heller Interferenzring mit dem Radius r beobachtet.

1.4.2 Das Elektron – kein klassisches Teilchen

Im vorangegangenen Abschnitt wurde die Ausbreitung von Elektronen mit Wellen beschrieben. Dass beim Durchgang von Elektronen durch Kristalle Interferenzerscheinungen auftreten, lässt keine andere Beschreibung zu.

Weitere Versuche, bei denen Elektronen mit dem Wellenmodell beschrieben werden, können sich im Prinzip an den Interferenzexperimenten mit Licht orientieren. Es zeigt sich allerdings, dass es sehr schwierig ist, die entsprechenden Experimente zu realisieren. Dafür verantwortlich ist im Wesentlichen der kleine Wert der De-Broglie-Wellenlänge von etwa 5 pm, der sich aus der für eine elektronenoptische Fokussierung erforderlichen Beschleunigungsspannung von knapp 50 kV nach $e\,U = m\,v^2/\,2 = p^2/(2\,m)$ und $p = h/\lambda$ ergibt.

Ein **Doppelspaltversuch mit Elektronen** wurde 1959 von C. Jönsson mit eng zusammenliegenden, feinen Spalten durchgeführt. Eine wesentliche Schwierigkeit lag für Jönsson damals darin, außerordentlich feine metallische Spalte herzustellen, die materiefrei bleiben mussten. Da Elektronen in Materie stärker gestreut werden als etwa Licht in Glas, konnte die Spaltblende nicht wie optische Blenden auf ein Trägermaterial aufgebracht werden. Jönsson stellte die Spaltblenden aus Kupfer durch Galvanisieren her. Es gelang ihm, eine Spaltbreite von 0,5 µm mit einem Spaltabstand von 2 µm zu erreichen. Im Vergleich zur De-Broglie-Wellenlänge der Elektronen ist dieser Abstand um viele Größenordnungen größer, sodass mit einem sehr engen Abstand der Interferenzstreifen zu rechnen war. Zur Beobachtung verwendete Jönsson ein Elektronenmikroskop, welches das Interferenzmuster vergrößert auf einem Schirm oder einer Fotoplatte abbildete (**Abb. 58.1**). Dieses Interferenzmuster wurde nochmals durch ein Okular vergrößert, um mit dem Auge betrachtet werden zu können.
Der experimentelle Nachweis von Interferenzen gelingt nicht nur mit Elektronen. Entsprechende Experimente zeigen auch Interferenzen von Protonen, Neutronen, Atomen und sogar Molekülen.

58.1 Elektronenstrahlinterferenzen an einem Doppelspalt nach Jönsson in ca. 10 000-facher Vergrößerung. Die Aufnahme der Interferenzfigur erfolgte mit einem Elektronenmikroskop.

Welleneigenschaften in der Ausbreitung

Der Doppelspaltversuch ist geeignet, um noch einmal über die Teilchen- und Wellenvorstellung bei Elektronen nachzudenken. Die Elektronen werden aufgrund des glühelektrischen Effekts aus der Metalloberfläche emittiert, in einem elektrischen Feld beschleunigt, treffen auf die Doppelspaltanordnung und werden dann auf einem Bildschirm registriert.
Bei der Emission und beim Auftreffen der Elektronen auf dem Bildschirm scheint es sich um einzelne Teilchen zu handeln. Dann wäre es eigentlich auch naheliegend sich vorzustellen, dass die Elektronen genauso als kleine Teilchen durch den Raum zum Doppelspalt gelangen und dort entweder durch den einen oder den anderen Spalt fliegen. Doch genau dann, wenn angenommen wird, dass die Elektronen entweder durch den einen oder den anderen Spalt fliegen, lässt sich die Interferenzerscheinung nicht mehr erklären.

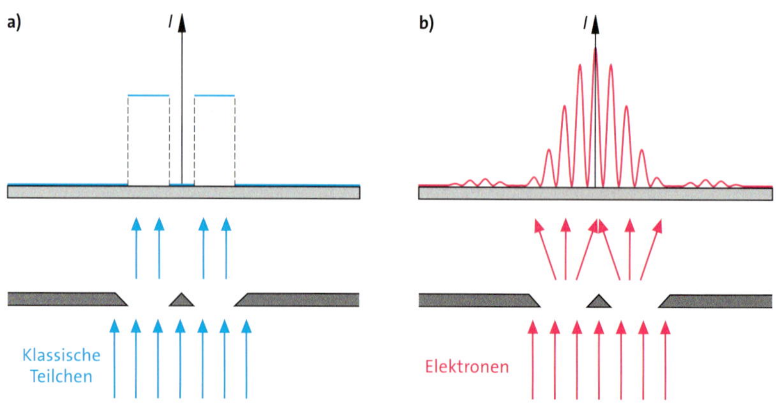

58.2 a) Bei zwei nebeneinander befindlichen Spalten sollte sich für klassische Teilchen die für diese Teilchen *erwartete Verteilung* der beiden Einzelspaltintensitäten ergeben.
b) Die *tatsächlich auftretende Verteilung* mit Maxima und Minima lässt sich nur durch Beugung und Interferenz, also durch WellenFänomene, erklären.

Abb. 58.2 a) zeigt, welche Intensitätsverteilung sich bei klassischen Teilchen ergeben müsste, die durch zwei Spalte fliegen. Es entsteht ein Schattenbild der beiden Öffnungen. Elektronen verhalten sich jedoch nicht wie klassische Teilchen: Gelangen sie durch eine enge Öffnung, tritt *Beugung* auf (→ 1.1.7), d. h. die Welle wird in den geometrischen Schattenraum hinein gebeugt, so dass es hinter dem Doppelspalt zu einer Überlagerung der beiden Teilstrahlen kommt. Im Bereich dieser Überlagerung ist ein Streifenmuster mit eng beieinanderliegenden Maxima und Minima (**Abb. 58.2 b**) zu beobachten, das sich nur durch *Interferenz* erklären lässt.

Es ist also falsch anzunehmen, dass ein Elektron als klassisches Teilchen durch einen bestimmten Spalt geht, denn dies würde zu der absonderlichen Vorstellung führen, dass das Elektron wissen müsste, ob der andere Spalt offen oder geschlossen ist. Ist nur ein Spalt geöffnet, so treffen Elektronen auch in Bereichen auf dem Schirm auf, in denen sich bei zwei offenen Spalten keine Elektronen nachweisen lassen. Die zusätzliche Öffnung des zweiten Spaltes führt an den Stellen der Minima zu einer Abnahme der Intensität. Dieses bei Wellen bekannte Phänomen ist mit der Vorstellung von Elektronen als klassische Teilchen nicht vereinbar. Das Verhalten von Elektronen kann nur mit dem Wellenmodell zutreffend beschrieben werden.

> Welleneigenschaften wie Beugung und Interferenz sind auch bei Elektronen zu beobachten.
> Die Ausbreitung von Elektronen kann mithilfe des Wellenmodells zutreffend beschrieben werden.

Aufgaben

1. Zum Versuch von Jönsson: Elektronen werden mit einer Spannung $U_A = 54{,}7\ \text{kV}$ beschleunigt und hinter einem Doppelspalt (Spaltabstand $d = 2\ \mu\text{m}$) im Abstand $e = 40\ \text{cm}$ registriert. Berechnen Sie die Wellenlänge λ der Elektronen und den Abstand a der Interferenzmaxima.
2. Der Versuch von Jönsson (Aufgabe 1) soll mit Protonen statt mit Elektronen bei sonst gleichen Aufbauwerten durchgeführt werden. Berechnen Sie die Wellenlänge und den Abstand der Interferenzmaxima.

*3. Berechnen Sie die De-Broglie-Wellenlänge einer Metallkugel der Masse 1 g, die sich mit $v = 1\ \text{m/s}$ bewegt. Bewerten Sie die Möglichkeit, in diesem Fall Interferenzen nachzuweisen.

Exkurs

Interferenzen von Neutronen

1974 gelang es H. Rauch, Interferenzen mit Neutronen nachzuweisen. Er verwendete ein ca. 8 cm großes Interferometer aus einem perfekten Siliciumkristall. Die eintretenden Neutronen mit der Wellenlänge λ werden mit einer ersten Kristallplatte ähnlich einem Strahlteiler aufgespalten. Ein Teil der eintretenden Welle um dem Winkel 2ϑ abgelenkt. Die Aufspaltung erfolgt analog zur Beugung von Elektronen an Grafit-Kristallen (→ 1.4.1). Die Dicke der Kristallplatten ist so gewählt, dass die beiden Wellen nahezu gleiche Amplituden aufweisen. In einer zweiten Kristallebene wiederholt sich die Aufspaltung in Wellen durch Bragg-Beugung. Ein Teil der Neutronenwellen wird in Einfallsrichtung austreten. Diese Anteile sind nicht eingezeichnet. Die um den doppelten Bragg-Winkel ϑ abgelenkten Wellen treffen auf eine dritte Kristallebene, an der die Registrierung stattfindet.
Die räumliche Trennung der Wellen vereinfacht die Erzeugung von Wegdifferenzen. In den einen Strahlengang wird ein Aluminiumkeil hineingeschoben, in dem sich die Welle mit verringerter Geschwindigkeit bewegt (→ 1.1.7). Das wirkt sich wie eine verlängerte Weglänge der Welle aus. Wird der Keil weiter hineingeschoben, legt die Welle eine längere Strecke im Keil zurück, die Dauer der verringerten Geschwindigkeit steigt an und damit die scheinbare Verlängerung des Wellenwegs. Die Überlagerung der Wellen liefert, abhängig von der Wegdifferenz, Maxima und Minima für die Zahl der nachgewiesenen Neutronen.
Die Beschreibung der Ausbreitung von Neutronen erfordert wie die Ausbreitung von Elektronen das Wellenmodell.

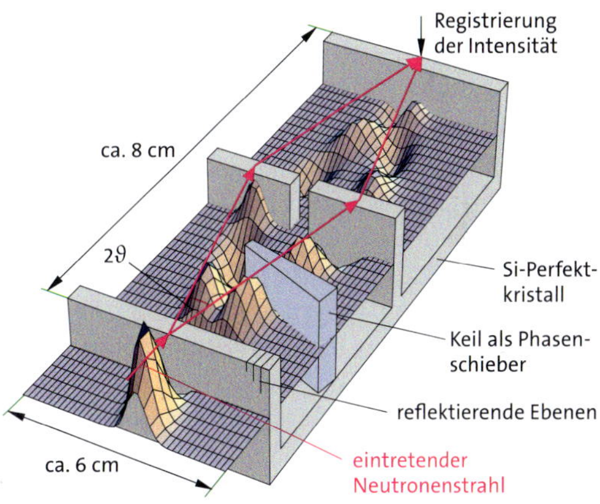

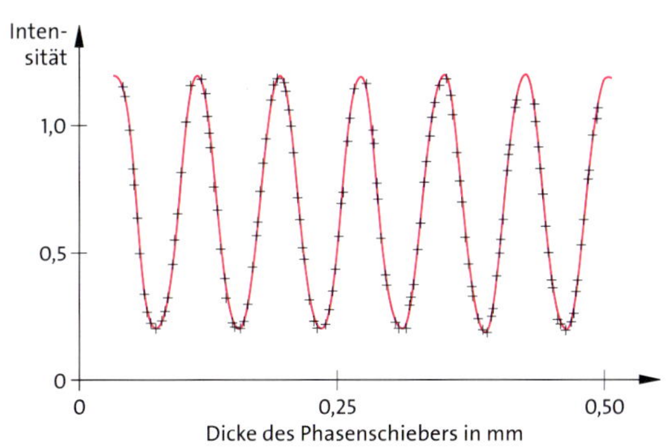

1.5 Quantenphysik und klassische Physik

In den vorangehenden Abschnitten sind die Vorstellungen über das Licht erweitert worden. Einerseits sind Beugung, Brechung und Interferenz zu erklären und zu verstehen, wenn Licht als **elektromagnetische Welle** behandelt wird, andererseits treten bei der Absorption, bei der Emission und bei der Streuung von Licht Effekte auf, die nicht in die Wellenvorstellung passen und eher auf Eigenschaften des Lichts hindeuten, die als Teilcheneigenschaften bekannt sind und mit dem Begriff **Photon** beschrieben werden.

Es soll nunmehr geklärt werden, wie sich die beiden gegensätzlichen Vorstellungen vom Licht zu einer stimmigen neuen Betrachtungsweise zusammenführen lassen. Es wäre unbefriedigend, beide Betrachtungsweisen für den einen physikalischen Bereich Licht bzw. elektromagnetische Strahlung beziehungslos nebeneinander beizubehalten. Deshalb wird in diesem Kapitel auch eine Verbindung der beiden Vorstellungen von elektromagnetischer Strahlung hergestellt. Dass zwischen den beiden Betrachtungsweisen ein Zusammenhang besteht, ist an der Energie und dem Impuls der Photonen zu erkennen. Mit dem Energiebetrag $E = hf$ (→ 1.3.4) und dem Impuls $p = h/\lambda$ (→ 1.4.1) werden dem Photon einerseits Teilcheneigenschaften zugeschrieben, doch gehören die beiden Größen Frequenz f und Wellenlänge λ andererseits eindeutig zur Wellenvorstellung.

1.5.1 Die Photonenverteilung hinter dem Doppelspalt

Eine Verbindung zwischen den beiden Vorstellungen vom Licht lässt sich herstellen, wenn beachtet wird, dass mithilfe der **Wellenvorstellung** vom Licht die **Ausbreitung** des Lichts im Raum und mit der **Teilchenvorstellung** die Absorption oder Emission von Photonen, also die **Wechselwirkung** mit Materie, beschrieben werden.

Die Interferenz am Doppelspalt ist aufgrund des einfachen Aufbaus und der mathematisch einfach zu beschreibenden Ergebnisse besonders geeignet, um die Zusammenhänge zu veranschaulichen.

Von einer kohärenten punktförmigen Lichtquelle geht Licht aus und erzeugt hinter einem Doppelspalt eine Interferenzfigur. Die Interferenzfigur besteht aus Bereichen, auf die viel Licht auftrifft, die sich mit Bereichen abwechseln, in denen wenig oder gar kein Licht beobachtet wird. Die von den beiden Doppelspalten kommende Lichtenergie wird also in einer ganz bestimmten Weise im Raum verteilt. Die Wegdifferenzen der Wellen von den beiden Spalten zum Ort der Beobachtung bestimmen die Orte der Maxima und der Minima.

Durch diese Betrachtungen ist es also möglich, über die **Verteilung der Energie** mithilfe der Wellenvorstellung Voraussagen zu machen. Dabei bleibt zunächst die Frage offen, welcher Zusammenhang zur Anzahl und den **Orten** besteht, an denen die Photonen Energie an die Elektronen der Materie übertragen.

Messung der Intensitätsverteilung

Bei der Untersuchung von Interferenzerscheinungen stand bislang die Berechnung der Orte der Intensitätsmaxima und -minima im Vordergrund, weniger die Registrierung der an den jeweiligen Orten absorbierten Photonen. Das soll jedoch in den folgenden Versuchen geschehen.

Versuch 1: Das aufgeweitete Lichtbündel eines Lasers fällt auf einen Doppelspalt (**Abb. 60.1**). Die Interferenzfigur wird mit einer Fotokamera ohne Objektiv ca. 1 m hinter dem Doppelspalt chemisch oder elektronisch als Bildfolge registriert.
Beobachtung: Auf dem Filmnegativ bzw. am Bildschirm (**Abb. 61.1**) sind die Orte, an denen Photonen registriert wurden, markiert. ◂

Die linke Bildleiste zeigt, dass sich das Muster der Orte, an denen Photonen registriert wurden, von Bild zu Bild unterscheidet. Die Photonen sind jeweils unregelmäßig verteilt.

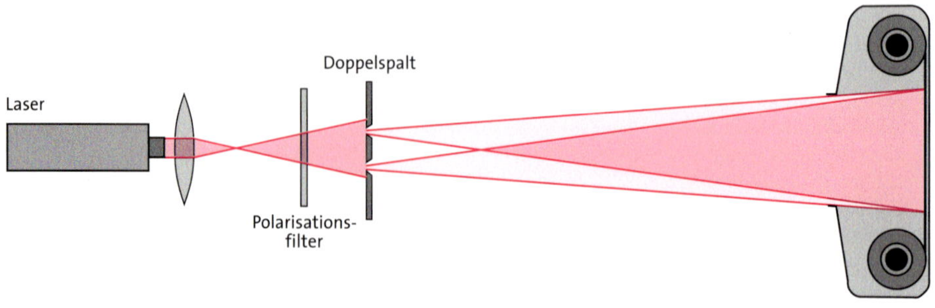

60.1 Registrierung der Intensitätsverteilung hinter einem Doppelspalt mit einer Filmkamera oder einer speziellen elektronischen Kamera (Kameragehäuse jeweils ohne Objektiv). Mit zwei gekreuzten Polarisationsfiltern lässt sich die Intensität einstellen.

Es ist keine Vorhersage möglich, an welchem Ort das nächste Photon registriert wird.

Versuch 2: Die Intensitätsverteilung hinter einem Doppelspalt wird gemessen, indem die Orte, an denen Photonen registriert wurden, markiert werden. In das jeweils nächste Bild werden die bereits gesammelten Markierungen übernommen.
Beobachtung: Die rechte Bildleiste (**Abb. 61.1**) zeigt die im Verlauf der Zeit gesammelten Markierungen. Das zweite Bild der Leiste rechts zeigt die Markierungen des ersten und des zweiten Bildes der linken Leiste. Mit jedem Zeitschritt steigt die Anzahl der registrierten Photonen, damit auch die übertragene Energie und letztlich die Anzahl der Markierungen an den Orten der jeweiligen Wechselwirkungen. ◂

Im Verlauf der Zeit entsteht aus einzelnen markierten Wechselwirkungsorten ein Interferenzbild. In den Intensitätsmaxima des Lichts liegen die Markierungen dicht, und die Zahl der Photonen, die ein Sensor registriert, steigt an. Hier wurde viel Energie pro Flächeneinheit übertragen. In den Minima fehlen die Markierungen. Dort ist die Intensität null, es werden keine Photonen nachgewiesen. Es wurde dorthin keine Energie übertragen.

Die Anzahl der Photonen, die ein Sensor in einer Zeiteinheit registriert, ist proportional zur Intensität des Lichts.

Das Photon als Quantenobjekt

Grundlage der physikalischen Beschreibung ist die **Quantentheorie**. Auf der Grundlage dieser Theorie gelingt eine vollständige, widerspruchsfreie Beschreibung der experimentellen Ergebnisse. Die Theorie sagt im Fall des Doppelspaltexperiments voraus, mit welcher Wahrscheinlichkeit an bestimmten Orten Photonen absorbiert werden. Die Theorie macht Aussagen über **Messgrößen**, sie macht keine Aussage darüber, wie sich ein Photon von der Lichtquelle durch den Doppelspalt bewegt.

Die Bilder oder die Vorstellungen von einem Photon, die es als Welle oder als Teilchen zeigen, beziehen sich auf Teile der Theorie. Es handelt sich um Modelle, die einen Teil der Aussagen der Theorie umfassen. Das Photon als Welle in der Ausbreitung ist ein Modell. Das Photon als Teilchen in der Wechselwirkung ist ein anderes Modell. Da ein physikalisches Objekt wie ein Photon durch seine Eigenschaften *eindeutig* beschrieben wird, kann es weder das eine noch das andere sein. Deshalb wird das Photon als **Quantenobjekt** bezeichnet.

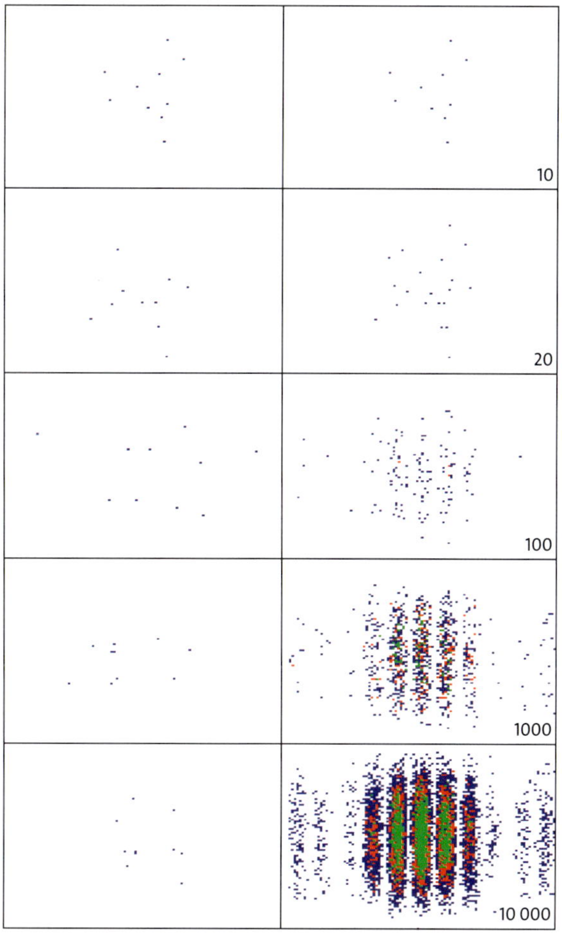

61.1 Mit dem Aufbau von **Abb. 60.1** wird das Interferenzbild auf einem Film oder elektronisch registriert. Die linke Bildleiste zeigt eine Folge von Einzelaufnahmen mit $\frac{1}{50}$ s Belichtungszeit. An den Markierungspunkten wurde ein Photon registriert. In der rechten Bildleiste werden die Markierungspunkte gesammelt, erst weitere 10, dann 100, 1000 und 10 000. Im Verlauf der Bildfolge entwickelt sich das Interferenzbild des Doppelspalts. Die Farben kodieren die Anzahl der Photonen.

Aufgaben

1. Photonen mit der Wellenlänge $\lambda = 633$ nm treffen auf einen Doppelspalt im Abstand $a = 10$ m zu einem Detektor, der einzelne Photonen registriert. Der Spaltabstand b beträgt 0,35 mm, die Spaltbreiten sind noch kleiner.
   a) Skizzieren Sie analog zu **Abb. 61.1** ein mögliches Schirmbild für 10 bzw. für 100 registrierte Photonen im Maßstab 1:1.
   b) Spalt 2 wird verschlossen. Skizzieren Sie ein Schirmbild für den geöffneten Spalt 1 (wieder 10 bzw. 100 Photonen).
   c) Wieder wird Spalt 2 verschlossen, Spalt 1 bleibt offen; nach der Hälfte (also nach 5 bzw. nach 50) der registrierten Photonen wird jedoch gewechselt, d. h. Spalt 2 ist geöffnet und Spalt 1 verschlossen. Erörtern Sie, inwiefern sich die Schirmbilder nach 10 bzw. 100 Photonen von Ergebnissen aus den Aufgaben a) und b) unterscheiden.

Methode

Simulation der Photonenverteilung hinter dem Doppelspalt

Das Experimentieren mit einzelnen Quantenobjekten erfordert hohen technischen Aufwand, präzise Ausführung und viel Geduld. Für den Unterricht stehen mittlerweile etliche Simulationsprogramme zur Verfügung, mit deren Hilfe die wesentlichen Aussagen über Quantenobjekte ohne großen Aufwand veranschaulicht werden können. An dieser Stelle werden Überlegungen dargelegt, die zu einem solchen Simulationsprogramm führen.

Die Simulation zeigt in Form eines 3D-Säulendiagramms den Ausschnitt eines Schirms, auf dem einzelne Photonen in einem Raster registriert werden. Um die Grundgedanken der Simulation darzulegen, genügt ein Ausschnitt von 11×10 Rasterpunkten. Die Höhe jeder Säule (z-Achse) gibt die Anzahl der Photonen wieder, die während des Simulationsexperiments im zugehörigen Rasterelement registriert werden. Durch die x- und die y-Koordinaten wird der Ort des Rasterelements auf dem Schirm festgelegt. Dabei wird die y-Koordinate nur für eine plastischere Darstellung eingeführt (Schirmhöhe/Zeilen). Aus der Wegdifferenz wird mit $\Delta\varphi = 2\pi\,\Delta x/\lambda$ die sogenannte Phasendifferenz $\Delta\varphi$ berechnet und anstelle der x-Koordinate an die Achse angetragen.

Definition der Voraussetzungen

Das Ziel der Simulation ist es, das Verhalten einzelner Quantenobjekte, z. B. Photonen hinter einer Doppelspaltanordnung darzustellen. Dazu sollen die Erkenntnisse des Abschnittes → 1.5.1 als Voraussetzungen in die Simulation eingehen und anschließend das Ergebnis der Simulation mit dem des realen Experiments verglichen werden.

1. Der Auftreffort jedes einzelnen Photons muss zufällig sein (stochastisches Verhalten).
2. Die Wahrscheinlichkeit $w(x)$, dass ein Photon an einem bestimmten Ort x auftrifft, ist proportional zur Intensität des Interferenzbildes $I(x)$ gemäß der Lichtwellentheorie.

Das stochastische Verhalten der Photonen wird durch eine Zufallszahl aus dem Intervall $[0; 1]$ simuliert.

Die Intensität $I(x)$ lässt sich dem abgebildeten Interferenzbild des Doppelspaltes entnehmen.

Ein Maximum liegt gemäß der Lichtwellentheorie vor, wenn der Phasenunterschied $\Delta\varphi$ der beiden Wellen null oder ein ganzzahliges Vielfaches von 2π beträgt (→ E-Band 4.2.3). Im Idealfall sehr schmaler Spalte haben alle Maxima die gleiche Intensität.

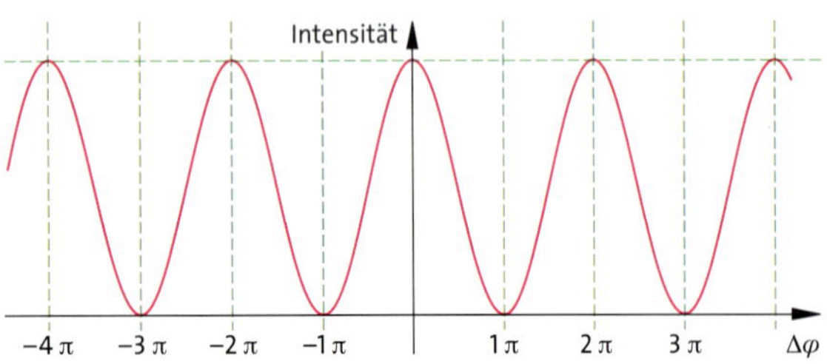

Die Wahrscheinlichkeitsverteilung (gelber Bereich)

Es ist anhand der abgebildeten Intensitätsverteilung leicht einzusehen, dass die Intensität I durch das Quadrat einer Kosinusfunktion beschrieben werden kann: $I \sim \cos^2(\Delta\varphi/2)$:

In Übereinstimmung mit dem Interferenzbild ergeben sich so Maxima bei null und den geradzahligen Vielfachen von π und Minima bei ungeradzahligen Vielfachen von π denn $\cos^2(\pi/2) = 0$ und $\cos^2(2\pi/2) = 1$.

Wegen $w \sim I$ gilt auch $w(\Delta\varphi) \sim \cos^2(\Delta\varphi/2)$.

In Worten: Die Wahrscheinlichkeit, ein einzelnes Photon an einem Ort des Schirms nachzuweisen, für den der Phasenunterschied zwischen beiden Teilstrahlen im Wellenmodell $\Delta\varphi$ beträgt, ist proportional zum Kosinusquadrat des halben Phasenunterschieds.

Um die Maxima 1. Ordnung noch gut erkennen zu können, empfiehlt sich eine Abbildung bis zum Minimum zweiter Ordnung, also bis zur maximalen Phasendifferenz $\Delta\varphi_{max} = 3\pi$. Der Phasenunterschied (x-Achse) wird von $\Delta\varphi = -3\pi$ an für jede Spalte in Schritten von $3\pi/5$ bis auf $3\pi \approx 9{,}42$ erhöht.

Im Raster aus 11 Spalten kann nun für jeden der 11 Phasenunterschiede das Kosinusquadrat berechnet werden. Die Wahrscheinlichkeit $w(\Delta\varphi)$ ergibt sich aus dieser Verteilung, indem jeder einzelne Zellenwert durch die Summe aller 11 Kosinusquadrate dividiert wird (hier 5), denn die Wahrscheinlichkeit, dass ein Photon in irgendeiner der 11 Spalten nachgewiesen wird, soll 1 betragen. Dieser Vorgang heißt *Normierung der Wahrscheinlichkeitsverteilung.*

Festlegung des Auftreffortes (orangefarbener Bereich)

Der „Schirm" des simulierten Doppelspaltversuches besteht aus einem Raster mit 10 Zeilen und 11 Spalten. Das Rasterelement (K; L) liegt in der Spalte K und der Zeile L. In welcher Zeile bzw. Spalte ein simuliertes Photon nachgewiesen wird, bestimmen die zwei Zufallszahlen Z und S aus dem Intervall $[0; 1]$, welche die Tabellenkalkulation durch den Befehl „=ZUFALLSZAHL()" für jedes Photon einzeln erzeugt.

Da sich die Photonen gleichwahrscheinlich über die Zeilen verteilen sollen, kann die Zuordnung der Zeilennummer L (von 1 bis 10) des Photons Nr. 1 einfach durch die Berechnung „=AUFRUNDEN(10*B11;0)" erfolgen.

Entscheidend ist die Zuweisung der Spaltennummer K, da hierfür die in Zeile 6 berechnete Verteilungsfunktion $\Sigma\, w(\Delta\varphi)$ zu berücksichtigen ist. Dafür werden die Einzelwahrscheinlichkeiten $w(\Delta\varphi)$ der 11 Phasenunterschiede aus Zeile 5 schrittweise aufsummiert. Auf diese Weise entsteht eine Unterteilung des Intervalls $[0; 1]$ in 11 Teilintervalle. Jedem dieser Intervalle wird entsprechend der abgebildeten Graphik eine Spalte K mit $K \in \{1; 2; \ldots; 11\}$ zugeordnet. Die Zuordnung der Spalten kann mittels der VERWEIS-Funktion erfolgen:

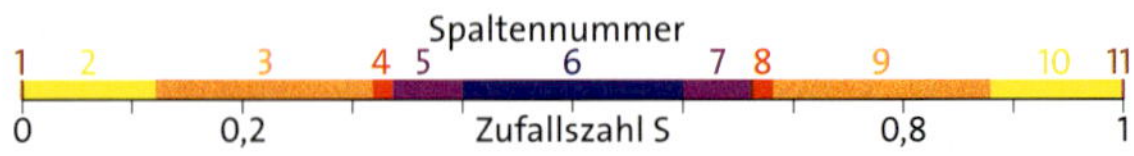

	A	B	C	D	E	F	G	H	I	J	K	L	M	N	O	P	Q	R
1							Einzelne Photonen am Doppelspalt											
2		$\Delta\varphi_{max}$		9,425														
3		$\Delta\varphi$			–9,42	–7,54	–5,65	–3,77	–1,88	0,00	1,88	3,77	5,65	7,54	9,42	Σ		
4		$\cos^2(\Delta\varphi/2)$			0,00	0,65	0,90	0,10	0,35	1,00	0,35	0,10	0,90	0,65	0,00	5		
5		$w(\Delta\varphi)$			0,00	0,13	0,18	0,02	0,07	0,20	0,07	0,02	0,18	0,13	0,00	1		
6	Photon Nr.	$\Sigma w(\Delta\varphi)$		0	0,00	0,13	0,31	0,33	0,40	0,60	0,67	0,69	0,87	1,00	1,00			
7																		
8							Zeilen-	Spaltennummer										
9		Z	L	S	K	100*K+L	nummer	1	2	3	4	5	6	7	8	9	10	11
10	1	0,561	6	0,168	3	306	10	0	0	0	0	0	0	0	0	0	0	0
11	2	0,221	3	0,387	5	503	9	0	0	0	0	0	0	0	0	0	0	0
12	3	0,673	7	0,454	6	607	8	0	0	0	0	0	0	0	0	1	0	0
13	4	0,68	7	0,631	7	707	7	0	0	0	0	0	1	1	0	0	0	0
14	5	0,135	2	0,739	9	902	6	0	0	2	0	0	0	0	0	0	0	0
15	6	0,717	8	0,846	9	908	5	0	1	0	0	0	0	0	0	0	0	0
16	7	0,511	6	0,22	3	306	4	0	0	0	0	0	1	0	0	0	0	0
17	8	0,096	1	0,254	3	301	3	0	0	0	0	1	0	0	0	0	0	0
18	9	0,378	4	0,525	6	604	2	0	0	0	0	0	0	0	0	1	0	0
19	10	0,491	5	0,002	2	205	1	0	0	1	0	0	0	0	0	0	0	0

„=VERWEIS(D10;D$6:N$6;H$9:R$9)“ ordnet jedem Wert aus D10 (Zufallszahl S), der im Intervall [D6; E6[(Teilintervall von [0; 1]) liegt, den Wert in Zelle H9 (Spalte K = 1) zu, [E6; F6[den Wert in I9, usw. Jedem Wert aus [N6; ∞[wird der Wert in Zelle R9 (Spalte K = 11) zugewiesen.
(Die durch die „$“-Zeichen hergestellten absoluten Bezüge ermöglichen einfaches Kopieren durch Ziehen mit der Maus für die folgenden Photonen.)
Das Rasterelement, in dem ein Photon auftrifft, kann durch eine vierstellige Zahl $k_1k_2l_1l_2$ angegeben werden, wobei die rechten beiden Stellen aus der Zeilennummer und die linken beiden aus der Spaltennummer bestehen. Die Berechnung „=100*K+L“ liefert also eindeutig das Rasterelement für jedes Photon.

Definition des Schirms (grauer Bereich)

Der simulierte Schirm besteht aus 11 × 10 Zellen. Jedes der simulierten Photonen, das z. B. im Rasterelement 306 auftrifft, soll in der Zelle in Spalte 3 und Zeile 6 des Schirms (hier also Zelle J14 des Rechenblattes) gezählt werden. Dies leistet die Eingabe „=ZÄHLENWENN($F$10:$F$19;J$9*100+$G14)“:
In J14 wird aus dem Bereich der Auftrefforte (F10 bis F19) jedes Rasterelement mit der Nummer 306 (also J9*100+G14) gezählt, hier mit dem Ergebnis „2“. Durch Ziehen mit der Maus wird die Berechnung auf die anderen Schirmzellen kopiert.

Graphische Ausgabe

Der Inhalt des „Schirms“, also der dunkelgrau unterlegten Zellen H10 bis R19 kann mit Hilfe eines 3D-Säulendiagramms graphisch dargestellt werden. Je nach verwendeter Software gibt es eine Vielzahl von Möglichkeiten, die Darstellung an die eigenen Vorstellungen anzupassen. In der oberen Abbildung ist das Ergebnis für die zehn ersten in den Schirmzellen (H10 bis R19) gezählten Photonen dargestellt. Durch Ziehen mit der Maus kann der Simulationsumfang leicht auf z. B. 100 Photonen erweitert werden. Nach entsprechender Anpassung des Zählbereichs der Schirmzellen zeigt die Simulation die Verteilung von 100 Photonen (**Abb. b**)
Betätigen der F9-Taste (Neuberechnung) erzeugt einen neuen Photonenschwall und ein neues Diagramm.

Vergleich mit dem Experiment

Bei geringer Photonenzahl wird die stochastische Natur der Quanten deutlich. Die Photonen scheinen sich in der Simulation ebenso wahllos zu verteilen wie im Experiment (→ 1.5.1). Erst mit zunehmender Trefferanzahl bilden sich aus den scheinbar wahllos auftreffenden Photonen die deutlich zu erkennenden Maxima erster Ordnung und die Minima heraus, ebenso wie es im tatsächlich durchgeführten Experiment mit Elektronen der Fall ist.

Mit den in → 1.5.1 erarbeiteten Wahrscheinlichkeitsaussagen kann das Verhalten von Quantenobjekten in hinreichend guter Übereinstimmung mit dem realen Experiment simuliert werden. Damit ist die Richtigkeit dieser Aussagen durch die Simulation bestätigt.

a)

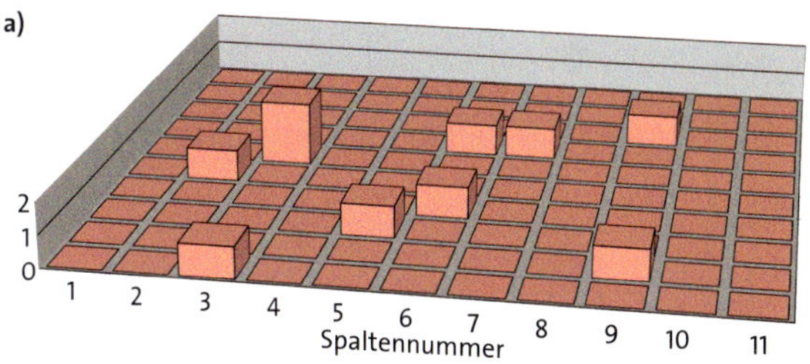

b)

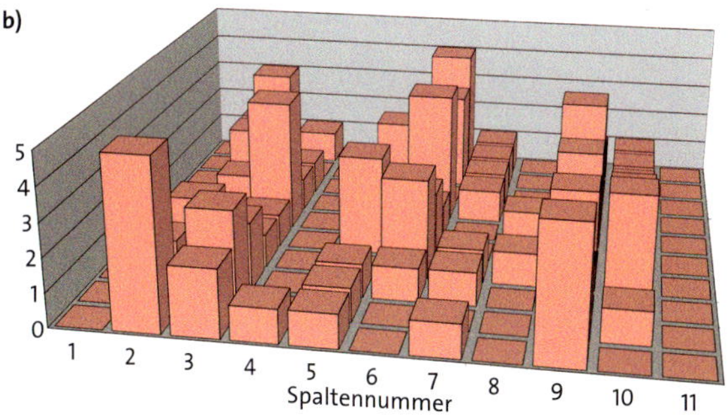

1.5.2 Das Elektron als Quantenobjekt

Die Aussagen der vorangegangenen Abschnitte über Teilchen- und Wellenvorstellungen bei Licht und Elektronen gelten für alle Teilchen im Bereich der Mikrophysik. Deshalb liegt der Gedanke nahe, den Wellenaspekt bei der Ausbreitung von Elektronen oder anderen Materieteilchen in ähnlicher Form zu beschreiben, wie es mit dem elektromagnetischen Feld für die Ausbreitung von Licht bereits erfolgt ist.

Die Wellenfunktion

Licht ist eine elektromagnetische Welle, die durch zeitlich und örtlich veränderliche Werte der elektrischen Feldstärke und der mit ihr verknüpften magnetischen Feldstärke beschrieben wird. Die Intensität des Lichtes ist zum einen proportional zum Quadrat der Amplitude der elektrischen Feldstärke an dieser Stelle und zum anderen proportional zur Wahrscheinlichkeit, dass dort ein Photon wechselwirkt. Also gilt für Licht, das sich in einer x-y-Ebene ausbreitet, dass das Quadrat der Amplitude der elektrischen Feldstärke proportional ist zur Wahrscheinlichkeit, ein Photon an der Stelle $P(x|y)$ in einer Zeitspanne Δt zu registrieren. Bei bekannter Verteilung des elektromagnetischen Feldes im Raum lässt sich damit die Wahrscheinlichkeit angeben, ein Photon in einem Teilvolumen des Raums nachzuweisen.

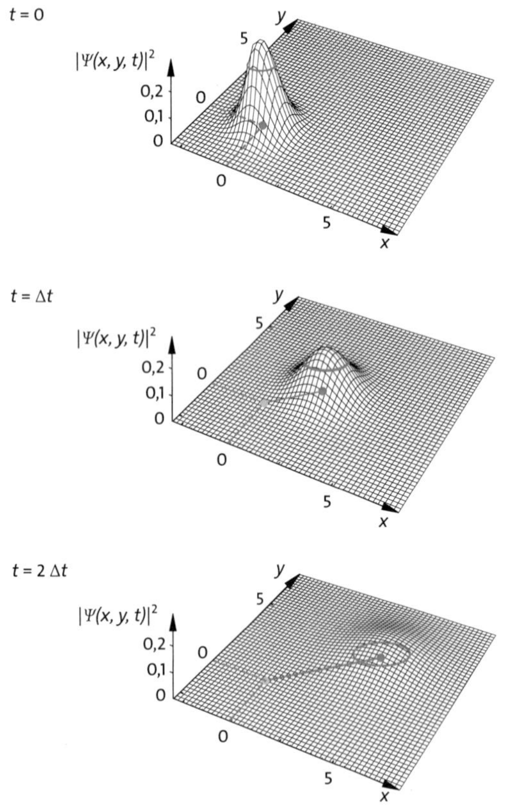

64.1 Ein Wellenpaket beschreibt die Bewegung eines Quantenobjekts, welches bei P (0|0) startet und sich in Richtung P (5|5) bewegt, für drei aufeinanderfolgende Zeitpunkte. Der grüne Punkt markiert die jeweilige Position eines klassischen, punktförmigen Teilchens.

In gleicher Weise kann das Verhalten von Elektronen und auch anderer Materieteilchen durch eine Funktion $\Psi(x, y, t)$, beschreiben werden, deren Amplitudenquadrat proportional zur Wahrscheinlichkeit ist, ein Teilchen anzutreffen. Die Funktion wird kurz Ψ-Funktion (Psi-Funktion) oder auch **Wellenfunktion** genannt, weil sie analog zur elektromagnetischen Welle die Welleneigenschaften bei der Ausbreitung von Quantenobjekten beschreibt. Auf die Idee einer Wellenfunktion war Erwin SCHRÖDINGER (1887–1961) im Jahre 1925 gekommen, als er sich mit dem Problem befasste, eine Wellengleichung für bewegte Elektronen aufzustellen. Mit seiner Theorie gelingt es, die Funktion $\Psi(x, y, t)$ für Quantensysteme zu berechnen.

Abb. 64.1 zeigt ein Beispiel für die berechnete Ausbreitung eines Quantenobjekts, welche der eines Wellenpakets entspricht. $|\Psi(x, y, t)|^2$ ist proportional zur Wahrscheinlichkeit, das Quantenobjekt in einem Flächenbereich $\Delta A = \Delta x \Delta y$ am Ort $P(x|y)$ anzutreffen. Die Abbildung zeigt, dass sich das Wellenpaket mit der Zeit ausdehnt. Es besteht aus einer Überlagerung einzelner Wellen, die sich mit unterschiedlichen Geschwindigkeiten ausbreiten.

Welle und Teilchen

Die gleichartige Beschreibung der Ausbreitung von Elektronen und Photonen wird zum Anlass genommen, noch einmal über Wellen- und Teilcheneigenschaften von Elektronen und Photonen nachzudenken.

Nach der klassischen Theorie wird Licht als Welle aufgefasst. Es weist aber Teilcheneigenschaften auf, die mit dem Begriff *Photon* beschrieben werden, wenn es mit Materie wechselwirkt. Dagegen zeigen z. B. Elektronen, die klassisch als Teilchen aufgefasst werden, umgekehrt Welleneigenschaften wie Interferenz und Beugung.
Die Aussagen lassen sich verallgemeinern und zusammenfassen: Jeder Transport von Energie und Impuls zeigt Wellen- und Teilcheneigenschaften. Die beiden Eigenschaften werden mitunter in der Feststellung zusammengefasst, dass z. B. ein Elektron *sowohl Teilchen als auch Welle* sei. Teilchen und Welle werden als zwei Beschreibungsmöglichkeiten eines dualen Verhaltens, des **Welle-Teilchen-Dualismus**, aufgefasst.

Diese Aussage erhellt die Zusammenhänge jedoch nicht, denn die Konzepte „Teilchen" und „Welle" schließen sich gegenseitig streng aus:

- Ein **klassisches Teilchen** ist ein kleiner massiver Körper. Er befindet sich zu einem bestimmten Zeitpunkt an einem Punkt im Raum, hat Impuls und Energie und bewegt sich auf einer Bahn, die sich durch die Bewegungsgleichungen theoretisch mit beliebiger Genauigkeit beschreiben lässt.
- Eine **klassische Welle** bewegt sich ebenfalls im Raum, zeigt dabei aber im Gegensatz zum klassischen Teilchen Interferenz- und Beugungsphänomene. Weiterhin ist die Welle im Raum ausgedehnt, also keinesfalls punktförmig, und hat auch keine festen Grenzen. Wie sich bei Reflexion, Brechung und Beugung zeigt, ist die Ausdehnung wie die Verteilung der Welle im Raum nicht fest. Es lässt sich auch kein genauer Bahnverlauf angeben. Energie und Impuls sind kontinuierlich im Raum verteilt. Mit endlichen Werten für Energie und Impuls pro Raumvolumen einer Welle werden Energie wie Impuls in einem Punkt null.

> Elektronen oder Photonen werden daher nicht als Teilchen oder als Welle, sondern als **Mikroobjekt** oder **Quantenobjekt** beschrieben.

Eine fortgeführte Charakterisierung des Elektrons als Teilchen oder des Photons als Welle sollte die geänderte Bedeutung dieser Beschreibung von Eigenschaften bewusst unterstützen. Dies wird erforderlich, wenn *Welleneigenschaften* oder *Teilcheneigenschaften* als anschauliche Modellvorstellungen herausgestellt werden und an das klassische Verhalten erinnert oder darauf Bezug genommen werden soll.

Das *Wellenmodell* beschreibt das Verhalten eines Quantenobjekts bei seiner *Ausbreitung*, wenn die Wellenlänge in der Größenordnung der beugenden Objekte liegt (→ 1.1.7). Ebenso betrifft das ein auf einen Raumbereich von der Größenordnung der Wellenlänge, z. B. einem Atom, ausgedehntes Quantenobjekt. Überträgt ein Quantenobjekt in einer Wechselwirkung dagegen Impuls und Energie, so erfolgt mit dem *Teilchenmodell* eine zutreffende Beschreibung.

Die formale mathematische Beschreibung der Quantenphänomene mit der Quantentheorie liefert keine Hinweise darauf, was unter einem Elektron oder einem anderen Materieteilchen in der Wechselwirkung oder Ausbreitung zu verstehen ist. Selbst wenn das Elektron als Quantenobjekt bezeichnet wird, sind seine Eigenschaften damit nicht durch die Theorie vorgegeben. Die *Quantentheorie* macht dazu keine Aussagen.

Diese Aufgabe übernehmen *anschauliche* Modelle, die allerdings im Gegensatz zur Theorie die experimentellen Ergebnisse nicht vollständig beschreiben und damit zu widersprüchlichen Aussagen führen können. In der Ausbreitung, die mit dem *Wellenmodell* beschrieben wird, ist die Ladung des Elektrons, seine Masse und seine Energie im Raum verteilt. Das erscheint fragwürdig, denn bei einer Wechselwirkung werden alle diese Größen unmittelbar am Ort der Wechselwirkung registriert und mit dem *Teilchenmodell* beschrieben. Die Frage bleibt, wie sich die ausgedehnte Verteilung der Größen so schnell am Ort der Wechsellwirkung zusammenzieht. Die Frage, was genau beim *Wechsel des Modells* von Wellenmodell zum Teilchenmodell passiert, beantwortet kein Modell. Es ist schließlich ein Modell und nicht die *Theorie*. In diesem Sinne ist die Quantentheorie nicht anschaulich und daher scheinbar unverständlich.

Klassische Physik – Quantenphysik

Die klassische Physik ist die im *makroskopischen* Bereich geltende Physik der Newton'schen Mechanik und der Maxwell'schen Elektrodynamik, die Physik des strengen *Determinismus*, in der es möglich ist, aus der Kenntnis aller Größen, die den Zustand eines Systems beschreiben, mithilfe der bekannten Gesetzmäßigkeiten den zukünftigen Zustand im Prinzip exakt zu berechnen. Praktische Schwierigkeiten bereiten lediglich die Messungenauigkeiten, die im Bereich der klassischen Physik mit entsprechendem Aufwand stets zu verringern sind.

Die *Quantenphysik* hat gezeigt, dass im *mikroskopischen* Bereich anderes gilt:

- Für die komplementären Messgrößen eines Zustands von Quantenobjekten gibt es eine Grenze, die durch die Ausdehnung des zugehörigen Wellenpaketes beschrieben wird. Diese Grenze ergibt sich nicht aufgrund von Unzulänglichkeiten der angewendeten Messverfahren, sondern sie folgt aus den Eigenschaften der Quantenobjekte selbst.
- Jeder Messprozess im Bereich der Quantenphysik stellt einen Eingriff dar, der das weitere Verhalten des Messobjekts entscheidend beeinflusst, sodass einem Quantenobjekt stets nur die Eigenschaft zugeordnet werden kann, die gerade gemessen wurde. Es ist nicht davon auszugehen, dass die gemessene Eigenschaft bereits vor der Messung vorgelegen hat und dass andere, nicht gemessene Eigenschaften vorhanden sind.
- Eine strenge Determiniertheit wie in der klassischen Physik ist dementsprechend in der Quantenphysik nicht vorhanden. Jedoch gestattet die Ψ-Funktion eine Wahrscheinlichkeitsaussage über das Eintreten eines Ereignisses, z. B. über den Nachweis eines Quantenobjektes durch seine Ladung oder seine Masse.

1.5.3 Interpretationsprobleme der Quantenphysik

Die Kopenhagener Interpretation

Von Niels Bohr stammt die sogenannte *Kopenhagener Interpretation*, die in die philosophische Richtung des *Positivismus* einzuordnen ist. Sie befasst sich mit der Frage, die sich aus den Erkenntnissen über den quantenphysikalischen Messprozess ergibt, welche Eigenschaften einem Quantenobjekt selbst zuzuschreiben sind. Die wahrgenommenen bzw. gemessenen Eigenschaften hängen sowohl von dem Quantenobjekt selbst ab als auch von der verwendeten Messapparatur, z. B. dem Doppelspalt und der Registriereinrichtung (**Abb. 66.1**). Reale physikalische Eigenschaften besitzt ein Quantensystem nur im Zusammenhang mit einer Messapparatur, die diese Eigenschaft auch registriert. Es ist deshalb sinnlos, einem isolierten Quantensystem einen Zustand zuzuschreiben. Eine physikalische Größe kann nur dann als real angesehen werden, wenn sie gemessen wird oder gemessen worden ist.

Kritik an der Kopenhagener Interpretation

Diese Kopenhagener Sichtweise oder Interpretation hat weitere Konsequenzen: Kann nur dann etwas als *real existierend* angesehen werden, wenn es von einem Subjekt wahrgenommen wird? Dies würde bedeuten, dass die streng objektive Naturwissenschaft Physik die Existenz eines Subjekts bzw. eines Bewusstseins benötigen würde, um die Welt zu verstehen. Mit dieser Thematik haben sich zahlreiche Denker auseinandergesetzt und die unterschiedlichsten Lösungsvorschläge gefunden, die jedoch alle nicht recht befriedigen können. Die Existenz der Quantenobjekte bzw. des physikalischen Systems ist jedoch nicht infrage gestellt.

Die Kritik an der Kopenhagener Interpretation wurde häufig durch Gedankenexperimente verschärft, deren Aussagen allerdings ohne weitere physikalische Vorkenntnisse nur schwer zu interpretieren sind. Deshalb wird hier zunächst ein vergleichsweise einfaches Experiment vorgestellt:

66.1 Die Karikatur veranschaulicht die Probleme, die Bahn eines Elektrons beim Durchgang durch den Doppelspalt zu beschreiben.

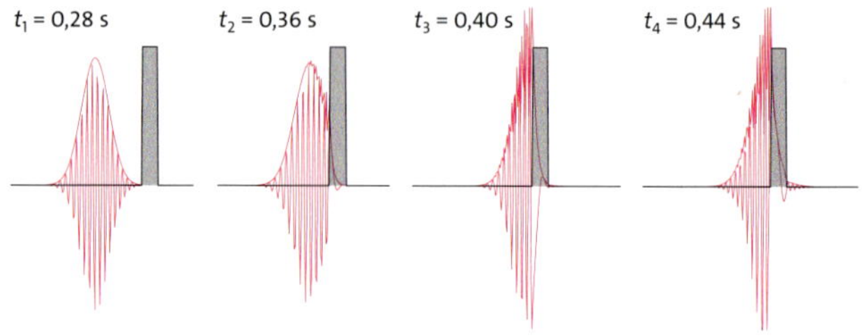

66.2 Ein Wellenpaket bewegt sich auf ein Hindernis zu. Im Fall einer der andere wird reflektiert. Im Fall eines Elektrons könnte ein räumlich ist jeweils berechnet. Das Quadrat der Amplitude ist proportional

Mit einem Wellenpaket wird die Ausbreitung eines Quantenobjekts, z. B. eines Elektrons, beschrieben. Die Bildleiste (**Abb. 66.2**) zeigt, wie sich der Wellenzug auf ein Hindernis zu bewegt. Bei dem Hindernis handelt es sich im Fall der Lichtausbreitung um einen halbdurchlässigen Spiegel, der einen Teil des Lichts durchlässt und den anderen Teil reflektiert. Für Elektronen lässt sich eine solche Anordnung durch den grau gezeichneten Bereich eines schwach abstoßenden elektrischen Feldes herstellen. Ein Teil der Welle, mit der die Ausbreitung des Elektrons beschrieben wird, wird in Bewegungsrichtung durchgelassen. Ein anderer Teil wird reflektiert und kehrt seine Bewegungsrichtung um. Die Abbildungen oben zeigen die Aufspaltung und das Auseinanderlaufen der Wellen. Das einlaufende Wellenpaket ist damit in zwei sich voneinander entfernende Wellen zerlegt, deren Amplitudenquadrat proportional zur Antreffwahrscheinlichkeit des Quantenobjekts ist. Angenommen, im nach links laufenden Wellenpaket wird ein Elektron nachgewiesen, dann hätte dieses Messergebnis zur Konsequenz, dass in allen anderen Bereichen die Amplitude der Welle unmittelbar auf null zusammenfallen müsste, um das Elektron nicht noch einmal an einem anderen Ort nachzuweisen.
Dieser sogenannte „Kollaps der Wellenfunktion“, der an allen Orten gleichzeitig erfolgen und sich deshalb mit Überlichtgeschwindigkeit ausbreiten müsste, wird als unglaubwürdig angesehen und als Argument gegen die Kopenhagener Interpretation der Quantenphysik verwendet.

Das EPR-Paradoxon

Auch Einstein konnte sich mit diesen Konsequenzen der Quantenphysik nicht abfinden und versuchte zu zeigen, dass man im Gegensatz zu der von Bohr gegebenen Interpretation recht wohl davon ausgehen kann, dass Quantenobjekte physikalische Eigenschaften besitzen, ohne diese vorher gemessen zu haben. Bereits im Jahre 1935 hatten sich Einstein, Podolsky und Rosen ein Experiment ausgedacht, das nach den Urhebern EPR-Paradoxon genannt wird. Dieser damalige Gedan-

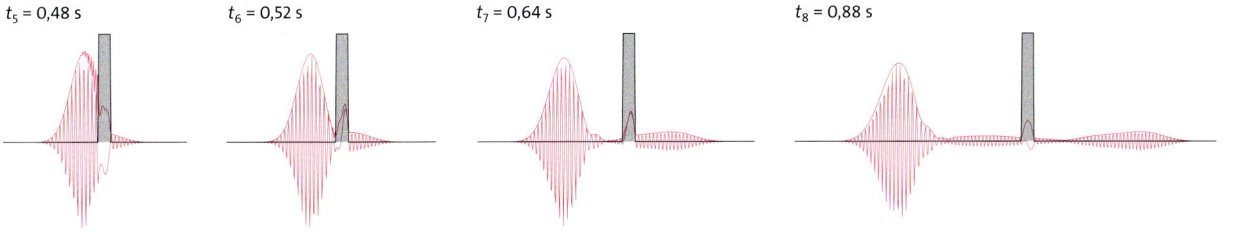

elektromagnetischen Welle wäre dies beispielsweise ein halbdurchlässiger Spiegel. Ein Teil der Welle läuft durch den Spiegel hindurch, eng begrenztes elektrisches Feld die Elektronenwelle teilweise reflektieren. Ein andere Teil läuft hindurchv. Das dargestellte Zeitverhalten zur Antreffwahrscheinlichkeit des Photons bzw. des Elektrons.

kenversuch ist in den letzten Jahren mit aufwändigen Apparaturen verwirklicht worden. Den Grundgedanken des EPR-Paradoxons zeigt ein vereinfachtes Modellexperiment, das auf Überlegungen mit polarisiertem Licht aufbaut.
Von angeregten Atomen wird elektromagnetische Strahlung ausgesandt (**Abb. 67.1**), die sich zu den Detektoren links und rechts hin ausbreitet. Mit den Detektoren werden Photonen der Strahlung nachgewiesen. Zusätzlich wird gemessen, wie oft die beiden Detektoren gleichzeitig ansprechen. Das Besondere an diesem ausgesuchten System ist die Tatsache, dass diese Gleichzeitigkeit der Nachweise, auch Korrelation genannt, sehr häufig gegeben ist. Der Gedanke, nach gemeinsamen Eigenschaften des einen und des anderen Photons zu suchen und sie auf einen gemeinsamen Entstehungsprozess zurückzuführen, ist deshalb naheliegend.

Zu diesem Zweck sind im Experiment zwei Polarisationsfilter 1 und 2 vorhanden, mit denen eine Messung der Polarisationsrichtung erfolgt. Bei gleicher Einstellung der Polarisationsfilter sind häufig Korrelationen zu messen, bei zueinander senkrecht eingestellten Filtern nur selten. Die Eigenschaften des auf der einen Seite registrierten Photons hängen also davon ab, welche Messung an dem räumlich entfernten Photon auf der anderen Seite durchgeführt wurde. Dieser Zusammenhang erscheint paradox, wenn man wie die Autoren des EPR-Paradoxons annimmt, dass die Zustände von räumlich voneinander getrennten Dingen voneinander unabhängig sind, und weiter, dass die beiden Photonen bereits vor der Messung über die Eigenschaften verfügen, die durch die Messung aufgedeckt werden. Woher soll das eine Photon „wissen", in welchem Experiment und mit welchem Ergebnis das andere Photon nachgewiesen wurde? Die Formulierung des EPR-Paradoxons legt nahe, intuitiv an zwei getrennte Systeme zu denken, zwischen denen keine physikalische Wechselwirkung besteht, wie es klassische Teilchen auch zeigen. Sollte das eine im linken Detektor nachgewiesene Photon bereits in der Ausbreitung mit bestimmten physikalischen Eigenschaften ausgestattet sein, dann müssten diese

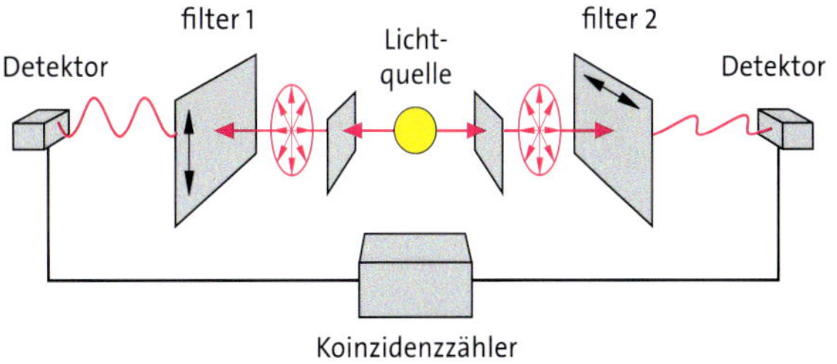

67.1 Die Lichtquelle sendet gleichzeitig Strahlung nach links und rechts aus. Zwei Polarisationsfilter ermöglichen, das eine Photon gegenüber dem anderen unterscheidbar zu machen.

Eigenschaften sich abhängig von der Messung des anderen Photons verändern. Ein solcher Zusammenhang erscheint nicht denkbar. Die aus dem physikalischen Hintergrundwissen zu erwartende Annahme, Systeme in voneinander unabhängige Teilsysteme trennen zu können, führt bei Quantenobjekten zu einem Widerspruch mit den Experimenten.

Nicht-lokale Theorien

Der Physiker J. S. Bell konnte 1964 sogar zeigen, dass jede „lokale" Theorie, also eine Theoric der voneinander unabhängigen Teilsysteme, in Widersprüche zu den experimentellen Ergebnissen gerät. Eine Theorie, die davon ausgeht, dass das Messergebnis bei 1 vom Messergebnis bei 2 oder von der Stellung der Polarisationsfilter abhängt, ist somit widerlegt.
Die Quantenphysik stellt mit der Forderung nach einer globalen, raum-zeitlichen Systembeschreibung nicht die Realität infrage, aber sie zwingt dazu, unsere Alltagserfahrungen und die im Rahmen der klassischen Physik gebildeten Vorstellungen über die Realität wesentlich zu modifizieren. Der mathematische Formalismus der Quantenmechanik sagt die Messergebnisse wie die betrachteten Korrelationen korrekt voraus. Er gibt aber keinerlei Hilfe zu verstehen, wie diese Korrelationen zustande kommen und in welcher Weise sich Quantensysteme geeignet veranschaulichen lassen.

Exkurs

Verschränkte Zustände und spukhafte Fernwirkung

Verschränkte Zustände

Ein *verschränkter Zustand* (engl. entangled state) beschreibt die Eigenschaften mindestens zweier gleicher, nicht unterscheidbarer Quantenobjekte.

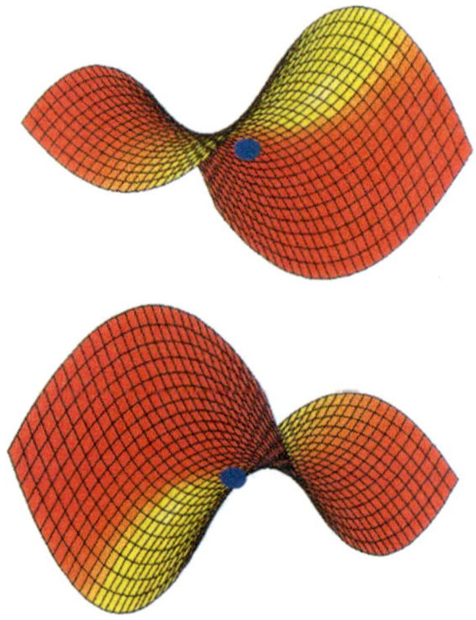

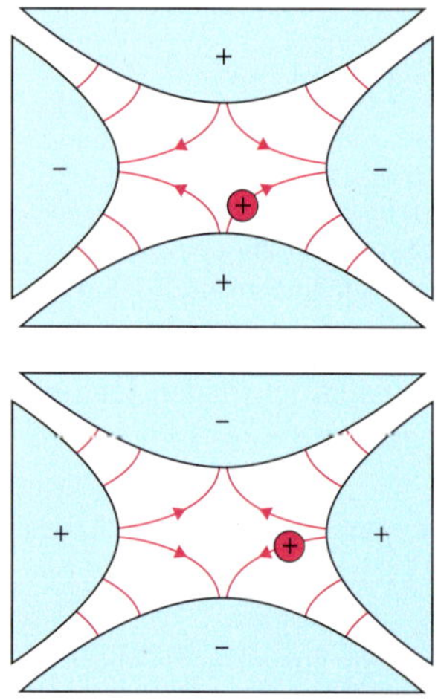

Bekannte verschränkte Zustände von Elektronen

Bereits angesprochen, wenn auch nicht als verschränkte Zustände bezeichnet, treten diese Eigenschaften bei den Elektronen eines Atoms auf, die durch das sogenannte Pauli-Prinzip miteinander verkoppelt sind. So besetzten beispielsweise die beiden Elektronen der Hülle des Helium-Atoms Zustände mit der Spinquantenzahl $+\frac{1}{2}$ und $-\frac{1}{2}$, wenn sie sich im Grundzustand mit der Hauptquantenzahl $n = 1$ befinden. Die Messung der einen Spinquantenzahl erlaubt hier einen Rückschluss auf die andere. Die beiden Quantenzahlen sind somit nicht voneinander unabhängig, sondern in diesem Sinn verschränkt. Die Messung der Spinquantenzahl $s = +\frac{1}{2}$ an dem einen Elektron stellt sicher, dass die Messung am anderen den Wert $s = -\frac{1}{2}$ ergibt.

Hier bleibt die Frage offen, wie das zugehörige Messverfahren aussehen könnte, doch davon abgesehen wird die grundlegende Eigenschaft verschränkter Zustände bereits deutlich: Mehrere gleichartige Quantenobjekte werden, wenn sie zusammen ein kohärentes Quantensystem bilden, durch eine gemeinsame Wellenfunktion beschrieben. Eine Messung an einem Teil des Systems, hier einem Quantenobjekt, präpariert das System derart, dass durch das Messergebnis die Eigenschaften des anderen Quantenobjekts festgelegt sind.

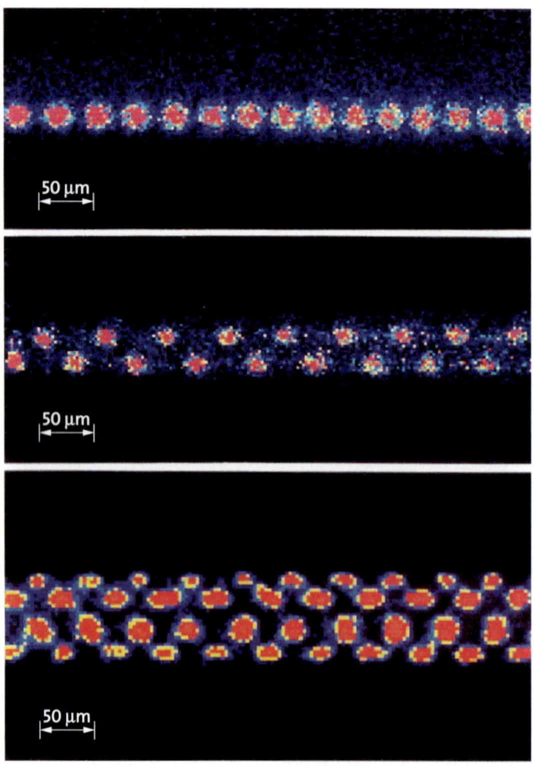

Atomfallen

Die von A. Einstein kritisch angemerkte „spukhafte Fernwirkung“ tritt bei verschränkten Zuständen besonders dann zutage, wenn das Gesamtsystem ausgedehnt ist, wenn also die Messung an einem Teilchen die Eigenschaften eines anderen, räumlich weit entfernten, verschränkten Teilchens festlegt. Ein experimenteller Test der „spukhaften Fernwirkung“ erfordert somit die räumliche Ausdehnung des Quantensystems. Weiterhin sind die Teile des Systems im Raum festzuhalten, um sie einzeln gezielt einer Messung zugänglich zu machen.

Tatsächlich gelingt das räumliche Fixieren einzelner Ionen mit einer sogenannten Paul-Falle. Ein elektrisches Wechselfeld erzeugt eine Potentialmulde im Zentrum der Falle. Die sich anfangs ungeordnet bewegenden Ionen verlieren durch Laserkühlung ihre Bewegungsenergie und werden schließlich in der Paul-Falle eingefangen.

Mit einer linearen Elektrodenanordnung gelingt es, die Ionen entlang der Speicherfeldachse zu stabilisieren. Die Bildstreifen zeigen einzelne Ionen, die durch Laserlicht angeregt sichtbar werden. Offensichtlich wird eine zeitlich und räumlich stabile Verteilung der Ionen im Raum realisiert. Die Intensität ist von Rot nach Blau farbkodiert.

Eine lineare Anordnung der Ionen in einer Paul-Falle erscheint als aussichtsreicher Kandidat für einen Quantencomputer, der die „spukhafte Fernwirkung“ verschränkter Zustände zur Realisierung eines Logik-Elements auf der Grundlage der Quantenphysik nutzt.

Verschränkte Zustände mit Photonen wie mit Elektronen

Mit Photonen lassen sich wie mit Elektronen oder Atomen ebenfalls verschränkte Zustände realisieren. Dabei erhält der Einstein'sche Einwand der „spukhaften Fernwirkung“ eine ganz neue Qualität, da die miteinander verschränkten Quantenobjekte mitunter kilometerweit getrennt sind, ohne die Eigenschaften der Verschränkung deshalb aufzuheben.

Herstellung verschränkter Zustände von Photonen

Zur Herstellung von verschränkten Photonenpaaren wird ein Kristall aus Bariumborat (BBO) mit einem blauen Laserstrahl mit einer Wellenlänge von 394 nm beleuchtet, aus dem daraufhin zwei rote Strahlen austreten. Dabei entstehen aus jedem blauen Photon zwei rote Photonen mit einer Wellenlänge von 788 nm. Diese verlassen den Kristall auf Wegen, die auf zwei sich überschneidenden Kegeln liegen. Energie- und Impulserhaltung verlangen, dass die Wege der beiden Photonen einander gegenüberliegen. Zwei Wege (durch Pfeile angedeutet) erfüllen nicht nur die obigen Bedingungen, sondern machen die Photonen auch ununterscheidbar: Ein verschränkter Zustand entsteht.

Die Schwingungs- oder Polarisationsrichtungen der beiden Photonen stehen stets senkrecht aufeinander. In welche Richtung eines dieser Photonen polarisiert ist, bleibt indes völlig unbestimmt. Erst wenn man mit einem Detektor überprüft, welche Polarisationsrichtung eines der Photonen aufweist, ihm sozusagen die Eigenschaft, eine bestimmte Polarisation zu haben, zuweist, ist die dazu senkrechte Richtung der Polarisierung des anderen Photons festgelegt. Dies erfolgt unabhängig davon, wie weit die Photonen zum Zeitpunkt der Messung voneinander entfernt sind.

Stabilität verschränkter Zustände

E. ALTEWISCHER und Kollegen von der Universität Leiden untersuchten im Jahr 2002, wie stabil die Verschränkung der Photonen ist. Dazu stellten sie in jeden Lichtweg ein Hindernis, das die Photonen auf ihrem Weg zu den Lichtdetektoren passieren müssen. Es besteht aus einer hauchdünnen Goldfolie, die zahllose winzige Löcher hat, deren Abstand mit 200 nm kleiner ist als die Wellenlänge $\lambda = 813$ nm des verwendeten roten Lichts. Ein Photon, das auf die Goldfolie trifft, kann nicht direkt durch die Löcher dringen. Stattdessen wird es von der Folie absorbiert, wobei es Elektronen in der Oberfläche zu schallähnlichen Schwingungen anregt. Diese breiten sich in der Folie aus und gelangen schließlich durch die Löcher auf die Folienrückseite. Dort strahlen sie das Photon wieder ab.

Dass bei diesem komplizierten Vorgang die Verschränkung von zwei Photonen erhalten bleiben soll, erscheint äußerst unwahrscheinlich. Doch die Messungen lieferten ein eindeutiges Ergebnis. Diejenigen Photonen, die gleichzeitig auf die beiden Detektoren treffen, sind fast immer senkrecht zueinander polarisiert, auch wenn sie zuvor jeweils eine Goldfolie passiert hatten. Demnach ist die Verschränkung wieder an das ausgesandte Licht übertragen worden. Dieser Vorgang eröffnet nach Ansicht von Altewischer und seinen Kollegen die Möglichkeit, viele Elektronen auf kontrollierte Weise in einen verschränkten Zustand zu bringen, wie man ihn beispielsweise für einen Quantencomputer benötigt.

Ausdehnung und Nutzung verschränkter Zustände

Der Experimentalphysiker A. ZEILINGER führte im Auftrag der Stadt Wien im Jahr 2004 die weltweit erste quantenkryptografisch verschlüsselte Banküberweisung durch. In einem unterirdischen Tunnel wurden verschränkte Photonen über eine Distanz von 600 m Luftlinie teleportiert. Alice, so der Name des Senders der Teleportation, befindet sich in einem eigens errichteten Labor auf der Donauinsel, Bob, der Empfänger, wartet in einem kleinen Labor im Prater im 2. Wiener Gemeindebezirk. Die Labore sind mit Glasfasern als Datenleitung (Quantenkanal) für die Teleportation verbunden. Banken und Firmen könnten das Verfahren künftig zur Kodierung ihrer Fakturen und bei der Übertragung ständig wachsender Datenmengen einsetzen. Der Bau serienreifer Geräte, integrierbar in bestehende Computersysteme, wird laut ZEILINGER aber noch mindestens fünf Jahre dauern.

Einem ehemaligen Schüler des Wieners ZEILINGER, JIAN-WEI PAN, gelang in China nun ein Weltrekord: Er konnte mit seinem chinesisch-österreichischen Team erstmals fünf Photonen verschränken und sie für Teleportationsexperimente einsetzen. Die Herstellung der fünf verschränkten Photonen erfolgte über zunächst gebildete verschränkte Pärchen, die sich anschließend weiter miteinander verschränken ließen. Das Experiment wurde im Dezember 2004 in der britischen Wissenschaftszeitschrift „Nature“ veröffentlicht.

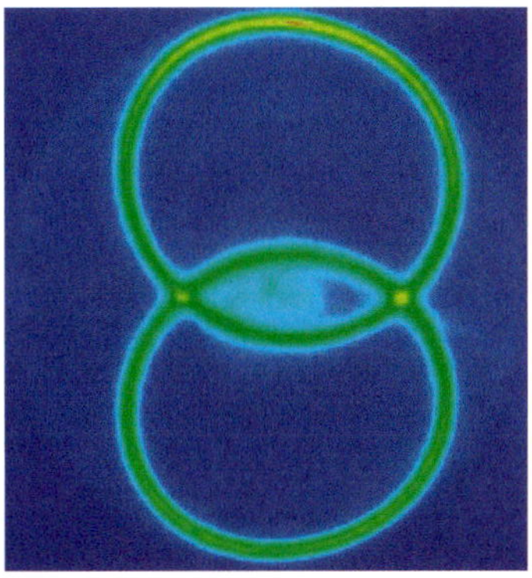

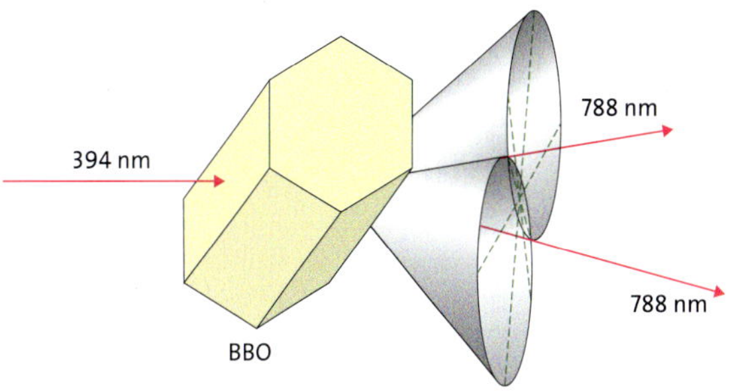

Materialgestützte Aufgaben

Sonnenbrand und Wirkungsquantum

Biologisch wirksam in der Haut ist vor allem das UV-B-Licht (λ = 280 nm – 315 nm), da es kurzwelliger ist und somit mehr Energie an eine chemische Reaktion abgibt. UV-A (λ = 315 nm – 380 nm) dringt tiefer in die Haut ein und führt zu Reaktionen in den tieferen Schichten der Haut. In sehr hoher Dosis verursacht UV-B wie UV-A sowohl Sonnenbrand als auch weitere Hautschäden.
Auch Pflanzen können durch erhöhte UV-Exposition Schaden nehmen. Einige Pflanzen können sich davor schützen. Sie bilden bei extrem starker Sonneneinstrahlung ein Karotinoid, welches das Chlorophyll schützt. Die eingestrahlte Energie wird mithilfe des Karotinoids in Wärme umgewandelt und erreicht so das Chlorophyll nicht. Das Karotinoid ist das „Sonnenschutzmittel" der Pflanze. Es macht sich, von außerhalb der Pflenze betrachtet, durch eine Rotfärbung bemerkbar.
Der Schutz vor der Energie der Sonnenstrahlung erfolgt durch chemische Reaktionen, mit denen die aufgenommene Energie $E = hf$ in kleinere Teile zerlegt und weitergegeben wird.

Aufgaben

1. a) Berechnen Sie die Energie, die sichtbares Licht in den Grenzen vom Infrarot bei $f_1 = 3{,}84 \cdot 10^{-14}$ Hz und zum Ultraviolett bei $f_2 = 7{,}89 \cdot 10^{-14}$ Hz an ein Elektron abgibt. Geben Sie dazu jeweils die Wellenlängen an.
   b) Berechnen Sie die Energie, die UV-A und UV-B an ein Elektron abgibt.
   b) Bewerten Sie die Gefährdung abhängig von der Wellenlänge und der Intensität der Strahlung.
2. Die Bindungsenergien der Kohlenstoff-Verbindungen C–H, C–Cl, C–C, C=C und C≡C betragen $E_{B1} = 4{,}28$ eV, $E_{B2} = 5{,}07$ eV, $E_{B3} = 3{,}61$ eV, $E_{B4} = 6{,}36$ eV und $E_{B5} = 8{,}70$ eV. Wenn ein Elektron der Verbindung diese Energie aufnimmt, wird die Verbindung aufgebrochen. Beurteilen Sie die Wirkung von sichtbarem Licht und von UV-Licht auf die Stabilität der Verbindungen.
3. a) Recherchieren Sie die Möglichkeiten, die Mensch, Tier und Pflanze nutzen, um sich gegen übermäßige Sonnenstrahlung zu schützen.
   b) Im Text wird angesprochen, dass das Chlorophyll durch das Karotinoid gegen UV-Strahlung geschützt ist. Erklären Sie den Zusammenhang, wobei Sie die Bindungsenergie des Karotinoids und des Chlorophylls berücksichtigen. Beschreiben Sie ferner, wie die vom Karotinoids aufgenommene Energie abgegeben wird.

Intensität des Lichts beim lichtelektrischen Effekt

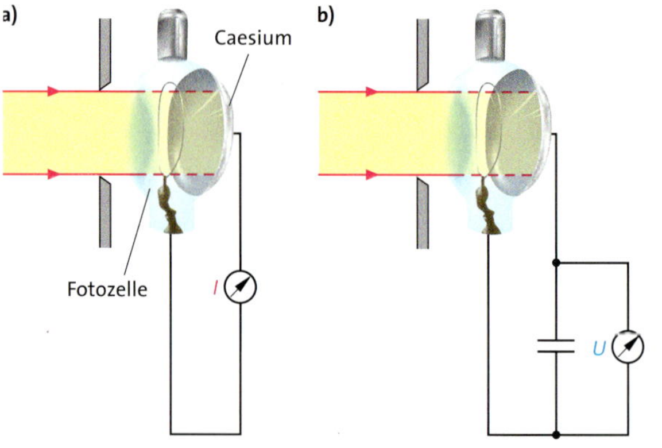

Zur Durchführung des Versuchs zum lichtelektrischen Effekt und zum Planck'schen Wirkungsquantum (→ 1.3.2) existiert eine experimentelle Alternative, die sogenannte Aufladungsmethode: Parallel zur beleuchteten Fotozelle werden ein Kondensator und ein Spannungsmessgerät angeschlossen. Bei der Beleuchtung mit maximaler Intensität (100% I_0) und fester Wellenlänge (λ = 405 nm) steigt die Spannung am Kondensator auf einen Grenzwert U_0 an.

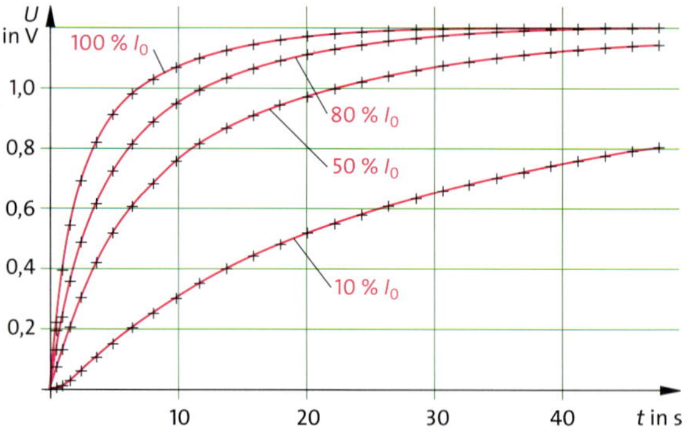

Die weiteren Messkurven sind mit verringerter Intensität (80 % I_0, 50 % I_0, 10 % I_0) aufgenommen.

Aufgaben

1. a) Erklären Sie die Bezeichnung „Aufladungsmethode" für dieses Messverfahren.
   b) Erläutern Sie, wie sich die reduzierte Intensität der Beleuchtung auf die kinetische Energie und Anzahl der Fotoelektronen auswirkt.
   c) Die Spannung U am Kondensator steigt linear mit der Ladung $q = -e$ der Elektronen. Werten Sie die Graphen dahingehend aus, wie die Zahl der hinzukommenden Elektronen von der Intensität und der Zeit abhängt. Begründen Sie die Ergebnisse.
   d) Die Spannung U des Kondensators ändert sich mit jedem Elektron schrittweise um ΔU. Erläutern Sie mit einer Skizze, wie sich die Schritte im Verlauf der Aufladung verändern.

Welleneigenschaften großer Moleküle

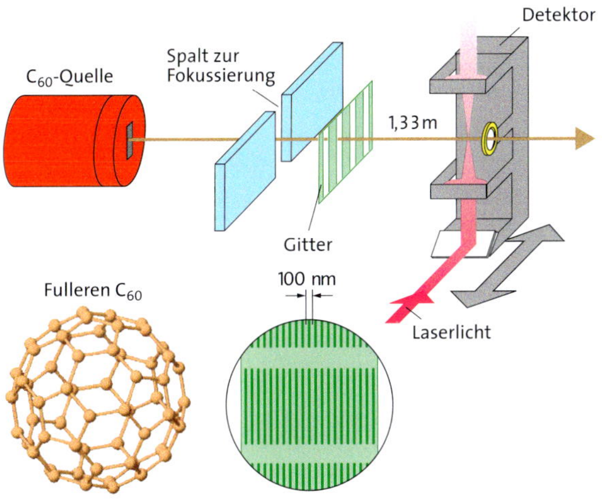

Das *Buckminsterfulleren* C_{60}, wegen seiner Fußballform oft auch als „*buckyball*" bezeichnet, besteht aus 60 Kohlenstoffatomen. Es bewegt sich mit einer Geschwindigkeit von rund 220 m/s durch einen begrenzende Blende hindurch auf ein Gitter. Die Gitterkonstante ist $g = 100$ nm.
Mit einem Detektor werden die C_{60}-Moleküle hinter dem Gitter auf einer Breite von 300 μm registriert.

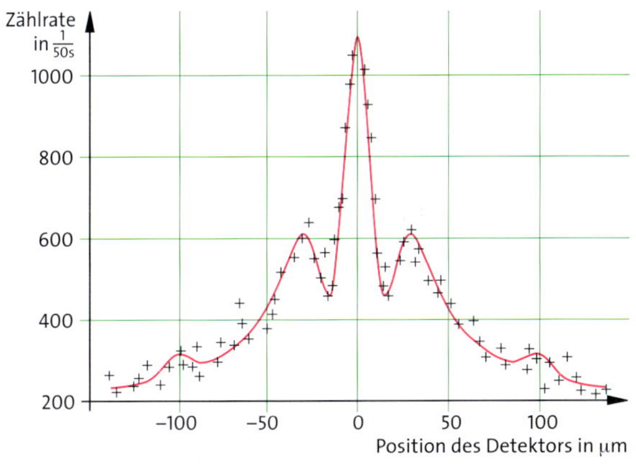

Aufgaben

1. a) Beschreiben Sie den Versuchsaufbau. Vergleichen Sie das Experiment mit dem von Elektronen am Doppelspalt (→ 1.1.7)
b) Ermitteln Sie die De-Broglie-Wellenlänge λ von C_{60} aus dem Impuls p des Teilchens.
c) Bestimmen Sie aus den Messergebnissen die Abstände a der Nebenmaxima 1. Ordnung von Hauptmaximum.
d) Ermitteln Sie mit den Abständen des Messaufbaus und der Gitterkonstanten g die De-Broglie-Wellenlänge von C_{60}.
2. Beschreiben Sie, wie das C_{60} sich durch das Gitter bewegt. Verwenden Sie unterschiedliche Modellvorstellungen und bewerten Sie diese.

Erkenntnistheoretische Aussagen

1 Im Doppelspaltexperiment ist das Elektron ein Teilchen und eine Welle.
2 Im Doppelspaltexperiment erscheint uns das Elektron wie ein Teilchen und wie eine Welle.
3 Im Doppelspaltexperiment verhält sich das Elektron wie ein Teilchen und wie eine Welle. Es ist keines von beidem.
4 Das Doppelspaltexperiment zeigt uns den Wellencharakter und den Teilchencharakter der Elektronen.
5 Mangels Information weiß ich nicht, was das Elektron ‚an sich' ist. Die Realität des Elektrons verbirgt sich meiner Erkenntnis.
6 Das Doppelspaltexperiment sagt uns nicht, wie die Natur des Elektrons ist, sondern sagt uns, was wir über die Natur des Elektrons sagen können.
7 Die augenblickliche Position eines Elektrons von der Quelle zum Schirm ist prinzipiell unbestimmt.
8 Die augenblickliche Position eines Elektrons von der Quelle zum Schirm ist nicht prinzipiell unbestimmt, sondern dem Experimentator unbekannt.
9 Die Quantenmechanik beschreibt die physikalische Wirklichkeit des Doppelspaltexperiments unvollständig.
10 Ein Elektron ist ein Elektron, wenn es gemessen wird. Ein Phänomen ist erst ein reales Phänomen, wenn es ein beobachtetes Phänomen ist. Die Beobachtung schafft erst die Realität.
11 Das Elektron im Doppelspaltexperiment ist ein gewöhnliches Objekt wie ein Apfel.
12 Das Elektron an sich gibt es gar nicht. Es ist Bestandteil der experimentellen Situation.
13 Wenn das Elektron durch das Doppelspaltexperiment zum Schirm fliegt, muss es doch einen ganz bestimmten Weg nehmen; auch wenn ich es nicht bestimmen kann.
14 Die Elektronen im Doppelspaltexperiment sind reale Teilchen, werden aber von einer realen unsichtbaren Welle durch die Apparatur geführt.

Mögliche Positionen
K Kopenhagener: Es gibt keine tieferliegende Realität.
R Realisten: Es existiert eine vom Beobachter unabhängige Realität.
B Bewusstseinsrealisten: Bewusstsein schafft Realität.
H Platoniker: Es gibt eine doppelte Welt, die des Möglichen und des Faktischen.
N Naivrealisten: Die Realität ist das, was wir wahrnehmen.
P Positivisten: Nur die begrifflich-logische Fassung der Realität ist möglich und sinnvoll.
E Experimentelle, pragmatische Haltung: Nicht Interpretationen interessieren, sondern nur das Ergebnis des Experiments.

Aufgaben

1. a) Notieren Sie die Äußerungen, denen Sie sich anschließen wollen.
b) Klassifizieren Sie die Aussagen, denen Sie zustimmen. Notieren Sie jeweils den Kennbuchstaben der erkenntnistheoretischen Positionen. Recherchieren Sie die Aussagen der ausgewählten Positionen und stellen Sie diese vor.

Grundwissen Quantenobjekte

Wellenoptik

Grundversuch Wellenwanne

Sowohl für Wellen als auch für **Lichtstrahlen** – das sind enge Bündel paralleler Lichtwellen – gelten

- **Reflexionsgesetz:** Der Einfallswinkel α ist gleich dem Reflexionswinkel β: $\boldsymbol{\alpha = \beta}$.
- **Brechungsgesetz:** Für den Einfallswinkel α in Luft und den Brechungswinkel β in Glas gilt: $\boldsymbol{\sin(\alpha) = n \sin(\beta)}$. n ist der Brechungsindex von Glas. In Glas läuft das Licht langsamer als in Luft.
- **Beugung:** Das Eindringen von Wellen in den geometrischen Schattenraum hinter Hindernissen oder Öffnungen wird als Beugung bezeichnet.

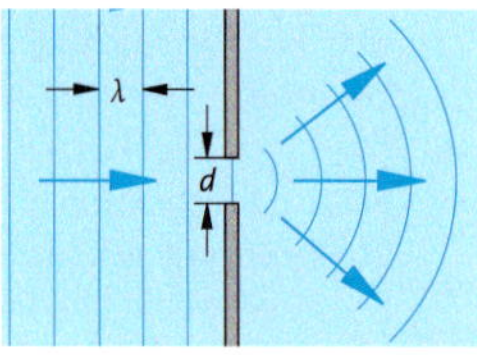

Grundversuche: Interferenz

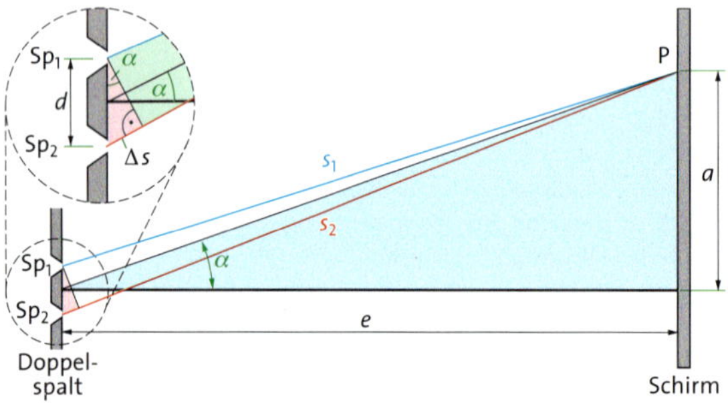

- **am Doppelspalt:** Durch die Überlagerung zweier von den beiden Spalten ausgehender Wellen entsteht ein Maximum 1. Ordnung in P. Dann ist

$$\Delta s = d \sin\left(\tan^{-1}\frac{a}{e}\right)$$

Die Wellenlänge ist dann $\lambda = \Delta s$.

- **am Gitter:** Durch Überlagerung der N aus den Spalten des Gitters im Abstand g austretenden Wellen entstehen sehr scharfe Maxima. Diese befinden sich genau an den Stellen, an denen die Maxima des Doppelspalts mit dem Spaltabstand $d = g$ vorliegen.

Wellenlängenmessung subjektiv

Durch das Gitter ($g = 1$ µm) hindurch betrachtet ist die Mitte des 1. Maximums 0,85 cm vom Hauptmaximum entfernt. Damit ist $a = 0{,}85$ cm und $e = 1{,}0$ cm.

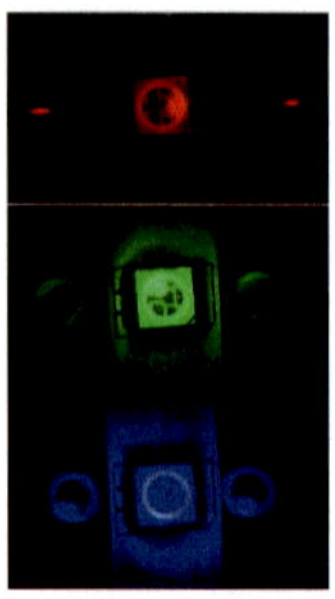

$$\alpha = \tan^{-1}\left(\frac{a}{e}\right) = \tan^{-1}\left(\frac{0{,}085}{0{,}010}\right) = 83{,}3°$$

$$\lambda = g \sin(\alpha)$$

$$= 1\ \mu\text{m} \cdot \sin 83{,}3° = 654\ \text{nm}$$

Elektronen

Kräfte im elektrischen Feld

Die Spannung U am Kondensator erzeugt ein homogenes elektrisches Feld zwischen den Platten im Abstand d. Auf einen Körper mit der Ladung q wirkt im Feld eine elektrische Kraft $F = q\,U/d$.

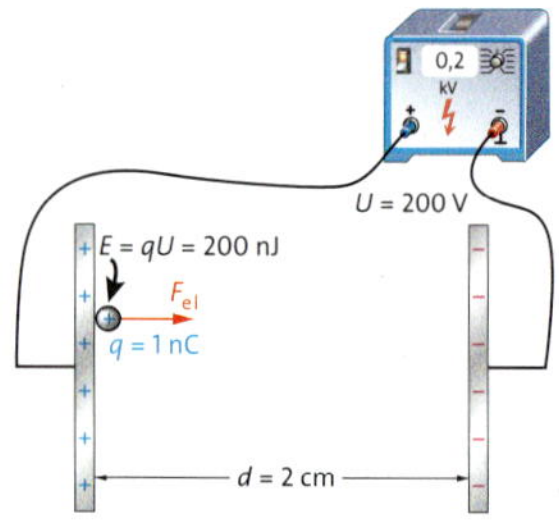

Grundversuch Millikanversuch
Ladung des Elektrons

Alle Ladungen sind ganzzahlige Vielfache der *Elementarladung* e. Ladungen treten also nur in Portionen der Größe $Q = n\,e$ auf; die Ladung ist eine gequantelte Größe. Der Betrag der Ladung eines Elektrons stimmt mit dem der Elementarladung überein und ist $e = 1{,}602 \cdot 10^{-19}$ C.

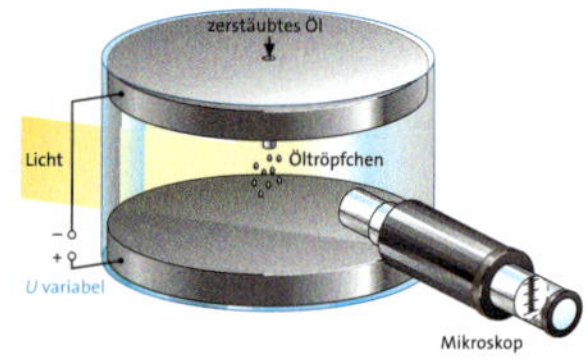

Lorentz-Kraft

Auf Elektronen mit der Ladung $-e$, die sich im Magnetfeld B mit der Geschwindigkeit v bewegen, wirkt die Lorentzkraft $F_L = e\,v\,B$. Die Richtung der Kraft ergibt sich aus der Drei-Finger-Regel der linken Hand.

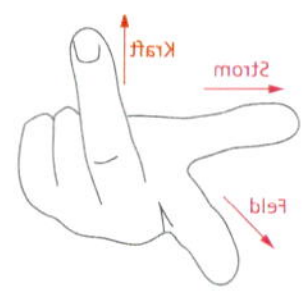

In einer **Elektronenstrahlröhre** (Braun'schen Röhre) werden Elektronen durch eine elektrische Spannung beschleunigt. Ein Elektron nimmt im elektrischen Feld beim Durchlaufen der Spannung U die Energie $E = e\,U$ auf. Seine kinetische Energie ist dann $\frac{1}{2} m\,v^2 = e\,U$.

Grundversuch Fadenstrahlrohr
Masse des Elektrons

Schnelle Elektronen werden im Magnetfeld B auf eine Kreisbahn mit dem Radius r abgelenkt. Die Lorentz-Kraft F_L wirkt als Zentripetalkraft $F_Z = m_e v^2/r$; aus $F_Z = F_L$ folgt $m_e v = q\,r\,B$. Die Geschwindigkeit v wird aus $\frac{1}{2} m_e v^2 = e\,U$ eingesetzt. Dann folgt für die Masse:

$$m_e = \frac{e\,B^2 r^2}{2\,U}$$

Die Masse des Elektrons ist $m_e = 9{,}11 \cdot 10^{-31}$ kg.

Photonen

Grundversuch Fotoeffekt

Licht bzw. UV-Strahlung kann Elektronen aus Metalloberflächen herauslösen. Aus dem Fotoeffekt (oder lichtelektrischem Effekt) ergeben sich Widersprüche zur klassischen Vorstellung von Licht als elektromagnetischer Welle:

- Unabhängig von der Intensität der Bestrahlung setzt der Fotoeffekt nur bei Frequenzen oberhalb einer Grenzfrequenz f_G ein.
- Die Austrittsenergie E_A ist eine Materialkonstante und damit unabhängig von der Energie, die das Licht an ein einzelnes Elektron überträgt.

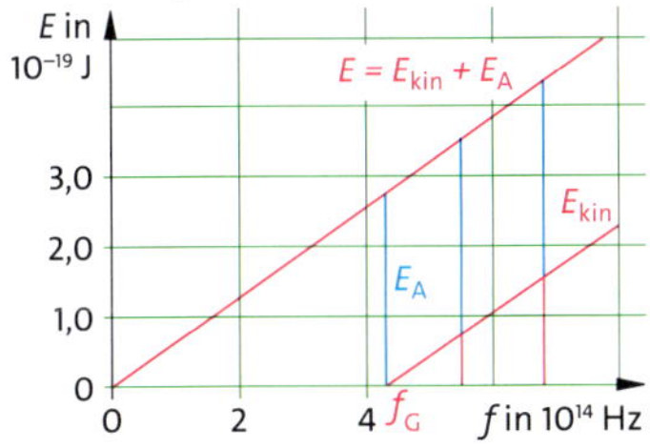

- Die kinetische Energie der Fotoelektronen hängt von der Frequenz f des Lichtes, nicht von seiner Intensität ab: $E_{kin} = hf - E_A$.
- Dabei ist $h = 6{,}626 \cdot 10^{-34}$ Js das Planck'sche Wirkungsquantum.
- Das verzögerungslose Einsetzen des Fotoeffektes ist nicht vereinbar mit einer völlig gleichmäßigen Verteilung der Strahlungsenergie im Raum.

Elektronvolt

Durchläuft ein Elektron eine Potentialdifferenz (Spannung) von 1 V, so gewinnt oder verliert es die Energie

$$1\ \text{eV} = 1{,}602 \cdot 10^{-19}\ \text{J}$$

Umkehrung des Fotoeffekts mit Leuchtdioden

In einer Leuchtdiode gibt ein Elektron seine kinetische Energie direkt an das Licht ab. Die Energie, die das Elektron abgibt, ist $E = e\,U$. Die Energie, die das Licht aufnimmt, ist $E = hf$.

Die Lichtquantenhypothese

Nach EINSTEIN erfolgt der Energieaustausch von Licht mit Materie mit Photonen. Bei der Absorption oder Emission eines Photons wird die Energie $E_{Ph} = hf$ übertragen.

Demnach wird beim Fotoeffekt ein Anteil der Energie des Photons zum Austritt eines Elektrons aus dem Katodenmaterial verwendet, den restlichen Anteil besitzt das Elektron als kinetische Energie:

$$E_{Ph} = E_{kin} + E_A \quad \text{bzw.} \quad E_{kin} = E_F - E_A$$

Für $E_{Ph} < E_A$ kann der Fotoeffekt nicht eintreten. Hohe Lichtintensität bedeutet größere Photonenanzahl, nicht jedoch höhere Photonenenergie.

Welleneigenschaften der Elektronen

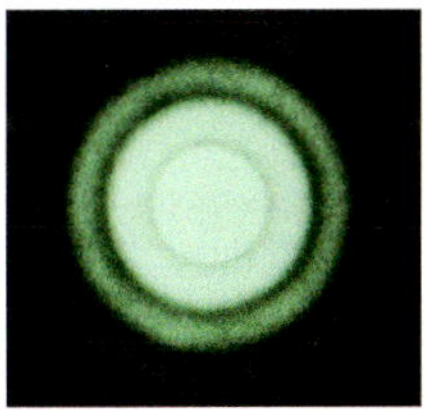

Die Welleneigenschaften von Elektronen lassen sich durch Interferenz z. B. bei der Durchstrahlung von Kristallpulver nachweisen.
Auch bei anderen Materieteilchen tritt Interferenz auf.

De-Broglie-Wellenlänge

Die De-Broglie-Wellenlänge λ von Materieteilchen ergibt sich aus dem Impuls p des Teilchens:

$$\lambda = h/p$$

Quantenphysik und klassische Physik

Die **Wellenvorstellung** beschreibt die **Ausbreitung** von Wellen im Raum, die **Teilchenvorstellung** die Absorption oder Emission von Photonen, also die **Wechselwirkung** mit Materie.

Teilchen wie Photonen, Elektronen oder Protonen, Neutronen, Atome und Moleküle, die in der Ausbreitung Welleneigenschaften und in der Wechselwirkung Teilchencharakter zeigen, werden als **Quantenobjekte** bezeichnet.

Intensität und Wahrscheinlichkeit

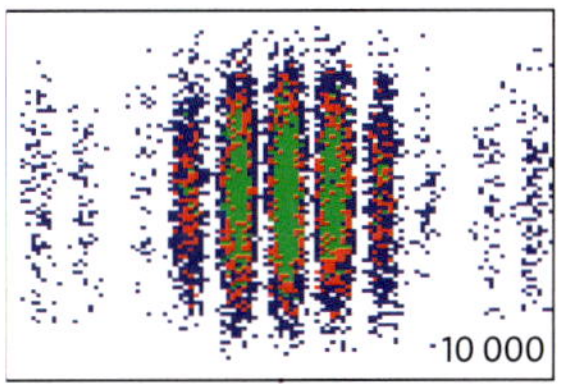

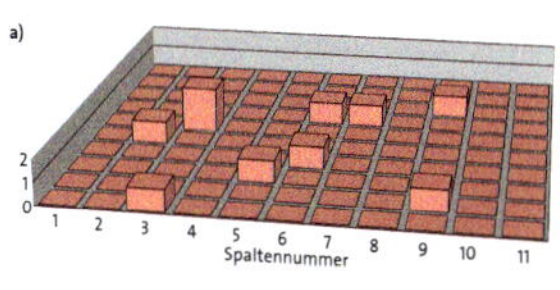

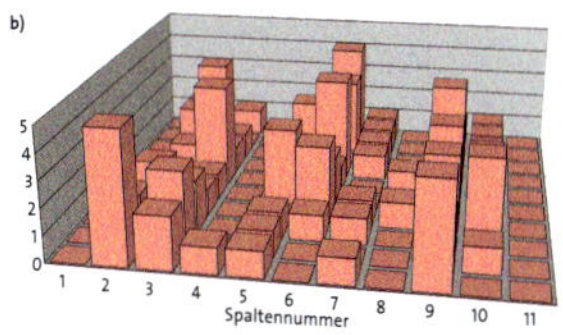

Quantenobjekte zeigen stochastisches Verhalten. Die Beschreibung der Wechselwirkung ist nur über Wahrscheinlichkeitsaussagen möglich. Die Wahrscheinlichkeit, ein Photon in einem Raumbereich anzutreffen, wird durch die Intensität des Lichts bzw. die elektrische Feldstärke bestimmt.

Die Wellenfunktion

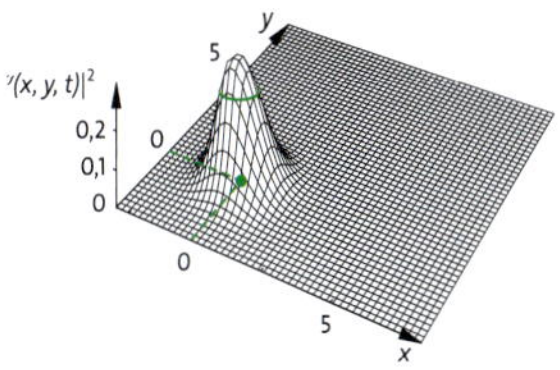

Die Wahrscheinlichkeit, ein Elektron in einem Raumbereich anzutreffen, ist durch die Schrödinger'sche Wellenfunktion $\Psi(x, y, t)$ bestimmt.

Wissenstest Quantenobjekte

1. Interferenz am Doppelspalt
Ein Doppelspalt mit dem Abstand der Spaltmitten von $d = 0{,}40$ mm wird senkrecht mit monochromatischem und parallelem Licht bestrahlt. Auf einem im Abstand $e = 3{,}00$ m parallel zum Doppelspalt angebrachten Schirm beobachtet man das Beugungsbild.
a) Erläutern Sie mithilfe einer Zeichnung das Entstehen der Intensitätsminima und Maxima auf dem Schirm. Leiten Sie je eine Beziehung für die zugehörigen Beugungswinkel her.
b) Auf dem Schirm beträgt der Abstand der Maxima 2. Ordnung 2,1 cm. Bestimmen Sie die Wellenlänge.
c) Anstatt mit monochromatischem Licht wird die Anordnung jetzt mit parallelem weißem Glühlicht beleuchtet ($390 \text{ nm} \leq \lambda \leq 780 \text{ nm}$). Erläutern Sie, weshalb man ein weißes Maximum 0. Ordnung und kontinuierliche Spektren in höheren Ordnungen beobachtet.
d) Kann man das Spektrum 1. Ordnung und das Spektrum 2. Ordnung noch getrennt beobachten? Begründen Sie.

2. Messung der Wellenlänge
Ein Gitter mit 200 Strichen pro Millimeter soll zur Messung der Lichtwellenlänge genutzt werden. Dazu lässt man das Licht auf einen Schirm der Breite 1,0 m im Abstand von 2,0 m so fallen, dass das Maximum 0. Ordnung in der Mitte des Schirms liegt. Bestimmen Sie die größte Wellenlänge, die man mit einer solchen Anordnung bestimmen kann.

3. Interferenz am Gitter
Ein Gitter mit einer Gitterkonstanten von $g = 0{,}01$ mm wird mit einfarbigem Licht beleuchtet. Auf einem $e = 0{,}5$ m entfernten Schirm haben die Maxima 1. Ordnung einen Abstand von $a = 4{,}6$ cm voneinander.
a) Geben Sie eine Gleichung für die Maxima an.
b) Berechnen Sie die Wellenlänge des genutzten Lichts.
c) Berechnen Sie die Frequenz dieses Lichts.

4. Unbekannte Gitterkonstante
Zur Bestimmung der Lichtwellenlänge mithilfe eines Gitters benötigt man die Gitterkonstante des genutzten Gitters. Beschreiben Sie ausführlich eine Möglichkeit, wie man die Gitterkonstante eines gegebenen Gitters bestimmen kann.

5. Frequenz und Wellenlänge
Einfarbiges Licht hat die Frequenz von $f = 5{,}5 \cdot 10^{14}$ Hz.
a) Berechnen Sie die Wellenlänge λ.
b) Bestimmen Sie die Farbe des Lichts.

6. Schwebende Watte
Ein kleiner Wattebausch ($m = 0{,}1$ g) mit einer Ladung von $+2 \cdot 10^{-9}$ C soll zwischen zwei horizontal angeordneten Kondensatorplatten ($d = 1$ cm) schweben.
a) Skizzieren Sie den Sachverhalt. Zeichnen Sie alle Kräfte ein.
b) Der Wattebausch soll zwischen den Kondensatorplatten schweben. Berechnen Sie die dazu erforderliche Spannung. Diskutieren Sie, was bei einer Vergrößerung der Spannung passiert.

7. Teilchenbahnen
Elektronen und Protonen treten in verschiedener Weise in homogene Magnetfelder ein. Übernehmen Sie die Skizzen ins Heft, zeichnen Sie den weiteren Bahnverlauf ein und begründen Sie ihn jeweils.

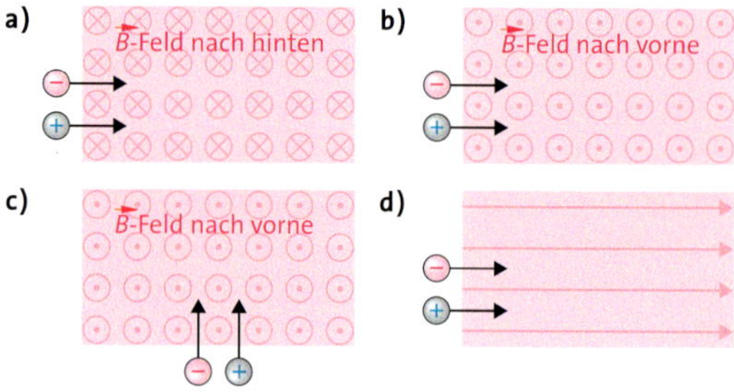

8. Elektronen im Feld
Elektronen mit einer Energie von $8{,}01 \cdot 10^{-17}$ J bewegen sich in einem homogenen Magnetfeld auf einer kreisförmigen Bahn mit $r = 2{,}6$ cm.
a) Bestimmen Sie die Spannung, mit der diese Elektronen beschleunigt werden.
b) Berechnen Sie die Stärke des Magnetfeldes.

9. Ionen im Magnetfeld
Ionen eines Gases treten mit der Geschwindigkeit $v = 4{,}0 \cdot 10^4$ m/s senkrecht zu den Feldlinien in ein magnetisches Feld der Feldstärke 1,2 T ein, so wie es in der Skizze dargestellt ist.

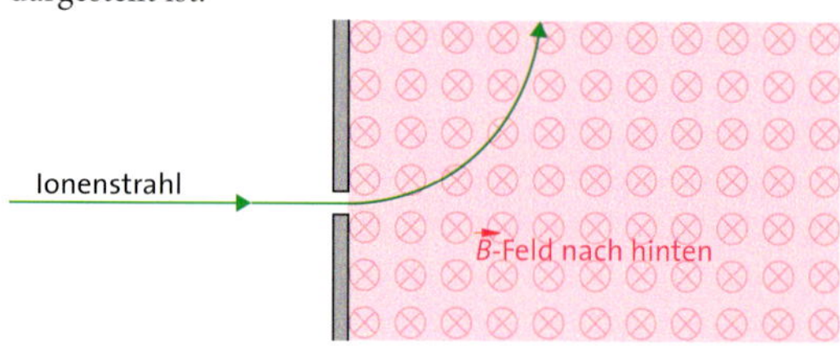

a) Begründen Sie, dass sich die Ionen hinter der Blende auf einer Kreisbahn bewegen.
b) Berechnen Sie den Quotienten e/m der Ionen für den Fall, dass der Radius des Kreisbogens 4,5 cm beträgt.
c) Die Ionen sind einfach ionisiert. Berechnen Sie die Masse eines Ions. Geben Sie das zugehörige Element an.

10. Modelle des Lichts
Licht kann mit dem Strahlenmodell, dem Wellenmodell oder einem Teilchenmodell beschrieben werden. Die Modelle sind jeweils für die Beschreibung unterschiedlicher Effekte geeignet.
a) Geben Sie die Aufgaben eines Modells in der Physik an.
b) Nennen und erläutern Sie Phänomene, die jeweils mit einem der oben genannten Modelle beschrieben werden können.
c) Es gibt Phänomene, die mit dem Strahlen- und dem Wellenmodell beschrieben werden können (→ 1.1.6). Erläutern Sie ein Beispiel.
d) Argumentieren Sie, wieso das Wellenmodell beim Photoeffekt versagt.
Gehen Sie darauf ein, welches experimentelle Ergebnis man im Wellenbild nicht erklären kann.

11. Was ist Licht?
In der Geschichte der Physik hat es immer wieder heftigen Streit darüber gegeben, was Licht eigentlich ist. Als Beispiele seien die Namen Newton, Huygens, Young, Fresnel und Einstein genannt.
a) Recherchieren Sie, welche Auffassungen die genannten Wissenschaftler über das Wesen von Licht hatten.
b) Stellen Sie zum Thema „Auffassungen über das Wesen des Lichts in der Geschichte" eine Präsentation zusammen. Gehen Sie auf eine dieser Auffassungen genauer ein.

12. Licht auf einer Fotokatode
Eine Fotokatode wird mit monochromatischem Licht bestrahlt. Dadurch werden Elektronen emittiert. In systematischen Versuchen werden die Frequenz und die Intensität variiert.
a) Es wird Licht gleicher Frequenz, aber höherer Intensität verwendet. Sagen Sie voraus, was dadurch bewirkt wird.
b) Es wird Licht höherer Frequenz, aber gleicher Intensität verwendet. Welche Effekte sind damit verbunden? Begründen Sie.

13. Austrittsenergie
Licht mit einer Wellenlänge von λ = 400 nm löst aus einem Metall Elektronen mit einer Maximalenergie von E_{max} = 1,80 eV heraus.
a) Berechnen Sie die Austrittsenergie für das Metall sowie die Grenzfrequenz.
b) Begründen Sie, wieso sich das Auftreten einer Grenzfrequenz physikalisch nicht deuten lässt, wenn man vom Wellencharakter des Lichts ausgeht.

14. Geschwindigkeiten von Fotoelektronen
Bei einem Experiment zum Photoeffekt fällt weißes Licht durch einen Farbfilter (λ = 444 nm) auf eine Caesiumschicht mit einer Austrittsenergie von $1{,}9 \cdot 10^{-19}$ J und löst dort Elektronen aus.
a) Berechnen Sie die Geschwindigkeit der ausgelösten Elektronen.
b) Wie könnte man ihre Geschwindigkeit experimentell ermitteln? Skizzieren und beschreiben Sie ein geeignetes Experiment.

15. Infrarotlicht auf Fotokatode
Wärmebildkameras nutzen den Fotoeffekt für Strahlung im Wellenlängenbereich zwischen 2 μm und 5 μm bei einem gekühlten MCT-Empfänger, einem Quantendetektor aus einer Legierung aus Mg, Cd und Te. Die Photonen der Strahlung regen dabei Elektronen aus einem Bereich des Kristalls in einen anderen an (innerer Fotoeffekt).
a) Berechnen Sie die Energie der einfallenden Photonen bei 2 μm und 5 μm.
b) Erläutern Sie, warum kein (äußerer) lichtelektrischer Effekt von Infrarotstrahlung an Metallen messbar ist.

16. Anzahl von Photonen
Licht der Wellenlänge 400 nm besitzt eine Intensität von $I = 100\ \text{W/m}^2 = 100\ \text{J/(s} \cdot \text{m}^2)$
a) Berechnen Sie die Energie eines Photons in diesem Strahl.
b) Berechnen Sie die Energie, die in einer Sekunde auf eine Fläche von 1 cm^2 senkrecht zum Strahl abgegeben wird.
c) Berechnen Sie die Zahl der Photonen, die in einer Sekunde auf diese Fläche fallen.

17. Photonen des UV-Lichts
Der Freie-Elektronen-Laser bei DESY erzeugt intensive kurzwellige Strahlung. Die Messung der Wellenlänge erfolgt durch Interferenz hinter einem Doppelspalt mit dem Spaltabstand d = 1 mm. Ein Fotosensor im Abstand e = 3,1 m zeigt das Interferenzbild. Ermitteln Sie die Wellenlänge der Strahlung und die Energie der Photonen.

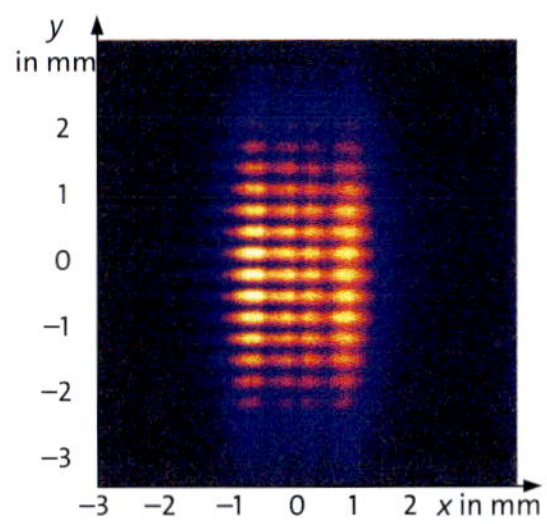

18. De-Broglie-Wellenlänge
Geladene Teilchen werden durch die Spannung U = 2,0 kV beschleunigt. Berechnen Sie jeweils die De-Broglie-Wellenlänge, wenn es sich um
a) Elektronen
b) Protonen
c) einfach positiv geladene Natriumionen handelt.

19. Protonenwellenlänge
Protonen werden durch eine Spannung von 200 kV beschleunigt.
a) Wie groß ist dann ihre kinetische Energie?
b) Welche Wellenlänge habe diese Protonen? Vergleichen Sie diese mit der Wellenlänge von grünem Licht (λ = 500 nm).

20. Elektroneninterferenz
Ein Elektronenstrahl wird auf einen Doppelspalt gelenkt. Hinter dem Doppelspalt wird die in der Skizze angegebene Verteilung der Intensität registriert.

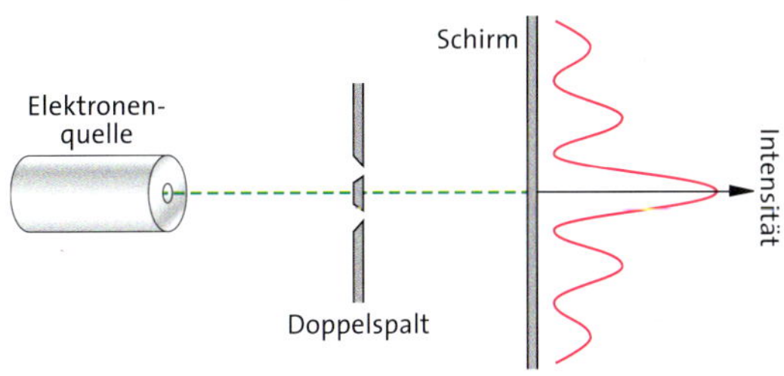

a) Beschreiben Sie die Schlussfolgerungen, die aus diesem Experiment gezogen werden können.
b) Die Wellenlänge der Elektronen beträgt $\lambda = 4{,}3 \cdot 10^{-12}$ m. Berechnen Sie den Impuls und die kinetische Energie der Elektronen, wenn sie sich am Doppelspalt befinden.
c) Beschreiben Sie den Impuls des Elektrons im Zeitverlauf, wenn es zum Doppelspalt hin gleichmäßig beschleunigt wird.
d) Stellen Sie für Beschleunigungsspannung bis 10 kV die Abhängigkeit von der Wellenlänge der Elektronen grafisch dar. Interpretieren Sie das Diagramm.

2 ELEKTRODYNAMIK

Die technische Anwendung der Elektrodynamik führte Ende des 19ten Jahrhunderts in Deutschland zur Versorgung von Fabriken, des öffentlichen Verkehrs und der Haushalte mit elektrischer Energie. Die Abnehmerzahlen und die Abnehmerleistung stiegen nach 1890 beträchtlich an. Zu den „Beleuchtungskunden" kamen in den Neunzigerjahren mit rasch wachsender Tendenz Abnehmer für motorische Leistung hinzu. Auch die elektrischen Bahnen trugen wesentlich dazu bei, dass die installierte Leistung der Kraftwerke erhöht werden musste. Ende 1891 fuhren in drei Städten 77 Motorwagen mit einer Leistung von insgesamt 490 kW. Zehn Jahre später waren elektrische Bahnen mit 7290 Motorwagen und einer Leistung von 108 MW in Betrieb.

Ein verantwortungsvoller und umweltschonender Umgang mit der verfügbaren Energie bedeutet, die Energieverluste bei der Energieübertragung zu verringern und den Energieumsatz (Energieverbrauch) durch geeignete Maßnahmen einzugrenzen.

Der schonende Umgang mit Energie stellt gegenwärtig wie künftig eine physikalische und technische Herausforderung dar. Aktuelle Projekte (siehe Exkurs zum Projekt „AmpaCity") sind kostenintensiv. Besonders dann, wenn sie mit öffentlichen Mitteln gefördert werden, gilt es, die Öffentlichkeit angemessen zu informieren und den Nutzen des Projekts zu verdeutlichen. Dies gelingt dann besonders gut, wenn die zugrunde liegenden Sachzusammenhänge weitgehend bekannt sind.

Drei Kernthemen der Elektrodynamik beschreiben die Versorgung mit elektrischer Energie:

76.1 FARADAY erlernte ohne abgeschlossene Grundschulausbildung zunächst das Buchbinderhandwerk, wobei sein Interesse an den Naturwissenschaften erwachte. 1813 wurde er Assistent im chemischen Labor der Royal Institution, 1827 schließlich Professor.

Energieumwandlung in elektrische Energie: In einem Kraftwerk wird mit einem Generator mechanische Energie in elektrische Energie umgewandelt. Die Funktionsweise eines Generators wird mit der **elektromagnetischen Induktion** erklärt.

Übertragung von elektrischer Energie: Hochspannungsleitungen übertragen die elektrische Energie mit sehr hohem Wirkungsgrad, also mit sehr geringen Verlusten.

Umwandlung in elektrische Energie zur Nutzung in Haushaltsgeräten: Im Haushalt und in der Technik wird die herangeführte elektrische Energie mit sogenannten Umsetzern bzw. **Transformatoren** auf eine weniger gefährliche Netzspannung (230 V) oder eine ungefährliche Kleinspannung (bis 24 V) umgesetzt. Der Wirkungsgrad der Umsetzer und der betriebenen Geräte ist zu optimieren.

FARADAYS Entdeckung der Induktion

Michael FARADAY (1791–1867, **Abb. 76.1**) veröffentlichte im Jahre 1831 seine Entdeckung der elektromagnetischen Induktion. Er hatte beobachtet, dass die elektrische Ladung eines Körpers in einem neutralen benachbarten Körper eine Ladungstrennung hervorruft. FARADAY fragte sich, ob nicht auch bewegte Ladung, also ein Strom, in einem benachbarten Leiter eine Bewegung von Ladung, also einen Strom, hervorrufen könne. **Abb. 76.2** zeigt eine seiner zahlreichen Versuchsanordnungen, in der er ein Galvanometer – eine an einem dünnen Faden zwischen zwei Spulen aufgehängte Magnetnadel – als Strommessinstrument verwendete. Das Galvanometer war mit einer Spule verbunden, die isoliert über eine andere Spule gewickelt war, welche über einen Schalter an eine Batterie angeschlossen werden konnte. Zu FARADAYS Enttäuschung zeigte das Galvanometer keinen Ausschlag, wenn ein Strom durch die mit der Batterie verbundene Spule floss. Allerdings konnte er einen kleinen Ausschlag der Magnetnadel feststellen, wenn der Strom ein- oder ausgeschaltet wurde. Eine genaue Untersuchung dieses Effekts führte ihn zu der Erkenntnis, dass in der isolierten Spule ein Strom nur dann *induziert* wird, wenn sich der Strom in der anderen Spule zeitlich verändert.

FARADAY führte zahlreiche weitere Experimente zur elektromagnetischen Induktion durch, in deren Verlauf er erkannte, dass genau dann eine Spannung bzw. ein Strom in einer Spule induziert wird, während sich die „Menge“ des Magnetfeldes in der Spule verändert. So ist in dem in **Abb. 77.1** dargestellten Experiment vor dem Einschalten des Stromes die „Menge“ des Magnetfeldes null und hat nach dem Einschalten einen bestimmten Wert. Beim Ausschalten geht die „Menge“ des Magnetfeldes von diesem bestimmten Wert wieder auf null zurück. Diese „Menge“ des Magnetfeldes wird in der Physik durch das **magnetische Feld** und dessen Feldstärke innerhalb der Spule beschrieben.

Die Entdeckung der elektromagnetischen Induktion bildet eine wesentliche technische Grundlage unserer heutigen Zivilisation. Das Prinzip der Induktion wird unter anderem bei Generatoren und bei Transformatoren genutzt. Mithilfe von Generatoren lässt sich mechanische Energie in elektrische Energie umwandeln. Die Verwendung von Transformatoren erlaubt den Einsatz von Hochspannung zur Energieübertragung und ermöglicht den Transport elektrischer Energie über größere Distanzen bei geringen Verlusten (→ 2.3.4).

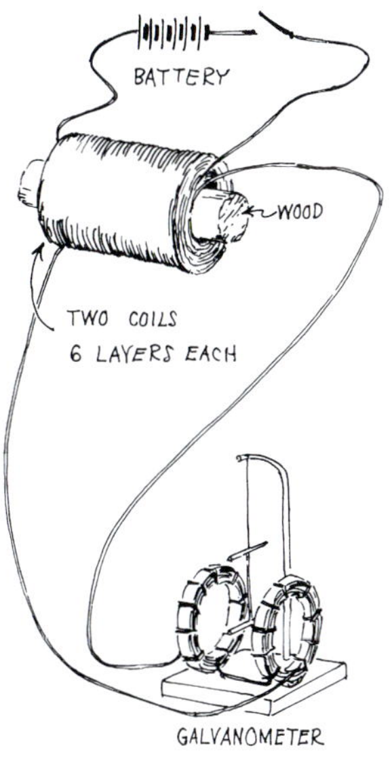

77.1 Originalabbildung aus FARADAYS Veröffentlichung „Experimental Researches in Electricity“

Die physikalische Betrachtung von Induktionsphänomenen bildet den Schwerpunkt dieses Kapitels. Damit wird die Basis für das genaue Verständnis der dann folgenden technischen Anwendungen gelegt.

Exkurs

AmpaCity – Energietransport mit supraleitendem Stromkabel

In der Ruhrgebietsstadt Essen ist im Rahmen des Pilotprojekts „AmpaCity“ im April 2014 das bislang längste supraleitende Stromkabel weltweit in Betrieb genommen worden. Das Drei-Phasen-Drehstromkabel hat eine Übertragungsleistung von 40 MW, führt über eine Länge von rund einem Kilometer und verbindet zwei 10 kV-Umspannstationen in der Essener Innenstadt. Statt Kupfer- oder Aluminiumdrähten werden zur Stromübertragung supraleitende Bänder verwendet. Eine aktive Flüssigstickstoffkühlung sorgt für Temperaturen von minus −200 °C. Damit gehört das System zur Kategorie der sogenannten Hochtemperatursupraleiter (HTSL). (Hochtemperatur-)Supraleiter zeichnen sich dadurch aus, dass sie, anders als herkömmliche Stromkabel, praktisch keinen elektrischen Widerstand haben und dass elektrische Energietransporte nahezu ohne Verluste erfolgen. Bei gleichen äußeren Abmessungen lässt sich mit einem HTSL-Kabel eine etwa fünfmal größere Energiestromstärke als mit konventionellen Kupferkabeln übertragen. Für die Planung von Versorgungsnetzen bedeutet dies, dass insbesondere in Ballungsräumen künftig verstärkt auf Hochspannungsleitungen und entsprechende Umspannanlagen verzichtet werden könnte, da sich große Energiemengen auch bei 10 000 V per Supraleiter fast verlustfrei über längere Strecken übertragen lassen. In Essen dient das neue Supraleiterkabel bereits als Ersatz für ein herkömmliches 110 000-V-Kabelsystem mit gleicher Leistung.

Das Bild unten zeigt die Trasse des supraleitenden Kabels in Essen. Die drei Leiter des Kabels sind supraleitende Bänder, die innen und außen mit flüssigem Stickstoff gekühlt werden.

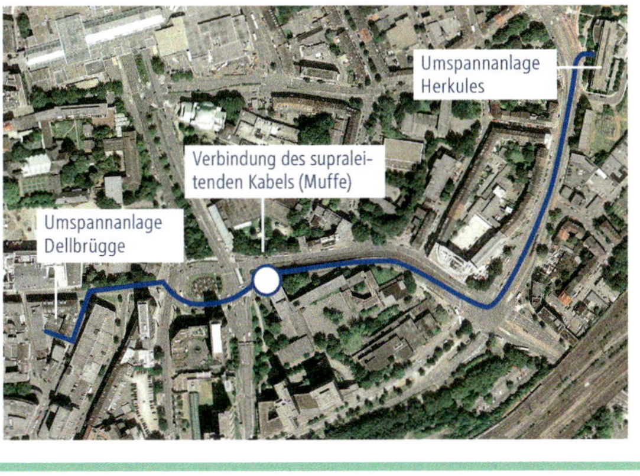

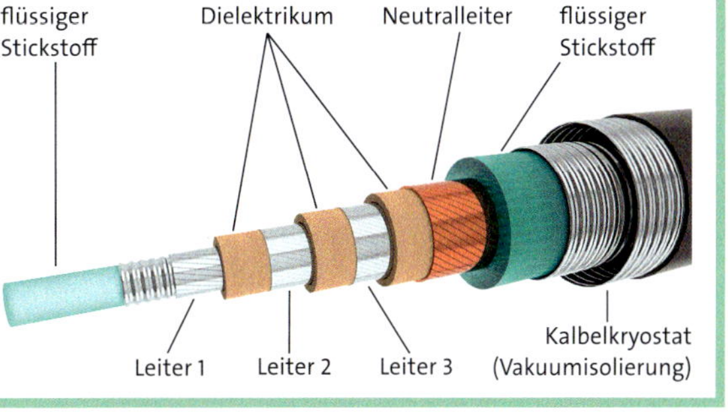

2.1 Induktionsphänomene

Die von FARADAY entdeckte Induktion lässt sich in vielen verschiedenen Anwendungen zeigen. Parallel zu diesem Vorgehen wird auf einen Formelzusammenhang hingearbeitet, der alle Induktionserscheinungen zusammenfasst: das Faraday'sche Induktionsgesetz.

Generator: Durch die Drehung einer Leiterschleife in einem Magnetfeld wird in dem Leiter eine Wechselspannung erzeugt. Die Richtung der Feldstärke wird durch Pfeile beschreiben. In **Abb. 78.1 a** steht die Fläche der Leiterschleife senkrecht zur Magnetfeldstärke (rote Pfeile). Nach einer Vierteldrehung der Leiterschleife steht sie parallel zu den Pfeilen der Magnetfeldstärke (**Abb. 78.1 c**). Dies ist die Ursache für eine Wechselspannung zwischen den Enden der Leiterschleife.

Transformator: Eine Wechselspannung U_1 an einer Spule erzeugt in der Spule eine zeitlich veränderliche Magnetfeldstärke. Durch einen Eisenkern wird das Magnetfeld zu einer zweiten Spule geführt. Die veränderliche Feldstärke in der zweiten Spule induziert eine Wechselspannung U_2 (**Abb. 78.2**).

Mikrofon und Lautsprecher: Die Umwandlung akustischer in elektrische Signale mithilfe dynamischer Mikrofone und umgekehrt die Verwandlung elektrischer Signale in akustische mithilfe von Lautsprechern bilden eine Grundlage unserer Kommunikationstechnik.
Abb. 78.3 zeigt das Prinzip des Tonabnehmers bei einer elektrischen Gitarre. Die schwingende Gitarrensaite verändert das Magnetfeld in der Spule. Dadurch wird in der Spule eine veränderliche Spannung erzeugt. Diese Spannungsänderung wird einem Verstärker zugeführt und über einen Lautsprecher als Schall hörbar gemacht.

Magnetische Speichermedien: Magnetische Speichermedien, z. B. Festplatten in Computern, speichern Daten dauerhaft. Beim Schreiben der Daten werden kleinste Bereiche der Festplatte unterschiedlich magnetisiert. Beim Auslesen der Daten wird in der Spule des Lesekopfes eine Spannung induziert, wodurch die ursprüngliche Abfolge von Datenbits entsteht.

Versuche zur Induktion

Versuch 1: Verschiedene Generatoren in **Abb. 79.1** werden hinsichtlich ihrer Funktionsweise getestet.
Beobachtung: Der Fahrraddynamo wird mechanisch angetrieben und erzeugt eine Spannung. Die Kurbeltaschenlampe erzeugt Licht, wenn die Kurbel kräftig betätig wird. Mit einem Dynamo lässt sich durch die Kurbelbewegung ein Nagel sogar bis zur Rotglut erhitzen. ◄

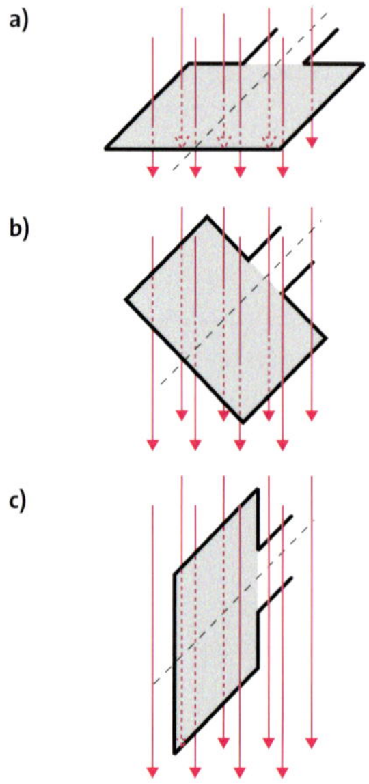

78.1 Durch die Drehung einer Leiterschleife in einem Magnetfeld wird die Fläche der Schleife unterschiedlich stark vom Magnetfeld durchsetzt.

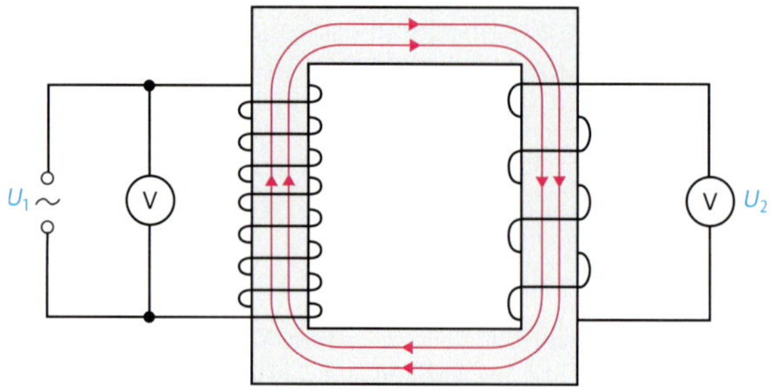

78.2 Eine Wechselspannung U_1 an der linken Spule erzeugt in dieser ein veränderliches Magnetfeld, das auch die rechte Spule durchsetzt. Diese Magnetfeldänderung ist Ursache für eine Wechselspannung U_2 an der rechten Spule.

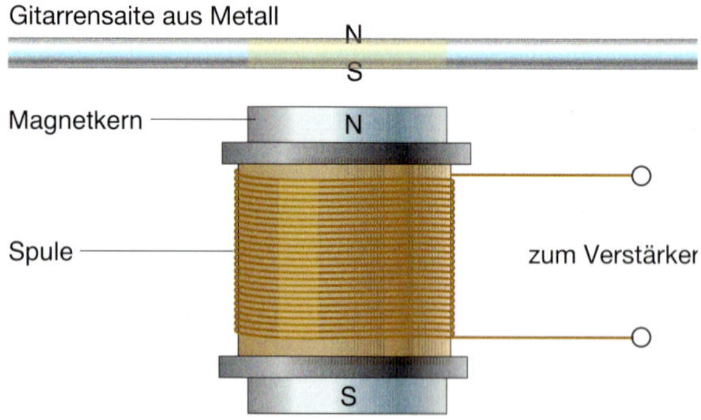

78.3 Das Prinzip des Tonabnehmers bei einer elektrischen Gitarre: Durch den Magneten im Inneren der Spule wird die metallische Gitarrensaite magnetisiert und besitzt selbst ein Magnetfeld. Beim Anschlagen der Saite erzeugen ihre Schwingungen einen Ton und führen zu einer Veränderung des magnetischen Feldes in der Spule. Die dadurch in der Spule erzeugte veränderliche Spannung hat dieselbe Frequenz wie der Ton und wird dem Verstärker zugeführt.

Versuch 2: Die Schütteltaschenlampe in **Abb. 79.2** kann auch ohne Batterie zum Leuchten gebracht werden. Dazu wird die gesamte Lampe geschüttelt.
Beobachtung: In der Lampe bewegt sich beim Schütteln ein Metallstück durch eine Spule. Die Spule besteht aus einem aufgewickelten Draht. Während des Schüttelns beginnt die Lampe erst schwach, dann zunehmend heller zu leuchten. ◂

Versuch 3: Die beiden Experimente in **Abb. 79.3** sind auf die wesentlichen Bauteile reduziert. Die Wirkungen eines bewegten Magneten und einer bewegten Spule sollen untersucht werden.
Beobachtung: Bei der Bewegung des Magneten gegenüber der Spule oder umgekehrt wird eine Spannung erzeugt bzw. die Leuchtdioden beginnen zu leuchten. ◂

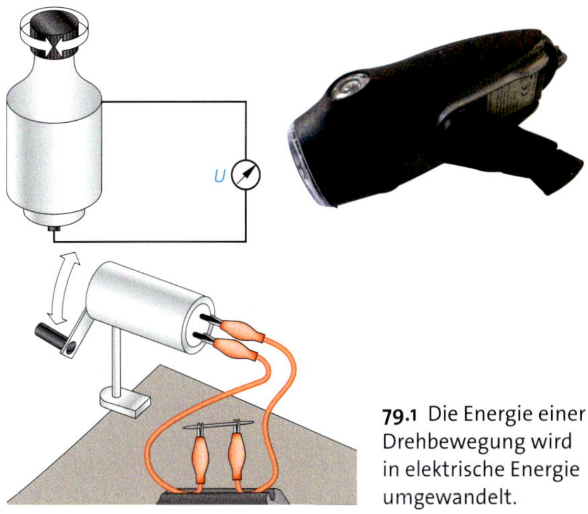

79.1 Die Energie einer Drehbewegung wird in elektrische Energie umgewandelt.

Gemeinsamkeiten der Induktionsversuche

Da alle Experimente elektrische Energie bereitstellen, die ihnen als mechanische Energie zugeführt wird, soll geklärt werden, wie der Vorgang der Energieumsetzung erfolgt. Die für diese Umsetzung entscheidenden Vorgänge müssen den vorgestellten Experimenten gemeinsam sein. Wie die Versuche zeigen, sind die zeitliche Veränderung der **Magnetfeldstärke** und die **Spule** für den Vorgang der Induktion grundlegend und wichtig.

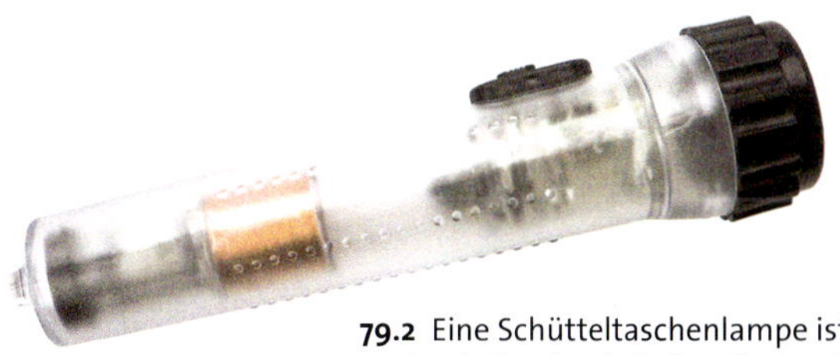

79.2 Eine Schütteltaschenlampe ist mechanisch sehr einfach aufgebaut. Nach dem Schütteln leuchtet die Lampe.

> Die Versuche, bei denen Induktion auftritt, haben folgende Gemeinsamkeiten: In der Umgebung eines Leiters bzw. in einer Spule ändert sich die magnetische Feldstärke. Dann entsteht an den Anschlüssen des Leiters bzw. der Spule eine Spannung, die Induktionsspannung.

Die Versuche werden im Folgenden auf ihre physikalischen Eigenschaften hin quantitativ untersucht, Formelzusammenhänge entwickelt und in einer physikalischen Beschreibung der Induktion zusammengefasst.

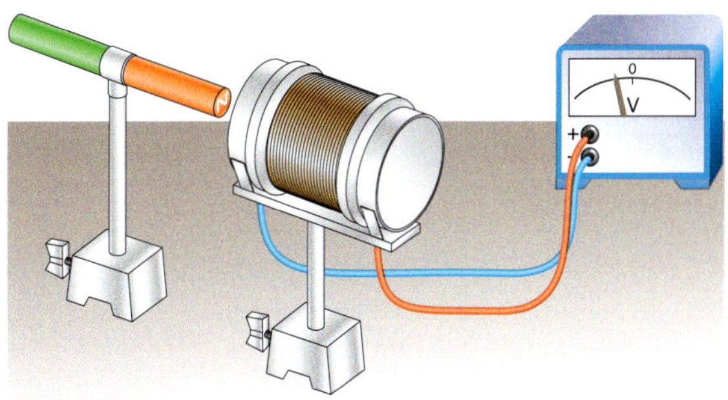

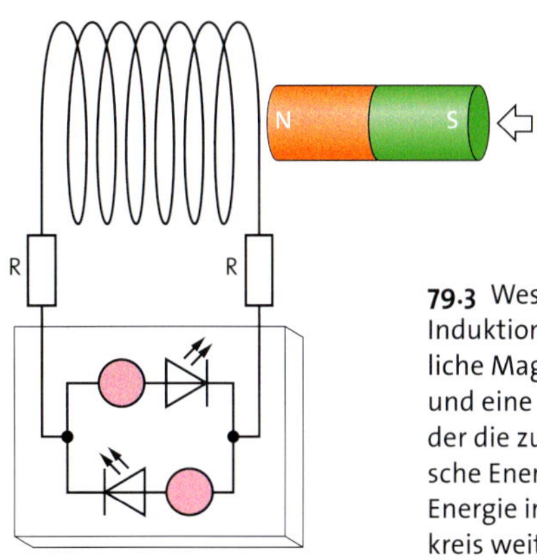

79.3 Wesentlich für die Induktion sind eine zeitliche Magnetfeldänderung und eine Leiterschleife, mit der die zugführte mechanische Energie als elektrische Energie in einem Stromkreis weitergeleitet wird.

Aufgaben

1. Zeigen Sie mit den Versuchen 1 bis 3, dass nicht die Stärke des Magnetfelds, sondern die zeitliche Änderung des Magnetfelds in einer Spule Induktion bewirkt.
   Ändern Sie die Versuchsdurchführung entsprechend ab und präsentieren Sie die Versuche. Formulieren Sie ein zusammenfassendes Ergebnis.
2. In den Versuchen 1 bis 3 wird das Magnetfeld in der Spule durch einen relativ zur Spule bewegten Permanentmagneten geändert. Führen Sie einen weiteren Versuch mit einem ruhenden Elektromagneten durch, der ebenfalls das Magnetfeld in der Spule ändert. Vergleichen und bewerten Sie das Ergebnis.

2.1.1 Magnetfeld und Lorentz-Kraft

Zur Erklärung von Kräften wird, wie in der Elektrizitätslehre, das *Feld* herangezogen. Jeder Magnet ist von einem *Magnetfeld* umgeben. Dieses Magnetfeld übt auf andere Magnete und auf bewegte elektrische Ladungen Kräfte aus, die proportional zur *Feldstärke* am Ort des anderen Magneten oder der bewegten Ladung sind.

Geschlossene Feldlinien

Die Feldstärke von Magnetfeldern wird mit *Feldlinien* dargestellt. Die Dichte der Feldlinien ist ein Maß für die Stärke des Magnetfelds. Der Verlauf der gezeichneten Feldlinien gibt an jedem Ort die Richtung an, in die sich eine dort aufgestellte Magnetnadel einstellt. (**Abb. 80.1**)

> **Feldlinien** beschreiben Richtung und Betrag der magnetischen Feldstärke. Drehbar aufgestellte Magnetnadeln richten sich an jedem Ort parallel zu den Feldlinien aus, wobei die Nordpole in Richtung der Feldlinien zeigen. Die Dichte der Feldlinien ist ein Maß für die dort vorhandene Feldstärke.

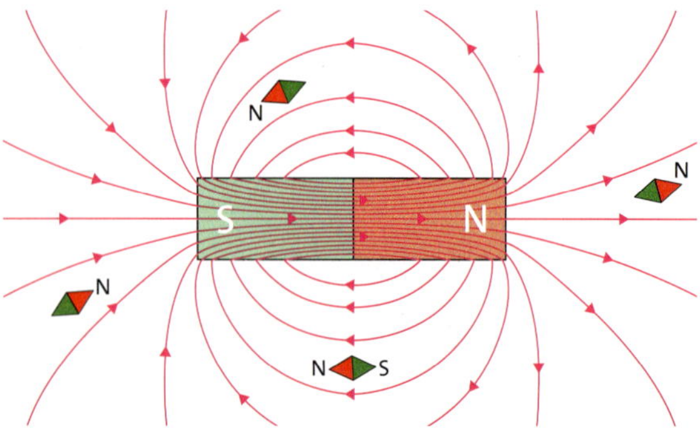

80.1 Geschlossene Feldlinien eines Stabmagneten

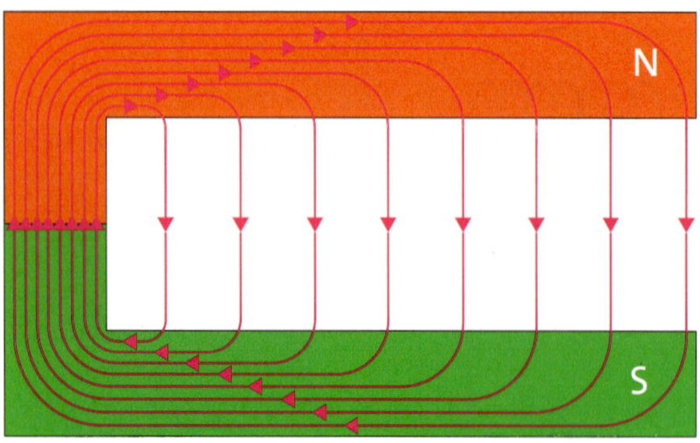

80.2 Das Feldlinienbild eines Hufeisenmagneten zeigt geschlossene Feldlinien, die zwischen den Polen nahezu gleich dicht verlaufen. In diesem Bereich ist die Feldstärke annähernd konstant.

Zwischen den Schenkeln eines Hufeisenmagneten ist die Dichte der Feldlinien nahezu konstant (**Abb. 80.2**). Also ist die Feldstärke hier, im Gegensatz zum Stabmagneten, ebenfalls konstant. Ein Hufeisenmagnet erzeugt in seinem Innenraum ein homogenes Magnetfeld.

Die magnetischen Feldlinien verlaufen im Außenraum des Magneten vom Nordpol zum Südpol und im Magneten vom Südpol zum Nordpol. Das gilt für einen Stabmagneten (**Abb. 80.1**) wie für einen Hufeisenmagneten (**Abb. 80.2**). Für die magnetischen Feldlinien folgt:

> Magnetische Feldlinien sind geschlossene Kurven ohne Anfang und Ende.

Kraft und magnetische Feldstärke

Im Magnetfeld wirkt auf stromdurchflossene Leiter eine Kraft, wie der folgende Versuch zeigt.

Versuch 1: Ein zylindrischer Aluminiumstab befindet sich, auf zwei waagerechten Schienen liegend, im vertikal gerichteten Feld eines Hufeisenmagneten. Die Schienen sind an eine Spannungsquelle angeschlossen, sodass durch den Stab ein Strom fließt (**Abb. 81.1**).
Beobachtung: Der Stab rollt zur Seite. Wird die Stromrichtung umgekehrt, rollt der Stab in die entgegengesetzte Richtung. Das Vertauschen der Magnetpole kehrt ebenfalls die Bewegungsrichtung um.
Erklärung: Ursache für das Wegrollen ist eine Kraft auf den Stab, die sowohl senkrecht zur Stromrichtung als auch senkrecht zur Feldrichtung wirkt. ◂

> Auf einen im Magnetfeld senkrecht zur Feldrichtung befindlichen stromdurchflossenen Leiter wirkt eine Kraft, die senkrecht zum Leiter und senkrecht zu den Feldlinien gerichtet ist.

Die Richtung der Kraft kann mit der Drei-Finger-Regel angegeben werden:

> **Drei-Finger-Regel:** Daumen, Zeigefinger und Mittelfinger der rechten Hand werden so abgespreizt, dass sie jeweils senkrecht zueinander stehen. Zeigt der Daumen in Stromrichtung und der Zeigefinger in Feldrichtung, so gibt der Mittelfinger die Kraftrichtung an (**Abb. 81.1**).

Die Kraft auf den stromdurchflossenen Leiter wird in einem Versuch gemessen.

Versuch 2: Zwei Hufeisenmagnete erhalten Polschuhe als Aufsatz. Zwischen den Polschuhen entsteht ein starkes homogenes Magnetfeld. In das Feld wird der untere

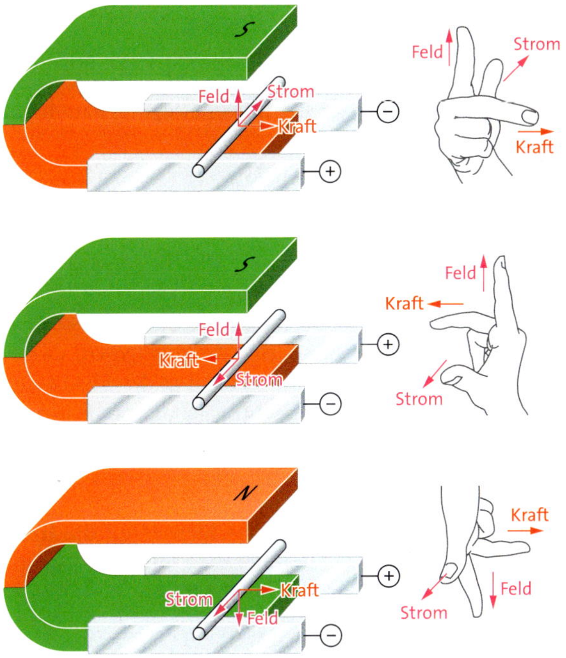

81.1 Ein stromdurchflossener Aluminiumstab rollt im Magnetfeld eines Hufeisenmagneten zur Seite, da auf ihn eine Kraft in Bewegungsrichtung wirkt, die senkrecht zum Feld und senkrecht zum Leiter gerichtet ist. Die Drei-Finger-Regel besagt: Zeigt der Daumen in Stromrichtung und der Zeigefinger in Feldrichtung, so gibt der Mittelfinger die Kraftrichtung an.

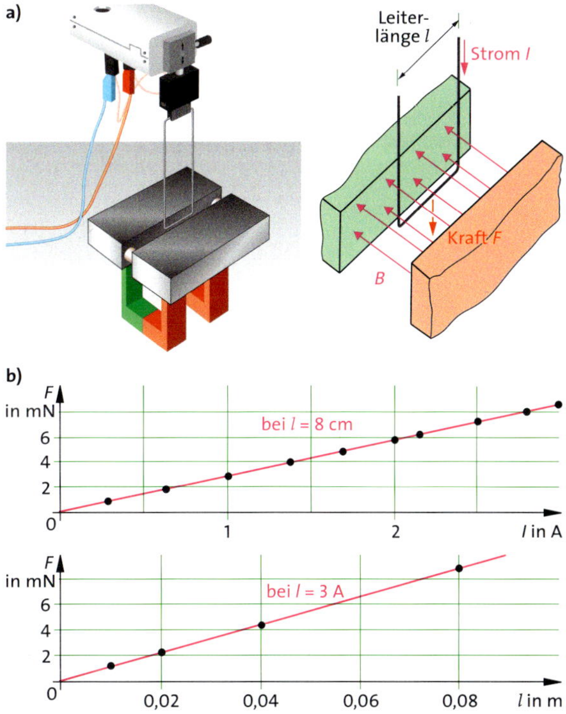

81.2 **a)** Im Feld eines Magneten befindet sich ein stromdurchflossener Leiter, der Teil eines rechteckigen Bügels ist. Der Bügel ist an einem Kraftmesser befestigt, der die Kraft F misst. **b)** Oben: Kraft F als Funktion des Stroms I (bei l = 8 cm); unten: Kraft F als Funktion der Leiterlänge l (bei I = 3 A).

Teil eines rechteckigen Drahtbügels gebracht. Der Bügel ist an einem elektronischen Kraftmesser angebracht, der die Kraft F misst, die auf das vom Strom I durchflossene untere Leiterstück der Länge l wirkt. Es können Bügel mit verschiedenen Leiterlängen l eingesetzt werden (**Abb. 81.2 a**).

Ergebnis: Die Messdiagramme in **Abb. 81.2 b** zeigen, dass die Kraft F sowohl proportional zum Strom I (bei konstanter Leiterlänge l) als auch proportional zur Leiterlänge l im Feld (bei konstantem Strom I) ist. Von anderen Eigenschaften wie Dicke und Material des Leiterstücks ist die Kraft unabhängig.

Folgerung: Die Kraft F ist proportional zum Produkt aus Stromstärke I und Leiterlänge l *im Magnetfeld*, d. h. der Quotient $F/(Il)$ ist konstant. Sein Wert ist allein durch das Feld des Magneten bestimmt und kann als Maß für dessen Stärke angesehen werden. ◀

Ruft ein Magnetfeld auf einen Leiter der Länge l, der senkrecht zu den Feldlinien liegt und vom Strom I durchflossen ist, die Kraft F hervor, so hat das Feld die **magnetische Feldstärke:**

$$B = \frac{F}{I\,l}$$

Die Einheit der magnetischen Feldstärke B heißt *Tesla* (nach Nicola Tesla, 1856–1943): $[B] = 1\ \text{T (Tesla)} = 1\ \text{N/Am} = 1\ \text{Vs/m}^2$.

Die elektrische Feldstärke ist mithilfe der Kraft F auf die Ladung q definiert (→ 1.2.2). Die magnetische Feldstärke B wird in analoger Weise mittels der Kraft F auf einen vom Strom I durchflossenen Leiter der Länge l festgelegt.

Ist die magnetische Feldstärke B bekannt, so folgt:

Die Kraft F auf einen vom Strom I durchflossenen Leiter der Länge l, der senkrecht zu den Feldlinien eines Magnetfeldes der Feldstärke B verläuft, ist gegeben durch $F = I\,l\,B$.

Anmerkung

In der Ausführungsverordnung zum Gesetz über Einheiten im Messwesen (1970) hat B die Bezeichnungen *magnetische Induktion* oder *magnetische Flussdichte*. International werden jedoch die Bezeichnungen *magnetisches Feld* und *magnetische Feldstärke B* benutzt, so auch in diesem Buch.

Kraft auf Elektronen – Lorentz-Kraft

Die eigentliche Ursache der zuvor untersuchten Kraft auf einen stromdurchflossenen metallischen Leiter ist eine Kraft, die im Magnetfeld auf die im Leiter beweglichen Elektronen wirkt.

Versuch 1: Über den Hals einer Elektronenstrahlröhre wird ein Hufeisenmagnet gehalten, sodass der Elektronenstrahl senkrecht zu den Feldlinien des Magneten gerichtet ist (**Abb. 82.1 a**).
Beobachtung: Der Leuchtpunkt auf dem Schirm verschiebt sich, weil der Elektronenstrahl durch eine Kraft auf die bewegten Elektronen abgelenkt wird. ◂

Die beobachtete Kraft wirkt auf alle bewegten Teilchen, die elektrisch geladen sind. Nach dem niederländischen Physiker Hendrik Antoon Lorentz (1853–1928) wird sie als **Lorentz-Kraft** F_L bezeichnet.
Die Lorentz-Kraft ist stets so gerichtet, dass sie senkrecht auf der Ebene steht, die Bewegungsrichtung und Feldrichtung aufspannen. Sie ist am größten, wenn sich die Ladungsträger senkrecht zu den Feldlinien bewegen und ist nicht vorhanden bei einer Bewegung parallel zu den Feldlinien.

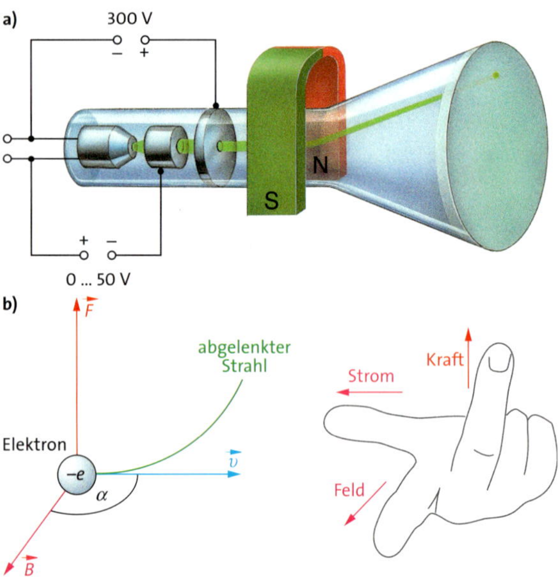

82.1 a) Magnetische Ablenkung des Elektronenstrahls in einer Röhre. **b)** Mit der *Drei-Finger-Regel* der rechten Hand kann die Richtung der Lorentzkraft bestimmt werden.

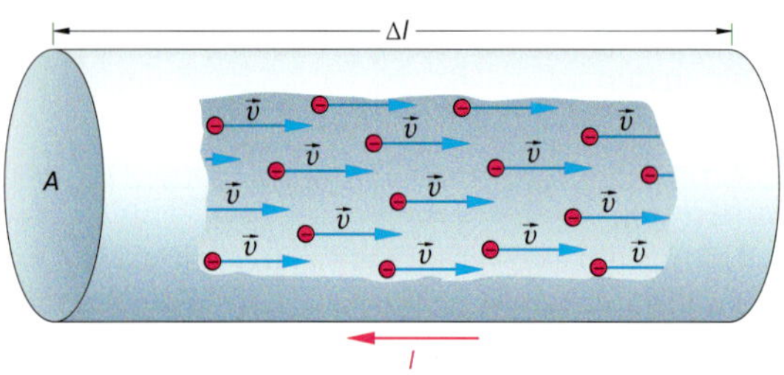

82.2 In einem metallischen Leiterstück der Länge Δl bewegen sich N Elektronen entgegen der Stromrichtung mit der Driftgeschwindigkeit v.

Die Richtung der Lorentz-Kraft kann mit der *Drei-Finger-Regel der rechten Hand* (→ 2.1.1) angegeben werden. Der Daumen zeigt dabei in die Richtung des von den bewegten Ladungsträgern hervorgerufenen Stroms. Ist die Ladung q negativ, z. B. bei Elektronen, so zeigt der Daumen der Bewegungsrichtung *entgegen*, da die Stromrichtung der Bewegungsrichtung der Elektronen entgegengerichtet ist. Mit dem Zeigefinger in Feldrichtung gibt der Mittelfinger die Richtung der Lorentz-Kraft an (**Abb. 82.1 b**).

Vereinfachend kann statt der rechten Hand die **linke Hand** verwendet werden, wobei der Daumen die Bewegungsrichtung der **Elektronen** angibt. Mit dem Zeigefinger in Feldrichtung gibt der Mittelfinger die Richtung der Lorentz-Kraft an.

> Auf geladene Teilchen, die sich im Magnetfeld bewegen, wirkt die **Lorentz-Kraft**. Sie steht senkrecht auf der von der Bewegungsrichtung und der Feldrichtung aufgespannten Ebene und ist am größten, wenn Bewegung und Feld senkrecht zueinander gerichtet sind. Die *Drei-Finger-Regel* gibt die Richtung der Lorentz-Kraft an.

Die Kraft auf einen stromdurchflossenen Leiter ergibt sich als Summe der Lorentzkräfte auf die im Leiter bewegten Elektronen. Da die Elektronen den Leiter nicht verlassen, wirken elektrische Kräfte mit dem gleichen Betrag der Lorentzkräfte auf das gesamte Ionengitter des Leiters. Durch diese Kräfte wird die Leiterschaukel ausgelenkt.

Aus der messbaren Größe der Kraft, die auf die Leiterschaukel wirkt, soll nun auf die Lorentz-Kraft auf ein einzelnes Elektron geschlossen werden. Dazu wird ein Leiterstück der Länge Δl betrachtet, in dem sich N frei bewegliche Elektronen der Ladung e befinden (**Abb. 82.2**). Im Leiterstück ist also die bewegliche Ladung $\Delta Q = N e$ vorhanden. Unter dem Einfluss des elektrischen Feldes, das aufgrund einer angelegten Spannung im Leiter herrscht, bewegen sich die Elektronen mit einer bestimmten *Geschwindigkeit* v entgegen der Feldrichtung. Der Elektronenstrom ist in **Abb. 82.2** nach rechts gerichtet, der Strom der elektrischen Ladung wegen des negativen Vorzeichens der Ladung des Elektrons in Gegenrichtung, nach links. Aufgrund der Geschwindigkeit v der Elektronen fließt ein elektrischer Strom der Stärke I

durch den Leiter und es gilt folgender Zusammenhang: Ist Δt die Zeit, in der die gesamte in der Leiterlänge Δl befindliche Ladung $\Delta Q = N e$ durch den Leiterquerschnitt fließt, so gilt für die Stromstärke

$$I = \frac{\Delta Q}{\Delta t} = \frac{N e}{\Delta t} = \frac{N e}{\Delta l}\frac{\Delta l}{\Delta t} = \frac{N e}{\Delta l} v$$

mit der Geschwindigkeit $v = \Delta l / \Delta t$. Wird dieser Term in die Formel $F = I l B$ für die Kraft auf den stromdurchflossenen Leiter eingesetzt (→ S. 81), so folgt:

$$F = \frac{N e}{\Delta l} v \Delta l B = N e v B.$$

Die Kraft F ergibt sich demnach zu $F = N F_L$, wobei $F_L = e\,v\,B$ die Lorentz-Kraft auf das einzelne Elektron ist. Die hergeleitete Formel gilt nicht nur für Elektronen, sondern allgemein für Teilchen mit der Ladung q. Für Protonen, die bespielsweise in einem Beschleuniger durch ein Magnetfeld abgelenkt werden, gilt gleichfalls $F_L = q\,v\,B$. Die Kraft F_L wirkt wegen der positiven Protonenladung entgegengesetzt zur Kraft auf Elektronen.

Die **Lorentz-Kraft F_L**, die auf ein Teilchen mit der Ladung q wirkt, wenn es sich mit der Geschwindigkeit v senkrecht zu den Feldlinien eines Magnetfeldes der Stärke B bewegt, ergibt sich zu

$$F_L = q\,v\,B.$$

Da die Lorentz-Kraft in jedem Moment senkrecht zur Geschwindigkeit v wirkt, ändert sie nur die Richtung und nicht den Betrag der Geschwindigkeit.

Aufgaben

1. Ermitteln Sie aus den Diagrammen in **Abb. 81.2 b)** die Steigungen der Ursprungsgeraden und berechnen Sie die Feldstärke B im Luftspalt des im Versuch eingesetzten Permanentmagneten. Geben Sie B in der Einheit Millitesla (mT) an. Überprüfen Sie mit der Drei-Finger-Regel die in **Abb. 81 a)** angegebenen Richtungen von Strom I, Magnetfeld B und Kraft F.
2. Das an einem Ort nach Norden verlaufende magnetische Erdfeld hat die Horizontalkomponente $B_H = 19$ Mikrotesla.
   a) Ermitteln Sie die Richtung der Kraft, die das horizontale Feld auf eine in Ost-West-Richtung verlaufende Freileitung ausübt, wenn der Strom nach Osten fließt.
   b) Berechnen Sie die Kraft, wenn $I = 100$ A und der Abstand zwischen zwei Masten $a = 150$ m betragen.
3. Ein waagerechter Draht der Masse $m = 50$ g und der Länge $l = 1$ m, durch den ein Strom von $I = 30$ A fließt, wird von einem Magnetfeld in der Schwebe gehalten. Berechnen Sie die Stärke B des Magnetfeldes.
4. Eine Kugel mit der Ladung $q = -2{,}0$ nC fliegt in einem waagerecht nach Süden gerichteten Magnetfeld der Feldstärke $B = 500$ mT mit der Geschwindigkeit $v = 300$ m/s in westlicher Richtung. Ermitteln Sie Betrag und Richtung der magnetischen Kraft auf die Kugel.
5. Ermitteln Sie die Richtung und den Betrag der magnetischen Feldstärke B, mit der die Gewichtskraft eines Elektrons, das waagerecht nach Westen mit der Geschwindigkeit $v = 2{,}0$ cm/s fliegt, kompensiert wird.
6. Ein Elektron fliegt mit der Geschwindigkeit v senkrecht zu den Feldlinien eines homogenen Magnetfeldes. Erklären Sie, warum das Elektron auf einer Kreisbahn fliegt, und berechnen Sie dessen Geschwindigkeit v für den Kreisbahnradius $r = 15$ cm und die magnetische Feldstärke $B = 2{,}8$ mT.

Methode

$\dot{B}$ als zeitliche Änderung der Magnetfeldstärke B

Zur mathematischen Beschreibung der Induktion wird neben der Magnetfeldstärke B mitunter auch die zeitliche Änderung von B benötigt. Der Term $\Delta B / \Delta t$ beschreibt eine zeitliche Änderung von B: In der Zeitspanne Δt ändert sich die Magnetfeldstärke um ΔB.

Die aus der Messung von B im Zeitverlauf hervorgehenden Werte beziehen sich auf die Zeitspanne Δt. Im blau gezeichneten Beispiel beträgt $\Delta B = 0{,}62$ mT in der Zeitspanne $\Delta t = 0{,}51$ ms. $\Delta B / \Delta t$ hat den Wert 0,62 mT/0,51 ms = 1,21 T/s. Dieser Wert bezieht sich auf die *Zeitspanne* von 0,5 ms bis 1,01 ms.
Die zeitliche Änderung von B zu einem *Zeitpunkt* wird durch die Tangente ermittelt. Auch hier lässt sich ein Steigungsdreieck zeichnen, welches allerdings nicht durch Messwerte gebildet wird. Das Dreieck wird so gezeichnet, dass seine Steigung gleich der Steigung der Tangente des Graphen zu einem bestimmten Zeitpunkt ist. Im Beispiel hat das rote Dreieck die Steigung zum Zeitpunkt $t = 0{,}8$ ms. Sie beträgt 0,49 mT / 0,39 ms = 1,28 T/s.
Die zeitliche Änderung von B zum Zeitpunkt $t = 0{,}8$ ms wird mit $\dot{B}$ (sprich B-Punkt) bezeichnet: $\dot{B}(t = 0{,}8 \text{ ms}) = 1{,}28$ T/s.

Die Funktion $\dot{B}(t)$ ist die Ableitungsfunktion von $B(t)$ nach der Zeit. Zu einem Zeitpunkt t ist der Wert von $\dot{B}(t)$ gleich der Steigung des t-$B(t)$-Graphen an der Stelle t.
Auch für andere physikalische Größen wie den Weg s oder die Fläche A wird die Punktschreibweise für die Ableitungsfunktion verwendet: $\dot{s}(t)$ ist gleich der Steigung des t-$s(t)$-Graphen an der Stelle t. Damit ist $\dot{s}(t) = v(t)$. Oder $\dot{A}(t)$ ist die zeitliche Änderung der Fläche A zum Zeitpunkt t.

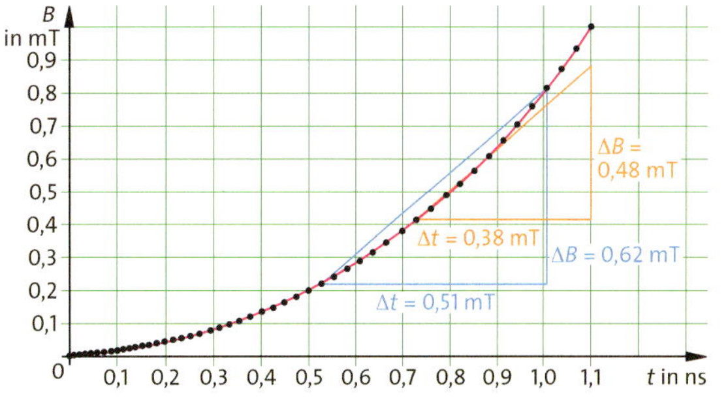

2.1.2 Magnetfeld von Leiter und Spule

Die Stärke des Magnetfelds einer Spule lässt sich mit der Stromstärke I durch die Spule einstellen. Der zu entwickelnde Formelzusammenhang ermöglicht die Berechnung der Magnetfeldstärke B in der Spule aus der Stromstärke I durch die Spule.
Da das Magnetfeld einer Spule durch die Überlagerung der Magnetfelder vieler stromdurchflossener Leiter entsteht, wird zunächst das Magnetfeld eines einzelnen stromdurchflossenen Leiters betrachtet.

Magnetfeld eines stromdurchflossenen Leiters

Versuch 1: Eisenfeilspäne werden auf eine Platte gestreut, durch die senkrecht ein Leiter tritt. Im Leiter fließt ein Strom von unten nach oben (**Abb. 84.1**).
Beobachtung: Die Eisenfeilspäne ordnen sich zu konzentrischen Kreisen um den stromdurchflossenen Leiter. Aufgestellte Magnetnadeln zeigen, dass die Feldlinien zusammen mit der Stromrichtung I eine Rechtsschraube bilden. ◂

Ein langer, gerader, stromdurchflossener Leiter ist von magnetischen Feldlinien in Form von konzentrischen Kreisen umgeben. Die Feldlinien verlaufen im mathematischen Umlaufsinn um die Stromrichtung.
Es gilt die **Rechte-Faust-Regel:** Umfasst die rechte Faust den Leiter so, dass der Daumen in Stromrichtung zeigt, so zeigen die Finger in Feldrichtung (**Abb. 84.1**).

Versuch 2: Die magnetische Feldstärke B um einen stromdurchflossenen Leiter wird mit einem Messgerät bestimmt. Von Interesse ist dabei die Abhängigkeit von der Stromstärke I und vom Abstand r. Experimentiert wird mit einer Spule, deren Windungen längs des Randes einer großen rechteckigen Plexiglasscheibe gewickelt sind (**Abb. 84.2**). Gemessen wird in der Mitte einer Rechteckseite. Die großen Abmessungen der Spule sorgen dafür, dass die Felder der drei restlichen Seiten am Messort der Sonde klein sind.
Ergebnis:
- An einem bestimmten Ort im Abstand r vom Leiter ist die Feldstärke B proportional zur Stromstärke I.
- Bei konstantem Strom I ist die Feldstärke B antiproportional zum Abstand r vom Leiter. ◂

Für die magnetische Feldstärke B im Abstand r von einem langen, geraden vom Strom I durchflossenen Leiter gilt demnach die Beziehung:

$$B \sim \frac{I}{r} \quad \text{oder} \quad B = \mu_0 \frac{I}{2\pi r}$$

Die Konstante μ_0 heißt **magnetische Feldkonstante**. Aus den Messungen ergibt sich der Wert $\mu_0 = 1{,}26 \cdot 10^{-6}$ Vs/Am.

> Die magnetische Feldstärke B eines langen, geraden, vom Strom I durchflossenen Leiters hat im Abstand r den Wert
>
> $$B = \mu_0 \frac{I}{2\pi r}$$
>
> mit der **magnetischen Feldkonstante**
>
> $$\mu_0 = 4\pi \cdot 10^{-7}\,\frac{\text{Vs}}{\text{Am}} \approx 1{,}26 \cdot 10^{-6}\,\frac{\text{Vs}}{\text{Am}}.$$

Magnetfeld einer langen Spule

Spulen, deren Länge l deutlich größer als ihr Durchmesser d ist, heißen *lange Spulen*. In diesen langen Spulen ist die Magnetfeldstärke B, von den Randbereichen abgesehen, konstant.

Versuch 3 a: Eine lange Spule, deren Länge l durch Auseinanderziehen der n Windungen verändert werden kann, ist von einem Strom I durchflossen. Mit einem Messgerät wird die magnetische Feldstärke innerhalb und außerhalb der Spule untersucht (**Abb. 85.1 a**).
Ergebnis: Innerhalb der Spule wird ein *homogenes* Magnetfeld in Richtung der Spulenachse gemessen. Außerhalb der Spule ist das Feld wesentlich schwächer und ähnelt dem eines Stabmagneten (**Abb. 85.1 c**).
Erklärung: Jedes kleine Teilstück der Windungen ist von einem kreisförmigen, konzentrischen Feld umgeben (**Abb. 85.1 b**). Die Überlagerung dieser Felder liefert das Feld der Spule: Während sich die Felder im Innern zu einem homogenen Feld addieren, nimmt die Feldstärke außerhalb der Spule mit der Entfernung ab. ◂

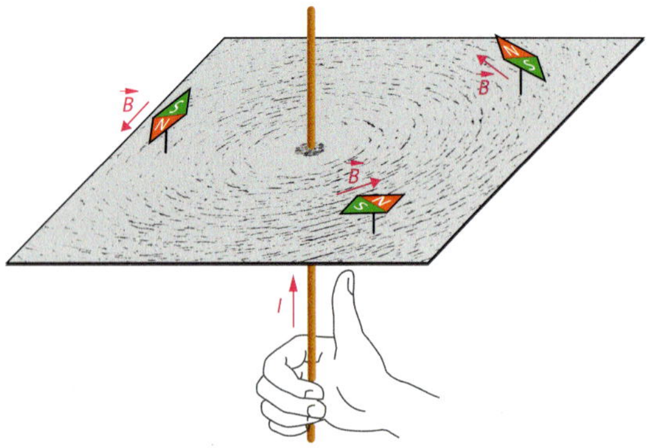

84.1 Um einen stromdurchflossenen Leiter ordnen sich Eisenfeilspäne zu konzentrischen Kreisen an. Die Richtung der Feldlinien wird mit der Rechte-Faust-Regel angegeben.

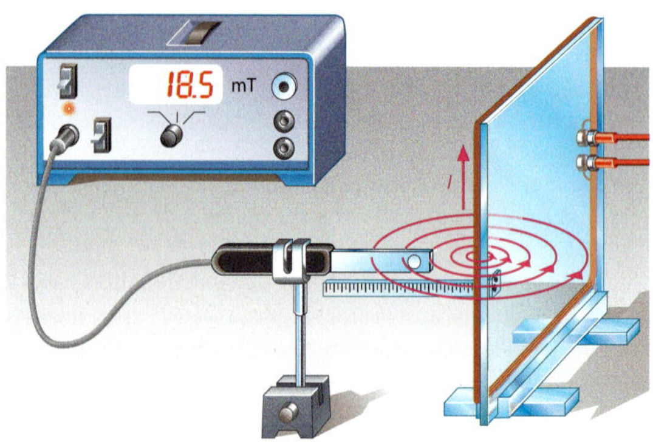

84.2 Mit einem Messgerät wird die Abhängigkeit der Magnetfeldstärke B eines geraden Leiters von der Stromstärke I und vom Abstand r gemessen.

Versuch 3b: Untersucht wird die Abhängigkeit der Feldstärke B in der Spule von der Stromstärke I, der Spulenlänge l und der Windungszahl n.
Ergebnis: Die Feldstärke B ist proportional zur Stromstärke I, antiproportional zur Spulenlänge l und proportional zur Windungszahl n. Demnach ist die Feldstärke B proportional zur *Windungsdichte* n/l.
Die zahlenmäßige Auswertung ergibt als Proportionalitätskonstante die magnetische Feldkonstante μ_0. ◄

Versuch 3c: Das homogene Feld im Innern von zwei Spulen gleicher Länge l und gleicher Windungszahl n, aber unterschiedlichem Durchmesser wird untersucht.
Ergebnis: In beiden Spulen wird die gleiche Feldstärke B gemessen, d.h. die Feldstärke ist unabhängig vom Spulendurchmesser. ◄

Die magnetische Feldstärke B des homogenen Feldes im Innern einer langen Spule ist proportional zur Stromstärke I und zur Windungsdichte n/l. Mit der magnetischen Feldkonstante μ_0 berechnet sich B zu:

$$B = \mu_0 I \frac{n}{l}$$

Spulen mit Eisenkern

Wird in eine Spule ein Eisenkern eingesetzt, so wird durch dessen ferromagnetische Eigenschaften die magnetische Feldstärke in der Spule erhöht, **Abb. 85.2**. Der Faktor μ_r gibt an, um welchen Faktor sich die Feldstärke in der Spule relativ zu einer Spule ohne Eisenkern erhöht. Für Eisen werden Werte von $\mu_r = 300$ bis 10 000 angegeben. Für das Magnetfeld einer Spule mit Eisenkern gilt:

$$B = \mu_0 \mu_r I \frac{n}{l}$$

Da die Magnetfeldlinien geschlossen sind, verlaufen sie, wie in **Abb. 85.1b** gezeigt, aus der Spule in den Außenraum. Der Eisenkern, der das Magnetfeld in der Spule um den Faktor μ_r verstärkt, bewirkt eine entsprechende Verstärkung im Außenbereich der Spule.

85.2 Spulen mit Eisenkern erzeugen mit wenigen Windungen ein Magnetfeld Magnetfeld, welches ohne Eisenkern eine weit größere Windungszahl erfordert. Der ohmsche Widerstand der Wicklung bleibt dann gering.

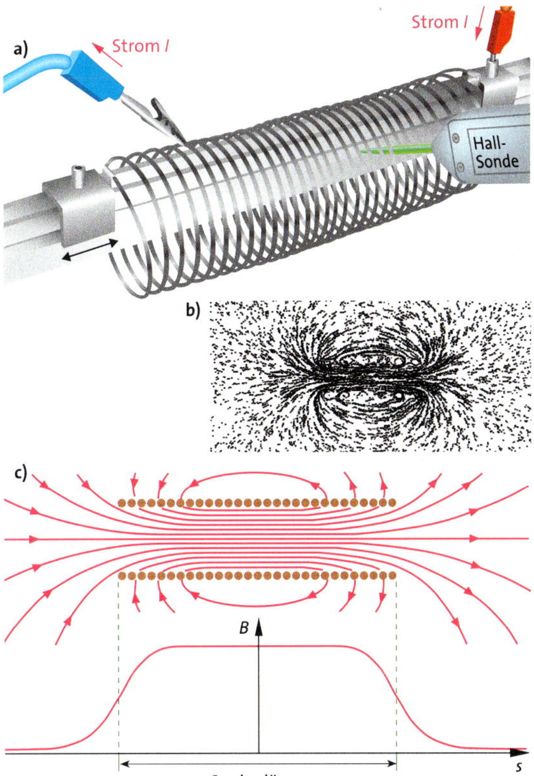

85.1 a) Eine Spule veränderlicher Windungszahl und veränderlicher Länge; **b)** simuliertes Bild der Eisenfeilspäne und **c)** Feldlinien und Feldstärke B längs der Spulenachse bei konstanter Stromstärke, Windungszahl und Länge

Aufgaben

1. a) Das Magnetfeld einer stromdurchflossenen Spule wird mit einem Magnetfeldmessgerät ausgemessen und in eine Vorlage nach **Abb. 85.1b)** eingetragen. Die Messwerte sollen durch eine Grautönung dargestellt werden: Große Werte sind dunkler getönt als kleine.
b) Vergleichen Sie die Darstellungen der Feldstärke durch Grautönung mit der durch Feldlinien.

2. Durch einen langen Leiter fließt ein Strom von $I = 6$ A. Berechnen Sie die magnetische Feldstärke B in einem Punkt, der 2,5 cm vom Leiter entfernt ist.

3. Zwei parallele, im Abstand von 10 cm verlaufende gerade Leiter werden in entgegengesetzter Richtung von den Strömen $I_1 = 15$ A und $I_2 = 25$ A durchflossen. Berechnen Sie die magnetische Feldstärke B in einem Punkt in der von den Leitern aufgespannten Ebene, der
a) von beiden Leitern gleich weit entfernt ist,
b) 2 cm von Leiter 1 und 8 cm von Leiter 2 entfernt ist,
c) 2 cm von Leiter 1 und 12 cm von Leiter 2 entfernt ist.
d) Bestimmen Sie, in welchen Punkten die magnetische Feldstärke null ist.

4. In einer Spule ($l = 70$ cm, $n = 300$) wird bei der Stromstärke $I = 1{,}5$ A die magnetische Feldstärke $B = 840$ µT gemessen. Berechnen Sie die magnetische Feldkonstante μ_r.

2.1.3 Induktion an der Leiterschaukel

Mit einem Versuch an einer bewegten Leiterschaukel können eine Beschreibung des Phänomens Induktion und eine erste qualitative Deutung erarbeitet werden. Auf dieser Grundlage lassen sich im Folgenden auch kompliziertere und andersartige Induktionsphänomene verstehen.

In einem Vorversuch wird die Verbindung zu dem bereits bekannten Versuch zu einem stromdurchflossenen Leiter im Magnetfeld hergestellt (→ 2.1.1). Die Erklärung mit der Lorentz-Kraft F_L lässt sich auch für den folgenden Grundversuch zur Induktion verwenden.

Kraft auf stromdurchflossene Leiter im Magnetfeld

Versuch 1: **Abb. 86.1** zeigt eine Leiterschaukel im Magnetfeld eines Hufeisenmagneten. Das Netzgerät wird eingeschaltet, woraufhin ein Strom I von ca. $I = 1$ A durch die Leiterschaukel fließt.

Beobachtung: Die Leiterschaukel wird nach dem Einschalten des Stroms aus dem Magnetfeld ausgelenkt.

Erklärung: Die Lorentz-Kraft $F_L = q\,v\,B$ wirkt auf die in der Leiterschaukel mit der Geschwindigkeit v bewegten Elektronen. Die Richtung der Kraft senkrecht zur Richtung von Feldlinien B und zur Geschwindigkeit v wird mit der Drei-Finger-Regel der linken Hand bestimmt (→ 2.1.1). ◂

Spannung an der Leiterschaukel

Der Versuch mit der Leiterschaukel wird abgeändert. Es wird keine äußere Spannungsquelle verwendet. Stattdessen wird ein Spannungsmessgerät angeschlossen, siehe **Abb. 86.2**. Mit dem Messgerät soll die Induktionsspannung U nachgewiesen werden.

Grundversuch – Leiterschaukel: Die Leiterschaukel – einmal angestoßen – schwingt im Magnetfeld eines Hufeisenmagneten hin- und her. Die Spannung zwischen den Leiterenden wird von einem empfindlichen Spannungsmessgerät angezeigt.

Beobachtung: Die Messung der Spannung zwischen den Leiterenden zeigt wechselnde Werte. Bei der Hinbewegung der Leiterschleife wird eine Spannung gemessen, die bei der Rückbewegung das Vorzeichen wechselt. Weiterhin erreicht die Spannung ihr Maximum, wenn die Leiterschaukel sich durch die Ruhelage bewegt.

Deutung: Das Entstehen einer Spannung bei der Bewegung eines Leiters im Magnetfeld lässt sich mithilfe der Lorentz-Kraft verstehen. Da die Lorentz-Kraft $F = q\,v\,B$ von der Ladung eines Teilchens q, seiner Geschwindigkeit v und der Magnetfeldstärke B am Ort der Bewegung abhängt, werden die drei Größen im Experiment betrachtet.

- *Die Magnetfeldstärke B:* Die Feldlinien des Magnetfelds eines Hufeisenmagneten zeigt **Abb. 87.1**. Es handelt sich um geschlossene Feldlinien, deren Dichte im „U" zwischen den beiden Magnetpolen nahezu konstant ist. Das bedeutet, das Magnetfeld ist in dem Bereich, in dem die Leiterschaukel schwingt, homogen (→ 2.1.1).
- *Die Geschwindigkeit v:* Die Leiterschaukel führt eine Schwingungsbewegung durch. Die Geschwindigkeit der Leiterschaukel ist beim Durchgang durch die Ruhelage maximal und an den Umkehrpunkten null.
- *Die Ladung q*: Im Leiter der Leiterschaukel befinden sich Elektronen mit der Ladung $-e$ und Ionen mit der Ladung e. Auf beide Teilchen wirkt die Lorentz-Kraft parallel zum Leiter, für die Elektronen in die eine Richtung, für die Ionen in die entgegengesetzte Richtung. Da nur die Elektronen im Leiter beweglich sind, werden sie durch die Lorentz-Kraft zu einem Leiterende hin bewegt, **Abb. 87.1 a)**. Mit der Drei-Finger-Regel der linken

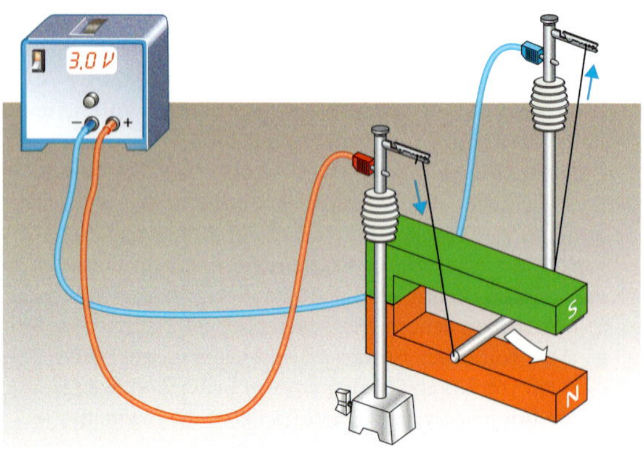

86.1 Durch die Leiterschaukel fließt der Strom I. Die Elektronen bewegen sich in Richtung der Pfeile. Mit der Drei-Finger-Regel der linken Hand lässt sich die Richtung der Lorentz-Kraft vorhersagen.

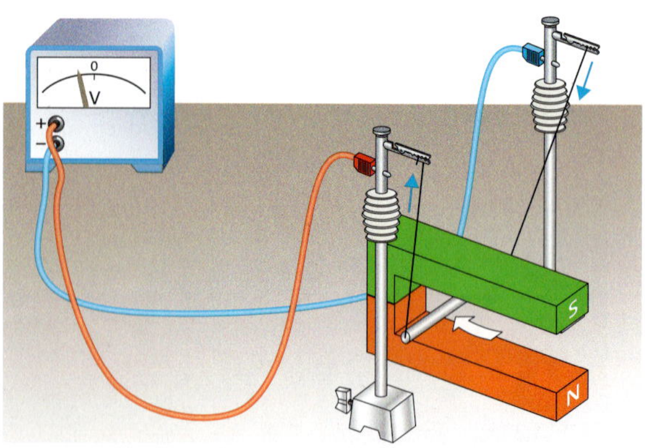

86.2 Die Bewegung einer Leiterschaukel im Magnetfeld eines Hufeisenmagneten erzeugt eine Spannung an den Anschlüssen der Leiterschaukel. Die Spannung wird mit einem empfindlichen Voltmeter gemessen.

Hand (→ 2.1.1) ergibt sich bei einer Bewegung der Leiterschaukel nach rechts eine Lorentz-Kraft auf die Elektronen entsprechend **Abb. 87.1 b.** Daher erhält der nach rechts bewegte Stab vorne einen Pluspol (Elektronenmangel) und hinten einen Minuspol (Elektronenüberschuss) (**Abb. 87.1 c**).
Die Kraft, die zur Bewegung der Elektronen im Leiter führt, soll bestimmt werden. Dazu wird der Moment betrachtet, zu dem sich die Leiterschaukel mit maximalen Geschwindigkeit nach rechts bewegt.
In **Abb. 87.1 b)** wirkt die Lorentz-Kraft $F_L = q\,v\,B$ in dem vergrößert gezeichneten Leiterstück in Längsrichtung des Leiters. In diesem Leiterstück findet deshalb eine Bewegung der Elektronen zum hinteren Leiterende hin statt. Mit der Anhäufung der negativen Ladung an einem Leiterende und dem daraus folgenden Elektronenmangel an dem anderen, **Abb. 87.1 c)**, verringert sich die Elektronenbewegung. Sie endet, wenn die Kraft auf die Elektronen in der Leiterschleife null ist.
Zur Berechnung der Lorentz-Kraft wird angenommen, dass mit der Ladungstrennung der Aufbau eines *elektrischen* Feldes stattfindet. Das Feld wirkt der Ladungstrennung zwischen den Elektronen und den positiven Ionen des Leiters entgegen. Die sich dadurch aufbauende Spannung U führt zu einer immer stärker werdenden Gegenkraft $F_C = e\,U/d$ (→ 1.2.3) zur Lorentz-Kraft, bis beide Kräfte letztlich entgegengesetzt gleich groß sind: $F_C = F_L$. Die an der Leiterschaukel induzierte Spannung stellt sich so ein, dass gilt:

$$e\,U/d = e\,v\,B$$ ◄

Die Lorentz-Kraft F_L bewirkt bei der Bewegung eines Leiters der Länge d mit der Geschwindigkeit v im Magnetfeld B eine Ladungstrennung, die eine Spannung

$$U = v\,B\,d$$

zwischen den Leiterenden induziert.

Die Erklärung der Induktion mithilfe der Lorentz-Kraft ist allerdings unvollständig. Die Lorentz-Kraft beschreibt die Kraft auf ein mit der Geschwindigkeit v bewegtes geladenes Teilchen. Nur dann wirkt eine Lorentz-Kraft. Ruhende Ladungen hingegen erfahren keine Lorentz-Kraft. Bei Induktionsversuchen mit ruhenden geladenen Teilchen muss deshalb eine andere, eine umfassendere Erklärung der Induktion entwickelt werden. Dies wird im nächsten Abschnitt mit dem sogenannten Induktionsgesetz erfolgen.
Dabei wird sich zeigen, dass das Induktionsgesetz neben der Erklärung der Induktion bei ruhenden auch eine für bewegte Ladungen liefert und damit die Phänomene zusammenfassend beschreibt.

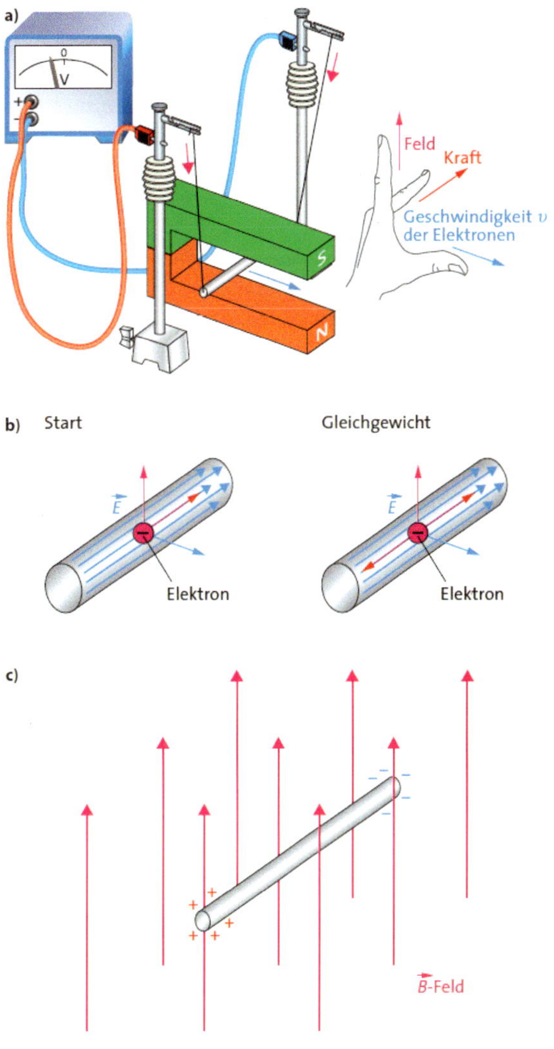

87.1 a) Kraft auf die Elektronen, während sich die Leiterschaukel nach rechts bewegt. **b)** Kräfte auf die Elektronen und **c)** Ladungsverteilung im Kräftegleichgewicht.

Aufgaben

1. In Versuch 2 pendelt die Leiterschaukel wie der Zeiger des Messgeräts hin und her. Scheinbar bewegen sich beide synchron. Betrachten Sie die Bewegung in Zeitlupe und tragen sie die Bewegung von Leiterschaukel und Zeiger über der Zeit auf. Formulieren Sie ein Ergebnis der Beobachtung.
2. Aus der Ruhelage wird die Leiterschaukel beschleunigt. Mit der Auslenkung scheint die Lorentz-Kraft abzunehmen und sogar ihre Richtung zu ändern. Erläutern Sie Richtung und Stärke der Kraft auf die Leiterschaukel in Abhängigkeit von der Auslenkung.
3. Zeigen Sie durch eine Rechnung, dass der Maximalwert der Induktionsspannung U_{max} proportional zur Magnetfeldstärke B ist.

2.1.4 Das Induktionsgesetz

Die Taschenlampen in **Abb. 88.1** benötigen keine Batterie. Schütteln, mehrfaches kräftiges Drücken und Kurbeln bewirkt Licht für mehrere Minuten.

Das transparente Gehäuse der oberen Taschenlampen in **Abb. 88.1 a)** gibt bereits Hinweise auf die Funktion. Eine Spule und ein Permanentmagnet sind in beiden Fällen vorhanden. Die Bewegung des Magneten gegenüber der Spule bewirkt vermutlich eine Energieübertragung von der mechanischen Energie der Bewegung in elektrische Energie, die von der Spule in einem elektrischen Stromkreis zur Leuchtdiode geleitet wird. Dabei ersetzen die Spule und der Magnet die sonst bei Taschenlampen übliche Batterie, die ebenfalls elektrische Energie mit einem elektrischen Stromkreis zur Leuchtdiode liefert.

Im Vergleich unterschiedlicher Schütteltaschenlampen mit größeren und kleineren Spulen und Magneten kann herausgearbeitet werden, welche der Lampen einen höheren Energiestrom zur Leuchtdiode liefern und damit heller oder länger leuchten. Dies würde einen höheren Preis rechtfertigen. Ferner speichern die Lampen die erzeugte elektrische Energie, sodass sie nach dem Schütteln einige Minuten weiter leuchten. Dieser zusätzliche Aspekt wird erst später (→ 2.2.5) behandelt.

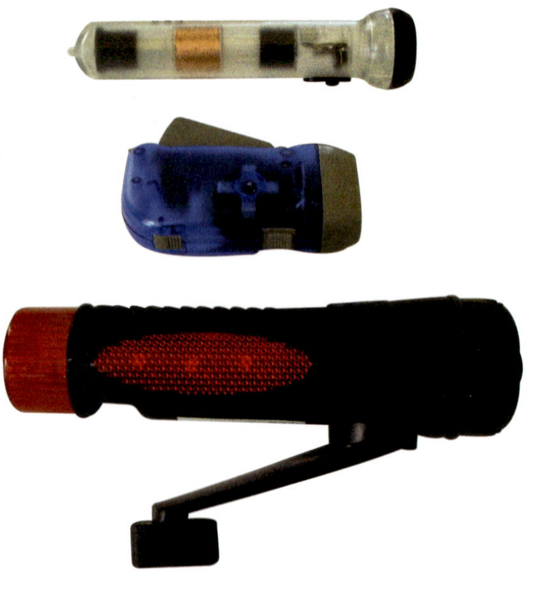

88.1 Die Taschenlampen benötigen keine Batterie. Durch das Schütteln, das Drücken bzw. das Kurbeln wird elektrische Energie erzeugt. Die wesentlichen Bauteile der Schütteltaschenlampen sind die Spule und der Permanentmagnet.

Induktion durch zeitliche Magnetfeldänderung
Eine Schütteltaschenlampe wird nachgebaut. Die wesentlichen Bauteile sind ein Magnet und eine Spule, in der im Gegensatz zum Leiterschaukelversuch (→ 2.1.3) die Elektronen ruhen. Der Stromfluss soll durch die Induktion erst erzeugt werden. Eine Erklärung des Versuchs mit der Lorentzkraft, die nur auf bewegten Ladungen wirkt, ist daher ausgeschlossen.

Grundversuch – Leiterschleife 1 a: Eine Experimentierspule ist mit einem Spannungsmesser verbunden. Ein Stabmagnet wird in die Spule eingetaucht und wieder aus ihr entfernt.
Beobachtung: Beim Einbringen des Magneten wird eine Spannung gemessen (**Abb. 89.1 a**). Beim Entfernen des Magneten kehrt sich das Vorzeichen der Spannung um.
Ergebnis: Mit dem Einbringen des Magneten vergrößert sich die Magnetfeldstärke in der Spule. Dadurch wird in der Spule eine Spannung *induziert*. Die Spule wird **Induktionsspule** genannt.

Das gleiche Versuchsergebnis wird erzielt, wenn der Magnet statt von oben von unten in die Spule gebracht oder nach unten entfernt wird. Wird der Magnet festgehalten und stattdessen die Spule bewegt, so wird die gleiche Induktionserscheinung beobachtet. Maßgebend ist offensichtlich nur die *Relativbewegung* von Magnet und Spule. Werden Nord- und Südpol vertauscht, kehrt sich das Vorzeichen der Spannung um. ◂

Grundversuch – Leiterschleife 1 b: Die Induktionsspule und eine zweite, sogenannte Feldspule werden gemeinsam auf einen Eisenkern gesteckt (**Abb. 89.1 b**). Ein Strom durch die Feldspule erzeugt ein Magnetfeld, das in der Induktionsspule die gleiche Richtung haben soll wie zuvor das Feld des Stabmagneten.
Beobachtung: Beim Ein- und Ausschalten des Stroms, also beim Auf- und Abbau des Magnetfeldes in der Feldspule, wird eine Spannung induziert wie beim Einbringen und Entfernen des Stabmagneten in der Induktionsspule bei Versuch 1 a.
Ergebnis: Induktion tritt auf, wenn sich die Magnetfeldstärke in einer Spule zeitlich ändert. ◂

> Ändert sich die Magnetfeldstärke in einer Spule, so wird eine Spannung U induziert. Die Feldstärkeänderung in der Spule kann durch die Relativbewegung der Spule zu einem Magneten oder durch den Auf- und Abbau des Feldes bewirkt werden.

Mithilfe von Versuchen soll nun ein Zusammenhang zwischen der zeitlichen Änderung der Magnetfeldstärke und der induzierten Spannung U gefunden werden.

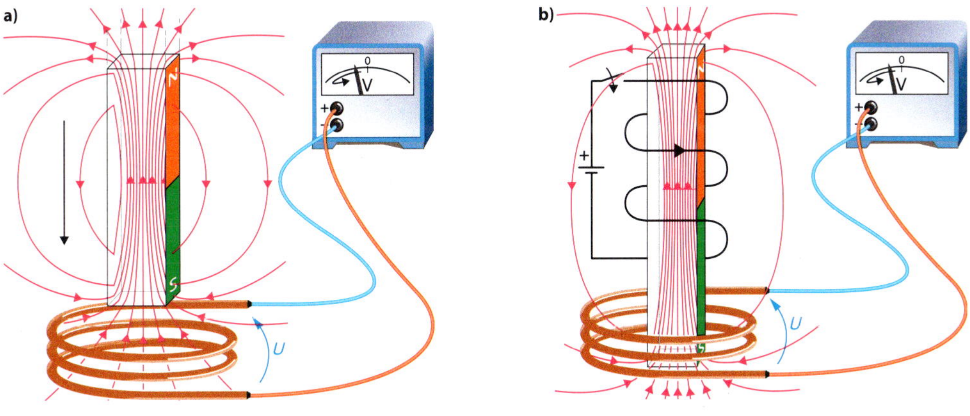

89.1 a) Beim Eintauchen eines Stabmagneten in eine Spule wird eine Spannung induziert. **b)** Das Gleiche wird beobachtet, wenn beim Einschalten des Stroms in einer Feldspule ein Magnetfeld aufgebaut wird.

Grundversuch – Leiterschleife 2: Eine Induktionsspule, die mit dem Spannungseingang eines Computer-Messsystems verbunden ist, befindet sich im Innern einer Feldspule (**Abb. 89.2**). Die Feldspule ist mit einem Funktionsgenerator verbunden, der periodisch einen zeitlich linear zu- und abnehmenden Strom durch die Spule fließen lässt (**Abb. 89.3 a**). Die positiven und negativen Steigungen $\Delta I/\Delta t$ des dreieckförmigen Stroms können unabhängig voneinander eingestellt werden. Nach der Formel $B = \mu_0 n I/l$ (→ 2.1.2) für die Feldstärke einer Spule ist mit $\Delta I/\Delta t$ auch die Änderungsrate der magnetischen Feldstärke $\Delta B/\Delta t$ konstant.
Ergebnis: Die Messergebnisse sind in **Abb. 89.3 b)** dargestellt. Die induzierten Spannungen U sind konstant, solange $\Delta I/\Delta t$ konstant ist. Die Messkurven zeigen die positiven $\Delta I/\Delta t = 0{,}05$ (0,10; 0,15) A/s und negativen Steigungen $\Delta I/\Delta t = -0{,}2$ (− 0,4; − 0,6) A/s. Die Spannungen sind $U = -0{,}47$ (− 0,94; − 1,41) mV und $U = 1{,}87$ (3,75; 5,62) mV. ◂

Ein Vergleich der Messwerte zeigt, dass die Spannung U nicht vom Strom I abhängt, sondern proportional zur zeitlichen Stromänderung $\Delta I/\Delta t$ ist. Da $\Delta I/\Delta t$ proportional zu $\Delta B/\Delta t$ ist, folgt:

Die Induktionsspannung ist proportional zur zeitlichen Änderung der magnetischen Feldstärke:

$$U \sim \frac{\Delta B}{\Delta t} \text{ oder kürzer } U \sim \dot{B}$$

Grundversuch – Leiterschleife 3: Versuch 2 wird mit Induktionsspulen unterschiedlicher Windungszahlen n wiederholt.
Ergebnis: Die Induktionsspannung U ist proportional zur Windungszahl n der Induktionsspule: $U \sim n$.
Erklärung: Die gleichen Induktionsspannungen in jeder Windung addieren sich in den hintereinander geschalteten Windungen zum n-fachen Wert

$$U \sim n$$ ◂

Grundversuch – Leiterschleife 4: Versuch 2 wird mit Induktionsspulen von unterschiedlichen Querschnittsflächen durchgeführt. Bei gleichem $\Delta B/\Delta t$ und gleichen Windungszahlen n wird jeweils die konstante Spannung U gemessen.
Ergebnis: Die Induktionsspannung U ist zum Flächeninhalt A des Spulenquerschnitts proportional:

$$U \sim A$$ ◂

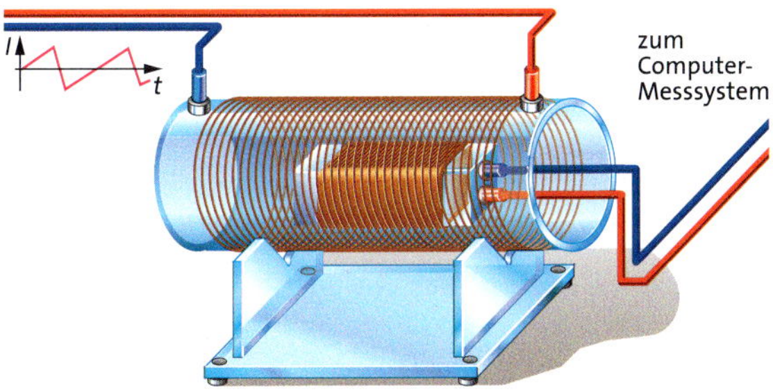

89.2 Die Feldspule mit der innen liegenden Induktionsspule: Die Feldspule ist an einen Funktionsgenerator angeschlossen, der einen zeitlich veränderlichen Strom erzeugt.

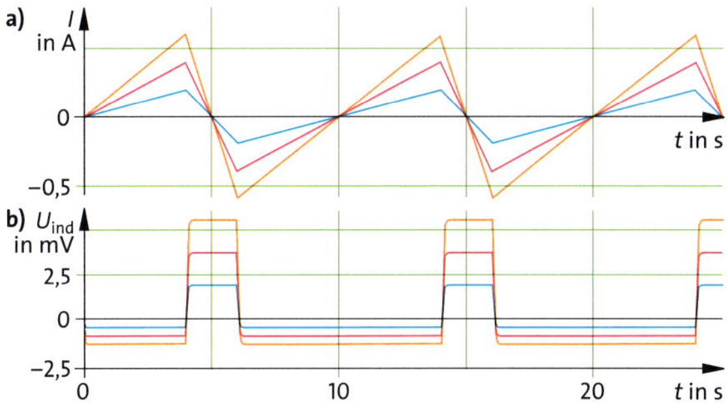

89.3 Induktionsversuche: **a)** Der Strom in der Feldspule nimmt zeitlich linear zu und wieder ab. **b)** In der Induktionsspule werden abschnittweise konstante Spannungen gemessen.

Zusammengefasst ergeben die drei Versuche:

> Ändert sich das Magnetfeld, das die Querschnittsfläche einer Spule A senkrecht durchsetzt, zeitlich mit $\Delta B/\Delta t$, so wird die Spannung U induziert:
>
> $U = n A \frac{\Delta B}{\Delta t}$ oder kürzer $U \sim n A \dot{B}$

Mit diesem Ergebnis soll die Qualität verschiedener Schütteltaschenlampen miteinander verglichen werden. **Abb. 90.1** zeigt drei unterschiedliche Modelle im Vergleich. Da die Taschenlampe in **Abb. 90.1 a** eine kleinere Fläche A der Spule aufweist, wird vermutlich eine geringere Spannung erzeugt im Vergleich zur Lampe in **Abb. 90.1 b)**. In **Abb. 90.1 c)** hat die Taschenlampe eine doppelt so lange Spule im Vergleich zur Lampe in **Abb. 90.1 b)**. Es handelt sich um zwei gleichartige Spulen, durch die der Magnet hindurchbewegt wird. Die Induktionsspannung ändert sich nicht, wenn sich erst in der einen Spule und dann in der anderen das Magnetfeld ändert. Der Vorteil ist, dass eine höhere Geschwindigkeit des Magneten erreicht wird. Diese führt zu einer stärkeren zeitlichen Änderung von $\Delta B/\Delta t$ und somit zu einer höheren Induktionsspannung.

Ein konstruktiv bedingtes Problem der Schütteltaschenlampen ist, dass nur ein geringer Teil der mechanischen Energie in elektrische Energie umgewandelt wird. Dies liegt im Wesentlichen an der geringen Geschwindigkeit des Magneten gegenüber der Spule, mit demzufolge kleinen Werten von $\Delta B/\Delta t$ und der Spannung U.

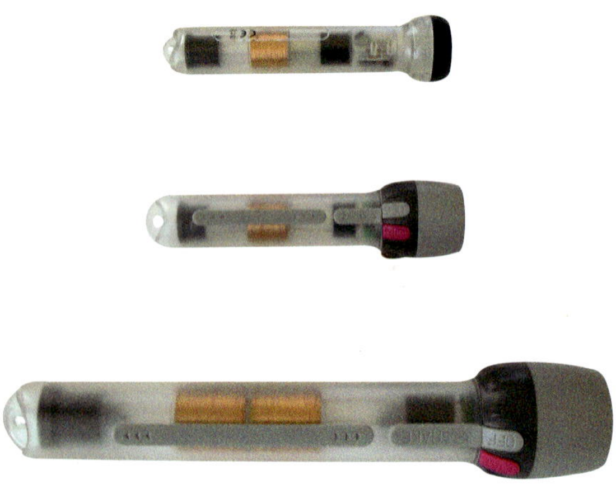

90.1 Die wesentlichen Bauteile der Schütteltaschenlampe sind die Spule und der Permanentmagnet. Die Geschwindigkeit des Magneten gegenüber der Spule ist begrenzt.

90.2 Kurbeltaschenlampen erreichen durch ein Getriebe eine wesentlich größere Geschwindigkeit des Magneten gegenüber der Spule.

Induktion durch zeitliche Flächenänderung im Magnetfeld

Deutlich verbesserte Eigenschaften der Energieübertragung weisen sogenannte Kurbeltaschenlampen auf. Eine Kurbel bewirkt über ein Getriebe die schnelle Drehbewegung eines Magneten (**Abb. 90.2**). Durch das wählbare Übersetzungsverhältnis der Drehzahlen sind hohe Geschwindigkeiten und starke zeitliche Magnetfeldänderungen erreichbar, auch wenn die Magnetfeldstärke selbst einen geringen Wert hat.

Induktion kann außer durch eine zeitliche Änderung des Magnetfeldes auch dadurch hervorgerufen werden, dass die vom Magnetfeld durchsetzte **Spulenfläche** verändert wird. Dies lässt sich beispielsweise durch die Verformung der Spulenfläche erreichen oder durch eine Bewegung der Spule aus dem Magnetfeld heraus oder in das Feld hinein.

Eine weitere, technisch bedeutsame Möglichkeit ist die Drehung der Spulenfläche. Bemerkenswert daran ist, dass die Spulenfläche unverändert bleibt und demzufolge die Fläche scheinbar konstant ist. Wie sich zeigen wird, bestimmt die Änderung der sogenannten **effektiven Fläche** die Induktionsspannung.

Grundversuch – Leiterschleife 5: Über einen Kurbelantrieb wird eine Spule im Magnetfeld schnell gedreht (**Abb. 91.1 a**) und die Spannung an der Spule gemessen.
Beobachtung: Je schneller die Drehung der Spule erfolgt, desto größer ist die gemessene Spannung U. ◄

Die Drehung der Leiterschleife soll ausreichend langsam erfolgen, sodass die Lage der Leiterschleife im Magnetfeld und der Wert der induzierten Spannung miteinander in Zusammenhang gebracht werden können.

Grundversuch – Leiterschleife 6: Eine Flachspule wird im Feld eines Elektromagneten langsam gedreht (**Abb. 91.1 b**). Die Spannung der Spule wird mit einem empfindlichen Spannungsmesser angezeigt. Die Lage der Spule und die Anzeige des Spannungsmessers können mit einer Kamera aufgenommen und für die Auswertung verlangsamt abgespielt werden.
Die effektive Fläche der Spule ist die jeweilige Projektion der Spulenfläche in Feldrichtung. Sie wird in der Auswertung als schwarzer Pfeil eingezeichnet, wobei die Orientierung der Magnetfeldstärke zur Fläche der Leiterschleife die Pfeilrichtung bestimmt.
Beobachtung: **Abb. 91.2** zeigt den Zusammenhang von der Lage der Spule **(a)** und der gemessenen Spannung **(b)**.
Auswertung: Die effektive Fläche (schwarzer Pfeil) ändert sich im Zeitschritt von 1 nach 2 weniger stark als von 2 nach 3. Die Spannung vergrößert sich. Dreht sich die Fläche über die Lage parallel zu den Feldlinien in Zeitschritt 3 hinaus weiter, dann wird die effektive Fläche in umgekehrter Richtung aufgetragen. Die so ermittelten Änderungen der Fläche $\Delta A/\Delta t$ sind proportional zur gemessenen Spannung U. ◂

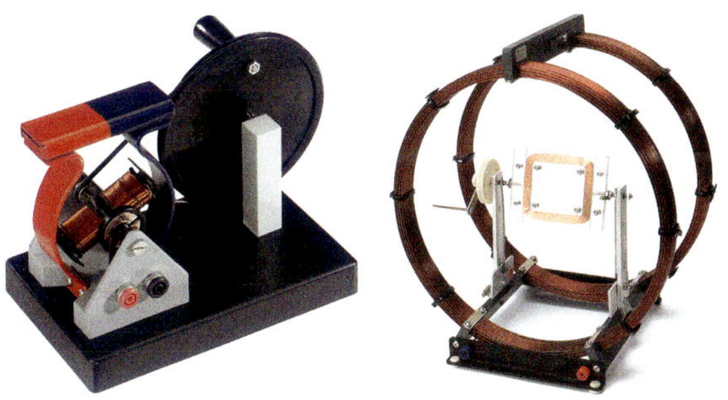

91.1 a) Die Drehung der Spule erfolgt schnell, die erzeugte Spannung ist groß. **b)** Die Drehung erfolgt so langsam, dass die Lage der Spule und die erzeugte Spannung einander zugeordnet werden können.

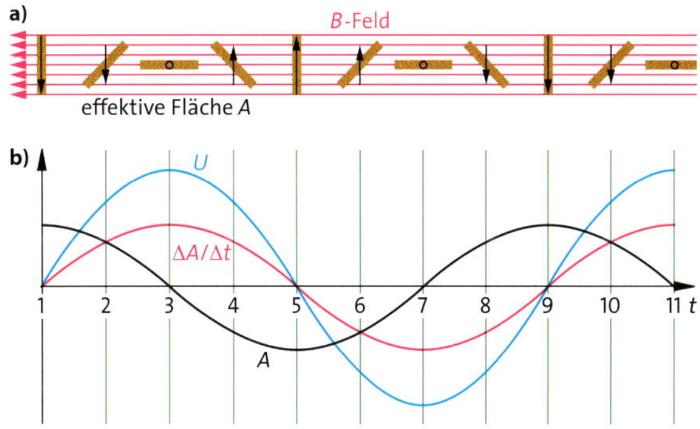

91.2 a) Lage der Spule und effektiven Fläche A im Zeitverlauf **b)** Effektive Fläche A, zeitliche Flächenanderung $\Delta A/\Delta t$ und Spannung U im Zeitverlauf

Eine Spule mit n Windungen wird im Magnetfeld der Stärke B gedreht. Die Änderung $\Delta A/\Delta t$ der effektiven Fläche induziert die Spannung U.

$U \sim n B \frac{\Delta A}{\Delta t}$ oder kürzer $U \sim n B \dot{A}$

Faraday'sches Induktionsgesetz

Zusammenfassend kann also gesagt werden: Eine Induktionsspannung U an einer Spule tritt immer dann auf, wenn die magnetische Feldstärke B in der Spule oder wenn die effektive Fläche A der Spule im Magnetfeld geändert wird. Die Flächenänderung kann durch einfaches Drehen der Spule oder durch Verformen des Spulenquerschnitts erfolgen. Ferner kann die Spule aus dem Feld herausgezogen oder in das Feld hineingebracht werden. Auch dann ändert sich die Magnetfeldstärke B innerhalb der Fläche A der Spule.

Induktionsgesetz
Die in einer Spule mit n Windungen induzierte Spannung U ist proportional zur zeitlichen Änderung der magnetischen Feldstärke B oder zur Änderung der Spulenfläche A. Es gilt:

$$U = n A \frac{\Delta B}{\Delta t} + n B \frac{\Delta A}{\Delta t} = n A \dot{B} + n B \dot{A} = n (\dot{AB})$$

Die mathematische Formulierung des Induktionsgesetzes, die auch die Richtungen und Vorzeichen der physikalischen Größen mit einbezieht, lautet

$$U = -n A \frac{\Delta B}{\Delta t} - n B \frac{\Delta A}{\Delta t} = -n A \dot{B} - n B \dot{A} = -n (\dot{AB})$$

Aufgaben

1. Die Magnetfeldstärke B in einer Spule steigt innerhalb der Zeitspanne $\Delta t = 7{,}5$ ms um $\Delta B = 6{,}4$ mT.
   a) Die Spule hat die Windungszahl $n = 1500$ und eine Querschnittsfläche von $A = 0{,}0028\ \text{m}^2$. Berechnen Sie die induzierte Spannung U während des Feldstärkeanstiegs.
   b) Die Spule wird durch eine kleinere Spule mit halbem Radius ersetzt. Berechnen Sie die geänderte Spannung U während der Feldstärkeanstiegs.
   c) In der Zeitspanne von $\Delta t = 5{,}0$ ms bleibt die Feldstärke mit $B = 12{,}8$ mT konstant. Berechnen Sie die induzierte Spannung U.
2. Die Induktionsspannung an einer Spule hat für die Zeitspannen $\Delta t = 7{,}5$ ms den Wert 2,5 V und für die folgende Zeitspanne $\Delta t = 15$ ms den Wert −2,5 V. Die Spule hat die Windungszahl $n = 1000$ und eine Fläche von $A = 0{,}0028\ \text{m}^2$.
   a) Berechnen Sie die Feldstärkeänderung ΔB innerhalb der ersten 7,5 ms.
   b) Berechnen Sie die Feldstärkeänderung ΔB innerhalb der folgenden 15 ms.
   c) In einer Zeitspanne von $\Delta t = 5{,}0$ ms bleibt die Spannung mit $U = 5$ V konstant. Folgern Sie daraus eine Aussage über die Feldstärke B und eine weitere über die Änderung ΔB.

Methode

Parameter der Induktionsspannung im Modell

Eine Induktionsspannung entsteht in einer Leiterschleife, die sich in einem Magnetfeld befindet. Für die Spannung notwendig ist eine zeitliche Magnetfeldänderung oder eine zeitliche Flächenänderung der Leiterschleife, wobei die Orientierung der Magnetfeldstärke bezogen auf die Fläche der Leiterschleife zu berücksichtigen ist.
Die Verschiedenartigkeit der Phänomene soll mit einem Modell zusammenfassend beschrieben werden, welches für *alle* Induktionsphänomene eine qualitative Aussage über die Induktionsspannung ermöglicht. In diesem Modell werden die *Feldlinien* des Magnetfeldes und die Fläche der Leiterschleife zueinander in Beziehung gesetzt. Je größer die Feldstärke des Magnetfeldes, desto dichter werden die Feldlinien gezeichnet. Die Dichte der Feldlinien ist der Feldstärke direkt proportional. Das Verfahren zur Bestimmung der Induktionsspannung nutzt die Zahl der Feldlinien, die durch die Fläche der Leiterschleife hindurchgeht. Je größer die **Änderung der Zahl der Feldlinien** in einer Zeiteinheit ist, desto größer ist die Induktionsspannung. Nicht die Zahl der Feldlinien selbst ist für die Induktionsspannung entscheidend, sondern die zeitliche Änderungsrate der Feldlinien.

Die Induktionsspannung U ist proportional zur zeitlichen Änderungsrate der Feldlinien durch die Fläche der Leiterschleife. Bei einer Spule mit n Windungen ist die Induktionsspannung um den Faktor n größer als die einer Leiterschleife.

Induktion durch Bewegung

In **Abb. a)** ist eine Leiterschleife dargestellt, die in einem homogenen Magnetfeld ruht. Das Magnetfeld könnte beispielsweise mit einem Hufeisenmagneten hergestellt worden sein. Die Spannung U ist null, da weder die Fläche A der Leiterschleife bewegt wird noch sich die Magnetfeldstärke B ändert.
Das hier verwendete Modell der Feldlinien durch die Fläche A der Leiterschleife trifft folgende Aussage: Die Zahl der Feldlinien durch die Fläche bleibt im Zeitverlauf ungeändert. Deshalb ist die Induktionsspannung null.
Die beiden nächsten Abbildungen **b)** und **c)** zeigen die Bewegung der Fläche nach oben (in y-Richtung) und nach rechts (in x-Richtung). Zur Vorhersage der Induktionsspannung wird wieder die Änderung der Zahl der Feldlinien durch die Fläche A betrachtet.
Die Verschiebung im homogenen Magnetfeld ändert die Zahl der Feldlinien nicht. Die in den Abbildungen gezeichneten Linien liegen nicht dicht aneinander, es werden also nur ausgewählte Feldlinien gezeichnet. Das bedeutet, dass bei einer Verschiebung in der Abbildung einzelne Feldlinien zusätzlich durch die Fläche der Leiterschleife treten und andere die Fläche nicht mehr durchsetzen. Das ist allerdings eine Schwäche der Darstellung. Da in einem homogenen Magnetfeld die Dichte der Feldlinien konstant ist, müssen auch bei einer Verschiebung der Leiterschleife immer gleich viele Feldlinien durch die Fläche A hindurchtreten. Die Abbildungen sind also in dieser Weise zu interpretieren. Daraus folgt dann: Eine Verschiebung im homogenen Feld erzeugt keine Induktionsspannung.
Eine geänderte Situation ergibt sich, wenn die Leiterschleife aus dem Magnetfeld herausgezogen wird, wie in den Abbildungen

a)

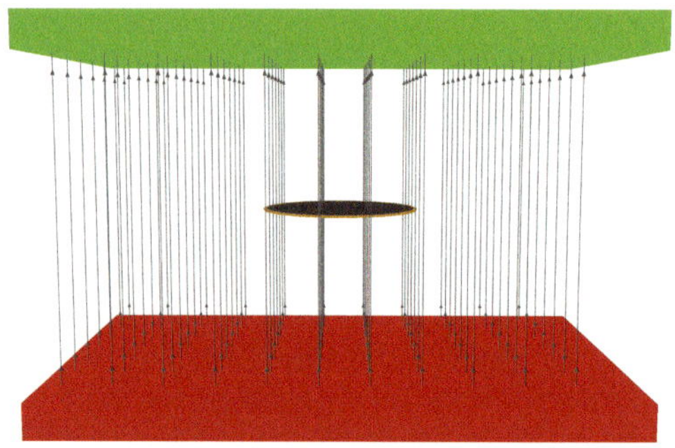

b)

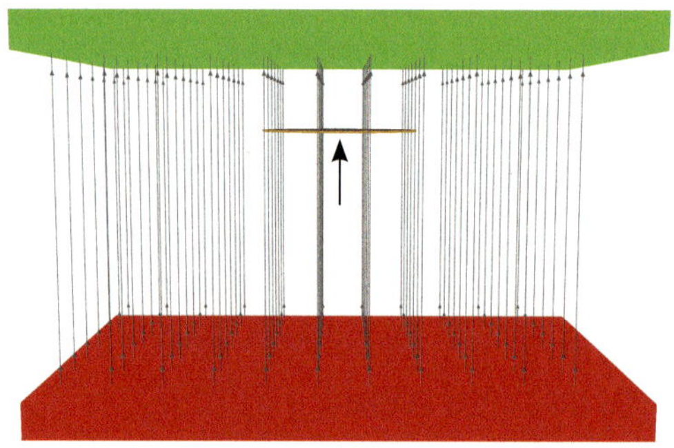

c)

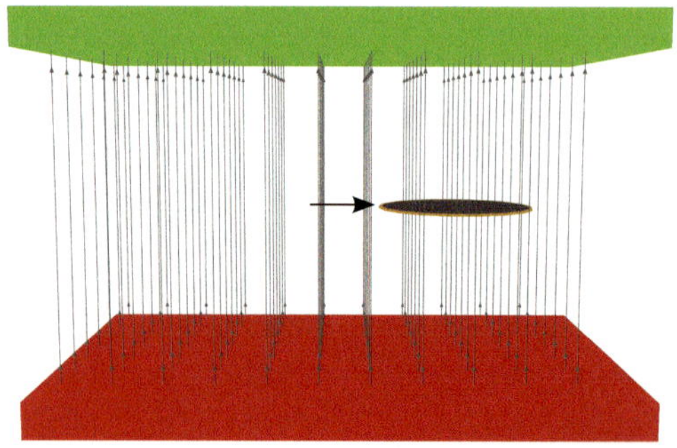

d) und **e)**. Dem entspricht ein Experiment, bei dem eine Spule von einem Magneten entfernt wird oder umgekehrt, ein Magnet wird von einer Spule wegbewegt. In diesem Fall verringert sich in der Leiterschleife bzw. der Spule die magnetische Feldstärke. Damit reduziert sich die Zahl der Feldlinien. Bei dem in **Abb. d)** gezeigten Vorgang halbiert sich die Zahl der Feldlinien, die Induktionsspannung hat einen Wert < 0. In der **Abb. e)** verringert sich die Zahl der Feldlinien um den gleichen Betrag. Die Induktionsspannung bleibt ungeändert. Wird die Leiterschleife weiter bewegt, ist die Induktionsspannung null. Es sind keine Feldlinien im Außenbereich vorhanden und deshalb ist die Änderung der Zahl der Feldlinien null.

d)

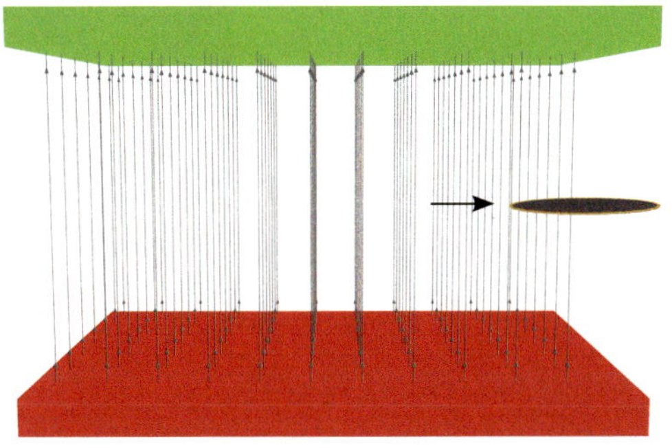

f)

e)

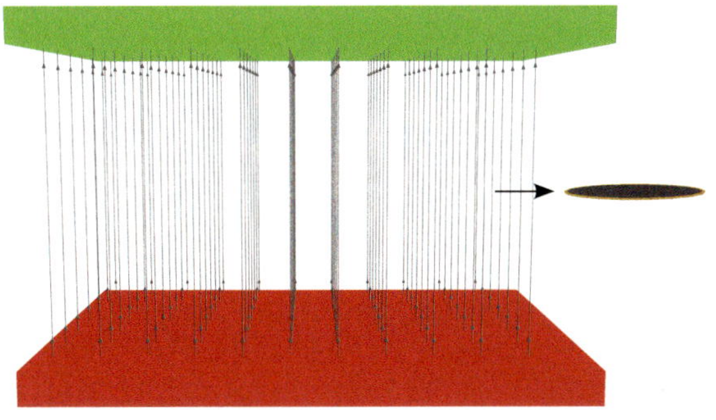

g)

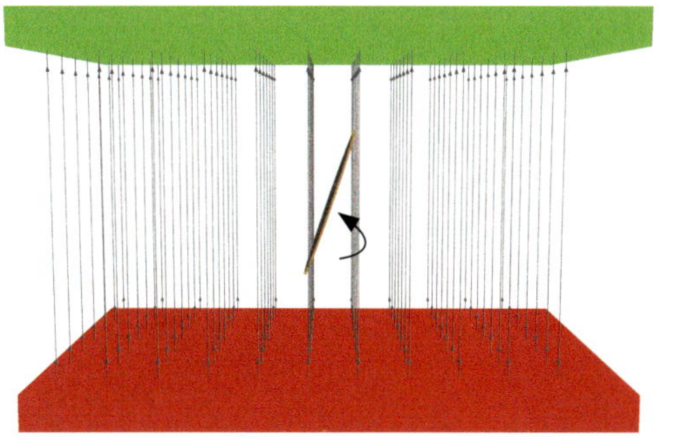

Induktion durch Drehung

In **Abb. f)** ist eine Leiterschleife dargestellt, die in einem homogenen Magnetfeld gedreht wird. Das Magnetfeld hat in dem Bereich der Leiterschleife die Stärke B, dennoch verringert sich die Zahl der Feldlinien durch die Fläche A. Bei der weiteren Drehung, wie **Abb. g)** zeigt, fällt die Zahl der Feldlinien weiter ab und erreicht null, wenn die Fläche A der Leiterschleife senkrecht steht. Anschließend steigt die Zahl der Feldlinien im weiteren Verlauf der Drehung wieder an. Die Feldlinien werden jetzt mit negativem Vorzeichen gezählt, da ihre Richtung sich, auf die Fläche der Leiterschleife bezogen, umgekehrt hat.

Bei der Drehung einer Leiterschleife im homogenen Magnetfeld ändert sich die Zahl der Feldlinien durch die Spulenfläche ständig. Es wird eine Spannung induziert, die im Verlauf der Drehung ihr Vorzeichen ändert.

Für die Induktion wesentlich ist die Richtung der Magnetfeldlinien bezogen auf dwie Fläche der Leiterschleife. In einer ruhenden Leiterschleife wird bei einer rotierenden Richtung der Feldstärke, wie sie ein rotierender Magnet hervorruft, gleichfalls eine Induktionsspannung erzeugt.

Induktion durch Änderung der Magnetfeldstärke

Ändert die Magnetfeldstärke in einer Leiterschleife statt ihrer Richtung ihren Betrag, dann wirkt sich das auf die Dichte der Feldlinien aus. Bei doppelter Feldstärke liegen die Feldlinien „doppelt dicht". Die Zahl der Feldlinien durch die Fläche der Leiterschleife verdoppelt sich (**Abb. h**). Damit folgt unmittelbar, dass die Änderung der Magnetfeldstärke ΔB in der Zeitspanne Δt eine Induktionsspannung bewirkt.

Bei einer Richtungsumkehr von B werden die Feldlinien wieder mit umgekehrtem Vorzeichen gezählt, sodass auch hier eine geänderte Zahl von Feldlinien vorliegt und die Spannung erzeugt wird.

h)

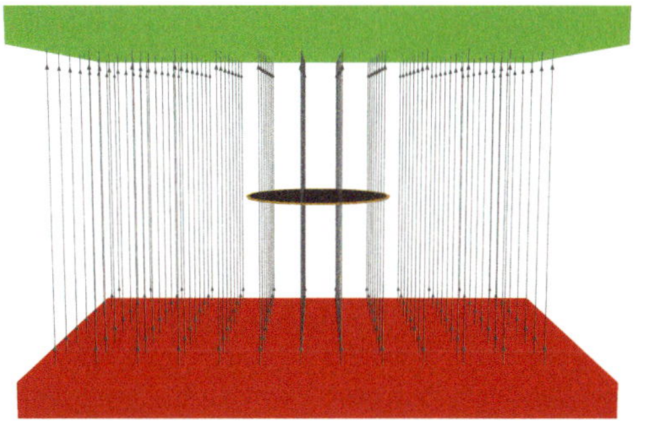

Materialgestützte Aufgaben

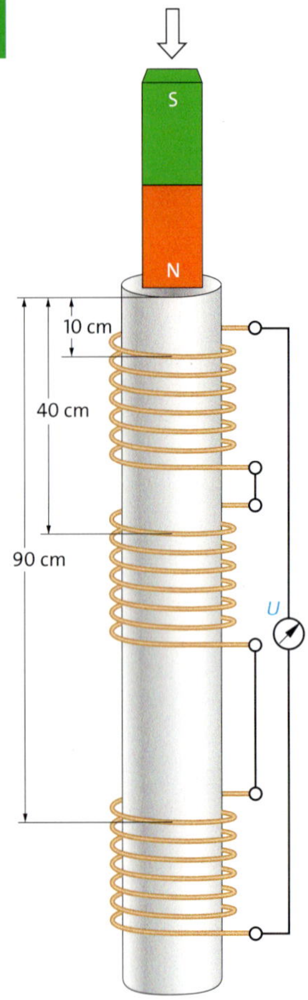

Spannung an der Fallröhre

Drei Spulen sind am Fallrohr befestigt, und zwar bei den Fallstrecken 10 cm, 40 cm und 90 cm. Die Spulen werden wie in der Abbildung an das Messwerterfassungssystem angeschlossen. Ein kleiner Permanentmagnet fällt durch das Fallrohr und induziert in den drei Spulen nacheinander eine Spannung. Die Abbildung unten zeigt die gemessene Spannung im Zeitverlauf.

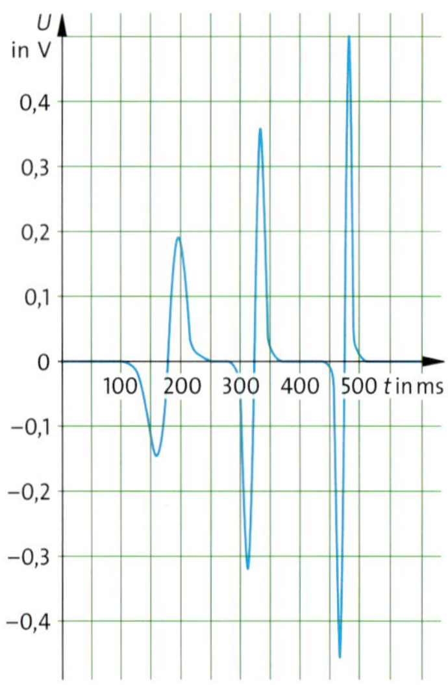

Aufgaben

1. a) Bestimmen Sie die Maxima und Minima der Induktionsspannung sowie deren Zeitwerte aus dem Graphen. Ermitteln Sie, wie die Werte jeweils zusammenhängen.
   b) Begründen Sie, wie Maxima und Minima von den Fallstrecken abhängen. Nehmen Sie dabei Bezug auf die Eigenschaften der Fallbewegung.
   c) Vergleichen Sie bei dem ersten Spannungsimpuls die Werte von Minimum und Maximum sowie die zugehörigen Flächeninhalte unterhalb und oberhalb der Zeitachse. Begründen Sie gleiche und geänderte Werte.
2. Der fallende Magnet wird durch eine Kombination von drei gleichartigen, zusammengeklebten Magneten ersetzt. Skizzieren Sie die Induktionsspannung im Zeitverlauf.
3. Die erste Spule mit 300 Windungen wird durch eine mit 600 Windungen ersetzt. Skizzieren Sie den geänderten Zeitverlauf der Induktionsspannung an der Spule. Begründen Sie die Änderungen durch den Vergleich der Spulen.
4. Die Spulen sind im gleichen Abstand von 40 cm angebracht. Skizzieren Sie den Verlauf des zu erwartenden Messgraphen und begründen Sie das Ergebnis.

Spannung am Fahrraddynamo

Leicht laufende Nabendynamos haben die alten schwergängigen Seitenläufer fast komplett abgelöst. Die Technik ist dennoch prinzipiell die gleiche: Ein sich drehender Permanentmagnet induziert in einer Spule eine Spannung. Die Spannung steigt linear mit der Umdrehungszahl an. Bei höheren Geschwindigkeiten können dabei Werte um 100 V entstehen, die jedoch durch eine elektronische Schaltung auf niedrige Werte begrenzt werden.

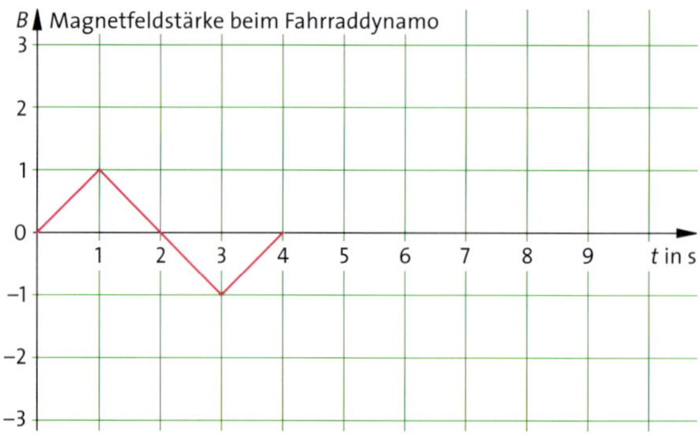

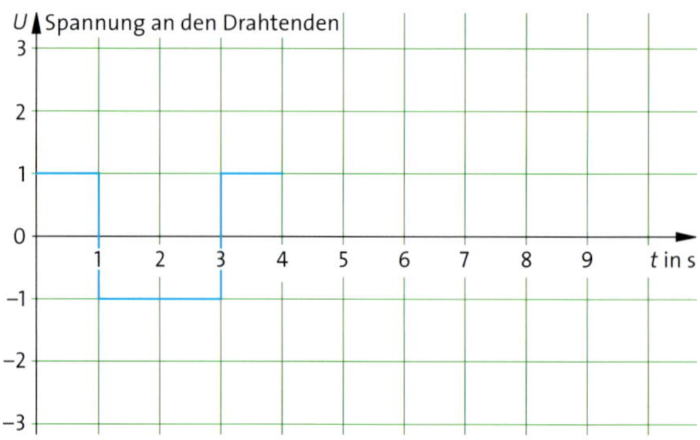

Aufgaben

1. Bei Dunkelheit ist das Losfahren mit dem Fahrrad vielfach durch schwache Scheinwerfer gefährlich. Ermitteln Sie, wie die Helligkeit der Scheinwerfer zunimmt:
   a) beim Seitenläufer(dynamo),
   b) beim Nabendynamo.
2. Die Magnetfeldstärke und die Spannung sind bei langsamer Fahrt bereits aufgezeichnet (a). Sie dauert von 0 s bis 4 s. Dann folgt die Fahrt mit doppelter Geschwindigkeit.
   a) Ergänzen Sie den Verlauf des Graphen der Magnetfeldstärke.
   b) Ermitteln Sie aus dem Graphen der Magnetfeldstärke die induzierte Spannung.
   c) Begründen Sie mit dem Induktionsgesetz, wie die induzierte Spannung von der Fahrgeschwindigkeit abhängt.
   d) Bewerten Sie die Folgen einer erhöhten Induktionsspannung.

Spannung der Lichtmaschine

Die Bezeichnung Lichtmaschine ist historisch bedingt, da in den Anfangszeiten des Autos der Generator ausschließlich dazu diente, die Fahrzeugscheinwerfer mit Strom zu versorgen. Die Lichtmaschine versorgt die elektrischen Geräte an Bord mit einer konstanten Spannung. Dazu ist es erforderlich, die Magnetfeldstärke abhängig von der Drehzahl zu regeln.

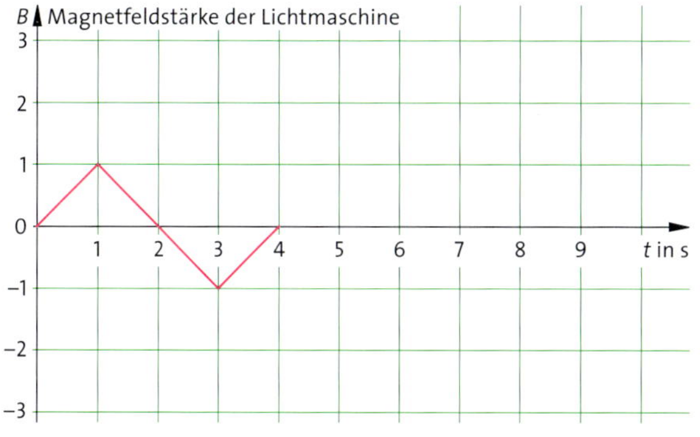

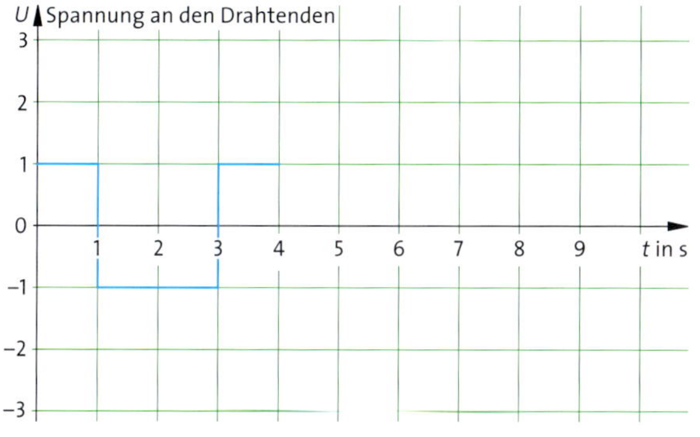

Aufgaben

1. Bei einem Pkw ist die Helligkeit der Scheinwerfer unabhängig von der Drehzahl des Motors. Der Generator liefert, von der Drehzahl unabhängig, die gleiche Spannung.
   a) Nennen Sie die Größen, die auf die Spannung Einfluss nehmen.
   b) Diskutieren Sie, mit welchen Maßnahmen bei steigender Drehzahl einer konstante Spannung erzeugt werden kann.
   c) Bewerten Sie die Möglichkeiten der technischen Umsetzung, eine konstante Spannung zu erzeugen.
2. Die Magnetfeldstärke und die Spannung sind bei langsamer Fahrt bereits aufgezeichnet (a). Sie dauert von 0 s bis 4 s. Dann folgt die Fahrt mit doppelter Geschwindigkeit.
   a) Ergänzen Sie den Verlauf des abschnittsweise konstanten Spannungsgraphen.
   b) Ermitteln Sie aus dem Spannungsgraphen die Magnetfeldstärke im Zeitverlauf.
   c) Begründen Sie mit dem Induktionsgesetz, wie die maximale Magnetfeldstärke von der Drehzahl abhängt.

Der bessere Nabendynamo

Verschiedene Nabendynamos werden getestet. Im Test werden die Dynamos nacheinander in ein 28-Zoll-Vorderrad eingebaut. Für jeden Dynamo wird die Spannung gemessen, die er bei einer bestimmten Fahrgeschwindigkeit durch Induktion erzeugt.

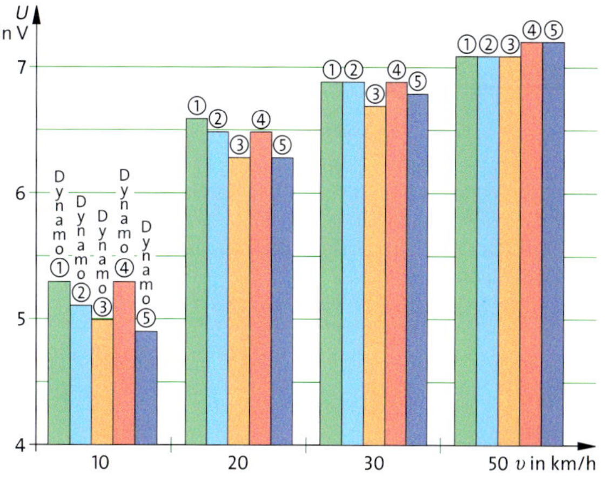

Aufgaben

1. Eine erste Auswertung der Messergebnisse soll Gemeinsamkeiten herausstellen.
   a) Ermitteln Sie den Mittelwert der Spannungen für die angegebenen Fahrgeschwindigkeiten.
   b) Begründen Sie die Abhängigkeit der Mittelwert der Spannungen von der Fahrgeschwindigkeit. Vergleichen Sie mit der theoretischen Abhängigkeit.
   c) Bewerten Sie die Vor- und Nachteile der gegebenen Abhängigkeit für die Helligkeit des Fahrlichts. Entwickeln Sie eine für die Praxis optimierte Abhängigkeit von Spannung, Helligkeit und Fahrgeschwindigkeit.
2. Die zweite Auswertung der Messergebnisse soll Unterschiede herausstellen.
   a) Ermitteln Sie die Unterschiede der Spannungen für die angegebenen Fahrgeschwindigkeiten. Charakterisieren Sie die Nabendynamos hinsichtlich Spannung und Geschwindigkeit.
   b) Ermitteln Sie die Gründe für unterschiedliche Spannungen bei gleicher Fahrgeschwindigkeit. Geben Sie die Größen an, von denen die induzierte Spannung abhängt.
   c) Diskutieren Sie die Möglichkeiten, die induzierte Spannung bei gegebener Drehzahl zu verändern.
   d) Bewerten Sie die unterschiedlichen Spannungen bei niedriger Fahrgeschwindigkeit. Welche Eigenschaften sollte ein idealer Nabendynamo aufweisen?
3. Die doppelte Spannung wird mit einer Spule mit der doppelten Windungszahl erzeugt. Allerdings verdoppeln sich damit auch die Länge des Spulendrahtes und sein ohmscher Widerstand.
   Diskutieren Sie die Konsequenzen für die maximale Stromstärke bei doppelter Spannung.

2.2 Energie und Energietransport

96.1 Der Akkumulator (kurz Akku) im Smartphone speichert elektrische Energie, die zum Betrieb des Smartphones benötigt wird. Der Akku im Smartphone wird mit der Energie eines Zusatzakkus geladen.

96.2 Ladegeräte für ein Tablet **(a)** und ein Smartphone **(b)**. Das Ladegerät **a)** liefert einen Energiestrom von 12 J/s (eine Leistung von 12 W), das Ladegerät **b)** 5 J/s = 5 W.

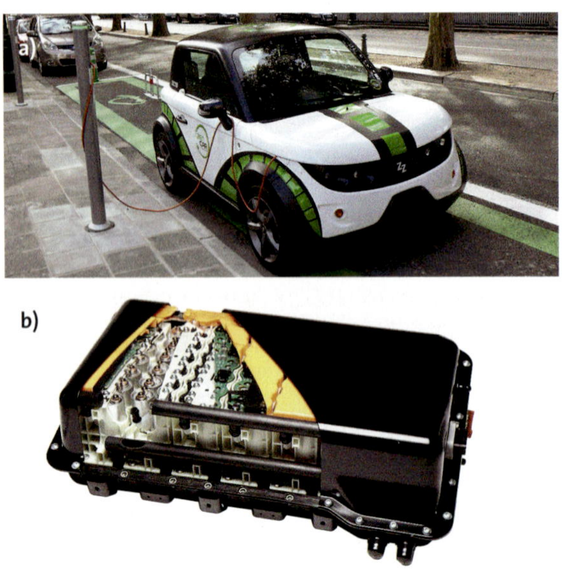

96.3 Ein Fahrzeug mit Elektromotor **(a)** benötigt einen großen Energiestrom aus dem Energiespeicher **(b)**, der Batterie. Der Energiespeicher muss große Energiemengen speichern.

Elektrische Energiespeicher erhalten ihre Energie mit Gleichspannung und geben sie auch mit Gleichspannung wieder ab.

Elektronische Geräte wie Smartphone, Tablet oder elektronische Kamera werden beim Betrieb mit ihrem eingebauten Energiespeicher, dem sogenannten Akkumulator (kurz Akku), mit Energie versorgt. Ist der Energievorrat erschöpft, muss wieder Energie zugeführt werden. Der einfachste Weg ist der Energietransport mit Gleichspannung, da ein Akku die so zugeführte Energie unmittelbar speichern kann.
Abb. 96.1 zeigt den Energietransport aus einem sogenannten Zusatzakku hin zu einem Smartphone. Die in einem Zusatzakku gespeicherte Energie ist begrenzt, da Größe und Gewicht die gespeicherte Energie bestimmen.

Nahezu unbegrenzt ist die elektrische Energie, die aus dem 230 V-Versorgungsnetz bezogen werden kann. Ladegeräte wie die in **Abb. 96.2** leiten den Energiestrom zum Akku der elektrischen und elektronischen Geräte. Die Größe der Ladegeräte und damit ihr Gewicht hängt nicht von der Energie ab, die sie abgeben, sondern von der Stärke des Energiestroms, der Leistung. Das Ladegerät in **Abb. 96.2 a)** gibt maximal 12 J/s ab, das in **Abb. 96.2 b)** nur 5 J/s. Der Transport einer bestimmten Energiemenge dauert im zweiten Fall entsprechend länger.
In anderer Größenordnung, aber nach dem gleichen Prinzip, werden Elektrofahrzeuge mit Energie versorgt. Der Anlassermotor eines PKW benötigt einen Energiestrom von 500 J/s, der Antriebsmotor eines elektrischen Antriebs zwischen 5 und 100 kJ/s = 100 kW (**Abb. 96.3 a**). Der elektrische Energiespeicher muss ausreichend Energie speichern können, um diesen Energiestrom über Stunden liefern zu können. Ferner muss der Speicher mit einem deutlich höheren Energiestrom aufgeladen werden, wenn die Ladezeit nicht auch Stunden betragen soll. Trotz großer technischer Fortschritte sind leistungsfähige elektrische Energiespeicher groß und schwer (**Abb. 96.3 b**).

Um die Qualität der Energiespeicher und den Wirkungsgrad der Elektroantriebe vergleichend zu beurteilen, sind die Angaben zur gespeicherten Energie und zum maximalen Energiestrom (Leistung) unerlässlich. Die in der Technik verwendeten Angaben wie mAh (Milliamperestunden), Ah (Amperestunden), Wh (Wattstunden) und kWh (Kilowattstunden) werden deshalb auf J (Joule) für die Energie bzw. J/s für den Energiestrom (Leistung) umgerechnet. Darauf wird in den folgenden Beispielen eingegangen.

2.2.1 Energie, Energiestrom und Leistung

Die Übertragung von Energie wird mit den Begriffen Energie, Energiestrom und Leistung beschrieben. Ein Experiment mit einem Kurbelgenerator und einer Lampe soll zeigen, welche Bedeutung die Begriffe hinsichtlich dieser Energieübertragung haben und wie die Werte der Größen zusammenhängen.
Ein Kurbelgenerator wandelt mechanische Energie in elektrische Energie um. Diese wird zur Lampe geleitet und mit einem Computermesssystem gemessen und angezeigt (**Abb. 97.1 a**). Neben der Energie wird der Energiestrom angezeigt und im Zeitverlauf aufgezeichnet.

Versuch 1: Der Generator wird für eine kurze Zeitspanne möglichst gleichmäßig betätigt, anschließend erfolgt eine kurze Pause. Der Verlauf der Werte der Energie in J und des Energiestroms in J/s wird beobachtet.
Ergebnis: Während der Energieübertragung sind die Werte des Energiestroms nahezu konstant. Die Werte der Energie steigen gleichmäßig an. In der Pause geht die Energiestromstärke auf null zurück. Die Energie behält ihren zuvor erreichten Wert.
Deutung: Während der Energieübertragung steigt der Wert für die übertragene Energie in J an. Die Energiestromstärke in J/s gibt an, um wieviel die Energie in der Sekunde ansteigt. ◂

Der Zusammenhang zwischen Energie und Energiestrom soll quantitativ untersucht werden.

Versuch 2: Der Generator wird für eine kurze Zeitspanne betätig und die Werte für die Energie und den Energiestrom im Zeitverlauf aufgezeichnet.
Ergebnis: **Abb. 97.1 b), c)** zeigen die Ergebnisse für die Energie E bzw. die Energiestromstärke P. Die Auswertung zeigt für das Zeitintervall von 0 s bis 2 s, dass $P = 1$ J/s beträgt. In diesem Zeitintervall steigt die Energie E um $\Delta E = P\,\Delta t = 1\ \text{J/s} \cdot 2\ \text{s} = 2\ \text{J}$ an. Im folgenden Zeitintervall von 2 s bis 4 s ist $P = 0$, der Zuwachs der Energie ist $\Delta E = P\,\Delta t = 0$, die Energie behält also den Wert 2 J. Dann, in der Zeitspanne von 4 s bis 6 s, ist der Energiestrom $P = 1$ J/s. Die Energie E steigt um $\Delta E = P\,\Delta t = 1\ \text{J/s} \cdot 2\ \text{s} = 2\ \text{J}$ an und erreicht 4 J. ◂

> Der Energiestrom P in J/s überträgt in der Zeitspanne Δt die Energie $\Delta E = P\,\Delta t$ in J.

Ein anderer Begriff für die Energiestromstärke P ist die **Leistung *P*.** Die Einheit der Leistung ist $[P] = 1$ W. Es gilt 1 W = 1 J/s (→ E-Band S. 49). Festzuhalten ist, dass bei der Energieübertragung, wie der Name sagt, Energie übertragen wird und nicht etwa Leistung.

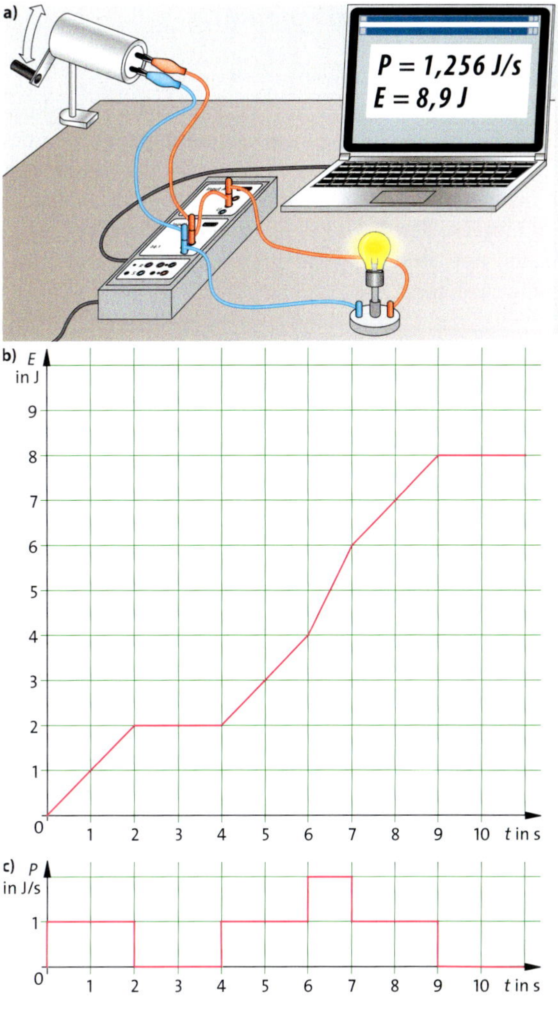

97.1 Ein Computer-Messsystem **(a)** zeigt die übertragene Energie und den Energiestrom vom Generator zur Lampe an. Die Messwerte für Energie und Energiestrom werden angezeigt und ermöglichen den unmittelbaren Vergleich. Die quantitative Auswertung erfolgt mit der grafischen Darstellung der Werte im Zeitverlauf für die Energie **(b)** und den Energiestrom **(c)**.

Aufgaben

1. In **Abb. 97.1 a** werden die Werte $P = 1{,}256$ J/s und $E = 8{,}9$ J angezeigt.
a) Der Generator hat mit dem konstanten Energiestrom $P = 1{,}256$ J/s ohne Pause die Energie $E = 8{,}9$ J geliefert. Berechnen Sie die Zeitspanne Δt der Energieübertragung.
b) Während der Energieübertragung wird eine Pause von $\Delta t = 1$ s eingelegt. Nach weiteren 3,5 s wird für die Energie $E = 15{,}9$ J angezeigt. Berechnen Sie den Energiestrom P in den letzten 3,5 Sekunden.
c) Die Lampe hat die Aufschrift 5 W (= 5 J/s). Deuten Sie die Angabe in Bezug zum Experiment.

2.2.2 Energie und Spannung

Der elektrische Energietransport erfolgt in einem elektrischen Stromkreis, der mit der Stromstärke I und der Spannung U beschrieben wird. Die Abhängigkeiten des Energietransports von den Größen I und U lassen sich anschließend verwenden, um den Energietransport zu optimieren. Es gilt, die Übertragungsverluste gering zu halten und so den Wirkungsgrad der Energieübertragung zu steigern.

Energiestrom im elektrischen Stromkreis

Die Abhängigkeiten des Energiestroms von den Spannungen und Strömen im Stromkreis können aus einfachen Modellexperimenten ermittelt werden. Der leitende Gedanke bei diesen Experimenten ist die Energieübertragung zu gleichen Lampen. Wenn baugleiche Lampen gleich hell leuchten, setzen sie den gleichen Energiestrom um.

Versuch 1: Die Energieübertragung von der Batterie zur Lampe in **Abb. 98.1a)** wird als Vergleichsexperiment für die Energieübertragungen in **Abb. 98.1b), c)** verwendet. Da alle Lampen gleich hell leuchten, setzt jede Lampe den gleichen Energiestrom um. Von der Batterie zu den Lampen in **Abb. 98.1b), c)** ist der Energiestrom doppelt so groß wie in **Abb. 98.1a)**, da zwei Lampen versorgt werden. Die Messwerte von Strom I und Spannung U jeweils an der Batterie sollen zeigen, wie der doppelte Energiestrom mit I und U zusammenhängt.
Ergebnis: Die Messwerte von U und I sind in **Abb. 98.1 b) und c)** blau eingezeichnet. Der gegenüber der Schaltung **Abb. 98.1a** verdoppelte Energiestrom von der Batterie in den Stromkreis wird einmal durch die doppelte Stromstärke $I = 120$ mA (bei gleicher Spannung) in Fall **Abb. 98.1b)** oder die doppelte Spannung $U = 12$ V (bei gleicher Stromstärke) in Fall **Abb. 98.1c)** eingestellt. Die Messergebnisse lassen sich in der Formel $P = U I$ verallgemeinern und zusammenfassen: Verdoppelt sich die Spannung U bei gleicher Stromstärke I, dann verdoppelt sich die Energiestromstärke P. Verdoppelt sich I bei gleicher Spannung U, dann verdoppelt sich die Energiestromstärke P ebenfalls.
Für den Weg des Energiestroms fehlt allerdings noch die Angabe, ob er in den elektrischen Stromkreis hinein oder von dort herausfließt. In **Abb. 98.1a)** sind die Werte für U und I an der Lampe wie an der Batterie gleich groß. Die Werte selbst liefern also keine Information darüber. Der Unterschied besteht in der Richtung des Stroms bezogen auf die Spannung am Bauteil: Fließt der Strom von 6 V zu 0 V wie an der Lampe, dann wird Energie abgegeben. Der Energiestrom verlässt den elektrischen Stromkreis. An der Batterie hingegen fließt der Strom von 0 V zu 6 V, Energie gelangt in den elektrischen Stromkreis, der Energiestrom fließt hinein.

Die Teilergebnisse lassen sich verallgemeinern und zusammenfassen:

> Die Energiestromstärke von der Batterie in den elektrischen Stromkreis ist $P = U I$. U ist die Spannung an der Batterie und I der Strom, der von der niedrigen Spannung zur hohen durch die Batterie fließt.
> Die Energiestromstärke P von der Lampe aus dem elektrischen Stromkreis heraus ist ebenfalls $P = U I$. U ist die Spannung an der Lampe und I der Strom, der von der hohen Spannung zur niedrigen durch die Lampe fließt. ◄

Die Werte und die Richtungen des Energiestroms sind in **Abb. 98.1** rot eingezeichnet.

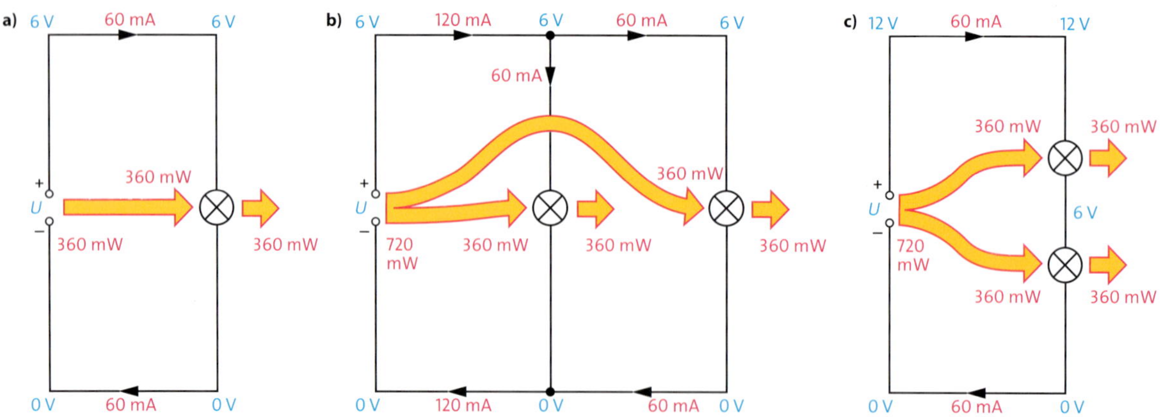

98.1 In den drei Schaltungen leuchten alle Lampen gleich hell. Sie setzen alle den gleichen Energiestrom um. Die Messung von Strömen und Spannungen in **b)** und **c)** zeigt, wie der gleiche Energiestrom von der Batterie mit unterschiedlichen Werten von Strom und Spannung verbunden ist.

Energieaustausch und Spannung

Der Energietransport im elektrischen Stromkreis ermöglicht eine Definition der Spannung U in Abhängigkeit von der Energie E.

Der Energietransport P wird durch die Formel $P = \Delta E/\Delta t = UI$ beschrieben. Mikroskopisch stellt sich der Vorgang so dar: Im Stromkreis bewegen sich Elektronen mit der Ladung $-e$, die den Strom I hervorrufen (**Abb. 99.1**). In der Zeit Δt fließt die Ladung $\Delta Q = -Ne$ durch den Leiterquerschnitt.

$$I = \frac{\Delta Q}{\Delta t}$$

Damit kann $P = \Delta E/\Delta t = UI$ auch als $\Delta E/\Delta t = U\Delta Q/\Delta t$ geschrieben werden. Für die Spannung U gilt dann:

$$U = \frac{\Delta E}{\Delta t}\frac{\Delta t}{\Delta Q} = \frac{\Delta E}{\Delta Q}$$

Die Spannung U an einem Bauelement wie einer Lampe oder einem Widerstand gibt damit die Energie ΔE an, die von der Ladung ΔQ an das Bauelement aus dem elektrischen Stromkreis abgegeben wird. Mit diesem Zusammenhang lässt sich die Spannung U definieren:

> Die Spannung U in V ist definiert als die Energie ΔE in J, die mit der Ladung ΔQ in C aus dem elektrischen Stromkreis abgegeben wird.
>
> $$U = \frac{\Delta E}{\Delta Q}$$

Die Spannung U beschreibt also die Abgabe von Energie ΔE durch die Ladung ΔQ. Dabei stellt sich die Frage, ob denn nicht auch die Aufnahme von Energie in gleicher Form beschrieben werden kann.

Im einfachen Stromkreis in **Abb. 98.1 a)** hat der Strom I im gesamten Kreis den gleichen Wert, sodass $\Delta Q/\Delta t$ in der Batterie wie in der Lampe den gleichen Wert hat. Aufgrund der Energieerhaltung muss die Energie ΔE, die in der Lampe in der Zeit Δt abgegeben wird, an anderer Stelle dem Stromkreis zugeführt werden. Also ist der Quotient aus Energie und Ladung $\Delta E/\Delta Q$, also die Spannung U, gleich. Der Unterschied zeigt sich in der Stromrichtung bezogen auf die Spannung:

> Zur höheren Spannung hin – in Stromrichtung betrachtet – nimmt der Stromkreis die Energie $\Delta E = U\Delta Q$ auf, zur niedrigeren gibt er sie ab.

Der Merksatz lässt sich auch auf den Energiestrom $\Delta E/\Delta t$ (Leistung P) beziehen. Zur höheren Spannung hin – in Stromrichtung I betrachtet – fließt ein Energiestrom $\Delta E/\Delta t = UI$ in den Stromkreis, zur niedrigeren Spannung hin fließt er aus dem Stromkreis heraus.

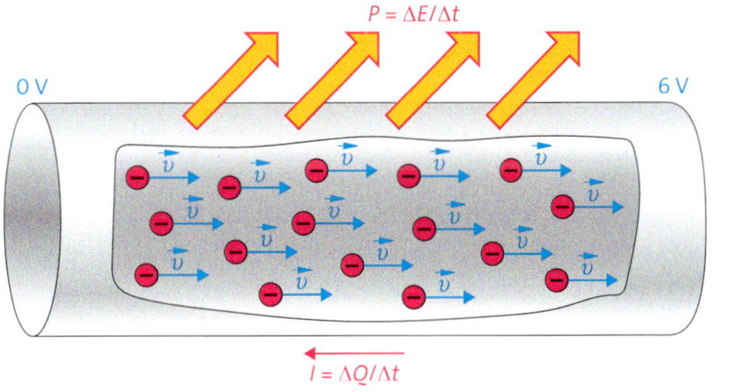

99.1 In einem Leiterstück mit dem Widerstand R wird der Energiestrom $P = \Delta E/\Delta t = UI$ abgegeben, wobei I den Ladungstransport $I = \Delta Q/\Delta t$ beschreibt.

Spannung und Induktionsspannung

Bei der elektromagnetischen Induktion wird elektrische Ladung bewegt und eine Spannung erzeugt (**Abb. 99.2**). Wird die Induktionsspule durch angeschlossene Leiter zu einem Stromkreis erweitert, fließt ein Induktionsstrom im Stromkreis. Der Zusammenhang von Spannung U und Stromstärke I wird verwendet, um Aussagen über den Energiestrom und seine Richtung in diesem Stromkreis zu treffen. Zu beachten ist, dass nur für einen ohmschen Widerstand der Zusammenhang $U = RI$ oder $U \sim I$ zutrifft.
Der im einfachen Stromkreis an allen Stellen gleiche Strom I ermöglicht, auf die Spannungen U in den verschiedenen Abschnitten des Stromkreises zu schließen. Der Übersichtlichkeit halber soll die Spule im Stromkreis nur eine einzige Windung haben (**Abb. 99.1**). Am Widerstand ist die Spannung $U = RI$. Die Spannung U bewirkt, dass durch den Widerstand R der Strom I fließt. Angenommen, die Spannung am Widerstand ist $U = 6$ V und der Strom $I = 60$ mA, dann fließt ein Energiestrom $P = UI = 360$ mW vom Stromkreis über den Widerstand als Wärme in die Umgebung.

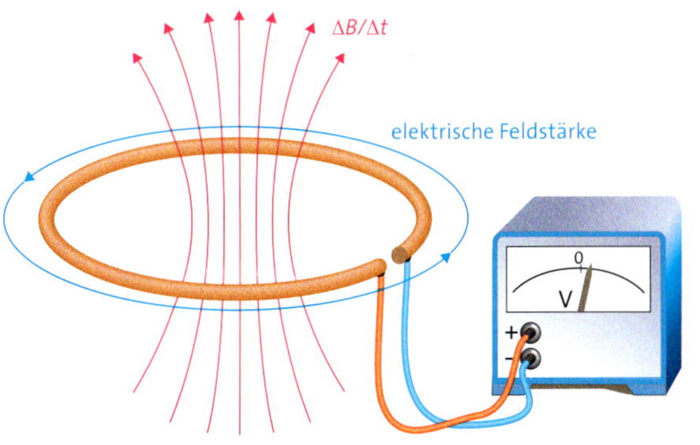

99.2 Die Feldänderung $\Delta B/\Delta t$ induziert ein elektrisches Feld, das in einer Leiterschleife eine Ladungsverschiebung hervorruft. Gemessen wird die Spannung U an den Leiterenden. Es findet kein Energietransport statt, da kein geschlossener Stromkreis vorliegt.

In allen weiteren Abschnitten des Stromkreises ist die Spannung an einem (ideal leitenden) Drahtstück mit $R = 0\ \Omega$ entsprechend $U = RI = 0 \cdot I = 0$ V. Das Neuartige an der Spannung bei Induktion ist die Abhängigkeit vom Weg: Auf dem Weg durch den Widerstand ist die Spannung beispielsweise 6 V, auf dem Weg durch die Leiterschleife ist die Spannung 0 V. Die Spannung ist also vom Weg abhängig.
Damit besteht ein entscheidender Unterschied zwischen einem Stromkreis aus Batterie und Lampe zu einem Stromkreis aus Generator und Lampe: Der Energiestrom P von der Batterie in den elektrischen Stromkreis ist $P = UI$. U ist die Spannung an der Batterie und I der Strom. Der Energiestrom von einer Leiterschleife eines Generators hat bei gleichem Strom I die Spannung $U = 0$ am Generator. Hier fließt kein Energiestrom in den Stromkreis. Das Magnetfeld nimmt im Bereich der Leiterschleife keine Energie auf. Das ist, wie die Experimente zur Induktion gezeigt haben, an anderer Stelle bereits passiert: mit einem Elektromagneten, der das Magnetfeld erzeugt hat oder mit einem Magneten, der gegenüber der Leiterschleife bewegt wird. Wenn die Energie dem Magnetfeld mechanisch zugeführt wird, ist die Gleichung $P = UI$ für den Energiestrom in das Magnetfeld ohnehin nicht anwendbar.

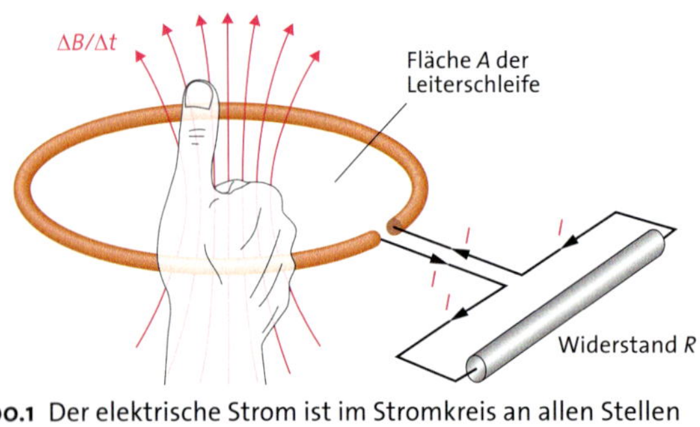

100.1 Der elektrische Strom ist im Stromkreis an allen Stellen gleich groß. Die elektrische Feldstärke bewirkt, dass durch die unterschiedlichen Elemente des Stromkreises der gleiche Strom I fließt.

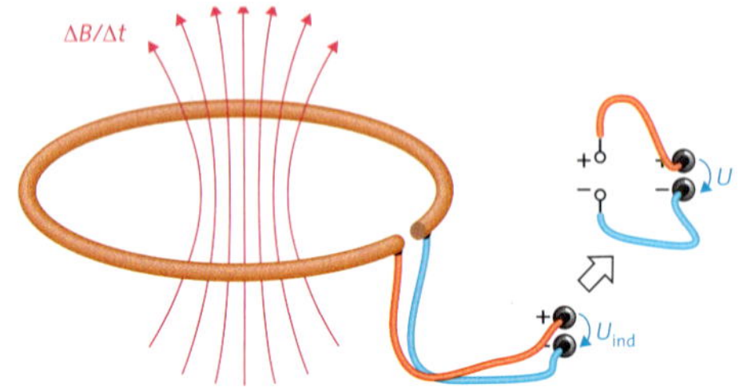

100.2 Der Teil des Stromkreises, in dem Induktion stattfindet, wird durch eine Batterie mit der Spannung U ersetzt. Die Batteriespannung ist gleich der Induktionsspannung U_{ind}.

Um dennoch im Folgenden mit der vertrauten Vorstellung arbeiten zu können, dass auf der linken Seite des Stromkreises diesem Energie zugeführt und auf der rechten entnommen wird, soll eine Ersetzung erfolgen: Der Teil des Stromkreises, in dem Induktion stattfindet, wird durch eine Batterie ersetzt (**Abb. 100.2**). Die Spannung der Batterie soll gleich der durch Induktion erzeugten Spannung sein. Nach dieser Ersetzung ist die Spannung nicht mehr wegabhängig, da im ersetzten Stromkreis keine Induktion auftritt. *Die Betrachtungen im Stromkreis werden dadurch vereinfacht.* Die Spannung U_{ind} an der Leiterschleife oder der Spule wird nach der Ersetzung mit U bezeichnet.

Stromkreisregeln bei Induktion
Der Teil des Stromkreises, in dem eine Spannung U_{ind} durch Induktion entsteht, wird ersetzt. Die Ersetzung erfolgt durch eine Batterie mit der Spannung U.

Zu beachten ist, dass der Ort, an dem Energie in das Magnetfeld hineingebracht wird, sich nach der Ersetzung scheinbar an den Ort der Batterie verlagert. Das ist nicht der Fall. Der Weg des Energietransports *in den Stromkreis* bzw. *in das Magnetfeld* muss also ohne die Ersetzung ermittelt werden.

Aufgaben

1. a) Ermitteln Sie in **Abb. 98.1** die Bauelemente, bei denen der Strom I von der niedrigen Spannung zur hohen Spannung fließt. Geben Sie jeweils die Werte von U und I am jeweiligen Bauelement sowie das Produkt UI an.
   b) Ermitteln Sie in **Abb. 98.1** die Bauelemente, bei denen der Strom I von der hohen Spannung zur niedrigen Spannung fließt. Geben Sie jeweils die Werte von U und I am jeweiligen Bauelement sowie das Produkt UI an.
   c) An bestimmten, untereinander gleichen Bauelementen ist bei der Spannung U der Strom I unterschiedlich. Nennen Sie die Bauelemente und erklären Sie das Ergebnis.
2. a) In **Abb. 98.1** sind die Wege des elektrischen Stroms I und des Energiestroms P modellhaft skizziert. Ermitteln Sie Gemeinsamkeiten und Unterschiede für die jeweiligen Wege.
   b) Ermitteln Sie die Erhaltungssätze, die im Zusammenhang mit dem elektrischen Strom I und dem Energiestrom P im Stromkreis gelten.
3. Die Formel $U = \Delta E/\Delta Q$ gibt an, dass die Energie ΔE von der Ladung ΔQ aufgenommen oder abgegeben wird. Begründen Sie, wie zwischen beiden Vorgängen unterschieden wird.
4. In einem Stromkreis mit Induktion wird eine Spannung von $U = 6$ V induziert.
   a) Der Widerstand R im Stromkreis hat den Wert $R = 1\ \text{k}\Omega$. Berechnen Sie die Stromstärke I im Stromkreis.
   b) Berechnen Sie den Energiestrom P, der am Widerstand $R = 1\ \text{k}\Omega$ aus dem Stromkreis abgegeben wird.
   c) Der Widerstand R im Stromkreis wird durch die Parallelschaltung von $R_1 = 1\ \text{k}\Omega$ und $R_2 = 1\ \text{k}\Omega$ ersetzt. Begründen Sie, welchen Wert der Energiestrom P annimmt.

2.2.3 Wirbelströme

Der Transport von elektrischer Energie mit einem Stromkreis erfordert eine feste, leitfähige Verbindung. Die Nutzung der Induktion hingegen ermöglicht eine kontaktlose Energieübertragung: Die Energie aus dem Magnetfeld kann ohne einen elektrischen Leiter übertragen werden. Heizen und Bremsen mit Induktion sind vielfach verwendete technische Nutzungen.

Eine sogenannte Induktionskochplatte zeigt **Abb. 101.1**. Äußerlich unterscheidet sich das Kochfeld nicht von einem Glaskeramik-Kochfeld, welches durch eine elektrische Heizung die Glaskeramik erhitzt, die wiederum die Wärme an die Bratpfanne oder den Kochtopf abgibt.
Der Unterschied wird in **Abb. 101.1** deutlich: Neben dem Metallboden der halbierten Pfanne wird das Bratgut nicht erhitzt. Die Energieübertragung erfolgt bei einem Induktionskochfeld in anderer Form, wie der Name sagt, durch Induktion.

Versuch 1: Auf die Induktionskochplatte wird eine Leiterschleife gelegt. Nach dem Einschalten erzeugt die Spule nach **Abb. 101.2** ein magnetisches Wechselfeld, welches durch die Herdplatte und damit durch die Leiterschleife tritt. An der Leiterschleife erfolgt die Messung der durch Induktion erzeugten Wechselspannung.
Beobachtung: Mit dem Einschalten steigt die Induktionsspannung von 0 V auf 0,8 V.
Deutung: Die zeitliche Änderung der Magnetfeldstärke $\Delta B/\Delta t$, die von der Spule erzeugt wird, bewirkt durch Induktion eine Spannung von $U = 0{,}8$ V. ◂

Da in der offenen Leiterschleife kein Strom fließt, findet kein Energietransport statt. Es ist auch keine Erwärmung der Kochplatte oder der Leiterschleife zu bemerken. Wird hingegen die Leiterschleife kurzgeschlossen (**Abb. 101.3 b**), wie es der Metallboden einer Pfanne bewirkt, dann fließt ein Kreisstrom.

Versuch 2: Auf die Induktionskochplatte wird ein Kochtopf mit Wasser gestellt.
Beobachtung: Mit dem Einschalten fängt das Wasser am Topfboden nach wenigen Sekunden an zu sieden. Wasserdampfblasen steigen auf.
Deutung: Die Induktionsspannung U erzeugt einen elektrischen Strom I, der den Energiestrom $P = U I$ vom Magnetfeld direkt in den Topfboden des Kochtopfes erzeugt. Im flächig ausgedehnten Topfboden fließt ein Wirbelstrom. ◂

Typische Werte für den Induktionsstrom bei Induktionskochplatten liegen in der Größenordnung von 1000 A.

101.1 Energie aus dem Magnetfeld wird direkt im Metallboden der Pfanne in thermische Energie umgewandelt. Neben der Pfanne, auf der Herdplatte, wird keine Energie umgesetzt.

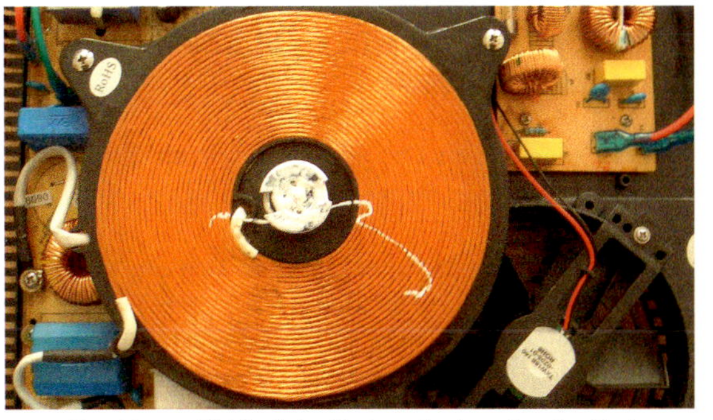

101.2 Das Magnetfeld wird mit einer Spule unter der Kochplatte erzeugt. Durch schnelles Umschalten der Stromrichtung ist $\Delta B/\Delta t$, also die zeitliche Änderung der Magnetfeldstärke, sehr groß.

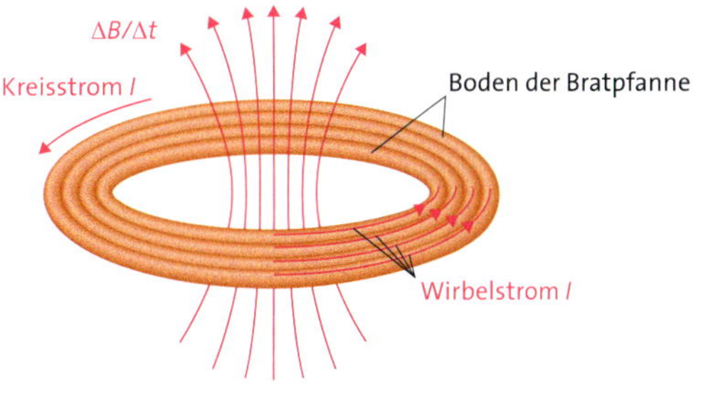

101.3 Die Feldlinien des Magnetfeld der Spule aus **Abb. 101.2** treten senkrecht aus der Herdplatte aus. **a)** Eine Induktionsspannung wird erzeugt. **b)** Im flächig geschlossenen Stromkreis, den der Metallboden der Bratpfanne bildet, fließt ein Wirbelstrom. Am elektrischen Widerstand des Metallbodens wird elektrische Energie in Wärmeenergie umgewandelt.

Aufgaben

1. **a)** Begründen Sie, warum in **Abb. 101.1** die rechte Hälfte des Spiegeleis im Gegensatz zur linken gebraten ist.
b) Ein Induktionskochfeld heizt bei gleichem Energiestrom P eine Speise schneller als eine herkömmliche Kochplatte. Begründen Sie den Zusammenhang.
c) Bewerten Sie Vor- und Nachteile beim Einsatz von Induktionskochplatten für die Zubereitung von Speisen.

2.2.4 Die Lenz'sche Regel

Die Lenz'sche Regel ist eine Vorformulierung des Energieerhaltungssatzes für die elektromagnetische Induktion. Aus historischen Gründen – LENZ entdeckte den Zusammenhang 1833, der Energieerhaltungssatz wurde von J. R. MAYER (1814–1878) erstmals 1841 formuliert – wird sie als Regel benutzt, ohne eine theoretische Begründung. Die Lenz'sche Regel macht eine Aussage über die Richtung des durch Induktion erzeugten Stroms.
Eine Magnetfeldänderung ΔB_1 in einer Spule erzeugt eine Induktionsspannung U an den Anschlüssen der Spule. Die Spannung U bewirkt einen Strom durch die Spule, der eine weitere Magnetfeldänderung ΔB_2 erzeugt, die ΔB_1 entgegengerichtet ist. Lenz hat dies 1834 folgendermaßen formuliert:

Lenz'sche Regel: Der Induktionsstrom ist stets so gerichtet, dass er seiner Ursache entgegenwirkt.

Mit der Erhaltung der Energie lassen sich die Vorgänge präziser beschreiben: Die Energie, die dem Topf auf einer Induktionskochplatte zugeführt wird, kommt aus dem Magnetfeld. Das Magnetfeld speichert wenig Energie, also muss die abgegebene Energie dem Magnetfeld wieder zugeführt werden. Der folgende Versuch zeigt, wie mechanische Energie durch Induktion in magnetische Energie umgewandelt wird.

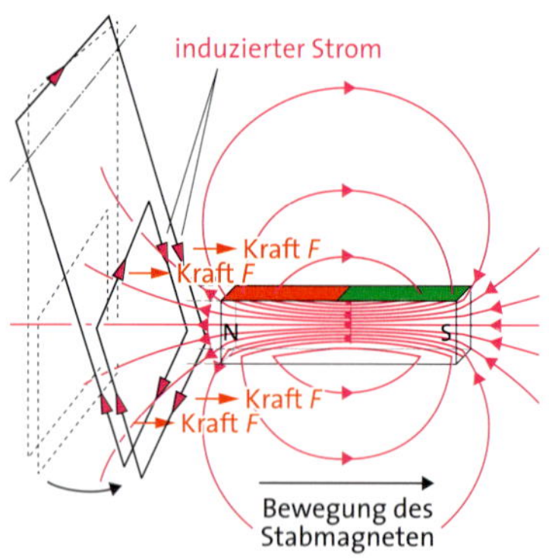

102.1 Wird aus einer leichten, beweglich aufgehängten Spule ein Stabmagnet schnell entfernt, schwingt die Spule dem Magneten etwas hinterher.

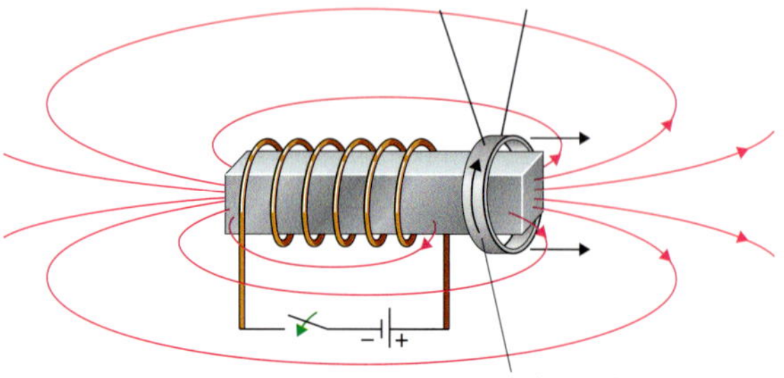

102.2 Thomson'scher Ringversuch

Versuch 1: Eine leichte, kurzgeschlossene Spule aus dünnem Draht ist frei beweglich aufgehängt. Ein Stabmagnet, der sich in der Spule befindet, wird schnell aus der Spule herausgezogen (**Abb. 102.1**).
Beobachtung: Die Spule schwingt dem Magneten etwas hinterher.
Erklärung: Auf die vom induzierten Strom durchflossene Spule wirkt eine Kraft (**Abb. 102.1**). Nach dem Prinzip von Kraft und Gegenkraft übt auch die Spule auf den Magneten eine Kraft F aus, die dessen Bewegung entgegenwirkt. Längs des Weges Δs wird die Energie $\Delta E = F\,\Delta s$ vom Magneten auf die Spule übertragen.
Wird der Magnet schnell in die Spule hineinbewegt, weicht die Spule vor dem Magneten zurück. Wiederum übt die Spule eine Kraft auf den Magneten entgegen dessen Bewegung aus, sodass auch jetzt Energie vom Magneten auf das Magnetfeld der Spule übertragen wird. ◂

Mittels der elektromagnetischen Induktion kann mechanische Energie über die magnetische Energie in elektrische Energie umgewandelt werden.

Beim Entfernen des Magneten folgt die Spule dem Magneten, beim Einbringen des Magneten weicht sie vor diesem zurück. Offensichtlich wirkt die Induktion ihrer Ursache – dem Entfernen bzw. Einbringen des Magnetfeldes – entsprechend der Lenz'schen Regel entgegen.

Grundversuch – Thomson'scher Ringversuch: Ein Aluminiumring ist beweglich über dem Weicheisenkern einer Spule aufgehängt. Die Spule ist über einen Schalter an eine Gleichspannungsquelle angeschlossen (**Abb. 102.2**).
Beobachtung: Beim Einschalten des Spulenstroms schwingt der Ring von der Spule weg – unabhängig davon, wie die Pole der Spannungsquelle angeschlossen sind.
Erklärung: Beim Einschalten des Spulenstroms wird ein starkes Magnetfeld erzeugt, dessen Feldlinien durch den Ring verlaufen. Im Aluminiumring fließt ein Wirbelstrom, der nach der Rechte-Faust-Regel ebenfalls ein Magnetfeld erzeugt (→ 2.1.2). Das vom Wirbelstrom erzeugte Magnetfeld schwächt das Feld des Elektromagneten. Der Ring nimmt also aus dem Magnetfeld Energie auf. Die Abgabe der Energie des Magnetfelds an den Ring wird durch die Aufnahme von Energie aus dem elektrischen Stromkreis des Elektromagneten ausgeglichen.
Eine einfachere Erklärung nimmt Bezug auf den Versuch in **Abb. 102.1**. Die Hinbewegung des Magneten zur Spule führt zu einer Wegbewegung der Induktionsspule. Beim Einschalten des Elektromagneten in **Abb. 102.2** erfolgt im Aluminiumring die gleiche Zunahme der magnetischen Feldstärke, die zum Wegstoßen des Ringes führt. Das Magnetfeld des Ringes wirkt der Magnetfeldänderung des Eisenkerns entgegen. ◂

Bremsen mit Wirbelströmen

Die Bremsen eines Fahrzeugs müssen zuverlässig arbeiten. Eine Bremsanlage, die auf dem Wirbelstromprinzip arbeitet, hat gegenüber anderen Bremsen den Vorteil, dass während des Bremsvorgangs keine Abnutzung auftritt. Es schleifen keine Bremsbeläge aneinander, sondern es wird ein Wirbelstrom erzeugt, der thermische Energie erzeugt. Mechanische Energie wird über magnetische und elektrische Energie in thermische Energie umgewandelt.
Wirbelstrombremsen werden insbesondere dann eingesetzt, wenn regelmäßig sehr stark gebremst werden muss. **Abb. 103.1** zeigt die Bremsanlage einer Achterbahn. Seitlich der Bahn angebrachte Permanentmagnete erzeugen ein starkes Magnetfeld. Am Wagen der Achterbahn ist ein schwertförmiges Metallstück angebracht, welches beim Bremsen in das Magnetfeld fährt. Wirbelströme erzeugen die Bremswirkung.

Versuch 3: Mit einem Elektromagneten wird zwischen den Polschuhen ein starkes Magnetfeld erzeugt. In dieses Feld hinein pendelt eine Aluminiumplatte (**Abb. 103.2 a**), deren Bewegung im Feld das Bremsen der Achterbahn nachstellen soll.
Beobachtung: Das Pendel wird im Feld abgebremst. Während ohne das Magnetfeld mehr als 20 Schwingungen erfolgen, stoppt das Pendel bei eingeschaltetem Feld bereits nach einer Schwingung.
Deutung: Die Zahl der Feldlinien durch die Aluminiumplatte ändert sich beim Eintritt in das Feld. Senkrecht zu den Feldlinien wird ein Wirbelstrom induziert, der die Energie der Schwingung in Wärmeenergie umwandelt. Die kinetische Energie der Bewegung nimmt ab, das Pendel wird gebremst. ◄

Die Deutung lässt sich durch einen weiteren Versuch bestätigen.

Versuch 4: Die Aluminiumscheibe wird durch ein andere ersetzt, die über eine Reihe seitlicher Schlitze verfügt (**Abb. 103.1 b**).
Beobachtung: Die geschlitzte Platte pendelt ungebremst, unabhängig von der Stärke des Magnetfelds.
Deutung: Die Schlitze der Platte verhindern das Auftreten der Wirbelströme. Die kinetische Energie des Pendels bleibt erhalten. ◄

Das Ergebnis von Versuch 4 hat ebenfalls technische Bedeutung: Es zeigt, dass unerwünschte Wirbelströme durch das Schlitzen unterbunden werden können. Das Verfahren wird auch bei Transformatoren angewendet, deren Eisenkern aus gegeneinander isolierten Eisenblättchen besteht. Ein Wirbelstrom von einem Eisenblättchen zum andere wird dadurch verhindert.

103.1 Seitlich der Schiene angebrachte Permanentmagnete erzeugen ein starkes Magnetfeld. Am Wagen der Achterbahn ist ein schwertförmiges Metallstück angebracht, welches beim Bremsen in das Magnetfeld fährt. Wirbelströme erzeugen die Bremsung.

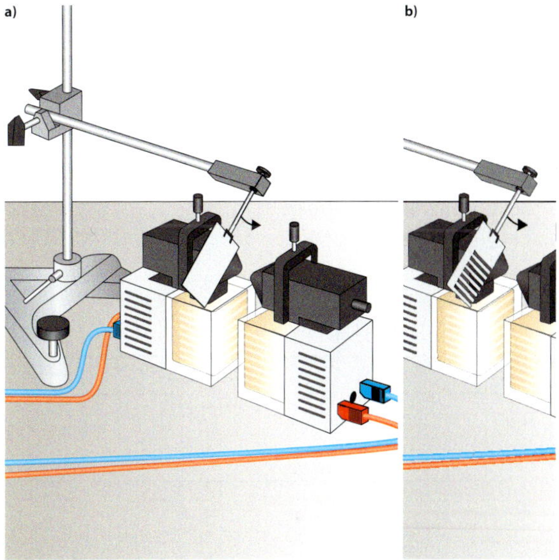

103.2 a) Die ungeschlitzte Platte wird im Magnetfeld stark abgebremt. **b)** Die geschlitzte Platte pendelt ungebremst im Magnetfeld.

Aufgaben

1. Erklären Sie mit der Lenz'schen Regel, warum in Versuch 1 (**Abb. 102.1**) die Spule vor dem Magneten zurückweicht, wenn der Stabmagnet in die Spule hineingebracht wird.
2. Der Thomson'sche Ringversuch in **Abb. 102.2** soll genauer untersucht werden.
   a) Erklären Sie, wie die Kraft entsteht, die den Ring beim Einschalten des Stroms von der Spule weg bewegt.
   b) Nach dem Wegschwingen beim Einschalten kehrt der Ring nur langsam, ohne hin und her zu pendeln, in die Ruhelage zurück. Erklären Sie dieses Verhalten.
3. **a)** Die Achterbahn in **Abb. 103.1** wird abgebremst. Diskutieren Sie, auf welchem Weg die kinetische Energie abgegeben wird und in welche Energieformen sie umgewandelt wird.
   b) Erläutern Sie, wie sich die Bremswirkung der Achterbahn verstärken ließe.

2.2.5 Felder als Energiespeicher

Spulen mit geschlossenem Eisenkern sind Bauteile, die ebenso wie Widerstände und Kondensatoren in elektrischen Schaltungen eingesetzt werden. Das Magnetfeld einer Spule lässt sich als magnetischer Energiespeicher verwenden.

Die Selbstinduktion

Versuch 1: Zwei parallel geschaltete Leuchtdioden (LED) werden über einen Schalter an eine Gleichspannung angeschlossen (**Abb. 104.1**). Im Zweig der LED D_2 befindet sich eine Spule mit Eisenkern, im Zweig der LED D_1 ein Widerstand, dessen Wert R ebenso groß ist wie der der Spule. Beide Dioden leuchten daher im Betrieb gleich hell. Der Spule ist eine Leuchtdiode D_3 in Gegenrichtung parallel geschaltet. Im eingeschalteten Zustand leitet diese LED aufgrund ihrer Polung nicht.

Beobachtung: Beim Einschalten leuchtet die Diode D_2, die sich im Zweig mit der Spule befindet, etwas später auf als die LED D_1 (**Abb. 104.1 a**). Beim Ausschalten leuchtet kurzzeitig die LED D_3 (**Abb. 104.1 b**).

In einer ersten Erklärung soll der ohmsche Widerstand der Spule vernachlässigt werden.

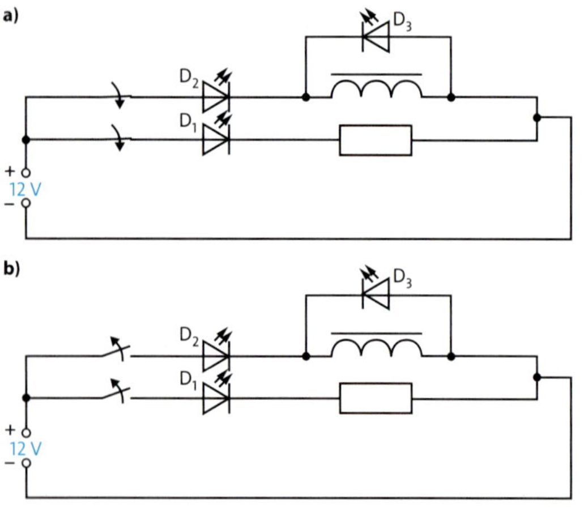

104.1 a) Beim Einschalten leuchtet die Leuchtdiode D_2 im Zweig mit der Spule etwas später auf als die Leuchtdiode D_1 darunter. **b)** Beim Ausschalten leuchtet die Diode D_3 kurzzeitig auf.

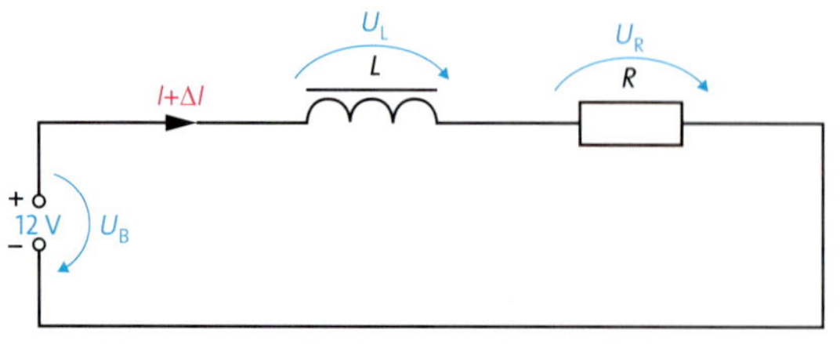

104.2 Die Spannung U_L über der Spule und die Spannung U_R über dem Widerstand ist gleich der Gesamtspannung $U_B = 12$ V: $U_B = U_L + U_R$.

Erklärung: Nach dem Einschalten steigt der Strom durch die Spule und bewirkt einen Anstieg der magnetischen Feldstärke. Die Feldstärkeänderung $\Delta B/\Delta t$ wiederum führt durch Induktion zu einer Induktionsspannung an den Anschlüssen der Spule. Diese Spannung wird durch U_L ersetzt (→ 2.2.2). Diese Spannung ist gleich der Batteriespannung $U_B = 12$ V (**Abb. 104.2**).

Beim Ausschalten verringert sich die Stromstärke, die Feldstärkeänderung $\Delta B/\Delta t$ ändert ihr Vorzeichen, die Spannung U_L an der Spule ebenfalls. Jetzt sperrt die LED D_2 und die LED D_3 leitet und leuchtet kurz auf. ◂

> Die Spannung U_L an der Spule bewirkt eine Stromänderung $\Delta I/\Delta t$ in einer Spule. Die Eigenschaft der Spule wird **Selbstinduktion** genannt.

Die Induktivität einer Spule

Bei einer vorgegebenen Spannung kann der Stromanstieg durch die Spule berechnet werden. Dazu wird die Magnetfeldänderung $\Delta B/\Delta t$

$$U_L = n\,A\,\frac{\Delta B}{\Delta t}$$

durch die Stromänderung ersetzt:

$$\Delta B = \mu_r \mu_0 \frac{n\,\Delta I}{l}$$

Dabei sind n die Windungszahl, A die Querschnittsfläche und l die Länge der Spule; μ_r ist die Permeabilität des Spulenkerns. Da sich nur der Strom zeitlich ändert, ergibt das Einsetzen dieser Formel in das Induktionsgesetz:

$$U_L = \mu_r \mu_0 \frac{n^2 A}{l}\frac{\Delta I}{\Delta t} = L\frac{\Delta I}{\Delta t}$$

$L = \mu_r \mu_0 n^2 A/l$ heißt **Induktivität** der Spule.

Die Einheit der Induktivität wird mit Henry (1 H) bezeichnet.

> Die Spannung U_L an der Spule bewirkt eine Stromänderung $\Delta I/\Delta t$ in einer Spule mit dem Proportionalitätsfaktor L:
>
> $$U_L = L\frac{\Delta I}{\Delta t}$$
>
> L ist die **Induktivität** der Spule.

Das Magnetfeld als Energiespeicher

Leuchtdioden zu Beleuchtungszwecken benötigen eine Spannungsversorgung mit 3,0 V bis 3,5 V (**Abb. 105.1**).

Der Betrieb der Leuchtdioden mit einer 4,5 V-Batterie oder eine 12 V-Autobatterie über einen Vorwiderstand ist energetisch ungünstig. Viel Energie von der Batterie wird als Wärme im Vorwiderstand abgegeben. Der Transport der Energie von der Batterie über das Magnetfeld einer Spule zur LED ermöglich hingegen eine nahezu verlustfreie Übertragung. Der folgende Versuch verdeutlicht das Verfahren. Eine LED mit 2 V Betriebsspannung wird mit 10 V betrieben.

Versuch 2: Eine Spule mit geschlossenem Eisenkern wird mit einem in Reihe geschalteten Strommesser an eine Gleichspannung $U = 10$ V angeschlossen. Die Spule ist als ideal anzusehen, das heißt, ihr ohmscher Widerstand R ist

vernachlässigbar. Die Spannung über der Spule und der Spulenstrom werden computerunterstützt als Funktion der Zeit aufgezeichnet. Parallel zur Spule ist eine Leuchtdiode (2 V | 20 mA) in Sperrrichtung geschaltet. Nach $t = 1$ s wird die Gleichspannung abgeschaltet (**Abb. 105.2 a**).
Beobachtung: Der zeitliche Verlauf des Stroms und der Spannung ist in **Abb. 105.2 b)** dargestellt. Nach dem Abschalten leuchtet die gelb leuchtende Leuchtdiode für etwa eine Sekunde auf.
Erklärung: In **Abb. 105. 2 c)** ist die momentane Leistung der Spule $P(t) = UI$ aufgetragen, berechnet aus den Werten in **Abb. 105. 2 b)**. Bei anliegender Gleichspannung nimmt die Spule Energie auf. Die aus dem Stromkreis aufgenommene Energie wird in dem vom Eisenkern verstärkten Magnetfeld der Spule gespeichert. Während der Energieaufnahme fließt der Strom in der Spule von der hohen Spannung 10 V zur niedrigen Spannung 0 V. Dieser Zusammenhang ist für die Energieaufnahme aus dem Stromkreis charakteristisch (→ 2.2.2).
Nach dem Abschalten fließt ein Strom in gleicher Richtung. Die Spule gibt Energie in den Stromkreis ab, der Strom fließt in der Spule von der niedrigen Spannung zur hohen Spannung. Das ist charakteristisch für die Energieabgabe. Die Spule gibt die im Feld gespeicherte Energie wieder ab. Die Spannung an der Spule kehrt sich um. Die Leuchtdiode leuchtet. Sie erhält Energie von der Spule und gibt sie mit dem Licht ab. ◄

Der Versuch hat gezeigt, dass die Spule elektrische Energie mit einer Spannung von 10 V aufnimmt und sie mit einer Spannung von 2 V wieder abgibt. Dieser Vorgang ist von großem technischen Interesse, da er eine Anpassung der Spannung an unterschiedliche Verbraucher ermöglicht.

Ferner ist die Energie zu bestimmen, die im Magnetfeld der Spule am Ende der Energieaufnahme gespeichert ist, sowie die Zeitspanne, in der die Energieaufnahme erfolgt.
Die im Magnetfeld gespeicherte Energie E der Spule ist gleich der von der Spule aufgenommenen Energie, die in **Abb. 105.2 c)** als orange getönte Fläche unter der Funktion $P(t)$ dargestellt ist. Die Spannung $U_L = 10$ V ist konstant. Der Strom hingegen steigt von $I = 0$ mA auf 20 mA. Die Spule erhält, angefangen bei 0 mJ/s über 100 mJ/s nach 1 s 200 mJ/s. Im zeitlichen Mittel erhält sie 100 mJ/s. Für die aufgenommene Energie gilt

$$E = U_L \cdot \tfrac{1}{2} I_{max}\, \Delta t = 10\,\text{V} \cdot 10\,\text{mA} \cdot 1\,\text{s} = 100\,\text{mJ}.$$

Bei konstanter Spannung U_L wächst der Strom I gemäß $U_L = L\,\Delta I/\Delta t$ linear mit der Zeit an (**Abb. 105. 2 b**). Dann ist $\Delta I = I_{max}$. Das Einsetzen von $U_L = L\,\Delta I/\Delta t = L\,I_{max}/\Delta t$ liefert

$$E = L\,I_{max} \cdot \tfrac{1}{2} I_{max} = \tfrac{1}{2} L\,I^2_{max}.$$

Das Ergebnis gilt für eine beliebige Zeitspanne Δt. Deshalb gilt allgemein für die Energie einer Spule, die zu einem beliebigen Zeitpunkt von einem Strom I durchflossen wird:

> Die **Energie des Magnetfeldes** einer vom Strom I durchflossenen Spule der Induktivität L beträgt
> $E = \tfrac{1}{2} L I^2$.

105.1 Die weiß leuchtenden Leuchtdioden benötigen zum Betrieb 3,2 V und 350 mA.

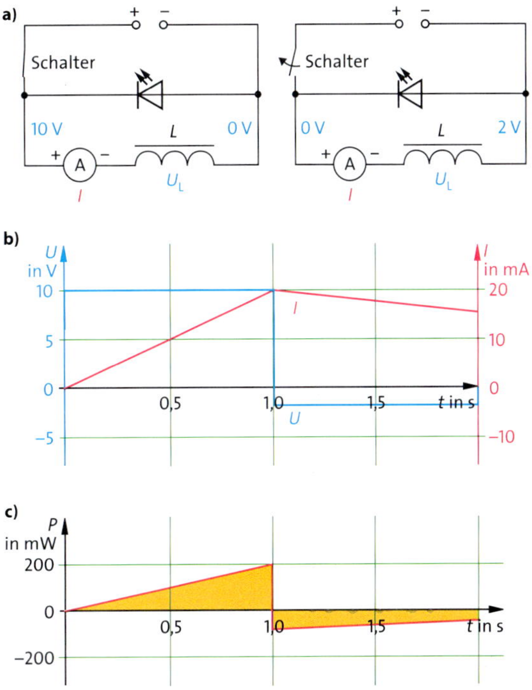

105.2 a) Die zum Zeitnullpunkt an eine Spule angelegte Gleichspannung wird nach einer Sekunde abgeschaltet.
b) Spannung $U(t)$ (blaue Kurve; linke Skala) und Strom $I(t)$ (rote Kurve; rechte Skala) als Funktion der Zeit.
c) Der Energiestrom zur Spule $P(t) = U(t)\,I(t)$.

Die Kapazität eines Kondensators

Die Fahrradbeleuchtung wird durch den Fahrraddynamo mit Energie versorgt. Im Stand wird der Dynamo nicht angetrieben und liefert keine Energie an die Lampen. Zum Betrieb des Standlichts wird ein Energiespeicher verwendet. Ein Kondensator wird während der Fahrt neben den Lampen mit Energie versorgt (**Abb. 106.1**) und dabei aufgeladen. Im Stand kann die im elektrischen Feld des Kondensators gespeicherte Energie zu den Lampen geleitet werden.
Die im Kondensator gespeicherte Energie wird in zwei Schritten bestimmt: Aus den Angaben zur Kapazität C des Kondensators lässt sich die gespeicherte Ladung Q ermitteln (**Abb. 106.1**). Der Wert von Q beschreibt die Ladung $+Q$ auf der einen und $-Q$ auf der anderen Platte des Kondensators, dessen Gesamtladung weiter null bleibt. In einem zweiten Schritt wird die Energie E bestimmt, die vom elektrischen Feld des Kondensators mit dem Ladungstransport von Q übertragen wird.

Ein Maß für die Ladung Q, die ein Kondensator bei einer bestimmten Spannung U speichert, ist die Kapazität C eines Kondensators. Ihr Wert ist größer, wenn der Kondensator bei gleicher Spannung U eine größere Ladung Q speichert. Mit $C = Q/U$ ist die Kapazität doppelt so groß, wenn der Kondensator bei gleicher Spannung U die doppelte Ladung Q speichert.

> Die Kapazität C eines Kondensators ist der Quotient aus seiner Ladung Q und der Spannung U:
>
> $$C = \frac{Q}{U}$$

Die Einheit der Kapazität $[C] = 1$ F (Farad) $= 1$ C/V ist benannt nach FARADAY. Ein Kondensator hat die Kapazität 1 F, wenn er bei einer Spannung von 1 V die Ladung 1 C aufnimmt. In der Praxis werden häufig auch die Einheiten $1\,\text{mF} = 10^{-3}\,\text{F}$, $1\,\mu\text{F} = 10^{-6}\,\text{F}$, $1\,\text{nF} = 10^{-9}\,\text{F}$, $1\,\text{pF} = 10^{-12}\,\text{F}$ verwendet.

Der in **Abb. 106.1** gezeigte Kondensator hat eine Kapazität $C = 1$ F. Er speichert bei 1 V die Ladung $Q = C\,U = 1$ C. Bei der Maximalspannung von 5,5 V speichert er $Q_{max} = 5{,}5$ C. Damit lässt sich beispielsweise die rote Leuchtdiode mit $U = 1{,}7$ V betreiben, die bei $I = 20$ mA ausreichend hell leuchtet. Die Leuchtdauer kann mit $I = \Delta Q/\Delta t$ vereinfacht abgeschätzt werden:

$$\Delta t = \frac{\Delta Q}{I} = \frac{5{,}5\,\text{C}}{0{,}02\,\text{A}} = 275\,\text{s}.$$

Das Standlicht leuchtet über eine Zeitspanne von 4 min.

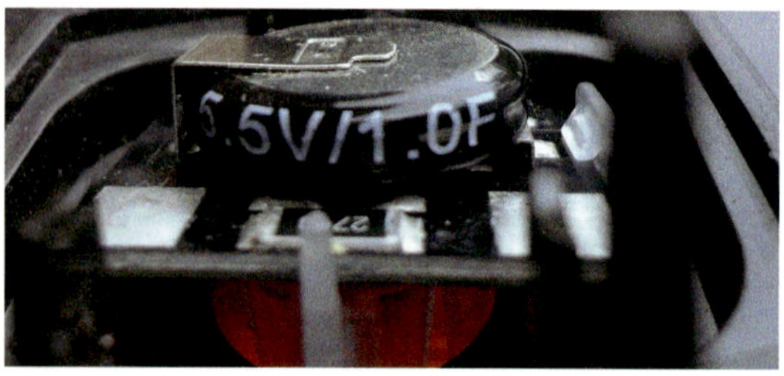

106.1 Das Standlicht eines Fahrrades wird mit einem Kondensator betrieben, der die Aufschrift 5,5 V und 1 F trägt.

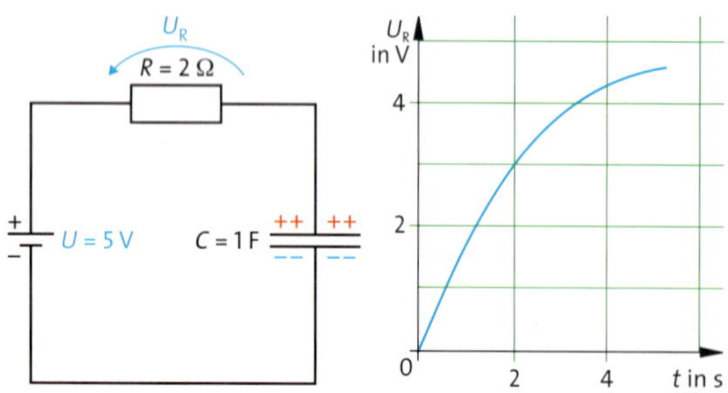

106.2 Die Aufladung eines Kondensators mit $C = 1$ F über einen Widerstand mit 2 Ω dauert etwa 10 s. Nach dieser Zeit hat der Kondensator die Energie $E = 12{,}5$ J gespeichert. Die gleiche Energie hat der Widerstand in thermische Energie umgewandelt. Der Wirkungsgrad beträgt 50 %.

Das elektrischen Feld als Energiespeicher

Bewegt sich ein geladener Körper in einem elektrischen Feld, so nimmt er aus dem Feld Energie auf (→ 1.2.5). Die Energie, die das elektrische Feld eines Kondensators gespeichert hat, wird im Folgenden durch die beim Entladen abgegebene Energie bestimmt.

Zum Entladen eines Plattenkondensators, der bei der Spannung U_0 die Ladung Q_0 hat, wird zwischen den beiden Platten eine leitende Verbindung hergestellt. Dann fließt so lange ein elektrischer Strom von der einen zur anderen Platte, bis der Kondensator die Ladung $Q = 0$ hat.

Der Entladevorgang erfolgt als Ladungstransport von der einen zur anderen Platte des Kondensators. Dabei werden die Ladung auf den beiden Platten des Kondensators, die elektrische Spannung und das elektrische Feld zwischen seinen Platten schrittweise abgebaut.

Die Rechnung vereinfacht sich, wenn der Strom $I = \Delta Q/\Delta t$ konstant ist. Dann sinkt die Ladung Q linear mit der Zeit. Wegen $U = Q/C$ sinkt auch die Spannung U linear mit der Zeit. Die Energie, die von der Ladung Q aus dem elektrischen Feld aufgenommen wird, ist $Q\,U$. Da U von U_0 auf 0 absinkt, wird der Mittelwert $U_0/2$ verwendet. Damit ist

$$E = \tfrac{1}{2}\,Q_0\,U_0.$$

Mit $C = Q/U$ nach Q umgestellt $Q_0 = C\,U_0$ ist die Energie

$$E = \tfrac{1}{2}\,C\,U_0^{\,2}.$$

> Das elektrische Feld in einem Kondensator speichert Energie. Der Kondensator mit der Kapazität C speichert bei einer Spannung U die Energie
>
> $$E = \tfrac{1}{2}\,C\,U^2.$$

Der Kondensator in **Abb. 106.1** speichert die Energie

$$E = \tfrac{1}{2}\,C\,U^2 = \tfrac{1}{2} \cdot 1\,\text{F} \cdot (5{,}5\,\text{V})^2 \approx 15\,\text{J}.$$

Das Ergebnis zeigt, dass die elektrisch speicherbare Energie gering ist. Ein Kraftfahrzeug mit einem 50 kW-Motor setzt 50000 J/s um. Für 1 Sekunde Fahrt wäre die Energie von gut 3000 Kondensatoren nötig.

Wirtschafliche Nutzung elektrischer und magnetischer Energiespeicher

In einem Kondensator lässt sich Energie verlustfrei speichern. Der Aufladevorgang selbst mit einem Widerstand im Stromkreis bewirkt eine Umwandlung von elektrischer Energie in thermische Energie, **Abb. 106.2**. Die Verluste, die 50 % der eingesetzten Energie ausmachen, lassen sich vermeiden, wenn statt des Widerstands eine Spule eingesetzt wird. **Abb. 107.1** zeigt eine solche Schaltung, einen *Schaltwandler*. Die Spule und der Kondensator, der zu laden ist, sind in Reihe geschaltet. Nach dem Einschalten des Schalters steigt die Stromstärke durch die Spule an und lädt den Kondensator. Nach dem Ausschalten wird durch Induktion in der Spule eine Spannung erzeugt, die den Ladestrom zum Kondensator im Umschaltmoment aufrechterhält und dann langsam absinken lässt. Erneutes Einschalten lässt die Stromstärke ansteigen, Ausschalten lässt die Stromstärke absinken. Da die in der Spule gespeichert Energie nahezu verlustfrei

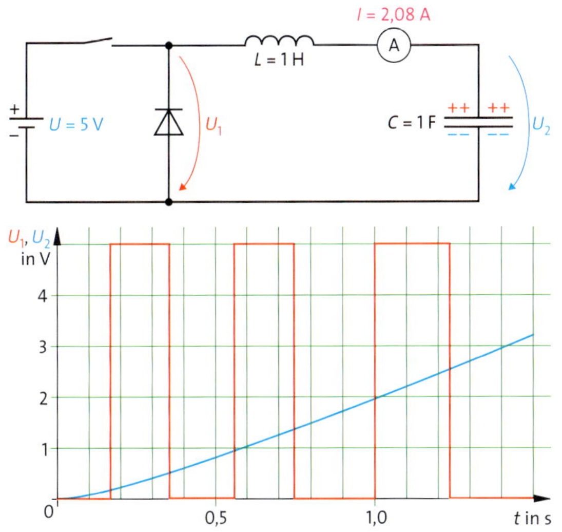

107.1 Die Aufladung eines Kondensators mit $C = 1$ F über eine Spule ermöglicht einen Wirkungsgrad von nahe 100 %. Da der Ladestrom nicht durch einen Widerstand fließt, wird keine Energie in thermische Energie umgewandelt.

wieder abgegeben wird, erreicht der Wirkungsgrad des Schaltwandlers ca. 95 % bis 99 %.
Um den Kondensator auf eine bestimmte Spannung U_0 aufzuladen, muss die Einschaltzeit beim Erreichen der Spannung auf nahezu null verringert werden. Dann darf keine weitere Energie zum Kondensator transportiert werden. Wird der Kondensator durch ein angeschlossenes Gerät entladen, muss die Einschaltzeit wieder heraufgesetzt werden.

Aufgaben

1. In einer Luftspule ($l = 70$ cm, $n = 500$, $d = 12$ cm) wird die Stromstärke in der Zeit $\Delta t = 2$ s von $I_1 = 1$ A auf $I_2 = 8$ A gesteigert. Berechnen Sie die Induktivität der Spule und die Spannung an der Spule.
2. In einer Spule ($n = 700$, $l = 30$ cm, $d = 4$ cm, $\mu_r \approx 200$) beträgt die Stromstärke $I = 5$ A. Berechnen Sie die Induktivität L und die beim Ausschalten ($\Delta t = 0{,}02$ s) induzierte Spannung U.
3. Bestimmen Sie aus **Abb. 105.2 b)** die Induktivität der Spule und berechnen Sie die gespeicherte Feldenergie.
4. Eine Spule ($\mu_r = 200$, $n = 230$, $l = 20$ cm, $A = 15$ cm^2) wird von einem Strom der Stärke $I = 5$ A durchflossen. Berechnen Sie die magnetische Feldenergie.
5. **a)** Beschreiben und erklären Sie den Aufladevorgang eines Kondensators, wenn dieser über einen Widerstand an eine Gleichspannungsquelle angeschlossen wird.
   b) Angenommen, der Kondensator wird in der Zeitspanne Δt mit dem konstanten Strom I auf die Spannung U aufgeladen. Berechnen Sie folgende Energiewerte: die Energie, die Spannungsquelle abgegeben hat; die Energie, die der Widerstand in thermische Energie umgewandelt hat und die Energie, die im elektrischen Feld des Kondensators gespeichert ist.
6. In einem Schaltwandler werden Kondensatoren und Spulen verwendet, die jeweils die Energie 1 J speichern.
   a) Ermitteln Sie die Schaltungseigenschaften, die einen möglichst großen Energiestrom (Leistung) ermöglichen.
   b) Stellen Sie zwei Schaltungen mit gleichen Kondensatoren und Spulen einander gegenüber, deren maximaler Energiestrom unterschiedlich ist. Bewerten Sie den Wirkungsgrad der beiden Schaltungen.

Exkurs

Stromversorgung eines Prozessors

Moderne Prozessoren in einem Desktop-Computer, einem Tablet-Computer oder einem Smartphone verfügen über eine Leistungsfähigkeit, die relativ selten voll ausgenutzt wird. Den Großteil der Betriebszeit wartet der Prozessor auf Eingaben des Benutzers. Nach einer Eingabe soll dann jedoch die vorgesehene Aufgabe möglichst schnell abgearbeitet werden.
Wirkungsvolle Maßnahmen der Energieeinsparung, die sich günstig auf den Energieumsatz oder die Betriebsdauer der Batterie auswirken, verwenden eine der jeweiligen Aufgabe angepasste Energieversorgung. Die Spannung am Prozessor hat in diesem Fall keinen festen Wert, sondern wird vom Prozessor selbst gesteuert. Die Steuersignale werden an die neben der Prozessorfassung angeordneten Spannungswandler geleitet.

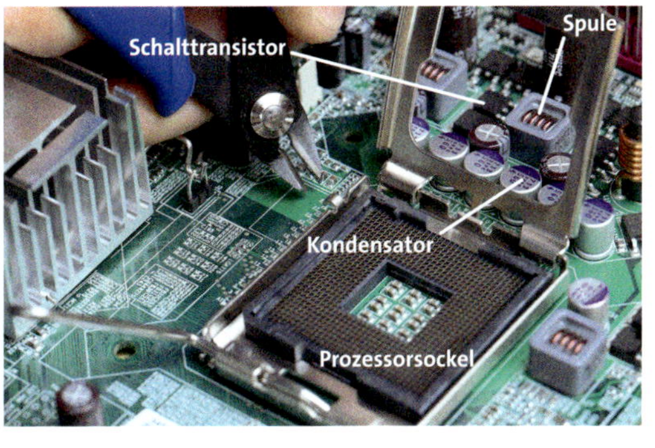

Die Abbildung zeigt die für die Spannungsversorgung wesentlichen Bauteile: Mit den drei Spulen wird die Energie von Netzteil als magnetische Energie gespeichert. Der Schalttransistor, der jeder Spule zugeordnet ist, schaltet den Strom durch die Spule ein und aus, um ein magnetisches Wechselfeld zu erzeugen. Mit dem Einschalten wird Energie in das Magnetfeld der Spule gebracht. Die Einschaltdauer bestimmt die in der Spule gespeicherte Energie. Nach dem Ausschalten wird die Energie von der Spule in einem elektrischen Stromkreis zu einem Kondensator transportiert. Dieser speichert die Energie kurzfristig und gibt sie an den Prozessor weiter.

Materialgestützte Aufgaben

Bremsen durch Induktion

Wirbelstrombremsen werden beim ICE 3 besonders bei hohen Geschwindigkeiten eingesetzt. Zum Bremsen wird ein Satz von Elektromagneten auf die Schiene abgesenkt, wie die Abbildung zeigt. Der Eisenkern der Elektromagnete setzt nicht auf, sondern wird etwa 7 mm oberhalb der Schienenoberkante gehalten.

Alle nicht motorisierten Mittelwagen besitzen die verschleißfrei arbeitenden, haftwertunabhängigen, linearen Wirbelstrombremsen. Die Bremskräfte werden durch Bremsmagnete erzeugt, wobei die Energieversorgung dieser Elektromagnete mit den im ICE vorhandenen Stromkreisen erfolgt und bei fehlender Fahrleitungsspannung durch Induktion aus dem Betrieb der Fahrmotoren sichergestellt wird.
Die Einsatzgebiete der Wirbelstrombremsen sind Schnellfahrstrecken bei hohen Geschwindigkeiten. Fällt die Wirbelstrombremse aus, dürfen die ICE 3 selbst auf Neubaustrecken nur mit maximal 230 km/h fahren. Auf älteren Strecken dürfen die Wirbelstrombremsen, wenn überhaupt, nur bei Schnellbremsungen benutzt werden. Probleme bereitet die extreme Hitzeentwicklung bereiten. Im Geschwindigkeitsbereich von unter 50 km/h ist die Wirbelstrombremse nahezu wirkungslos.

Aufgaben

1. Begründen Sie die Wirkungsweise der Wirbelstrombremse. Erläutern Sie die Abhängigkeit der Bremswirkung vom Abstand der Elektromagneten zur Schiene. Bewerten Sie die Zuverlässigkeit der Bremse.
2. Der ICE 3 fährt mit 230 km/h und hat eine Masse von 435 t. Die maximale Bremsleistung beträgt 8200 kW.
   a) Berechnen Sie Bremszeit und Bremsweg.
   b) Beschreiben Sie den Weg, auf dem die Energie des ICE beim Bremsen abfließt. Berechnen Sie die Energie, die im Mittel an einen Meter Schiene abgegeben wird.
   c) Bewerten Sie den Einsatz der Wirbelstrombremse im Vergleich zur Motorbremse und zur Scheibenbremse.
3. Ermitteln Sie, von welchen Parametern die Bremswirkung einer gegebenen Wirbelstrombremse abhängt. Bewerten Sie die Aussage, die Wirbelstrombremse sei unterhalb von 50 km/h nahezu wirkungslos.

Energieumsatz eines Elektroautos

Ein Fahrzeug mit elektrischem Antrieb wird als Modell nachgebaut. Mit einem Testlauf soll der Energieumsatz des Fahrzeugs bei unterschiedlichen Fahrzyklen ermittelt werden. Der erste Testlauf findet in der Ebene statt: Ein Rundkurs wird zehnmal durchfahren. Der sich anschließende zweite Lauf verläuft über einen „Berg" (siehe Bild). Im dritten und vierten Lauf werden die beiden ersten bei eingeschalteter Beleuchtung wiederholt.

Als Energiespeicher verfügt das Fahrzeug über einen Kondensator. Zum Start und am Ende eines Testlaufs werden die Energien $E_{C,0}$ und $E_{C,1}$ gemessen, die jeweils im Kondensator des Fahrzeugs gespeichert sind. Diese Werte ergeben sich aus der Spannungen U_0 und U_1 des Kondensators.

Fahrzyklus	U_0 in V	U_1 in V	U in V	$E_{C,0}$ in J	$E_{C,1}$ in J	E in J
Ebene, ohne Licht	2,5	2,38	0,12	425,00	385,18	39,82
Berg, ohne Licht	2,38	2,11	0,27	385,18	302,74	82,44
Ebene, mit Licht	2,11	1,72	0,39	302,74	201,17	101,57
Berg, mit Licht	2,5	2,04	0,46	425,00	282,99	142,01

Aufgaben

1. a) Geben Sie den Energieumsatz des Fahrzeugs in einer Runde für die vier verschiedenen Fahrzyklen an.
   b) Bei dem Weg über den „Berg" fährt das Fahrzeug mit der Masse $m = 379{,}5$ g über eine Höhe $h = 16{,}3$ cm. Berechnen Sie die dafür erforderliche Energie. Vergleichen Sie mit der Energie, die aus dem Energiespeicher entnommen wird. Berechnen Sie der Wirkungsgrad des Antriebs.
   c) Wenn das Fahrzeug den „Berg" hinabfährt, besteht die Möglichkeit, Energie zurückzugewinnen. Die Möglichkeit wird im Testlauf nicht genutzt. Ermitteln Sie, welcher Energiebetrag sich zurückgewinnen ließe.
   d) Bestimmen Sie die Energie, die für die Beleuchtung bei den Fahrzyklen „Berg mit Licht" und „Ebene mit Licht" verwendet wird.
   e) Die im Kondensator gespeicherte Energie ist $E = \frac{1}{2} C U^2$, wobei C die Kapazität des Kondensators angibt. Bestimmen Sie den Wert von C aus der Tabelle. Beurteilen Sie Vor- und Nachteile eines Kondensators mit doppelter Kapazität.

Energie vom Nabendynamo

Beim Radfahren wird mit dem Nabendynamo durch Induktion elektrische Energie erzeugt und gespeichert. Mobilgeräte können damit geladen und betrieben werden. Einige Geräte lassen sich nicht betreiben oder laden, wenn die Eingangsspannung schwankt oder aussetzt. Bei langsamer Fahrt sinkt die vom Nabendynamo erzeugte Spannung. Manche Geräte reagieren auf diese Schwankungen und schalten ab. In diesen Fällen ist ein Energiespeicher (Akkumulator oder kurz: Akku) zwischen Nabendynamo und Mobilgerät erforderlich.

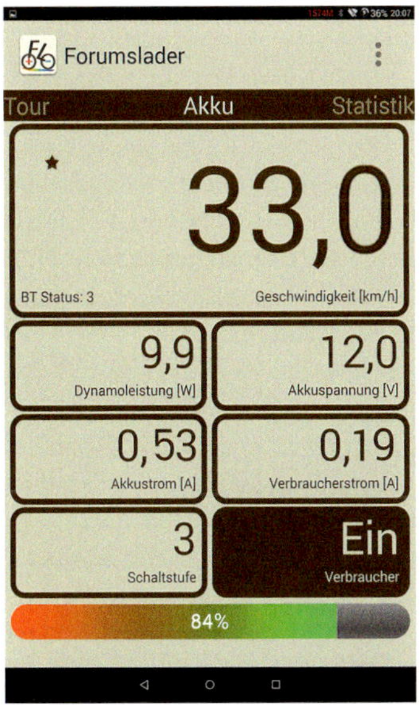

Die aktuellen Werte für den Energiestrom vom Nabendynamo zum Akku und weiter zum Verbraucher werden mit einer App auf dem Smartphone angezeigt. Zusätzlich sind die Ladezustände des Akkus und des Smartphones angegeben.

Aufgaben

1. a) Ermitteln Sie aus den Daten den Energiestrom vom Nabendynamo zum Akku und den zum Verbraucher.
b) Nach ca. 20 Minuten ist der Akku ohne einen angeschlossenen Verbraucher vollständig geladen. Bestimmen Sie die gespeicherte Energie.
c) Der Frontscheinwerfer benötigt einen Energiestrom $P = 4{,}8$ J/s bei 12 V, das Rücklicht $P = 0{,}6$ J/s. Berechnen Sie die Leuchtdauer beider Lampen, wenn der Akku zum Startzeitpunkt voll aufgeladen ist.
d) Der Hersteller des Akkus gibt die maximal gespeicherte Energie mit 3 Wh an. Der Akku kann 3 W = 3 J/s eine Stunde lang abgeben. Berechnen Sie die maximal gespeicherte Energie in der Einheit J.
e) Ermitteln Sie aus den Daten der Abbildung die momentan gespeicherte Energie des Akkus.
f) Für ein Smartphone wird die Kapazität des Akkus mit 1,44 Ah bei 3,8 V angegeben. Die Angabe 1 Ah beschreibt einen Entladestrom von 1 A für die Zeitspanne von 1 h. Berechnen Sie die maximal gespeicherte Energie in der Einheit J. Vergleichen Sie den Wert mit dem des Fahrradakkus und diskutieren Sie das Ergebnis.
g) Bewerten Sie die Vor- und Nachteile eines Nabendynamos, der bei gleicher Fahrgeschwindigkeit den doppelten Energiestrom abgibt.

Wirkungsgrad eines Schaltwandlers

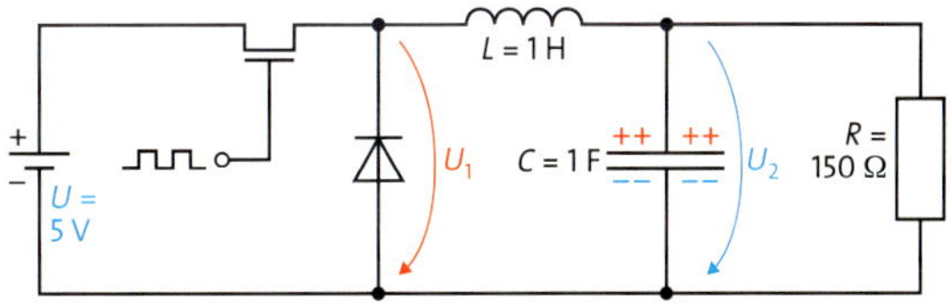

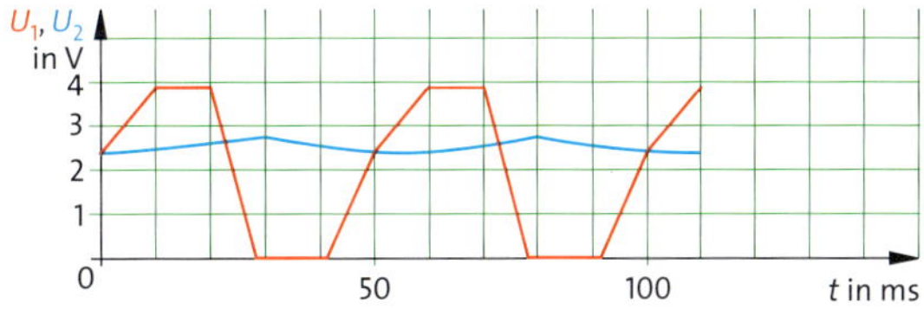

Der große Vorteil eines Schaltwandler ist sein Wirkungsgrad von nahezu 100 %. Das Schaltbild zeigt einen Schaltwandler, der eine Spannung von 5 V auf 2,5 V transformiert. Ein Transistor als elektronischer Schalter wird mit 100 Hz ein- und ausgeschaltet. Im eingeschalteten Zustand ergibt sich folgende Ersatzschaltung: Die Spannungsquelle liefert 5 V, die sich auf die Spule und den Kondensator aufteilen. Die Spule erhält Energie aus dem Stromkreis und speichert sie als magnetische Energie. Im ausgeschalteten Zustand leitet die Diode. Die Spannung von ca. 2,5 V der Spule bewirkt ei-

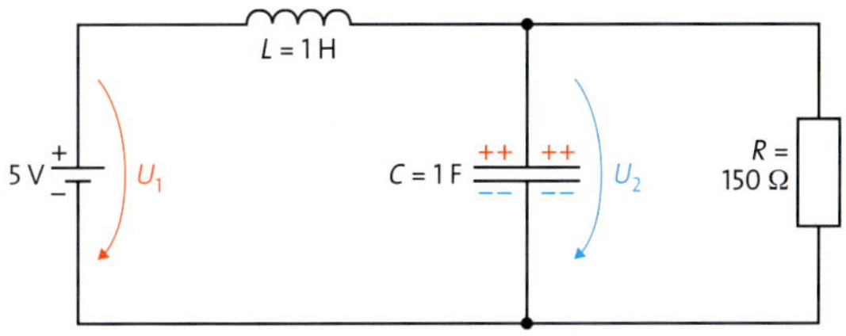

nen Strom zum Kondensator und zum Widerstand. Mit einer idealen Spule wird die Energie, die im ersten Schritt von der Spule aufgenommen wurde, im zweiten Schritt vollständig wieder abgegeben.

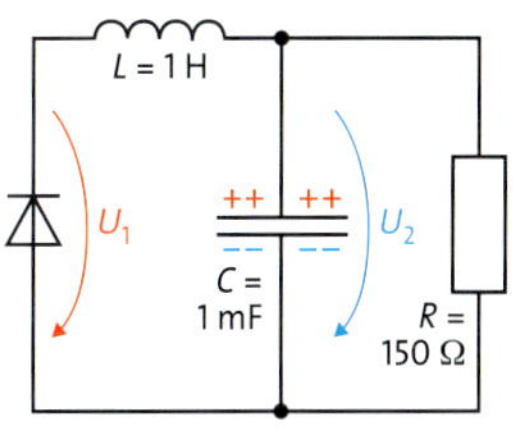

Aufgaben

1. a) Bauen Sie die vorgegebene Schaltung mit einer Schaltungssimulation nach. Bestätigen Sie die von 5 V herabgesetzte Ausgangsspannung. Begründen Sie, dass die Ausgangsspannung nicht heraufgesetzt werden kann.
b) Untersuchen Sie den Einfluss der Ein- und Ausschaltzeiten auf die Ausgangsspannung, abhängig vom Energiestrom zum Verbraucher.
c) Ermitteln Sie die Energieströme in der Schaltung in der Schalterstellung „Ein" (oberes Bild unten) und „Aus" (unteres Bild unten).

2.3 Energietransport mit Wechselspannung

Elektrizitätswerke liefern über das elektrische Netz Energie für Haushalte und Industrie. Dabei kommt der Wechselstromtechnik eine grundlegende Bedeutung zu. Die vom elektrischen Netz bereitgestellte Spannung ist eine Wechselspannung von 230 V mit einer Frequenz von 50 Hz.
Im Folgenden soll geklärt werden, was die Angabe 230 V bei einer wechselnden Spannung bedeutet. Der Wert der Wechselspannung ändert sich im Zeitverlauf ständig, hat also unterschiedliche Werte, positive wie negative. Es könnte sein, dass 230 V der Maximalwert der Wechselspannung ist, dass sie vielleicht zwischen +230 V und −230 V schwankt. Auch diese Annahme trifft nicht zu, wie im Folgenden gezeigt wird.

2.3.1 Rotierende Spule im Magnetfeld

Grundversuch – Generator 1: Eine Spule dreht sich in einem homogenen Magnetfeld mit der Frequenz f. Das an die Spule angeschlossene Oszilloskops zeigt die Induktionsspannung im Zeitverlauf (**Abb. 110.1**). ◂
Beobachtung: Es ergibt sich eine zeitlich sinusförmig veränderliche Spannung, die Wechselspannung $u(t)$ genannt wird. Der Maximalwert ist die Amplitude der Wechselspannung. Sie wird mit $\hat{u}$ (lies: u-Dach) bezeichnet.
Ergebnis: Aus der Dauer einer Schwingung T kann die Frequenz f der Wechselspannung mit $f = 1/T$ bestimmt werden. Ihr Wert ist gleich der Drehfrequenz der Spule. Für die Spannung gilt $u(t) = \hat{u}\sin(2\pi f t)$ oder mit $\omega = 2\pi f$ folgt $u(t) = \hat{u}\sin(\omega t)$. ◂

Wechselspannungen und Wechselströme werden nach einer DIN-Empfehlung mit kleinen Buchstaben u und i geschrieben.

Dreht sich eine Spule mit konstanter Winkelgeschwindigkeit im homogenen Magnetfeld, so wird eine zeitlich sinusförmig veränderliche **Wechselspannung *u(t)*** induziert:

$$u(t) = \hat{u}\sin(\omega t)$$

Die Amplitude der Wechselspannung ist $\hat{u}$. In der Formel ist ω die Winkelgeschwindigkeit mit $\omega = 2\pi f = 2\pi/T$.

Die Spannung der rotierenden Spule im Magnetfeld gleicht der eines Funktionsgenerators, bei dem sich die Parameter der Wechselspannung einstellen lassen. Dieser Generator soll verwendet werden, um den Strom i durch einen Widerstand zu ermitteln.

Grundversuch – Generator 2: Ein Sinusgenerator erzeugt die Generatorspannung u_G mit der Frequenz $f = 0{,}1$ Hz. Diese Wechselspannung wird an Widerstände mit unterschiedlichen Werten gelegt (**Abb. 110.2**).
Beobachtung: Die Zeiger der angeschlossenen analogen Messinstrumente vermögen den langsamen Änderungen der Strom- und Spannungswerte zu folgen, sodass das unterschiedliche Verhalten von Strom und Spannung beobachtet werden kann. Strom und Spannung erreichen gleichzeitig ihre Maximalwerte.
Erklärung: Die Spannung u am Widerstand bewirkt einen Strom i durch den Widerstand. Der Strom ist zu jedem Zeitpunkt proportional zur Spannung: $i = 1/R\,u$. ◂

Die Wechselspannung $u(t) = \hat{u}\sin(\omega t)$ erzeugt in einem Stromkreis mit dem Widerstand R den Wechselstrom $i(t) = \hat{i}\sin(\omega t)$. Die Amplitude des Wechselstroms ist $\hat{i} = \hat{u}/R$.

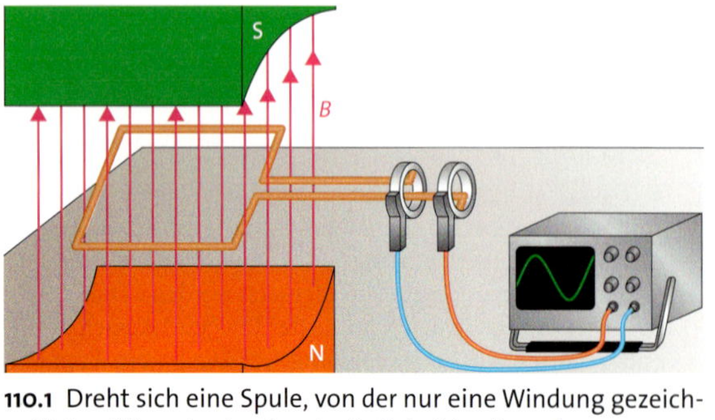

110.1 Dreht sich eine Spule, von der nur eine Windung gezeichnet ist, mit konstanter Geschwindigkeit in einem homogenen Magnetfeld, so wird eine sinusförmige Wechselspannung induziert, die mit Schleifkontakten abgegriffen und mit einem Oszilloskop als Bild dargestellt werden kann.

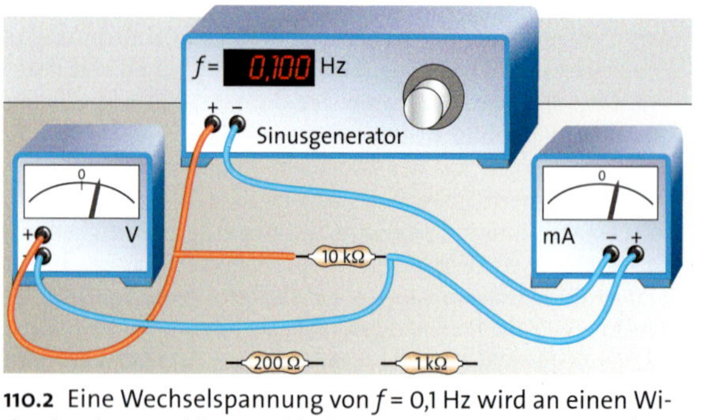

110.2 Eine Wechselspannung von $f = 0{,}1$ Hz wird an einen Widerstand angeschlossen. Die Messung von Spannung und Strom am Widerstand erfolgt mit Zeigerinstrumenten. Ein zweiter Widerstand mit einem anderen Wert zeigt den gleichen Stromverlauf bei einer geänderten Stromamplitude.

Induktionsspannung und Induktionsstrom

Die Induktionsspannung

Dreht sich die Spule mit der konstanten Winkelgeschwindigkeit ω, so nimmt der Drehwinkel α mit der Zeit t nach der Formel $\alpha = \omega t$ zu. Dabei ändert sich die effektive Spulenfläche A', die senkrecht zur Richtung der Magnetfeldstärke liegt. A' ergibt sich, wenn die momentane Stellung der Spulenfläche in eine Ebene projiziert wird, die senkrecht zu den magnetischen Feldlinien liegt (**Abb. 111.1**). Die projizierte Breite b' der Spule verändert sich mit dem Winkel α. Es ist $b' = b\cos(\alpha)$, sodass für die effektive Spulenfläche A' gilt

$$A' = a\,b' = a\,b\cos(\alpha) = A\cos(\alpha) = A\cos(\omega t).$$

Mit dieser von den Feldlinien senkrecht durchsetzten Fläche A' und der magnetischen Feldstärke B des homogenen Feldes lässt sich die Induktionsspannung berechnen. Für eine Spule mit n Windungen gilt nach dem Induktionsgesetz (→ 2.1.4):

$$U = -n\,B\frac{\Delta(A\cos(\omega t))}{\Delta t} = -n\,B\dot{A}'(t)$$

Zur Berechnung der Ableitungsfunktion wird die Kettenregel verwendet:

$$A'(t) = A\cos(\omega t) \;\rightarrow\; \dot{A}'(t) = A(-\sin(\omega t))\cdot\omega$$

Es ergibt sich eine zeitlich sinusförmig veränderliche Spannung, die Wechselspannung u:

$$u(t) = n\,B\,A\,\omega\sin(\omega t)$$

Der Term $n\,B\,A\,\omega$ ist die Amplitude der Wechselspannung $\hat{u}$ (lies: u-Dach).

> Dreht sich eine Spule mit konstanter Winkelgeschwindigkeit im homogenen Magnetfeld, so wird eine zeitlich sinusförmig veränderliche **Wechselspannung *u*** induziert:
>
> $u(t) = \hat{u}\sin(\omega t)$ mit $\hat{u} = n\,B\,A\,\omega$
>
> Die Amplitude der Wechselspannung ist $\boldsymbol{\hat{u}}$. In der Formel sind ω die Winkelgeschwindigkeit, n die Windungszahl der rotierenden Spule, A deren Querschnittsfläche und B die magnetische Feldstärke.

Das Induktionsgesetz erklärt damit den zeitlichen Verlauf der induzierten Spannung.

Der Induktionsstrom

Der Strom in einem Stromkreis wird durch die im Stromkreis vorhandenen Bauelemente bestimmt. Dabei ist zu unterscheiden, ob das ein Widerstand oder eine Spule ist.

Widerstand: Für den Widerstand R gilt der Zusammenhang zwischen der Spannung U am Widerstand und dem Strom I durch den Widerstand $U = R\,I$ zu jedem Zeitpunkt: $u(t) = R\,i(t)$. Deshalb folgt aus $u(t) = \hat{u}\sin(\omega t)$ für den Wechselstrom $i(t) = \hat{i}\sin(\omega t)$ mit $\hat{i} = \hat{u}/R$.

Spule: Der Wechselstrom i wird durch die Induktionsspannung $u = L\,\Delta i/\Delta t = L\,\dot{i}$ hervorgerufen (→ 2.2.5).

Versuch 3: Der Widerstand R in Versuch 2 wird durch eine Spule L ersetzt. Die Spannung u an der Spule und der Strom i durch die Spule werden mit Zeigerinstrumenten angezeigt.

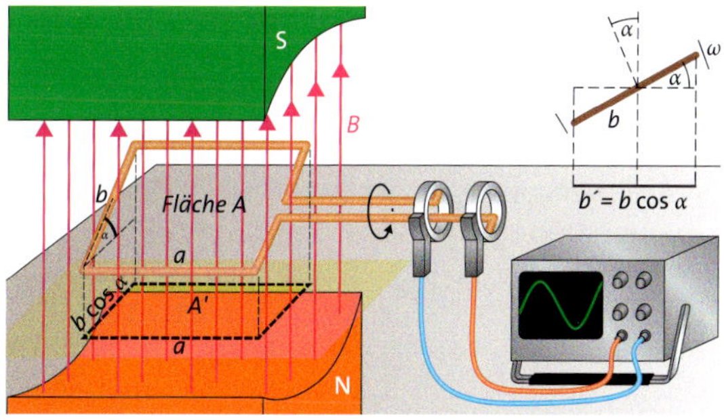

111.1 Die Induktionsspannung kann auf die zeitliche Änderung der effektiven Fläche A' zurückgeführt werden.

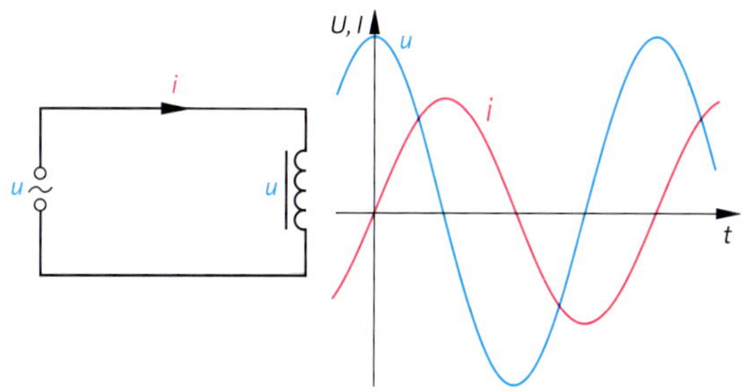

111.2 Die Spannung $u(t)$ bestimmt die Steigung des Stromgraphen $i(t)$.

Beobachtung: Wenn die Stromstärke $i = 0$ ist, erreicht die Spannung u bereits ihren Maximalwert (**Abb. 111.2**). Ein genauer Vergleich der Graphen zeigt, dass die Steigung des Graphen von $i(t)$, also $\dot{i}(t)$, proportional zum Wert von u ist. ◂

Die Ableitungsfunktion von $i(t) = \sin(\omega t)$ ist $\dot{i}(t) = \omega\cos(\omega t)$. Damit ist $u_L(t) = L\,\dot{i}(t) = \omega L\cos(\omega t)$. Der Proportionalitätsfaktor ist $\hat{u}_L = \omega L$. Zusammengefasst ergibt sich:

> Der Strom $i(t)$ durch einen Widerstand oder eine Spule wird durch eine Wechselspannung $u(t)$ hervorgerufen.
>
> *Ohmscher Widerstand:*
> $u_R(t) = \hat{u}_R\sin(\omega t)$ mit $\hat{u}_R = R\hat{i}$ und $i_R(t) = \hat{i}_R\sin(\omega t)$
>
> *Spule:*
> $u_L(t) = \hat{u}_L\cos(\omega t)$ mit $\hat{u}_L = \omega L\,\hat{i}$ und $i_L(t) = \hat{i}_L\sin(\omega t)$

Aufgaben

1. Im homogenen Feld eines Magneten dreht sich eine Spule mit 300 Umdrehungen in der Minute. Berechnen Sie die induzierte Scheitelspannung $\hat{u}$, wenn die Windungszahl $n = 550$, die Spulenfläche $A = 20\ \text{cm}^2$ und die magnetische Feldstärke $B = 750$ mT betragen.
2. Mit einer rotierenden Spule wird die magnetische Feldstärke eines Magneten gemessen. Die Drehfrequenz wird zu $f = 800$ Hz bestimmt. Berechnen Sie die magnetische Feldstärke B, wenn $n = 1000$, $A = 4\ \text{cm}^2$ und die Scheitelspannung $\hat{u} = 810$ mV betragen.

2.3.2 Energietransport im Wechselstromkreis

Im Wechselstromkreis ändern sich die Werte von Strom i und Spannung u im Zeitverlauf. Um die Berechnung des Energiestroms P mit der Formel $P = UI$ (→ 2.2.2) weiter zu verwenden, soll geklärt werden, welche Werte für U und I im Wechselstromkreis einzusetzen sind.

Effektivwerte von Spannung und Stromstärke

Zwei gleichartigen Lampen werden durch Gleichstrom und Wechselstrom mit Energie versorgt. Die Amplitude der Wechselspannung wird so eingestellt, dass beide Lampen den gleichen Energiestrom erhalten, also auch gleich hell leuchten.

Grundversuch 1 – Oszilloskop: Eine von zwei baugleichen Lampen wird an eine Gleichstromquelle der Spannung U angeschlossen, die andere Lampe an eine Wechselstromquelle, und zwar so, dass sie genauso hell leuchtet wie die mit der Gleichstromquelle verbundene Lampe. Mithilfe eines Oszilloskops wird die Amplitude $\hat{u}$ der Wechselspannung gemessen.
Beobachtung: $\hat{u}$ ist ungefähr um den Faktor 1,4 größer als U.

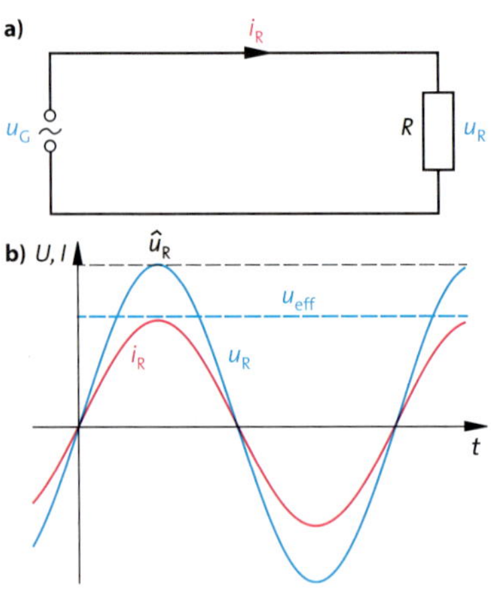

112.1 a) Schaltung zur Messung der Momentanwerte von Spannung u und Strom i am Widerstand R.
b) Spannung u und Strom i am Widerstand im Zeitverlauf. Zusätzlich ist der (zeitlich konstante) Effektivwert u_{eff} eingezeichnet.

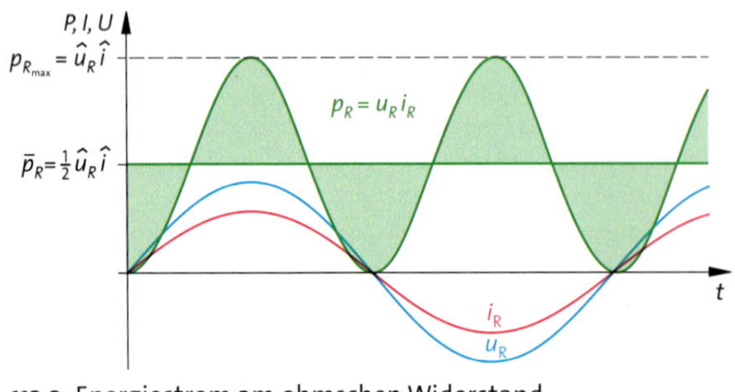

112.2 Energiestrom am ohmschen Widerstand

Erklärung: Spannung und Stromstärke schwanken bei Wechselstrom zwischen null und der Amplitude $\hat{u}$ bzw. $\hat{i}$. Damit in beiden Fällen während einer vollständigen Periode T die gleiche Energie umgesetzt wird, muss die Amplitude $\hat{u}$ der Wechselspannung größer sein als die Spannung U der Gleichstromquelle. ◂

Grundversuch 2 – Oszilloskop: Die Lampen werden durch einen Widerstand ersetzt werden, der bei der Spannung U den gleichen Strom I durchlässt (**Abb. 112.1 a**). Damit ist sichergestellt, dass I proportional zu U ist. Die Ergebnisse zeigt **Abb. 112.1 b**). Auch in diesem Versuch ist $\hat{u}$ ist ungefähr um den Faktor 1,4 größer als U. Da der Strom i durch den Widerstand proportional zur Spannung u ist, gilt auch: $\hat{i}$ ist um den Faktor 1,4 größer als I.

Energiestrom und Effektivwerte

Die Messung des Energiestroms $p(t)$ und die Bestimmung des mittleren Energiestroms P sollen mit einem Messwerterfassungssystem erfolgen.

Grundversuch 3 – Messwerterfassung: Die Messwerterfassung zeichnet die Spannung u, den Strom i und die Leistung p im Zeitverlauf auf.
Beobachtung: Neben den Graphen für u und i wird der immer positive Energiestrom p gezeigt, **Abb. 112.2.**
Ergebnis: Der Energiestrom wechselt zwischen dem Minimum bei null und dem Maximum bei $p_{max} = \hat{u}\,\hat{i}$. Der Mittelwert des Energiestroms wird aus dem Graphen zu $\bar{p} = ½\,p_{max}$ bestimmt. ◂

Die **Effektivwerte** U_{eff} und I_{eff} für die Spannung u und die Stromstärke i werden wie folgt definiert:

$$U_{eff} = \frac{\hat{u}}{\sqrt{2}}, \quad I_{eff} = \frac{\hat{i}}{\sqrt{2}}$$

Dann ist der mittlere Energiestrom

$$\bar{p} = \frac{1}{2}\,p_{max} = \frac{1}{2}\,\hat{u}\,\hat{i} = U_{eff} I_{eff}$$

> Der Wechselstrom mit den **Effektivwerten** $U_{eff} = \hat{u}/\sqrt{2}$ und $I_{eff} = \hat{i}/\sqrt{2}$ bewirkt den mittleren Energiestrom $P = U_{eff} I_{eff}$.

Aufgaben

1. a) Ermitteln Sie aus **Abb. 112.2** die Richtung des Energiestroms im Verlauf der Zeit.
   b) Diskutieren Sie die Bedingungen, unter denen sich die Richtung des Energiestroms umkehrt.
2. Angenommen, die Wechselspannung hat keinen sinusförmigen, sondern einen rechteckförmigen Verlauf.
   a) Bestimmen Sie den Zusammenhang von U_{eff} und $\hat{u}$.
   b) Skizzieren Sie den zeitlichen Verlauf von u und i sowie des Energiestroms p ähnlich zu **Abb. 112.2.**

Exkurs

Der Stromkrieg – Entscheidung zwischen zwei Systemen

Thomas Alva EDISON (1847–1931) erfand zu Beginn der 1880er Jahre die Kohlefadenlampe und damit die erste praktisch nutzbare Glühlampe. Um diese Lampen mit Energie versorgen zu können, errichtete er 1882 in New York das erste Stromübertragungsnetz der Welt (**Bild oben**). Als Übertragungstechnik wählte Edison die Gleichstromtechnik. Damit wurde der Strom bei einer Spannung von 110 V vom Generator zu den Verbrauchern transportiert werden. Da es zu der damaligen Zeit nicht möglich war, Gleichstrom auf andere Spannungen zu transformieren, war es erforderlich, die Spannung am Generator so groß zu wählen wie die vom Verbraucher benötigte Spannung. Wegen der eher geringen Spannung von 110 V musste die benötigte elektrische Energie über einen hohen Strom bereitgestellt werden, was zu deutlich höheren Verlusten führt. Um die Verluste zu reduzieren, bleibt bei einer gegebenen Spannung nur die Option, den Leiterquerschnitt zu erhöhen. Diese Lösung ist allerdings wirtschaftlich nicht zu vertreten. Die folgende Beispielrechnung verdeutlicht diese Zusammenhänge.

Beispiel

Vereinfacht sei eine Gleichstromübertragungsstrecke mit 100 m Länge angenommen, die 100 kW bei 110 V überträgt. Berechnet werden soll die dabei auftretende Verlustleistung

$P_{\text{Verlust}} = R I^2.$

Die Übertragung erfolgt über ein Kupferkabel mit einem Querschnitt von 250 mm². Der spezifische Widerstand ϱ von Kupfer bei 20 °C beträgt $0{,}017\,\frac{\Omega\,\text{mm}^2}{\text{m}}$.

$$R_{100\,\text{m}} = \frac{\varrho l}{A} = \frac{0{,}017\,\Omega\,\text{mm}^2/\text{m}\cdot 100\,\text{m}}{250\,\text{mm}^2} = 6{,}8\,\text{m}\Omega.$$

$$I = \frac{P}{U} = \frac{110\,\text{kW}}{110\,\text{V}} = 1000\,\text{A}.$$

$$P_{\text{Verlust}} = R_{100\,\text{m}} I^2 = 6{,}8\,\text{m}\Omega\cdot(1000\,\text{A})^2 = 6{,}8\,\text{kW}.$$

Bei einer höheren Spannung U verringern sich die Verluste. Als Spannung werden 220 V angenommen:

$$I = \frac{100\,\text{kW}}{220\,\text{V}} = 500\,\text{A},$$

$$P_{\text{Verlust}} = R_{100\,\text{m}} I^2 = 6{,}8\,\text{m}\Omega\cdot(500\,\text{A})^2 = 1{,}7\,\text{kW}.$$

Bei einer Vergrößerung des Querschnittes verringert sich ebenfalls die Verlustleistung. Angenommen, der neue Querschnitt beträgt 500 mm² und die Spannung 110 V.

$$R_{100\,\text{m}} = \frac{\varrho l}{A} = \frac{0{,}017\,\Omega\,\text{mm}^2/\text{m}\cdot 100\,\text{m}}{500\,\text{mm}^2} = 3{,}4\,\text{m}\Omega.$$

$$P_{\text{Verlust}} = R_{100\,\text{m}} I^2 = 3{,}4\,\text{m}\Omega\cdot(1000\,\text{A})^2 = 3{,}4\,\text{kW}.$$

Weiterhin erhöht sich der Widerstand bei steigender Entfernung. Dadurch war EDISONS Gleichstromnetz auf einen kleinen Bereich von wenigen 100 m beschränkt und es hätten viele Kraftwerke installiert werden müssen, um die ganze Stadt mit elektrischer Energie zu versorgen.

Die Übertragung mit Hochspannung

George WESTINGHOUSE (1846–1914) erkannte diese Schwächen und baute auf die Wechselstromübertragung (**Bild unten**, "the alternating system").

Der Vorteil lag in der Möglichkeit, die Spannung durch Transformieren den Bedürfnissen anzupassen. Damit war eine verlustarme Übertragung über längere Strecken möglich. Die Spannung wird auf der Strecke zwischen dem Generator und dem Verbraucher auf einen höheren Wert transformiert. Dadurch sinkt der Strom bei gleicher Leistung. In der Nähe des Verbrauchers wird die Spannung wieder auf einen niedrigeren Wert transformiert. Durch dieses Vorgehen lassen sich die Gesamtverluste der Übertragung reduzieren und es ist möglich, ein größeres Gebiet mit Strom zu versorgen.

1886 stellte WESTINGHOUSE seine Technik erstmals der Öffentlichkeit vor. 1896 wurde der Stromkrieg durch den Energietransport von einem Kraftwerk an den Niagara-Fällen zu den Verbrauchern durch den Einsatz der Wechselstromtechnik endgültig entschieden. Der Aufbau der Stromnetze auf der ganzen Welt erfolgte danach – wie wir es heute kennen – auf der Grundlage der Wechselstromtechnik. Das letzte Gleichstromnetz wurde erst 2007 in New York stillgelegt.

Mit der damaligen Technik war man mit Wechselstrom in der Lage, Hochspannung zu erzeugen und die damit verbundenen Vorteile des elektrischen Energietransports zu nutzen. In der heutigen Zeit sind Übertragungen auch mit Gleichstrom technisch realisierbar. Dabei wird Hochspannungswechselstrom in Gleichstrom umgerichtet (→ 2.3.5). Der Energietransport erfolgt dann mit Gleichstrom.

2.3.3 Der Transformator

Um Energie elektrisch über große Entfernungen zu transportieren, ist es zweckmäßig, eine hohe Spannung zu verwenden. Die Energieverluste beim Transport sind geringer als bei niedriger Spannung. Unmittelbar hinter dem Generator wird ein Transformator eingesetzt, der die Wechselspannung hinaufsetzt. Die Energie wird dann mit einer Hochspannungsleitung über eine große Entfernung transportiert. Am Bestimmungsort wird die Spannung dann mit mehreren weiteren Transformatoren stufenweise heruntergesetzt. Viele elektrische Geräte, wie z. B. Computer, Tablet, Smartphone und Elektromotoren, benötigen zum Betrieb Spannungen unterhalb von 12 V. Um diese Geräte aus dem Stromnetz mit Energie zu versorgen, muss die Spannung von 230 V auf einen kleineren Wert „heruntertransformiert" werden. Dies erfolgt mit einem Transformator zwischen Gerät und Steckdose.

Energiestrom durch den Transformator

Bei einem effizienten Energietransport soll im Transformator möglichst keine Energie in thermische Energie umgewandelt werden. Da im Magnetfeld des Transformators wenig Energie gespeichert wird, ist die elektrisch zugeführte Energie P_1 gleich der abgegebenen elektrischen Energie P_2. Es ist also $P_1 = P_2$. Der Index 1 bezieht sich auf den Eingang, der Index 2 auf den Ausgang des Transformators. Da $P_1 = U_{1\text{eff}} I_{1\text{eff}}$ und $P_2 = U_{2\text{eff}} I_{2\text{eff}}$ ist, folgt $P_1 = U_{1\text{eff}} I_{1\text{eff}} = U_{2\text{eff}} I_{2\text{eff}} = P_2$. Wenn der Transformator die Spannung um einen bestimmten Faktor heraufsetzt, so wird die Stromstärke um denselben Faktor vermindert.

Das Transformatorgesetz

Ein Transformator hat zwei Spulen, die auf einen geschlossenen Eisenkern aufgebracht sind (**Abb. 114.1**). An die **Primärspule** wird die zu transformierende Spannung gelegt, an der **Sekundärspule** wird die transformierte Spannung gemessen.

Grundversuch 1 – Spannungen am Transformator: Mit verschiedenen Experimentierspulen wird ein Transformator mit unterschiedlichen Windungszahlen n_1 (Primärspule) und n_2 (Sekundärspule) aufgebaut. Die Sekundärspule ist noch nicht an einen Verbraucher angeschlossen, der Schalter in (**Abb. 114.1**) ist offen. Also ist der Sekundärstrom $I_2 = 0$. Mit Spannungsmessern werden die Primärspannung $U_{1\text{eff}}$ und die Sekundärspannung $U_{2\text{eff}}$ gemessen.
Messergebnis: Das Verhältnis von Sekundär- und Primärspannung $U_{2\text{eff}}/U_{1\text{eff}}$ ist gleich dem Verhältnis der Windungszahlen n_2/n_1. ◄

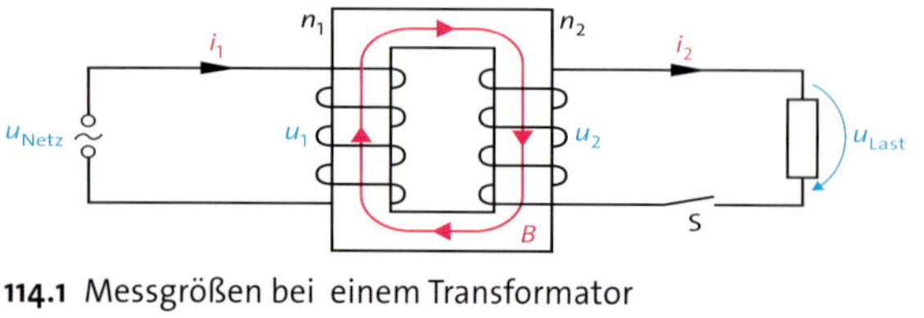

114.1 Messgrößen bei einem Transformator

> **Transformatorgesetz**
> Sekundär- und Primärspannung $U_{2\text{eff}}$ und $U_{1\text{eff}}$ verhalten sich wie die Windungszahlen n_2 und n_1:
> $$\frac{U_{2\text{eff}}}{U_{1\text{eff}}} = \frac{n_2}{n_1} = ü$$
> $ü = n_2/n_1$ heißt Übersetzungsverhältnis.

Grundversuch 2 – Ströme am Transformator: Mit verschiedenen Experimentierspulen wird ein Transformator mit unterschiedlichen Windungszahlen n_1 (Primärspule) und n_2 (Sekundärspule) aufgebaut. Die Sekundärspule ist an ein Gerät angeschlossen (**Abb. 114.1**), der Schalter S ist geschlossen. Mit Strommessern werden der Primärstrom $I_{1\text{eff}}$ und der Sekundärstrom $I_{2\text{eff}}$ gemessen.
Messergebnis: Das Verhältnis von Sekundär- und Primärströmen $I_{2\text{eff}}/I_{1\text{eff}}$ ist gleich dem Verhältnis der Windungszahlen n_1/n_2 oder $1/ü$, dem Kehrwert des Übersetzungsverhältnisses. ◄

Das Messergebnis bestätigt, dass der Energiestrom unverändert durch den (idealen) Transformator fließt:

$$P_2 = U_{2\text{eff}} I_{2\text{eff}} = ü\, U_{1\text{eff}} \cdot \tfrac{1}{ü} I_{1\text{eff}} = U_{1\text{eff}} I_{1\text{eff}} = P_1$$

Der elektrisch zugeführte Energiestrom P_1 ist bei einem idealen Transformator gleich dem abgegebenen, P_2.

Der Wirkungsgrad eines realen Transformators ist das Verhältnis P_2/P_1. Transformatoren hoher Nennleistung haben Wirkungsgrade von mehr als 99 %, während der Wirkungsgrad von Kleintransformatoren mit ca. 100 J/s = 100 W bei etwa 80 % liegt. Kleinsttransformatoren mit 1 J/s = 1 W kommen kaum auf 50 % Wirkungsgrad.

Aufgaben

1. Bestimmen Sie die Ausgangsspannung eines Hochspannungstransformators mit $n_1 = 250$ und $n_2 = 23\,000$ Windungen, wenn primärseitig 230 V anliegen.
2. Ein Klingeltrafo für 16 V wird gebaut. Berechnen Sie die Anzahl der Sekundärwicklungen, die auf den Eisenkern aufgebracht werden, wenn $U_1 = 230$ V und $n_1 = 1000$ sind.
3. Ein Hochstromtransformator hat sekundärseitig eine einzige Windung. Bestimmen Sie die Stromstärke, wenn die Primärspule ($n_1 = 500$) bei 230 V eine Leistung von 60 W aufnimmt.

Funktionsweise des Transformators

Die Primärspule

Zunächst soll ein Transformator betrachtet werden, dem die Sekundärspule fehlt (**Abb. 115.1 a**). Die Anschlüsse der Primärspule bilden den Eingang für die Energie. Wird die Primärspule mit einer Wechselspannungsquelle verbunden (**Abb. 115.1 b**), so fließt in der Spule ein Wechselstrom. Dieser hat zur Folge, dass der Eisenkern magnetisiert wird. Dabei folgt die Magnetisierung dem elektrischen Strom: Sie wechselt periodisch ihre Richtung. Es wird also Energie aus dem Stromkreis in das Magnetfeld des Eisenkerns transportiert. Dieser Energietransport in das Magnetfeld erfolgt dann, wenn der Strom i und die Spannung u das gleiche Vorzeichen haben. Der Energiestrom in **Abb. 115.1 c)** ist positiv. Nach einem Viertel der Periodendauer T kehrt sich die Richtung des Energiestroms um: Strom i und Spannung u haben unterschiedliche Vorzeichen, der Energiestrom hat einen negativen Wert. Die Energie wird aus dem Magnetfeld in den Primärstromkreis zurückgegeben. In diesem Fall verliert auch der Zusammenhang $P_1 = U_{1\text{eff}} I_{1\text{eff}}$ seine Gültigkeit. Der mittlere Energiestrom in das Magnetfeld der Primärspule ist null, unabhängig von den Werten von $U_{1\text{eff}}$ und $I_{1\text{eff}}$.

Die Sekundärspule

Die Sekundärspule soll den Ausgang für die Energie herstellen. Die Spannung u_2 an der Spule wird durch die zeitliche Magnetfeldänderung $\Delta B/\Delta t$ innerhalb der Fläche A der Sekundärspule, dem Induktionsgesetz (→ 2.1.4) entsprechend, erzeugt. Da die Induktionsspannung mit der Windungszahl n_2 zunimmt, lässt sich der gewünschte Wert der Sekundärspannung mit n_2 einstellen.

Energieübertragung mit dem Transformator

Ein Verbraucher, der Widerstand in **Abb. 115.2**, erhält den Energiestrom $P_2 = U_{2\text{eff}} I_{2\text{eff}}$ mit dem Strom $I_{2\text{eff}}$. Dieser Energiestrom kann nur von der Primärseite des Transformators geliefert werden. Die Rückwirkung des Sekundärstroms auf den Primärstrom erfolgt durch die Magnetisierung, die der Sekundärstrom im Eisenkern bewirkt. Diese Magnetisierung ist nach der Lenz'schen Regel der durch den Primärstrom hervorgerufenen entgegengesetzt.

Die Messung von Strom i, Spannung u und Energiestrom p auf der Primärseite zeigt, dass i und u im Zeitverlauf überwiegend das gleiche Vorzeichen haben. Der Energiestrom fließt über die Primärspule in das Magnetfeld des Eisenkerns, zur Sekundärspule und mit dem Sekundärstromkreis zum Widerstand. Nur ein geringer Teil der primär aufgenommenen Energie wird in den Primärstromkreis zurückgegeben. Ein zunehmender Energiestrom auf der Sekundärseite wirkt sich also auf die Primärseite so aus, dass die vom Eisenkern aufgenommene Energie zu einem steigenden Anteil in den Sekundärkreis gelangt und ein sich verringernder Teil zurück in den Primärkreis geleitet wird. Der Energieumsatz im Verbraucher, hier dem Widerstand, steuert also über den Sekundärstrom den Energiestrom vom Primärkreis in den Sekundärkreis. Bei einem idealen, verlustfreien Transformator wird keine Energie in Wärme umgesetzt. Die elektrische Energie wird also bei Bedarf in den Sekundärkreis geleitet, der Rest wird in den Primärkreis zurückgegeben.

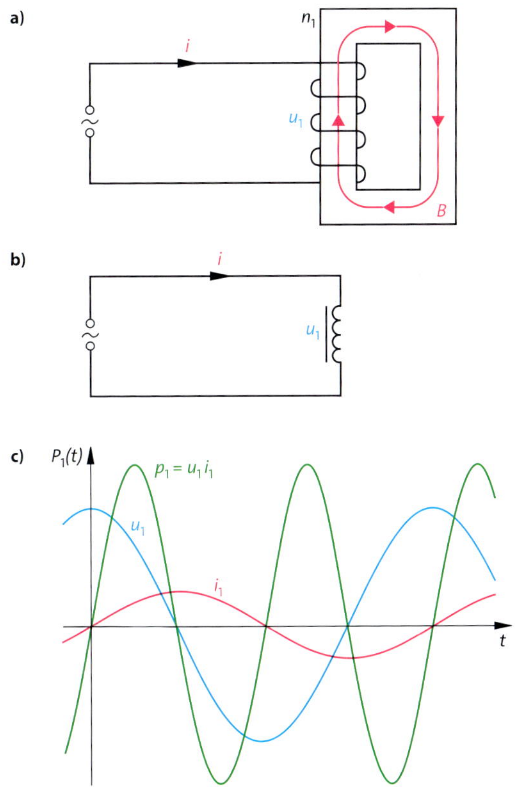

115.1 Der Primärkreis einesTransformator, **a)** das Aufbauschema, **b)** das Schaltbild und **c)** Messergebnisse für den Strom $i_1(t)$, die Spannung $u_1(t)$ und den Energiestrom $p_1(t)$.

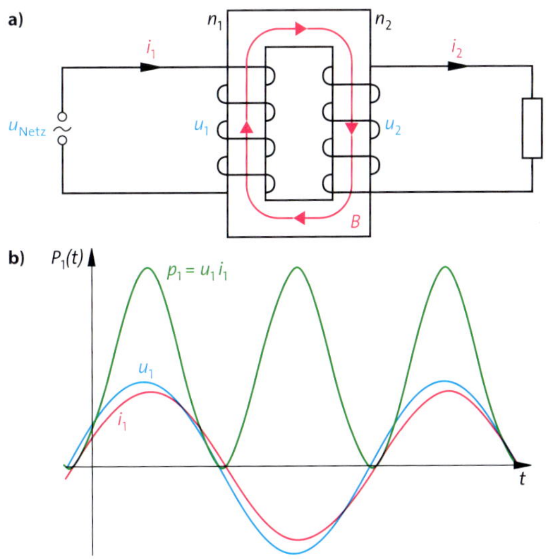

115.2 **a)** Der Sekundärstrom i_2 erzeugt ebenfalls eine Magnetisierung des Eisenkern, die nach der Lenz'schen Regel der Magnetisierung durch den Primärstrom i_2 entgegengesetzt ist. **b)** Der Primärstrom i_1 zeigt nahezu den gleichen Verlauf wie die Spannung u_1, sodass der Energiestrom p_1 fast vollständig vom Primärkreis in den Sekundärkreis fließt.

2.3.4 Energietransport über Freileitungen

Bei einer verlustfreien elektrischen Energieübertragung ist für einen vorgegebenen Energiestrom $P = UI$ die Wahl von U beliebig, wenn das Produkt UI konstant bleibt. Der elektrische Energietransport über weite Entfernungen weist jedoch Energieverluste auf, deren Ursache der Leitungswiderstand ist, der proportional zur Entfernung ansteigt. Es geht also darum, vom eingespeisten Energiestrom einen möglichst großen Anteil zum Zielort zu transportieren und einen möglichst geringen Anteil auf dem Weg dahin in die Umgebung wegzugeben. Dies gelingt mit sogenannten Hochspannungs-Freileitungen (**Abb. 116.1**). Sie bilden den Überlandteil des Stromnetzes.

116.1 Eine 110 kV-Freileitung zum Transport elektrischer Energie

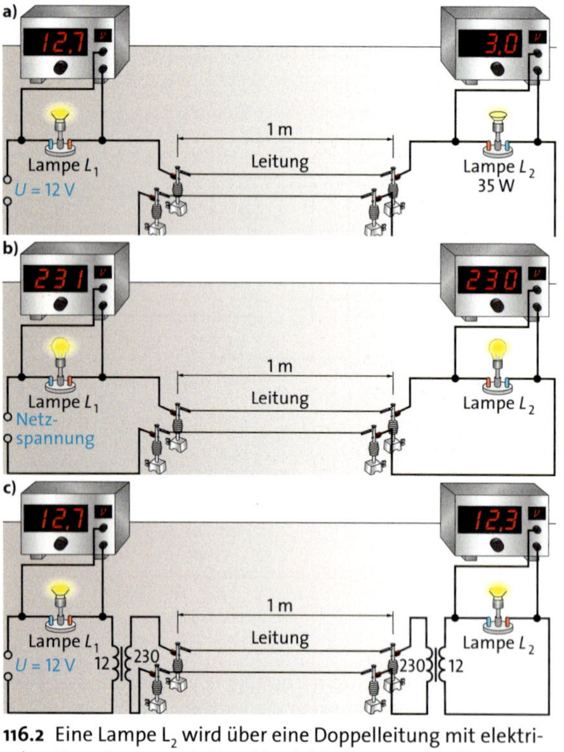

116.2 Eine Lampe L_2 wird über eine Doppelleitung mit elektrischer Energie versorgt. Zum Vergleich die Lampe L_1 direkt am Netzgerät. **a)** Direktverbindung mit U = 12 V, **b)** Direktverbindung mit U = 230 V und **c)** Verbindung mit einer von 12 V auf 230 V hochtransformierten Spannung

Grundversuch – Freileitungen 1: Zwei 12 V-Halogenlampen mit 35 W werden an ein 12 V-Netzgerät angeschlossen. Das Netzgerät wird als Modell für den Generator eines Kraftwerks verwendet. Eine Lampe L_1 (**Abb. 116.2 a**) ist unmittelbar am Netzgerät angeschlossen, die andere Lampe L_2 über eine 1 m lange Doppelleitung, die den Übertragungsweg der elektrischen Energie modelliert.
Beobachtung: Die Lampe L_1 leuchtet hell. Die andere, über die Zuleitung angeschlossene Lampe L_2 leuchtet nur schwach. Zwei Spannungsmesser zeigen an den Lampen die Spannungen 12,7 V und 3,0 V an.
Deutung: Der Energiestrom zur Lampe L_2 ist geringer als der zu L_1. ◂

Gleiche Lampen erhalten bei längeren Übertragungsstrecken einen geringeren Energiestrom. Der Versuch wird mit zwei 230 V-Lampen wiederholt.

Grundversuch – Freileitungen 2: Zwei 230 V-Lampen werden an die 230 V-Netzspannung angeschlossen. Eine Lampe L_1 (**Abb. 116.1 b**) ist unmittelbar angeschlossen, die andere Lampe L_2 über die 1 m lange Doppelleitung aus Versuch 1.
Beobachtung: Die Lampe L_1 leuchtet hell. Die andere, über die Zuleitung angeschlossene Lampe L_2 leuchtet annähernd gleich hell. Zwei Spannungsmesser zeigen an den Lampen die Spannungen 231 V und 230 V an.
Deutung: Der Energiestrom zur Lampe L_2 ist nur geringfügig geringer als der zu L_1. ◂

Der Energietransport mit höherer Spannung verringert die Energieverluste. Beide Lampen erhalten den annähernd gleichen Energiestrom. Die hohe Spannung im Transportweg soll für den Versuch 1 mit zwei Transformatoren hergestellt werden.

Grundversuch – Freileitungen 3: Aus den 12 V des Netzgeräts werden mit einem Transformator 230 V erzeugt und an die Übertragungsleitung angeschlossen. Vor der Lampe 2 erfolgt mit einem zweiten Transformator die Rücktransformation von 230 V auf 12 V.
Beobachtung: Die Lampe L_2 hat nahezu die gleiche Helligkeit wie L_1. Zwei Spannungsmesser zeigen an den Lampen die Spannungen 12,7 V und 12,3 V an.
Deutung: Der Energiestrom zur Lampe L_2 ist nur geringfügig geringer als der zu L_1. ◂

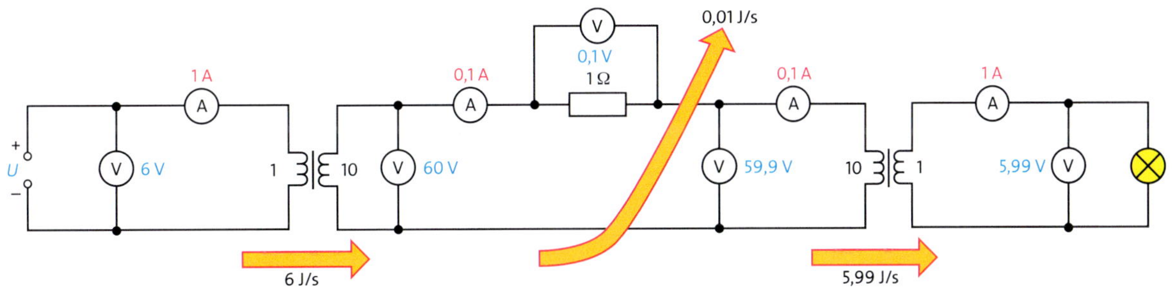

117.1 Die Freileitung wird mit einer Schaltungssimulation nachgebaut. Der Energiestrom von 6 J/s fließt vom Generator mit der Spannung 6 V und der Stromstärke 1 A über zwei Transformatoren zur Lampe. Zwischen den Transformatoren ist die Spannung um den Faktor 10 vergrößert und der Strom auf ein Zehntel verringert. Ein kleiner Anteil des Energiestroms wird vom Widerstand, der die ohmschen Leitungsverluste verursacht, als thermische Energie in die Umgebung abgegeben.

Die Energieübertragung mit hoher Spannung verringert die Verluste auf der Übertragungsleitung. Versuche mit einer Schaltungssimulation werden mit dem Ziel durchgeführt, die Leitungsverluste quantitativ zu bestimmen und damit den Wirkungsgrad der Energieübertragung zu berechnen.

Modellversuch Freileitungen 4: Mit einem Programm zur Schaltungssimulation wird eine Hochspannungsübertragung aufgebaut (**Abb. 117.1**). Die Wechselspannung von 6 V wird mit einem Transformator auf 60 V hochtransformiert. Ein Widerstand mit dem Wert 1 Ω steht für den Widerstand der Hin- und Rückleitung. Ein zweiter Transformator liefert 6 V für eine Lampe.
Beobachtung: Die Schaltungssimulation liefert die Werte aller Ströme und Spannungen. Am Widerstand wird 0,1 V und 0,1 A gemessen.
Auswertung: Der Energiestrom über den Widerstand in die Umgebung wird als Leitungsverlust oder ohmscher Verlust bezeichnet. Er beträgt $P_L = 0{,}1\ \text{V} \cdot 0{,}1\ \text{A} = 0{,}01\ \text{J/s} = 0{,}01\ \text{W}$. Bezogen auf den Energiestrom vom Generator sind dies $0{,}01\ \text{W}/6\ \text{W} \approx 0{,}17\,\%$. ◂

Mit der Schaltungssimulation können Änderungen der Parameter schnell vorgenommen werden. Werden statt der in **Abb. 117.1** angegebenen Übersetzungsverhältnisse von 1 : 10 und 10 : 1 die Angaben 1 : 1 oder 1 : 100 und umgekehrt gewählt, dann wird ein Leitungsverlust von 10^{-4} W bzw. 1 W gegenüber 10^{-2} W angezeigt. Das Ergebnis führt zu der Vermutung, dass die Leitungsverluste bei 10facher Spannung auf $\frac{1}{100}$stel zurückgehen. Die Vermutung soll durch eine Rechnung bestätigt werden.

Berechnung der ohmschen Leitungsverluste

Der Energiestrom $P_1 = U_1 I_1$ soll über eine größere Entfernung übertragen werden. Ohne eine Transformation der Spannung U_1 wird am Leitungswiderstand R_L der Strom I_1 die Spannung $R_L I_1 = U_R$ bewirken.

Die ohmschen Verluste sind

$$P_V = U_R I_R = U_R I_1.$$

Wird die Spannung auf der Leitung mit einem Transformator auf den 10fachen Wert $10\,U_1$ heraufgesetzt, dann verringert sich der Strom auf $\frac{1}{10}$tel, also auf $\frac{1}{10} I_1$. Am Leitungswiderstand R_L ist die Spannung $\frac{1}{10} I_1 R = \frac{1}{10} U_R$. Die Ohm'schen Verluste am Leitungswiderstand sind

$$P_V = \frac{1}{10} U_R \cdot \frac{1}{10} I_1 = \frac{1}{100} U_R I_1.$$

Bei zehnfacher Spannung des elektrischen Energietransports gehen die Leitungsverluste auf $\frac{1}{100}$stel zurück. Die ohmschen Verluste P_V sind vom Wert der Hochspannung unabhängig, wie die Berechnung zeigt.

Energieübertragung mit Hochspannung
Wird die Spannung einer elektrischen Energieübertragung um den Faktor 10 vergrößert, dann verringern sich die Leitungsverluste um den Faktor $\frac{1}{100}$.

Der verlustarme Transport von elektrischer Energie erfordert deshalb hohe Spannungen. Für Freileitungen sind Werte von 110 kV, 220 kV bis zu 380 kV gebräuchlich. Bei Spannungen über 400 kV reicht die Isolierung der Leiter gegeneinander und gegenüber dem Erdboden nicht mehr aus, sodass neue Effekte die Energieverluste vergrößern.

Aufgaben

1. Mit der Schaltung von **Abb. 117.1** wird die Spannung um den Faktor 10 herauf und wieder heruntertransformiert. Statt des Faktors 10 soll die Spannung um den Faktor 100 (1000) hinauf- und heruntertransformiert werden. Berechnen Sie jeweils alle Strom- und Spannungswerte. Ermitteln Sie jeweils den Energiestrom in die Umgebung.
2. Beschreiben Sie, was unter ohmschen Verlusten verstanden wird. Bewerten Sie die Bedeutung von ohmschen Verlusten bei der Hochspannungsübertragung.

Exkurs

Die öffentliche Versorgung mit elektrischer Energie

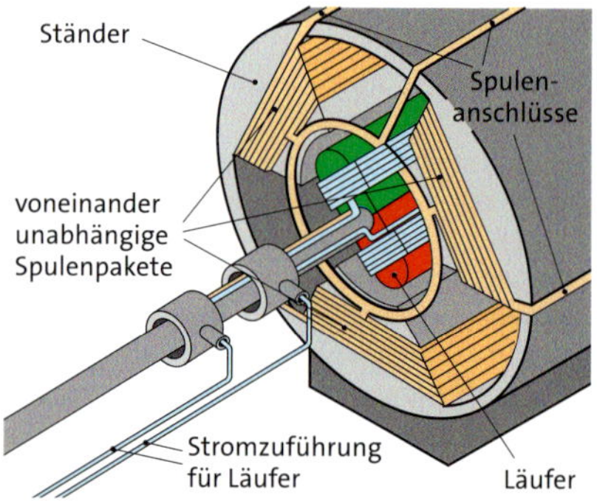

Im Bild oben links wird gerade der Generator eines Großkraftwerks zusammengebaut: Der Kran hat den Elektromagneten in den Ständer eingebracht. Bei einer Klemmenspannung von 27 kV wird der Generator eine Leistung von 1200 MW abgeben. Im Hintergrund ist die Dampfturbine zu erkennen, deren Welle den Elektromagneten in Drehung versetzt. Ein Gleichstromgenerator, die sogenannte Erregermaschine, sitzt mit dem Elektromagneten auf einer Achse und versorgt ihn mit Gleichstrom. Die Kraftwerksgeneratoren der öffentlichen Stromversorgung sind so gebaut, dass sie nicht nur einen einzigen, sondern *drei* Wechselströme zugleich erzeugen. Ihr Elektromagnet bewegt sich bei jeder vollen Drehung an drei Spulen vorbei, die jeweils um 120° versetzt angebracht sind. Daher sind auch die **Phasen** der drei Wechselströme, die bei jeder Drehung des Elektromagneten in den Spulen induziert werden, um jeweils 120° gegeneinander versetzt. Dieser dreiphasige Wechselstrom wird als **Drehstrom** bezeichnet. Die einzelne Leiterbahn L_1, L_2 oder L_3 heißt **Strang.** Drehstrom besteht demnach aus drei Wechselströmen, deren Sinuskurven eine Phasendifferenz von jeweils 120° haben. Dadurch addieren sich die drei Ströme in jedem Augenblick zur Gesamtsumme null. Bei gleicher Belastung der drei Stränge fließt daher in dem gemeinsamen Rückleiter – der als **Neutralleiter** (N) bezeichnet wird – kein Strom. Dadurch können die Verluste beim Energietransport halbiert werden!

Im Haushalt liegt an einer Schutzkontakt-(Schuko-)Steckdose jeweils nur *ein* Strang zusammen mit dem Neutralleiter. Der geerdete **Schutzleiter** sorgt dafür, dass berührbare Metallteile eines Elektrogerätes keine Spannung führen können. Leistungsstarke Elektromotoren oder Elektroöfen werden hingegen mit allen drei Strängen versorgt. Jedes Elektrogerät ist dabei so aufgebaut, dass es drei getrennte Teilverbraucher besitzt, z. B. drei Feldspulen bei einem Elektromotor oder drei Heizspiralen bei einem Ofen. Bei deren Anschluss an das Drehstromnetz gibt es zwei Schaltungsmöglichkeiten:

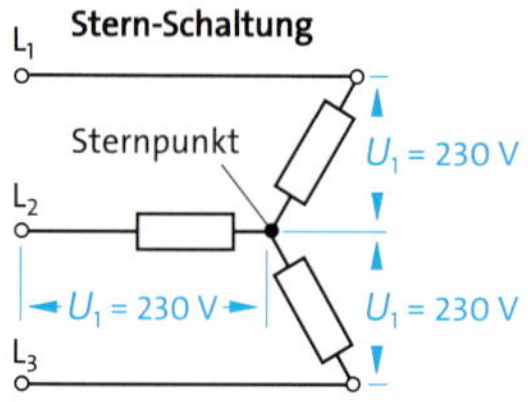

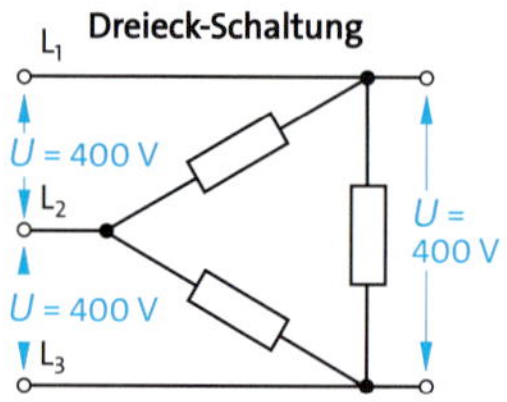

Bei der **Stern-Schaltung** (Bild in der Mitte links) werden die Eingangsklemmen der drei Teilverbraucher an die drei Stränge L_1, L_2 und L_3 angeschlossen und die Ausgangsklemmen untereinander verbunden. Jeder Teilverbraucher erhält dadurch die *Strangspannung* von $U = 230$ V, die zwischen jedem der drei Leiter und dem gemeinsamen Sternpunkt besteht. Bei der **Dreieck-Schaltung** (Bild in der Mitte rechts) werden die Ein- und Ausgänge der drei Teilverbraucher in Form eines Dreiecks miteinander verbunden. An jeden Eckpunkt wird ein Strang angeschlossen. Jeder Teilverbraucher erhält dadurch die höhere *Leiterspannung* von 400 V, die jeweils zwischen zwei der drei Stränge besteht. Die Spannung $U = 400$ V ergibt sich aus der Spannung $U_1 = 230$ V zu $U = 2\,U_1 \cos(30°) = 400$ V.

Seinen Namen verdankt der Drehstrom dem Betrieb von Elektromotoren. Er erzeugt nämlich in den drei Ständerwicklungen dieser Motoren ein magnetisches Drehfeld, das den Rotor mitnimmt und so die Drehbewegung des Motors erzeugt. In einem Asynchronmotor kann sich der Rotor als „Käfigläufer" völlig kontaktfrei drehen, da er den Strom für den Aufbau des Rotorfeldes auf induktivem Wege aus dem Magnetfeld des Ständers bezieht. Drehstrommotoren brauchen demzufolge keine Bürsten und Schleifringe wie Gleichstrommotoren. Sie sind daher sehr robust, nahezu wartungsfrei und äußerst leistungsfähig.

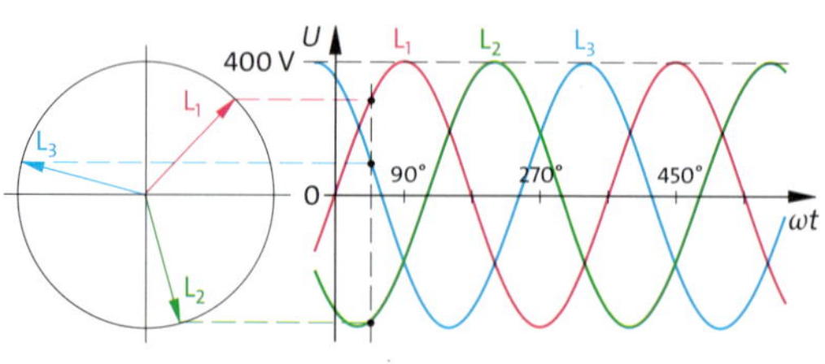

Ohne Transformatoren wäre eine Versorgung mit elektrischer Energie über größere Entfernungen nicht möglich. Das zeigt die folgende Rechnung: Die Generatoren in den Kraftwerken geben die elektrische Energie bei Spannungen zwischen 6 kV und 27 kV ab. Ein typisches Kabel aus Stahl mit einer Querschnittsfläche von 600 mm² und 20 km Länge hat einen Widerstand von $R = 6\,\Omega$. Bei einem Energiefluss von $P = 50$ MW über die Leitung würde bei einer Generatorspannung von $U = 20$ kV ein Strom $I = P/U = 2500$ A fließen. Die Verlustleistung aufgrund der Wärmeentwicklung im Kabel wäre dann $P_V = RI^2 = 37{,}5$ MW, also 75 % der zu übertragenden Leistung. Wird die Generatorspannung von 20 kV auf 380 kV transformiert, so verringert sich der Strom nach $P = UI$ um den Faktor 20/380 und die Verlustleistung nach $P_V = RI^2$ um den Faktor $(20/380)^2 = 0{,}00277$. Sie beträgt damit nur noch 0,21 % der zu übertragenden Leistung.

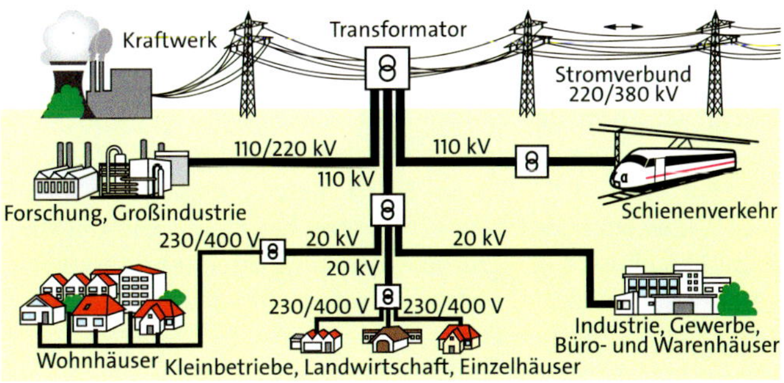

Daher erfolgt die erste Umspannung unmittelbar beim Kraftwerk, das den Strom ins Höchstspannungsnetz von 220 kV bzw. 380 kV einspeist. Kleinere Kraftwerke wie Wasserkraftanlagen oder große Windkonverter geben den erzeugten Strom ins Mittelspannungsnetz von 10 kV bis 40 kV. Leistungsschwache Energiequellen wie z. B. Solargeneratoren speisen direkt ins Niederspannungsnetz von 230 V/400 V ein. Das Bild oben zeigt schematisch den Energietransport vom Kraftwerk zu den Verbrauchern auf den verschiedenen Spannungsebenen. Das Höchstspannungsnetz in Deutschland hat eine Länge von 17 000 km für 380 kV und 23 000 km für 220 kV.

Da elektrische Energie nicht in großem Maße gespeichert werden kann, müssen die Kraftwerke in jedem Moment so viel Energie liefern, wie durch das Ein- und Ausschalten von Motoren, Lampen, Heizgeräten und anderen elektrischen Verbrauchern angefordert wird. Dabei ändert sich der Energiebedarf im Laufe eines Tages und im Jahresverlauf. Sogenannte *Lastkurven* stellen die elektrische Leistung über einen Tag hin dar. Als Beispiel zeigt das Bild unten die Lastkurven aller deutschen Kraftwerke aus dem Jahre 2007 für einen Sommer- und einen Wintertag. Um die Mittagszeit werden Spitzenwerte erreicht, die im Winter auch abends auftreten. Im Mai war mit 66,5 Gigawatt (GW) der Tageshöchstwert am kleinsten, während er im Dezember mit 75,1 GW am größten war. Am geringsten ist der Bedarf in der zweiten Nachthälfte.
Um auf die unterschiedlichen Anforderungen reagieren zu können, sind die Kraftwerke über ein Kommunikationsnetz miteinander verbunden. Von Schaltzentralen aus werden die Kraftwerke gesteuert, um die drei Bereiche *Grundlast, Mittellast* und *Spitzenlast* aufzubringen.

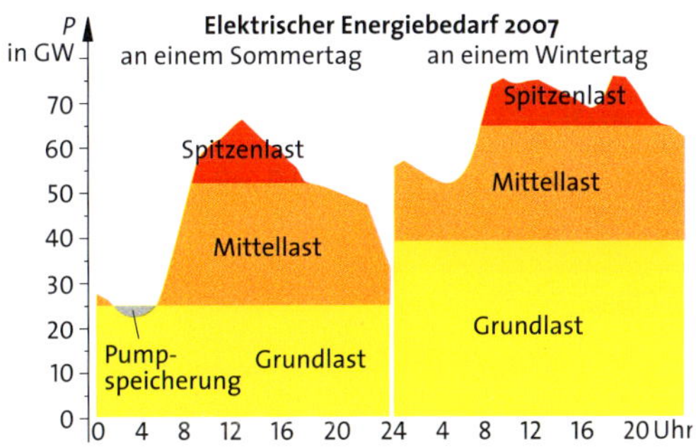

Die **Grundlast** besteht unabhängig von allen Lastschwankungen. Sie wird von Kraftwerken gedeckt, die rund um die Uhr arbeiten, Tag und Nacht, im Sommer wie im Winter. Dies sind Kernkraftwerke, Braunkohlekraftwerke und mit einem wesentlich geringeren Beitrag Laufwasserkraftwerke. Wenn nachts mehr elektrische Energie erzeugt als benötigt wird, kann mit dem Überschuss Wasser in höher gelegene Speicherseen gepumpt und bei Bedarf am Tag zur Erzeugung elektrischer Energie genutzt werden.
Die zweite Ebene des Energiebedarfs ist die **Mittellast.** Dabei handelt es sich um die regelmäßige Ausbuchtung der Lastkurve oberhalb der Grundlast, etwa um den vermehrten Verbrauch mittags und abends. Diese stundenweise Belastung des Stromnetzes ist vorhersehbar und wird vor allem von Steinkohlekraftwerken abgedeckt.
Wenn oberhalb der Mittellast zusätzliche Belastungsspitzen auftreten, werden Speicherkraftwerke, Pumpspeicherkraftwerke und Gasturbinenkraftwerke eingesetzt. Innerhalb von wenigen Minuten erbringen ihre Generatoren die volle Leistung.

2013 wurden in der Bundesrepublik Deutschland bei einer installierten Kraftwerksleistung von 184 GW insgesamt 634 Mrd. kWh = 634 TWh (Terawattstunden) elektrische Energie erzeugt. Davon entfielen

26 % auf Braunkohle,
15 % auf Kernenergie,
20 % auf Steinkohle,
11 % auf Erdgas,
24 % auf erneuerbare Energien,
4 % auf Heizöl und Sonstige.

Bei den erneuerbaren Energien hat 2013 die Energieerzeugung durch Windkraft mit 8,4 % die durch Wasserkraft mit 3,2 % deutlich übertroffen.

Um Lastschwankungen auszugleichen, hat Deutschland im Jahre 2013 als Mitglied des westeuropäischen Verbundnetzes UCPTE 72,2 TWh exportiert und 38,4 TWh importiert.

2.3.5 Energieübertragung mit Gleichstrom

Die Übertragungsverluste sind in der Praxis ausschlaggebend für den Energietransport mit Gleichstrom oder mit Wechselstrom. Sie geben Aufschluss darüber, wie viel der am Generator eingespeisten Energie auf dem Weg zum Endverbraucher verloren geht.

Ohmsche Verluste

Die Übertragungsverluste bei Gleichstrom sind einfach zu bestimmen. Diese bestehen aus den ohmschen Verlusten und lassen sich mit der Formel $P_V = R I^2$ bestimmen (→ 2.3.4). Dabei ist R der Widerstand der Übertragungsstrecke und I der Strom. Die ohmschen Verluste bezeichnen den Energiestrom, der von der Übertragungsleitung als Wärmeenergie in die Umgebung abgegeben wird. Der an den Verbraucher abgegebene Energiestrom ist $P = UI$. Dabei ist U die Spannung am Verbraucher.
Beim Energietransport mit **Wechselstrom** fließt ein Teil des Energiestroms gerichtet vom Erzeuger zum Verbraucher, ein anderer Teil pendelt zwischen beiden hin und her (→ 2.3.3 Funktionsweise des Transformators). Dieser ungerichtete Energiestrom erhöht den Strom I in der Übertragungsleitung, ohne zum gerichteten Energiestrom beizutragen und vergrößert die Leitungsverluste $P_V = R I^2$. Bei gleichem gerichteten Energiestrom P vom Erzeuger zum Verbraucher fließt also bei einer **Wechselstromübertragung** ein höherer Strom I in der Leitung als bei einer **Gleichstromübertragung**. Die ohmschen Verluste in der Übertragungsleitung sind damit bei Wechselstrom größer als bei Gleichstrom.
Die technische Eigenschaften der Wechselstromtechnik führen bei bestimmten Übertragungsaufgaben zu Problemen. Dazu gehören ein langer Übertragungsweg mit Freileitungen sowie die Durchquerung einer längeren Wasserstrecke. Bei Erd- oder Seekabelstrecken für Höchstspannungen von 380 kV wird die Verlustleistung ab einer Länge von etwa 30 km so groß, dass kein gerichteter Energiestrom mehr erfolgt. Dieser Effekt tritt auch bei Hochspannungsfreileitungen ab einer Übertragungsstrecke von etwa 500 km auf und kann mit Zusatzschaltungen weitgehend kompensiert werden.

120.1 Thyristor-Ventiltürme einer HGÜ in China

HGÜ – Hochspannungs-Gleichstrom-Übertragung

Die Hochspannungs-Gleichstrom-Übertragung bietet die technischen Möglichkeiten, diese Schwierigkeiten zu lösen. Seit Mitte des 20. Jahrhunderts ist es möglich, Gleichstrom mit hohen Spannungen im Kilovolt-Bereich technisch zu beherrschen. Damit entfällt der Nachteil, nur mit niedrigen Spannungen arbeiten zu können. Ferner folgt daraus die Möglichkeit einer Übertragung über große Entfernungen.
Die Hochspannungs-Gleichstrom-Übertragung wird an das vorhandene Wechselstromnetz über Umrichter angeschlossen.

Umrichter von Wechselspannung zu Gleichspannung

Die Gleichrichtung von Wechselstrom erfolgt mit einer thyristorbasierten Umrichterstation. Herzstück eines Stromrichters ist der Thyristor, der wie eine schaltbare Diode als Stromventil arbeitet. Mehr als 100 Thyristoren werden zu einem Thyristorventil zusammengeschaltet (**Abb. 120.1**).
Abb. 120.2 zeigt den Aufbau eines Stromrichters für die Folge von drei Strompulsen. Stromrichtertransformatoren stellen den Stromrichtern die richtige Eingangs-

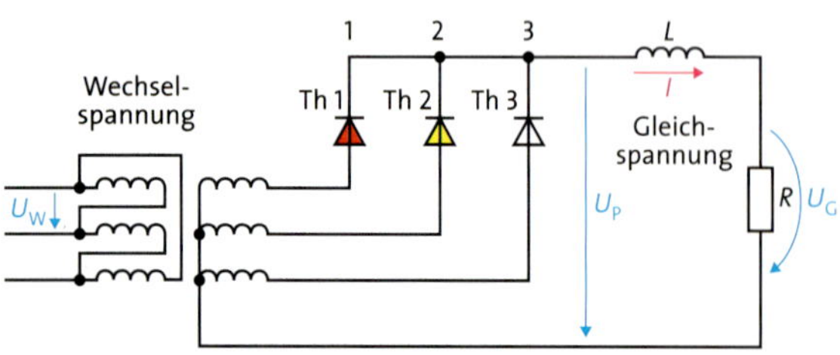

120.2 Ein 3-pulsiger Stromrichter wandelt eine Wechselspannung U_W in eine Gleichspannung U_G um.

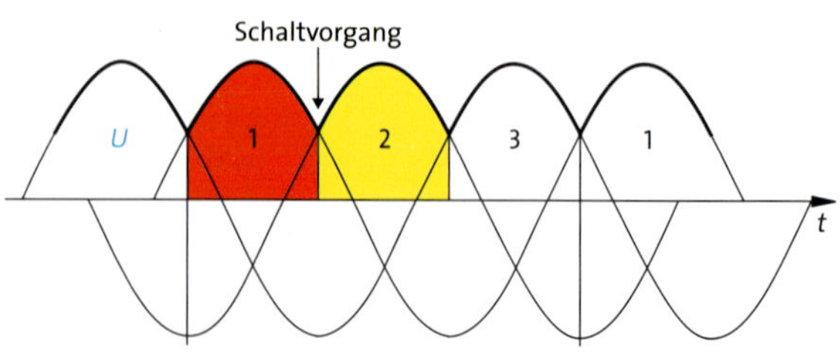

120.3 Die Thyristoren ①, ② und ③ werden zeitlich versetzt eingeschaltet. Markiert ist der Schaltvorgang von ① auf ②.

Wechselspannung U_W zur Verfügung. Beim Schalten eines Ventils wird ein Teil der Sinuswelle auf den Ausgang (den Gleichspannungskreis) geschaltet. Dazu wird ein Ventil gesperrt, und das nächste wird leitend. Aufgrund des sinusförmigen Verlaufes überlappen sich zwei Halbwellen (**Abb. 120.3**). Abgebildet ist der Wechsel von Thyristorventil 1 zum Thyristorventil 2. Die Kurve zeigt den pulsierenden Spannungsverlauf von U_P und den einsetzenden Schaltprozess. Damit dieser Schaltvorgang ohne Probleme ablaufen kann, müssen die Thyristoren zum gleichen Zeitpunkt geschaltet werden. Die Spannung U_P wird mit einer Spule L geglättet und die Gleichspannung U_G erzeugt.
Statt des gezeigten 3-pulsigen Stromrichters werden auch 6-pulsige oder 12-pulsige verwendet, um die Glättung der Spannung U_P zu vereinfachen.

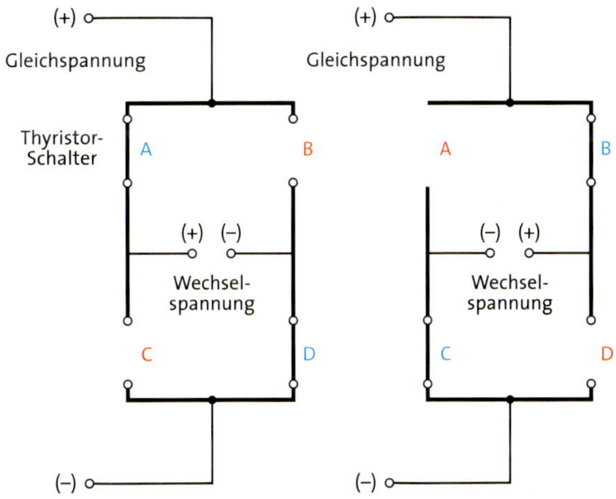

121.1 H-Brückenschaltung eines Wechselrichters. Die elektronischen Schalter A, B, C, D sind Thyristoren

Umrichter von Gleichspannung zu Wechselspannung

Die Technik der sogenannten Wechselrichter, der Umrichter von Gleichspannung auf Wechselspannung, folgt einem einfachen Grundprinzip. Schnelle elektronische Schalter schalten die Gleichspannung am Eingang ein und aus. Um für eine Wechselspannung positive wie negative Spannungen zu erzeugen, wird eine sogenannte H-Brückenschaltung verwendet (**Abb. 121.1**). Zwei Paare von Thyristoren schalten im zeitlichen Wechsel ein und aus. Der Ausgang hat, wenn die Thyristoren A und D einschalten, eine positive Spannung. Der Wechsel zu B und C führt zu einer negativen Spannung. Der Wechsel wird der Frequenz des Wechselstromnetzes von 50 Hz angepasst.
Die so erzeugte Wechselspannung hat allerdings noch keinen sinusförmigen Verlauf. Schnelle elektronische Schalter, die erst seit einigen Jahrzehnten zur Verfügung stehen, ermöglichen ein schnelles Ein- und Ausschalten der erzeugten Wechselspannung (**Abb. 121.2**). Es werden auf diesem Wege Impulse erzeugt, die im zeitlichen Mittel dem Spannungswert der gewünschten sinusförmigen Wechselspannung folgen. Die Impulsbreite ist dabei ein Maß für die erzeugte Spannung, was der Name Pulsbreitenmodulation ausdrückt.

Derartige Umrichter finden auch bei der Kopplung von Solaranlagen an das Wechselstromnetz Verwendung. Der von den Solarzellen kommende Energiestrom wird in einem Gleichstromnetz zum Umrichter geführt und an das Wechselstromnetz angekoppelt. Dabei wird ein Wirkungsgrad um den Wert von 99 % erreicht. Das erscheint als sehr guter Wert. Bei einem Energiestrom mit 10 kW von einer Solaranlage sind dann jedoch 1 % oder 100 W als Umwandlungsverluste vorhanden. 100 W thermische Leistung müssen in die Umgebung geführt werden.

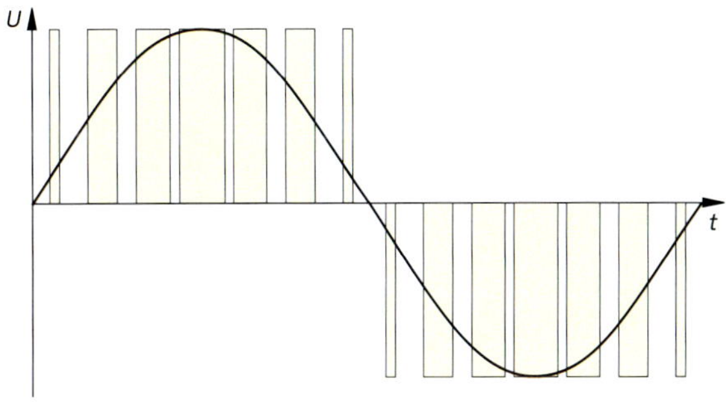

121.2 Das Prinzip der Pulsbreitenmodulation

Noch gravierender sind die Verluste, die bei einem Wechselrichter mit 600 MW auftreten. Als Beispiel für die Übertragung, bei der eine Seeverbindung eingesetzt wird, ist das Baltic Cable zu nennen, welches seit 1994 einen Energiestrom von 600 MW mit Gleichspannung von 450 kV von Schweden nach Deutschland transportiert. Bei 99 % Wirkungsgrad muss mit 6 MW thermischer Leistung gerechnet werden. Der Transport des thermischen Energiestroms in die Umgebung erfordert aufwendige Maßnahmen zur Kühlung des Umrichters.

Aufgaben

1. Das Baltic Cable transportiert einen Energiestrom von P = 600 MW. Berechnen Sie den Energiestrom, der in jedem der zwei Umrichter bei jeweils 99 % Wirkungsgrad in Wärme umgewandelt wird.
2. Bei einer supraleitenden HGÜ treten keine ohmschen Verluste auf. Bewerten Sie den Wirkungsgrad der Übertragungsstrecke in Abhängigkeit von der Länge der Übertragungsleitung.

Exkurs

Entwicklung der Hochspannungs-Gleichstrom-Übertragungstechnik

Während des zweiten Weltkriegs wurde die Forschung an der Hochspannungs-Gleichstrom-Übertragung intensiviert. Die erste Versuchsstrecke Deutschlands wurde zwischen Dessau und Berlin errichtet und sollte 60 MW übertragen. Sie ging jedoch nie in Betrieb, wurde nach Kriegsende abgebaut und nach Russland gebracht. Dort wurde die Verbindung mit einer Leistung von 30 MW zwischen Moskau und Kaschira wieder aufgebaut. Im Westen ging die erste HGÜ-Strecke zur Seeübertragung von Schweden nach Gotland mit 20 MW 1954 in Betrieb. Durch die Inbetriebnahme dieser Strecken war die Hochspannungs-Gleichstrom-Übertragung wieder zum Leben erwacht und sollte die nächsten Jahre stetig weiterentwickelt und verbessert werden. Die Entwicklung ging insbesondere im Bereich der Umrichter schnell voran. Die Umrichter stellen das Bindeglied zwischen der HGÜ-Strecke und dem verbindenden Wechselstromnetz dar.

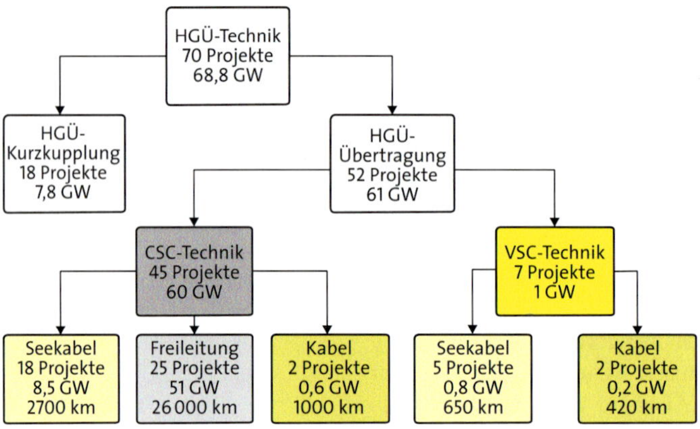

Seit Ende der 1990er Jahre hat sich eine neue, auf Leistungselektronik basierende Technik der Umrichter entwickelt. Diese Technik nennt sich VSC-Technik (**V**oltage **S**ourced **C**onverter) und besitzt gegenüber der bisher eingesetzten CSC-Technik (**C**urrent **S**ourced **C**onverter), die auf der Thyristortechnik basiert, einige Systemvorteile. Beispielsweise kann die VSC-Technik eine Übertragung aufbauen, wenn auf einer Seite keine Spannung anliegt. Dies kommt dem Einsatz zum Abtransport von Windenergie aus Offshore-Parks, aber auch bei der Versorgung von Ölbohrplattformen entgegen. Bei der VSC-Technik können darüber hinaus umweltfreundliche kunststoffisolierte Kabel verwendet werden. Die VSC-Technik wurde bisher nur mit Kabelverbindungen eingesetzt, da hier zum Freileitungsanschluss noch technische Herausforderungen gelöst werden mussten. Die erste Freileitungsverbindung der VSC-Technik ist im Jahr 2010 in Namibia in Betrieb gegangen.

Für die Übertragung der Energie großer Kraftwerke ist der über Erd- oder Seekabel übertraggene Energiestrom mit 1100 MW pro System aber noch zu gering. Diese Einschränkung basiert auf der Spannungsfestigkeit der verwendeten Kabel. Mehr als 300 kV können zur Übertragung nicht genutzt werden. Eine weitere Steigerung der Leistung ist nur durch die Erhöhung der Stromstärke möglich, wodurch die Verluste allerdings quadratisch ansteigen. Im Freileitungseinsatz sind dagegen höhere Spannungen als bei der Kabelübertragung möglich, was dazu führt, dass auch die VSC-Technik höhere Leistungen übertragen kann.

Im Gegensatz dazu sind mit der CSC-Technik Übertragungsleistungen von bis zu 6400 MW möglich. Im Vergleich zu der CSC-Technik entstehen bei der VSC-Technik an den Umrichtern höhere Verluste. Bei der VSC-Technik liegt der Verlustanteil bei etwa 4 % bis 6 %, bei der CSC-Technik bei etwa 3 % bis 4 % der übertragenen Leistung. Dies zusammen mit der geringen Übertragungsleistung führt dazu, dass der Einsatz der VSC-Technik auf kurzen Strecken heutzutage noch nicht wirtschaftlich möglich ist und sie bisher nur aus ausgewählten Strecken zum Einsatz kommt, wo die Systemvorteile überwiegen oder eine Ausführung in CSC-Technik zur Erlangung der gleichen Systemeigenschaften wirtschaftlich nicht sinnvoll ist.

Für die HGÜ-Technik ergeben sich unterschiedliche Anwendungsfälle, die im Bild dargestellt sind.

Bei der Übertragung kann zwischen Freileitungsstrecken, Kabelstrecken und Seekabelverbindungen unterschieden werden. Für Freileitungen wird überwiegend die CSC-Technik eingesetzt. Ein Beispiel zum Energietransport über große Strecken mittels HGÜ-Freileitung ist der Abtransport der im Wasserkraftwerk Itaipu (Paraguay) erzeugten Energie. Dabei wird die Energie über eine Strecke von rund 800 km transportiert. Diese Verbindung überträgt seit 1987 mit zwei Systemen und einer Gleichspannung von ± 600 kV insgesamt 6300 MW zwischen Paraguay und Brasilien. Dabei sind die Übertragungsverluste deutlich geringer als bei einem Transport mit Wechselstrom.

Seekabelverbindungen kommen zum Einsatz, wenn Strecken über 30 km durch ein Seegebiet führen. Als Beispiel für die Übertragung, bei der eine Seeverbindung eingesetzt werden muss, ist hier das Baltic Cable zu nennen, welches seit 1994 mit einer Übertragungsleistung von 600 MW Energie und einer Gleichspannung von 450 kV von Schweden nach Deutschland transportiert.

Neben der Übertragung kommen noch sogenannte Kurzkupplungen zum Einsatz. Diese können nicht gekoppelte Wechselstromnetze, wie das europäische und das russische Verbundnetz verbinden. Kurzkupplungen sind vom Aufbau ähnlich zu den Übertragungssystemen. Allerdings stehen beide Umrichter direkt nebeneinander und sind nicht über eine lange Übertragungsstrecke verbunden.

Exkurs

Die Anfänge der Stromversorgung

Nach der Entdeckung des Induktionsgesetzes durch Michael FARADAY 1831 setzte im Jahre 1844 die galvanotechnische Firma Elkington in Birmingham die erste elektrische Anlage in Betrieb. Ein magnetelektrischer Generator mit vier feststehenden Hufeisenmagneten wurde von einer Dampfmaschine angetrieben. In der Folgezeit gab die Beleuchtung öffentlicher Anlagen und Plätze einen entscheidenden Anstoß für den Einsatz elektrischer Energie. Es waren zunächst Lichtbogenlampen, mit denen zum Beispiel 1879 in Berlin der Reichstag und der Pariser Platz beleuchtet wurden. Nach der Verbesserung der Kohlenfadenlampen durch Thomas Alva EDISON verbreiteten sich elektrische Beleuchtungsanlagen im öffentlichen Bereich immer schneller. Insbesondere die Theater wurden in den Achtzigerjahren wegen der verringerten Brandgefahr mit Glühlampen ausgestattet.
1885 wurde das erste deutsche Kraftwerk in Berlin in Betrieb gesetzt. Vorausgegangen war 1866 die Entdeckung des auf der Induktion beruhenden dynamoelektrischen Prinzips durch SIEMENS und die Entwicklung des Trommelankers, wodurch die Generatoren ein wesentlich geringeres Gewicht und dennoch einen höheren Wirkungsgrad erhielten. Das Kraftwerk Berlin-Markgrafenstraße hatte eine Nennleistung von 660 kW, die von 18 Dynamos, angetrieben von 6 Dampfmaschinen, geliefert wurde. Das Kraftwerk gab einen mittels Kommutatoren gleichgerichteten Strom einer Spannung von 110 V ab, sodass die damals gängigen Kohlenfadenlampen betrieben werden konnten.
Bei dieser Spannung waren die Leitungsverluste sehr hoch, sodass sich die Versorgungsfläche auf einen Radius von 800 m beschränkte. Trotz dieses Nachteils lieferten die bis 1895 in Deutschland errichteten 147 Kraftwerke fast alle Gleichstrom.
Eine der ersten längeren Stromleitungen wurde bereits 1882 von Oskar von MILLER (1855 – 1934) realisiert. Anlässlich der ersten deutschen Elektrizitätsausstellung verband er einen Gleichstromgenerator in Miesbach mit einem Motor im 57 km entfernten München. Diese Gleichstromübertragung hatte jedoch lediglich einen Wirkungsgrad von 25 %.

Bei höheren Gleichspannungen wären die Leitungsverluste deutlich geringer gewesen, doch die damals gängigen Verbraucher, Kohlebogen- oder Glühfadenlampen, arbeiteten mit einer Spannung von lediglich 50 – 60 V.
Wechselstrom konnte sich in den folgenden Jahren bis 1905 (Anteil 55 %) erst durchsetzen, nachdem leistungsfähige Transformatoren entwickelt waren.
Zunächst scheiterte die Verwendung von Wechselstrom jedoch am Fehlen eines geeigneten Motors, wie es ihn für Gleichstrom bereits gab. Erst die Erfindung des Drehstrommotors löste dieses Problem.
Elektromotoren, die mit Gleichstrom arbeiteten, hatten sich in weiten Bereichen der Industrie bereits durchgesetzt. Sie waren billiger als Dampfmaschinen, flexibler einsetzbar, aber aufgrund der Verwendung von Kommutatoren auch wartungsintensiv und für staubige Arbeitsumgebungen ungeeignet. Diesen Nachteil hatten die in der Folgezeit entwickelten Wechselstrommotoren nicht.
1889 meldete die Allgemeine Elektrizitäts-Gesellschaft AEG das Patent auf einen Anker für Drehstrommotoren an, welchen Michael von DOLIVO-DOBROWOLSKY entwickelt hatte. Die Ankerwicklung dieses Motors bestand lediglich aus einer kurzgeschlossenen Spule, welche sich zwischen drei gleichmäßig verteilten Ständerspulen drehte. Ein Kommutator mit verschleißanfälligen Bürsten zur Stromzufuhr war nicht mehr notwendig. Um diesen Motor betreiben zu können, mussten die Ständerspulen mit Wechselstrom gespeist werden, welcher jeweils um 120° gegenüber der Stromzufuhr der nächsten Spule phasenverschoben war. In Anlehnung an die vorgesehene Verwendung bei Motoren prägte DOLIVO-DOBROWOLSKY für dieses Wechselstromsystem den Begriff Drehstrom.
Einen wichtigen Impuls zur Weiterentwicklung der Wechselstromtechnik gab 1891 die Elektrizitätsausstellung in Frankfurt/Main, wo MILLER einen weiteren Versuch zur Fernübertragung von elektrischer Energie durchführte: Vom Wasserkraftwerk Lauffen am Neckar wurde Drehstrom mit einer Hochspannung von 8,5 kV nach Frankfurt übertragen. Dort wurden 1000 Lampen und ein 100 PS-Drehstrommotor betrieben. Der Versuch fand wegen des hohen Wirkungsgrades von 75 % weltweit Beachtung. Bereits ein Jahr später wurde in Erding bei München von der Firma Siemens & Halske die erste städtische Drehstromzentrale errichtet.
Gab es 1890 in Deutschland 30 Kraftwerke mit einer Gesamtleistung von 6 MW, so war deren Zahl bis 1905 auf 1175 mit einer Leistung von 518 MW angestiegen. 2004 wurde eine Leistung von 110 GW genutzt. Im Jahr 2014 verfügten die Kraftwerke in Deutschland über eine Gesamtleistung von 184 GW.
In ein elektrisches Verteilernetz muss beständig soviel elektrische Energie eingespeist werden, wie gerade von den Verbrauchern benötigt wird. Da die Speicherung elektrischer Energie in großen Mengen unwirtschaftlich ist und nur für den Spitzenbedarf dienen sollte, müssen gewisse Kraftwerkskapazitäten jederzeit bereitstehen, um diese Spitzenlast zu decken. In der Vergangenheit steuerte das Kraftwerksmanagement bis auf wenige Ausnahmen nur die Abgabeseite (Kraftwerke). Es gibt Bestrebungen, in naher Zukunft auch die Nachfrageseite verstärkt zu steuern.

Materialgestützte Aufgaben

Messung des Erdmagnetfelds

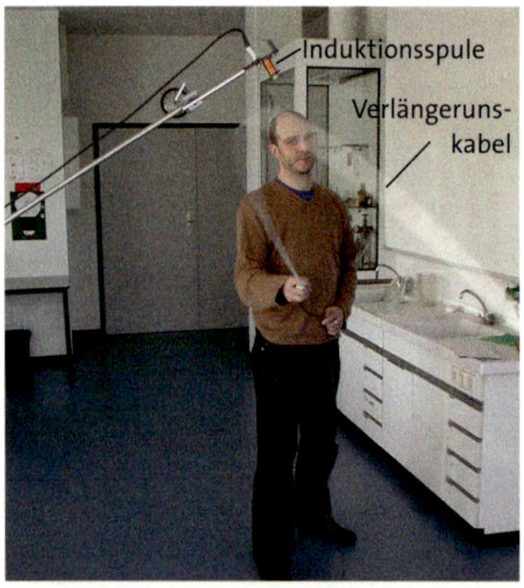

Lässt man ein Verlängerungskabel rotieren, so entsteht an den Enden des Kabels eine elektrische Spannung.

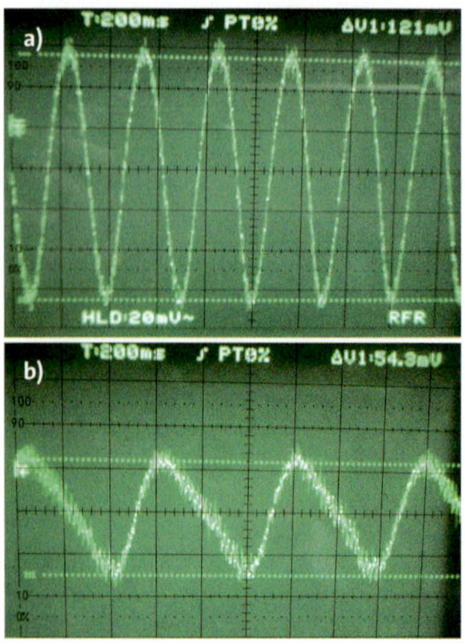

Zeitlicher Verlauf der elektrischen Spannung an den Kabelenden für zwei verschiedene Versuche **a)** und **b)**. Die Spannungen wurden vorher jeweils um den Faktor 100 verstärkt. Ein vertikaler Teilstrich entspricht daher einer Spannung von 0,2 mV, ein horizontaler Teilstrich 0,2 s.

Wirkungsgrad eines realen Transformators

Mit einem Transformator wird eine (12 V | 100 W)-Halogenlampe aus dem 230 V-Netz mit Energie versorgt. Ein idealer Transformator würde den Energiestrom von 100 W = 100 J/s von der Steckdose zur Lampe leiten. Verschiedene reale Transformatoren sollen auf ihren Wirkungsgrad hin untersucht werden. Sie unterscheiden sich von ihrer Bauform, vom Gewicht und vom Preis.

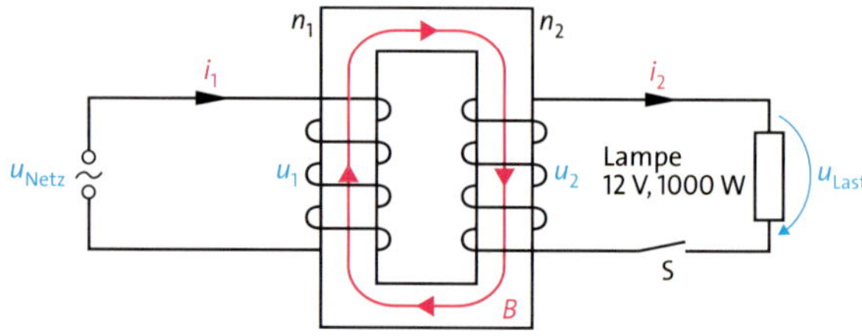

Zur Messung der Ströme und Spannungen kann ein Energiemonitor eingesetzt werden, der die Werte auf der Primärseite des Trafo wie auf der Sekundärseite misst und anzeigt. Die angezeigten Werte sind jeweils die Effektivwerte U_{eff} und I_{eff}.

Trafokerne	U_1 in V	U_2 in V	I_1 in A	I_2 in A	P_1 in W	P_2 in W
Ringkern	230	12,5	0,510	8,18		
E-I-Kern	230	12,6	0,526	8,20		
Experimentiertrafo	230	12,3	0,775	8,10		
idealer Trafo	230	12,0				

Die Tabelle rechts zeigt die Werte für den Energiestrom zum Trafo, wenn die Lampe mit dem Schalter S ausgeschaltet wird.

Trafokerne	P_1 in W	P_2 in W
Ringkern	0,1	0
E-I-Kern	14,3	0
Experimentiertrafo	45,0	0
idealer Trafo	0	0

Aufgaben

1. **a)** Erklären Sie die Ursache für die Entstehung der elektrischen Spannung am Kabel.
b) Der gemessene Spannungsverlauf ist nahezu sinusförmig. Bei genauer Betrachtung sind jedoch Abweichungen von der Sinusform zu erkennen. Erläutern Sie die Ursachen dafür.
c) Erörtern sie, wie es zu den unterschiedlichen zeitlichen Verläufen in den beiden dargestellten Fällen kommt.
d) Zeigen Sie mithilfe des Induktionsgesetzes, dass das Produkt aus der Periodendauer T und der Amplitude $\hat{u}$ der in der Abb. dargestellten Wechselspannung durch $\hat{u}\,T = 2\pi B_0 \hat{A}$ gegeben ist. B_0 ist die dabei Stärke des Erdmagnetfeldes und $\hat{A}$ die vom Verlängerungskabel mit der in Ost-West-Richtung orientierten Drehachse eingeschlossene Fläche. Überprüfen Sie, ob das experimentelle Ergebnis aus der Abb. dieser Beziehung genügt.
e) Die Fläche $\hat{A}$ hat den Wert 0,75 m². Berechnen Sie damit die Stärke B_0 des Erdmagnetfeldes.

Aufgaben

1. **a)** Berechnen Sie aus den gegebenen Tabellenwerten die in der Tabelle fehlenden Werte.
b) Entwickeln Sie eine Formel zur Berechnung des Wirkungsgrads für den Energiestrom.
c) Bestimmen Sie für jeden Trafotyp den Wirkungsgrad für den Energiestrom.

2. Wird die Lampe mit dem Schalter S ausgeschaltet, dann fließt kein Energiestrom zur Lampe. Die untere Tabelle zeigt den gemessenen Energiestrom in den Trafo.
a) Berechnen Sie die Kosten für einen Verbraucher im Jahr, der ununterbrochen einen Energiestrom von 1 J/s umsetzt. Die Kosten für 1 kWh sollen 0,25 € betragen.
b) Berechnen Sie für jeden der Transformatoren die Kosten, die bei ausgeschalteter Lampe in einem Jahr anfallen.
c) Recherchieren Sie, was unter Stand-By-Verlust verstanden wird. Bewerten Sie die Energieverluste. Ermitteln Sie alternative Schaltungen, um derartige Verluste zu verringern oder zu vermeiden.

Kabellose Aufladung eines Elektroautos

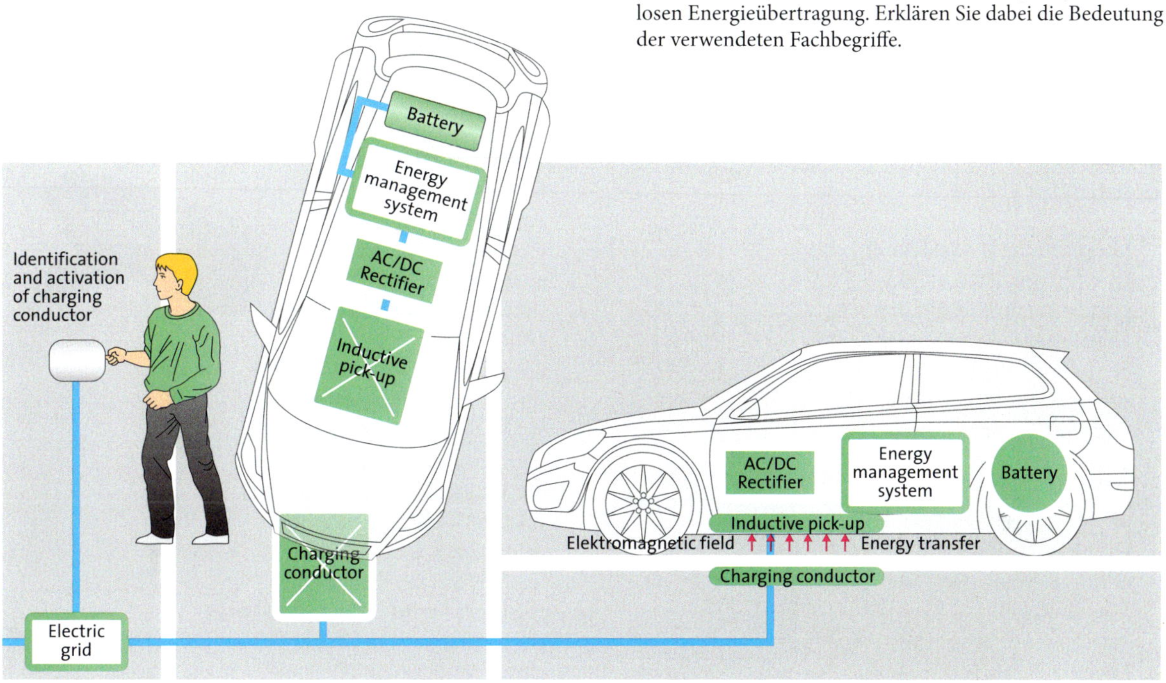

Das Projekt soll den Namen CED (**C**ontinuous **E**lectric **D**rive) tragen. Zu Testzwecken soll ein Volvo C30 Electric mit dem neuen System ausgestattet werden.

Um die zum Fahren notwendige Energie kabellos zu übertragen, wird eine Aufladeplatte im Boden – beispielsweise in der Garagenauffahrt oder auf öffentlichen Parkplätzen – versenkt. In der Ladeplatte befindet sich eine Spule, die ein magnetisches Feld erzeugt. Der Wechselstrom in der Primärspule (der Ladeplatte in der Straße) erzeugt die Magnetfeldänderungen, welche nach dem Induktionsgesetz in einer Sekundärspule (Aufnahme im Fahrzeug) eine Spannung induziert. Im Stromkreis des Fahrzeugs fließt der Induktionsstrom, der die Energie über einen Umrichter Wechselstrom-Gleichstrom in die Batterie einspeist. Der Akku, der im C30 Electric zum Einsatz kommt, kann mit maximal 24 kWh aufgeladen werden. Um eine komplett leere Batterie dieser Größenordnung wieder aufzuladen, wird von Volvo eine Ladezeit von rund einer 1 h 20 min veranschlagt. Bei dem Entwicklungsprojekt CED wurde eine Akku-Kapazität von 20 kWh zugrunde gelegt.

Der Einsatz solcher Systeme könnte die Errichtung von Ladestationen im öffentlichen Raum vereinfachen, da diese technisch nicht allzu aufwendig gestaltet werden müssten. Auch Kompatibilitätsprobleme hinsichtlich der Steckersysteme dürften hinfällig sein. Ein weiterer großer Vorteil induktiver Ladesysteme ist der hohe Komfort. Auf heutige Verhältnisse übertragen hieße das, dass ein Auto immer „aufgetankt" wäre, ohne je eine Tankstelle anfahren zu müssen. Ein toller Gedanke …

Aufgaben

1. **a)** Übersetzen Sie die in der Zeichnung genannten Begriffe.
b) Erläutern Sie die Funktionsweise der gezeigten kabellosen Energieübertragung. Erklären Sie dabei die Bedeutung der verwendeten Fachbegriffe.

2. Untersuchen Sie den Text hinsichtlich der im Fahrzeug maximal gespeicherten Energie.
a) Tragen Sie die Textstellen zusammen, die zur Energie im Akku des Fahrzeugs Aussagen machen.
b) Rechnen Sie die ermittelten Werte für die Energie in die Einheit J um.
c) Ermitteln Sie die Fahrzeit, die bei voller Ladung des Akkus und einem durchschnittlichen Energieumsatz von 10 kW möglich ist.

3. Untersuchen Sie den Text hinsichtlich des maximalen Energiestroms (Leistung) zum Fahrzeug.
a) Tragen Sie die Textstellen zusammen, die zur Energiestrom zum Fahrzeug Aussagen machen.
b) Rechnen Sie die ermittelten Werte für die Energie in die Einheit J/s = W um.
c) Vergleichen Sie den Energiestrom beim Aufladen zum Fahrzeug hin mit dem Energiestrom beim Fahren. Bewerten Sie den Vergleich.

4. Mit dem vorgestellten Verfahren ließen sich Elektrofahrzeuge, die an Haltestellen kurz anhalten, ebenfalls aufladen und so ständig betriebsbereit halten.
a) Schätzen Sie aus den typischen Standzeiten die Stärke des Energiestroms, der bei der Aufladung erforderlich ist.
b) Ermitteln Sie möglichen Gefährdungen im Umfeld der Aufladestation, die mit dem Komfort einer kabellosen Aufladung einhergehen.

Grundwissen Elektrodynamik

Magnetische Felder

Das Magnetfeld übt Kräfte auf Permanentmagnete, auf stromdurchflossene Leiter und auf bewegte elektrische Ladungen aus. Die magnetischen Feldlinien stellen die Struktur des magnetischen Feldes dar. Es sind geschlossene Kurven, deren Dichte an einem Ort ein Maß für die dort vorhandene Feldstärke B des Feldes ist.

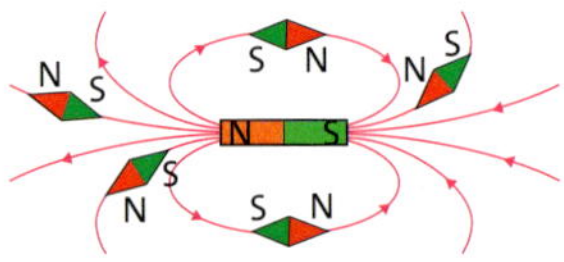

Magnetische Feldstärke B

Die magnetische Feldstärke ist definiert mit der Kraft F auf einen Leiter der Länge l, der senkrecht zu den Feldlinien liegt und vom Strom I durchflossen ist:

$$B = \frac{F}{I\,l}$$

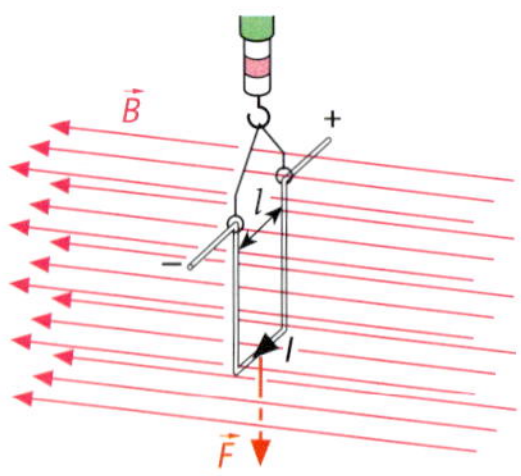

Die Richtung der Kraft ergibt sich aus der **Drei-Finger-Regel**.

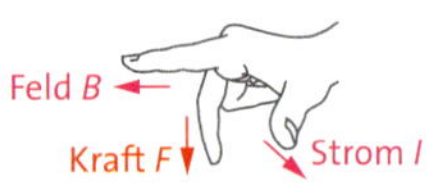

Lorentz-Kraft F_L

Auf Elektronen mit der Ladung $-e$, die sich im Magnetfeld bewegen, wirkt die Lorentz-Kraft $F_L = e\,v\,B$. Die Lorentz-Kraft steht senkrecht auf der von der Bewegungsrichtung und der Feldrichtung aufgespannten Ebene und ist am größten, wenn Bewegung und Feld senkrecht zueinander gerichtet sind. Die Richtung der Kraft ergibt sich aus der Drei-Finger-Regel unter Berücksichtigung des Vorzeichens der Ladung $-e$.

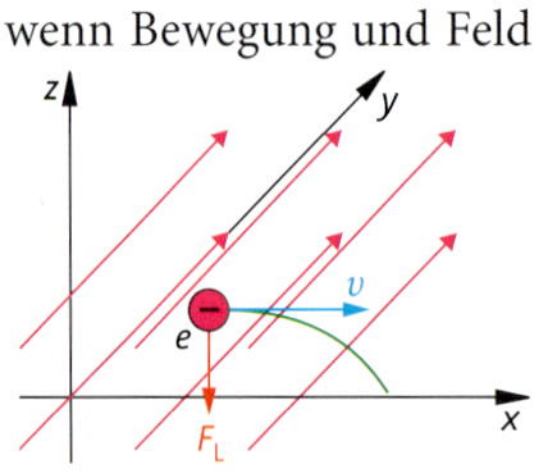

Grundversuch Leiterschaukel

Die Lorentzkraft F_L bewirkt bei der Bewegung eines Leiters der Länge d mit der Geschwindigkeit v im Magnetfeld B eine Ladungstrennung, die eine Spannung

$$U = v\,B\,d$$

zwischen den Leiterenden induziert.

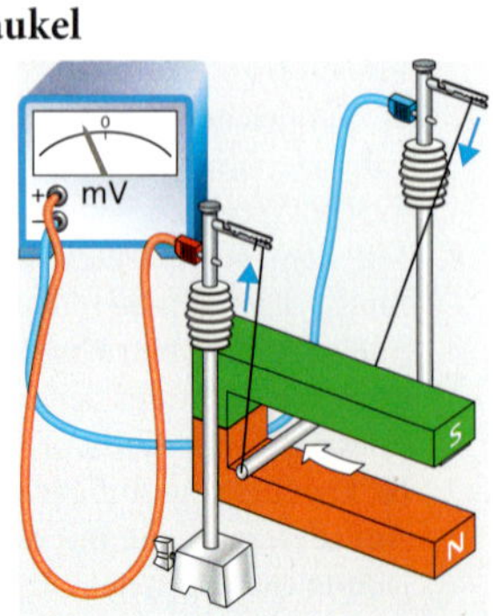

Elektromagnetische Induktion

Phänomene

Die Versuche, bei denen Induktion auftritt, haben folgende Gemeinsamkeiten: In der Umgebung eines Leiters bzw. in einer Spule ändert sich die magnetische Feldstärke. Dann entsteht an den Anschlüssen des Leiters bzw. der Spule eine Spannung, die Induktionsspannung.

Grundversuch Leiterschleife

Eine Induktionsspannung U an einer Leiterschleife tritt immer dann auf, wenn die magnetische Feldstärke B in der Leiterschleife oder wenn die Fläche A der Leiterschleife im Magnetfeld geändert wird. Die Flächenänderung kann durch einfaches Drehen der Spule oder durch Verformen des Spulenquerschnitts erfolgen. Ferner kann die Leiterschleife aus dem Feld herausgezogen oder in das Feld hineingebracht werden. Auch dann ändert sich die Magnetfeldstärke B innerhalb der Fläche A der Spule.

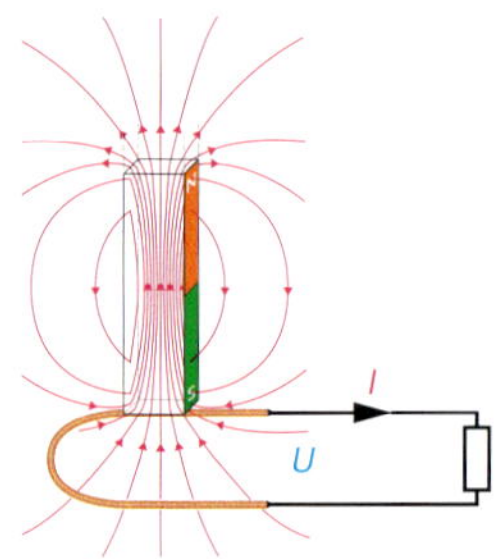

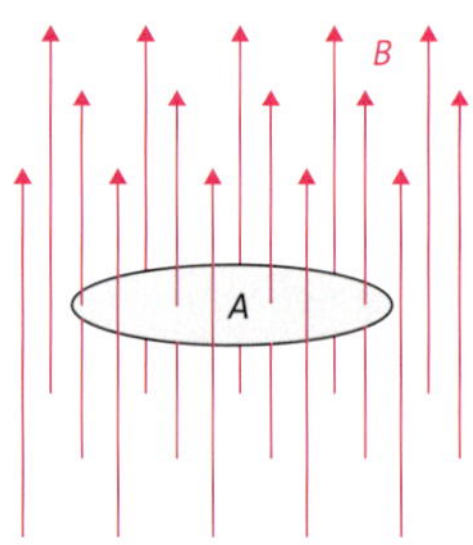

Faraday'sches Induktionsgesetz: Die in einer Spule mit n Windungen induzierte Spannung U ist proportional zur zeitlichen Änderung der magnetischen Feldstärke $\dot{B}$ oder zur zeitlichen Änderung der Spulenfläche $\dot{A}$. Es gilt:

$$U = -n\,A\,\frac{\Delta B}{\Delta t} - n\,B\,\frac{\Delta A}{\Delta t} = -n\,A\,\dot{B} - n\,B\,\dot{A} = -n\,(\dot{AB})$$

Die Punkt-Schreibweise der zeitlichen Ableitung

Die momentane Änderung der Magnetfeldstärke $\Delta B/\Delta t$ wird mit $\dot{B}$ (sprich B-Punkt) bezeichnet, die momentane Änderung der Fläche $\Delta A/\Delta t$ mit $\dot{A}$ (sprich A-Punkt).

Nach der Produktregel für Ableitungsfunktionen kann $-n\,A\,\dot{B} - n\,B\,\dot{A}$ zu $-n\,(\dot{AB})$ zusammengefasst werden.

Energie und Energietransporte

Energie und Leistung
Der Energiestrom (die Leistung) P in J/s überträgt in der Zeitspanne Δt die Energie $\Delta E = P\,\Delta t$ in J.

Energie und Spannung
Die Energiestromstärke von der Batterie in den elektrischen Stromkreis ist $P = U I$. U ist die Spannung an der Batterie und I der Strom, der von der niedrigen Spannung zur hohen durch die Batterie fließt. Die Energiestromstärke P von der Lampe aus dem elektrischen Stromkreis heraus ist ebenfalls $P = U I$. U ist die Spannung an der Lampe und I der Strom, der von der hohen Spannung zur niedrigen durch die Lampe fließt.

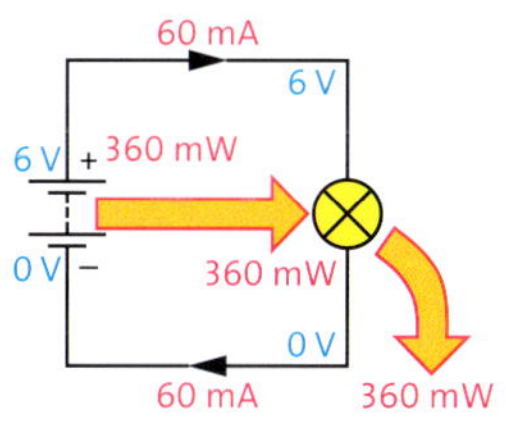

Definition der Spannung
Die Spannung U in V ist definiert als die Energie ΔE in J, die mit der Ladung ΔQ in C aus dem elektrischen Stromkreis abgegeben wird: $U = \Delta E/\Delta Q$.

Energie und Induktionsspannung
Der Teil des Stromkreises, in dem eine Spannung U_L durch Induktion an einer Leiterschleife entsteht, wird ersetzt. Die Ersetzung erfolgt durch eine Batterie mit der Spannung U.

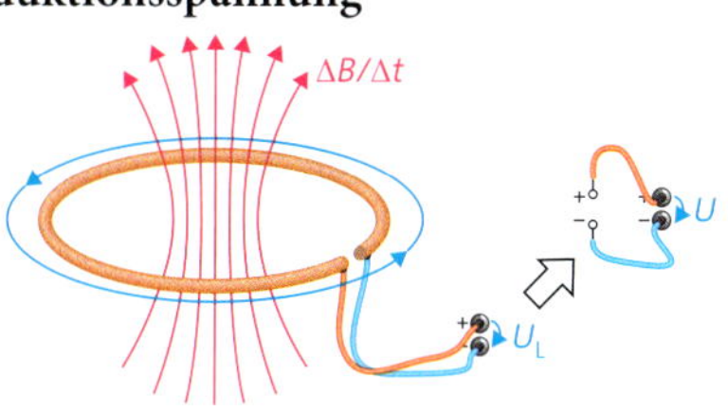

Grundversuch Thomson'scher Ringversuch
Im Metallring wird ein Strom induziert, dessen ein Magnetfeld dazu führt, dass der Ring abgestoßen wird. Energie aus dem Magnetfeld wird in kinetische Energie des Rings umgewandelt. Beim Zurückschwingen wird ein Strom induziert, der den Ring im Magnetfeld des Eisenkerns abgebremst. Die Energie des Rings wird im Magnetfeld gespeichert. Wegen der Energieerhaltung gilt die **Lenz'sche Regel**, nach der der Induktionsstrom seiner Ursache entgegenwirkt.

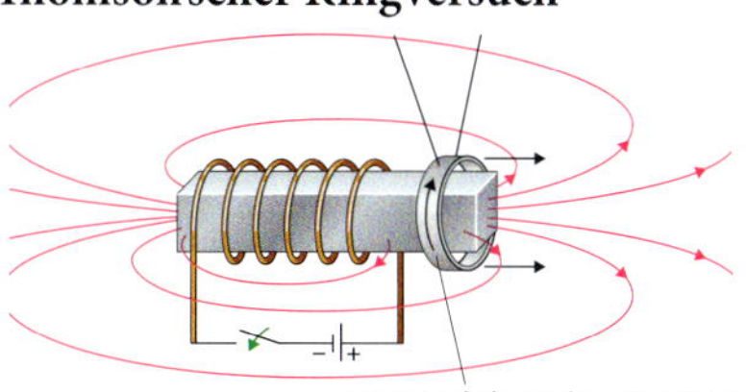
Beim Einschalten induzierter Strom

Energietransporte mit Wechselspannung

Grundversuch Generator
Dreht sich eine Spule mit konstanter Winkelgeschwindigkeit im homogenen Magnetfeld, so wird eine zeitlich sinusförmig veränderliche **Wechselspannung $u(t)$** induziert: $u(t) = \hat{u}\sin(\omega t)$. Die Amplitude der Wechselspannung ist $\hat{u}$. In der Formel ist ω die Winkelgeschwindigkeit mit $\omega = 2\pi f = 2\pi/T$.

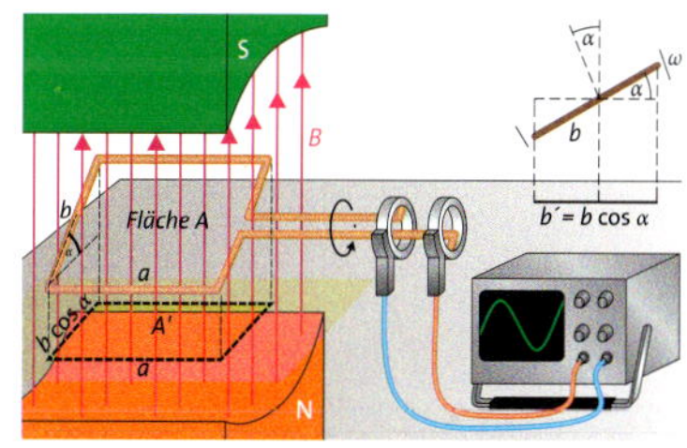

Grundversuch Oszilloskop/Messwerterfassung
Die Wechselspannung $u(t) = \hat{u}\sin(\omega t)$ erzeugt in einem Stromkreis mit dem Widerstand R den **Wechselstrom** $i(t) = \hat{i}\sin(\omega t)$. Die Amplitude des Wechselstroms ist $\hat{i} = \hat{u}/R$.

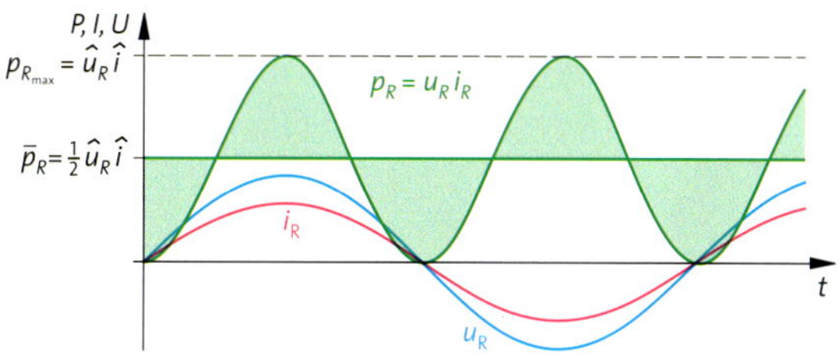

Der Wechselstrom mit den **Effektivwerten** $U_{eff} = \hat{u}/\sqrt{2}$ und $I_{eff} = \hat{i}/\sqrt{2}$ bewirkt den mittleren Energiestrom $P = U_{eff} I_{eff}$.

Grundversuch Transformator:
Sekundär- und Primärspannung U_{2eff} und U_{1eff} verhalten sich wie die Windungszahlen n_2 und n_1:

$$\frac{U_{2\,eff}}{U_{1\,eff}} = \frac{n_2}{n_1} = ü$$

$ü = n_2/n_1$ heißt Übersetzungsverhältnis.

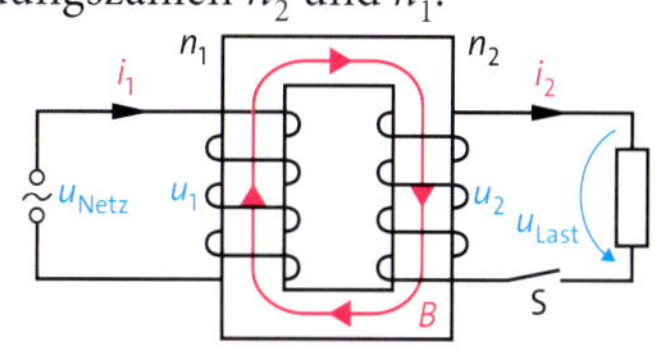

Grundversuch: Modellexperiment Freileitungen
Wird die Spannung einer elektrischen Energieübertragung um den Faktor 10 vergrößert, dann verringern sich die Leitungsverluste um den Faktor $\frac{1}{100}$. Diese **ohmschen Verluste** sind $P_V = U_R I$. Dabei ist U_R die Spannung am ohmschen Widerstand der Leitung und I die Stromstärke in der Leitung.

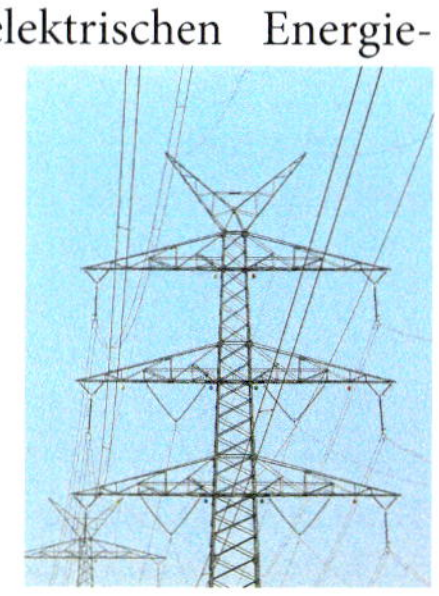

Wissenstest Elektrodynamik

1. Bewegter Magnet
Ein Dauermagnet wird in unterschiedlicher Weise vor einer Spule bewegt.

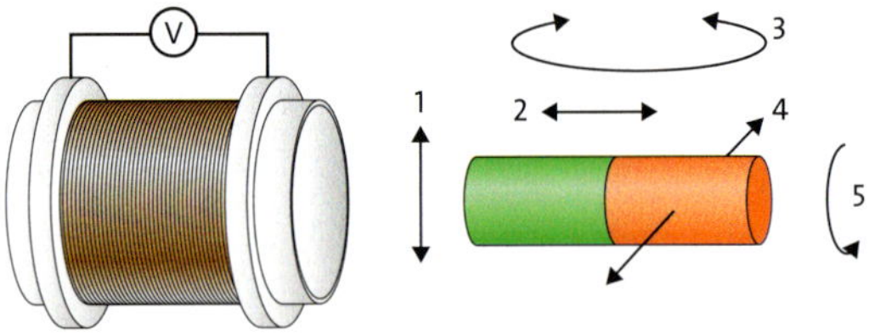

Bei welcher der fünf Bewegungen entsteht eine Induktionsspannung, bei welcher nicht? Begründen Sie Ihre Aussagen.

2. Bewegte Spule
In einem Magnetfeld wird eine Spule in unterschiedlicher Weise bewegt.

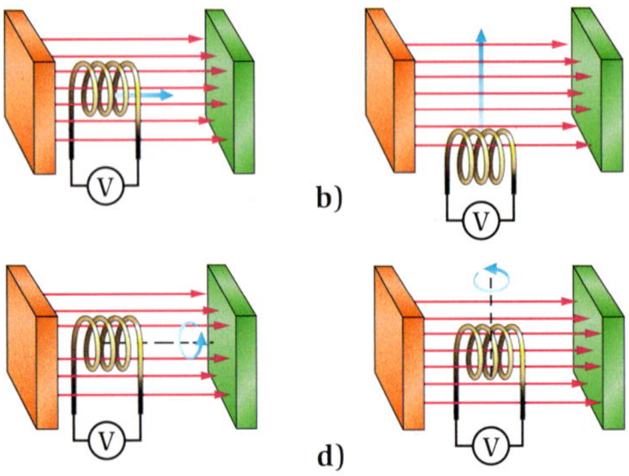

a) In welchen Fällen wird eine Spannung induziert, in welchen nicht? Begründen Sie.
b) Geben Sie jeweils eine weitere Variante an, bei der eine Spannung induziert wird bzw. bei der keine Spannung induziert wird.

3. Spule im Feld
Eine bewegliche Spule befindet sich so wie angegeben in einem homogenen Magnetfeld. Geben Sie Bewegungen an,
a) bei denen eine Spannung induziert wird,
b) bei denen keine Spannung induziert wird. Begründen Sie jeweils Ihre Aussage.

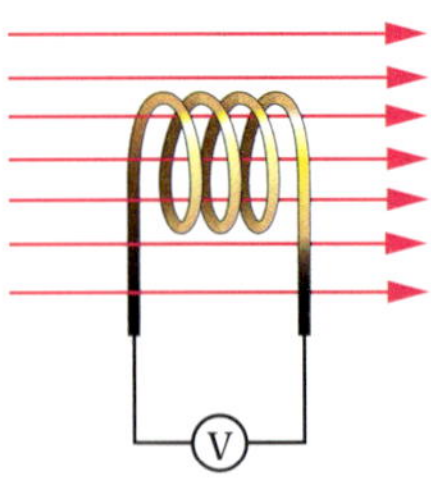

4. Induktion
Beschreiben Sie je ein typisches Experiment zur Erzeugung einer Induktionsspannung,
a) wenn keine Relativbewegung zwischen Magnetfeld und Leiter (Spule) vorliegt,
b) wenn eine Relativbewegung zwischen Magnetfeld und Leiter (Spule) vorliegt.
c) Nennen Sie die Bedingungen, unter denen in einem Leiter bzw. einer Spule eine Spannung induziert wird.

5. Leiterstück
Ein 15 cm langer Leiter bewegt sich senkrecht zu den Feldlinien eines homogenen Magnetfelds ($B = 2{,}6$ mT) mit einer Geschwindigkeit von 80 m/s. Bestimmen Sie die Induktionsspannung zwischen den Enden des Leiters.

6. Freier Fall im Feld
Ein gerader Leiter von 10 cm Länge wird losgelassen, fällt herunter und trifft nach 50 cm so auf ein homogenes Magnetfeld, wie es in der Skizze dargestellt ist.

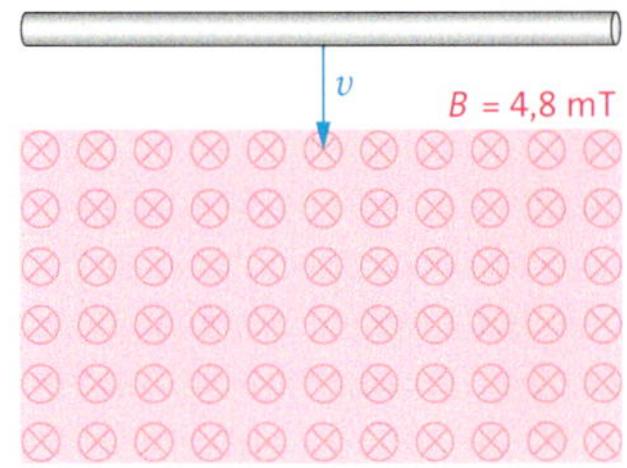

a) Berechnen Sie die Geschwindigkeit, mit der der Leiter in das Magnetfeld eintritt.
b) Bestimmen Sie die Richtung, in der sich dann die Elektronen im Leiter bewegen.
c) Berechnen Sie die Spannung zwischen den Enden des Leiters, unmittelbar nach dem Eintreten in das Magnetfeld.
d) Diskutieren Sie die Veränderung der Spannung, wenn der Leiter im Feld weiter frei fällt.

7. Induktionsspannung
Auf einem Eisenkern befinden sich eine felderzeugende Spule 1 und eine Induktionsspule 2.

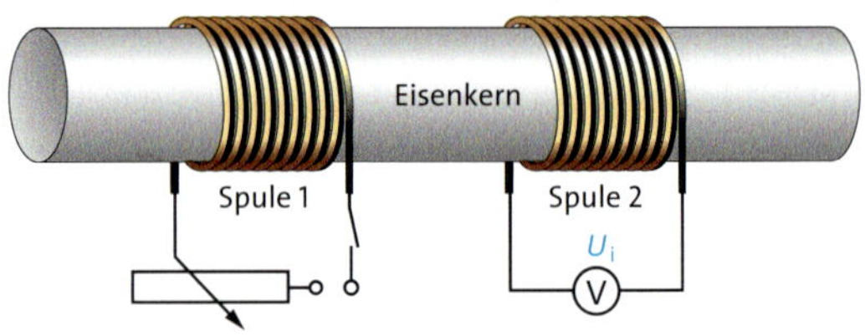

a) Geben Sie mindestens drei Möglichkeiten der Erzeugung einer Induktionsspannung in Spule 2 an. Begründen Sie Ihre Vorschläge.
b) Untersuchen Sie, wie es zu erreichen ist, dass in Spule 2 eine möglichst große Spannung induziert wird.
c) Geben Sie eine Bewegung von Spule 2 an, bei der keine Spannung induziert wird.

8. Induktionsschleife
Mithilfe einer in der Straße eingelassenen Induktionsschleife kann z. B. die Schaltung einer Ampel gesteuert werden.

a) Beschreiben Sie die Funktionsweise einer solchen Induktionsschleife.
b) Erläutern Sie, ob diese Anordnung auch ohne Spannungsquelle funktionieren würde.
c) Geben Sie eine Möglichkeit an, wie man mithilfe von Induktionsschleifen die Geschwindigkeit von Fahrzeugen ermitteln könnte.

d) Berechnen Sie die Geschwindigkeit des Fahrzeugs, wenn zwei Leiterschleifen 5,2 m voneinander entfernt sind und zwischen den Spannungsstößen eine Zeit von 0,28 Sekunden gemessen wird.

9. Bewegte Leiterschleife

Eine quadratische Leiterschleife mit der Fläche $A = 36\ \text{cm}^2$ befindet sich in einem Magnetfeld mit $B = 4{,}5\ \text{mT}$. Die Feldlinien verlaufen senkrecht durch die Fläche A.

a) Berechnen Sie die Änderung der effektiven Fläche, wenn die Leiterschleife um 45° bzw. um 90° gedreht wird.

b) Die Leiterschleife wird parallel zu den Feldlinien bewegt und dann innerhalb von 0,5 s aus dem Feld herausgezogen. Ermitteln Sie den zeitlichen Verlauf der Induktionsspannung.

10. Veränderliches Magnetfeld

Im Diagramm ist für ein magnetisches Feld, das eine Spule durchsetzt, die zeitliche Abhängigkeit von der magnetischen Feldstärke dargestellt. Vergleichen Sie die in den einzelnen Abschnitten entstehenden Induktionsspannungen.

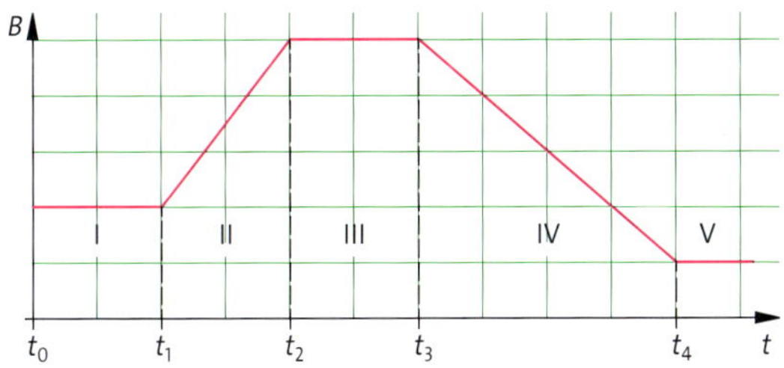

11. Anwendungen

Bei Anwendungen der Induktion ändert sich entweder die magnetische Feldstärke oder die effektive Fläche mit der Zeit. Beschrieben werden können diese beiden Möglichkeiten mit den Gleichungen:

$$U = n\,A\,\frac{\Delta B}{\Delta t} + n\,B\,\frac{\Delta A}{\Delta t} = n\,A\,\dot{B} + n\,B\,\dot{A}$$

a) Nennen Sie je ein technisches Gerät, dessen Wirkungsweise auf den in den Gleichungen beschriebenen Zusammenhängen basiert.

b) Beschreiben Sie den Aufbau und erklären Sie die Wirkungsweise der betreffenden Geräte.

12. Induktionsherd

Bei Induktionsherden wird die elektromagnetische Induktion ausgenutzt. Unter der Kochfläche befindet sich eine Spule, die von Wechselstrom durchflossen wird.

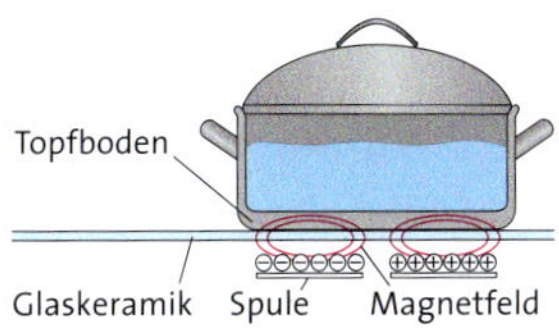

a) Erklären Sie die Wirkungsweise eines Induktionsherds.

b) Erläutern Sie, warum auf Induktionsherden nur bestimmte Metalltöpfe genutzt werden können.

c) Geben Sie an, welche Vorteile bzw. Nachteile Induktionsherde gegenüber herkömmlichen Herden haben.

13. Magnet im freien Fall

Lässt man einen Dauermagneten in einer Metallröhre fallen, so zeigt sich ein merkwürdiger Effekt: Der Dauermagnet fällt relativ langsam und gleichförmig nach unten. Bei Verwendung einer Plastikröhre fällt er dagegen gleichmäßig beschleunigt. Erklären Sie diese Effekte.

14. Präsentation Energieübertragung: Wechselstrom oder Gleichstrom

Ein wichtiges Gerät zur elektrischen Energieübertragung ist der Transformator. Fertigen Sie eine Präsentation zu historischen Entscheidung zwischen Wechselstrom- und Gleichstromübertragung an. Stellen Sie die Nutzungsmöglichkeiten von Transformatoren heraus.

15. Energiestrom und Spulen

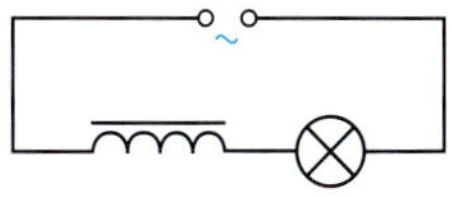

In einem Stromkreis befindet sich eine Spule und eine Lampe.

a) Bei Gleichspannung leuchtet die Lampe nach kurzer Zeit hell. Vergleichen Sie den Energiestrom zur Spule und zur Lampe nach dem Einschalten.

b) Wird eine Wechselspannung angelegt, leuchtet die Lampe kaum noch. Vergleichen Sie den Energiestrom zur Spule und zur Lampe.

16. Transformator Wirkungsgrad

Ein Transformator hat einen Wirkungsgrad von 98 %. Berechnen Sie die Primärstromstärke, wenn die Primärspannung 220 kV beträgt und auf der Sekundärseite eine Leistung von 15 MW entnommen wird.

17. Energieübertragung mit Hochspannung

Die Energieübertragung mit Hochspannung wird in einem Modell nachgebaut.

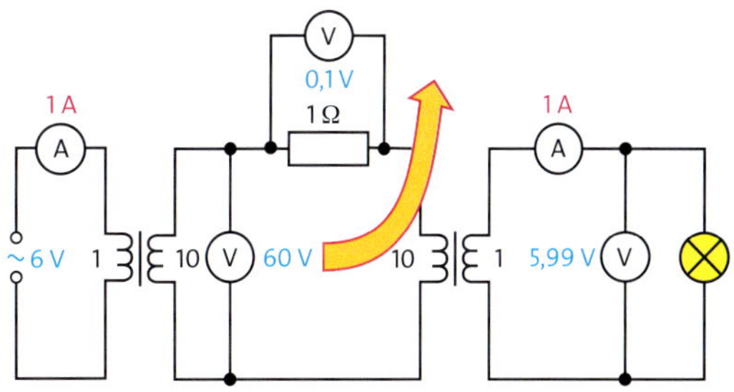

a) Berechnen Sie aus den angegebenen Größen den Energiestrom, der in den Leitungsweg hineinfließt.

b) Berechnen Sie aus den angegebenen Größen den Energiestrom, der zur Lampe durch den Leitungsweg hinfließt.

c) Berechnen Sie aus den angegebenen Größen den Energiestrom, der mit ohmschen Verlusten bezeichnet wird.

d) Das Übersetzungsverhältnis der Transformatoren wird von 1 : 10 auf 1 : 100 bzw. auf 100 : 1 verändert. Ermitteln Sie die ohmschen Verluste. Bewerten Sie die Verwendung von Hochspannung zur Übertragung von elektrischer Energie.

3 STRAHLUNG UND MATERIE

Der Begriff Strahlung wird in den unterschiedlichsten Zusammenhängen verwendet und bezeichnet im allgemeinsten Fall die Ausbreitung von Wellen oder Teilchen. Damit verknüpft ist ein Energietransport. Licht als ein kleiner Teil des elektromagnetischen Spektrums ermöglicht uns das Sehen. Wird das Licht, welches Atome eines Gases aussenden, spektral zerlegt, so sind nur einzelne, von der jeweiligen Atomsorte abhängige, farbige Linien zu erkennen. Es entsteht ein sogenanntes Linienspektrum (**Abb. 130.1**). Somit emittieren Atome nur ganz bestimmte diskrete Energieportionen. Dieses Ergebnis kann beispielsweise dazu genutzt werden, Vorstellungen und Modelle über den Aufbau von Atomen zu entwickeln. Die vorkommenden Linien sind für die Atome so charakteristisch wie der Fingerabdruck für einen Menschen. So ist es möglich, mithilfe dieser Linienspektren minimale Stoffkonzentrationen aufzuspüren und teilweise die chemische Zusammensetzung von Stoffen zu analysieren.

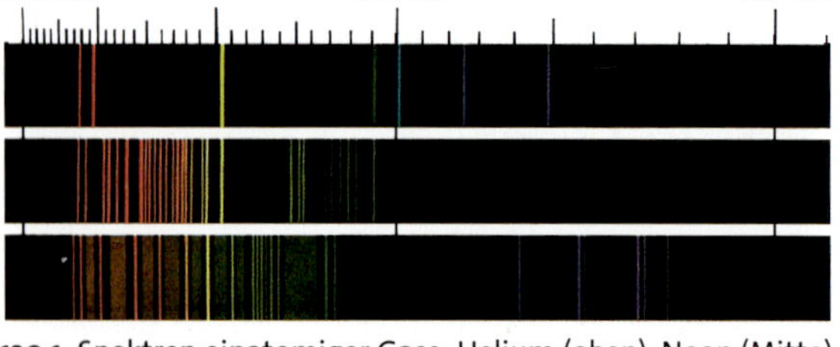

130.1 Spektren einatomiger Gase: Helium (oben), Neon (Mitte) und Argon (unten).

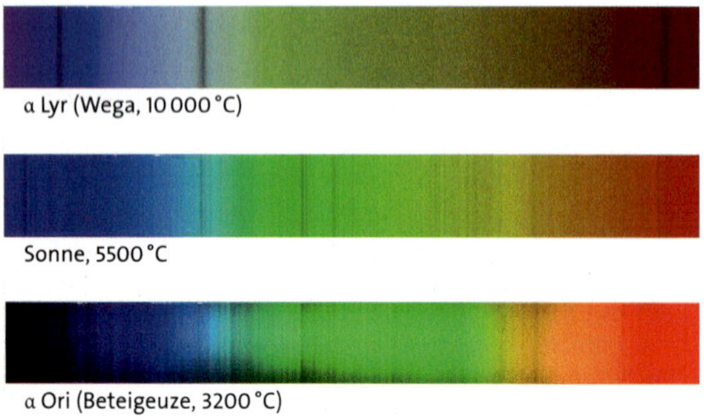

130.2 Das Spektrum des Lichtes von Sternen gibt Aufschluss über ihre Oberflächentemperatur.

Aus der Beobachtung von Sternspektren (**Abb. 130.2**) werden Informationen über die Eigenschaften und den materiellen Aufbau von Sternen gewonnen, die Lichtjahre weit von uns entfernt sind.
Eine theoretische Erklärung für die Entstehung der einzelnen sichtbaren und unsichtbaren Linien im Bereich von Infrarot bis hin zur Röntgenstrahlung liefert die Atomphysik, mit der die Vorgänge in der Atomhülle beschrieben werden können.

Energiereichere Strahlung, oder genauer Strahlung, die bei der Wechselwirkung mit Materie so viel Energie abgibt, dass Atome oder Moleküle ionisiert werden, kann von instabilen Atomkernen emittiert werden und ist somit ein Gegenstand der Kernphysik. Dabei handelt es sich sowohl um elektromagnetische Strahlung als auch um Teilchenstrahlung, also Teilchen mit relativ großer Bewegungsenergie. Die Bezeichnung „Teilchenstrahlung" ist eher historisch bedingt, denn insgesamt handelt es sich bei der Strahlung um Quantenobjekte. Die Untersuchung dieser Strahlung liefert ähnlich wie bei den Atomen Hinweise auf die Zusammensetzung und den Aufbau der Atomkerne. Zudem wird diese soge-

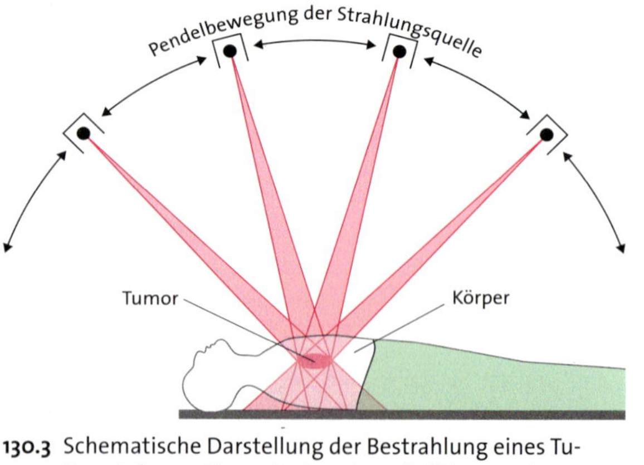

130.3 Schematische Darstellung der Bestrahlung eines Tumors. Damit das umliegende Gewebe möglichst wenig geschädigt wird, findet die Bestrahlung aus unterschiedlichen Richtungen statt.

nannte radioaktive Strahlung in vielen technischen und medizinischen Bereichen eingesetzt (**Abb. 130.3**).
Die Dynamik bestimmter Prozesse kann durch Tracer-Verfahren (trace, engl. Spur) analysiert werden. Dabei werden Stoffe durch radioaktive Substanzen markiert und ihr Verhalten in unterschiedlichsten Prozessen untersucht. Weiterhin werden radioaktive Substanzen auch häufig zur Diagnose im medizinischen Bereich benutzt. Ein bekanntes Verfahren ist hier die Szintigraphie der Schilddrüse, bei der sich ein radioaktiver Stoff in der Schilddrüse ansammelt, sodass über eine Strahlungsmessung die Größe und die Funktion dieses Organs untersucht werden kann.

Die Kernphysik liefert auch die wissenschaftlichen Grundlagen für kerntechnische Großanlagen. In Kernreaktoren wird die kontrollierte Kettenreaktion bei der Spaltung von Urankernen genutzt, um elektrische Energie bereitzustellen. Hierbei gilt es aber auch, die möglichen Gefahren für Mensch und Umwelt zu bedenken, wie z. B. die Reaktorunfälle von Tschernobyl 1986 und Fukushima 2011 deutlich gemacht haben. Es wird versucht, die Kernfusion, die ständig in der Sonne stattfindet, auch hier auf der Erde technisch zu nutzen. Dazu wird ein Prototyp eines Fusionsreaktors, der ITER (*In-ternational Thermonuclear Experimental Reactor*, iter, lat.: *Weg*), unter der Beteiligung vieler Staaten in Südfrankreich gebaut. Allerdings sind dabei noch viele Probleme zu lösen (→ Kap. 4).

Die uns umgebende Welt besteht aus den unterschiedlichsten Körpern mit einer Vielzahl von Formen und Eigenschaften. Die Atomphysik, welche eng mit der Chemie verknüpft ist, kann den Aufbau dieser Materie aus Atomen gut erklären, indem sie die Vorgänge in der äußeren Atomhülle betrachtet. Die aus Elektronen gebildete Atomhülle umschließt den Atomkern, welcher aus Protonen und Neutronen, den Nukleonen, besteht. Die Nukleonen ihrerseits sind aus den sogenannten Quarks zusammengesetzt. Obwohl alle Bestandteile der Materie Quantenobjekte sind, werden sie der Einfachheit halber als Teilchen bezeichnet.

Um die Struktur der Materie zu untersuchen, werden riesige Beschleuniger verwendet, in denen Teilchen mit sehr großen Energien zur Kollision gebracht werden. Der zurzeit bekannteste Beschleuniger ist der LHC (Large Hadron Collider) am CERN (*Conseil Européen pour la Recherche Nucléaire*) bei Genf. Er beschleunigt Protonen und Bleikerne auf einer Kreisbahn mit einem Umfang von 27 km (**Abb. 131.1**) und lässt sie miteinander kollidieren. Aus unzähligen Ergebnissen von Beschleunigerexperimenten, bei denen eine große Anzahl von neuen Teilchen entdeckt worden ist, wurde das „Standardmodell der Teilchenphysik" entwickelt. Dieses beschreibt den Aufbau der Materie aus 12 Grundteilchen, den Quarks und den Leptonen.
Zusätzlich beinhaltet diese Theorie auch die Beschreibung der Wechselwirkung der Teilchen untereinander. Dabei wird die Kraftwirkung über den Austausch von sogenannten virtuellen Teilchen (Austauschteilchen) beschrieben. Die bisher letzte Entdeckung, die des Higgs-Bosons, wurde im Juli 2012 bekannt gegeben.

131.1 Ein Teil des 27 km langen Beschleunigerrings (LHC)

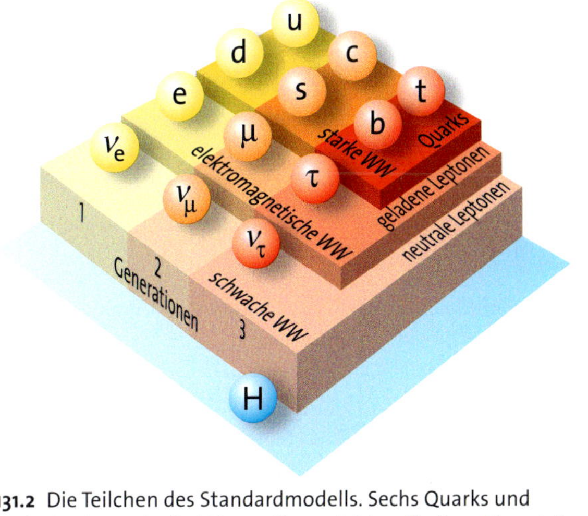

131.2 Die Teilchen des Standardmodells. Sechs Quarks und sechs Leptonen in drei Generationen bilden die Grundbausteine der Materie.

Die Kollision der Teilchen bei sehr großen Energien in den Beschleunigeranlagen bedeutet aber auch die Erzeugung von Bedingungen, wie sie etwa zur Zeit des sogenannten Urknalls herrschten. Damit liefert diese Forschung nicht nur Informationen über den Aufbau der Materie sondern auch über den Ursprung unseres Universums.

3.1 Linienspektren

Es gibt sehr viele verschiedene Lichtquellen, die sich in ihrem Wirkungsgrad, d. h. in ihrer Energieeffizienz, und in dem von ihnen ausgesandten Licht deutlich unterscheiden. Die Gaslampen, die in einigen Ländern zur Beleuchtung von Straßen benutzt werden, senden ein gelbliches Licht aus, während das Licht einiger Autoscheinwerfer bläulich erscheint. Um das Licht zu untersuchen, kann es mithilfe eines Prismas oder eines optischen Gitters in seine spektralen Bestandteile zerlegt werden. Das dabei entstehende Spektrum zeigt für jedes Licht charakteristische Eigenschaften und liefert dabei wesentliche Informationen über die Struktur der Atome des leuchtenden Stoffes.

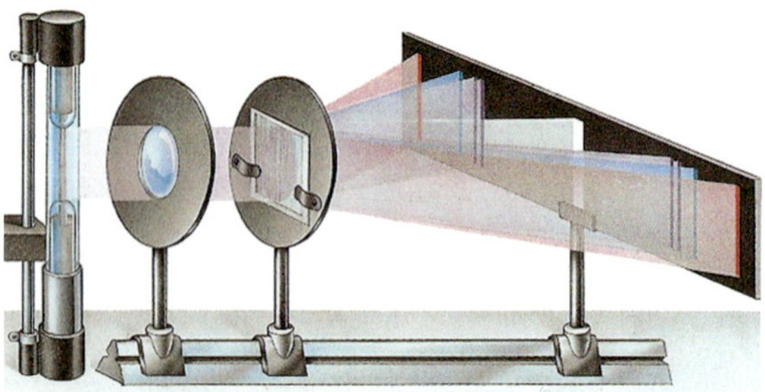

132.1 Einfacher Versuchsaufbau zur Demonstration des Wasserstoffspektrums

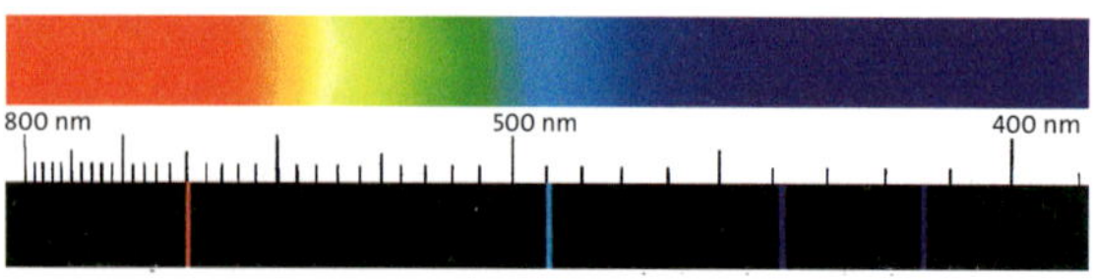

Linie	Wellenlänge λ in nm	Frequenz f in Hz	Energie $E = hf$
H_α	656	$4{,}57 \cdot 10^{14}$	$3{,}03 \cdot 10^{-19}$ J = 1,89 eV
H_β	486	$6{,}17 \cdot 10^{14}$	$4{,}09 \cdot 10^{-19}$ J = 2,55 eV
H_γ	434	$6{,}91 \cdot 10^{14}$	$4{,}58 \cdot 10^{-19}$ J = 2,86 eV
H_δ	410	$7{,}31 \cdot 10^{14}$	$4{,}84 \cdot 10^{-19}$ J = 3,02 eV

132.2 Linien des Wasserstoffspektrums im sichtbaren Bereich im Vergleich zu dem kontinuierlichen Spektrum einer Glühlampe

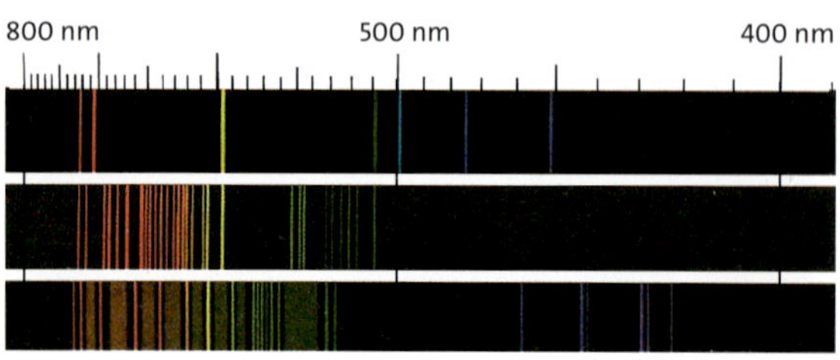

132.3 Spektren einatomiger Gase: Helium (oben), Neon (Mitte) und Argon (unten).

3.1.1 Die Quantenhafte Emission und Absorption

Grundversuch – Linienspektren 1: In einer Glasröhre werden Wasserstoffatome durch die Zufuhr von Energie zum Leuchten angeregt, und das emittierte Licht wird mithilfe eines Gitters spektral zerlegt (**Abb. 132.1**).
Beobachtung: Das Wasserstoffspektrum besteht im sichtbaren Bereich aus vier einzelnen diskreten Linien unterschiedlicher Farbe (**Abb. 132.2**).
Ergebnis: Die zu jeder Farbe gehörige Wellenlänge kann aus dem Versuchsaufbau (Gitterkonstante, Abstand Gitter-Schirm) bestimmt werden. Jeder Farbe und damit jeder Wellenlänge λ entspricht nach der Gleichung $c = \lambda f$ eine Frequenz f. Die Energie der emittierten Photonen ist über $E = hf$ mit der Frequenz verknüpft. Da nur diskrete Linien bestimmter Farben und damit nur Licht bestimmter Frequenzen zu beobachten sind, bedeutet dies, dass die Atome jeweils nur bestimmte Energieportionen abgeben. Also emittieren Wasserstoffatome im sichtbaren Bereich des Spektrums nur Photonen mit vier verschiedenen Energien (**Abb. 132.2**). ◂

J.J. BALMER fand 1884 eine Formel zur Berechnung der Frequenzen, die zu den sichtbaren Linien des Spektrums gehören, die sogenannte **Balmer-Formel**:

$$f = C\left(\frac{1}{2^2} - \frac{1}{m^2}\right),$$

mit $C = 3{,}288 \cdot 10^{15}$ Hz. Durch Einsetzen der Zahlen 3, 4, 5 und 6 für m ergeben sich die Frequenzen der vier sichtbaren Linien im Spektrum des Wasserstoffs. Beispielsweise:

$$f = 3{,}288 \cdot 10^{15}\,\text{Hz} \cdot \left(\frac{1}{4} - \frac{1}{9}\right) \approx 4{,}57 \cdot 10^{14}\,\text{Hz}$$

Die Photonen dieser Frequenz besitzen die Energie:

$$E = hf = 6{,}626 \cdot 10^{-34}\,\text{J s} \cdot 4{,}75 \cdot 10^{14}\,\text{Hz}$$
$$= 3{,}03 \cdot 10^{-19}\,\text{J}$$

Unter Berücksichtigung, dass $1\,\text{eV} = 1{,}602 \cdot 10^{-19}$ J ist, ergibt sich dieser Energiewert zu $E = 1{,}89$ eV.

BALMER vermutete, dass die für Wasserstoff gewonnene Formel nur ein Spezialfall einer allgemeineren Gleichung ist, die auch für leuchtende Gase anderer Elemente als Wasserstoff gilt (**Abb. 132.3**). Die Bedeutung der Zahl m konnte er jedoch nicht erklären.

Quantenhafte Emission
Die Aussendung (Emission) von Licht eines Gases in diskreten Linien bedeutet, dass die Gasatome nur bestimmte, für das Gas charakteristische Energiebeträge abgeben.

Gasatome können aufgrund der quantenhaften Emission nur bestimmte Energiebeträge abgeben. Die Umkehrung des Prozesses, nämlich die Absorption, wird nun am Beispiel von Natriumdampf genauer untersucht.

Grundversuch – Linienspektren 2: In die nichtleuchtende Flamme eines Bunsenbrenners wird Natriumchlorid (Kochsalz) gebracht. Das entstehende Licht wird mit einem Prisma spektral zerlegt (**Abb. 133.1 a**).
Beobachtung: Durch das Natriumchlorid wird die Flamme intensiv gelb gefärbt. Das Spektrum zeigt eine einzige gelbe Linie, die Natriumlinie. ◂

Grundversuch – Linienspektren 3: Eine Halogenlampe hat ein kontinuierliches Spektrum, sie emittiert Photonen aus allen sichtbaren Spektralbereichen. In den Strahlengang wird ein Glaskolben mit Natriumgas gebracht.
Beobachtung: Im Spektrum erscheint an der Stelle der gelben Natriumlinie eine schwarze Linie (**Abb. 133.1 b**). Das Natriumgas im Glaskolben leuchtet mattgelb. ◂

Grundversuch – Linienspektren 4: Das Licht einer Quecksilberdampflampe, das aus sechs einzelnen Wellenlängen besteht, geht durch den Glaskolben mit Natriumdampf (**Abb. 133.1 c**).
Beobachtung: Durch Einfügen des mit Natriumdampf gefüllten Kolbens ändert sich am Spektrum nichts. ◂

Deutungen:
- *Grundversuch 2:* Natriumatome geben im sichtbaren Bereich Photonen der Wellenlänge $\lambda = 589$ nm und der Energie $E = h\,c/\lambda = hf = 2{,}1$ eV ab.
- *Grundversuch 3:* Nur Photonen mit genau diesem Energiebetrag werden absorbiert und – wie das Leuchten des Gases zeigt – in alle Raumrichtungen verteilt wieder emittiert. Da davon nur ein sehr geringer Teil in Richtung des Schirms fällt, erscheint im Spektrum diese Stelle dunkel.
- *Grundversuch 4:* Photonen mit einer anderen Energie werden nicht absorbiert. Die Wellenlänge der Na-Linie beträgt 589 nm, die der gelben Hg-Linie 578 nm.

> Natriumatome absorbieren Photonen genau der Energie und Wellenlänge, die auch von ihnen ausgesendet werden. Dieser spezielle Effekt heißt **Umkehr der Natriumlinie**.

Der Vorgang, dass ein Atom durch Absorption eines Photons angeregt wird und bei Rückkehr in den ursprünglichen Zustand ein gleichartiges Photon wieder aussendet, wird als **Resonanzabsorption** bezeichnet.

> Atome können Photonen absorbieren, die die gleiche Energie besitzen wie Photonen, die sie emittieren.

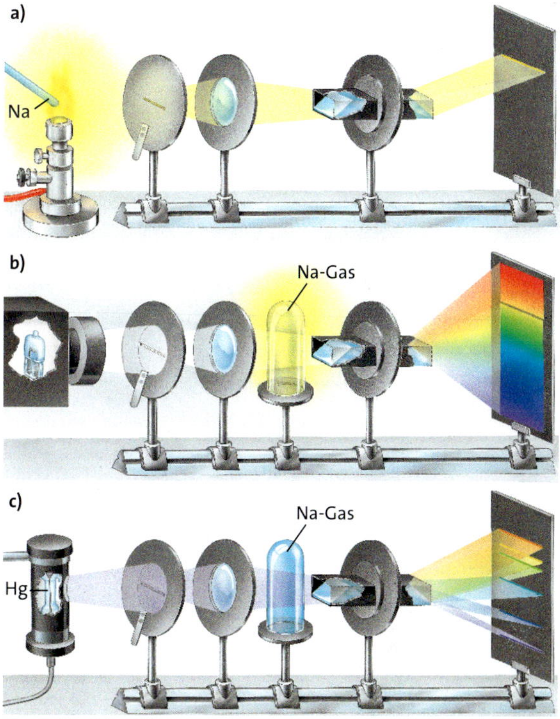

133.1 **a)** In die Bunsenflamme wird Kochsalz (NaCl) gebracht; das entstehende gelbe Licht zeigt eine Spektrallinie. **b)** Das Licht einer Halogenlampe durchstrahlt Natriumgas. Es entsteht am Ort der der Na-Linie eine schwarze Linie im Spektrum. Das Natriumgas leuchtet gelb auf. **c)** Das Licht einer Quecksilberdampflampe wird vom Natriumgas nicht absorbiert. Daher erscheinen alle sichtbaren Linien des Emissionsspektrums auf dem Schirm.

Aufgaben

1. Erläutern Sie, was unter der quantenhaften Emission bzw. der quantenhaften Absorption zu verstehen ist.
2. Berechnen Sie mithilfe der Balmer-Formel die Frequenzen und die Energien der Linien im sichtbaren Bereich des Wasserstoffspektrums.
3. Berechnen Sie mit der Balmer-Formel die Frequenz und die Wellenlänge der Strahlung für $m = 7$ und $m = 8$. Begründen Sie, dass die zugehörigen Linien nicht zu sehen sind und dass dies auch für größere Werte von m gilt.
4. **a)** Die Na-Dampflampe sendet Licht der Wellenlänge $\lambda = 589$ nm aus. Bestimmen Sie die Energie, die ein Photon dieser Strahlung überträgt.
b) Die Photonen der Strahlung mit $\lambda = 589$ nm werden in Versuch 3 nicht auf dem Schirm nachgewiesen. Erklären Sie, wohin ihre Energie transportiert wird.
5. In Versuch 3 wird die Halogenlampe durch eine Na-Lampe ersetzt. Diese Lampe sendet ausschließlich das in Versuch 2 gezeigte gelbe Licht aus.
a) Vergleichen Sie das Spektrum mit dem von Versuch 3.
b) Beschreiben Sie, wie der Glaskolben mit Na-Dampf im Licht der Na-Dampflampe erscheint.

3.1.2 Der Franck-Hertz-Versuch

Die Experimente mit Licht zeigen, dass Atome nur bestimmte Photonen emittieren bzw. absorbieren können. Die Ergebnisse des Versuchs von Franck und Hertz geben einen weiteren Hinweis darauf, dass dem ein allgemeines Prinzip zugrunde liegt: Gasatome können nur diskrete Energie aufnehmen bzw. abgeben.

Die Physiker JAMES FRANCK (1882–1964) und GUSTAV HERTZ (1887–1975) führten erstmals einen Versuch mit Quecksilberatomen in einer Elektronenröhre durch, bei dem sie die Energieübertragung der stoßenden Elektronen auf die Quecksilberatome untersuchten.

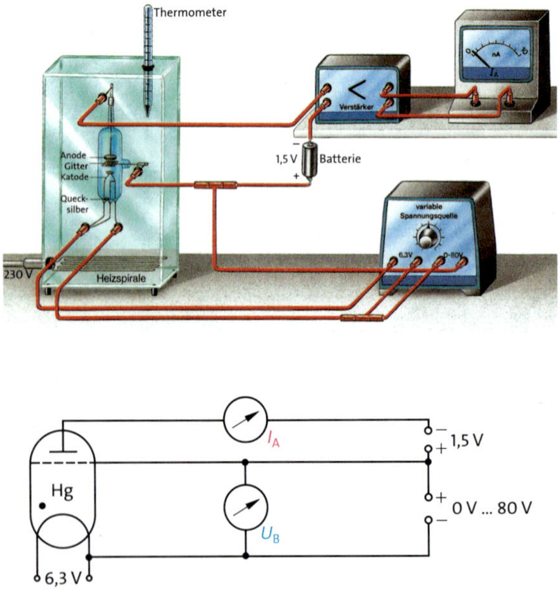

134.1 a) Elektronenstoßversuch nach FRANCK und HERTZ. In der mit Quecksilberdampf gefüllten Röhre werden Elektronen im elektrischen Feld zwischen Katode und Gitter beschleunigt.
b) Schematisches Schaltbild zum Franck-Hertz-Versuch

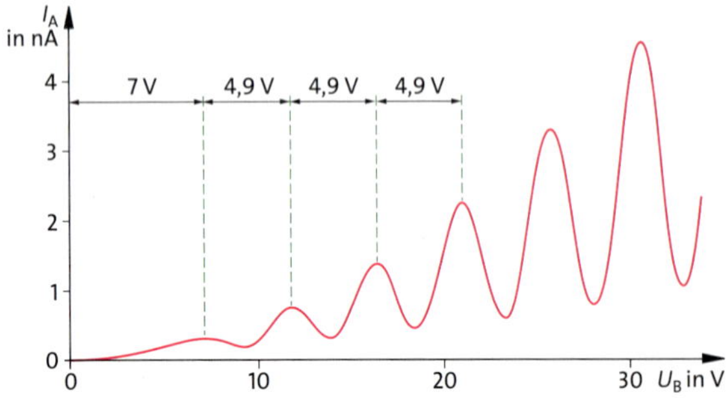

134.2 Der Anodenstrom I_A in Abhängigkeit von der Beschleunigungsspannung U_B zeigt Maxima in regelmäßigen Abständen von 4,9 V. Das erste Maximum liegt aufgrund der Wirkung von Kontaktspannungen erst bei ca. 7 V.

Franck-Hertz-Grundversuch: In einem evakuierten Glaskolben mit drei Elektroden befindet sich ein Tropfen Quecksilber (**Abb. 134.1**). Der Glaskolben kann mittels einer Heizung auf eine Temperatur von ca. 200 °C erwärmt werden, sodass der Tropfen zum Teil verdampft und eine Quecksilberdampfatmosphäre größerer Dichte innerhalb der Röhre entsteht. Eine Heizspannung von 6,3 V lässt einen elektrischen Strom durch die Glühkatode fließen, sodass Elektronen austreten. Zwischen Glühkatode und der zweiten als Gitter ausgeführten Elektrode wird eine regelbare Spannung, die Beschleunigungsspannung U_B angelegt, die zwischen 0 V und 80 V variiert werden kann. Zwischen Gitter und der dritten Elektrode, der Anode, wird eine konstante Spannung von 1,5 V angelegt, die so gepolt ist, dass die durch das Gitter hindurchtretenden Elektronen abgebremst werden. Im Anodenkreis befindet sich ein empfindliches Strommessgerät. Die von diesem Gerät gemessene Stromstärke ist ein Maß für die Anzahl der Elektronen, die genügend Energie besitzen, um das Gegenfeld zwischen Gitter und Anode zu überwinden.

Beobachtung: Wird die Beschleunigungsspannung U_B zwischen der Katode und dem Gitter erhöht, so zeigt das Messgerät eine zunehmende Anodenstromstärke I_A an, die jedoch bei einer bestimmten Spannung wieder abfällt. Bei einer weiteren Spannungserhöhung wiederholt sich der Vorgang in regelmäßigen Abständen (**Abb. 134.2**).

Erklärung: Die Elektronen werden durch das elektrische Feld zwischen Katode und Gitter beschleunigt. Je größer die Beschleunigungsspannung U_B ist, desto größer ist auch die kinetische Energie der Elektronen. Mit zunehmender kinetischer Energie schaffen es immer mehr Elektronen, das Gegenfeld zwischen Gitter und Anode zu überwinden: Die Anodenstromstärke steigt bis das erste relative Maximum erreicht ist. Der danach folgende Abfall der Stromstärke bedeutet, dass die Anzahl der zur Anode gelangenden Elektronen wieder sinkt. Es muss also ab dieser Beschleunigungsspannung Elektronen geben, die auf ihrem Weg von der Katode zum Gitter Energie abgegeben haben. Ihre Energie reicht dann nicht mehr aus, um das Gegenfeld zu überwinden. Dies lässt sich dadurch erklären, dass die Elektronen eine Mindestenergie besitzen müssen, um die Quecksilberatome anzuregen: Auf ihrem Weg zum Gitter bzw. zur Anode treffen die Elektronen auf Quecksilberatome. Ist ihre Energie noch unterhalb der Mindestenergie, kommt es zu elastischen Stößen mit den Quecksilberatomen. Die Elektronen geben keine Energie an die Quecksilberatome ab. Besitzen die Elektronen jedoch eine Energie, die größer ist als diese Mindestenergie, so stoßen sie unelastisch. Sie geben Energie ab, und das Quecksilberatom geht in einen angeregten Zustand. Es geht also ein Teil der kinetischen Energie der Elektronen in eine andere Energieform über. Nach einem un-

elastischen Stoß ist die verbleibende kinetische Energie der Elektronen aber zu gering, um die Anode zu erreichen, die Anodenstromstärke sinkt. Wird die Beschleunigungsspannung weiter erhöht, so können die Elektronen nach einem unelastischen Stoß wieder Energie aufnehmen und die Anode erreichen. Die Stromstärke steigt wieder so lange, bis die Energie für einen zweiten unelastischen Stoß, d. h. einen Stoß mit Energieabgabe ausreicht. Dies entspricht dem zweiten Maximum in der Stromkurve. Bei weiterer Erhöhung der Beschleunigungsspannung wiederholen sich die Prozesse: Die Wegstrecken der Elektronen im elektrischen Feld zum Erreichen der Mindestenergie für einen unelastischen Stoß werden immer kürzer, die Elektronen stoßen entsprechend häufig mit den Quecksilberatomen und geben Energie ab.
Eine Auswertung des Diagramms zeigt, dass die Maxima der Stromstärke voneinander einen Abstand von 4,9 V besitzen. Damit ergibt sich die Mindestenergie der Elektronen für einen unelastischen Stoß zu 4,9 eV. Die Elektronen übertragen also bei einem unelastischen Stoß die Energie von 4,9 eV auf die Quecksilberatome. ◂

Ist die kinetische Energie der Elektronen geringer als 4,9 eV, so können die Quecksilberatome keine Energie bei einem Stoß aufnehmen. Die Elektronen stoßen elastisch mit den Atomen und behalten ihre kinetische Energie. Ist die Energie größer als die Mindestenergie von 4,9 eV, kann ein Quecksilberatom einen Energiebetrag von 4,9 eV aufnehmen. Da ein Quecksilberatom aber eine ca. 360 000mal größere Masse als ein Elektron besitzt, kann die Energieaufnahme nicht zu einer Beschleunigung des Atoms führen, sondern es muss sich um eine innere Anregung des Atoms handeln. Es gibt also auch bei der Anregung durch Elektronenstoß eine quantenhafte Absorption. Allerdings müssen die Elektronen – im Gegensatz zur Anregung mit Photonen – nicht einen genau passenden Energiebetrag für die Anregung der Atome besitzen. Hier reicht lediglich die Mindestenergie. Der Differenzbetrag bleibt dem Elektron als kinetische Energie.

Insgesamt zeigt der Versuch von FRANCK und HERTZ, dass Quecksilberatome einen genau bestimmten Energiebetrag aufnehmen können. Dieser beträgt 4,9 eV. Wird das Emissionsspektrum von Quecksilberatomen untersucht, so wird eine Linie der Wellenlänge $\lambda = 253$ nm im Bereich des ultravioletten Lichts festgestellt. Die Energie der zugehörigen Photonen beträgt

$$E = hf = \frac{hc}{\lambda} = \frac{6{,}63 \cdot 10^{-34}\,\text{Js} \cdot 3{,}00 \cdot 10^{8}\,\text{m/s}}{253 \cdot 10^{-9}\,\text{m}}$$

$$E = 7{,}86 \cdot 10^{-19}\,\text{J} = 4{,}9\,\text{eV}$$

Quecksilberatome nehmen diesen Energiebetrag auf, gehen in einen angeregten Zustand über und emittieren Photonen dieser Energie bei dem anschließenden Übergang zurück in den Grundzustand.
Wird ein entsprechender Versuch mit anderen Atomen durchgeführt, so zeigt sich auch bei diesen die Möglichkeit der Anregung durch Elektronenstoß mit charakteristischen Energien. Für Neonatome beispielsweise beträgt die Mindestenergie der Elektronen ca. 19 eV, erkenntlich durch gleichartige Abfälle der Stromstärke wie bei Quecksilber. Die Neonatome geben die Energie in mehreren Schritten wieder ab, wobei auch sichtbares Licht im roten Bereich emittiert wird. Dadurch werden die Zonen der Anregung sichtbar (**Abb. 135.1**).

135.1 Franck-Hertz-Neon-Röhre im Betrieb: Leuchtschichten bei einer Beschleunigungsspannung von 80 V

Quantenhafte Absorption
Der FRANCK-HERTZ-Versuch zeigt, dass Atome nur bestimmte Energiebeträge absorbieren. Die Energiebeträge sind charakteristisch für das betreffende Atom.

Aufgaben

1. Die Graphik zeigt eine aufgenommene FRANCK-HERTZ-Kurve für Quecksilber. Stellen Sie den zugehörigen Versuchsaufbau dar, erläutern Sie die Messkurve und bestimmen Sie aus dieser die Anregungsenergie für Quecksilberatome.

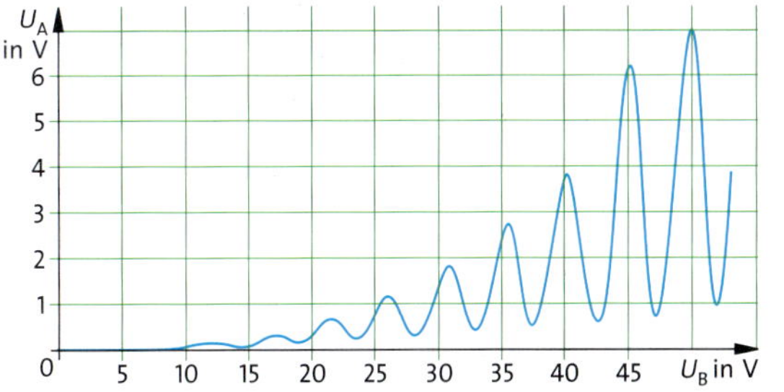

2. Erörtern Sie, wie sich die Intensität der UV-Strahlung beim FRANCK-HERTZ-Versuch in Abhängigkeit von der Beschleunigungsspannung ändert.

3.1.3 Atomspektren

Die Emissions- und Absorptionsspektren atomarer Gase sind für die verwendete Atomsorte charakteristisch. **Abb. 136.1** zeigt die Linienspektren der chemisch sehr aktiven Alkalien Lithium, Natrium und Kalium. Anhand der vorkommenden farbigen Linien können das leuchtende Gas und damit seine atomaren Bestandteile eindeutig identifiziert werden. Die vorkommenden Linien sind für die Atome genauso einzigartig und charakteristisch, wie der Fingerabdruck eines Menschen.

Bei einigen chemischen Elementen ist das von den Atomen emittierte Licht so charakteristisch, dass sie mithilfe der sogenannten **Flammenprobe** identifiziert werden können. Dazu wird die Substanz in eine nicht leuchtende Bunsenbrennerflamme gebracht. Die Flamme leuchtet dann in einer speziellen Farbe, die aufgrund der additiven Farbmischung der Emissionslinien zustande kommt (**Abb. 136.2**). Durch die hohe Temperatur in der Flamme kommt es zu unelastischen Stößen der Atome untereinander, wodurch diese zur Lichtemission angeregt werden.

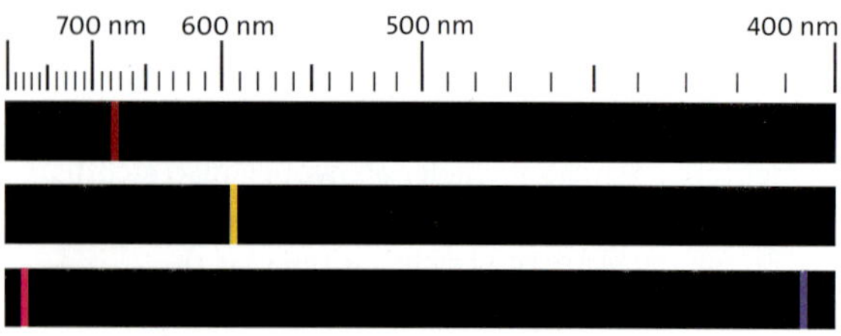

136.1 Spektren der Alkalien Lithium (oben), Natrium (Mitte) und Kalium (unten)

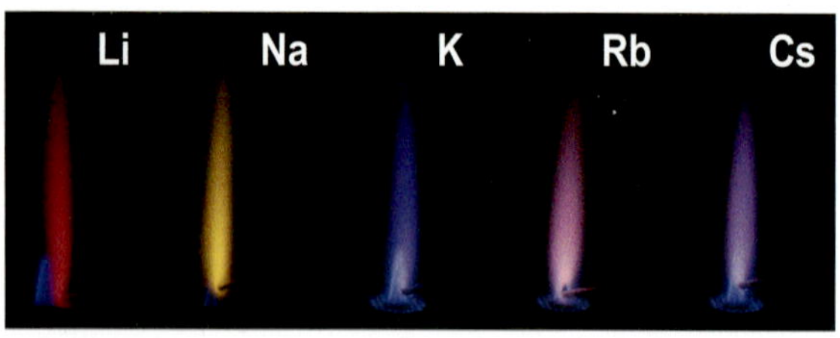

136.2 Die Farbe der Flamme gibt Aufschluss darüber, welches Element in die nicht leuchtende Bunsenbrennerflamme gebracht wurde.

Anderseits kann auch untersucht werden, welches Licht eine gasförmige Substanz beispielsweise aus dem kontinuierlichen Spektrum einer Lichtquelle absorbiert. Es entstehen aufgrund der Resonanzabsorption dunkle Linien in dem Spektrum (Dunkellinienspektrum). Die vorkommenden Linien, d.h. die zugehörigen Wellenlängen können jeweils einer bestimmten Atomsorte, also einem bestimmten chemischen Element zugeordnet werden. Mit dieser Methode ist es möglich, Substanzen zu analysieren.

Das Emissionsspektrum sowie das Absorptionsspektrum sind charakteristisch für die Atome eines bestimmten Gases.

Aufgaben

1. Bestimmen Sie die Wellenlängen der Absorptionslinien A bis K aus dem unteren Diagramm (**Abb. 136.3**). Berechnen Sie daraus die jeweilige Frequenz und die zugehörige Energie in eV. Die Anregungsenergien einiger Elemente sind in der unteren Tabelle angegeben. Ordnen Sie die Absorptionslinien den Elementen zu.

Elemente	Anregungsenergien
O_2	1,80 eV
O_2	1,63 eV
Na	2,10 eV
Fe	2,35 eV
H	1,89 eV
Fe und Ca	2,88 eV
Ca	3,12 eV
Ca	3,15 eV

2. Kochsalz (NaCl) wird in die Flamme eines Bunsenbrenners gebracht und über Kreuz mit dem Licht einer Quecksilberdampflampe und einer Natriumdampflampe beleuchtet. Skizzieren Sie schematisch den Versuchsaufbau und beschreiben Sie die Beobachtungen. Erläutern Sie das Versuchsergebnis.

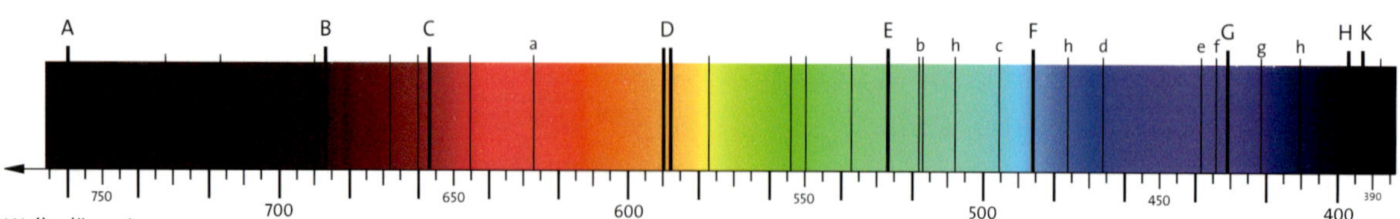

136.3 Fraunhofer-Linien: Das Spektrum des Sonnenlichts enthält aufgrund der Resonanzabsorption dunkle Linien.

Materialgestützte Aufgaben

Fraunhofer-Linien

Das kontinuierliche Spektrum des Sonnenlichtes enthält dunkle Linien, die nach dem Physiker FRAUNHOFER benannt sind, da er diese um 1814 genauer untersuchte. In dem Spektrum des Sonnenlichtes sind aufgrund der Resonanzabsorption die Wellenlängen nicht mehr zu finden, die von den Atomen der Gase der Sonnenoberfläche oder der Erdatmosphäre absorbiert werden. Die Atome absorbieren nur genau die Energiebeträge, die sie auch aus einem angeregten Zustand heraus emittieren können. Wellenlängen, die nicht „passen", werden einfach durchgelassen.

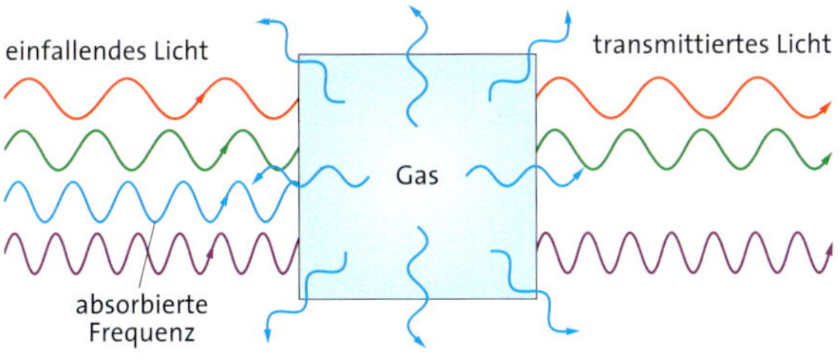

Die deutlichsten Linien bezeichnete FRAUNHOFER mit den Großbuchstaben A bis K. Beispielsweise werden die eng benachbarten Linien im gelben Bereich (D) von Natriumatomen in der Gashülle der Sonne verursacht (**Abb. 136.3**).

Der Begriff „Linie" ist ein Begriff, der in dem Zusammenhang mit Spektren zwei Bedeutungen haben kann. Einerseits wird mithilfe eines Gitters oder Prismas ein farbiges Bild eines Spaltes, durch den das Licht tritt, erzeugt. Anderseits ist mit Spektrallinie gemeint, dass die Intensität des Lichtes nur für einen ganz engen Frequenz- bzw. Wellenlängenbereich vorhanden ist. Beim Dunkellinienspektrum (**Abb. 136.3**) fehlt diese Intensität für bestimmte Frequenzen.

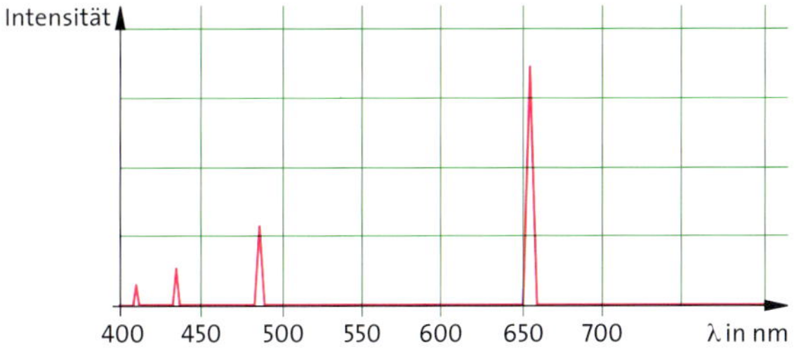

Aufgaben

1. Erläutern Sie, wie es zu den dunklen Linien im Sonnenspektrum kommt.
2. Erklären Sie anhand der ersten der obigen Abbildungen, warum es trotz der Reemission zu dunklen Linien im kontinuierlichen Sonnenspektrum kommt.
3. Recherchieren Sie Daten zu den Fraunhoferlinien und versuchen Sie, damit den Linien die zugehörigen Elemente zuzuordnen.
4. Recherchieren Sie Leben und Werk des Physikers JOSEPH FRAUNHOFERS und erarbeiten Sie einen Kurzvortrag.

Freihand-Experimente

Fraunhofer-Linien – subjektiv

Mit Hilfe einer CD und einer blanken Nadel lassen sich die Fraunhofer-Linien auch in einem Freihand-Experiment beobachten. Die CD wird dabei als Reflexionsgitter, die von der Sonne beschienene Nadel als schmale Lichtquelle benutzt.
Für den Versuch wird die Nadel mit der einen Hand waagerecht so vor die Stirn gehalten, dass ein Sonnenreflex auf die CD in der anderen Hand fällt. Die Position und der Winkel der CD werden solange verändert, bis das Maximum der ersten Ordnung zu erkennen ist. In dieser spektralen Zerlegung des Sonnenlichts sind die Fraunhofer-Linien zu beobachten, wenn das Auge auf das Spiegelbild der Nadel fokussiert.

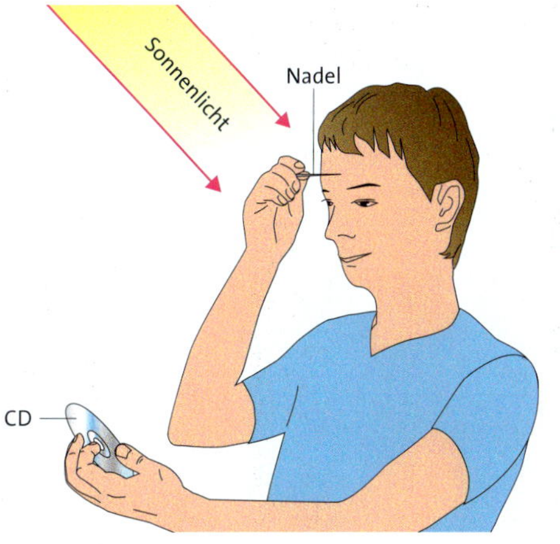

In einem weiteren Freihandversuch wird die als Ersatz für einen schmalen Spalt verwendete Nadel vor einen mattschwarzen Hintergrund gehalten und von der Sonne beschienen. Aus 1 bis 2 m Entfernung blickt man durch ein Geradsichtprisma auf die Nadel, wobei die brechende Kant parallel zur Nadel orientiert sein muss.

Wellenlängen eines Laserpointers

Mit einer CD kann die Wellenlänge eines Laserpointers bestimmt werden. Dazu wird die CD als Reflexionsgitter benutzt. Das Lichtbündel des Pointers fällt senkrecht auf ein Stück einer CD. Dies ist der Fall, wenn das Maximum nullter Ordnung genau in die Richtung des einfallenden Bündels reflektiert wird. Die Maxima erster und zweiter Ordnung sind sehr gut zu erkennen, wenn das einfallende Bündel streifend über ein Blatt Papier auf das Stück der CD fällt.

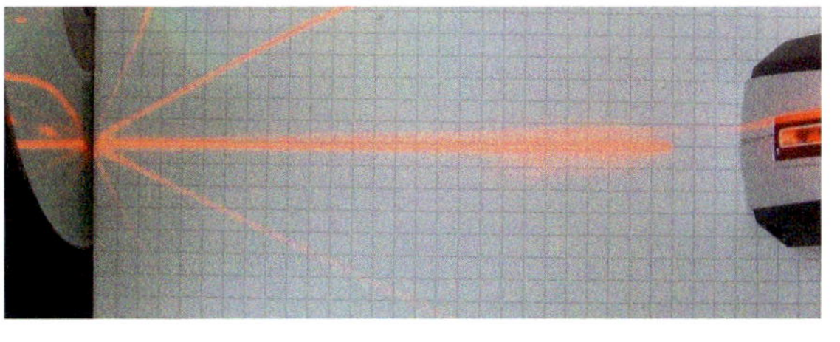

Materialgestützte Aufgaben

Sternspektren

Temperatur und Absorptionslinien

Am Himmel ist nachts neben einigen Planeten eine große Anzahl von Sternen mit bloßem Auge zu beobachten. Dabei fällt auf, dass einige eher eine bläuliche und andere eher eine rötliche Farbe besitzen. Im Sternbild des Orion sind beide Arten zu beobachten: Rigel als sogenannter weißer Zwerg (Beta Orionis, der bläuliche Stern unten rechts) und Beteigeuze als sogenannter roter Riese. (Alpha Orionis, der rötliche Stern oben links). In der Mitte der Fotografie erkennt man die drei Gürtelsterne Zeta, Epsilon und Delta Orionis. Darunter rötlich leuchtend der berühmte Orionnebel M 42.

Das kontinuierliche Spektrum des emittierten Lichts eines Sterns und damit seine Farbe hängt von der Oberflächentemperatur ab. Auch ein erhitzter Körper aus Eisen leuchtet bei einer tieferen Temperatur erst rot und erreicht schließlich bei hoher Temperatur die Weißglut. Je größer die Temperatur ist, desto mehr ist das Maximum der Intensität zu kleineren Wellenlängen hin verschoben. Also lässt eine genaue Untersuchung des Spektrums auch Rückschlüsse auf die Oberflächentemperatur des Sterns zu. Damit ist die Temperatur der äußeren Schichten eines Sterns gemeint, denn in seinem Inneren wird durch die Kernfusion eine Temperatur von einigen Millionen Kelvin erreicht.
Das Spektrum der Sterne liefert noch weitere Informationen. Beispielsweise tauchen ähnlich wie im Sonnenlicht dunkle Linien auf.

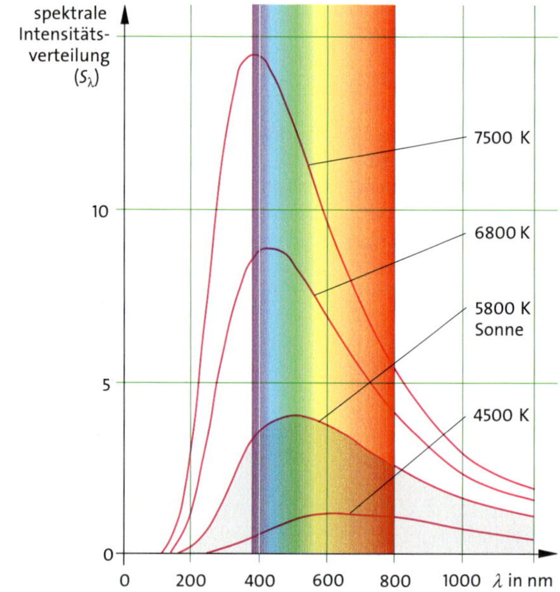

γ Cas (Tsih, 24 700 °C)

α Lyr (Wega, 10 000 °C)

Sonne, 5500 °C

α Ori (Beteigeuze, 3200 °C)

Aufgaben

1. Erläutern Sie anhand der obigen Graphiken den Zusammenhang zwischen dem kontinuierlichen Emissionsspektrum und der Temperatur eines Sterns.
2. Erläutern Sie, wie es zu den dunklen Linien in den Sternspektren kommt und welche Information aus ihrer Lage gewonnen werden kann.
3. Recherchieren Sie den Begriff „Hertzsprung-Russel-Diagramm" (HRD), ordnen Sie dieses in den obigen Kontext ein und stellen Sie Ihre Ergebnisse mithilfe eines Posters dar.

3.2 Physik der Atomhülle

Gasatome können nur bestimmte und für das Element jeweils charakteristische Energiebeträge aufnehmen bzw. abgeben. Die Energieabgabe geschieht durch die Emission von Photonen, während die Anregung der Atome durch die Absorption von Photonen oder durch Elektronenstoß erfolgen kann. Das System „Atom" besitzt dementsprechend nur ganz bestimmte Energiezustände. Die Vorstellung eines Atoms, das aus einem massiven positiv geladenen Kern und einer aus den Elektronen gebildeten Hülle besteht (**Kern-Hülle-Modell**), wird diese diskreten Energiezustände mithilfe des Wellenmodells des Elektrons erklären können.

3.2.1 Diskrete Energieniveaus

Das einfachste Atom ist das Wasserstoffatom. Der Atomkern besteht aus einem Proton, die Hülle wird von einem Elektron gebildet. Die Physiker BALMER, LYMAN PASCHEN und andere haben festgestellt, dass die Linien des emittierten Lichts des Wasserstoffs zu Serien zusammengefasst werden können. Diese Serien lassen sich erklären, wenn das Wasserstoffatom nur die diskreten Energieniveaus E_n besitzt:

$$E_n = -13{,}6\ \text{eV} \cdot \frac{1}{n^2} \qquad \text{mit } n = 1, 2, 3, 4, \ldots$$

Das negative Vorzeichen in der Formel lässt sich folgenermaßen erklären. Sind das Elektron und das Proton sehr weit voneinander entfernt und werden die beiden einander soweit angenähert, dass ein gebundenes System minimaler Energie entsteht, so wird ein Energiebetrag von 13,6 eV abgegeben. Das nun gebundene System aus Elektron und Proton, das Wasserstoffatom, besitzt daher ein Energieniveau, das 13,6 eV unterhalb der Energie im getrennten Fall liegt. Anders ausgedrückt: Es ist der Energiebetrag von 13,6 eV nötig, um das Elektron ganz vom Kern zu entfernen, d. h. das Atom zu ionisieren. ($-13{,}6$ eV + 13,6 eV = 0 eV).

Für $n = 1$ ergibt sich der sogenannte Grundzustand, d.h. der Zustand mit dem niedrigsten Energiewert von $-13{,}6$ eV.

Wird dem Atom eine geringere, aber passende Energie zugeführt, so kann es vom Grundzustand in einen höheren, angeregten Zustand ($n = 2, 3, \ldots$) versetzt werden.

Anschaulich werden diese Energieniveaus des Atoms durch die Darstellung in einem Energieniveauschema (**Abb. 139.1**), auch Termschema genannt. Hierzu wird auf der vertikalen Achse die Energie aufgetragen. Durch waagerechte Linien werden die diskreten Energieniveaus dargestellt. So wird deutlich, dass zwischen den Linien keine weiteren erlaubten Energiezustände des Atoms existieren.

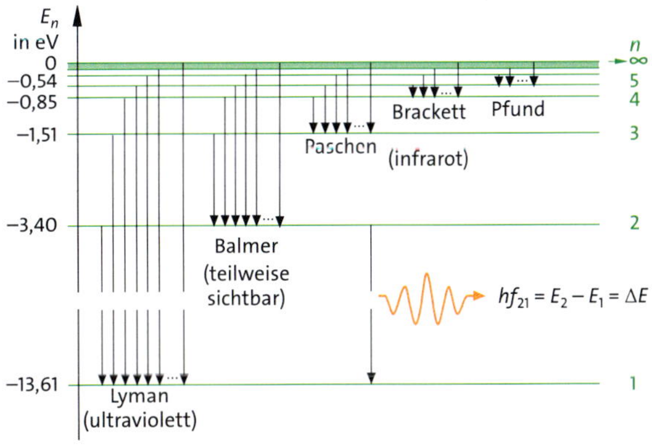

139.1 Das Energieniveauschema des Wasserstoffatoms: Die Energieübergänge auf denselben Energiezustand sind zu Serien Lyman, Balmer, Paschen, Brackett und Pfund zusammengefasst. Beispielhaft ist eingezeichnet, dass beim Energieübergang vom Energiezustand $n = 2$ nach $n = 1$ ein Photon der Energie $hf_{21} = \Delta E = E_2 - E_1$ abgegeben wird.

Befindet sich ein Atom in einem angeregten Zustand, so besitzt es eine Energie, die größer ist als die des Grundzustandes. Es verbleibt nur eine sehr kurze Zeit (etwa 10^{-8} s) in diesem Zustand. Durch die Emission eines Photons mit der Energie, die gleich der Energiedifferenz der beiden Niveaus ist, gelangt das Atom wieder in einen energetisch tieferen Zustand (**Abb. 139.1**).

> Für das Wasserstoffatom lassen sich diskrete Energieniveaus mit der Formel $E_n = -13{,}6\ \text{eV} \cdot 1/n^2$, für $n = 1, 2, 3, \ldots$ berechnen. Bei einem Übergang des Atoms von einem höheren in einen tieferen Energiezustand wird ein Photon der Energiedifferenz emittiert.

Beispiel Berechnung der Wellenlänge

Nur einige Spektrallinien der Balmer-Serie, die bei dem Übergang von einem höheren in das zweite Niveau entstehen, sind sichtbar. Sie entstehen durch einen Übergange eines angeregten Atoms in das zweite Energieniveau. Wird der Übergang vom 4. ins 2. Niveau betrachtet, so ergibt sich eine Energiedifferenz von 2,55 eV:

$$\Delta E = E_4 - E_2 = -0{,}85\ \text{eV} - (-3{,}4\ \text{eV}) = 2{,}55\ \text{eV}$$

Mit $\Delta E = hf = h\frac{c}{\lambda}$ ergibt sich die Wellenlänge zu 487 nm.

Aufgaben

1. Berechnen Sie die ersten 6 Energieniveaus des Wasserstoffatoms und zeichnen Sie ein maßstabgerechtes zugehöriges Energieniveauschema. Erläutern Sie wesentliche Charakteristika dieses Schemas. Begründen Sie, dass nur 4 Spektrallinien der Balmerserie sichtbar sind.

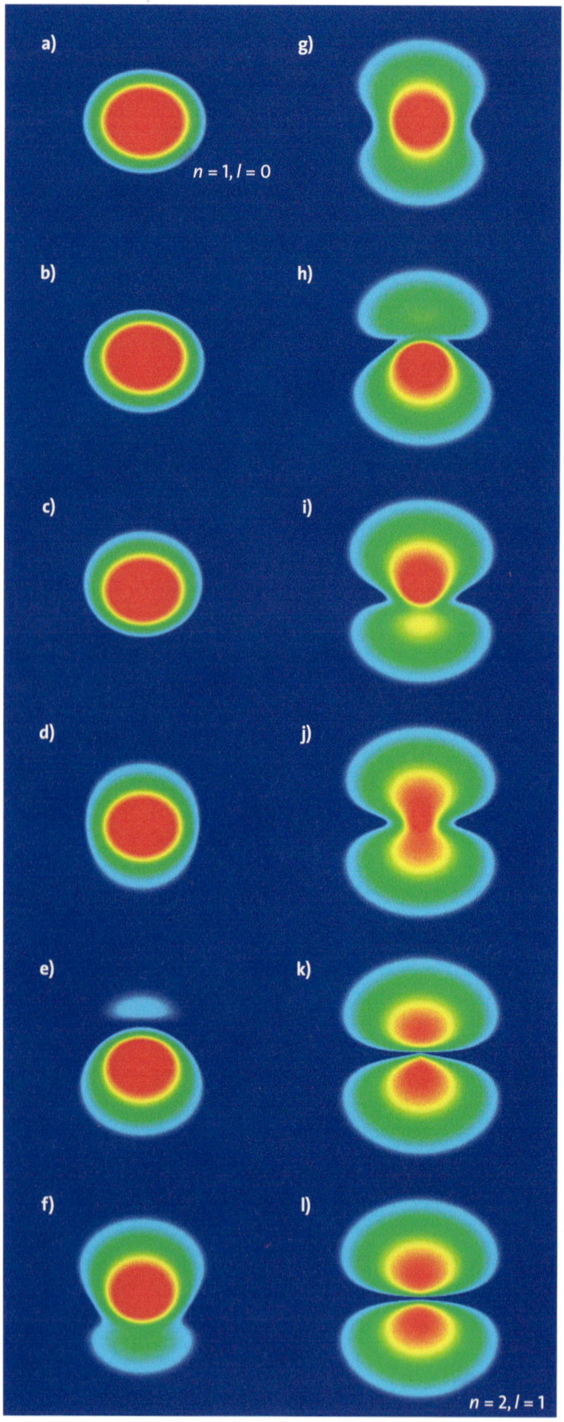

140.1 Die mit einem Computer berechnete Wellenfunktion des Elektrons in einem Wasserstoffatom während der Absorption von Energie: Die Farben stellen die Amplitude der Wellenfunktion dar, die proportional zur Aufenthaltswahrscheinlichkeit des Elektrons ist. Sie nimmt von rot über gelb, grün und blau immer weiter ab. Im Grundzustand befindet sich das Elektron näher am positiv geladenen Kern. Die Energie dieses Zustands ist damit geringer als die des angeregten Zustandes.

3.2.2 Zustände des Wasserstoffatoms

Um die innere Struktur des Atoms zu untersuchen, wurden von E. Rutherford und P. Lennard Anfang des letzten Jahrhunderts Streuversuche durchgeführt. Sie beschossen dünne Metallfolien mit α-Teilchen (He-Kernen) bzw. Elektronen. Aus den Ergebnissen konnte auf die Dichte- und Ladungsverteilung im Atom geschlossen werden: Es gibt einen relativ kleinen massiven Atomkern, der ca. 99,9 % der Masse des Atoms enthält und positiv geladen ist. Elektronen bilden die sogenannte Hülle des Atoms. Die Elektronen der Hülle werden mithilfe des Wellenmodells (→ 1.4.2) beschrieben. Die Atomhülle ist in diesem Sinne der Bereich, in dem die Amplitude der Wellenfunktion nicht überall gleich null ist. Im Grundzustand ist dieser Bereich aufgrund der Symmetrie kugelförmig mit einem Radius, der etwa 10 000-mal größer ist als der Radius der Kerns.

Kern-Hülle-Modell: Ein Atom besteht aus einem kleinen, massiven, positiv geladenen Kern und einer von den Elektronen gebildeten Hülle. Der Kern besitzt etwa einen Radius von 10^{-14} m, die Abmessungen der Hülle sind etwa 10 000-mal größer.

Das Wasserstoffatom besitzt nur ein Elektron und ist stabil. Die zugehörige das Elektron beschreibende Wellenfunktion kann also keine laufende Welle, sondern muss eine stehende Welle beschreiben, die einen stationären Grundzustand besitzt. Stationär bedeutet, dass sich die Ladungsverteilung zeitlich nicht ändert. Wenn diese sich zeitlich nicht ändert, kann auch keine Energie abgestrahlt werden, und damit ergibt sich ein stabiler Zustand.

In der Abbildung (**Abb. 140.1**) ist der Übergang eines Wasserstoffatoms vom Grundzustand a) in einen angeregten Zustand l) als eine Folge von Schnittbildern zu sehen. Dies sind mit einem Computer berechnete Werte der Wellenfunktion des Elektrons, das sich im elektrischen Feld des Kerns befindet. Mithilfe der Farben wird die Amplitude dargestellt, die zur Aufenthaltswahrscheinlichkeit des Elektrons proportional ist. Diese nimmt von rot über gelb, grün und blau immer weiter ab. Im Grundzustand befindet sich der rote Bereich und damit das negativ geladene Elektron näher am positiv geladenen Kern. Im angeregten Zustand ist die negative Ladung vom Kern weiter entfernt, was einem höheren Energieniveau entspricht.

Wird die Bildfolge in umgekehrter Richtung betrachtet, so zeigt sie die Emission von Licht, bei der das Atom von einem höheren in einen tieferen Energiezustand übergeht. In diesem Fall ist der Wechsel vom ersten angeregten Zustand ($n = 2$) in den Grundzustand gezeigt. Die Zwischenbilder veranschaulichen den Übergang vom Grundzustand in den angeregten Zustand. Es kommt zu einer Art Schwingung der Ladungsverteilung, die schließlich in einem stationären Zustand endet. Dieser ist nicht beliebig sondern gehört zu einer anderen möglichen stehenden Welle. Bei weiterer Energiezufuhr ergeben sich noch andere stationäre Zustände. In der Abbildung (**Abb. 141.1**) sind die Amplituden der stehenden Wellen und damit die Ladungsverteilungen dieser stationären Zustände dargestellt. Die zugehörigen Energieniveaus ergeben sich aus der bekannten Formel.

$$E_n = -13{,}6\ \text{eV} \cdot \frac{1}{n^2} \qquad \text{mit } n = 1, 2, 3, 4, \ldots$$

Die sogenannte **Hauptquantenzahl *n*** bestimmt das Energieniveau. In der Abbildung nimmt daher die Energie der Zustände von oben nach unten zu. Dies ist einzusehen, denn die Ladungsverteilung der Hülle entfernt sich dabei immer weiter vom Kern. Historisch werden die Zustände mit aufsteigender Hauptquantenzahl auch als K-Schale, L-Schale, M-Schale usw. bezeichnet.

Die Ladungsverteilung wird noch durch zwei weitere Zahlen, nämlich durch die **Nebenquantenzahl *l*** und die magnetische **Quantenzahl *m*** charakterisiert. Diese werden wichtig, wenn sich das Atom innerhalb eines magnetischen Feldes befindet: Dann gibt es leichte Energieunterschiede aufgrund dieser nicht mehr kugelsymmetrischen Ladungsverteilung.
Das Atom ist natürlich nicht flach. Daher werden die zweidimensionalen Bilder zu dreidimensionalen erweitert. So ergibt sich z. B. für den Grundzustand eine kugelsymmetrische Ladungsverteilung; für angeregte Zustände erinnert die Ladungsverteilung an Hanteln oder Keulen. Damit ergeben sich die aus der Chemie bekannten Abbildungen (**Abb. 141.2**). Allerdings muss immer beachtet werden, dass es sich hier um keine experimentellen, sondern um berechnete Werte der Amplitude der Wellenfunktion handelt.

Neben dem Wasserstoffatom gibt es bis zum Uran noch 91 weitere in der Natur vorkommende Atomsorten. Diese Atome besitzen dann eine größere Anzahl von Elektronen in der Hülle, die mithilfe des Wellenmodells der Quantenphysik beschrieben werden. Diese Art des Atommodells wird häufig in der Chemie verwendet, um beispielsweise die Bindungen der Atome zu Molekülen zu erklären. Allerdings ist die Annahme, dass eine größere Anzahl Elektronen ein größeres Atom bedeutet, nicht richtig. Die zugleich steigende Ladung des Kerns führt zu einer größeren elektrischen Kraft zwischen dem Kern und der Hülle, so dass alle Atome in etwa gleich groß sind.

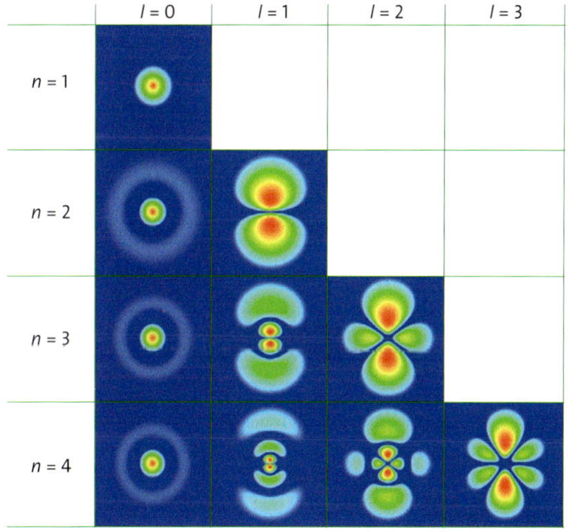

141.1 Berechnete Amplituden der stehenden Wellen für stationäre Zustände des Wasserstoffatoms. Mit steigender Hauptquantenzahl entfernt sich die negative Ladung vom positiv geladenen Kern, die Energie der Zustände steigt mit wachsender Hauptquantenzahl.

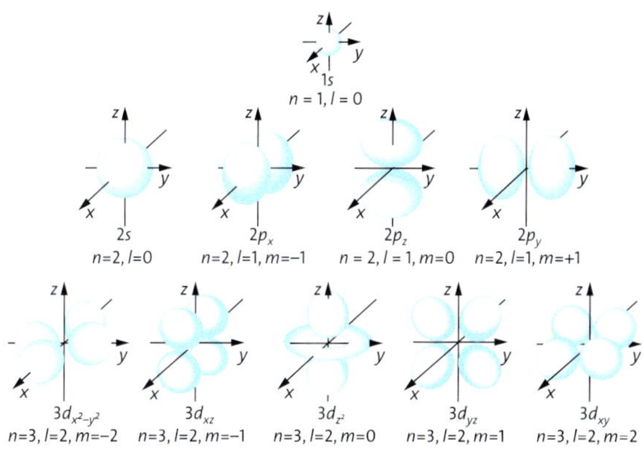

141.2 Dreidimensionale Bilder der Ladungsverteilung in der Hülle des Wasserstoffatoms für verschiedene Zustände. Diese werden häufig in der Chemie zu Erklärung benutzt.

Die diskreten Energiezustände eines Atoms können mithilfe des Wellenmodells des Elektrons erklärt werden. Stehende Wellen führen zu stationären Zuständen der Atomhülle, d. h. zu zeitlich stabilen Ladungsverteilungen. Die zugehörigen Energiewerte sind charakteristisch für das Atom.

Aufgaben

1. Begründen Sie anhand der Abbildungen, dass die Energie mit wachsender Hauptquantenzahl n zunimmt.
2. Sammeln Sie Informationen zu dem sogenannten Orbitalmodell (Chemie) und fassen sie diese zusammen.

3.2.3 Stationäre Zustände und stehende Wellen

Mit einem einfachen Modell wird gezeigt, dass durch die Beschreibung des Elektrons im Atom als stehende Welle stationäre Zustände und damit diskrete Energieniveaus erklärt werden können.
In einem Kern-Hülle-Modell des Atoms sind die Elektronen der Atomhülle an den Kern gebunden: Der Bereich, in dem sie sich aufhalten können, ist beschränkt. Sie sind gewissermaßen „eingesperrt", können sich nicht beliebig bewegen. Die Suche nach der zugehörigen Wellenfunktion ist mathematisch relativ aufwendig, da das elektrische Feld des Kerns inhomogen ist, und es sich zudem um ein dreidimensionales Problem handelt. Um die Suche nach einer Lösung einfacher zu gestalten, wird ein eindimensionales Modell betrachtet, bei dem das Elektron sich nur in einem scharf begrenzten Raumbereich der Länge a aufhalten darf. Es kann diesen nicht verlassen. Das mechanische Analogon ist ein an beiden Enden eingespanntes, elastisches Seil, auf dem sich stehende Wellen ausbilden (**Abb. 142.1**).
Es zeigt sich, dass nur bei bestimmten Frequenzen ein stationärer Zustand auftritt. Dabei gibt es Stellen, die ständig in Ruhe sind (Schwingungsknoten) und dazwischen solche, die mit maximaler Amplitude schwingen (Schwingungsbäuche). Es handelt sich um eine stehende Welle.
Wird die Frequenz erhöht, so nimmt die Anzahl der Knoten und Bäuche von einem zum nächsten stationären Zustand jeweils um eins zu.

Übertragen auf das Elektron im quantenphysikalischen Atommodell bedeutet dies, dass es nur ganz bestimmte Frequenzen der Wellenfunktion gibt, die zu einer stehenden Welle und damit zu einem stationären Zustand führen. Damit gibt es auch nur ganz bestimmte Energiewerte, die das Atom annehmen kann. Die Ausbildung der stehenden Wellen erklärt somit das Auftreten diskreter Energieniveaus.

Weiterhin wird aus dem mechanischen Bild deutlich, dass eine Minimalfrequenz existiert, bei der eine stehende Welle entsteht, nämlich die, bei welcher genau in der Mitte ein Schwingungsbauch ist und an den eingespannten Enden jeweils ein Knoten. Dieses Ergebnis auf das Atommodell angewendet bedeutet, dass es einen Grundzustand mit einen Mindestenergiewert gibt.
In diesem einfachen Modell lässt sich die Wellenfunktion für die stationären Zustände zeichnen. In der Abbildung sind der Grundzustand und zwei angeregte Zustände dargestellt (**Abb. 142.2**). An den Grenzen des Aufenthaltsbereichs befinden sich Knoten.
Je größer die Energie des stationären Zustandes ist, desto mehr Bäuche und Knoten entstehen. Dieser Aspekt stimmt mit den Bildern der Wellen im Wasserstoffatom überein (**Abb. 141.1**). Mit zunehmender Hautquantenzahl kommt eine Knotenfläche hinzu.

Dieses Modell der stehenden eindimensionalen Welle liefert zwar nicht die die richtigen Energiewerte für ein Wasserstoffatom, kann jedoch auf bestimmte langgezogene Farbstoffmoleküle angewendet werden (**Abb. 142.3**). Diese absorbieren oder emittieren den Energiesprüngen entsprechendes Licht. Mit moderner Technik ist es möglich, die Elektronenwellen sichtbar zu machen (**Abb. 142.4**).

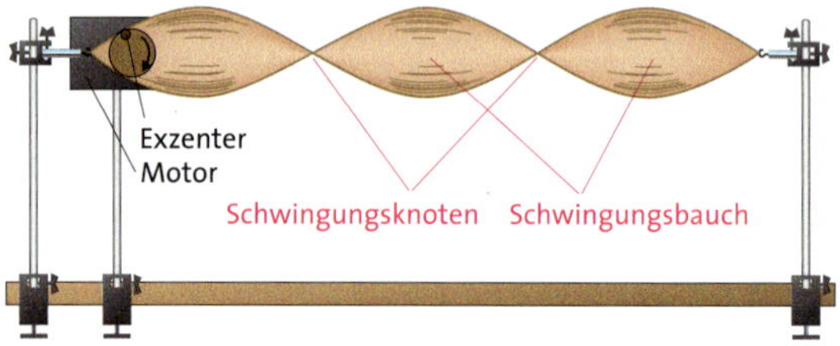

142.1 Mechanisches Analogon: Stehende Wellen auf einem eingespannten Seil

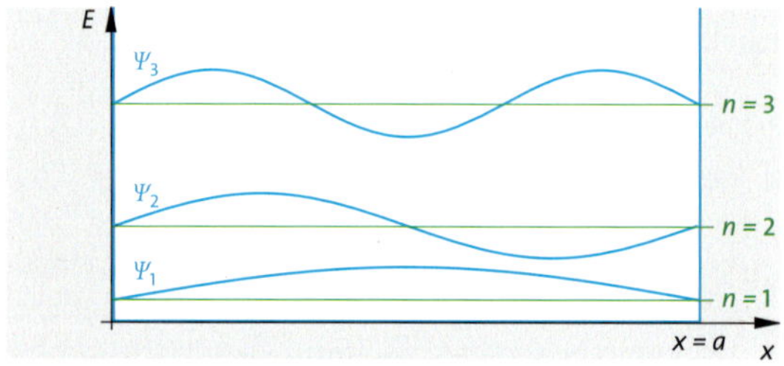

142.2 Die ersten drei möglichen stehenden Wellen eines eingesperrten Elektrons. E ist die Energie des Zustands.

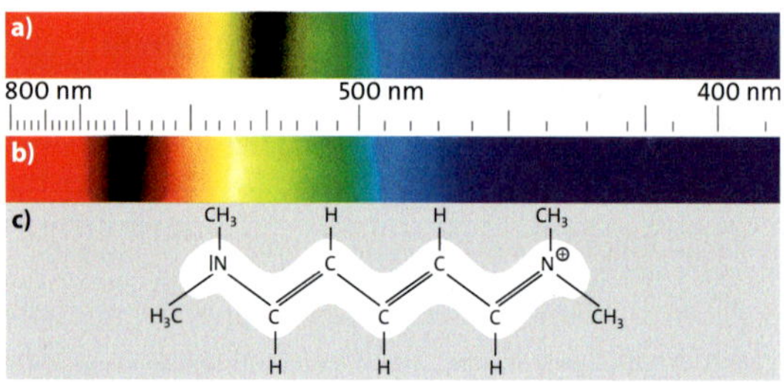

142.3 a) und **b)**: Absorptionsspektrum zweier Cyanin-Farbstoffe. **c)** Der weiße Bereich ist der Antreffbereich der im Molekül frei beweglichen Elektronen, die Valenzelektronen genannt werden.

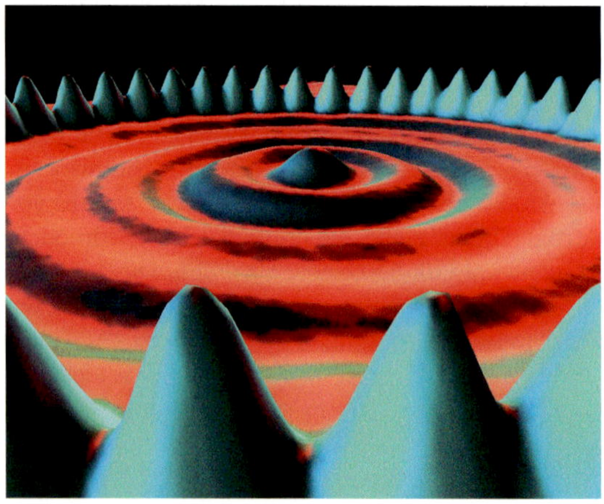

142.4 Stehende Elektronenwellen in einem Ring von etwa 50 Eisenatomen auf einer Kupferoberfläche

Farbstoffmoleküle

Mithilfe der stehenden Wellen und der damit verbundenen stationären Zustände lassen sich die Eigenschaften bestimmter Farbstoffmoleküle beschreiben. Näherungsweise kann davon ausgegangen werden, dass sich die Elektronen nur in einem bestimmten Bereich der Länge a befinden, die mit der Länge des Moleküls übereinstimmt. Der Abstand zweier Knoten einer stehenden Welle beträgt $\lambda/2$. Daher gibt es nur bestimmte diskrete Werte für die möglichen Wellenlängen. Es gilt:

$$n \cdot \frac{\lambda_n}{2} = a.$$

Der Impuls ist über die Beziehung von De Broglie mit der Wellenlänge verknüpft, so dass die kinetische Energie mithilfe von $E_{kin} = p^2/(2m)$ bestimmt werden kann. In diesem Modell ist dies auch die Gesamtenergie. Damit ergibt sich für die Energieniveaus:

$$E_n = \frac{h^2}{(8\, m_e a^2)} \frac{1}{n^2} \qquad \text{mit } n = 1, 2, 3, \ldots$$

Zu beachten ist noch, dass jedes Niveau nur mit zwei Elektronen besetzt werden kann (**Abb. 143.1**).

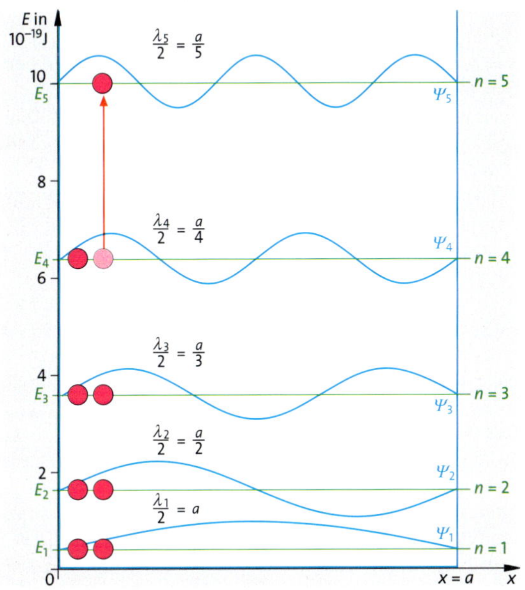

143.1 Energien und Wellenfunktionen von Elektronen, die in der Atomkette eines Farbstoffmoleküls anzutreffen sind.

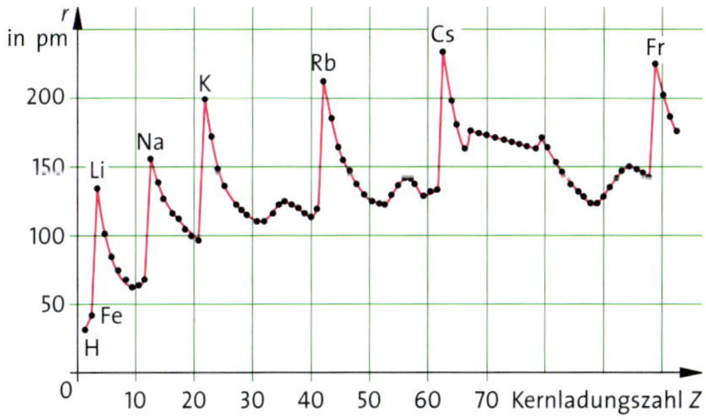

143.2 Die Atomradien in Abhängigkeit von der Ordnungszahl Z. Die plötzlichen Anstiege der Radien zeigen die Schalenstruktur der Atome und markieren den Einbau eines weiteren Elektrons.

Atomradien

Die Größe eines einzelnen Atoms ist nicht einfach zu bestimmen. Die Elektronen eines Atoms werden mithilfe des Wellenmodells beschrieben, und so ist es unmöglich, eine exakt definierte Grenze für den Aufenthaltsbereich der Elektronen und damit für den Atomradius anzugeben. Willkürlich wird z. B. die 10 %-Grenze gewählt: Nur 10 % der negativen Ladungsverteilung befindet sich in einem größeren Abstand vom Atomkern. Die Abbildung **143.2** zeigt die so berechneten Atomradien und die Schalenstruktur für die verschiedenen Elemente.

Aufgaben

1. **a)** Ein Cyanin-Farbstoffmolekül besitzt eine Atomkette der Länge 1,23 nm. Bestimmen Sie die ersten 6 möglichen Wellenlängen, die zu einem stationären Zustand führen. Bestimmen Sie die zugehörigen Energien und vergleichen Sie mit der Darstellung in **Abb. 143.1**.

b) Berechnen Sie die Energiedifferenz zwischen dem 5. und 6. Niveau für ein Cyanin-Molekül der Länge 1,23 nm sowie die Wellenlänge der zugehörigen Strahlung, die bei einem Übergang von dem höheren in das tiefere Niveau emittiert wird.

c) Ein Beta-Carotin-Farbstoffmolekül der Länge 1,77 nm besitzt 22 Elektronen, die sich frei entlang des Moleküls bewegen können. Bestimmen Sie die Wellenlänge der Strahlung, die dieses Molekül absorbiert. Beachten Sie dabei, dass jedes Niveau nur mit zwei Elektronen besetzt werden kann.

2. **a)** Beschreiben Sie das Diagramm in **Abb. 143.2**. Vergleichen Sie die Ergebnisse mit dem Periodensystem der Elemente und formulieren Sie Regeln bezüglich der Hauptgruppen bzw. Perioden.

b) Begründen Sie, dass obwohl bei steigender Ordnungszahl die Anzahl der Elektronen in der Hülle steigt, die Atomradien sich nicht wesentlich ändern.

3. Helium hat die Ordnungszahl 2. Das bedeutet, dass die Hülle im neutralen Zustand von 2 Elektronen gebildet wird. Wird ein Elektron entfernt, so ergibt sich ein He^+ -Ion. Dieses Ion besitzt ähnliche Eigenschaften wie das Wasserstoffatom; es muss lediglich beachtet werden, dass der Kern eine zweifache positive Ladung trägt. Die zugehörige Gleichung zur Bestimmung der Energieniveaus berücksichtigt dies: $E_n = -13{,}6\ \text{eV} \cdot Z^2/n^2$. Die Kernladungszahl geht hierbei quadratisch ein.

a) Bestimmen Sie die Ionisierungsenergie von He^+.

b) Berechnen Sie die ersten 6 Energieniveaus des Helium-Ions. Zeichnen Sie ein Energieniveau-Schema des He^+ und des Wasserstoffs und vergleichen Sie diese.

c) Bestimmen Sie die Wellenlängen der Strahlung, die He^+ emittieren kann.

d) Erläutern Sie, warum die obige Formel für ein neutrales Heliumatom so nicht gelten kann.

Materialgestützte Aufgaben

Historische Atommodelle

Ein Modell ist ein Repräsentant eines Teilaspektes der Erfahrungswelt. Es ist ein Abbild einer Sache und kann gegenständlich oder ein rein gedankliches Konstrukt sein. Ein gegenständliches Modell der Erde ist beispielsweise der Globus. Einige Aspekte wie die Lage der Kontinente, die Entfernung zwischen Großstädten und vieles mehr werden von ihm dargestellt und dadurch verstehbar gemacht. Andere Aspekte bleiben unberücksichtigt: Das Klima, die Pflanzen, die Menschen usw. werden nicht erfasst. Das Feldlinienmodell ist ein gedankliches und theoretisches Modell, welches bei der Erklärung vieler physikalischer Phänomene hilft. Weitere Modelle dieser Art in der Physik sind die Atommodelle. Sie erfassen bestimmte Aspekte, bestimmte Eigenschaften der Atome. Andere Aspekte werden außer Acht gelassen oder können mit einem bestimmten Modell nicht erklärt werden. Das Ziel ist meist, ein Modell zu entwickeln, dass möglichst viele physikalische Phänomene erfasst. Neue experimentelle Ergebnisse können eine Weiterentwicklung eines Modells notwendig machen.

Das Kugelmodell

Die Vorstellung vom Aufbau der Materie aus kleinsten, nicht weiter teilbaren Teilchen ist bereits in der Antike von LEUKIPP und DEMOKRIT (5. Jh. v. Chr.) entwickelt worden. Der damit begründete Atomismus (*átomos*, griech.: unteilbar) wurde in der Philosophiegeschichte in unterschiedlicher Weise immer wieder aufgegriffen.

JOHN DALTON stellte sich ein Atom als massive Kugel vor. Der Chemiker erkannte, dass es für die verschiedenen Elemente unterschiedliche Kugelarten geben müsse. Diese sollten sich in unterschiedlichsten Kombinationen bei chemischen Reaktionen zu Molekülen verbinden. Diese Vorstellung hilft, die Gesetzmäßigkeiten bei chemischen Reaktionen zu verstehen: Zwei Wasserstoffatome verbinden sich immer mit einem Sauerstoffatom zu einem Wassermolekül. Damit hat das Masse-Kugelmodell seine Bedeutung im chemischen Bereich, aber auch physikalische Aspekte lassen sich mit diesem Modell beschreiben. So nimmt die kinetische Gastheorie dieses Modell als Grundlage, um die Eigenschaften von Gasen auf mikroskopischer Basis zu erklären. Der Druck beispielsweise wird darauf zurückgeführt, dass die Atome des Gases, welche im Modell aus festen materiellen Kugeln bestehen, auf die Wände eines Gefäßes treffen und dort reflektiert werden. Dadurch entsteht eine Kraft auf die Wand. Auch die Diffusion, die Brown'sche Bewegung und die Änderung der Aggregatzustände können mit diesem Kugelmodell erfasst werden. Eine Temperaturerhöhung führt zu einer größeren mittleren Geschwindigkeit der Atomkugeln. Allerdings versagt es bei weiteren Eigenschaften wie etwa der Beschreibung von elektrischen Leitungsvorgängen in Gasen.

Das Rosinenkuchenmodell

Experimente mit Entladungsröhren in der Mitte des 19. Jahrhunderts zeigten, dass bei der Gasentladung Teilchen entstanden, die unterschiedlich geladen waren. J. J. THOMSON (1856–1940) untersuchte diese mittels der Ablenkung in elektrischen und magnetischen Feldern. Mit diesen Experimenten zeigte sich, dass es positiv geladene Teilchen gibt, die eine für das Gas charakteristische spezifische Ladung (Q/m) besitzen. Zudem konnten Elektronen nachgewiesen werden. Die von ihm so entdeckten positiven Ionen und Elektronen ließen ein Masse-Kugelmodell nicht mehr zu: Nach dem **Thomson'schen Atommodell** besteht ein Atom aus einer gleichmäßig positiv geladenen Materiekugel, in die Elektronen regelmäßig verteilt eingebettet sind. (wie die Rosinen in einem Kuchen: Rosinenkuchenmodell des Atoms). Da elektrisch geladene Teilchen mittels elektrischer Felder beschleunigt werden können, ist es möglich, diese auf ein Untersuchungsobjekt zu schießen, um Informationen über die innere Struktur zu bekommen.

Das Atommodell von RUTHERFORD

Rutherford untersuchte die Streuung von α-Teilchen, d.h. von zweifach positiv geladenen Heliumkernen, an einer dünnen Goldfolie. Aus den Ergebnissen schloss er:

- Atome besitzen einen Durchmesser von ca. 10^{-10} m. Nahezu die gesamte Masse ist im Atomkern mit einem Durchmesser von 10^{-14} m konzentriert.
- Die gesamte positive Ladung des Atoms befindet sich im Atomkern.
- Die gesamte negative Ladung tragen die Elektronen der Hülle.

RUTHERFORD's Atommodell ist damit ein **Kern-Hülle-Modell**. Da sich unterschiedliche physikalische Phänomen auch diesen Bereichen des Atoms zuordnen lassen, sind daraus zwei Teilgebiete der Physik entstanden, die Atom- und die Kernphysik.

Das Bohr'sche Atommodell

1913 ergänzte NILS BOHR (1885–1962) das Rutherford'sche Atommodell folgerichtig, für die damalige Zeit allerdings revolutionär, durch die Annahme, dass sich die Elektronen nur auf bestimmten Bahnen strahlungsfrei bewegen. Dies ist ein Widerspruch zur klassischen Physik, denn nach dieser strahlen beschleunigte Elektronen Energie ab. Die quantenhafte Emission und Absorption wird von Bohr auf Übergänge zwischen diesen erlaubten Bahnen zurückgeführt. Sein Atommodell basiert auf den sogenannten **Bohr'schen Postulaten**:

1. Bohr'sches Postulat (Quantenbedingung):
Im Atom bewegen sich die Elektronen nur auf ganz bestimmten Kreisbahnen strahlungsfrei. Diese stationären Bahnen sind durch die folgende Bedingung festgelegt:

$$r m_e v = n \frac{h}{2\pi}$$

n ist die Hauptquantenzahl, die die Bahn und die zugehörige Energie bestimmt. Die zugehörige Energie lässt sich für Wasserstoff berechnen:

$$E_n = -13{,}6\ \text{eV} \cdot \frac{1}{n^2}$$

2. Bohr'sches Postulat (Frequenzbedingung):
Beim Übergang des Elektrons von einer stationären Bahn zu einer anderen wird Energie abgegeben (Emission) oder aufgenommen (Absorption). Die Energieabgabe ΔE bei einem Übergang von einer höheren (E_m) auf eine tiefere Bahn (E_n) erfolgt durch Emission eines Photons dieser Energie.
Die Abbildung zeigt die Emission **(a)** und die Absorption **(b)** eines Photons durch ein Atom in der Vorstellung nach dem Bohr'schen Atommodell.

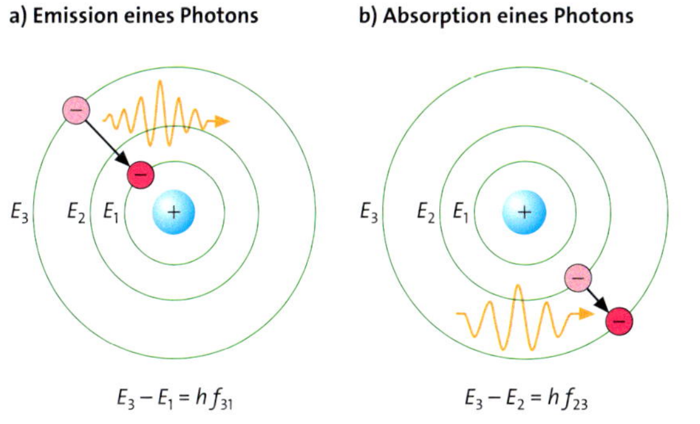

Quantenphysikalische Modelle

Werden quantenphysikalische Aspekte berücksichtigt, so liefert das Wellenmodell des Elektrons widerspruchsfreie Aussagen. Mithilfe stehender Wellen können diskrete Energiezustände des Atoms berechnet werden. Am Beispiel des Potentialtopfes wurde dies gezeigt. Die Rechnung für ein Elektron im elektrischen Feld des Atomkerns ist wesentlich komplizierter. Die Übergänge zwischen diesen stationären Zuständen erklären die quantenhafte Absorption und Emission.

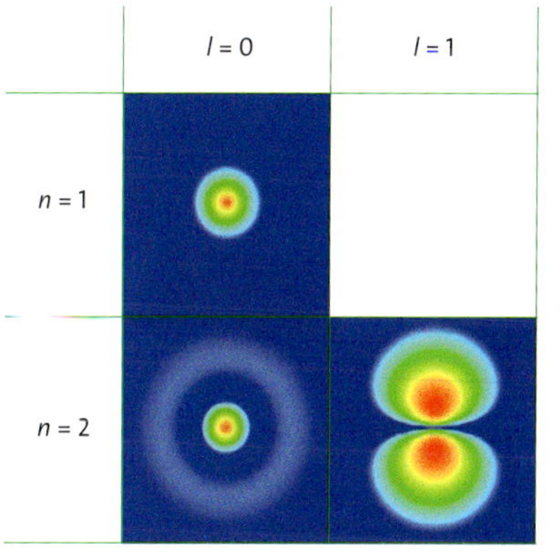

Aufgaben

1. Finden Sie aus der Alltagswelt und aus der Physik weitere Modelle. Erläutern Sie an diesen den Aspektcharakter eines Modells und zeigen Sie jeweils Grenzen der Anwendbarkeit auf.
2. Ein Globus stellt nur bestimmte Aspekte der Erde dar. Begründen Sie, warum es keinen Sinn machen würde, ein absolut originalgetreues Abbild der Erde als Modell zu betrachten.
3. Suchen Sie Informationen zur kinetischen Gastheorie und bereiten Sie eine Kurzvortrag vor, der die physikalischen Gesetzmäßigkeiten von Gasen auf der Grundlage des Kugelmodells erklärt. Erläutern Sie auch Diffusionsvorgänge, die Brown'sche Bewegung sowie die Änderung der Aggregatzustände in diesem Modell.

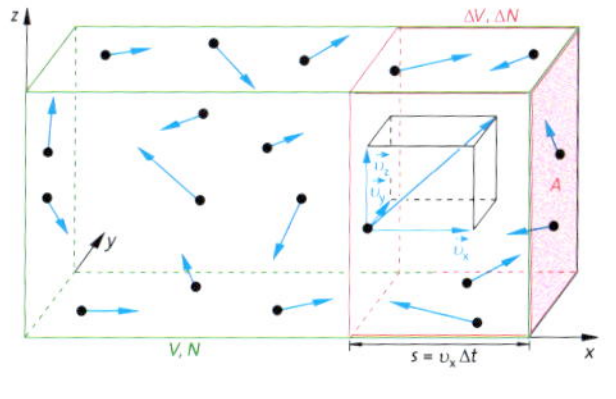

4. Recherchieren Sie die Gesetze der konstanten und multiplen Proportionen bei chemischen Reaktionen und erklären Sie diese mit dem Kugelmodell.
5. Erläutern Sie unter besonderer Berücksichtigung des Begriffs der Unteilbarkeit den Aspekt, der eine Modifizierung des Kugelmodells notwendig machte.
6. Das Kugelmodell des Atoms ist nicht falsch. Thomsons Rosinenkuchenmodell ist aber umfassender. Erläutern Sie dies und gehen Sie speziell auf den Modellbegriff ein.
7. Erläutern Sie die Atommodelle, die in dem Bild rechts dargestellt sind. Erklären Sie die Aspekte, die jedes Modell erfasst.
8. In der Hülle befinden sich Elektronen und der Kern ist positiv geladen. Erklären Sie, dass dieses Modell mit ruhenden Elektronen nicht stabil sein kann.
9. Die Elektronen der Hülle und der Atomkern ziehen sich aufgrund des unterschiedlichen Ladungsvorzeichens an. Die Vorstellung, dass die Elektronen um den Kern kreisen wie die Planten um die Sonne, führt auf Widersprüche. Die elektrische Kraft wirkt als Zentripetalkraftwirkt. Allerdings ist die Bewegung auf einer Kreisbahn eine beschleunigte Bewegung. Beschleunigte Ladungen strahlen elektromagnetische Wellen ab. Erläutern Sie unter diesem Hintergrund das Bild.

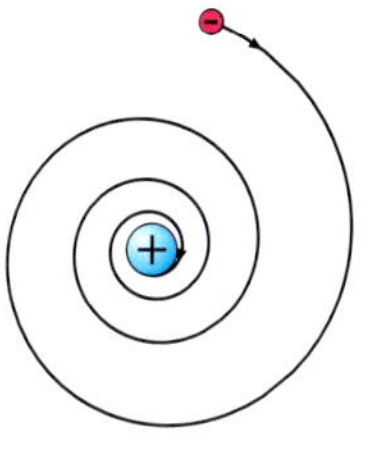

10. Erläutern Sie den Widerspruch des Bohr'schen Atommodells zur klassischen Physik.
11. Erläutern Sie, welche experimentellen Ergebnisse mit dem Bohr'schen Atommodell erklärt werden können. Erklären Sie das Phänomen der Resonanzabsorption.
12. Geben Sie die historische Entwicklung der Atommodelle wieder. Vergleichen Sie die Modelle und bewerten Sie ihre jeweilige Leistungsfähigkeit unter besonderer Berücksichtigung des allgemeinen Modellbegriffs.

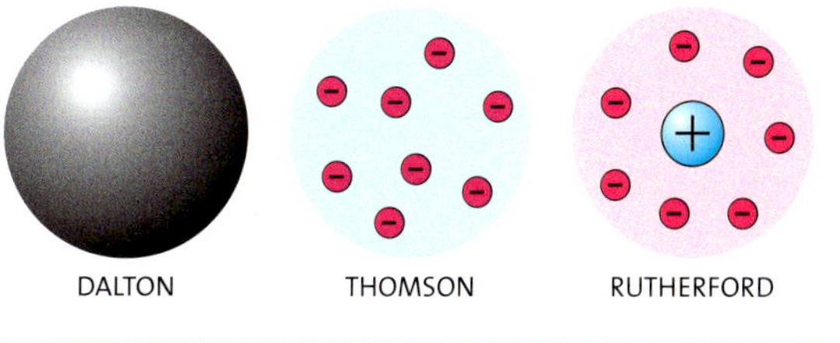

3.2.4 Röntgenstrahlung

Im Jahre 1895 entdeckte Conrad Wilhelm RÖNTGEN (1845–1923) bei Experimenten mit Entladungsröhren die nach ihm benannte Strahlung, welche nun genauer untersucht werden soll.

In der Röntgenröhre (**Abb. 146.1**) werden von einer Glühkatode Elektronen emittiert, die in einem elektrischen Feld zwischen Katode und Anode auf eine kinetische Energie von einigen zehntausend Elektronvolt beschleunigt werden. Diese treffen auf die Metallanode, wo aufgrund der starken Wechselwirkung der Elektronen mit den Metallatomen Röntgenstrahlung entsteht. Bei der Röntgenstrahlung handelt es sich um elektromagnetische Strahlung mit Wellenlängen in der Größenordnung von 100 pm.

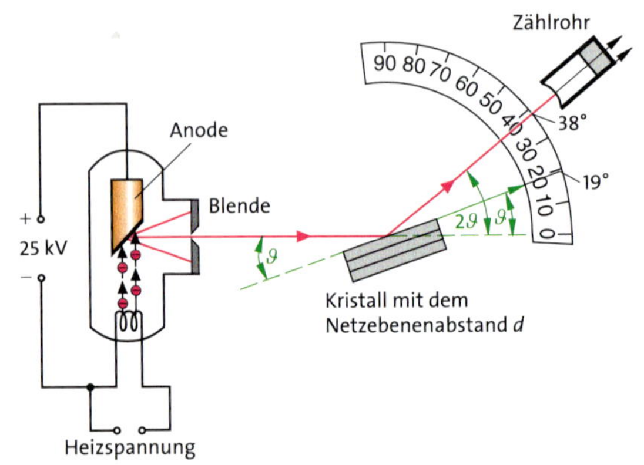

146.1 Schematischer Versuchsaufbau zur Bestimmung der kurzwelligen Grenze der Röntgenstrahlung. Der Wert von λ ergibt sich aus der Messung des Winkels ϑ aus der Bragg-Gleichung $2d\sin(\vartheta) = \lambda$.

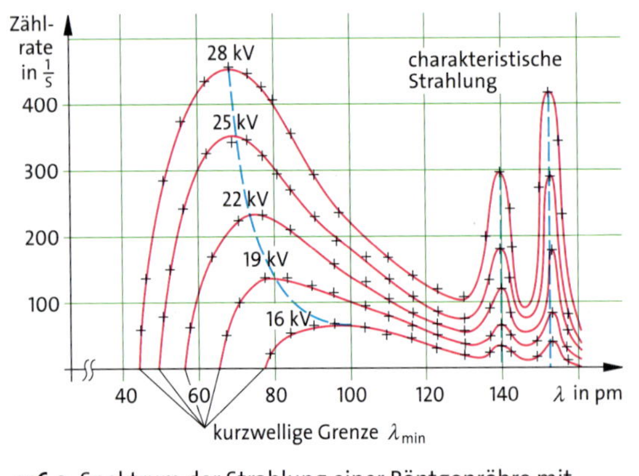

146.2 Spektrum der Strahlung einer Röntgenröhre mit Cu-Anode in Abhängigkeit von der Wellenlänge λ bei verschiedenen Beschleunigungsspannungen U_B und entsprechenden Werten für die kurzwellige Grenze λ_{min}. Bremsstrahlung und charakteristische Strahlung überlagern sich.

Grundversuch Röntgenspektrum: Da die Wellenlänge der Röntgenstrahlung so klein ist, wird ihr Spektrum mithilfe der Drehkristallmethode (**Abb. 146.1**) untersucht. Nach der BRAGG'schen Gleichung $2d\sin(\vartheta) = n\lambda$ mit $n = 1$ reflektiert der Kristall mit dem Netzebenenabstand d die unter dem Winkel ϑ einfallende Strahlung der Wellenlänge λ in Richtung 2ϑ. Damit misst das Geiger-Müller-Zählrohr in der Stellung 2ϑ die Intensität der Strahlung, die zur Wellenlänge λ gehört. Der Winkel ϑ wird variiert und die zugehörige Wellenlänge berechnet. Die Intensität wird in Abhängigkeit von der Wellenlänge dargestellt.

Ergebnis: Die Intensität (**Abb. 146.2**) ist kontinuierlich über einen Wellenlängenbereich oberhalb einer von der Beschleunigungsspannung abhängigen Grenzwellenlänge verteilt. Unterhalb dieser Grenzwellenlänge ist keine Strahlung vorhanden. Je größer die Beschleunigungsspannung ist, desto kleiner ist diese Grenzwellenlänge. Zusätzlich sind bei zwei Wellenlängen Peaks zu erkennen, bei denen die Intensität deutlich höher ist.

Erklärung: Es sind zwei unterschiedliche Entstehungsmechanismen der Röntgenstrahlung zu betrachten:

(1) Die Elektronen werden im Anodenmaterial abgebremst. Da beschleunigte Ladungen strahlen, entsteht die sogenannte **Bremsstrahlung**, deren Spektrum kontinuierlich ist, denn die vollständige Abbremsung kann über eine Vielzahl von Schritten geschehen. Bei jedem Schritt wird ein Photon in Abhängigkeit vom Energieverlust emittiert. Im Spektrum kommen damit alle Wellenlängen vor. Im Extremfall aber kann das Elektron durch die Abgabe eines einzigen Photons seine ganze kinetische Energie verlieren. Dabei entsteht ein Photon maximaler Energie. Wegen der Energieerhaltung muss in diesem Fall gelten: $e\,U_B = h f_{max} = h\,c/\lambda_{min}$.
Damit ist das Vorkommen der Grenzwellenlänge im Spektrum erklärt. Sie folgt aus dem Energieerhaltungssatz.

(2) Ist die Energie der auf die die Anode treffenden Elektronen groß genug, so können sie die Anodenatome ionisieren. Dabei wird ein kernnahes Elektron aus der Hülle entfernt. Bei dem Übergang eines Elektrons aus einem höheren Energieniveau in diesen nun freien Platz des tieferen Energieniveaus wird ein Photon der entsprechenden Energie emittiert. Es entsteht die sogenannte **charakteristische Strahlung**. Sie heißt so, da die Energieniveaus für unterschiedliche Elemente verschieden sind und daher die emittierten Spektrallinien für das Anodenmaterial charakteristisch sind. ◂

Das kontinuierliche Bremsspektrum der Röntgenstrahlung besitzt eine durch die Anodenspannung U_B bestimmte untere Grenze λ_{min}. Die Spektrallinien der charakteristischen Strahlung hängen vom verwendeten Anodenmaterial ab.

Materialgestützte Aufgaben

Das Spektrum der Röntgenstrahlung

Charakteristische Röntgenstrahlung entsteht, wenn ein Elektron aus einem höheren Energieniveau in ein tieferes springt. Dabei wird ein Photon emittiert. Die zugehörige Frequenz bzw. Wellenlänge ist abhängig von der Energiedifferenz der beiden Niveaus, und diese hängt wiederum vom verwendeten Anodenmaterial ab. Bei dem Anodenmaterial handelt es sich um Metalle, deren Ordnungszahl Z größer als 20 ist. Für solche Atome lassen sich die Energieniveaus näherungsweise aus der Formel des Wasserstoffs bestimmen, indem aufgrund der größeren Kernladungszahl die Formel mit Z^2 multipliziert wird.

$$E_n = -13{,}6\ \text{eV} \cdot Z^2 \frac{1}{n^2} \qquad \text{mit } n = 1, 2, 3, \ldots$$

Allerdings muss zum Beispiel für die K-Linien berücksichtigt werden, dass aus dem Niveau für $n = 1$, ein Elektron fehlt, aber noch eins in diesem Niveau vorhanden ist, welches die Kernladung abschirmt. Daher muss die Ordnungszahl durch eine effektive Ordnungszahl ersetzt werden, die um 1 geringer ist.

$$E_n = -13{,}6\ \text{eV} \cdot (Z-1)^2 \frac{1}{n^2} \qquad \text{mit } n = 1, 2, 3, \ldots$$

Für die Entstehung der charakteristischen Strahlung bedarf es einer Mindestspannung. Unterhalb dieser sind die Spektrallinien nicht zu vorhanden. Damit ein Elektron in das tiefste Niveau übergehen kann, muss dort dort durch die Ionisierung ein Elektron entfernt worden sein.

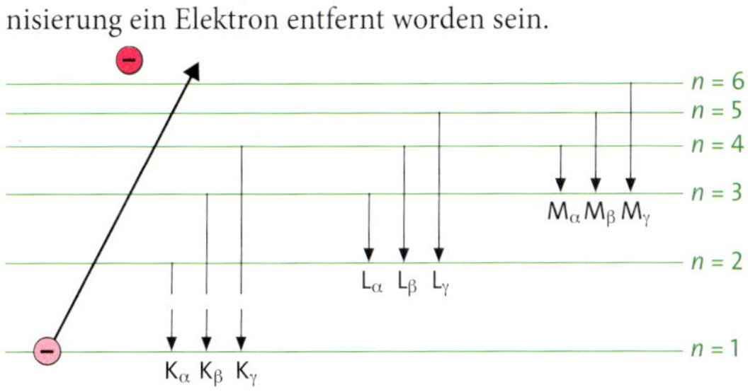

Aufgaben

1. Ein Röntgenspektrum besteht im Allgemeinen aus zwei Anteilen, der Bremsstrahlung und der charakteristischen Strahlung. Erläutern Sie ihre Entstehung.
2. In Abbildung **146.2** sind Röntgenspektren für verschiedene Beschleunigungsspannungen dargestellt. Ermitteln Sie jeweils die Grenzwellenlänge. Stellen Sie die kinetische Energie der beschleunigten Elektronen in Abhängigkeit von der Grenzfrequenz dar. Ermitteln Sie aus diesem Diagramm die Planck'sche Konstante.
3. In **Abb. 146.2** sind zwei Spektrallinien zu erkennen. Bestimmen Sie jeweils die Wellenlänge und ordnen Sie diese der K_α- bzw. der K_β-Strahlung zu. Bestimmen Sie mithilfe obiger Formel die zugehörige Ordnungszahl des Anodenmaterials.
4. Zur Erzeugung der charakteristischen K_α-Strahlung müssen die beschleunigten Elektronen eine größere kinetische Energie besitzen als die in diesem Fall emittierten Photonen. Begründen Sie diesen Sachverhalt.

Medizinische Anwendung

Mit der Entdeckung der Röntgenstrahlung im Jahr 1895 begann eine Entwicklung von Anwendungen in der Medizin und der Technik, die auch bis heute noch nicht abgeschlossen ist. Ausgenutzt wird bei den Röntgenaufnahmen, dass Gewebe und Knochen ein unterschiedliches Absorptionsvermögen besitzen. Prinzipiell wird also ein Schattenbild erstellt. Stoffe mit einer größeren Dichte absorbieren die Strahlung im Allgemeinen stärker als Stoffe mit geringerer Dichte. Dieses Absorptionsverhalten von Röntgenstrahlung findet in der Medizin seine Anwendung, wenn sogenannte Kontrastmittel benutzt werden. Durch diese wird die Absorption der Röntgenstrahlung verstärkt.

Grundsätzlich wird Röntgenstrahlung größerer Wellenlänge stärker absorbiert. Zudem gibt es eine sprunghafte Veränderung der Absorption, die vom jeweils verwendeten Absorber abhängt und auf den diskreten Energieniveaus seiner Atome beruht. Ist die Energie des Photons gerade so groß, dass es ein Atom des Absorbermaterials ionisieren kann, so nimmt die Absorption sprunghaft zu. Dieser Sprung in der Absorption wird zur Untersuchung von Herzkranzgefäßen mithilfe des Absorbers Jod ausgenutzt, indem Strahlung unterschiedlicher Wellenlänge bzw. Energie (E_1 und E_2), links und rechts dieser sprunghaften Veränderung verwendet wird.

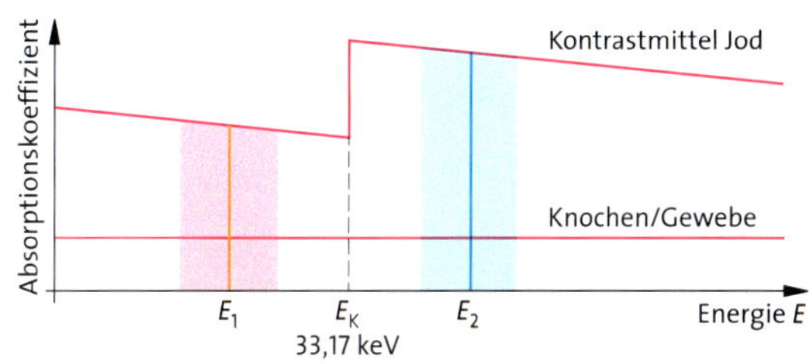

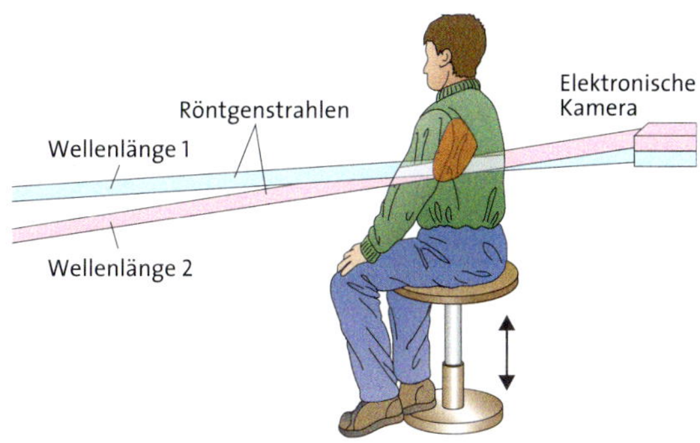

Aufgaben

1. Informieren Sie sich allgemein über die Verwendung von Röntgenstrahlung in der Medizin. Erläutern sie das Verfahren der Röntgencomputertomographie.
2. Informieren Sie sich über das Absorptionsverhalten von Röntgenstrahlung. Gehen Sie dabei speziell auf die Absorptionskanten ein und erläutern Sie das bildlich dargestellte Verfahren zur Untersuchung von Herzkranzgefäßen.

3.3 Ionisierende Strahlung

Vorgänge in der der Atomhülle sind dafür verantwortlich, dass Atome Licht oder Röntgenstrahlung emittieren können. Im Folgenden stehen jedoch Prozesse im Atomkern im Vordergrund. Manche Atomkerne emittieren Strahlung, sie sind radioaktiv. Die Wechselwirkung dieser Strahlung mit Materie, der damit verbundene Energieübertrag sowie die verschiedensten Anwendungsmöglichkeiten und Gefährdungen werden im Folgenden betrachtet.

3.3.1 Radioaktivität

Der Mensch ist Strahlung unterschiedlichster Art ausgesetzt. Die Strahlung, die von der Sonne auf die Erde trifft, macht das Leben auf unserem Planeten erst möglich. Allerdings enthält diese unter anderem auch einen Anteil ultravioletter Strahlung, die im Sommer bei zu langem Sonnenbaden zu einem schmerzhaften Sonnenbrand und später auch zu bösartigen Hautveränderungen führen kann. In der Technik ist die Informationsübermittlung mittels Strahlung nicht mehr wegzudenken: Handys, Radios und Fernseher beispielsweise nutzen einen Teil des elektromagnetischen Spektrums.
Radioaktive Strahlung hingegen, die von manchen instabilen Atomkernen emittiert wird, unterscheidet sich in ihrer Wirkung auf den Menschen und andere Lebewesen wesentlich von der oben genannten Strahlung. Licht und Wärmestrahlung werden mit dem Auge bzw. der Haut registriert. Radioaktive Strahlung ist, abgesehen von sehr hohen Intensitäten, nicht direkt wahrnehmbar. HENRIE BECQUEREL entdeckte sie 1896, weil die Strahlung eine Fotoplatte schwärzte. Aufgrund ihres unterschiedlichen Durchdringungsvermögens wurde zu Beginn des letzten Jahrhunderts die Strahlung grob in drei Arten eingeteilt und mit **α-**, **β-** und **γ-Strahlung** bezeichnet. Zu dieser Zeit waren die zugehörigen Kernumwandlungsprozesse noch unbekannt

Ursache dieser Strahlung ist die Instabilität bestimmter Nuklide, die durch Umwandlung und Emission in energieärmere Zustände übergehen. Diese Kernstrahlung besteht aus schnellen Heliumkernen bzw. schnellen Elektronen und hochenergetischen Photonen. Da sämtliche Körper unserer Umgebung aus Atomen bestehen, von denen einige instabile Kerne besitzen, sind wir ständig dieser Strahlung ausgesetzt. Die von dieser **Umgebungsstrahlung** ausgehende Strahlenbelastung ist äußerst gering. Zusätzlich erreicht uns auch die **Höhenstrahlung** aus dem Weltraum. Dieser könnten wir uns nur entziehen, wenn wir einige Kilometer unter der Erdoberfläche leben würden. Sogar jeder Mensch hat im Laufe seines Lebens durch die Nahrungsaufnahme und die Atmung radioaktive Substanzen aufgenommen, so dass er selbst eine Quelle dieser Strahlung ist.

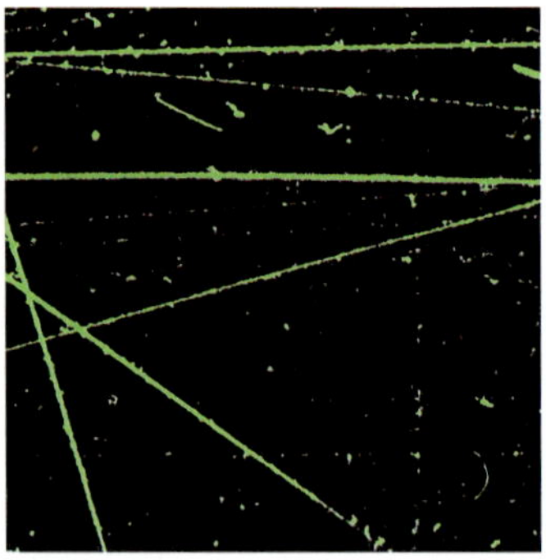

148.1 In einer Nebelkammer kondensiert entlang der Bahn geladener Teilchen Alkoholdampf. Es entsteht eine Nebelspur und die Umgebungsstrahlung wird sichtbar.

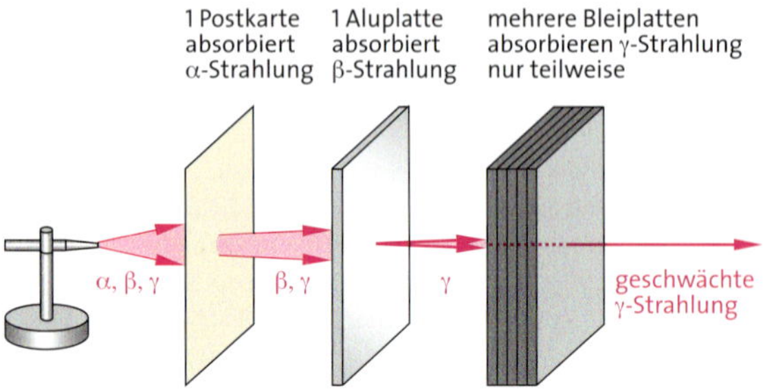

148.2 Die Bestandteile der radioaktiven Strahlung besitzen ein unterschiedliches Durchdringungsvermögen.

Natürliche radioaktive Strahlung besteht aus drei verschiedenen Anteilen, die ein unterschiedliches Durchdringungsvermögen besitzen (**Abb. 148.2**).
α-Strahlung: Zweifach positiv geladene Heliumkerne großer kinetischer Energie werden von einer wenige Zentimeter dicken Luftschicht oder einem Blatt Papier absorbiert.
β-Strahlung: Elektronen, die sich annähernd mit Lichtgeschwindigkeit bewegen, können Luftschichten einer Dicke im Bereich von Zentimetern bis Metern durchdringen. Sie werden aber beispielsweise durch eine wenige Millimeter dicke Aluminiumplatten absorbiert.
γ-Strahlung: Hochenergetische Photonen durchdringen auch dickere Schichten festen Materials. Die Intensität der Strahlung lässt sich durch die Verwendung von beispielsweise Blei und Beton verringern.

Mit einer Nebelkammer (**Abb. 148.1**) kann die Bahn geladener Teilchen sichtbar gemacht werden. Von einer Bahn zu sprechen, macht bei Quantenobjekten nur dann Sinn, wenn das zugehörige Wellenpaket entsprechend schmal ist. Dies ist hier der Fall. Daher wird in der Kernphysik das Teilchenmodell verwendet.

Mit den folgenden Experimenten wird die ionisierende Wirkung der radioaktiven Strahlung gezeigt, die für die Konstruktion von Messgeräten ausgenutzt werden kann.

Versuch 1: Ein Elektroskop wird einmal positiv und das andere Mal negativ aufgeladen. Mehrere unterschiedliche radioaktive Präparate werden in die Nähe gebracht (**Abb. 149.1**).
Beobachtung: Befindet sich ein Präparat in der Nähe, so entlädt sich das Elektroskop.
Ergebnis: Die das Elektroskop umgebende Luft ist ein Isolator. Daher bleibt das Elektroskop geladen, wenn sich kein Präparat in der Nähe befindet. Das Elektroskop kann sich nur entladen, wenn die Luft leitfähig wird. Dies geschieht durch die Strahlung des Präparates. Die emittierten Heliumkerne, Elektronen und Photonen erzeugen frei bewegliche Ladungsträger in der Luft, indem sie von den Luftmolekülen Elektronen abtrennen. Es entstehen positive Ionen und Elektronen: Die Luft wird elektrisch leitend. ◂

Radioaktive Strahlung wirkt ionisierend: Die Heliumkerne, Elektronen und Photonen geben Energie ab, indem sie Elektronen von Atomen und Molekülen abspalten. Es entstehen Ionen und Elektronen.

Das bekannteste Messgerät zur Untersuchung von Radioaktivität ist das **Geiger-Müller-Zählrohr** (→ 3.3.5). Das Gas in dem Zählrohr wird durch die Strahlung ionisiert und damit leitend. Es fließt kurzzeitig ein Strom, der einen Spannungsimpuls erzeugt.

Versuch 2: Ein Geiger-Müller-Zählrohr wird mehrere Male für eine bestimmte Zeit in Betrieb gesetzt, ohne dass sich ein radioaktives Präparat in der Nähe befindet.
Beobachtung: Es werden einige Ereignisse in der Messzeit registriert. Die Anzahl schwankt um einen Wert von z. B. 20 Ereignissen in einer Minute.
Erklärung: Auch ohne ein radioaktives Präparat wird Strahlung registriert. Diese besteht aus der Strahlung, die Atomkerne des Erdbodens, der Baumaterialien oder der Luft emittieren **(Umgebungsstrahlung)**. Zusätzlich erreicht uns Strahlung aus dem Weltraum. **(Höhenstrahlung)**. Dieser sogenannte **Nulleffekt** bzw. diese **Nullrate** muss bei jeder Messung, speziell bei kleinen Impulsraten, berücksichtigt werden. ◂

Aufgrund der Umgebungsstrahlung und der Höhenstrahlung wird auch ohne die Anwesenheit eines radioaktiven Präparates Strahlung registriert **(Nulleffekt)**.
Als Impulsrate bzw. Zählrate n wird der Quotient aus der Anzahl der Spannungsimpulse und dem zugehörigen Zeitintervall Δt bezeichnet.

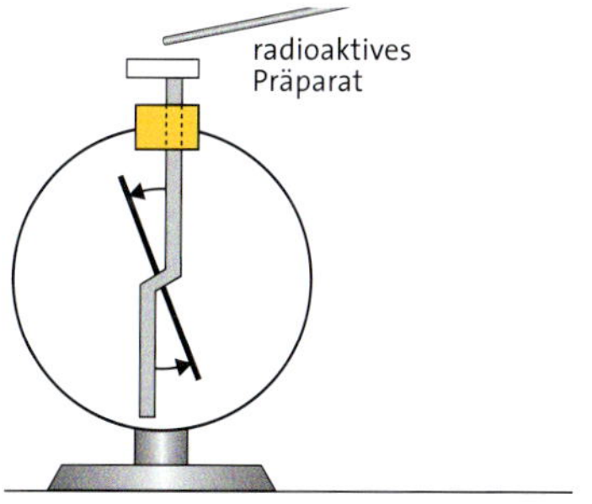

149.1 Ein positiv oder negativ aufgeladenes Elektroskop entlädt sich, wenn ein radioaktives Präparat in seiner Nähe ist.

Die Messung zeigt, dass die Zählrate auch bei *gleichen* großen Zeitintervallen nicht konstant ist. Sie schwankt um einen Mittelwert. Der radioaktive Zerfall ist ein zufallsabhängiger Vorgang. Daher treten auch zufallsbedingt Schwankungen der Zählrate um einen Mittelwert auf. Dieser Mittelwert ist gemeint, wenn im Folgenden von der Impulsrate die Rede ist.

Versuch 3: Mit einem Zählrohr wird die Strahlung eines Radiumpräparates untersucht. Zwischen das Präparat und das Zählrohrfenster werden nacheinander einige Blätter Papier, einige Aluminiumplatten der Stärke 0,5 mm und Bleiplatten gebracht.
Beobachtung: Die Zählrate nimmt beim ersten Blatt Papier deutlich ab. Bei der Vergrößerung der Anzahl der Aluminiumplatten nehmen die Zählraten zunächst schnell ab, und bleiben ab einer Gesamtschichtdicke von ungefähr 3 mm konstant.
Erklärung: Das Radiumpräparat emittiert offenbar drei verschiedene Strahlungsanteile die in den Absorbern ihre Energie abgeben. Die Heliumkerne der α-Strahlung werden schon von einem Blatt Papier absorbiert. Aus der Umgebung erhält der ruhende Kern zwei Elektronen und es entsteht ein harmloses Heliumatom. Zur Absorption aller vom Präparat emittierten Elektronen (β-Strahlung) werden ca. 3 mm Aluminium benötigt, die dadurch einen leichten Elektronenüberschuss erhalten. Eine größere Anzahl der von dem Radiumpräparat emittierten Photonen (γ-Strahlung) werden erst in dickeren Bleiplatten absorbiert. ◂

Aufgaben

1. Erläutern Sie, was unter α-, β- und γ-Strahlung zu verstehen ist. Gehen Sie dabei auf Gemeinsamkeiten und Unterschiede ein.
2. Erläutern Sie, dass Menschen während ihres gesamten Lebens radioaktiver Strahlung ausgesetzt sind.
3. Recherchieren Sie, was unter der Radonbelastung in Wohnhäusern zu verstehen ist und bereiten Sie einen Vortrag vor.
4. Begründen Sie, dass für γ-Strahlung keine Reichweite angegeben werden kann.

3.3.2 Kernreaktionen

Bei der natürlichen radioaktiven Strahlung entstehen durch Kernreaktionen Heliumkerne, Elektronen und hochenergetische Photonen, die emittiert werden. (**α-, β- und γ-Strahlung**). Der Atomkern wandelt sich dabei in einen anderen um. Mit Reaktionsgleichungen, auch Kernumwandlungsgleichungen genannt, können diese Umwandlungsprozesse beschrieben werden.

Atomkerne sind elektrisch positiv geladen und besitzen mehr als 99,9 % der Gesamtmasse des zugehörigen Atoms. Streuexperimente mit Elektronen haben gezeigt, dass sie aus zwei Grundbausteinen bestehen:

> Atomkerne sind aus **Protonen** und **Neutronen**, den **Nukleonen**, aufgebaut. Protonen besitzen eine positive elektrische Elementarladung, während Neutronen elektrisch neutral sind.
> Als **Nuklid** wird ein **Atom** bezeichnet, das einen durch die Anzahl Z der Protonen und die Anzahl N der Neutronen genau festgelegten Kern besitzt.

Es sind mehr als 3000 Nuklide bekannt. Sie werden übersichtlich in der sogenannten Nuklidkarte (**Abb. 151.1**) dargestellt (→ S. 153 und hinteren Buchdeckel). Dabei wird auf der Rechtsachse die Anzahl der Neutronen und auf der Hochachse die Anzahl Z der Protonen aufgetragen. Die **Kernladungszahl Z** gibt die Anzahl der positiven Elementarladungen und damit die Anzahl der Protonen im Kern an. Sie ist gleich der Ordnungszahl des zugehörigen Elementes im Periodensystem. Da Protonen und Neutronen in etwa die gleiche Masse besitzen, stimmt die **Massenzahl A** mit der Anzahl der Nukleonen im Kern überein. Durch die Angabe dieser beiden Zahlen Z und A ist die Kernart und damit das Nuklid eindeutig bestimmt. Jedes Nuklid wird in der Nuklidkarte durch ein farbiges Quadrat dargestellt. Die stabilen Nuklide sind schwarz gezeichnet.

> Ein Nuklid der Massenzahl A und der Ordnungszahl Z besitzt einen Kern, der aus A Nukleonen, nämlich Z Protonen und $(A - Z) = N$ Neutronen besteht. In der Hülle befinden sich Z Elektronen.
> Nuklide werden durch die Angabe der Massenzahl A und der Ordnungszahl Z am Elementsymbol X gekennzeichnet: ${}^{A}_{Z}\mathrm{X}$, wie z. B.
>
> ${}^{1}_{1}\mathrm{H}$, ${}^{4}_{2}\mathrm{He}$, ${}^{12}_{6}\mathrm{C}$, ${}^{16}_{8}\mathrm{O}$, ${}^{17}_{8}\mathrm{O}$ usw.

Da mit dem Elementsymbol die Kernladung Z schon festgelegt ist, wird sie häufig weggelassen und z. B. nur ${}^{12}\mathrm{C}$ geschrieben. Andere häufige Schreibweisen sind C-12 oder C12.

Beim **α-Zerfall** emittiert ein Atomkern einen **Heliumkern (He4)**, welcher aus zwei Protonen und zwei Neutronen besteht und eine große kinetische Energie hat. Der übrig bleibende Restkern besitzt zwei Protonen und zwei Neutronen weniger und ist elektrisch neutral.

> Beim **α-Zerfall** emittiert ein Atomkern einen Heliumkern $\left({}^{4}_{2}\mathrm{He}\right)$:
>
> ${}^{A}_{Z}\mathrm{X} \rightarrow {}^{A-4}_{Z-2}\mathrm{Y} + {}^{4}_{2}\mathrm{He}$

Beispiel: α-Zerfall von Ra226:

$${}^{226}_{88}\mathrm{Ra} \rightarrow {}^{226}_{86}\mathrm{Rn} + {}^{4}_{2}\mathrm{He}$$

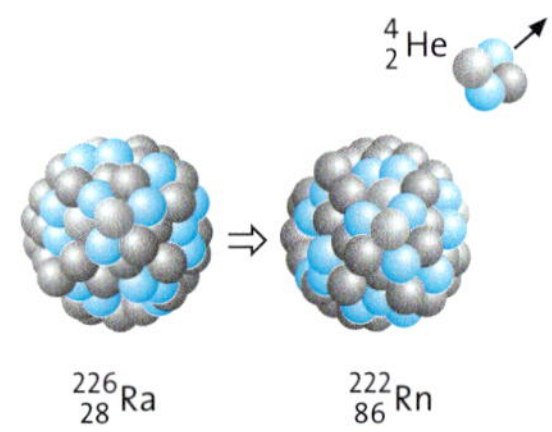

Das entstehende Radon ist ein Edelgas. Es ist radioaktiv und zerfällt ebenfalls unter Emission eines Heliumkerns.

Beim **β-Zerfall** wird als leichtes Reaktionsprodukt, dass vom Kern emittierte **Elektron** nachgewiesen. Da das Elektron negativ geladen ist, muss der neu entstandene Kern aufgrund der Ladungserhaltung eine positive Elementarladung mehr als der ursprüngliche Kern besitzen. Es hat sich ein Neutron in ein Proton umgewandelt. Aufgrund von Messungen der Energie und der Impulse hat sich gezeigt, dass noch ein zusätzliches, sehr schwer zu beobachtendes Teilchen emittiert wird. Dies ist das sogenannte **Elektron-Antineutrino**: $\overline{\nu}_e$.

> Beim **β^--Zerfall** emittiert der Atomkern ein Elektron $({}^{0}_{-1}\mathrm{e})$ und ein Antineutrino $(\overline{\nu}_e)$. Die Massenzahl A bleibt konstant, und die Kernladungszahl Z erhöht sich um 1. Der β^--Zerfall bzw. die Reaktion eines Neutrons zu einem Proton wird durch die folgenden Reaktionsgleichungen beschrieben:
>
> ${}^{A}_{Z}\mathrm{X} \rightarrow {}^{A}_{Z+1}\mathrm{Y} + {}^{0}_{-1}\mathrm{e} + \overline{\nu}_e$ bzw. ${}^{1}_{0}\mathrm{n} \rightarrow {}^{1}_{1}\mathrm{p} + {}^{0}_{-1}\mathrm{e} + \overline{\nu}_e$

Beispiel: Durch die kosmische Höhenstrahlung entsteht in den oberen Schichten der Erdatmosphäre radioaktives C14. Es zerfällt nach:

$${}^{14}_{6}\mathrm{C} \rightarrow {}^{14}_{7}\mathrm{N} + {}^{0}_{-1}\mathrm{e} + \overline{\nu}_e$$

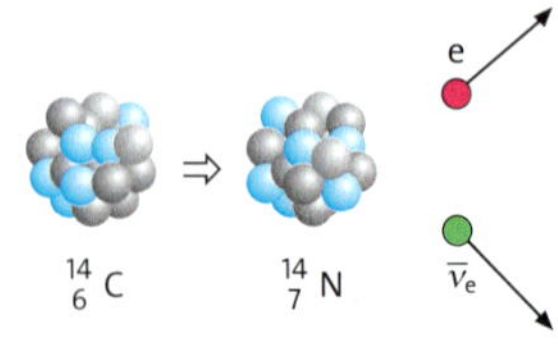

Bei fast allen Kernumwandlungen ist der neue Kern nicht in seinem energetisch tiefsten Zustand. Um in diesen zu gelangen, wird ein hochenergetisches Photon (**γ-Strahlung**) emittiert. Dabei ändert sich weder die Massenzahl noch die Kernladungszahl, es findet keine Elementumwandlung statt.

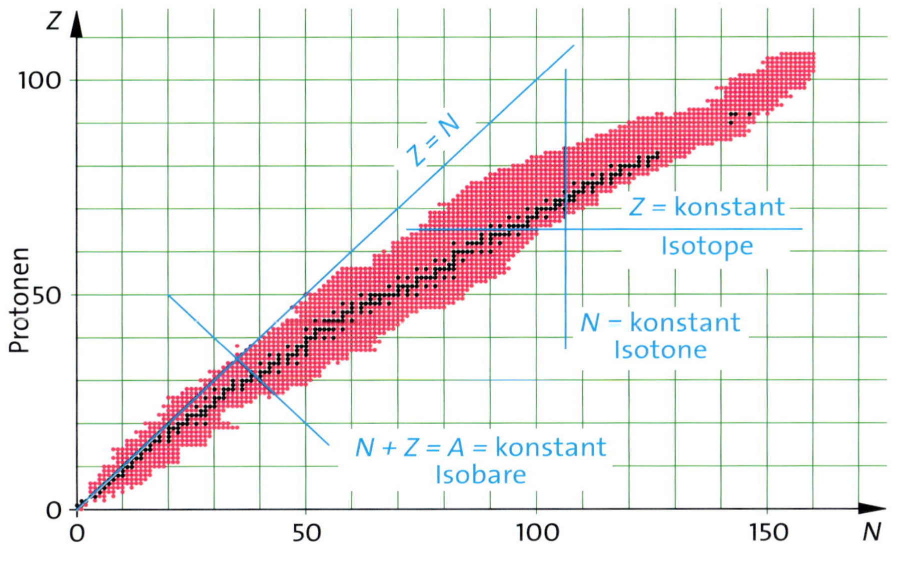

151.1 Aufbau einer Nuklidkarte. Die schwarzen Punkte kennzeichnen stabile Nuklide, die roten Punkte instabile Nuklide. Das sogenannte Stabilitätsband endet bei $Z = 83$.

Die Emission von γ-Quanten bedeutet keine Veränderung der Nukleonen- oder Kernladungszahl. Der Kern geht dabei in einen energieärmeren Zustand über, die Reaktion wird durch die folgende Gleichung beschrieben:
$^{A}_{Z}X^{*} \rightarrow {}^{A}_{Z}X + {}^{0}_{0}\gamma$

Ein angeregter Kern wird mit einem * gekennzeichnet.

Beispiel: Radium geht durch die Emission eines Heliumkerns in Radon über, das häufig in einem angeregten Zustand vorkommt und dann ein γ-Quant emittiert:

$$^{222}_{86}Rn^{*} \rightarrow {}^{222}_{86}Rn + {}^{0}_{0}\gamma$$

Mit den obigen drei Reaktionsgleichungen lassen sich die meisten Prozesse der natürlich vorkommenden radioaktiven Nuklide beschreiben. Durch die Kollision zweier Kerne in Beschleunigern oder Reaktionen in Kernreaktoren werden künstliche Nuklide erzeugt, die weitere Arten von Kernumwandlungen zeigen.

Elektronen der Atomhülle im niedrigsten Energieniveau, der sogenannten K-Schale, befinden sich nach der Quantenphysik mit einer bestimmten Wahrscheinlichkeit im Atomkern. Diese Elektronen können mit einem Proton reagieren, sodass ein Neutron entsteht, was als **K-Einfang** bzw. als **EC** (*Electron-Capture*) bezeichnet wird.

Im Atomkern kann ein Elektron mit einem Proton reagieren, so dass ein Neutron und ein Neutrino entstehen.
$^{1}_{1}p + {}^{0}_{-1}e \rightarrow {}^{0}_{1}n + \nu_e$ bzw. $^{A}_{Z}X + {}^{0}_{-1}e \rightarrow {}_{Z-1}{}^{A}Y + \nu_e$

Beispiel: $^{26}_{13}Al + {}^{0}_{-1}e \rightarrow {}^{26}_{12}Mg + \nu_e$

Kerne mit einem Neutronenmangel können diesen auch durch die Umwandlung eines Protons in ein Neutron abbauen, indem sie ein Teilchen mit einer positiven Ladung emittieren. Dabei wandelt sich ein Proton durch Emission eines sogenannten Positrons und eines Elektronneutrinos in ein Neutron um. Das Positron besitzt die gleiche Masse wie das Elektron, ist aber positiv geladen. Es ist das sogenannte Antiteilchen des Elektrons. Der obige Prozess wird **β^+-Zerfall** genannt.

Bei einem **β^+-Zerfall** werden ein Positron ($^{0}_{+1}e$), das Antiteilchen des Elektrons, und ein Neutrino (ν_e) emittiert. Die Massenzahl A bleibt konstant, die Kernladungszahl Z verringert sich um eins:
$^{A}_{Z}X \rightarrow {}_{Z-1}{}^{A}Y + {}^{0}_{+1}e + \nu_e$ bzw. $^{1}_{1}p \rightarrow {}^{1}_{0}n + {}^{0}_{+1}e + \nu_e$

Beispiel: Ein häufig in der Medizin (PET: Positronen-Emissions-Tomographie) verwendetes Nuklid ist $^{18}_{9}F$.

$$^{18}_{9}F \rightarrow {}^{18}_{8}N + {}^{0}_{+1}e + \nu_e$$

Aufgaben

1. Stellen Sie jeweils die Reaktionsgleichung für den α-Zerfall der Nuklide Ra226, Rn222, U238, Th232 auf. Geben Sie auch jeweils die Protonenanzahl für das Mutter- und Tochternuklid an.
2. Geben Sie die Reaktionsgleichungen für den β^--Zerfall der Nuklide Bi215, K40, Pb209 und C14 an.
3. β^+-Strahler sind: O15, F17, Po205, Na22. Geben Sie die Reaktionsgleichungen an.
4. C14 entsteht in den oberen Luftschichten der Erdatmosphäre, indem ein Neutron mit einem Stickstoffkern reagiert. Das entstandene Produkt emittiert ein Proton. Stellen Sie die Reaktionsgleichungen auf.

Methode

Umgang mit der Nuklidkarte

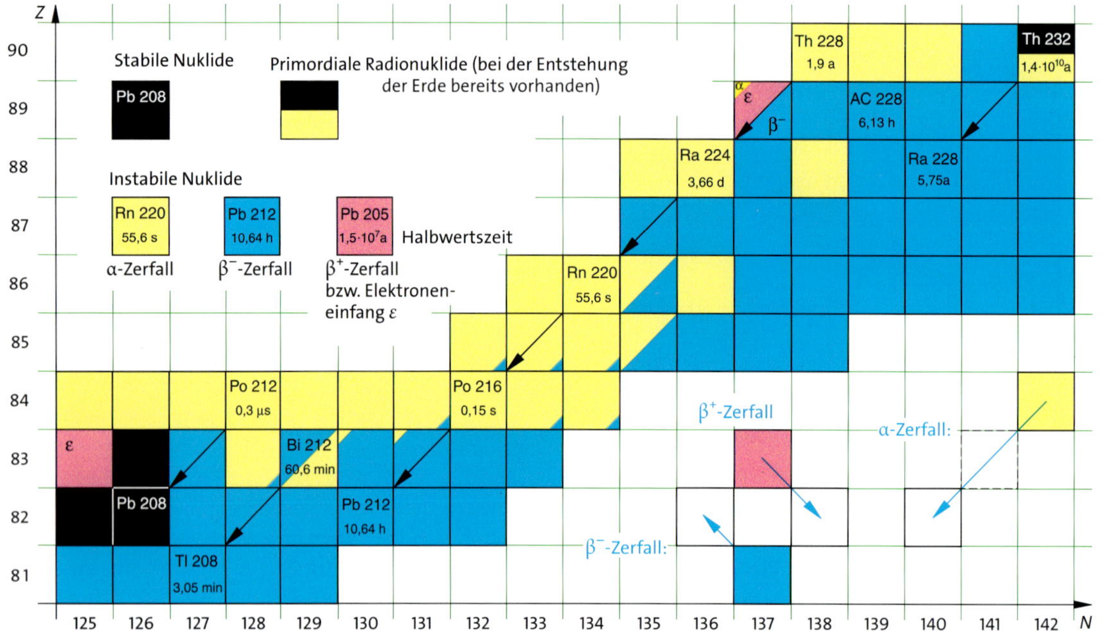

Mithilfe der Nuklidkarte kann die Zerfallsart eines Nuklids bestimmt werden. Die Nuklide sind farblich unterschiedlich dargestellt: **Gelb** steht für **α-Zerfall**, **Blau** für **β^--Zerfall** und **Rot** für **β^+-Zerfall**. Die stabilen, nicht radioaktiven Nuklide sind schwarz gekennzeichnet.

In der Nuklidkarte befinden sich die Nuklide mit der gleichen Ordnungszahl nebeneinander. Diese, sich nur in der Massenzahl unterscheidenden Nuklide eines Elementes, werden auch Isotope genannt.

Thorium228 ist gelb dargestellt, weil es dem α-Zerfall unterliegt. Da ein Heliumkern emittiert wird, besitzt der Tochterkern zwei Protonen und zwei Neutronen weniger. Dies bedeutet eine Position in der Nuklidkarte, die zwei Einheiten weiter unten und zwei Einheiten weiter links liegt Dieser Zerfall wird durch einen entsprechenden Pfeil symbolisiert. So ergeben sich schrittweise die Tochternuklide Ra224, Rn220, Po216 und Pb212. Das blau dargestellte Nuklid Pb212 unterliegt einem β^--Zerfall.
Durch die Emission eines Elektrons beim β^--Zerfall wird ein Neutron in ein Proton umgewandelt: Die Protonenanzahl vergrößert sich um eins, während sich die Neutronenanzahl sich um eins verringert. Daher befindet sich das Tochternuklid eine Position über und eine Position weiter links vom Mutternuklid. Auch dieser Zerfall wird in der Nuklidkarte durch einen entsprechenden Pfeil dargestellt. Aus Pb212 entsteht Bi212. Dies ist zweifarbig dargestellt. Es kann über einen α- oder β-Zerfall umwandeln. Durch einen α-Zerfall entsteht Tl208, welches dann durch einen β^--Zerfall in stabiles Pb208 übergeht.

Für den β^+-Zerfall folgt aus der der Reaktionsgleichung, dass dieser durch einen Pfeil dargestellt wird, der nach rechts unten zeigt.

So können auf recht einfache Weise die Zerfallsarten, die Tochternuklide und damit ganze Zerfallsreihen aus der Nuklidkarte abgelesen werden. Die Tabelle unten zeigt die Mutter- und Endnuklide der vier Zerfallsreihen. Die Neptunium-Reihe ist aufgrund der kurzen Halbwertszeit in der Natur ausgestorben.

Da sich in allen denkbaren Zerfallsreihen nur beim α-Zerfall die Massenzahl um 4 Einheiten ändert, kann es insgesamt nur 4 verschiedene Zerfallsreihen geben: Die Massenzahl der beteiligten Nuklide einer Reihe ist entweder immer durch 4 teilbar, oder durch 4 teilbar mit Rest 1 oder Rest 2 oder Rest 3. Die natürlich vorkommenden Zerfallsreihen sind in der Tabelle aufgeführt.

Reihe	**Mutternuklid**	**Halbwertszeit** in a	**Endnuklid**	**Massenformel**
Thorium	^{232}Th	$1{,}39 \cdot 10^{10}$	^{208}Pb	$4n$
Uran-Radium	^{238}U	$4{,}51 \cdot 10^{9}$	^{206}Pb	$4n + 2$
Uran-Actinium	^{235}U	$7{,}13 \cdot 10^{8}$	^{207}Pb	$4n + 3$
Neptunium	^{237}Np	$2{,}14 \cdot 10^{6}$	^{209}Bi	$4n + 1$

Exkurs

Auf der Suche nach neuen Elementen

Viele der schweren Nuklide kommen in der Natur nicht vor. Sie werden künstlich hergestellt und entstehen bei Kernreaktionen durch Beschuss von schweren Kernen mit Neutronen, α-Teilchen oder schweren Ionen. Dabei ist es möglich, Atome mit Kernladungszahlen größer als 92, die sogenannten **Transurane**, zu erzeugen. Es sind bisher Nuklide bis zur Kernladungszahl 116 experimentell erzeugt worden, die alle aufgrund ihrer großen positiven Ladung und der sich daraus ergebenden elektrischen Abstoßungskräfte instabil sind. Die Stabilität von Nukliden mit Kernladungszahlen größer als 105 nimmt zunächst noch weiter ab. Allerdings geben theoretische Überlegungen den Anlass zu Vermutungen, dass die Stabilität bei noch höheren Kernladungszahlen wieder anwächst.

So wird z.B. bei der GSI (Gesellschaft für Schwerionenforschung) in Darmstadt versucht, solche superschweren Nuklide zu erzeugen, die dann in der Nuklidkarte auf der sogenannten **„Insel der Stabilität"** in einem Meer von instabilen Nukliden liegen.

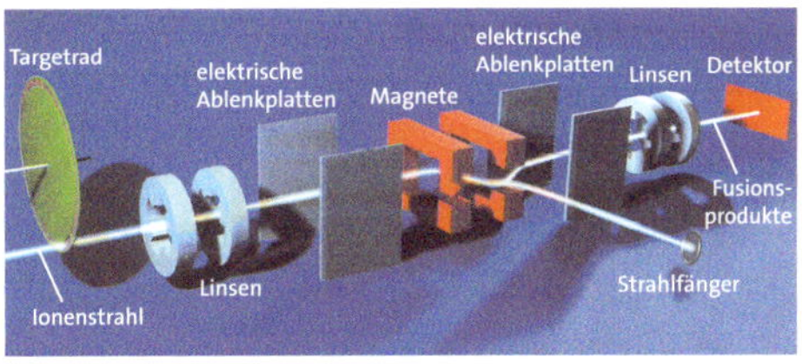

Die Schwierigkeit bei der Erzeugung neuer Elemente durch Verschmelzung zweier Kerne liegt darin, dass einerseits die elektrische Abstoßung (Coulombbarriere) überwunden werden muss, andererseits die Energie nicht zu hoch sein darf, da sonst der entstehende Zwischenkern so hoch angeregt ist, dass er sofort wieder zerplatzt.

Durch Beschuss einer dünnen Folie (Target) mit einem Ionenstrahl kommt es selten zu einer Kernverschmelzung, bei der ein Verbundkern entsteht. Dieser wird durch magnetische und elektrische Felder auf einen Detektor gelenkt. 2003 bzw. 2004 durften die Physiker der GSI die von ihnen 1994 gefundenen Elemente 110 bzw. 111 mit „Darmstadtium" (Ds) bzw. „Roentgenium" (Rg) bezeichnen. Die Elemente 115 und 113 wurden 2004 im russischen Dubna durch Beschuss von ^{243}Am mit ^{48}Ca erzeugt. Nach vier Wochen intensiver Bestrahlung konnten gerade vier Kerne des Elements 115 nachgewiesen werden.

Exkurs

PET (Positronen-Emissions-Tomographie)

Die **Positronen-Emissions-Tomographie (PET)** wird zur Früherkennung von Krebs und der Alzheimerkrankheit eingesetzt. Tumore nehmen verstärkt Zucker auf. Dem Patienten wird Zucker verabreicht, der z. B. mit Fluor18, einem β^+-aktiven Nuklid angereichert wurde. Dieser sammelt sich in den Tumoren an. Die emittierten Positronen werden im Gewebe innerhalb weniger Millimeter gestoppt und treffen auf ein Elektron, ihr Antiteilchen. Bei dieser Reaktion von Materie und Antimaterie entstehen zwei Photonen, die in genau entgegengesetzte Richtungen emittiert werden. Ein ringförmig um den Patienten angeordnetes ortsauflösendes Detektorsystem, das aus vielen einzelnen Zählern besteht, weist diese zwei Photonen gleichzeitig nach. Da die Emission wegen der Impulserhaltung in die genau entgegengesetzten Richtungen erfolgte, müssen die Photonen von einem Punkt kommen, der auf einer Geraden zwischen den gleichzeitig ansprechenden Zählern liegt. So können die Emissionsorte der Positronen in einer Ebene bestimmt werden. Durch eine Verschiebung des Detektors lassen sich Schichtaufnahmen erzeugen, die mittels eines Computers zu einem dreidimensionalen Bild zusammengesetzt werden. Die oberen Bilder zeigen die Aktivität des Gehirns eines Parkinson-Patienten im Vergleich zu der eines gesunden Gehirns. In der unteren Abbildung sind Schichtaufnahmen des Gehirns zu erkennen: Die dunklen Stellen zeigen Bereiche mit einem großen Glucoseverbrauch an. Bei einer Ganzkörperuntersuchung könnten diese Stellen auch auf eine bösartige Veränderung hinweisen.

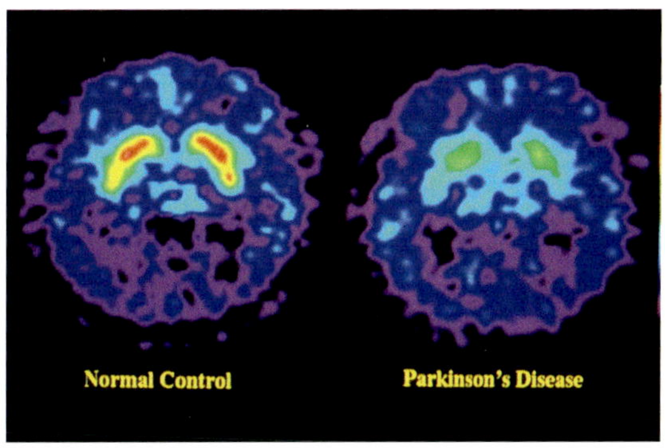

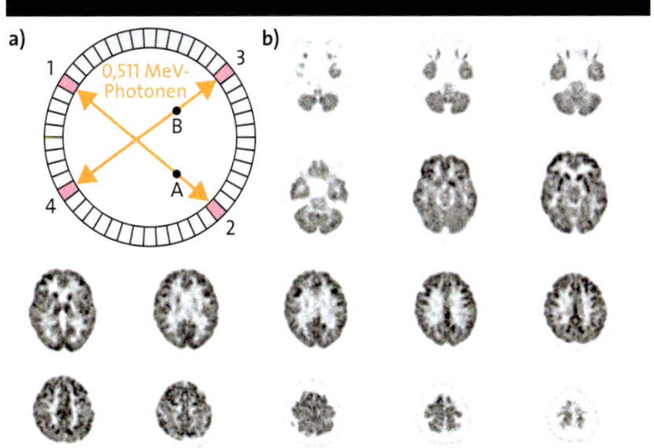

3.3.3 Das Zerfallsgesetz

In Kernreaktoren oder in anderen kerntechnischen Anlagen entstehen radioaktive Stoffe, die als radioaktiver Abfall bezeichnet werden. Dieser Abfall muss umweltverträglich gelagert werden, damit keine Gefahr mehr von ihnen ausgeht. Dazu ist es wichtig, die zeitliche Entwicklung des radioaktiven Zerfalls zu kennen: Sind die Radionuklide durch Zerfallsprozesse in ein stabiles Nuklid umgewandelt worden, besteht keine Gefahr mehr.

In der Nuklidkarte kann für jedes Nuklid die Zerfallsart anhand der Farbe erkannt werden. Bei den Kernumwandlungen entstehen meist angeregte Kerne, die durch die Emission eines γ-Quants in einen energetisch tieferen Zustand übergehen. Zusätzlich steht in der Nuklidkarte auch die für diesen Zerfall charakteristische Zeit, die Halbwertszeit T_H (oder $T_{1/2}$).

> Die **Halbwertszeit** T_H (oder $T_{1/2}$) ist die Zeitspanne, nach der die Hälfte der radioaktiven Kerne zerfallen ist.

Die Halbwertzeit ist konstant und unabhängig von der Anzahl der noch vorhandenen radioaktiven Kerne. Zudem lässt sie sich nicht durch äußere Bedingungen wie Druck oder Temperatur beeinflussen. Die Halbwertszeiten radioaktiver Nuklide unterscheiden sich teilweise um viele Größenordnungen: Bei Ra226 beträgt die Halbwertszeit 1600 a, während von den radioaktiven Po212-Kernen schon nach 164 Mikrosekunden die Hälfte zerfallen ist. Damit ändert sich die Impulsrate eines Radiumpräparates über Jahre hinweg nicht. Ein Poloniumpräparat hat sich schon innerhalb von Bruchteilen einer Sekunde umgewandelt. Zur Untersuchung des zeitlichen Verlaufs des radioaktiven Zerfalls in einem Schulexperiment eignen sich daher nur Nuklide, die in einem beobachtbaren Zeitraum von einigen Minuten zerfallen und in einen stabilen Endzustand übergehen.

154.1 Die Zeitabhängigkeit der Zählrate der γ-Strahlung, die von einem Bariumnuklid emittiert wird. Es handelt sich um einen exponentiellen Zerfall: Nach einer Zeitspanne von ca. 2,7 min hat sich die Zählrate halbiert, unabhängig davon, von welchem Anfangswert ausgegangen wird.

Versuch 1: Ein als Isotopengenerator bezeichnetes kleines Fläschchen enthält radioaktives Caesium und das durch den Zerfall des Caesiums entstehende Barium. Mit einer schwachen Salzsäurelösung wird das radioaktive Barium137 herausgelöst und in einem Reagenzglas aufgefangen. Die Zählraten des Bariumpräparates werden in Abhängigkeit von der Zeit bestimmt. Die Nullrate wird dabei berücksichtigt.
Beobachtung: Die graphische Darstellung der Zählraten lässt einen exponentiellen Zerfall vermuten (**Abb. 154.1**).
Auswertung: Das β-aktive Caesium zerfällt zu Barium. Das Bariumnuklid befindet sich in einem angeregten Zustand und emittiert γ-Quanten, die vom Zählrohr registriert werden können:

$$\text{Ba}^*137 \rightarrow \text{Ba}137 + \gamma.$$

Jeder Impuls ist also auf ein emittiertes und registriertes γ-Quant zurückzuführen. Die Abnahme der Zählrate bedeutet demnach, dass vom Präparat weniger γ-Quanten emittiert werden, also weniger Umwandlungen gemäß der obigen Gleichung stattfinden. Die Zählrate ist damit zur Änderungsrate (Anzahl der Umwandlungen in einer Zeiteinheit) proportional. Die durchgezogene Linie (**Abb. 154.1**) ist eine Anpassung mit einer Exponentialfunktion. Unabhängig vom Startwert, kann festgestellt werden, dass sich die Zählrate nach 2,7 Minuten halbiert hat. Damit halbiert sich auch die Änderungsrate der angeregten Kerne nach ca. 2,7 Minuten. Dies liegt daran, dass es immer weniger angeregte Bariumatome gibt. Aus der Mathematik ist bekannt, dass Exponentialfunktionen abgeleitet wieder Exponentialfunktionen ergeben, also die Änderungsrate einer Exponentialfunktion wieder eine Exponentialfunktion ist. Daher nimmt die Anzahl der angeregten Kerne auch exponentiell ab, und die Halbwertszeit für das Bariumnuklid beträgt also auch ca. 2,7 Minuten. Die Untersuchung anderer radioaktiver Nuklide, wie z. B. des Radon220 (α-Zerfall) oder des Protactinium234 (β-Zerfall), ergibt ebenfalls, dass sich die Zählraten, und damit auch die Anzahl der radioaktiven Kerne exponentiell ändern. ◀

> **Gesetz des radioaktiven Zerfalls:** Die Zahl $N(t)$ der zur Zeit t noch nicht zerfallenen Kerne eines radioaktiven Nuklids nimmt exponentiell mit der Zeit t ab.
>
> $$N(t) = N_0 \cdot \left(\frac{1}{2}\right)^{t/T_H}$$
>
> T_H ist die für das Nuklid charakteristische Halbwertszeit.

Ausgehend von einer Anfangszahl N_0 sind nach der Zeit T_H nur noch $\frac{1}{2}N_0$, nach zwei Halbwertszeiten nur noch $(\frac{1}{2})^2 N_0 = \frac{1}{4}N_0$ usw. vorhanden.

Jede Exponentialfunktion kann mithilfe einer anderen Basis geschrieben werden. Dabei ist die Basis *e* (Eulersche Zahl, e = 2,71828...) besonders praktisch, die zugehörige Exponentialfunktion heißt natürliche Exponentialfunktion (e-Funktion). Die e-Funktion hat die besondere Eigenschaft, dass die Funktion $f(x) = e^x$ mit ihrer Ableitung $f'(x) = e^x$ übereinstimmt und so die Bestimmung von Änderungsraten besonders einfach wird. Es ergibt sich der folgende Zusammenhang:

$$N(t) = N_0 \cdot \left(\frac{1}{2}\right)^{t/T_H} = N_0 e^{-\lambda t}$$

Die Konstante λ heißt **Zerfallskonstante**. Für sie gilt $N_0\left(\frac{1}{2}\right)^{t/T_H} = N_0 e^{-\lambda t}$. Mit dem natürlichen Logarithmus folgt $\ln(\frac{1}{2})/T_H = -\lambda$ und daraus $\lambda = \ln(2)/T_H$.

Gesetz des radioaktiven Zerfalls:

$$N(t) = N_0 \cdot \left(\frac{1}{2}\right)^{t/T_H} = N_0 e^{-\lambda t}$$

Dabei gilt der folgende Zusammenhang zwischen der Halbwertszeit T_H und der Zerfallskontanten λ:
$\lambda \, T_H = \ln(2)$

Mithilfe der Ableitung der e-Funktion lässt sich nun die Änderungsrate der radioaktiven Kerne bestimmen.

$$\dot{N}(t) = -\lambda \, N_0 \, e^{-\lambda t} = -\lambda \, N(t)$$

Die Änderungsrate ist negativ, da es sich um einen Zerfall handelt. Gemessen wird aber die Zählrate (**Abb. 154.1**), welche proportional zur Anzahl der in einer Zeiteinheit zerfallenen Kerne ist, ein positiver Wert, der sich rechnerisch durch die Multiplikation mit −1 ergibt.

Die **Aktivität *A*** einer radioaktiven Stoffmenge gibt die Anzahl der in einer Zeiteinheit zerfallenden Kerne an. Ihre SI-Einheit ist $[A] = 1/\text{s} = 1\ \text{Bq}$ (Becquerel).

$$A(t) = -\dot{N}(t) = \lambda N(t)$$

Da die Aktivität proportional zur Anzahl der vorhanden radioaktiven Kerne ist ($A = \lambda N$), ergibt sich für diese ebenfalls ein Exponentialgesetz:

$$A(t) = A_0 \, e^{-\lambda t} = A_0 \cdot \left(\frac{1}{2}\right)^{t/T_H}$$

Die Aktivität wird auch häufig benutzt, um die Menge eines radioaktiven Stoffes anzugeben. Sie ist ein erster Hinweis auf die Gefahr, die von einem radioaktiven Körper ausgehen kann.

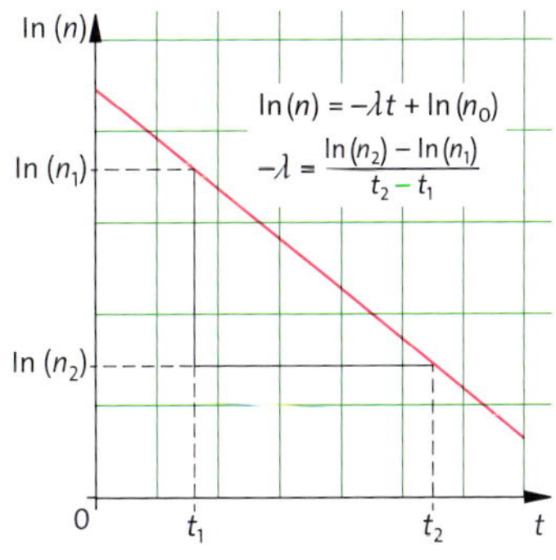

155.1 Die Darstellung von $\ln(n)$ gegen t zeigt eine Gerade: Damit ist der exponentielle Zusammenhang nachgewiesen. Die Steigung der Geraden ergibt die Zerfallskonstante.

Um aus Messdaten die Zerfallskonstante genauer zu bestimmen, ist es häufig sinnvoll, eine logarithmische Darstellung zu wählen. Dazu wird der natürliche Logarithmus der Zählrate $n(t)$ gebildet und gegen die Zeit t aufgetragen. Die Steigung der Geraden ergibt die Zerfallskonstante λ (**Abb. 155.1**).

Beispiel Berechnung der Aktivität

Um die Aktivität eines Mikrogramms Uran238 zu bestimmen, muss zuerst die Anzahl der vorhandenen radioaktiven Kerne bestimmt werden. Dies geschieht mithilfe der Molmasse, die bei diesem Nuklid 238 g beträgt. Die Anzahl der in 1 mol eines Stoffes enthaltenen Teilchen, $N_A = 6{,}022141 \cdot 10^{23}$, heißt **Avogadro-Konstante**. Damit kann aus dem Quotienten aus Masse und Molmasse, hier 238 g, die Anzahl der radioaktiven Kerne bestimmt werden: $N \approx 2{,}53 \cdot 10^{15}$.
Mit einer Halbwertszeit von 4,468 Milliarden Jahren ergibt sich die Zerfallskonstante zu $\lambda = 4{,}92 \cdot 10^{-15}\ 1/\text{s}$.
Die Aktivität wird mithilfe von $A = \lambda N$ berechnet: 12 Bq (12 Zerfälle pro Sekunde). Würde die gleiche Rechnung für 1 µg Radium226 durchführt, so ergäbe sich eine Aktivität von etwa 36 600 Bq. Die Halbwertszeit von Radium ist mit 1600 a wesentlich kleiner als die von Uran. Dies verdeutlicht, dass selbst winzige Stoffmengen in der Größe eines Staubkorns eine große Aktivität besitzen können.

Aufgaben

1. Bei der Umwandlung von Protactinium234 in Uran234 unter β-Emission wurden folgende bereits um die Nullrate bereinigte Zählraten gemessen:

t in s	30	60	90	120	150	180	210	240	270
n in $\frac{1}{10\,\text{s}}$	236	173	128	98	71	56	38	30	19

a) Bestimmen Sie mit einer grafischen Darstellung die Zerfallskonstante λ und die Halbwertszeit.

b) Berechnen Sie die Zählrate nach 6 min. Bestimmen Sie die Zeit, nach der die Zählrate nur noch $\frac{1}{10}$ bzw. $\frac{1}{100}$ ihres Anfangswertes beträgt.

Methode

Auswerten von Messdaten

Wenn zwei Messgrößen A und B zueinander proportional sind, so ergibt sich bei der graphischen Darstellung eine Ursprungsgerade. Der zugehörige Proportionalitätsfaktor stimmt mit der Steigung der Geraden überein. Proportionalität bedeutet auch, dass die gemessenen Werte quotientengleich sind: $A_1/B_1 = A_2/B_2 = A_3/B_3 = \ldots$

Der Nachweis, dass es sich um einen exponentiellen Zusammenhang handelt, stellt sich etwas schwieriger dar. Werden die Messwerte gegeneinander aufgetragen, so ergibt sich eine Kurve, die eventuell auch durch einen anderen als einen exponentiellen Zusammenhang beschrieben werden könnte. Auf den ersten Blick ist dies nicht zweifelsfrei zu entscheiden. Das folgende Beispiel zeigt die Vorgehensweise in diesem Fall.

t in s	n in $\frac{1}{s}$
10	670
20	590
30	525
40	464
50	415
60	362
70	320
80	289
90	258
100	220
110	200
120	173
140	140
160	104
180	90
200	73

Rn220 (Radon) ist ein radioaktives Edelgas, das durch den Zerfall von Ra224, einem Element der Thoriumreihe, entsteht. Folgende Zählraten ergaben sich für eine bestimmte Menge Radon.

Die unten stehende Grafik zeigt die Darstellung der Zählraten in Abhängigkeit von der Zeit. Die Vermutung, dass es sich um eine Exponentialfunktion handelt, liegt nahe. Damit wäre ein funktionaler Zusammenhang der Form: $n(t) = n_0 e^{-\lambda \cdot t}$ gegeben. n_0 ist der sogenannte Anfangswert, d. h. der Wert der Zählrate zum Zeitpunkt 0. Wird nun der Quotient aus $n(t)$ und n_0 gebildet, so bleibt auf der einen Seite nur die Exponentialfunktion.

$$\frac{n(t)}{n_0} = e^{-\lambda t}$$

Anwenden des natürlichen Logarithmus auf beide Seiten ergibt dann eine lineare Abhängigkeit.

$$\ln\left(\frac{n(t)}{n_0}\right) = -\lambda t$$

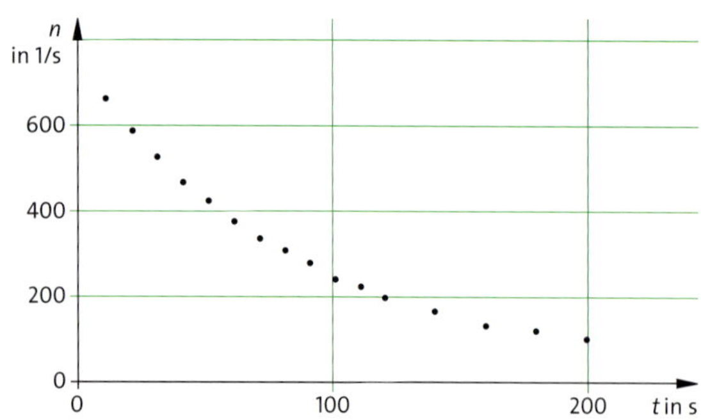

Also ergibt sich bei der Darstellung von $\ln(n(t)/n_0)$ gegen die Zeit eine Gerade, deren Steigung $-\lambda$ ist. Allerdings ist n_0 wie in der vorliegenden Messung nicht unbedingt bekannt. Aus dem Diagramm kann ein Wert von 750 1/s geschätzt werden. Aus der Mathematik ist der Zusammenhang $\ln(A/B) = \ln(A) - \ln(B)$ bekannt. Dies bedeutet, dass der Wert von n_0 nur einen Einfluss auf den Achsenabschnitt besitzt. Die Steigung, auf die es in den meisten Fällen ankommt, bleibt davon unberührt. Daher ist eine genaue Wahl von n_0 bei der Berechnung des Logarithmus nicht von Bedeutung. Bei der Darstellung ergibt sich bei einem anderen Wert eine entlang der vertikalen Achse verschobene Gerade, die aber die gleiche Steigung besitzt.

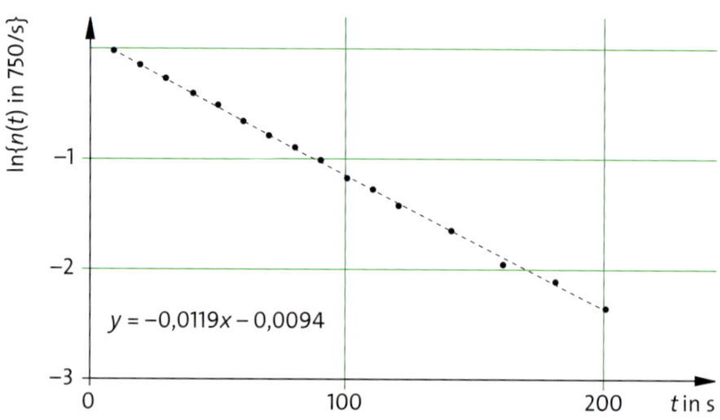

Tabellenkalkulationsprogramme besitzen die Möglichkeit, eine Regressionsgerade einzuzeichnen. Dies ist im obigen Fall geschehen. Es ergibt sich also eine Steigung von ca. −0,012 1/s. Also besitzt λ den Wert 0,012 1/s. Mit dem Zusammenhang $T_H = \ln(2)/\lambda$ ergibt sich damit eine Halbwertszeit von ca. 58 s.

Viele Taschenrechner besitzen die Möglichkeit, Messdaten mithilfe einer beliebigen Funktion anzupassen. Die Messdaten werden eingegeben und der Funktionstyp ausgewählt. In diesem Fall wäre das also eine Exponentialfunktion.

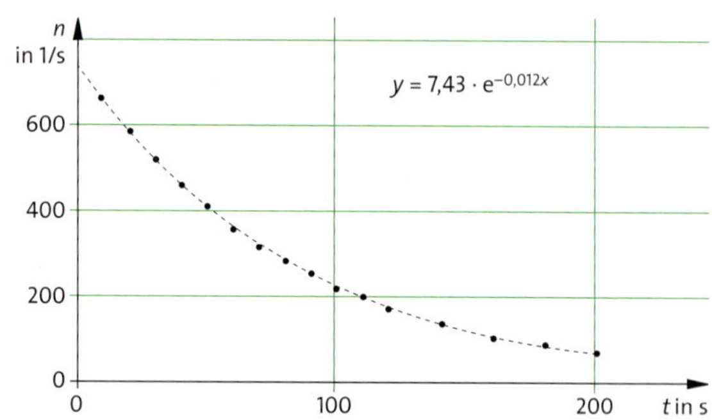

An der Formel ist zu erkennen, dass der Anfangswert für die am besten angepasste Kurve bei 743 liegt. Die Zerfallskonstante besitzt mit 0,012 1/s den gleichen Wert.

Sind die Zeitabstände der Messungen äquidistant, wie das in dem Beispiel bis zu 120 s der Fall ist, so kann auch der Quotient zweier aufeinanderfolgender Messwerte gebildet werden. Dieser ist bei einer Exponentialfunktion konstant:

590/670=0,88; 525/590 ≈ 089; 464/525 ≈ 0,88.

Dies bedeutet, dass in 10 Sekunden ca. 12% der noch vorhanden Kerne zerfallen.

3.3.4 Abschirmung

Das Radium226-Präparat der Schule befindet sich in einem Behälter mit einem dicken Bleimantel, um die radioaktive Strahlung abzuschirmen. Ziel ist es, nun genauere Untersuchungen zur Absorption von Strahlung durchzuführen.

Grundversuch – Absorption 1: Das Radium-Präparat wird einmal in dem Behälter und einmal ohne ihn vor das Geiger-Müller-Zählrohr gestellt.
Beobachtung: Befindet sich das Präparat im Behälter, so werden ca. 90 Impulse innerhalb einer Minute gemessen. Dabei ist die Rate schon bezüglich des Nulleffektes korrigiert worden. Ohne Behälter ergibt sich in einer Sekunde eine Impulszahl von ca. 8000.
Ergebnis: Der Behälter mit Bleimantel schirmt einen Großteil der Strahlung ab. Die α- und β-Strahlung kann die ca. 1 cm dicke Gehäusewand aus Blei nicht durchdringen. Nur ein Teil der γ-Strahlung gelangt ins Zählrohr. ◄

Grundversuch – Absorption 2: Das Durchdringungsvermögen der γ-Strahlung eines Cobaltpräparates wird für verschiedene Schichtdicken vonw Blei und Eisen gemessen. Dazu wird das Präparat in einem Abstand von ca. 4,5 cm vor ein Zählrohr gestellt. Zwischen Präparat und Zählrohr werden jeweils 5 mm dicke Platten des Absorbers gebracht. Die Zählraten werden gemessen.
Beobachtung: Je dicker die Schicht des Absorbers ist, desto geringer ist die Zählrate. Für Blei ergeben sich bei gleicher Dicke geringere Zählraten (**Tab. 157.1**).
Auswertung: Die Messdaten werden graphisch dargestellt. Der Graph erinnert an den einer Exponentialfunktion wie beim Zerfallsgesetz. Um dies zu bestätigen, und für eine weitere Auswertung, wird nun der natürliche Logarithmus des Quotienten aus der Impulsrate n bei der Materialdicke d und der Impulsrate n_0 ohne Material gebildet und grafisch dargestellt (**Abb. 157.2**).
Es ergibt sich jeweils eine Gerade: Es handelt sich also um eine Exponentialfunktion. Die Steigung der Geraden liefert den Schwächungskoeffizienten k, der materialabhängig ist. Er wächst im Allgemeinen mit der Dichte des verwendeten Materials. Auch die Energie der Photonen hat einen Einfluss auf den Schwächungskoeffizienten. Ganz grob betrachtet wird er mit zunehmender Energie kleiner. ◄

γ-Strahlung wird von unterschiedlichen Materialien unterschiedlich absorbiert und abgeschwächt. Die Zählrate hinter einem Absorber lässt sich mit einem Exponentialgesetz beschreiben: $n(x) = n_0 e^{-kx}$. Dabei ist der Schwächungskoeffizient k vom Material und von der Energie der Photonen abhängig.

d in cm	Blei n in $\frac{1}{\text{min}}$	Eisen n in $\frac{1}{\text{min}}$
0,0	1205	1202
0,5	927	1020
1,0	686	828
1,5	507	711
2,0	375	567
2,5	288	478
3,0	193	404
3,5	154	322
4,0	112	266

157.1 Zählraten in Abhängigkeit von der Absorberdicke

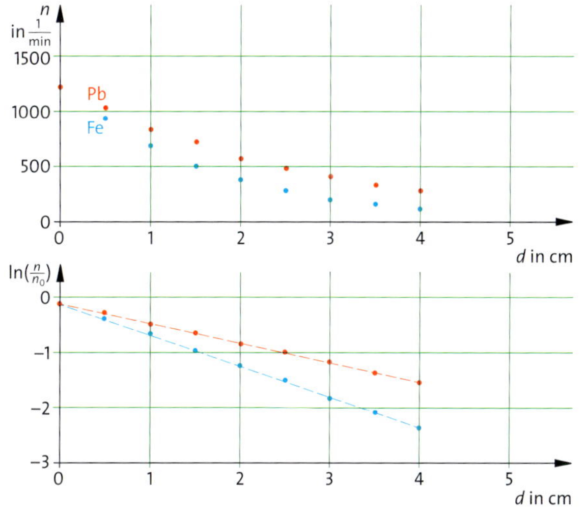

157.2 Auswertung des Absorptionsexperimentes: Die Darstellung der Messwerte (oben) lässt eine Exponentialfunktion vermuten. Die Darstellung von ln (n/n_0) gegen die Dicke d (unten) ergibt eine Gerade und bestätigt die Vermutung.

Ähnlich wie beim Zerfallsgesetz kann eine neue Größe definiert werden, die **Halbwertsdicke d_H**, welche materialspezifisch ist. Nach der Durchstrahlung dieser Dicke hat sich die Intensität halbiert. Es gilt: $d_H = \ln(2)/k$. Für γ-Quanten der Energie 1,5 MeV ergibt sich für Blei eine Halbwertsdicke von ca. 1,2 cm, für Eisen eine von ca. 1,8 cm.

Aufgaben

1. Bestimmen Sie aus den angegebenen Messdaten den Schwächungskoeffizienten k und die zugehörige Halbwertsdicke.
2. Leiten Sie den Zusammenhang zwischen der Halbwertsdicke d_H und dem Schwächungskoeffizienten k her.

Materialgestützte Aufgaben

Radiokohlenstoffmethode (C14-Methode)

Die Altersbestimmung von Mineralien, Fossilien oder anderen archäologischen Funden kann auf der Grundlage des Zerfallsgesetzes, das die Abnahme der Anzahl radioaktiver Nuklide mit der Zeit beschreibt, durchgeführt werden. Aus der Messung der momentanen Konzentration eines bestimmten Nuklids in einer Probe kann mit Kenntnis der Anfangskonzentration sowie der Halbwertszeit die verstrichene Zeit berechnet werden. Je nach Art und Alter der Probe werden unterschiedliche Radionuklide benutzt.

Durch die Höhenstrahlung aus dem Weltall entsteht in der Atmosphäre mittels der Reaktion schneller Neutronen mit dem Stickstoff der Luft das Kohlenstoffisotop C14 gemäß der folgenden Gleichung: ${}^{1}_{0}n + {}^{14}_{7}N \rightarrow {}^{14}_{6}C + {}^{1}_{1}p$.

Chemisch verhalten sich C14-Atome genauso wie C12-Atome und reagieren beispielsweise zu CO_2, das ständig von lebenden Organismen mit der Atmosphäre ausgetauscht wird. Ist die C14-Konzentration in der Luft konstant, so wird sich in den lebenden Organismen ein Gleichgewichtswert der Konzentration der Kohlenstoffisotope C12 und C14 einstellen, so dass 1 g Kohlenstoff aus lebender Materie im Mittel eine Aktivität von 12,5 β-Zerfällen pro Minute des C14 besitzt. Stirbt das Lebewesen, so wird der Stoffwechsel gestoppt und kein radioaktiver Kohlenstoff mehr aufgenommen. Dieser zerfällt aber mit seiner charakteristischen Halbwertszeit von (5730 ± 40) Jahren. Damit ändert sich das Verhältnis von C14 zu C12 zugunsten von C12 und die Aktivität sinkt. Anhand der Messung dieses Verhältnisses kann somit der Todeszeitpunkt des Lebewesens und damit das Alter einer Probe aus organischem Material bestimmt werden. Eine im Jahr 2000 gefundene Mumie, die laut Inschrift die Tochter des persischen Königs Xerxes sein sollte, konnte so eindeutig als Fälschung identifiziert werden, denn sie war weit weniger als 2500 Jahre alt.

Es gibt aber Probleme bei dieser Art der Altersbestimmung:
Die Gleichgewichtskonzentration der beiden Kohlenstoffisotope in der Atmosphäre ist über sehr lange Zeiträume betrachtet zeitlich nicht konstant, muss aber für die Altersbestimmung genauestens bekannt sein. Verschiedene Faktoren wie Schwankungen des Erdmagnetfeldes, die vermehrte Verbrennung fossiler Energieträger, Vulkanausbrüche oder oberirdische Atomwaffentests haben Einfluss auf den Gleichgewichtswert. Die zeitliche Entwicklung der Gleichgewichtskonzentration wird z. B. mithilfe von Proben aus den Ringen extrem langlebiger Bäume wie etwa der deutschen und irischen Eiche bestimmt. Das Abzählen der Ringe erlaubt eine genaue Datierung. Damit lässt sich eine Eichkurve erstellen, die über mehr als 9600 Jahre zurückreicht. Weiterhin gibt es archäologische Funde, deren Alter genauestens bekannt ist. Auch bei diesen lässt sich das Verhältnis der beiden Kohlenstoffisotope bestimmen.

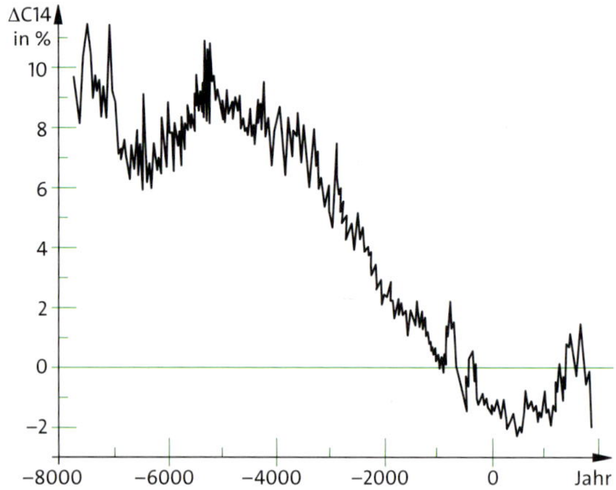

In der obigen Darstellung ist die prozentuale Änderung der atmosphärischen C14-Konzentration aufgrund unterschiedlichster Einflüsse zu sehen: Eine Abweichung von 1% bedeutet eine C14-Altersdifferenz von 83 Jahren.
Das Konzentrationsverhältnis der Kohlenstoffisotope kann anhand der Aktivitätsmessung einer bekannten Menge radioaktiven Kohlenstoffs geschehen. Allerdings werden wegen der Statistik des Zerfalls dann große Proben und relativ große Messzeiten benötigt. Neuere Verfahren nutzen die unterschiedlichen Massen der Isotope direkt aus. Die einzelnen Nuklide werden mit Hilfe der sogenannten Beschleunigermassenspektrometrie getrennt und nachgewiesen, so dass nur Minimalmengen, ca. 100 µg Probenmaterial, benötigt werden. Dieses Verfahren macht eine Datierung wertvoller Gegenstände möglich, ohne diese zu zerstören.

Aufgaben

1. Recherchieren Sie die Grundlagen der Radiokohlenstoffmethode und fertigen Sie ein Kurzreferat an. Erläutern Sie den Einfluss der im Text genannten Phänomene auf das Verhältnis der beiden Kohlenstoffisotope in der Atmosphäre.
2. Die Aktivität lebenden Holzes beträgt aufgrund seines C14-Gehaltes $A = 0{,}208\ s^{-1}$ je Gramm Kohlenstoff. Die Halbwertszeit von C14 ist $t_H = 5730$ a.
   a) Berechnen Sie die Aktivität pro 1g Kohlenstoff von Holz, das vor 500 Jahren geschlagen wurde.
   b) Geben Sie an, wie alt Holz ist, das je Gramm eine Aktivität von $6{,}5\ min^{-1}$ aufweist.
3. Begründen Sie, das die C14-Methode sich nicht für Gegenstände eignet, die wesentlich älter als 100 000 Jahre sind.
4. Recherchieren Sie die Uran-Blei-Methode und bereiten Sie einen Kurzvortrag vor.

Reichweite von α- und β-Strahlung

In den beiden unten stehenden Graphiken ist die Reichweite von α- bzw. β-Strahlung in verschiedenen Stoffen in Abhängigkeit von der Energie der Teilchen dargestellt. Damit ein sehr großer Bereich mit der Graphik abgedeckt werden kann, besitzen die Achsen zum Teil einen logarithmischen Maßstab.

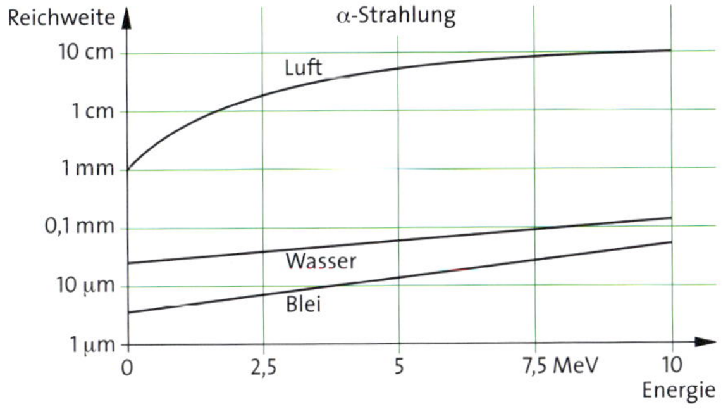

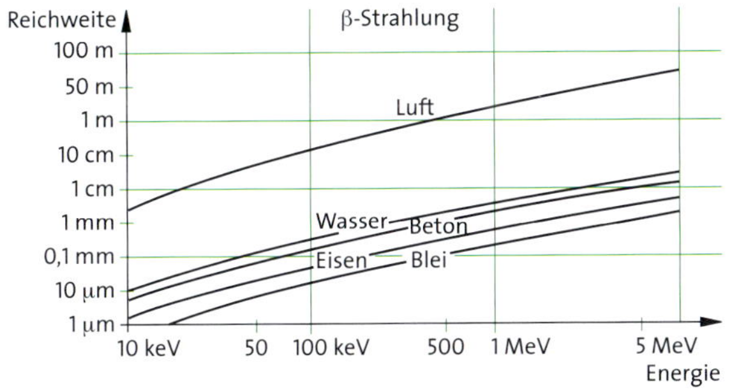

Aufgaben

1. Bestimmen Sie aus den Graphen die Reichweiten der Heliumkerne bzw. der Elektronen für unterschiedliche Energien und vergleichen Sie diese miteinander.
2. Der menschliche Körper besteht zu einem großen Teil aus Wasser. Vergleichen Sie mit dieser Annahme die Eindringtiefe der Strahlung in den menschlichen Körper.
3. Bewerten Sie die Gefährlichkeit der Strahlung sowie die Möglichkeiten sich vor dieser zu schützen. Erläutern Sie, dass von der Kontaminierung der Umwelt mit radioaktiven Nukliden die eigentliche Gefährdung ausgeht.

Absorption von Strahlung

Ein Radiumpräparat wird etwa 3 cm vor einem Zählrohr positioniert. Der Abstand bleibt für die folgenden Experimente konstant. Es wird die Anzahl der Impulse jeweils in der Zeitspanne 10 s gemessen. Ohne Absorber werden 26208 Impulse registriert. Zwischen das Präparat und das Zählrohr werden Aluminiumfolien unterschiedlicher Dicke *d* gebracht.
In einem zweiten Teil des Experimentes werden nun Bleiplatten unterschiedlicher Dicke *d* zwischen Zählrohr und Präparat positioniert.

Aluminiumfolie		**Bleiplatten**	
d in mm	*n* in 10 s	*d* in mm	*n* in 10 s
0,0	26208	1	863
0,1	9217	2	725
0,2	6283	3	678
0,3	4978	4	615
0,4	3982	5	571
0,5	3477	6	545
0,6	2909	7	493
0,7	2647	8	480
0,8	2349	9	442
0,9	2177	10	423
1,0	1999		

Aufgaben

1. Stellen Sie die Messergebnisse graphisch dar.
2. Erläutern Sie, warum es beim Einschieben der ersten Platte zu einem großen Abfall der Zählrate kommt, während die folgenden Änderungen nur relativ klein ausfallen.
3. Stellen Sie die Messwerte graphisch dar und erläutern Sie, um welche Art Funktion es sich handeln könnte.
4. Bestimmen Sie mithilfe einer geeigneten graphischen Darstellung den Schwächungskoeffizienten *k*.
5. Bestimmen Sie die Halbwertsdicke und geben Sie den funktionalen Zusammenhang zwischen Zählrate und Dicke des Materials an.
6. Informieren Sie sich darüber, was unter Kontamination zu verstehen ist. Erläutern Sie, dass es relativ einfach ist, sich vor radioaktiver Strahlung einer ortsfesten Quelle zu schützen. Vergleichen Sie dies mit dem Schutz vor der Kontaminierung mit radioaktivem Material.

Radionuklidbatterien

Die bei einem α-Zerfall entstehenden Heliumkerne haben in einem festen Material nur eine sehr geringe Reichweite und geben ihre kinetische Energie an das Material ab. Das Bild zeigt ein aus Plutoniumdioxid bestehendes Pellet, das aufgrund der Radioaktivität rotglühend ist.

Aufgaben

1. Recherchieren Sie, wie Radionuklidbatterien aufgebaut sind und wo sie eingesetzt werden.
2. Bereiten Sie zu diesem Thema einen Kurzvortrag vor.

3.3.5 Strahlungsdetektoren

Da der Mensch radioaktive Strahlung nicht direkt wahrnehmen kann, müssen zu ihrem Nachweis Geräte benutzt werden. Diese basieren alle auf der grundlegenden Wirkung der Strahlung, nämlich auf der Fähigkeit zu ionisieren, also durch Ladungstrennung Ionen und Elektronen in Materie zu schaffen. Diese Änderung der Leitfähigkeit kann dann auf elektronischem Wege gemessen werden.

Grundversuch – Das Geiger-Müller-Zählrohr

Das Geiger-Müller-Zählrohr (**Abb. 160.1**) besteht im Wesentlichen aus zwei Elektroden, dem Draht in der Mitte und dem Mantel. Die Elektroden werden mit einer Spannungsquelle verbunden und zwischen ihnen befindet sich ein nichtleitendes Gas. Durch die ionisierende Wirkung der Strahlung wird dieses Gas leitend, und ein Strom bzw. Spannungsimpuls kann nachgewiesen werden.

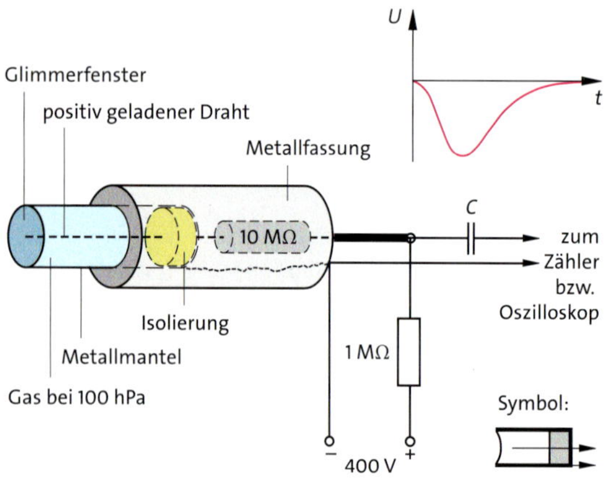

160.1 Aufbau und Schaltung eines Geiger-Müller-Zählrohrs

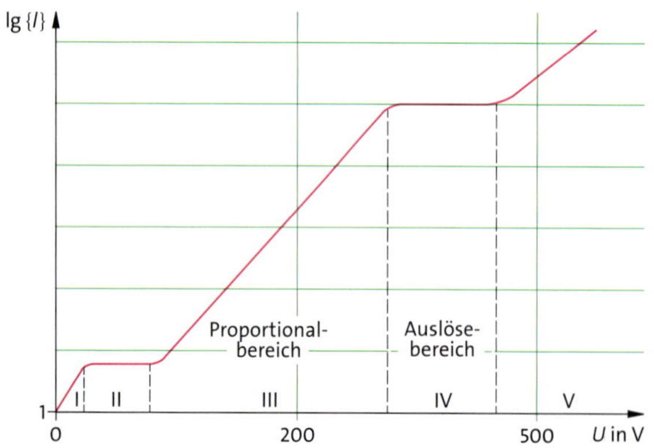

160.2 Zählrohrcharakteristik: Dringt Strahlung in das Geiger-Müller-Zählrohr ein, so entstehen frei bewegliche Ionen und Elektronen: Das Zählrohrgas wird leitend. Die Stromstärke ist in Abhängigkeit von der angelegten Spannung aufgetragen.

Eine genauere Betrachtung der Vorgänge im Zählrohr zeigt, dass diese wesentlich von der Spannung zwischen Draht und Mantel abhängen. Die **Zählrohrcharakteristik** (**Abb. 160.2**) gibt die Abhängigkeit des Ionisationsstroms von der Spannung wieder.

Im Bereich I gelangen nicht alle erzeugten Ionen und Elektronen zu den Elektroden. Die Spannung ist so gering, dass es zu **Rekombinationen** kommt, d. h. ein Elektron und ein Ion bilden wieder zusammen ein neutrales Atom. Mit steigender Spannung werden die Elektronen zunehmend in Richtung Draht und die Ionen in Richtung Mantel beschleunigt, sodass die Wahrscheinlichkeit der Rekombination sinkt. Die Stromstärke steigt. Ist die Spannung so groß, dass keine Rekombinationen mehr auftreten, so tragen alle erzeugten Ionen und Elektronen zur Stromstärke bei: Es wird die **Sättigungsstromstärke** (Bereich II) erreicht.
Ab einer gewissen Spannung wird die Feldstärke zwischen Mantel und Draht so groß, dass die Elektronen so viel Energie aus dem Feld aufnehmen können, dass sie ihrerseits wieder Gasatome ionisieren. Neben den primär erzeugten freien Ladungsträgern entstehen weitere, welche die Stromstärke weiter ansteigen lassen. Dies wird **Sekundärionisation** genannt. Im Proportionalitätsbereich III ist die fließende Ladung proportional zu der Energie des einfallenden Quants.
Im Auslösebereich IV ist die Stromstärke dann von der Primärionisation unabhängig. Jede Primärionisation erzeugt eine Ladungslawine und damit einen entsprechenden elektrischen Strom. In diesem Bereich wird die Anzahl der einfallenden ionisierenden Quanten gemessen. Das ist der eigentliche **Zählrohrbetrieb**. Im Bereich V ist die Spannung so groß, dass ein Quant ausreicht, um einen immerwährenden elektrischen Strom zu verursachen, denn über die Sekundärionisation werden ständig freie Ladungsträger geschaffen. Es kommt zu einer Dauerentladung und damit zu einer Zerstörung des Zählrohrs.

Trifft, während ein Entladungsstrom fließt, ein weiteres ionisierendes Quant ins Zählrohr, so werden zwar noch zusätzliche freie Ladungsträger erzeugt. Diese gehen aber in der Ladungslawine unter. Obwohl ein Quant ins Zählrohr eingetreten ist, wird es nicht registriert. Das Zählrohr ist, während die Ladungslawine noch unterwegs ist, nicht wieder zur Messung bereit. Daher wird diese Zeitdauer als **Totzeit** des Zählrohrs bezeichnet. Sie liegt in der Größenordnung von 10^{-4} s.
Um diese Totzeit möglichst klein zu halten, wird ein hochohmiger Widerstand in den Stromkreis gelegt. Fließt dann der Entladestrom, so fällt ein Teil der angelegten Spannung über ihm ab. Zwischen Mantel und Draht verkleinert sich entsprechend die Spannung, die

Feldstärke wird geringer und die freien Ladungsträger werden nicht mehr so stark beschleunigt. Die Sekundärionisation hört auf. Weiterhin wird durch den Zusatz eines sogenannten Löschgases, wie z. B. Alkoholdampf den positiven Ionen am Zählrohrmantel die Energie zur Sekundärelektronenbildung am Zählrohrmantel entzogen.
Die **Ansprechwahrscheinlichkeit** liegt bei α- und β-Strahlung bei nahezu 100 %. Für γ-Strahlung ist das Zählrohrvolumen so klein, dass nur 1 % der einfallenden Quanten nachgewiesen wird.

Halbleiterdetektoren

Germanium und Silicium sind die bekanntesten Halbleiter. Wie der Name sagt, liegt ihre Leitfähigkeit zwischen der eines Leiters und eines Isolators. Bei einem Halbleiterdetektor wird durch eine spezielle Bauweise erreicht, dass zwischen zwei leitenden Kristallbereichen eine sogenannte Sperrschicht entsteht. Das ist ein Bereich, in dem keine freien Ladungsträger vorhanden sind. Es handelt sich also um einen Isolator. Tritt ionisierende Strahlung in diesen Bereich ein, so wird diese Schicht leitfähig. Der Vorteil eines Halbleiterdetektors gegenüber einem Geiger-Müller-Zählrohr liegt darin, dass es sich bei ihm um einen Festkörper handelt, in dem geladene Teilchen vollständig abgebremst werden können. Die entstehende Stromstärke ist ein Maß für die in der Sperrschicht abgegebene Energie, so dass diese gemessen werden kann. Außerdem kann mit ihm sehr genau bestimmt werden, wo die Ionisation sattgefunden hat. Damit sind Spuren von Teilchen genau zu verfolgen. Die Kamera eines Handys und jede Digitalkamera besitzen im Prinzip einen solchen Halbleiter-Detektor, einen Fotosensor mit meist vielen Millionen Pixeln. Auftreffendes Licht erzeugt durch den Fotoeffekt im Pixelvolumen freie Ladungen, die ausgelesen und zu einem Bild verarbeitet werden. Da auch radioaktive Strahlung durch ihre ionisierende Wirkung freie Ladungsträger erzeugt, kann der Kamerachip auch als Messgerät eingesetzt werden.

Versuch 1: Bei einer Webcam wird die Platine mit dem Fotosensor vorsichtig ausgebaut und an einen Computer angeschlossen. Ein radioaktives Präparat wird möglichst nah an den Fotosensor gehalten. Licht darf den Fotosensor nicht mehr erreichen.
Beobachtung: Auf dem Bildschirm sind immer wieder einzelne helle Punkte an unterschiedlichen Stellen zu beobachten (**Abb. 161.1**)
Erklärung: Erklärung: Damit auch die α-Strahlung den Fotosensor erreichen kann, mussten die Linse und das Gehäuse entfernt werden. An den Stellen, an denen die Strahlung Ladungsträger frei setzt, ist ein heller Punkt zu sehen. ◄

161.1 Einzelne helle Punkte zeigen, an welchen Stellen Strahlung ionisiert hat.

161.2 Im Pixeldetektor des ATLAS-Experiments am CERN **(a)** sind hunderte Pixelsensoren **(b)** verbaut. Auf der Platine befinden sich ca. 56 000 Pixel in Abständen einiger µm. Der Detektor befindet sich in einem radialen Abstand von 3 cm vom Kollisionspunkt der aufeinander treffenden Protonen.

Somit kann auch ein Handy zur Radioaktivitätsmessung eingesetzt werden; passende Apps lassen sich installieren. Allerdings kann ohne Ausbau des Fotosensors nur β- und γ-Strahlung detektiert werden, denn die Heliumkerne der α-Strahlung werden vom Material der Linse absorbiert. Damit nicht der Einfall von Licht die Messergebnisse verfälscht, muss die Linse entsprechend abgeklebt werden.

Auch in der modernen Teilchenphysik werden Halbleiterdetektoren (auch Pixeldetektoren genannt) eingesetzt (**Abb. 161.2**). Entlang der Bahn eines Teilchens werden durch Ionisation Ladungsträger erzeugt. Auf elektronischem Wege kann so die Bahn des Teilchens rekonstruiert werden. Diese gibt dann Hinweise auf die Art des Teilchens, seinen Impuls und seine Energie.

Aufgaben

1. Erläutern Sie die Funktionsweise des Geiger-Müller-Zählrohrs. Fertigen Sie dazu Skizzen an, die die Vorgänge in den jeweiligen Bereichen verdeutlichen.

3.3.6 Dosimetrie und biologische Wirkung

Die schädigende Wirkung ionisierender Strahlung auf biologische Zellen kann dazu genutzt werden, bösartiges Körpergewebe zu zerstören (**Abb. 162.1**). Hierzu wird der Tumor einer bestimmten Strahlung ausgesetzt, wobei die Menge der angewendeten Strahlung, also die Dosis, eine entscheidende Rolle spielt.

Je mehr Strahlung auf das Gewebe trifft, desto größer ist die Wirkung. Die **Energiedosis *D*** beschreibt die Menge der absorbierten Strahlung.

> Der Quotienten aus absorbierter Energie und der Masse der absorbierenden Materie heißt **Energiedosis *D***:
>
> $$\text{Energiedosis} = \frac{\text{absorbierte Energie}}{\text{Masse}}, \quad D = \frac{E}{m}$$

Die Einheit der Energiedosis ist 1 Gy (Gray). Für sie gilt $[D] = 1\,\text{J/kg} = 1\,\text{Gy}$. Die Einheit 1 Gy ist sehr klein, denn die Absorption von 1 Gy führt bei bei 1 kg Wasser lediglich zu einer Temperaturerhöhung von $2{,}4 \cdot 10^{-4}$ K. Früher wurde die noch kleinere Einheit Rad (**r**adiation **ab**sorbed **d**ose) verwendet: 1 Gy = 100 Rad.

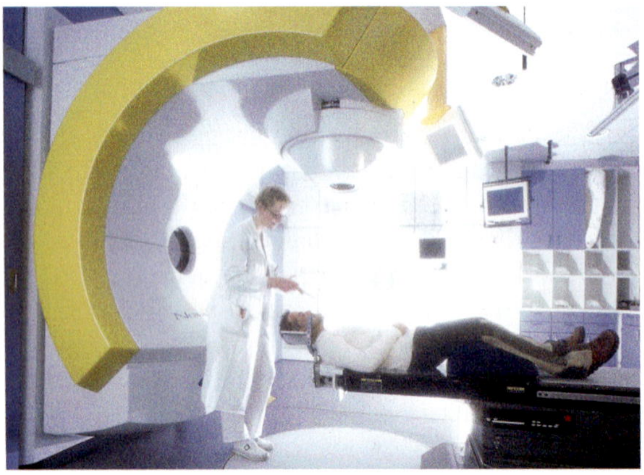

162.1 Bestrahlung eines Tumors aus verschiedenen Richtungen. Dabei kann die Äquivalentdosis für das bösartige Gewebe bis zu 100 Sv betragen. Eine Ganzkörperbestrahlung mit dieser Dosis wäre tödlich.

Strahlungsart	*q*-Faktor
Röntgen- und γ-Strahlung	1
β-Strahlung	1
thermische Neutronen	3
Protonen	10
α-Strahlung	20
schwere Rückstoßkerne	20

162.2 Qualitätsfaktoren für verschiedene Strahlungsarten

Der Energieübertrag auf ein Kilogramm Gewebe bei einer Energiedosis von 1 Gy ist zwar sehr klein, jedoch biologisch sehr gefährlich. Die ionisierende Wirkung der Strahlung ist entscheidend für die Schädigung des Gewebes. Es entstehen sogenannte freie Radikale, also sehr reaktive Atome und Moleküle, die durch weitere chemische Reaktionen Zellgifte bilden. Daher können auch schon bei einer Ganzkörperbestrahlung von 1 Gy massive gesundheitliche Probleme wie Übelkeit, Erbrechen und erhöhtes Infektionsrisiko auftreten.
Die verschiedenen Strahlungsarten haben aufgrund ihres unterschiedlichen Ionisationsvermögens bei gleicher Energiedosis unterschiedliche Schädigungen des Gewebes zur Folge. So schädigt α-Strahlung das Gewebe etwa 20-mal mehr als Röntgenstrahlung der gleichen Energiedosis.

> Die sogenannte **Äquivalentdosis *H*** berücksichtigt die unterschiedliche biologische Wirkung der Strahlungsarten. Dazu wird die Energiedosis mit einem für die Strahlungsart charakteristischen dimensionslosen Faktor q multipliziert.
> Äquivalentdosis = q · Energiedosis, $H = q\,D$

Die Einheit der Äquivalentdosis ist 1 Sv (Sievert); es gilt $1\,\text{Sv} = q \cdot 1\,\text{Gy}$. Früher wurde die Einheit rem (**r**oentgen **e**quivalent **m**an) verwendet: 1 Sv = 100 rem. Die q-Faktoren (Qualitätsfaktoren) ergeben sich experimentell. Sie liegen zwischen 1 und 20 und hängen im Wesentlichen von der Ionisationsdichte der Strahlungsart ab (**Tab. 162.2**).

Um die Gefährlichkeit bestimmter Strahlungsexpositionen bewerten zu können, müssen diese mit der **natürlichen Strahlenbelastung** (kosmische und terrestrische Strahlung, Aufnahme natürlich vorkommender radioaktiver Substanzen) verglichen werden. Diese jährliche Strahlungsdosis beträgt etwa **2 mSv.** An ihr müssen alle zusätzlichen Belastungen durch Medizin oder Technik gemessen werden. So liegt für starke Raucher die zusätzliche jährliche Äquivalentdosis bei etwa 1 mSv, eine Thorax-Röntgenaufnahme schlägt mit 0,1 mSv zu Buche.

Aufgaben

1. Erläutern Sie die Wirkungsweise ionisierender Strahlung auf Zellen. Erklären Sie die physikalischen Größen „Energiedosis und „Äquivalentdosis".
2. Eine Wärmelichtlampe zur Behandlung von Muskelschmerzen besitzt eine elektrische Leistung von 200 W. Gehen Sie von einem Wirkungsgrad von 10 % aus und berechnen Sie damit die Energiedosis, die 10 kg Muskelgewebe in einer Minute erhält. Erläutern Sie, dass dadurch keine gefährliche Strahlenbelastung entsteht.

Biologische Wirkung ionisierender Strahlung

Bei der Wechselwirkung radioaktiver Strahlung mit biologischem Gewebe treten Ionisationen und Anregungen von Atomen und Molekülen in den Zellen auf, wodurch diese in ihrer biologischen Funktion zum Teil stark beeinträchtigt werden (**Abb. 163.1**). So kommt es zur Bildung sogenannter freier Radikale, die für eine Fülle chemischer und biologischer Folgereaktionen verantwortlich sind. Diese führen zur Schädigung des lebenden Gewebes. Hierbei können durch den Zusammenschluss von Radikalen zu neuen Verbindungen toxische Substanzen entstehen. Brüche der Stränge der Desoxyribonukleinsäure (DNS, DNA), dem Träger der genetischen Information der Zelle, können direkt oder durch sekundäre Reaktionen auftreten. Die Schäden haben unterschiedliche Auswirkungen. So kommt es zu Erbgutveränderungen, bösartigen Entartungen von Zellen (Krebs), Stoffwechselveränderungen in der Zelle und zum Zelltod. Allerdings besitzt das Gewebe die Fähigkeit, Schäden, wie z. B. die Brüche der DNS zu reparieren. Weiterhin kann das Immunsystem geschädigte Zellen erkennen und eliminieren, sodass die Schädigungen insbesondere bei geringen Strahlendosen möglicherweise ohne Wirkung bleiben. Da die Zellschädigungen meist indirekt über chemische Reaktionen entstehen, kann nicht nur radioaktive Strahlung sondern auch die Aufnahme krebserregender Stoffe wie z B. Benzol, eine ähnliche Wirkung besitzen oder die Wirkung der Strahlung verstärken.

> Es werden **somatische** und **genetische** Schäden unterschieden. Das Soma umfasst den ganzen Körper bis auf die Keimzellen und Keimdrüsen. Somatische Schäden äußern sich am bestrahlten Lebewesen, genetische Schäden in seiner Nachkommenschaft.

Kenntnisse über die biologische Wirkung radioaktiver Strahlung stammen aus Untersuchungen von Menschen, die aufgrund unterschiedlichster Ursachen erhöhter Strahlung ausgesetzt waren: Dies sind sowohl Wissenschaftler, die mit Röntgenstrahlung experimentiert haben, als auch im Uranbergbau tätige Arbeiter oder Patienten, bei deren Behandlung radioaktive Stoffe eingesetzt wurden. Weitere Daten wurden und werden heute noch von den Opfern der Kernwaffenabwürfe über Hiroshima und Nagasaki gesammelt. Auch die Schädigungen der Menschen in der Ukraine, welche die Folgen des Kernkraftwerksunfalls von Tschernobyl zu tragen hatten, liefern weitere Anhaltspunkte für das Auftreten von Krankheiten durch radioaktive Strahlung. Bei all diesen Personen lag die Äquivalentdosis weit über 2 mSv, der natürlichen Ganzjahresdosis. Ist die Ganzkörperdosis in einem kurzen Zeitraum größer als 0,25 Sv, so sind Veränderungen des Blutbildes nachweisbar. Mit deutlichen Symptomen einer vorübergehenden **Strahlenkrankheit** (Kopfschmerzen, Übelkeit, Erbrechen, sowie später Durchfall und Haarausfall) ist ab einer Dosis von 1 Sv zu rechnen. Ab einer Dosis von 4 Sv führt die schwere Form der Strahlenkrankheit bereits in 50 % der Fälle zum Tode **(letale Dosis)**. Bei 7 Sv ist die Sterblichkeit nahezu 100 %.

Neben diesen Frühschäden können aber auch Spätschäden wie Krebserkrankungen nach einer Latenzzeit von mehr als 10 Jahren oder Missbildungen bei Neugeborenen auftreten. Im Gegensatz zu den Frühschäden, deren Größe proportional zur Dosis ist, handelt es sich bei den Spätschäden um ein stochastisches Risiko. D. h. die Wahrscheinlichkeit für das Auftreten der Krankheit hängt von der Dosis ab, nicht aber die Intensität des Krankheitsverlaufs. Da nur für große Dosen Erfahrungen vorliegen, kann der Zusammenhang zwischen der Wahrscheinlichkeit einer Krebserkrankung und absorbierter Strahlung in erster Näherung als linear angenommen werden. Unter dieser Annahme ergibt sich pro absorbierter Dosis von 10 mSv ein zusätzliches Krebsrisiko von etwa $5 \cdot 10^{-4}$, das in der Größenordnung der Wahrscheinlichkeit liegt, einen tödlichen Verkehrsunfall zu erleiden. Bei diesen kleinen Dosen im Bereich einiger mSv ist daher im Einzelfall kein direkter Zusammenhang zwischen Bestrahlung und Erkrankung feststellbar.

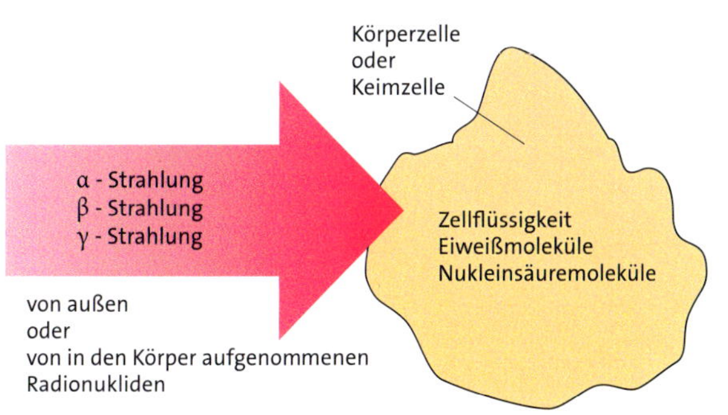

163.1 Biologische Wirkung ionisierender Strahlung auf Lebewesen

primäre physikalische Wirkung
Anregung oder Ionisation von Atomen und Molekülen
Temperaturerhöhung

sekundäre chemische und biochemische Wirkung
Bildung von Wasserstoffperoxid H_2O_2
Veränderung von Aminosäuren und Enzymen
Zerbrechen und Veränderung von Chromosomen

biologische Wirkungen
somatische Schäden, z. B. Leukämie, Krebs, Entzündungen
genetische Schäden, z. B. Missbildungen

Zu erwähnen ist weiterhin, dass die lineare Extrapolation des Strahlenkrebsrisikos nicht die einzig mögliche ist. Bei der Annahme einer quadratischen Abhängigkeit würden sich sogar noch viel kleinere Risikowahrscheinlichkeiten bei niedrigen Strahlungsdosen ergeben, sodass die Strahlenschäden in diesem Bereich möglicherweise ohne Wirkung bleiben. Untersuchungen in Gegenden mit erhöhter natürlicher Strahlenbelastung (20 mSv/a) stützen diese These.
Einige Zellen sind empfindlicher gegenüber Strahlenschäden als andere, sodass bestimmte Krebsarten wie Leukämie, Schilddrüsenkrebs und Lungenkrebs häufiger ausgebildet werden als andere.

Zurzeit gilt in der Bundesrepublik Deutschland die **Strahlenschutzverordnung (StrlSchV 2001)**, welche am 1.August 2001 in Kraft getreten ist. In ihr sind Grundsätze und Anforderungen zusammengefasst, die Menschen und Umwelt vor der schädlichen Wirkung ionisierender Strahlung schützen sollen. Beispielsweise wird dort der Grenzwert für beruflich strahlenexponierte Personen auf 20 mSv/a festgelegt. Kerntechnische Anlagen sind so zu bauen, dass durch Ableitungen radioaktiver Stoffe mit Luft oder Wasser der Grenzwert von 0,3 mSv nicht überschritten wird. Im ungünstigsten Störfall einer kerntechnischen Anlage müssen die Sicherheitsvorkehrungen so beschaffen sein, dass die maximale Dosis nicht mehr als 50 mSv beträgt.

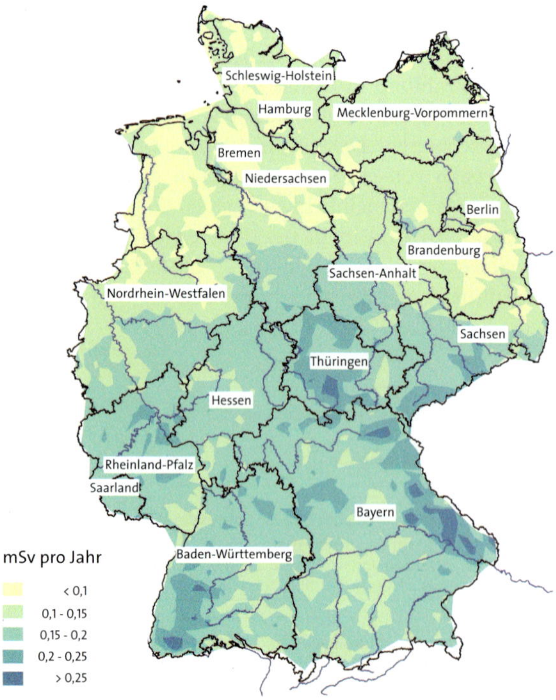

164.2 Externe Dosis im Freien, Messung aus 2012

Da der Zusammenhang zwischen niedriger absorbierter Strahlendosis und Spätfolgen nicht genau bekannt ist, hilft nur eine Orientierung an der natürlichen jährlichen Strahlenbelastung von etwa 2 mSv. Diese resultiert aus der **kosmischen Strahlung** (Höhenstrahlung), der **terrestrischen Strahlung** (Umgebungsstrahlung) sowie aus den aufgenommenen Radionukliden **(Inkorporation)**. Hier ist besonders das radioaktive Edelgas Radon zu erwähnen. Es entsteht durch den Zerfall von Radium in der Erdkruste, die Uran und Thorium enthält. Es kann sich speziell in Kellerräumen ansammeln, und ist neueren Untersuchungen zufolge neben dem Rauchen (ca. 90 %) die zweithäufigste Ursache (ca. 10 %) für Lungenkrebs. Die Gefährdung durch Radon ist regional sehr unterschiedlich.
Die Belastung durch die Höhenstrahlung wächst mit der Höhe über dem Meeresspiegel, so dass es auch für Flugpersonal in der Strahlenschutzverordnung Grenzwerte gibt.
Die Strahlenbelastung für den Einzelnen kann sich durch medizinische Maßnahmen wie z. B. einer Untersuchung der Lungenfunktion durch Einatmen von Krypton81 oder diverser röntgenologischer Untersuchungen erhöhen. Bei Krebserkrankungen wird häufig versucht, den Tumor durch Bestrahlung zu zerstören. Hierbei ergeben sich mitunter relativ große Dosiswerte bis 100 Sv. Vorsichtshalber sollte jegliche nicht notwendige zusätzliche Strahlenbelastung vermieden werden. Die sicherste Schutzmaßnahme ist ein großer Abstand zur Strahlungsquelle, da die Intensität, d. h. die Energie *E*, die pro Zeit auf eine Fläche trifft, bei einem punktförmigen Strahler antiproportional zum Quadrat des Abstandes ist. Da die radiologische Belastung mit der Durchführungszeit eines Experimentes wächst, ist diese Zeit möglichst gering zu halten. Ein weiterer Schutz ist die Verwendung von Blei oder Beton als abschirmende Materialien. Dabei geht die größte Gefahr von der γ-Strahlung aus, die im Gegensatz zu der stark ionisierend wirkenden und damit leicht zu absorbierenden α- und β-Strahlung auch große Schichtdicken noch durchdringt.

Flug Frankfurt – New York	0,03 mSv
Belastung durch Kernkraftwerke	<0,02 mSv/a
Zahnröntgenaufnahme	0,01 mSv
Thorax-Röntgenaufnahme	0,1 mSv
Mammographie	0,5 mSv
Schilddüsenszintigraphie	0,8 mSv
starker Raucher	0,1 mSv/a
CT Brustkorb	10 mSv

164.1 Typische Werte der Äqivalentdosis aufgrund natürlicher bzw. medizinischer Strahlungsquellen

Materialgestützte Aufgaben

Dosis-Wirkungsbeziehung

Die letale Ganzkörperdosis beträgt für einen Menschen 4 Sv. Das bedeutet, dass bei einer solchen Bestrahlung 50 % der Menschen innerhalb von 30 Tagen sterben. Die ionisierende Wirkung der Strahlung führt sekundär zu chemischen Reaktionen in den Zellen. Auch bei kleineren Ganzkörperdosen treten schon Krankheitssymptome auf. Bei einer Äquivalentdosis von etwa 1 Sv kommt es zu einem sogenannten Strahlenkater mit Kopfschmerzen und einem erhöhten Infektionsrisiko. Bei etwa 2 Sv sterben etwa 10 % der betroffenen Personen nach 30 Tagen nach einer leichten Form der Strahlenkrankheit mit Übelkeit und Erbrechen. Bei höheren Dosen als 2 Sv wird von der schweren Strahlenkrankheit gesprochen, die mit Durchfall, unkontrollierten Blutungen, Infektionen und teilweise nicht mehr reparablen Organschäden einhergeht. Die Sterblichkeit steigt mit der Dosis.

Bei kleinen Dosen unterhalb von ca. 0,2 Sv sind Auswirkungen nicht direkt nachweisbar. Allerdings kann es Jahre später zu Spätfolgen wie Krebs oder Erbgutveränderungen kommen. Es besteht ein erhöhtes Krebsrisiko, wobei der Zusammenhang zwischen der Größe der Äquivalentdosis und der Wahrscheinlichkeit an Krebs zu erkranken nicht genau bekannt ist. Das Risiko ist nur für sehr große Dosen bekannt, das beispielsweise aus der Untersuchung der Überlebenden der Atombombenabwürfe von Hiroshima und Nagasaki gewonnen wurde. Es werden Modelle entwickelt, die dieses Risiko beschreiben. Die Grafik zeigt fünf unterschiedliche Dosis-Wirkungsmodelle. Speziell bei kleinen Dosen, wie sie etwa bei medizinischen Untersuchungen verwendet werden, liefern die Modelle sehr unterschiedliche Risikoabschätzungen. Untersuchungen in Gegenden erhöhter natürlicher Strahlenbelastung (20 mSv/a) ergeben dort kein erhöhtes Krebsrisiko.

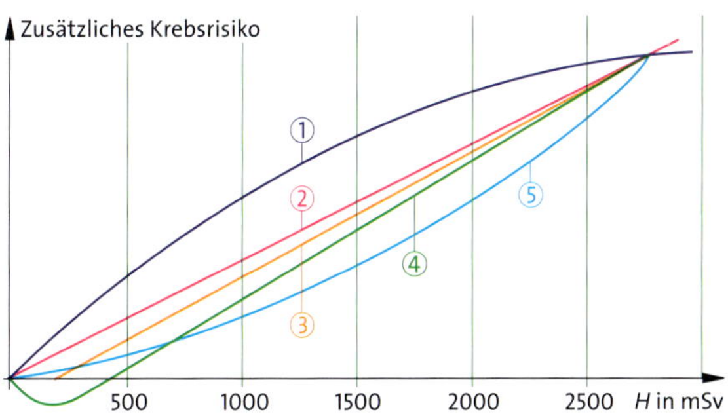

Aufgaben

1. Informieren Sie sich aus verschiedenen Quellen detailliert über die Wirkung ionisierender Strahlung auf Zellen.
2. Erstellen Sie eine Tabelle mit typischen Äquivalentdosen natürlichen oder medizinischen Ursprungs.
3. Beschreiben und erläutern Sie die fünf oben dargestellten Dosis-Wirkungsmodelle. Gehen Sie speziell auf die gemeinsamen Punkte der Graphen ein.
4. Bewerten Sie die Modelle.

Radon

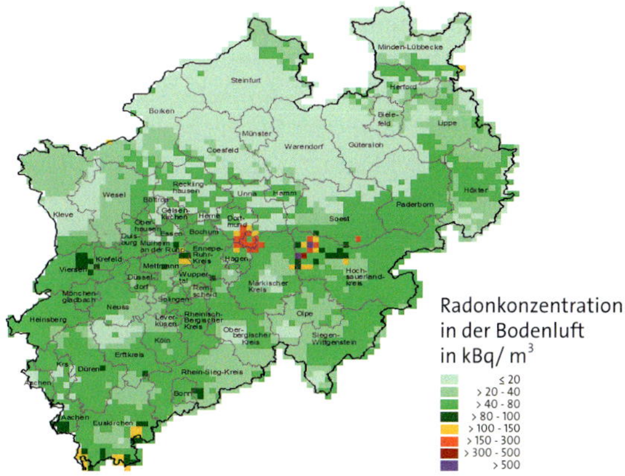

Das radioaktive Edelgas Radon entsteht in der Erdkruste aufgrund des Zerfalls von natürlich vorkommendem Uran. Es diffundiert durch Erdspalten und Risse an die Erdoberfläche und gelangt so auch in die Wohnhäuser. Die Radonbelastung ist ortsabhängig (Vgl. Karte). Die hellgrünen Bereiche weisen eine Radonkonzentration von weniger als 20 kBq/m^3 in der Bodenluft auf, während in den roten Bereichen eine Konzentration von (150–300) kBq/m^3 gemessen wird. Für unterkellerte Erdgeschoss-Wohnräume kann angenommen werden, dass ca. 2 Promille der Bodenkonzentration zu finden sind. Der genaue Anteil hängt wesentlich von der Bausubstanz ab. Das Bundesamt für Strahlenschutz (BfS) empfiehlt vorsorglich eine Radon-Konzentration von 100 Bq/m^3 in Räumen nicht zu überschreiten. Dazu kann die Bodenplatte der Häuser speziell versiegelt werden, oder Abluftsysteme sorgen für einen ständigen Luftaustausch.

Aufgaben

1. Wenn von der Radonbelastung die Rede ist, so ist das Nuklid Rn222 gemeint. Geben Sie mithilfe der Nuklidkarte die Zerfallsreihe an, in der dieses vorkommt und stellen Sie die zugehörigen Reaktionsgleichungen auf.
2. Die Konzentration wird in der Maßeinheit Bq/m^3 angegeben. Erläutern Sie, dass sich durch diese Angabe eine Teilchenkonzentration berechnen lässt. Bestimmen Sie die Teilchenkonzentration für die obigen Werte unter der Berücksichtigung der Halbwertszeit von 3,8 Tagen.
3. Im Mittel wird davon ausgegangen, dass das Radon für eine Ganzkörperdosis von $5{,}5 \cdot 10^{-5}$ Gy im Jahr verantwortlich ist. Bestimmen Sie die zugehörige Äquivalentdosis und geben Sie den daraus resultierenden Anteil der natürlichen Strahlenbelastung an.
4. In dem österreichischen Bad Gastein gibt es sogenannte Heilstollen, in denen die Radonkonzentration 44 kBq/m^3 beträgt. Schätzen Sie die Dosis bei einer drei wöchigen Kur mit ca. 36 Stunden im Stollen ab.

3.4 Aufbau der Materie

Am 4. Juli 2012 wurde im CERN, der Europäischen Organisation für Kernforschung, die Entdeckung des sogenannten Higgs-Teilchens bekannt gegeben. Das Higgs-Teilchen wurde an der weltgrößten Beschleuniger-Anlage, dem LHC (Large-Hadron-Collider, **Abbn. 166.1 und 166.2**) entdeckt, in der Protonen oder Bleikerne auf fast Lichtgeschwindigkeit beschleunigt werden können. Beim Zusammenstoß zweier solcher Protonen oder Kerne entsteht eine Vielzahl von neuen Teilchen und in seltenen Fällen auch das Higgs-Teilchen, welches von den theoretischen Physikern HIGGS, BROUT, und ENGLERT bereits 1964 vorhergesagt wurde. Die beiden noch lebenden Wissenschaftler ENGLERT und HIGGS erhielten dafür 2013 den Nobelpreis für Physik. Das Higgs-Teilchen war das letzte Teilchen des sogenannten **Standardmodells der Teilchenphysik,** dessen experimenteller Nachweis noch fehlte. Das Standardmodell wird im Folgenden Thema sein. Es beschreibt den Aufbau unserer Welt mit einer geringen Anzahl von Teilchen, die bis zum jetzigen Zeitpunkt keine weitere innere Struktur aufweisen und in diesem Sinne als elementar gelten.

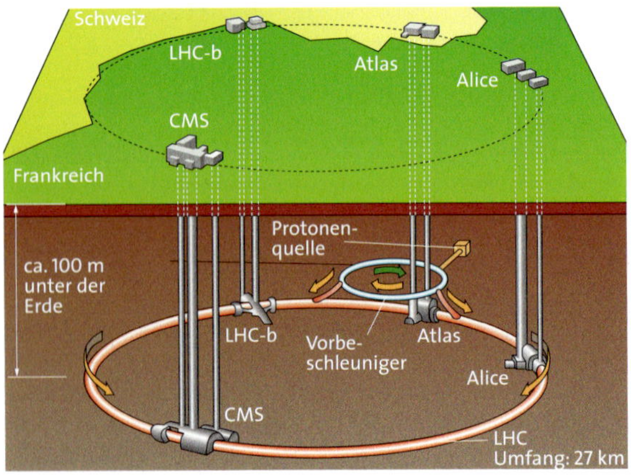

166.1 Der Large Hadron Collider (LHC) am CERN in Genf: In einem 26,7 km langen unterirdischen Ringtunnel werden Protonen oder Blei-Kerne gegenläufig auf fast Lichtgeschwindigkeit beschleunigt. An vier verschiedenen Stellen (CMS, LHC-b, ATLAS, ALICE) werden diese zur Kollision gebracht; die dabei entstehenden Teilchen werden detektiert.

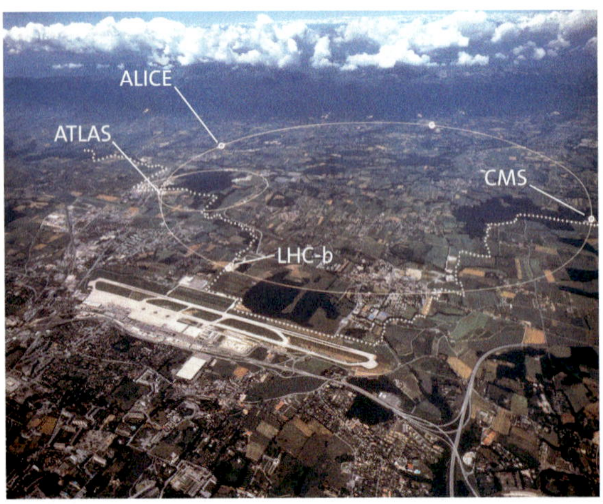

166.2 Luftaufnahme des CERN: Der LHC ist als durchgezogene Linie gezeichnet.

3.4.1 Die Bausteine des Standardmodells

Alle uns umgebende Materie besteht aus Atomen, die ihrerseits einen Kern aus Protonen und Neutronen, den Nukleonen, besitzen. Streuexperimente haben gezeigt, dass die Nukleonen aus noch kleineren Bausteinen, den sogenannten Quarks, bestehen. Ein Proton ist zum Beispiel aus drei Quarks aufgebaut, zwei Up-Quarks und einem Down-Quark (**Abb. 167.1**). Speziell in der zweiten Hälfte des letzten Jahrhunderts wurden neben den Nukleonen sehr viele weitere Teilchen entdeckt, die sich letztlich als Kombinationen unterschiedlicher Quarks herausstellten. Es gibt sechs verschiedene Quarks, die aus heutiger Sicht als elementare Grundbausteine der Materie angesehen werden: Up-, Down-, Charme-, Strange-, Top- und Bottom-Quark (Abkürzungen: u, d, c, s, t, b). Neben den Quarks gibt es eine andere Gruppe geladener Teilchen, zu der das Elektron, das Myon und das Tau gehören. Beim β-Zerfall wurde neben dem Elektron noch ein Elektron-Neutrino emittiert. Genauso gibt es zum Myon ein Myon-Neutrino und zum Tau ein Tau-Neutrino. Aus diesen 12 Teilchen besteht die uns bekannte Materie.

Die zwischen den Teilchen wirkenden Kräfte werden in der Teilchenphysik **Wechselwirkungen** genannt. Zwei dieser Wechselwirkungen sind schon bekannt. Geladene Körper üben Kräfte aufeinander aus: Das ist die elektromagnetische Wechselwirkung. Zwei Massen ziehen sich gegenseitig an: Die Gravitation führt aber erst bei größeren Massen zu einem messbaren Effekt, so dass sie als Kraft zwischen den Elementarteilchen ohne Bedeutung ist.

Protonen als Bestandteile des Atomkerns sind positiv geladen und stoßen sich daher gegenseitig ab. Demnach muss es eine weitere Kraft geben, die die Atomkerne zusammenhält. Sie wird **starke Wechselwirkung** genannt. Für einige Kernprozesse ist die sogenannte **schwache Wechselwirkung** verantwortlich.

Die 12 Elementarteilchen können übersichtlich in einer Grafik (**Abb. 167.2**) dargestellt werden. Auf der untersten Stufe befinden sich die Neutrinos (ν_e, ν_μ, ν_τ) die nur der schwachen Wechselwirkung unterliegen. Sie werden als **neutrale Leptonen** bezeichnet. Die **geladenen Lep-**

tonen (e, μ, τ, mittlere Stufe) erfahren auch Kräfte aufgrund der elektromagnetischen Wechselwirkung. Auf der obersten Stufe befinden sich die Quarks, die auch noch der starken Wechselwirkung unterliegen. Quarks sind demnach auch elektrisch geladen. Es hat sich gezeigt, dass sie entweder eine Ladung von $+\frac{2}{3}e$ oder $-\frac{1}{3}e$ besitzen. (**Abb. 167.3**).

Weiterhin sind die Teilchen drei Generationen zugeordnet, was durch die Verwendung der unterschiedlichen Farben deutlich wird. Die Massen der zugehörigen Quarks und der geladenen Leptonen steigen von Generation zu Generation. Dies hat zur Folge, dass die Teilchen höherer Generationen instabil sind und sich in die Teilchen der stabilen 1. Generation umwandeln. Alle Teilchenreaktionen unterliegen gewissen Regeln wie zum Beispiel der Ladungserhaltung.

> Das Standardmodell ist eine Theorie, die den Aufbau der Materie aus Elementarteilchen beschreibt. Dies sind 12 Teilchen (Quarks und Leptonen), die nach heutiger Kenntnis keine innere Struktur besitzen.
> Es gibt drei grundlegende Kräfte oder Wechselwirkungen zwischen den Teilchen: die starke Wechselwirkung, die elektromagnetische Wechselwirkung und die schwache Wechselwirkung.

Beim β^+-Zerfall eines Kerns (→ 3.3.2) wird ein Positron emittiert. Das Positron besitzt die gleiche Masse wie das Elektron, trägt nur aber eine positive Ladung und ist das **Antiteilchen** des Elektrons. Genauso wie zum Elektron gehört zu jedem anderen Elementarteilchen auch ein Antiteilchen. Diese werden mit einem Strich über dem entsprechenden Symbol gekennzeichnet. Materie, die nur aus Antiteilchen besteht, heißt **Antimaterie.** Sie lässt sich nur mithilfe eines großen experimentellen Aufwandes erzeugen. So gelang es Forschern 1995 am CERN, Anti-Wasserstoff – bestehend aus einem Anti-Proton und einem Positron – zu erzeugen. Trifft Materie auf Antimaterie, so wird die Ruhemasse der Teilchen vollständig in Strahlungsenergie umgewandelt.

> Zu jedem der zwölf Elementarteilchen existiert ein Antiteilchen gleicher Masse. Ist das Elementarteilchen geladen, so trägt das Antiteilchen die entgegengesetzte Ladung.

In der Teilchenphysik geben die Physiker die Masse eines Teilchens nicht mehr in Gramm an: Gemäß EINSTEINS berühmter Formel $E = mc^2$ wird die Masse in Energieeinheiten dividiert durch c^2 angegeben. Das c^2 als Konstante wird meist weggelassen, so dass die Masse in der Energieeinheit **Elektronvolt (eV)** notiert wird. (**Abb. 167.3**).

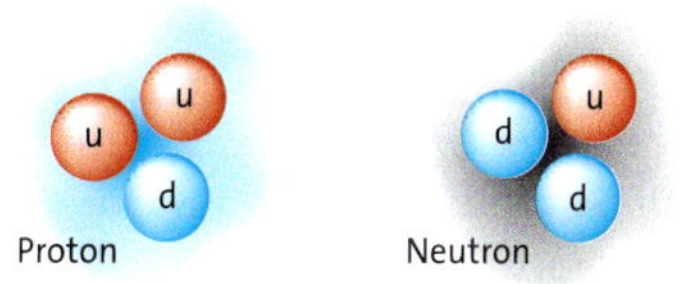

167.1 Die Nukleonen sind aus Quarks aufgebaut.

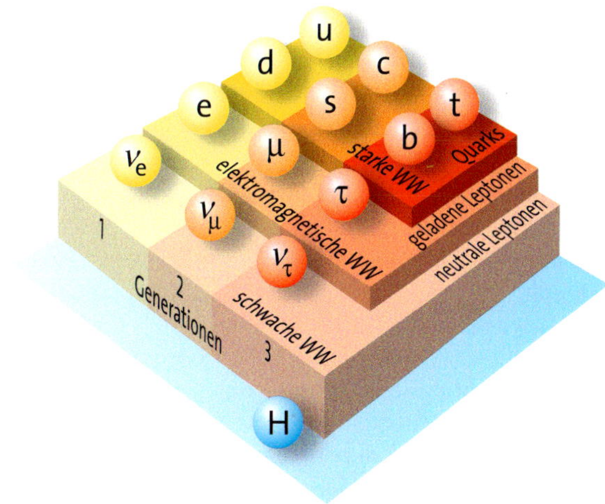

167.2 Die Grundbausteine des Standardmodells übersichtlich dargestellt. Die neutralen Leptonen unterliegen nur der schwachen Wechselwirkung, die geladenen Leptonen zusätzlich der elektromagnetischen und die Quarks auch der starken Wechselwirkung. Die Radien der Kugeln sind willkürlich und haben keine weitere Bedeutung.

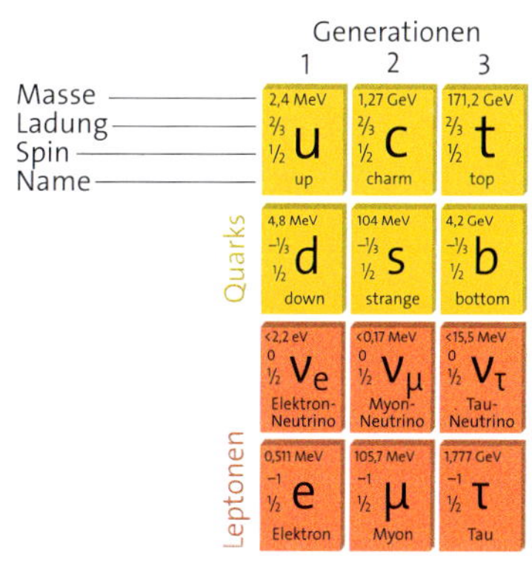

167.3 Quarks und Leptonen mit ihren Eigenschaften in den unterschiedlichen Generationen. Von Generation zu Generation nimmt die Masse zu.

Aufgaben

1. Erläutern Sie, die folgenden Begriffe des Standardmodells: Quarks, Leptonen und Wechselwirkung.
2. Berechnen Sie die Ladung des Protons und des Neutron aus der Quarkzusammensetzung.
3. Erläutern Sie den Begriff des Antiteilchens.
4. Zeigen Sie, dass die Masse des Elektrons 511 keV/c^2 beträgt.

3.4.2 Austauschteilchen im Standardmodell

Zwischen den Elementarteilchen wirken vier Kräfte, von denen die Gravitation und die elektromagnetische Wechselwirkung schon mithilfe von Feldern ausführlich behandelt wurden. Die Gravitation ist als Kraft zwischen den Teilchen ohne Bedeutung. Beim lichtelektrischen Effekt trifft Licht auf eine Metalloberfläche und löst dort Elektronen aus. Es zeigt sich dabei, dass diskrete Energien ($E_{\text{Ph}} = hf$) bei diesem Prozess aus dem elektromagnetischen Feld entnommen werden. Die Wechselwirkung des elektromagnetischen Feldes mit Materie ist demnach quantisiert. Auch die starke und die schwache Wechselwirkung können mithilfe von Feldern beschrieben werden. Die Wechselwirkung dieser Felder mit den Teilchen ist aber genauso wie beim Fotoeffekt quantisiert. Diese Quantisierung lässt sich durch den Austausch von Feldquanten oder sogenannten Austauschteilchen darstellen. Bei der elektromagnetischen Wechselwirkung transportiert das Photon die Energie und den Impuls. Bei der starken Wechselwirkung werden die Austauschteilchen **Gluonen** (eng. glue: Klebstoff) genannt. Sie werden zwischen den Quarks ausgetauscht und binden diese so einander. Bei der schwachen Wechselwirkung heißen die Austauschteilchen **W-Bosonen (W^+, W^-)** und **Z-Boson**.

168.1 Veranschaulichung der abstoßenden Kraft über Ballaustausch. Dieses Bild ist anschaulich, aber falsch. Für eine anziehende Wechselwirkung gibt es kein so anschauliches Bild.

Kraft	relative Stärke	Bosonen	Masse in GeV/c^2
Stark	1	8 Gluonen	0
E.M.	10^{-2}	Photon	0
Schwach	10^{-13}	W^-, W^+, Z^0	80,80,91
Gravitation	10^{-38}	Gravitation	0

168.2 Die Austauschteilchen der vier Wechselwirkungen: Das Graviton wurde bisher noch nicht experimentell nachgewiesen.

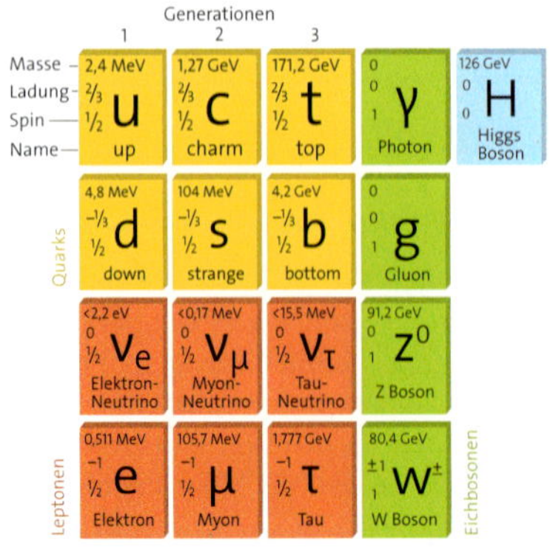

168.3 Alle Teilchen des Standardmodells im Überblick: Quarks, Leptonen als Grundbausteine, Photonen, Gluonen, Z- und W-Bosonen als Austauschteilchen und das Higgs-Boson

> Die Wechselwirkung von Feldern mit Materie ist quantisiert und kann durch den Austausch von Teilchen beschrieben werden. Der Austausch von Photonen gehört zur elektromagnetischen Wechselwirkung. Die Austauschteilchen der starken Wechselwirkung sind die Gluonen. Die W- und Z-Bosonen werden bei der schwachen Wechselwirkung ausgetauscht.

Die Abstoßung zweier Elektronen kann durch den Austausch von Photonen beschrieben werden: Ein Elektron emittiert ein Photon. Da das Photon einen Impuls besitzt, erfährt das Elektron eine entgegengesetzte Kraft zu dieser Impulsrichtung. Das andere Elektron absorbiert das Photon. Die Kraft auf dieses Elektron wirkt somit in Impulsrichtung des Photons. Eine Übertragung dieses Vorgangs in die Alltagswelt könnte zum Beispiel so aussehen: Zwei Personen in Booten werfen sich immer wieder einen Ball zu. Durch Wurf und Fang kommt es zu einer Kraft, die die Boote auseinander treibt (**Abb. 168.1**).

Dieses sehr anschauliche Bild zeigt, wie es durch den Austausch eines Teilchens zu einer Kraftwirkung kommt. In ihm stecken jedoch einige konzeptionelle Mängel: Der ausgetauschte Ball sowie die Boote im Bild sind natürlich keine Quantenobjekte, Elektron und Photon schon. Die Bahn des Photons ist daher genauso unbestimmt wie der genaue Ort der Elektronen. Zudem ist die Wechselwirkungszeit und damit die Existenzzeit des Photons so klein, dass es nicht gemessen werden kann. Daher wird dieses Photon virtuelles Photon genannt. Auch die anderen Austauschteilchen sind nicht direkt beobachtbar. Theoretische Überlegungen zusammen mit experimentellen Ergebnissen lassen auf ihre Eigenschaften schließen. Weiterhin gibt es Abschätzungen über die relative Stärke der jeweiligen Wechselwirkung. Der starken Wechselwirkung wird dabei die relative Stärke 1 zugeordnet (**Tab. 168.2**). Da die drei für die Teilchenphysik wichtigen Wechselwirkungen aber so unterschiedlich sind, ist dies nicht ganz einfach. Ähnliche Probleme gäbe es in der Alltagswelt, wenn versucht würde, einen Judo-Kämpfer mit einem Boxer zu vergleichen.

Diese Austauschteilchen kommen nun zu den 12 bisher erwähnten Elementarteilchen hinzu. (**Abb. 168.3**). Der sogenannte Higgs-Mechanismus ist verantwortlich für die Masse der Quarks, Leptonen sowie der Z- und W-Bosonen.

Gebundene Quarks

Die Nukleonen bestehen aus drei Quarks, die durch die starke Wechselwirkung zusammen gehalten werden. Zwei Up-Quarks und ein Down-Quark bilden das Proton, zwei Down-Quarks und ein Up-Quark das Neutron. Die Ladung ergibt sich jeweils als Summe der Einzelladungen der Quarks. Bei der Masse sieht es anders aus. Wird die Summe der Massen der Quarks gebildet, so ergibt sich ein Wert, der nur ca. 1 % der Ruhemasse des Nukleons ausmacht. Der Impuls und damit die Energie der Gluonen, die ständig zwischen den Quarks ausgetauscht werden, liefern den Rest.

Die starke Wechselwirkung besitzt aber noch eine zusätzliche Besonderheit: Bei einer Vergrößerung des Abstandes der Quarks nimmt die starke Kraft zu. Die nötige Energie, um zwei Quarks voneinander zu trennen, wird mit zunehmendem Abstand immer größer. Liegt der Abstand bei etwa $1\ \text{fm} = 10^{-15}\ \text{m}$, so ist die Energie so groß, dass neue Quark-Antiquark-Paar entstehen können. Es werden neue Teilchen gebildet (**Abb. 169.1**). Quarks sind also nicht als einzelne, freie Teilchen beobachtbar. Sie existieren nur als Verbindung von drei Quarks, **Baryonen** (**Tab. 169.2**) genannt, oder als Zusammenschluss eines Quarks und eines Antiquarks. Solche Quark-Antiquark-Paare heißen **Mesonen** (**Tab. 169.3**).

> Bei dem Versuch Quarks zu trennen, wird die Energie so groß, dass neue Quark-Antiquark-Paare erzeugt werden. Es existieren keine freien Quarks. (**Confinement**). **Baryonen** werden aus drei Quarks gebildet. **Mesonen** bestehen aus einem Quark-Antiquark-Paar.

Dass ein Teilchen elementar ist oder aus anderen Bausteinen besteht, zeigt sich daran, ob es angeregte Zustände eines Grundzustands gibt. Ähnlich wie bei einem Atom kann durch Energiezufuhr und anschließende Spektroskopie auf eine innere Struktur geschlossen werden. In diesem Sinne sind die Teilchen des Standardmodells bei den heutigen zur Verfügung stehenden Energien elementar.

Im letzten Jahrhundert wurden viele Teilchen in der Höhenstrahlung oder bei Beschleuniger-Experimenten gefunden. Die verschiedensten Teilchen wurden aufgelistet, und es entstand der Eindruck eines nicht zusammenhängenden „Teilchenzoos". Erst 1964 schlug der Physiker MURRAY GELL-MANN vor, diese Vielzahl an Teilchen aus wenigen Grundbausteinen, den Quarks, aufzubauen, so dass ein simples Ordnungsprinzip entstand. In diesem Zusammenhang sind auch die Physiker GEORG ZWEIG und JUVAL NE'EMAN zu nennen, die eine ähnliche Idee hatten.

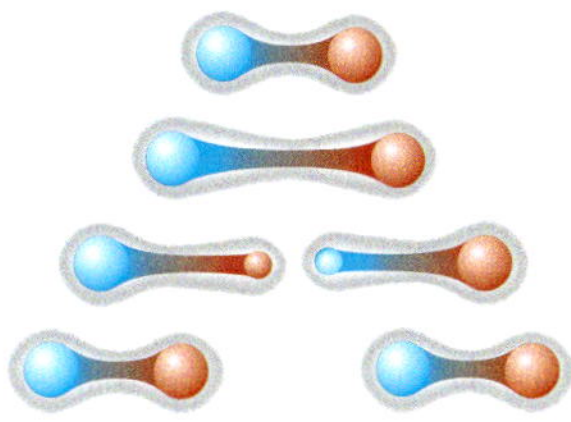

169.1 Confinement (engl.: Gefängnis): Bei dem Versuch zwei Quarks zu trennen entsteht ein neues Quark-Antiquark-Paar, denn die starke Wechselwirkung wird mit zunehmendem Abstand größer.

Baryon	Quark-inhalt	el. Ladung in e	Masse in MeV/c^2	Spin in $\hbar$	häufigste Zerfallsprodukte
n	udd	0	939,565	$\frac{1}{2}$	$p e \bar{\nu}_e$
p	uud	1	938,272	$\frac{1}{2}$	stabil (?)
Λ	uds	0	1115,6	$\frac{1}{2}$	$p\pi^-$, $n\pi^0$
Σ^-	dds	−1	1197,4	$\frac{1}{2}$	$n\pi$
Σ^0	uds	0	1192,6	$\frac{1}{2}$	$\Lambda\gamma$
Σ^+	uus	1	1189,4	$\frac{1}{2}$	$p\pi^0$, $n\pi^-$
Ξ^-	dss	−1	1321,3	$\frac{1}{2}$	$\Lambda\pi^-$
Ξ^0	uss	0	1314,9	$\frac{1}{2}$	$\Lambda\pi^0$
Σ^{*-}	dds	−1	1385	$\frac{3}{2}$	$\Lambda\pi^-$, $\Sigma\pi^-$
Σ^{*0}	uds	0	1385	$\frac{3}{2}$	$\Lambda\pi^0$, $\Sigma\pi^0$
Σ^{*+}	uus	1	1385	$\frac{3}{2}$	$\Lambda\pi^+$, $\Sigma\pi^+$

169.2 Ausgewählte Baryonen und ihre Eigenschaften. Die Bezeichnungen der Baryonen sind historisch bedingt und stammen aus der Zeit, als die Zusammensetzung der Hadronen aus Quarks noch unbekannt war. Aus heutiger Sicht sind p, n, Λ usw. Grundzustände der Baryonen (oben in der Tabelle). Die Σ in der Tabelle unten sind angeregte Zustände, mitunter bei gleicher Quarkkombination wie z.B. Σ und Σ^*.

Meson	Quarkinhalt	Ladung in e	Masse in MeV/c^2	Spin in $\hbar$	häufigste Zerfallsprodukte
π^+	$u\bar{d}$	1	139,57	0	$\mu^+\nu_\mu$
π^0	$(u\bar{u}-d\bar{d})/\sqrt{2}$	0	134,96	0	$\gamma\gamma$
π^-	$d\bar{u}$	−1	139,57	0	$\mu^-\bar{\nu}_\mu$
K^+	$u\bar{s}$	1	493,7	0	$\mu^+\nu_\mu$
K^0	$d\bar{s}$	0	493,7	0	$\pi^+\pi^-$
K^-	$s\bar{u}$	−1	493,7	0	$\mu^-\bar{\nu}_\mu$
ρ^+	$u\bar{d}$	1	770	1	$\pi^+\pi^0$
K^{*+}	$u\bar{s}$	1	892	1	$K^+\pi^0$

169.3 Ausgewählte Mesonen und ihre Eigenschaften. Der obere Teil der Tabelle zeigt Grundzustände von Quark-Antiquark-Kombinationen wie $\pi^+ = u\bar{d}$ und $K^+ = u\bar{s}$. Andere Mesonen wie ρ^+ und K^{*+} sind energetisch angeregte Zustände von Quark-Antiquark-Kombinationen.

Aufgaben

1. Erläutern Sie am Beispiel der elektromagnetischen Wechselwirkung, wie die Kraft auf den Austausch von Photonen zurückgeführt werden kann.
2. Bestimmen Sie aus der elektrischen Ladung der einzelnen Quarks die Ladung einiger Mesonen und Baryonen aus der obigen Tabelle.

3.4.3 Teilchenreaktionen

Die Teilchen des Standardmodells können miteinander in Wechselwirkung treten und reagieren. Dabei kann es sich um reine Streuprozesse handeln, bei denen lediglich ein Austauschteilchen von einem Teilchen emittiert und von dem anderen absorbiert wird. Der Impuls der Teilchen wird geändert. Die Teilchen bleiben unverändert.

Es gibt aber auch andere Arten von Reaktionen. Trifft ein Teilchen auf sein Antiteilchen, so können diese sich in andere Teilchen umwandeln. Die ursprünglichen Teilchen sind dann nicht mehr vorhanden, daher wird dieser Vorgang **Paarvernichtung (Annihilation)** genannt. Die erste entdeckte Reaktion dieser Art war die Annihilation eines Elektron-Positron-Paares. Dabei entstehen in den meisten Fällen zwei Photonen, ganz selten auch drei. In der Medizin wird dieser Vorgang bei der PET (Positronen-Emissions-Tomographie) genutzt.

$$e^+ + e^- \rightarrow \gamma + \gamma$$

Die umgekehrte Reaktion ist aber auch möglich. Ein Photon genügend hoher Energie kann zu einem Teilchen-Antiteilchen-Paar reagieren. Dieser Prozess heißt **Paarerzeugung** (**Abb. 170.1**).

$$\gamma \rightarrow e^+ + e^-$$

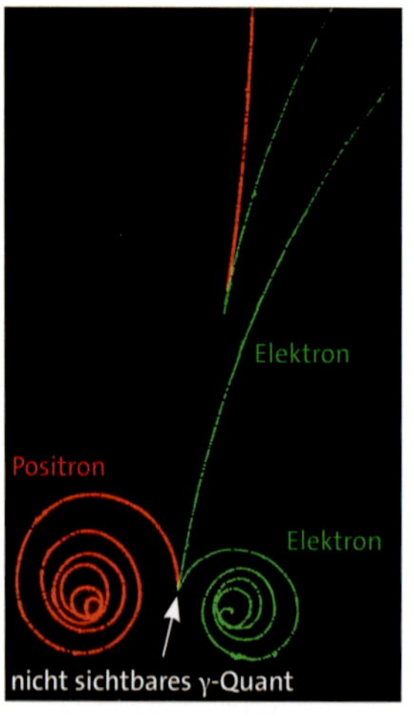

170.1 Bild einer Paarerzeugung in einer Blasenkammer: Ein Photon trifft auf ein Elektron eines Atoms. Dabei erhält dieses einen Impuls. Zusätzlich entsteht ein Elektron-Positron-Paar. Da dies innerhalb eines Magnetfelds geschieht, dessen Feldlinien orthogonal zur Bildebene verlaufen, entstehen gekrümmte Bahnen. Es ergeben sich Spiralbahnen, da das Elektron und das Positron durch die Wechselwirkung mit den Atomen in der Blasenkammer langsamer werden. Im oberen Teil ist eine weitere Paarerzeugung zu sehen.

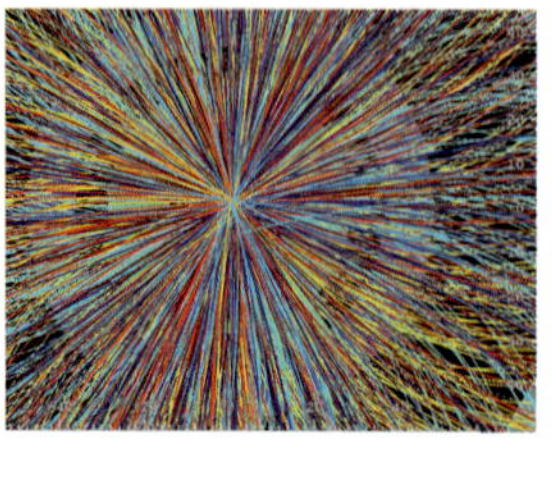

170.2 Teilchenspuren nach der Kollision zweier Bleikerne am ALICE-Detektor am CERN: Für den Bruchteil einer Sekunde bildet sich ein Quark-Gluon-Plasma, wie es mutmaßlich einige Mikrosekunden lang nach dem Urknall vorhanden war.

> Teilchen und Antiteilchen können sich zusammen in andere Teilchen umwandeln (**Paarvernichtung**). Bei genügend großen Energien kann – in Anwesenheit eines dritten Körpers – ein Teilchen-Antiteilchen-Paar erzeugt werden (**Paarerzeugung**).

Dabei fällt auf, dass bei diesen Reaktionen immer Paare bestehend aus einem Teilchen und seinem Antiteilchen beteiligt sind. Die Summe der positiven und negativen Ladungen bleibt bei Teilchenreaktionen erhalten. Neben der **Ladungserhaltung** gibt es noch andere Erhaltungssätze, mit denen entschieden werden kann, ob eine Teilchenreaktion möglich ist. Die **Energie**- und die **Impulserhaltung** sind schon aus der Mechanik bekannt. In der Teilchenphysik muss allerdings EINSTEINS berühmteste Formel: $E = mc^2$ berücksichtigt werden. Masse und Energie sind äquivalent. Damit sich beispielsweise ein Photon in ein Elektron-Positron-Paar umwandeln kann, muss es eine Mindestenergie besitzen, die der Masse des Teilchenpaares entspricht. In diesem Fall ist das Doppelte von 511 keV, also 1022 keV.

Kollidieren zwei Teilchen mit einer entsprechend hohen Energie, so kann eine Vielzahl von Teilchen produziert werden. Am CERN werden beispielsweise Protonen und Bleikerne aufeinander geschossen und die entstehenden Teilchen werden mit großen Detektoren untersucht. Magnetfelder in der Nähe des Kollisionspunktes krümmen die Bahnen geladener Teilchen und ermöglichen so eine Impulsbestimmung. Da die Anzahl der entstehenden Teilchen sehr groß ist, können die Daten nur noch elektronisch erfasst und mit großen Computersystemen analysiert werden (**Abb. 170.2**).

Schwache Wechselwirkung

Beim β-Zerfall eines Neutrons wandelt sich ein d-Quark in ein u-Quark um. Es ändert sich der Quarktyp und damit auch die Ladung eines einzelnen Quarks. Dies kann nicht über die elektromagnetische oder starke Wechselwirkung geschehen, da in diesen Fällen die Austauschteilchen elektrisch neutral sind. Die Änderung des Quarktyps geschieht in zwei Schritten. Das d-Quark emittiert ein W^-, welches anschließend in ein Elektron und ein Antineutrino zerfällt (**Abb. 171.1**). Die schwache Wechselwirkung ist für bestimmte Teilchenreaktionen verantwortlich; kann aber keine gebundenen Zustände bilden.

> Änderungen des Quarktyps finden nur unter Einfluss der **schwachen Wechselwirkung** statt. Ein Quark ändert seinen Typ unter der Abgabe eines Austauschteilchens der schwachen Wechselwirkung, welches anschließend in zwei Leptonen zerfällt.

Die Halbwertszeit des Neutrons beträgt ca. 10,25 Minuten und ist damit relativ lang. Dies ist ein Indiz dafür, dass die schwache Wechselwirkung die Ursache für diesen Zerfall ist. Bei der starken Wechselwirkung liegen typische Halbwertszeiten im Bereich von 10^{-23} Sekunden.

Auch der β^+-Zerfall ist auf die schwache Wechselwirkung zurückzuführen (**Abb. 171.1**). Allerdings ist nach heutiger Erkenntnis das einzelne Proton stabil. Die Umwandlung des Protons in ein Neutron wird nur innerhalb eines Atomkerns beobachtet. Der Super-Kamiokande-Detektor in Japan, tief unter der Erde, um die Höhenstrahlung abzuschirmen, hat die Aufgabe Neutrinos zu beobachten und die Lebensdauer des freien Protons zu messen. Er besteht aus einem großen Wassertank (ca. 33 Freibäder), an dessen Wänden sich Photodetektoren befinden (**Abb. 171.2 a**). Die untere Grenze für die Halbwertszeit des Protons wurde dort auf 10^{35} Jahre bestimmt.

Das freie Proton ist also quasi stabil.

Das Proton ist das leichteste Baryon; seine Stabilität gibt einen Hinweis darauf, dass es noch einen weiteren Erhaltungssatz gibt, nämlich die **Erhaltung der Baryonenzahl**. Jedes Baryon erhält die Baryonenzahl +1, jedes Antibaryon −1. Die Summe der Baryonenzahlen vor der Reaktion ist gleich der Summe der Baryonenzahlen nach der Reaktion. Weiterhin entstehen die Leptonen nicht einzeln. Bei den Reaktionen kommen Lepton-Antilepton-Paare vor. Wie bei den Baryonen wird den Leptonen die Leptonenzahl +1 und den Anti-Leptonen die Zahl −1 zugeordnet. Damit gilt bei jeder Reaktion der Satz von der **Erhaltung der Leptonenzahl**. Dieser Satz gilt sogar generationsweise.

Die Baryonenzahl und die Leptonenzahl jeder Generation bleiben bei jeder Teilchenreaktion einzeln erhalten.

Als Beispiel kann der β-Zerfall betrachtet werden:

$$n \rightarrow p + e^- + \overline{\nu}_e$$

Neutron und Proton besitzen jeweils die Baryonenzahl +1. Da es sich beim Elektron und beim Neutrino um Leptonen handelt, tragen sie zur Baryonenzahl nichts bei, sie beträgt somit auf der linken und rechten Seite jeweils +1. Die Leptonenzahl ist vor und nach der Reaktion null.

Diese Erhaltungssätze sind aus unzähligen Experimenten empirisch gewonnen worden und konnten bisher noch nicht aus der Theorie abgeleitet werden.

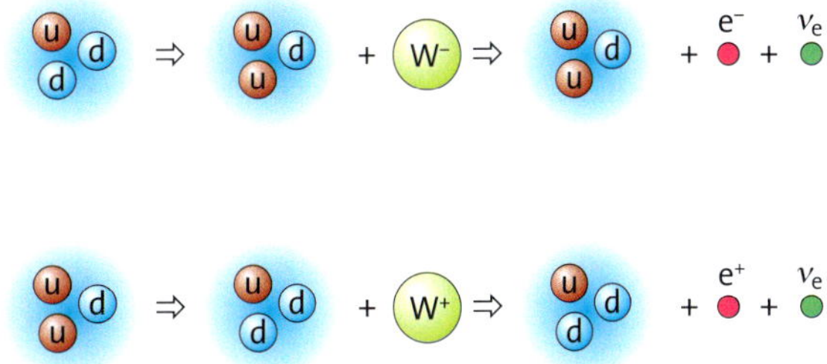

171.1 β-Zerfälle finden aufgrund der schwachen Wechselwirkung statt. Ein W-Boson wird emittiert und zerfällt anschließend in zwei Leptonen. Dabei ändert sich der Quarktyp. Die Umwandlung eines Protons geschieht nur innerhalb eines Atomkerns.

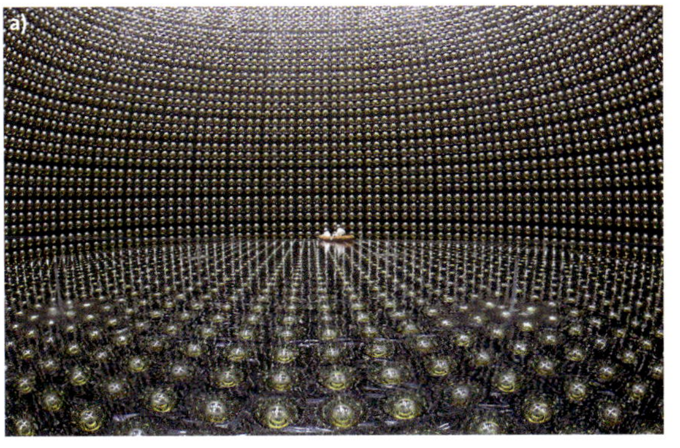

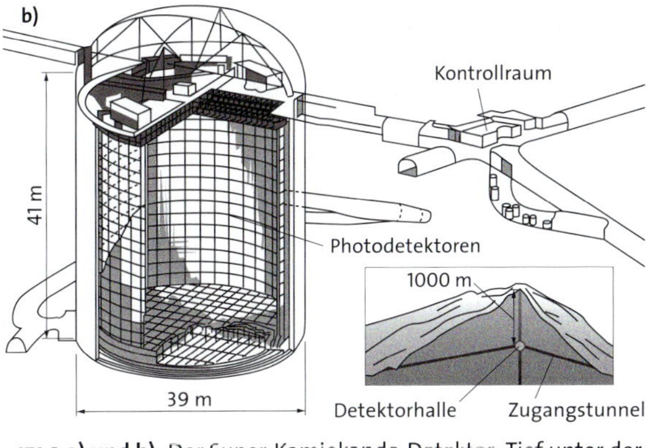

171.2 a) und b) Der Super-Kamiokande-Detektor: Tief unter der Erde befindet sich ein großer Wassertank mit reinem Wasser. An den Wänden des Behälters sind Photodetektoren angebracht.

Aufgaben

1. Begründen Sie mithilfe der Erhaltungssätze, dass ein freies Proton nicht über den β^+-Prozess zerfallen kann. Erläutern Sie, warum ein Atomkern dennoch β^+-aktiv sein kann.
2. Untersuchen Sie den Zerfall des Λ- und des Σ^+-Teilchens (**Tab. 169.2**) bezüglich der Erhaltungssätze.
3. Prüfen Sie die Reaktionen für das π^0, π^+ und K^0 (**Tab. 169.1**).

3.4.4 Feynman-Diagramme

In der Teilchenphysik ist es üblich, Reaktionen mithilfe von sogenannten Feynman-Diagrammen darzustellen. Dabei wird berücksichtigt, dass die Wechselwirkung zwischen den Teilchen über quantisierte Felder geschieht, und daher mit der Emission und Absorption von Austauschteilchen beschrieben wird. Die zugehörige Theorie ist eine Quantenfeldtheorie. Für die Darstellung der dabei vorkommenden komplizierten mathematischen Terme entwickelte RICHARD FEYNMAN 1949 eine Kurzschreibweise, die Feynman-Diagramme. Zwei Elektronen beispielsweise stoßen sich aufgrund ihrer elektrischen Ladung ab. Diese Wechselwirkung wird durch den Austausch von virtuellen Photonen beschrieben. Bei der Emission und Absorption kommt es zu einem Impulsübertrag, der mit einer Kraft verbunden ist.

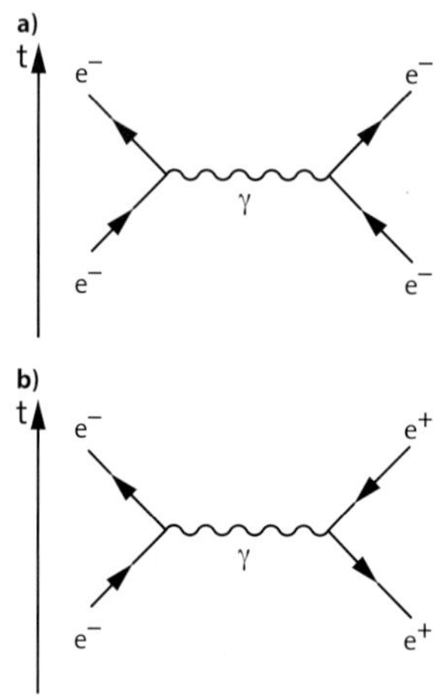

172.1 a) Feynman-Diagramm für die Wechselwirkung zweier Elektronen: Austausch eines virtuellen Photons. **b)** Wechselwirkung eines Elektrons mit einem Positron: Hier wird deutlich, dass es sich nicht um Bahnkurven handelt. Die Pfeile der Antiteilchen sind gegen die Zeit orientiert.

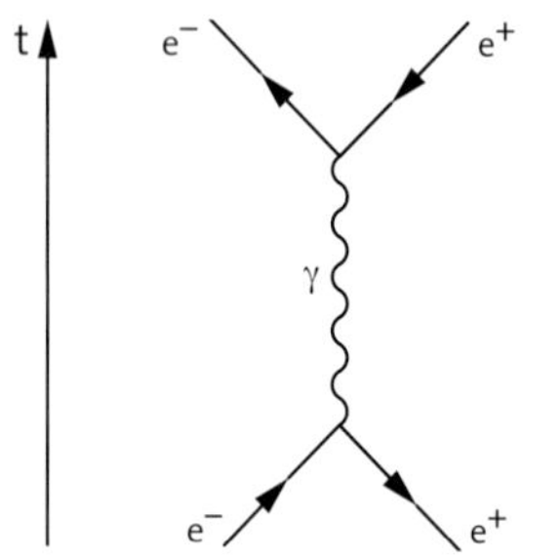

172.2 Annihilation eines Elektron-Positron-Paares und anschließende Paarerzeugung

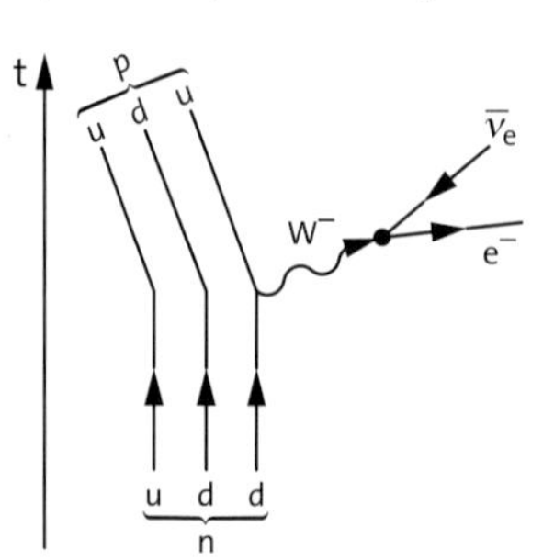

172.3 Feynman-Diagramm für den β-Zerfall: Ein Up-Quark emittiert ein W-Boson, welches in ein Elektron und ein Antineutrino zerfällt.

Im zugehörigen Feynman-Diagramm (**Abb. 172.1a**) werden die Elektronen durch gerade Pfeile dargestellt. Das ausgetauschte Photon wird als Wellenlinie gezeichnet. Die Zeitachse, die in diesem Fall von unten nach oben verläuft, gibt nur an, welche Zustände vor und nach der Wechselwirkung vorhanden sind. Das Diagramm darf aber nicht überinterpretiert werden: Es werden keine Bahnkurven dargestellt. Dies wird bei der Betrachtung der Wechselwirkung eines Elektrons mit einem Positron besonders deutlich. Aufgrund der unterschiedlichen Ladung ziehen sich die beiden Teilchen gegenseitig an, im Feynman-Diagramm (**Abb. 172.1b**) verkleinert sich der Abstand aber nicht. Die Rechtsachse hat keine Bedeutung. Um Teilchen von Antiteilchen zu unterscheiden, wird die Pfeilrichtung an den Linien benutzt. Bei einem Teilchen zeigt der Pfeil in Zeitrichtung und bei einem Antiteilchen gegen die Zeitrichtung. Daher sind die Pfeile der Positronen nach unten orientiert. Auch hier darf nicht fehlinterpretiert werden: Es bedeutet nicht, dass sich ein Antiteilchen gegen die Zeit in die Vergangenheit bewegt.

Die Wechselwirkung zwischen den Teilchen wird durch Knotenpunkte, sogenannte Vertices, dargestellt. Bei der Wechselwirkung zweier Elektronen bzw. eines Elektrons mit einem Positron, wird der Austausch des Photons durch die waagerechte Wellenlinie dargestellt. Dies bedeutet speziell, dass es dabei keine zeitliche Richtung gibt. Welches Teilchen das Photon emittiert und welches absorbiert spielt für die Wechselwirkung keine Rolle. Das Photon befindet sich zwischen zwei Vertices. Die Wechselwirkungszeit ist so kurz, dass dieses Photon nicht beobachtet werden kann. Daher wird es **virtuelles Photon** genannt. Bei Linien, die zwei Vertices verbinden, handelt es sich um virtuelle Teilchen. Die Linien realer Teilchen enden entweder an einem Vertex oder gehen von einem aus.

> Feynman-Diagramme veranschaulichen die Wechselwirkung von Teilchen. Pfeile stellen reale Teilchen dar, die an Knotenpunkten durch die Emission bzw. Absorption von Austauschteilchen wechselwirken.

Bei der Wechselwirkung zwischen Elektron und Positron kann es zur Annihilation und anschließender Paarbildung kommen. Das Diagramm (**Abb. 172.2**) beinhaltet die gleichen Elemente, zeigt aber einen anderen Prozess.

Das Feynman-Diagramm des β-Zerfalls (**Abb. 172.3**) zeigt, dass dieser über die schwache Wechselwirkung vermittelt wird. Ein Down-Quark emittiert ein W ⁻, ein Austauschteilchen der schwachen Wechselwirkung, welches dann in ein Elektron und ein Anti-Neutrino zerfällt.

Materialgestützte Aufgaben

Der LHC und Teilchendetektoren

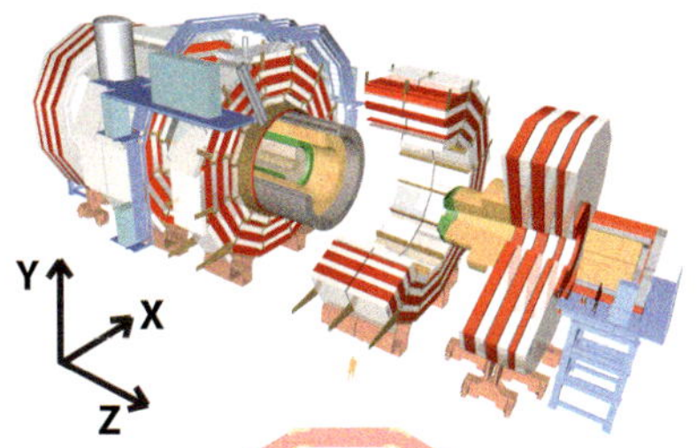

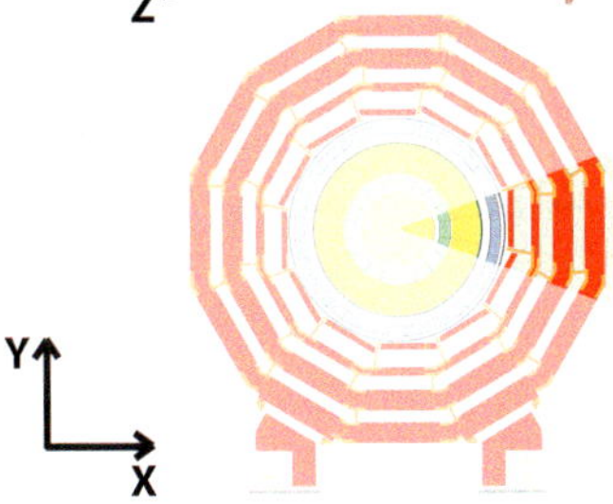

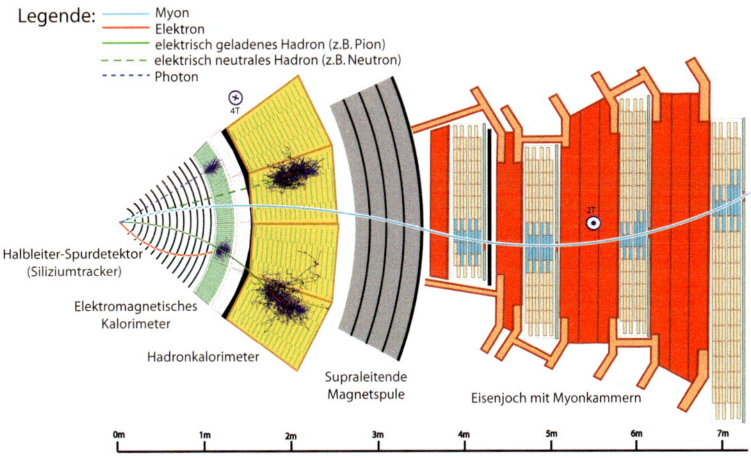

Am CERN bei Genf befindet sich der zurzeit weltgrößte Beschleuniger für Elementarteilchen, der LHC (Large Hadron Collider). Dort sollen in ca. 100 m Tiefe Protonen auf einer Kreisbahn mit ca. 27 km Umfang bis zu einer Energie von 7 TeV beschleunigt werden. Die Protonen besitzen dann fast Lichtgeschwindigkeit. Es befinden sich 2808 Pakete (Bunches) mit jeweils 100 Milliarden Protonen in einem Strahlrohr. Von diesen gibt es zwei, in denen die Protonen gegeneinander umlaufen und an vier vorgesehenen Stellen zur Kollision gebracht werden. Die Protonen gewinnen beim Durchlaufen elektrischer Felder Energie; durch magnetische Felder werden sie auf der Kreisbahn gehalten. Die magnetischen Felder werden mithilfe von supraleitenden Spulen erzeugt, die sich in suprafüssigem Helium bei einer Temperatur von 1,9 K befinden. Obwohl sich im Bündel 100 Milliarden Protonen befinden, kommt es dabei nur zu ca. 20 richtigen („harten") Kollisionen. Die Datenmenge, die ein Detektor bei einer Kollision sammelt, ist sehr groß. Daher müssen interessante Ereignisse aus einer großen Menge an Kollisionen herausgefiltert werden („Triggerung").

Der CMS-Detektor (Compact-Muon-Solenoid) ist einer der vier großen Detektoren am LHC in der Nähe von Genf und war an der Entdeckung des Higgs-Boson beteiligt. Die Detektoren dienen dazu, Teilchen und Teilchenspuren zu beobachten, die bei der Kollision der energiereichen Protonen entstehen. Sein Aufbau besteht aus mehreren Schichten, die zylinderförmig um das Strahlrohr angeordnet sind und jeweils eine spezielle Aufgabe besitzen. Die entstehenden Teilchen sind gewöhnlich instabil und zerfallen in leichtere bekannte Teilchen, die beim Durchgang durch den Detektor spezifische Spuren, die sogenannten Signaturen hinterlassen. Ganz innen befinden sich ein Silicium-Pixeldetektor und ein Silicium-Streifendetektor. Beide aus Halbleitern bestehende Detektoren besitzen die Aufgabe, die Spur der ionisierenden Teilchen aufzuzeichnen. Daran anschließend folgt das elektromagnetische Kalorimeter, in welchem die Teilchen über die elektromagnetische Wechselwirkung ihre Energie deponieren. Nach dem elektromagnetischen Kalorimeter werden die starkwechselwirkenden Teilchen (Pionen, Protonen, Neutronen,…) im hadronischen Kalorimeter gestoppt und deren Energie analysiert.
Myonen sind zwar geladen und hinterlassen auch Spuren in den anderen Detektoren, jedoch ist ihre Masse ca. 207-mal größer als die des Elektrons. Daher erzeugen sie im elektromagnetischen Kalorimeter so gut wie keine Bremsstrahlung und geben daher kaum Energie ab. Ganz außen werden die Myonen detektiert.

Aufgaben

1. Bestimmen Sie die Zeit, die die Protonen für einen Umlauf im LHC benötigen. Berechnen Sie die Strecke, die sie bei einer Speicherzeit von 10 Stunden zurücklegen und machen Sie diese anschaulich.
2. Berechnen Sie die Gesamtenergie der Protonen in den Speicherringen, wenn der Beschleuniger in Betrieb ist. Vergleichen Sie diese Energie mit Alltagswerten.
3. Bestimmen Sie den Abstand zweier Bunches und die Anzahl der Kollisionen in einer Sekunde. Jede Kollision erzeugt eine Vielzahl an Teilchen und damit eine Datenmenge von über einem Megabyte. Erläutern Sie, dass eine Triggerung notwendig ist.
4. In dem obigen Bild sind die Signaturen verschiedener Teilchen dargestellt. Erläutern Sie jeweils, wie sie zustande kommen. Gehen Sie dabei speziell auf die unterschiedliche Krümmung der Myonenbahn ein.
5. Bei den Reaktionen entstehen auch Neutrinos. Erläutern Sie, warum es keinen Neutrino-Detektor gibt, aber trotzdem Aussagen über sie gemacht werden können.

Grundwissen Strahlung und Materie

Quantenhafte Absorption und Emission

Atome emittieren und absorbieren Energie nur in bestimmten Quanten, wobei die Größen dieser Quanten für das jeweilige Element charakteristisch sind. Die Anregung der Atome kann beispielsweise durch Photonen passender Energie (*Resonanzabsorption*) oder durch einen unelastischen Stoß mit Elektronen einer Mindestenergie erfolgen. Sichtbar wird die quantenhafte Emission bei der Untersuchung des Lichts leuchtender atomarer Gase: Die spektrale Zerlegung zeigt *diskrete Linien*. Durch die *Resonanzabsorption* entstehen dunkle Linien in einem sonst kontinuierlichen Spektrum. Die Entstehung der Fraunhofer-Linien im Sonnenspektrum ist damit zu erklären. Der *Franck-Hertz-Versuch* zeigt die quantenhafte Absorption durch Elektronenstoß. Hierbei benötigen die Elektronen lediglich eine Mindestenergie.

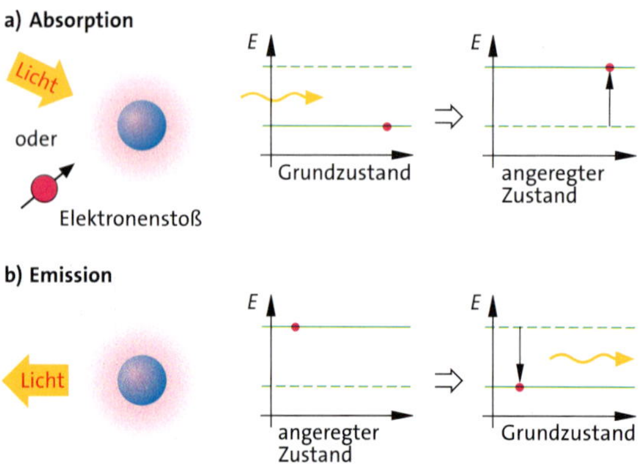

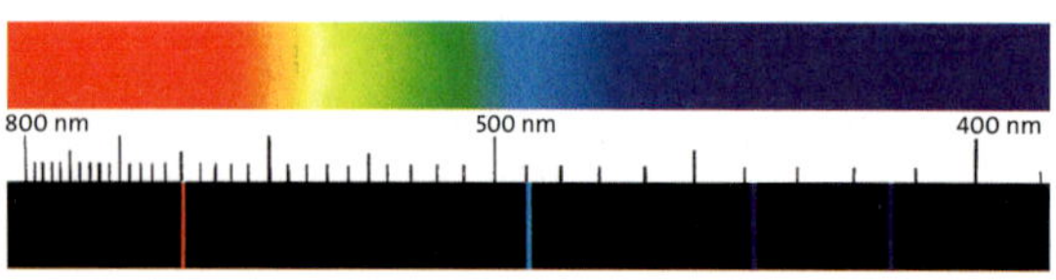

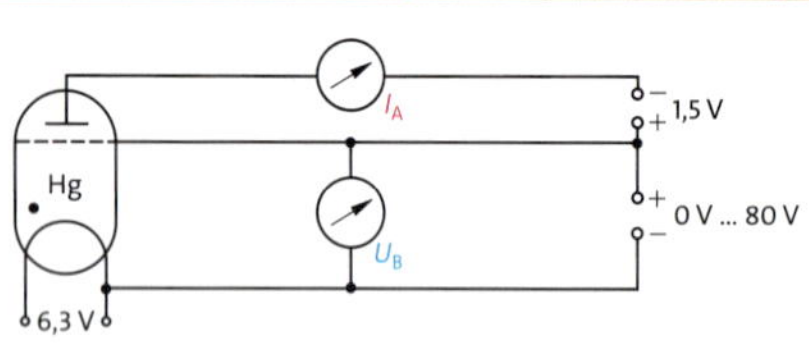

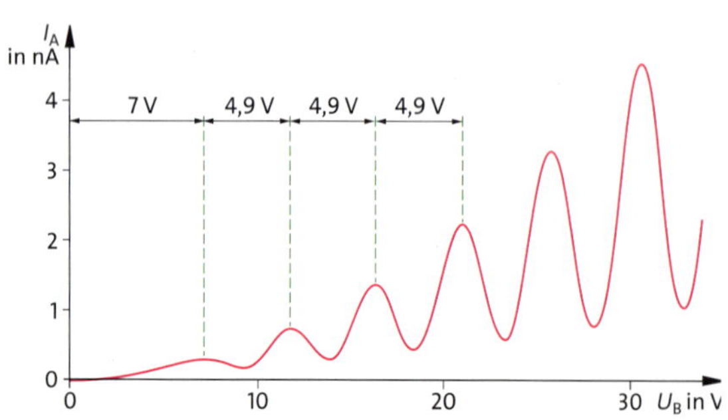

Physik der Atomhülle

Die quantenhafte Absorption und Emission von Energie durch Atome zeigt, dass diese für das Element charakteristische *Energiezustände* besitzen. Eine Erklärung kann die modellhafte Vorstellung liefern, bei der Atome aus einem positiv geladenen Kern und aus einer von Elektronen gebildeten Hülle bestehen (*Kern-Hülle-Modell*). Durch die quantenphysikalische Beschreibung der Elektronen mithilfe des Wellenmodells ergeben sich *stationäre Zustände* mit einer charakteristischen Energie. Für das Wasserstoffatom lassen sich diese Energien folgendermaßen angeben.

$$E_n = -13{,}6\ \text{eV} \cdot \frac{1}{n^2} \qquad \text{mit } n = 1, 2, 3, \ldots$$

Das zugehörige Energieschema verdeutlicht das Vorkommen diskreter Energien und die Entstehung der Emissionslinien, welche zu Serien zusammengefasst werden können. Die zugehörigen Wellenlängen ergeben sich aus der Energiedifferenz.

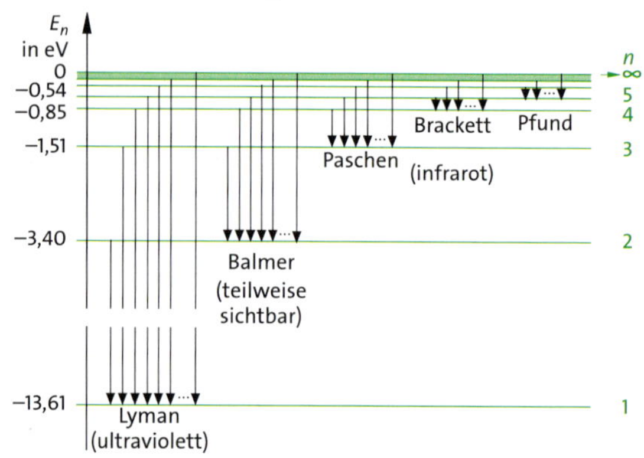

Atommodelle

Neue experimentelle Ergebnisse führten historisch dazu, dass verschiedene Atommodelle (Kugelmodell, Rosinenkuchenmodell, Bohr'sches Atommodell, quantenphysikalisches Modell) entwickelt wurden. Jedes dieser Modelle besitzt durch seinen Aspektcharakter Grenzen in seiner Anwendbarkeit. Das bisher konsistenteste ist das quantenphysikalische Modell, das durch die Beschreibung des Elektrons als Welle die diskreten Energiezustände des Atoms erklärt.

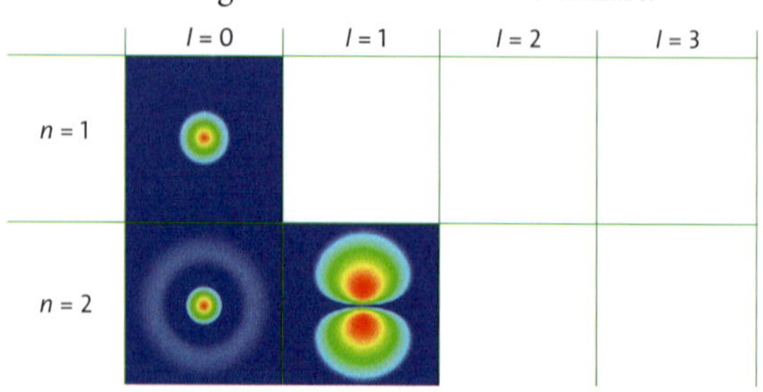

Kernphysik und Aufbau der Materie

Atomkerne bestehen aus *Protonen* und *Neutronen*. Als *Nuklid* wird ein Atom einer durch die Anzahl Z der Protonen und Anzahl N der Neutronen festgelegten Kernart bezeichnet. Durch die Angabe der Massenzahl $A = Z + N$ und der Kernladungszahl (Ordnungszahl) am Elementsymbol ist das Nuklid eindeutig bestimmt: ${}^{Z}_{A}\mathrm{X}$.

Eine übersichtliche Darstellung liefert die Nuklidkarte. Die schwarz markierten Nuklide sind stabil.

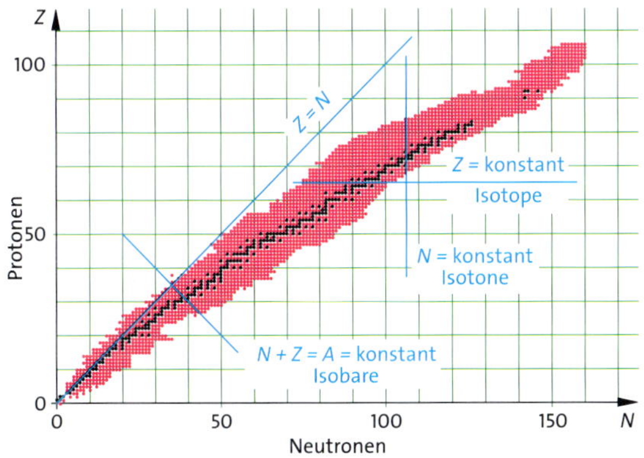

Radioaktivität

Damit wird die Eigenschaft bestimmter instabiler Nuklide bezeichnet, Strahlung auszusenden.

- **α-Strahlung** besteht aus zweifach positiv geladenen Heliumkernen,
- **β⁻-Strahlung** aus Elektronen; **β⁺-Strahlung** aus Positronen (Antiteilchen des Elektrons)
- **γ-Strahlung** aus energiereichen Photonen.

Seltener kommt die Emission eines **Neutrons** oder die **spontane Spaltung** vor.

Den Einzelprozess beschreiben die folgenden Reaktionsgleichungen.

- α-Zerfall: ${}^{A}_{Z}\mathrm{X} \rightarrow {}^{A-4}_{Z-2}\mathrm{Y} + {}^{4}_{2}\alpha$
- β⁻-Zerfall:

  ${}^{A}_{Z}\mathrm{X} \rightarrow {}_{Z+1}^{\;\;A}\mathrm{Y} + {}_{-1}^{\;\;0}\mathrm{e} + \overline{\nu}_{\mathrm{e}}$, ${}^{1}_{0}\mathrm{n} \rightarrow {}^{1}_{1}\mathrm{p} + {}_{-1}^{\;\;0}\mathrm{e} + \overline{\nu}_{\mathrm{e}}$
- β⁺-Zerfall:

  ${}^{A}_{Z}\mathrm{X} \rightarrow {}_{Z-1}^{\;\;A}\mathrm{Y} + {}_{+1}^{\;\;0}\mathrm{e} + \nu_{\mathrm{e}}$, ${}^{1}_{1}\mathrm{p} \rightarrow {}^{1}_{0}\mathrm{n} + {}_{+1}^{\;\;0}\mathrm{e} + \nu_{\mathrm{e}}$
- γ-Zerfall: ${}^{A}_{Z}\mathrm{X}^{*} \rightarrow {}^{A}_{Z}\mathrm{X} + \gamma$

Radioaktive Strahlung wirkt ionisierend: Elektronen werden von Atomen und Molekülen abgespalten. Es entstehen Ionen und freie Elektronen. Diese Wirkung der Strahlung wird benutzt, um Strahlungsdetektoren zu bauen oder in der Medizin, um bösartiges Gewebe zu zerstören.

Das Zerfallsgesetz

Die Anzahl der instabilen Kerne einer radioaktiven Substanz nimmt im Laufe der Zeit exponentiell ab:

$$N(t) = N_0\,\mathrm{e}^{-\lambda t} \quad \text{bzw.} \quad N(t) = N_0 \cdot \left(\tfrac{1}{2}\right)^{t/T_{\mathrm{H}}}$$

Für die **Aktivität** $\boldsymbol{A} = -\dot{N}$ folgt aus dem Zerfallsgesetz $A(t) = \lambda N_0\,\mathrm{e}^{-\lambda t} = \lambda N(t)$. Für die **Halbwertszeit** $\boldsymbol{t_{\mathrm{H}}}$, nach der die Aktivität einer Substanz auf die Hälfte ihres Anfangswertes gesunken ist, gilt: $t_{\mathrm{H}} = \ln(2)/\lambda$.

Energiedosis und Äquivalentdosis

Die Wechselwirkung von Strahlung mit Materie wird durch die *Energiedosis D* gemessen:

$$\text{Energiedosis} = \frac{\text{absorbierte Energie}}{\text{Masse}}, \quad D = \frac{E}{m}$$

Die *biologische Wirksamkeit* wird durch die *Äquivalentdosis H* gemessen:

$$\text{Äquivalentdosis} = q \cdot \text{Energiedosis}, \; H = q\,D$$

Hierbei ist q ein dimensionsloser Faktor, der die unterschiedliche Wirkung der Strahlungsarten berücksichtigt. Die Gefährlichkeit einer Bestrahlung kann durch einen Vergleich mit der jährlichen natürlichen Äquivalentdosis von 2,4 mSv abgeschätzt werden. Wirksamster Schutz vor der schädigenden Wirkung radioaktiver Strahlung sind *großer Abstand* von der Strahlungsquelle und *kurze Bestrahlungsdauer.*

Standardmodell der Teilchenphysik

Die Erklärung des Aufbaus der Materie im subatomaren Bereich liefert das Standardmodell der Teilchenphysik. So bestehen beispielsweise Proton und Neutron aus drei Quarks (uud, udd). Die Wechselwirkungen zwischen den Grundbausteinen, welche *drei Generationen* zugeordnet werden können, werden mithilfe *des Austauschs virtueller Teilchen* (Photonen, Gluonen, W- und Z-Bosonen) beschrieben. An großen Beschleunigeranlagen wie z.B. dem LHC am CERN werden Experimente zum Teilchenmodell durchgeführt.

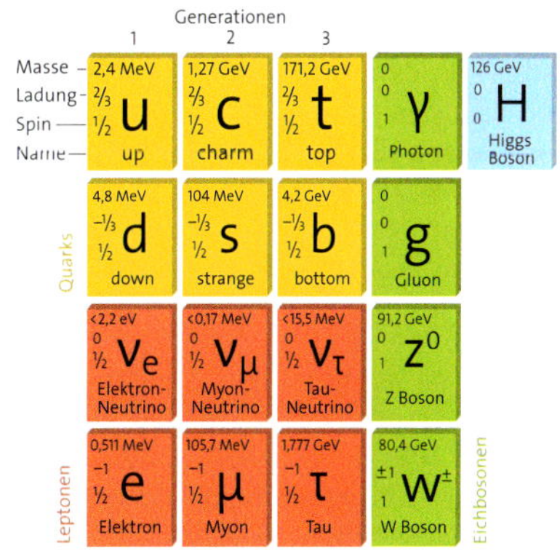

Wissenstest Strahlung und Materie

1. Der Franck-Hertz-Versuch mit Quecksilberdampf wird dahingehend erweitert, dass der Emissionsstrom der Katode konstant gehalten wird, er ist damit unabhängig von der Beschleunigungsspannung. Weiterhin wird die Intensität des UV-Lichts, welches die Quecksilberatome (Hg) emittieren, registriert.

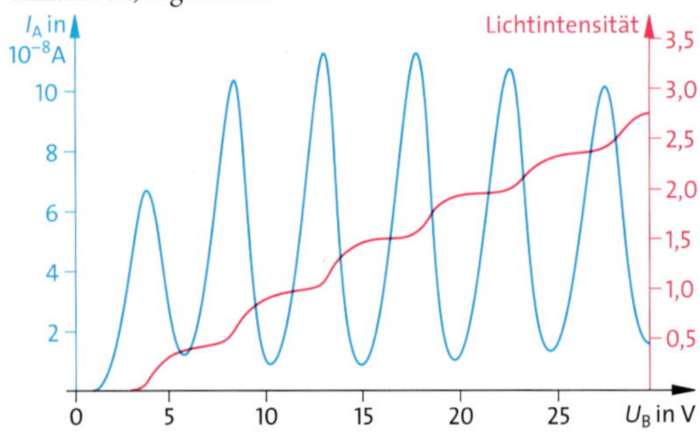

a) Erklären Sie die Änderung des Anodenstroms I_A mit der Beschleunigungsspannung U_B.
b) Ermitteln Sie aus den Graphen die Energie, die ein Elektron an ein Hg-Atom abgibt. Berechnen Sie die Wellenlänge des emittierten Lichts.
c) Deuten Sie den unregelmäßigen Anstieg der Lichtintensität mit der Beschleunigungsspannung U_B.

2. Das einfach ionisierte Helium hat zwei Elementarladungen im Kern und nur ein Elektron in der Hülle. Die Energiezustände des He^+-Atoms ergeben sich dann zu

$$E_n = -13{,}55\text{ eV}\cdot\frac{2^2}{n^2}.$$

a) Zeigen Sie, dass die Spektrallinien der Balmer-Serie von Wasserstoff mit einigen Linien im Spektrum des einfach ionisierten Heliums übereinstimmen.
b) Stellen Sie die Energieschemata für diese Linien von H und He^+ nebeneinander dar und zeichnen Sie die Energieübergänge für beide Spektren ein.

3. Ein Atom absorbiert Licht einer Wellenlänge von 434 nm und emittiert anschließend ein Photon mit einer Wellenlänge von 4050 nm. Berechnen Sie den Energiezuwachs des Atoms.

4. Ein ruhendes Wasserstoffatom emittiert ein Photon mit der Wellenlänge $\lambda = 486$ nm.
a) Berechnen Sie Energie und Impuls des Photons.
b) Bestimmen Sie die Zustände des H-Atoms vor und nach der Emission des Photons.
c) Berechnen Sie die Geschwindigkeit des H-Atoms nach der Emission des Photons.
d) Der Emissionsvorgang dauert 150 ps. Berechnen Sie die Kraft F auf das H-Atom und die daraus resultierende Beschleunigung a.

5. a) Erläutern Sie die historische Entwicklung der Atommodelle von DEMOKRIT bis hin zum quantenphysikalischen Modell. Gehen Sie dabei auf den Aspektcharakter der Modelle ein und zeigen Sie die Grenzen der Anwendbarkeit bei dem jeweiligen Modell.
b) In die Flamme eines Bunsenbrenners wird Kochsalz gebracht. Beschreiben und erläutern Sie das Ergebnis des Experiments, wenn die Flamme mit dem gelben Licht einer Natriumdampflampe beschienen wird. Erklären Sie das Versuchsergebnis bei Verwendung des Lichtes einer Glühlampe.

6. Ein Elektron befindet sich in einem Potentialtopf der Länge a.
a) Erläutern Sie, dass dieses System nur diskrete Energiezustände besitzt.
b) Zeigen Sie, dass die Energiedifferenz ΔE zwischen benachbarten Zuständen gegeben ist durch

$$\Delta E = \frac{h^2}{8\,m_e a^2}\,(2n+1).$$

c) Bei einer Länge von $a = 1$ nm wird die Wellenlänge $\lambda = 366$ nm gemessen. Begründen Sie durch Angabe von n und m, welcher Energiedifferenz $\Delta E = E_n - E_m$ diese Wellenlänge zuzuordnen ist.
d) Photonen im sichtbaren Bereich des optischen Spektrums haben Energiewerte von 1,8 eV bis 3 eV. Bestimmen Sie alle weiteren Wellenlängen, die im sichtbaren Bereich von diesem System mit $a = 1$ nm emittiert oder absorbiert werden können.
e) Im Potentialtopfmodell ist eine minimale Länge a_{min} für die Absorption im sichtbaren Bereich des optischen Spektrums erforderlich. Bestimmen Sie die Länge a_{min} und begründen Sie, dass geringere Werte von a eine Absorption ausschließen.

7. In der Abbildung ist ein Röntgenspektrum dargestellt.
a) Skizzieren Sie den wesentlichen Aufbau einer Röntgenröhre, erläutern Sie die Entstehung des Brems- und des charakteristischen Spektrums.
b) Bestimmen Sie aus dem Diagramm die verwendete Beschleunigungsspannung und das verwendete Anodenmaterial.

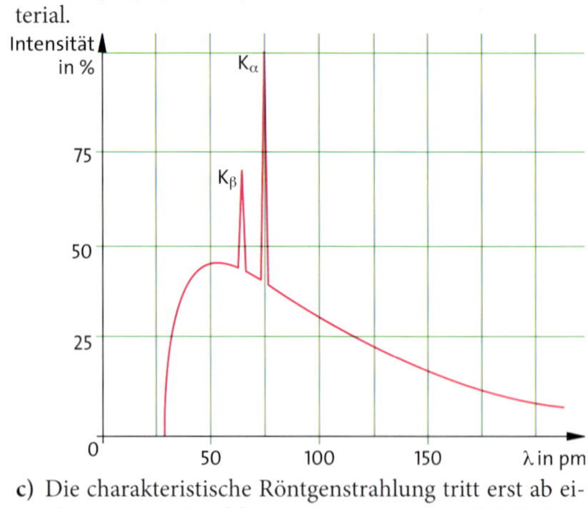

c) Die charakteristische Röntgenstrahlung tritt erst ab einer bestimmten Beschleunigungsspannung auf. Erläutern Sie allgemein, welchen Minimalwert diese haben muss.
d) Wenn ein Atom eine chemische Bindung mit einem anderen Atom eingeht, so ändert sich das optische Spektrum. Das charakteristische Röntgenspektrum bleibt jedoch unverändert. Erläutern Sie diesen Sachverhalt.

8. a) Beschreiben Sie den Aufbau und die physikalischen Eigenschaften von Atomkernen.

b) Erläutern Sie anhand des kleinen Ausschnitts der Nuklidkarte die verschiedenen Zerfallsarten und den Begriff der Zerfallsreihe.

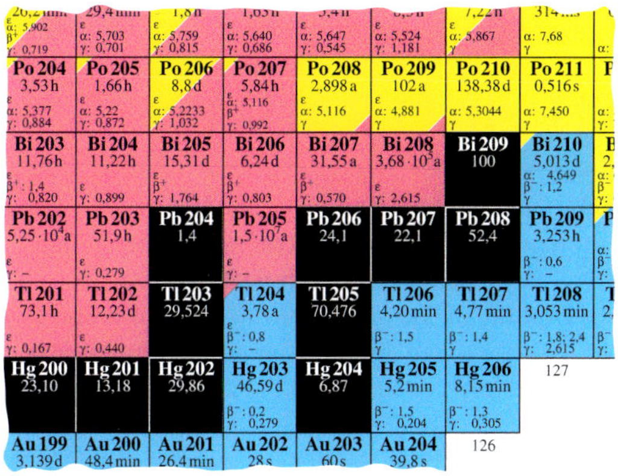

c) Bestimmen Sie die Aktivität von 10 µg ^{210}Po. Berechnen Sie die Aktivität der Probe nach Ablauf eines Jahres.

d) Das Nuklid ^{211}Po besitzt eine Halbwertszeit von 0,516 s, das ^{212}Po (211,98885 u) eine von 0,3 µs. Bestimmen Sie die zugehörigen Energien der α-Teilchen und begründen Sie damit die großen Unterschiede in den Halbwertszeiten.

9. a) Stellen Sie ausgehend von Np237 mithilfe der Nuklidkarte im Anhang die Reaktionsgleichungen der Zerfälle auf, bis ein stabiles Nuklid erreicht wird.

b) Begründen Sie, dass alle vorkommenden Massenzahlen bei der Division durch 4 einen Rest von 1 besitzen.

c) Erläutern Sie, wie es bei der Zerfallskette zur Emission von γ-Quanten kommen kann.

d) Pa-233 ist ein Nuklid, welches in der Zerfallskette vorkommt. Berechnen Sie den prozentualen Anteil der Nuklide, die nach 2 Wochen bei einer Menge von 2 µg noch übrig sind. Bestimmen Sie die zugehörige Aktivität.

10. Natürliches Silber besteht zu 52 % aus dem Isotop ^{107}Ag und zu 48 % aus ^{109}Ag. Ein Silberzylinder wird in einer Neutronenquelle bestrahlt. Anschließend wird das Abklingen der Aktivität untersucht (Nulleffekt: 24 min^{-1}):

t in s	0	10	20	30	40	50
n	0	240	430	600	730	850
t in s	60	70	80	90	100	110
n	950	1040	1120	1190	1250	1310
t in s	120	150	180	210	240	270
n	1360	1492	1609	1711	1801	1882

n ist dabei die Anzahl der bis zur Zeit *t* gemessenen Ereignisse.

a) Erstellen Sie aus der Messreihe eine Tabelle für die mittlere Impulsrate in Abhängigkeit von der Zeit und stellen Sie den Logarithmus der Impulsrate in Abhängigkeit von der Zeit grafisch dar.

b) Bestimmen Sie unter Berücksichtigung der Tatsache, dass sich hier die Zerfallsvorgänge zweier Nuklide überlagern und dass das Isotop ^{108}Ag schneller zerfällt als ^{110}Ag, die Halbwertszeiten beider Isotope.

c) Geben Sie die für die Aktivierung und für den Zerfall geltenden Reaktionsgleichungen an.

11. In der Tumorbehandlung ist es wichtig, Krebszellen zu zerstören und gesundes Gewebe zu schonen. Analysieren Sie unter diesem Gesichtspunkt die folgende Grafik und erläutern Sie ihre physikalischen Grundlagen in Bezug auf die Wechselwirkung von Strahlung mit Materie. Bedenken Sie dabei, dass der menschliche Körper zu einem Großteil aus Wasser besteht.

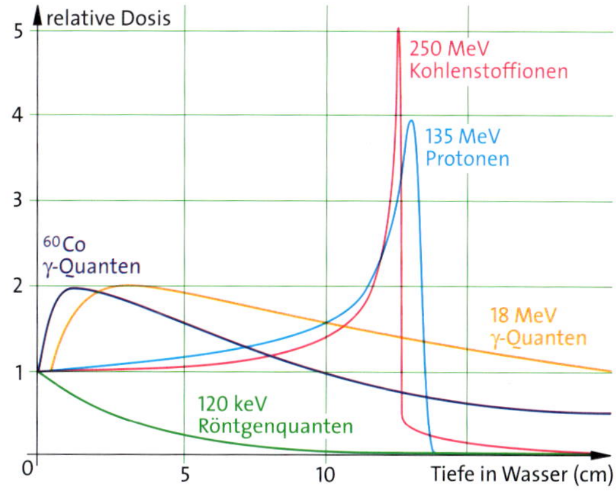

12. a) Skizzieren Sie den Aufbau eines Geiger-Müller-Zählrohrs und erläutern Sie seine Funktionsweise. Gehen Sie auf die verschiedenen Bereiche in der Zählrohrcharakteristik ein.

b) Die Halbwertsdicke für γ-Quanten der Energie 500 keV beträgt in Luft etwa 60 m. Erläutern Sie den Begriff Halbwertsdicke und bewerten Sie mit der obigen Angabe die Nachweisempfindlichkeit des Zählrohres für γ-Quanten.

c) Die Reichweite von Heliumkernen der Energie 4,79 MeV eines Np-237-Präparates beträgt in Luft 3,3 cm. Berechnen Sie die durchschnittliche Anzahl der Ionisationen pro cm, wenn die Ionisierungsenegie pro Luftmolekül 33 eV beträgt. Bestimmen Sie auch die durchschnittliche Weglänge zwischen zwei Ionisationen. Die Reichweite dieser Heliumkerne in Blei ergibt sich zu ca. 11 µm. Bewerten Sie mit diesen Informationen die Nachweisempfindlichkeit des Zählrohrs für α-Strahlung.

13. Das Standardmodell der Teilchenphysik beschreibt den Aufbau der Materie.

a) Erläutern Sie in wesentlichen Grundzügen die unterschiedlichen Teilchenarten im Standardmodell.

b) Bei Teilchenreaktionen gelten Erhaltungssätze. Beschreiben und erläutern Sie diese.

c) Erläutern Sie, wie die Experimente zur Teilchenphysik im Wesentlichen aussehen.

d) Die Teilchendetektoren haben alle in etwa den gleichen Aufbau. Erläutern Sie, wie der Nachweis der unterschiedlichen Teilchen geschieht.

4 DIE RELATIVITÄT VON ZEIT UND RAUM

Kaum eine physikalische Theorie ist so eng mit dem Namen ihres Verfassers verbunden wie die Relativitätstheorie mit dem von Albert Einstein (1879–1955).

Im Jahre 1905 veröffentlichte Einstein in der Zeitschrift *Annalen der Physik* eine Arbeit mit dem Titel *„Zur Elektrodynamik bewegter Körper"*, in der die neuen Ideen zur speziellen Relativitätstheorie ausgedrückt sind. 1916 folgte die Veröffentlichung der allgemeinen Relativitätstheorie, einer relativistischen Gravitationstheorie. Die beiden Theorien haben das bis dahin geltende sogenannte klassische Weltbild der Physik völlig verändert. Heute bilden die Relativitätstheorie und die Quantenphysik (→ Kap. 1) das Fundament der *modernen Physik*. Die bis dahin geltende *klassische Physik* ist dadurch nicht hinfällig geworden, sondern wird von der modernen Physik als Teilbereich eingeschlossen.

178.1 Albert Einstein in seinem Arbeitszimmer im Eidgenössischen Patentamt in Bern, aufgenommen 1906. In Ulm geboren, ging Einstein in München zur Schule und besuchte dort das Luitpold-Gymnasium, das heute seinen Namen trägt. Er verließ 1894 ohne Abschluss die Schule, wanderte in die Schweiz aus, wo er 1896 die Matura in Aarau ablegte.

World Year of PHYSICS 2005
www.physics2005.org

178.2 Logo zum Weltjahr der Physik und Sondermarke der Post

Einsteins wissenschaftliche Leistung

1900 hatte Einstein sein Studium an der Eidgenössischen Technischen Hochschule (ETH) in Zürich mit dem Diplom als Fachlehrer für Mathematik und Physik abgeschlossen und musste sein Auskommen zunächst als Hauslehrer verdienen, da er keine Stelle an einem wissenschaftlichen Institut fand. Von Freunden vermittelt, erhielt er schließlich 1902 am Schweizer Patentamt in Bern eine Anstellung als technischer Experte 3. Klasse (**Abb. 178.1**). Nur mit Freunden und Bekannten im wissenschaftlichen Dialog arbeitete er an seinen Publikationen, bis 1905 im *annus mirabilis* (lat.: Wunderjahr) das geschah, was Carl Friedrich von Weizsäcker später als „Explosion eines Genies" bezeichnete.

In diesem Jahr veröffentlichte Einstein drei wissenschaftliche Arbeiten, von denen jede nobelpreiswürdig war. Eine erste Arbeit befasste sich mit der Brown'schen Bewegung, die Einstein mit der Wärmebewegung der Moleküle erklärte. Der französische Physiker Jean-Baptiste Perrin konnte experimentell die Berechnungen und Vorhersagen Einsteins bestätigen, wofür er 1926 den Physik-Nobelpreis erhielt. Die zweite Arbeit *„Über einen die Erzeugung und Verwandlung des Lichts betreffenden heuristischen Gesichtspunkt zum photoelektrischen Effekt"* gab den Anstoß zur Quantenphysik (→ Kap. 1). Dafür erhielt Einstein 1921 den Physik-Nobelpreis. Die dritte Arbeit schließlich legte die Grundlagen der speziellen Relativitätstheorie dar, mit denen sich dieses Kapitel befasst. Für die Relativität, wie die Theorie kurz genannt wird, erhielt Einstein nie einen Nobelpreis. Zu radikal erschienen den Zeitgenossen die Veränderungen, die über die seit Jahrhunderten gewachsenen Vorstellungen von Zeit und Raum hereinbrachen. Es dauerte etwa fünfzig Jahre, bis alle Vorbehalte und scheinbaren Widersprüche ausgeräumt waren. Insbesondere aber war es die Vielzahl von experimentellen Ergebnissen, die die Theorie zu einem Grundpfeiler der heutigen Physik werden ließ.

Aus Anlass des 50. Todestages und der hundertjährigen Wiederkehr des *annus mirabilis* wurde das Jahr 2005 von der *International Union of Pure and Applied Physics* und der Unesco zum **Weltjahr der Physik** erklärt.

Die Bedeutung der Relativitätstheorie drückt sich in der berühmten Gleichung $E = m c^2$ aus. Sie lässt verstehen, wie Energie in großem Maße zur Verfügung gestellt werden kann und erklärt die Energiefreisetzung sowohl bei der Kernfusion im Sonneninnern als auch bei der Kernspaltung in Reaktoren (→ Kap. 4.3). Zum physikalischen Alltag ist die Relativitätstheorie heute in den Beschleunigeranlagen der Hochenergiephysik geworden, wo Elementarteilchen mit nahezu Lichtgeschwindigkeit aufeinander prallen und Energie in der Masse neu erzeugter Teilchen auftritt (**Abb. 179.1**).

179.1 Aufnahme in der großen Blasenkammer des europäischen Kernforschungszentrums CERN in Genf. Ein Teilchen der Höhenstrahlung schlägt mit nahezu Lichtgeschwindigkeit und extrem hoher Energie (ca. 100 GeV) zufällig in die Wand der aufnahmebereiten Kammer ein. Mit der Energie des Teilchens werden über hundert neue Elementarteilchen erzeugt, deren Masse aus der kinetischen Energie des Teilchens stammt. Durch ein senkrecht zur Bildfläche gerichtetes Magnetfeld werden positiv geladene Teilchen nach links, negativ geladene Teilchen nach rechts abgelenkt.

Zum Leben von EINSTEIN

1909 wurde EINSTEIN zum Dozenten für theoretische Physik an die Universität Zürich berufen. Dort lehrte und forschte er ab 1912 als Professer an der Eidgenössischen Technischen Hochschule. 1913 gelang es PLANCK, EINSTEIN als Mitglied für die Preußische Akademie der Wissenschaften in Berlin zu gewinnen. EINSTEIN erhielt die Lehrberechtigung an der Berliner Universität, ohne zur Lehre verpflichtet zu sein. Von allen Lehrtätigkeiten befreit, fand EINSTEIN in Berlin Zeit und Ruhe, sein großes Werk, die allgemeine Relativitätstheorie, zu Ende zu bringen. Am 1. Oktober 1917 wurde er Direktor des Kaiser-Wilhelm-Instituts für Physik und blieb in dieser Position bis 1933. EINSTEINS jüdische Abstammung führte dazu, dass er seine Vorlesungen schon in den 1920er Jahren nicht mehr ungestört von den nationalsozialistischen Horden durchführen konnte. Die Machtergreifung Hitlers im Januar 1933 erlebte er während eines Amerikaaufenthalts, von dem er nie mehr nach Deutschland zurückkehrte. Bis zu seinem Tode im Jahre 1955 lebte und lehrte er in Princeton.

179.2 „Eine neue Größe der Weltgeschichte: Albert Einstein" titelt die *Berliner Ilustrirte Zeitung* am 14. Dezember 1919.

Die auf der speziellen Relativitätstheorie aufbauende *allgemeine Relativitätstheorie* erfasst die von NEWTON bekannte Gravitation massereicher Himmelskörper. Die aus Raum und Zeit zusammengefügte *vierdimensionale Raum-Zeit* wird durch große Massen verformt, was anschaulich als *verbeulte* Raum-Zeit bezeichnet wird. Eine solche Eindellung ruft z.B. die Masse der Sonne hervor, was zur Bewegung der Erde um die Sonne führt (**Abb. 179.3**). Doch auch das Licht von Sternen, das nahe an der Sonne vorbeiführt, sollte abgelenkt werden. Dies wurde bei einer Sonnenfinsternis am 29. Mai 1919 in Afrika von einer englischen Expedition unter Leitung Sir Arthur Eddingtons gemessen und die Vorhersagen der Theorie bestätigt. J. J. THOMSON, der Entdecker des Elektrons und Präsident der Royal Society, erklärte enthusiastisch: „Dieses Ergebnis ist eine der größten Errungenschaften menschlichen Denkens." EINSTEIN wurde zur weltberühmten Persönlichkeit (**Abb. 179.2**).

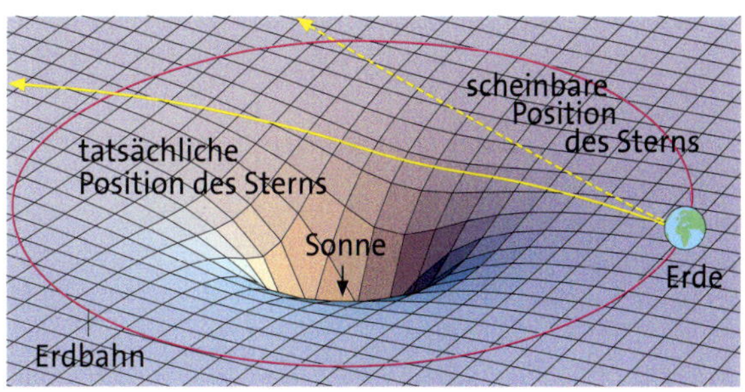

179.3 Bewegung der Erde und Ablenkung des Sternenlichts in der durch die Sonne verbeulten Raum-Zeit

4.1 Die relativistische Kinematik

Die *Kinematik* (*kinema*, gr.: Bewegung) ist die Lehre von der Bewegung. Die *Dynamik* (*dynamis*, gr.: Kraft) fragt darüber hinaus nach der Ursache von Bewegungen.

4.1.1 Äther und absoluter Raum

GALILEI hatte erkannt, dass jedes mechanische Experiment in gleicher Weise abläuft – gleichgültig, ob es in einem ruhenden oder in einem gleichförmig bewegten Bezugssystem stattfindet. In einem mit 280 km/h gleichförmig geradeaus fahrenden ICE kann sich eine Person wie auf dem Bahnsteig bewegen und ein Ball fällt in beiden Bezugssystemen in gleicher Weise lotrecht zu Boden. Geradlinig gleichförmig bewegte Bezugssysteme, in denen das *Galilei'sche Trägheitsprinzip* gilt, heißen **Inertialsysteme** (*inertia*, lat.: Trägheit). Sie unterscheiden sich nur dadurch, dass sie *relativ* zueinander mit konstanter Geschwindigkeit bewegt sind. Nach dem Galilei'schen Relativitätsprinzip läuft in jedem Inertialsystem die Physik der Mechanik in gleicher Weise ab.
Neben den Inertialsystemen sollte es nach NEWTON einen **absoluten Raum** geben, der in besonderer Weise ausgezeichnet war (**Abb. 180.1**). Der absolute Raum umfasst das gesamte Universum, in ihm ruhen die Fixsterne und in ihm breitet sich Licht mit der bekannten Lichtgeschwindigkeit $c = 300\,000$ km/s aus. Um dem absoluten Raum physikalische Realität zu geben, füllte ihn NEWTON mit einem sehr dünnen Medium, das er *Äther* nannte. Als im 19. Jahrhundert Interferenzversuche die Wellennatur des Lichtes zeigten (→ 1.1.2), wurde der Äther zum Medium des Lichts. So wie die Luft der Träger der Schallwellen ist, sollte sich Licht als Schwingung des Äthers ausbreiten.

Die Frage nach der Natur und den Eigenschaften des Äthers war im 19. Jahrhundert ein wichtiges Thema physikalischer Forschung. Viele Versuche wurden durchgeführt, um den Äther nachzuweisen. Doch alle Versuche schlugen fehl. Mit keinem Experiment wurden irgendwelche Eigenschaften des Äthers bestimmt.

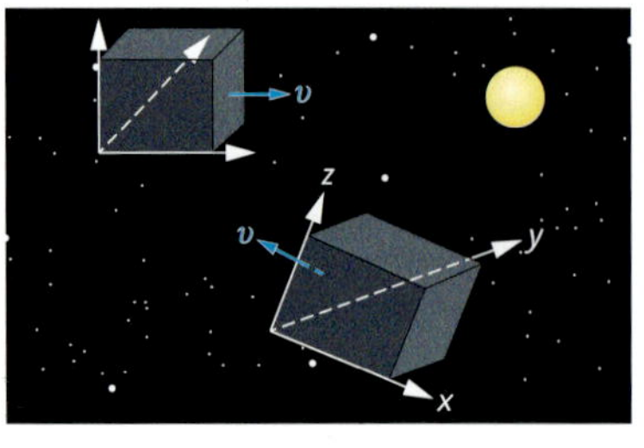

180.1 In NEWTONS *absolutem Raum* ruhen Sonne und Fixsterne. *Relative Räume* bewegen sich darin mit konstanten Geschwindigkeiten v.

Schließlich glaubte der aus Deutschland stammende amerikanische Physiker Albert MICHELSON (1852–1931) ein Experiment gefunden zu haben, das erfolgreich sein sollte. Mit seinem Mitarbeiter Edward MORLEY führte er 1887 den Versuch in Cleveland durch.

Die Grundidee des Michelson-Morley-Versuchs

Licht war nach damaliger Ansicht eine Welle, die sich im Äther und damit *nur* im absoluten Raum mit der Geschwindigkeit $c = 300\,000$ km/s ausbreitet. Auf der Erde, die sich mit der Geschwindigkeit $v = 30$ km/s um die Sonne und damit durch den Äther bewegt, sollte die Lichtgeschwindigkeit unterschiedlich sein (**Abb. 181.1**):

- Läuft die Erde dem Licht entgegen, so wäre die Lichtgeschwindigkeit auf der Erde größer als c. Nach der klassischen Geschwindigkeitsaddition (→ 4.1.3) würde gelten: $c + v = 300\,030$ km/s.
- Läuft die Erde dem Licht hinterher, so wäre die Lichtgeschwindigkeit kleiner: $c - v = 299\,970$ km/s.
- Sind Lichtausbreitung und Erdbewegung senkrecht zueinander gerichtet, so sollte das Licht auf der Erde die Geschwindigkeit $\sqrt{c^2 - v^2} \approx 300\,000$ km/s haben.

- Die geringe Differenz von 30 km/s schien einen experimentellen Nachweis nicht zu erlauben. MICHELSON hatte jedoch berechnet, dass mit dem von ihm entwickelten *Interferometer* der Unterschied der Lichtgeschwindigkeiten anhand von Interferenzen nachgewiesen werden könnte (→ **Grundversuch rechts**). Doch das mit großem Aufwand durchgeführte Experiment erwies sich als Fehlschlag. Das Interferenzmuster sollte sich nämlich bei einer Drehung des Interferometers verschieben. Aber keinerlei Veränderung der Interferenzfigur war zu beobachten. Zahlreiche Hypothesen wurden um die Jahrhundertwende entworfen und wieder verworfen, um den negativen Ausgang zu erklären. Alle führenden Physiker beteiligten sich an der Diskussion, denn das von NEWTON geschaffene physikalische Weltbild war erschüttert. Da meldete sich der damals noch unbekannte EINSTEIN, der meinte, dass eine Bewegung durch den Äther vielleicht deswegen nicht nachzuweisen sei, weil es den Äther gar nicht gebe.

EINSTEIN baute ein physikalisches Weltbild auf, in dem der Äther und der absolute Raum NEWTONS nicht mehr vorkommen (→ 4.1.2).
Diese Abkehr vom Weltbild der klassischen Physik stellte eine wissenschaftliche Revolution dar, die vielerorts abgelehnt wurde. Erst die Vielzahl experimenteller Bestätigungen führte zur allgemeinen Anerkennung der Theorie.

Grundversuch – Das Michelson-Interferometer: Ein Schulversuch zeigt das Prinzip: Das parallele Lichtbündel eines Lasers fällt auf einen halbdurchlässigen Spiegel, der als Strahlteiler wirkt und das Licht in zwei zueinander senkrechte Teilbündel aufspaltet. Das Licht läuft in beiden Armen zu Spiegeln, wird dort reflektiert und kehrt zurück. Der halbdurchlässige Spiegel lenkt beide Bündel zum Teil zu einer Linse, die das Lichtbündel aufweitet und auf einen durchscheinenden Schirm fallen lässt. Dort interferieren die beiden Bündel und ein Interferenzmuster kann beobachtet werden (**Abb. 181.2**).

MICHELSONS Aufbau war auf einer großen, erschütterungsfrei drehbaren Steinplatte montiert. Das Interferometer war zunächst so ausgerichtet, dass das Licht des einen Teilbündels parallel, das des anderen senkrecht zur Bewegung der Erde um die Sonne verlief. MICHELSON hatte berechnet, dass sich dann eine Laufzeitdifferenz für die Teilbündel auf dem Weg vom Strahlteiler zum Spiegel und zurück ergeben sollte. Haben beide Arme die Länge d, so folgt für die Laufzeit t_{par} parallel zur Erdbewegung für Hin- und Rücklauf:

$$t_{\text{par}} = \frac{d}{c-v} + \frac{d}{c+v} = \frac{2\,d\,c}{c^2 - v^2} = \frac{2\,d}{c}\,\frac{1}{1 - v^2/c^2}$$

Für die Laufzeit t_{senk} senkrecht zur Erdbewegung gilt:

$$t_{\text{senk}} = \frac{2\,d}{\sqrt{c^2 - v^2}} = \frac{2\,d}{c}\,\frac{1}{\sqrt{1 - v^2/c^2}} < t_{\text{par}}$$

Die Differenz der unterschiedlichen Laufzeiten beträgt:

$$\Delta t = t_{\text{par}} - t_{\text{senk}} = \frac{2\,d}{c}\left(\frac{1}{1 - v^2/c^2} - \frac{1}{\sqrt{1 - v^2/c^2}}\right)$$
$$= \frac{2\,d}{c}\left(\frac{1 - \sqrt{1 - v^2/c^2}}{1 - v^2/c^2}\right)$$

Die Multiplikation der Laufzeitdifferenz Δt mit der Lichtgeschwindigkeit c ergibt die Wegdifferenz Δs:

$$\Delta s = c\,\Delta t = 2\,d\left(\frac{1 - \sqrt{1 - v^2/c^2}}{1 - v^2/c^2}\right).$$

Diese Wegdifferenz Δs sollte zu einer Verschiebung des Interferenzmusters führen. Nach einer Drehung der Apparatur um 45° sind beide Arme bezüglich der Lichtausbreitung gleich. Dann ist die Wegdifferenz null, sodass während der Drehung die Verschiebung zurückgehen sollte.

Durch mehrfache Spiegelung des Lichts hatte MICHELSON eine effektive Armlänge von 11 m erreicht. Mit $v = 30$ km/s und $d = 11$ m berechnet sich die Wegdifferenz zu $\Delta s = 110$ nm. Da dies etwa ein Viertel der Wellenlänge des blauen Lichts ist, war MICHELSON sicher, ein Verschieben des Interferenzmusters beim Drehen der Apparatur beobachten zu können – aber keine Veränderung war zu sehen.◂

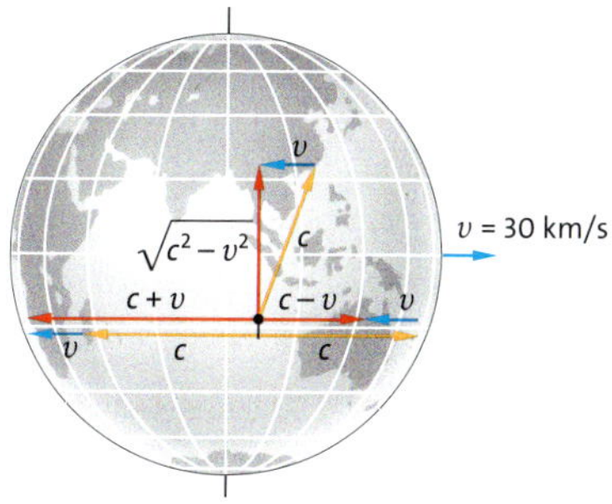

181.1 Die Erde bewegt sich mit $v = 30$ km/s um die Sonne, was zu unterschiedlichen Lichtgeschwindigkeiten führen sollte.

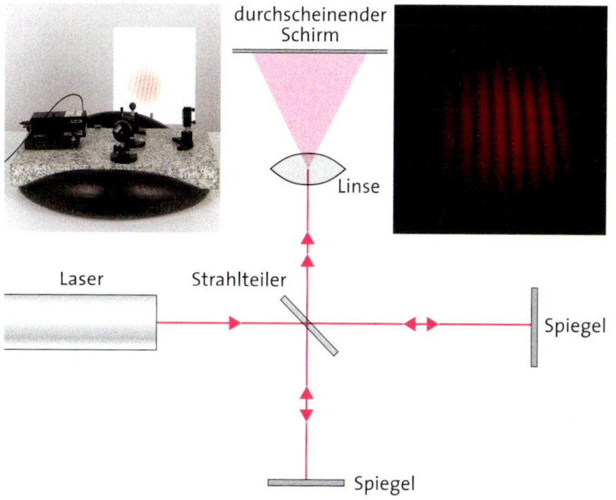

181.2 Michelson-Interferometer mit einem Laser als Lichtquelle und dem Interferenzmuster auf einem durchscheinenden Schirm

Aufgaben

1. Unter einem *Paradigmenwechsel* ist ein Wandel der grundlegenden Annahmen einer Theorie zu verstehen. Erörtern Sie, warum der Übergang vom klassischen Weltbild der Physik zur Relativitätstheorie als Paradigmenwechsel bezeichnet werden kann.
2. Die Uhren des Weltuhrennetzes stehen in ständigem Funkkontakt, um den Gang der Atomuhren in den nationalen Zeitinstituten zu überprüfen.

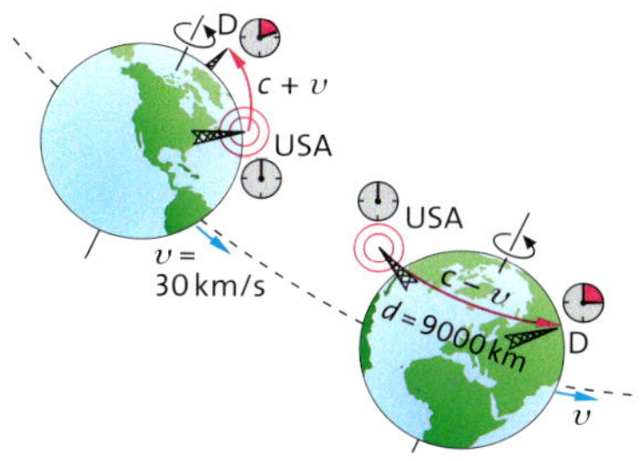

Angenommen, es gäbe den Äther, so hätte ein Funksignal von den USA nach Deutschland (D) am Tag eine größere Geschwindigkeit als in der Nacht. Berechnen Sie bei einer Entfernung von $d = 9000$ km die unterschiedlichen Laufzeiten bei Tag und bei Nacht. Beurteilen Sie, ob die Laufzeitunterschiede bei einer Messgenauigkeit von 0,1 µs festgestellt werden könnten.

4.1.2 Die Relativitätspostulate

Einstein stellt zum negativen Ausgang des Michelson-Morley-Experiments fest: „*Die misslungenen Versuche, eine Bewegung der Erde zum Lichtmedium zu konstatieren, führen zu der Vermutung, dass dem Begriff der absoluten Ruhe keine Eigenschaften der Erscheinungen entsprechen.*"
Damit schließt Einstein die Existenz eines absoluten Raums aus. Es sollen nur noch relative Räume existieren, die sich mit Relativgeschwindigkeiten gleichförmig zueinander bewegen. In ihnen werden mit Inertialsystemen die Naturvorgänge beschrieben, wobei kein Inertialsystem vor einem anderen ausgezeichnet ist. Das von Galilei für die Mechanik erkannte Relativitätsprinzip lässt Einstein für die gesamte Natur gelten.

1. Postulat – Relativitätsprinzip
Alle Inertialsysteme sind zur Beschreibung von Naturvorgängen gleichberechtigt. Die Naturgesetze haben in allen Inertialsystemen die gleiche Form.

Das Michelson-Morley-Experiment hat gezeigt, dass sich Licht auf der Erde in allen Richtungen mit gleicher Geschwindigkeit ausbreitet. Das kann aber keine Besonderheit des Systems Erde sein, vielmehr wird sich in jedem Inertialsystem die gleiche Beobachtung ergeben.

2. Postulat – Konstanz der Lichtgeschwindigkeit
Die Lichtgeschwindigkeit im Vakuum hat in jedem Inertialsystem in allen Richtungen den gleichen Wert $c = 3 \cdot 10^8$ m/s. Der genaue Wert ist heute zu $c = 2{,}997\,924\,58 \cdot 10^8$ m/s festgesetzt.

Die Lichtgeschwindigkeit ist auch unabhängig von der Geschwindigkeit der Lichtquelle. Messungen an radioaktiven Kernen, die mit nahezu Lichtgeschwindigkeit fliegen, zeigen, dass die in allen Richtungen ausgesandten Photonen Lichtgeschwindigkeit c haben.

Die beiden Relativitätspostulate haben Konsequenzen für die Zeit. Nach Newton gibt es eine *absolute Zeit, die gleichmäßig und für sich vergeht*. Eine absolute Zeit bestimmt eindeutig, ob zwei weit entfernte Ereignisse gleichzeitig stattfinden oder nicht. Einstein wies darauf hin, dass unklar sei, wie Gleichzeitigkeit festgestellt werde. Er konstatierte, dass im Prinzip überall Uhren aufgestellt sein müssten, um die Zeitpunkte des Eintretens von Ereignissen an der danebenstehenden Uhr ablesen zu können. Dies setzt voraus, dass die Uhren nicht nur exakt gleich gehen, sondern auch irgendwann auf gleichen Stand gebracht wurden. Es stellt sich die Frage, wie eine solche *Synchronisation* von Uhren durchgeführt werden kann. Gestützt auf die Konstanz der Lichtgeschwindigkeit schlägt Einstein folgendes Verfahren vor: Zwei voneinander entfernte Uhren werden synchronisiert, indem von ihrer geometrischen Mitte eine Blitzlampe Lichtsignale aussendet, die zu den Uhren laufen und beim Eintreffen die Uhren in Gang setzen. Dieses einsichtige Verfahren hat eine verwunderliche Konsequenz.

Gedankenexperiment: Zwei Raketen begegnen sich mit der Relativgeschwindigkeit $v = c/2$. Aufgabe soll es sein, vier Uhren A, B, C, D, die sich in Bug und Heck der Raketen befinden, gleichzeitig in Gang zu setzen. Dazu wird an dem Ort, an dem die beiden Mitten der Raketen zusammentreffen, im Moment des Zusammentreffens eine Blitzlampe gezündet. Die Lichtsignale laufen zu den Uhren und setzen sie in Gang (**Abb. 182.1**). Links ist der Ablauf aus Sicht der unteren Rakete dargestellt, rechts aus Sicht der oberen Rakete.

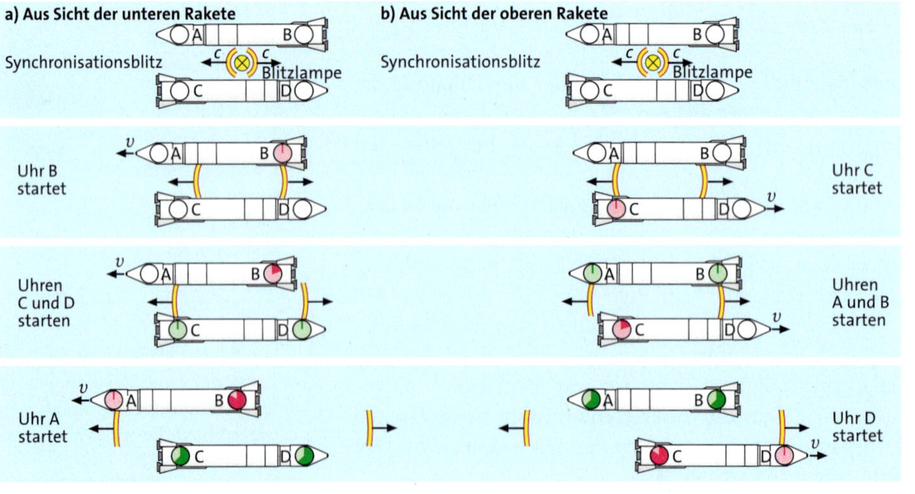

182.1 Zwei Raketen fliegen mit der Relativgeschwindigkeit $v = c/2$ aneinander vorbei. Die vier Uhren A, B, C, D sollen mit der Einstein-Synchronisation gleichzeitig in Gang gesetzt werden.
a) Aus Sicht der unteren Rakete werden nur die Uhren C und D gleichzeitig gestartet,
b) aus Sicht der oberen Rakete nur A und B.

Ergebnis: Die vier Uhren können nicht gleichzeitig in Gang gesetzt werden. Aus Sicht der unteren Rakete werden die bordeigenen Uhren C und D gleichzeitig vom Licht erreicht, zuvor aber wird die Uhr B im Heck der oberen Rakete in Gang gesetzt, da die Uhr dem Lichtsignal entgegenläuft. Die Uhr A wird später gestartet, da sie dem Lichtsignal davoneilt.
Aus Sicht der oberen Rakete ist es umgekehrt. Die Uhren A und B werden synchron gestartet, nicht aber die Uhren C und D der unteren Rakete.
Folgerung: Gleichzeitigkeit ist kein absoluter Begriff, sondern gilt nur für ein einzelnes Inertialsystem. ◂

Gleichzeitigkeit ist relativ, daher können nur Uhren, die im selben Inertialsystem ruhen, synchron gehen.

Aufgaben

1. Ob ihn der negative Ausgang des Michelson-Experiments überrascht habe, wurde EINSTEIN gefragt: *„Nein, denn mir war intuitiv klar, dass sich an meinem Spiegelbild nichts ändern würde, wenn ich mit nahezu Lichtgeschwindigkeit durch das Weltall eilte.“* Erklären Sie die Antwort.
2. EINSTEIN schreibt: *„Zu den elementaren Gesetzen der Physik führt kein logischer Weg, sondern die auf Erfahrung gegründete Intuition.“* Erörtern Sie den Zusammenhang dieser Aussage mit den Relativitätspostulaten.
3. In den Relativitätsexpress schlägt ein Blitz in das vordere und ein Blitz in das hintere Ende ein. Ein Reisender in der Mitte des Zuges und ein Bahnwärter draußen auf gleicher Höhe sehen die Blitze gleichzeitig einschlagen.
Erklären Sie, welche unterschiedlichen Schlüsse die beiden daraus ziehen.

Exkurs

Navigation mit Satelliten

Das Global Positioning System GPS

Seit 1993 kreisen 24 Satelliten in 20 000 km Höhe um die Erde und bilden zusammen mit Bodenstationen das Navigationssystem GPS, das von Flugzeugen, Schiffen und Kraftfahrzeugen genutzt wird.
Jeweils vier Satelliten haben eine gemeinsame Umlaufbahn, sodass es sechs verschiedene Umlaufbahnen gibt. Alle Bahnen sind um 55° gegenüber dem Äquator geneigt und um jeweils 60° längs des Äquators gegeneinander versetzt. An Bord eines jeden Satelliten befinden sich hochpräzise Atomuhren, deren Synchronisation ständig per Funk überwacht wird. Alle 24 Satelliten senden nach jeweils einer Millisekunde codierte Funksignale auf der Frequenz 1,6 GHz (λ = 19 cm), die neben der Kennung des jeweiligen Satelliten die aktuellen Bahnparameter und die exakte Zeit der Signalaussendung enthalten.

Das Satellitensystem ist so aufgebaut, dass bei freier Sicht zu jeder Zeit und an jedem Ort der Erde die Signale von mindestens vier Satelliten empfangen werden können. Ein Empfänger kann aus der Laufzeit der vier Signale die momentane Position nach Länge, Breite und Höhe auf 7 m genau berechnen. Notwendig wäre zur Ortsbestimmung eigentlich nur der Empfang von drei Satelliten. Dann müsste der Empfänger aber selbst eine hochpräzise Atomuhr besitzen. Das ist jedoch nicht notwendig, denn das vierte Signal liefert die genaue Zeitkoordinate, mit der der Empfänger eine einfache Quarzuhr synchronisiert.

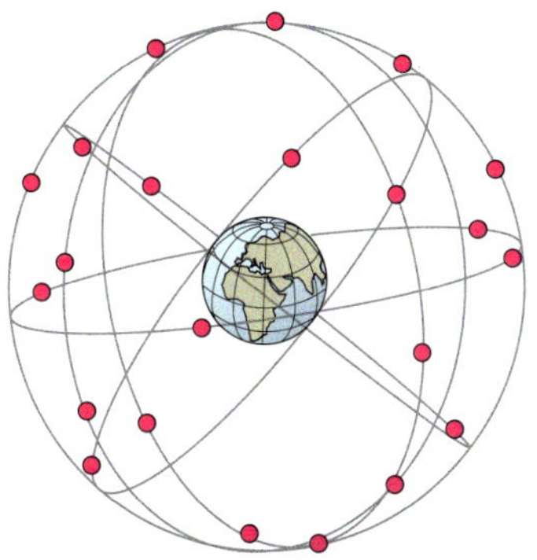

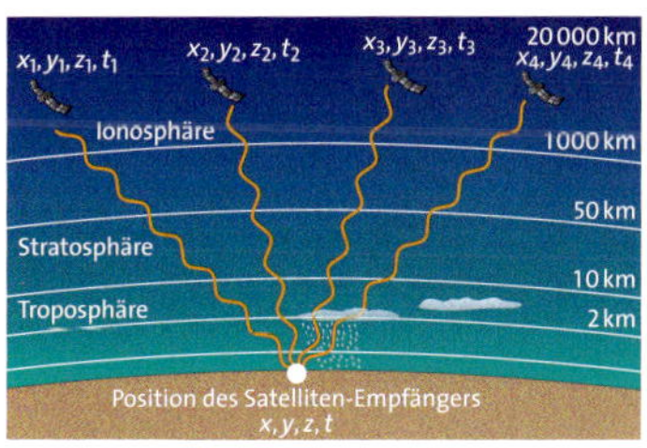

GPS und Relativität

Jede Ortung mit einem Navigationsgerät bestätigt die Konstanz der Lichtgeschwindigkeit. Angenommen, die Geschwindigkeit der Radiowellen wäre aufgrund der Bewegung der Erde durch den Äther $c + v$ bzw. $c - v$, so gäbe es Signallaufzeiten von

$$\frac{20\,000\ \text{km}}{(300\,000 \pm 30)\ \text{km/s}} = 66\ \text{ms} \mp 7\ \mu\text{s}$$

Eine Laufzeitdifferenz von 7 µs hätte eine Missweisung von
$c\,\Delta t = 300\,000\ \text{km/s} \cdot 7\ \mu\text{s} = 2{,}1\ \text{km}$
zur Folge. Das GPS würde nicht funktionieren.
Die Relativität lässt die Existenz einer absoluten Zeit nicht mehr zu. Darüberhinaus werden die folgenden Kapitel zeigen, dass auch das **Vergehen der Zeit** nicht mehr absolut gilt: In einem Satelliten vergeht aufgrund der schnellen Bewegung die Zeit langsamer als auf der Erde. Im Verlaufe eines Tages gehen die Uhren in den GPS-Satelliten aufgrund dieses Geschwindigkeitseffekts um 7 µs *nach*. Die vorhergehende Rechnung hat gezeigt, dass Mikrosekunden bei der Ortung zu berücksichtigen sind. Es tritt noch ein weiterer relativistischer Zeiteffekt auf, nämlich der der Gravitation (→ 4.1.5). Er hat zur Folge, dass die Zeit in der Höhe bei größerer Entfernung vom Gravitationszentrum schneller vergeht als auf der Erdoberfläche. In 20 000 km Höhe gehen die Uhren im Verlaufe eines Tages aufgrund des Gravitationseffekts um 45 µs vor. Die gesamte Zeit-differenz von 45 µs − 7 µs = 38 µs müsste berücksichtigt werden, würde das Navigationsgerät die genaue Zeit von einer eigenen Uhr an Bord erhalten. Da das Navigationsgerät aber nicht mit der Bodenzeit, sondern mit der Satellitenzeit rechnet, die es aus den vier empfangenen Funksignalen ermittelt, braucht der Zeitunterschied nicht berücksichtigt zu werden.

4.1.3 Lichtgeschwindigkeit als Grenze

Fliegt ein radioaktiver Kern mit nahezu Lichtgeschwindigkeit und sendet in Vorwärtsrichtung γ-Strahlung aus, so zeigen Messungen, dass das γ-Photon sowohl im Ruhesystem des Kerns wie auch im Laborsystem Lichtgeschwindigkeit c hat. Das ist in Übereinstimmung mit dem Prinzip von der Konstanz der Lichtgeschwindigkeit. Die Lichtgeschwindigkeit stellt für die Geschwindigkeit aller bewegten Körper eine absolute Grenze dar. Dies ergibt sich als Konsequenz aus der folgenden Überlegung:
Angenommen, der radioaktive Kern hätte in einem System I die Geschwindigkeit $0{,}9\,c$ und in einem System I′ die Geschwindigkeit $1{,}1\,c$. Dann flöge im System I das Photon dem Kern davon, während in I′ der Kern seine eigene Strahlung überholen würde. Dies wäre ein Widerspruch: Es darf nicht von der Wahl des Bezugssystems abhängen, ob das γ-Photon oder der Kern schneller ist.
Solche Widersprüche treten nicht auf, wenn Überlichtgeschwindigkeiten ausgeschlossen werden. Teilchen können dann zwar beliebig viel kinetische Energie aufnehmen, sie bewegen sich aber niemals schneller als das Licht. Diese Folgerung, die heute Alltag in allen Beschleunigeranlagen ist, wurde 1974 in einem Präzisionsexperiment getestet (**Abb. 184.1**).

> Für die Geschwindigkeit von Körpern stellt die Lichtgeschwindigkeit eine obere Grenze dar.

184.1 Um zu zeigen, dass Elektronen nicht auf Überlichtgeschwindigkeit beschleunigt werden können, wurde 1974 ein aufwändiges Experiment im 3,2 km langen Linearbeschleuniger der Stanford-Universität durchgeführt. Elektronen erhielten die Energie von 20,5 GeV und hätten damit nach klassischer Rechnung den 283-fachen Wert der Lichtgeschwindigkeit erreichen sollen. Die Geschwindigkeit der Elektronen wurde auf einer Laufstrecke von 1 km mit der eines Lichtsignals verglichen. Doch obwohl auf der Strecke von 1 km noch ein Wegunterschied von 0,3 mm gegenüber dem Lichtsignal hätte nachgewiesen werden können, hatte sich die Elektronengeschwindigkeit der Lichtgeschwindigkeit auf eine nicht messbare Differenz genähert.

Dies bedeutet, dass die klassische Addition von Geschwindigkeiten relativistisch nicht mehr gilt: Fährt ein Bus mit $u = 80$ km/h und wird von einem Pkw überholt, der relativ zum Bus die Geschwindigkeit $v' = 50$ km/h hat, so folgt für die Geschwindigkeit des Pkw relativ zur Straße nach klassischer Rechnung:

$$v = v' + u = 50\text{ km/h} + 80\text{ km/h} = 130\text{ km/h}\,.$$

Für Geschwindigkeiten nahe der Lichtgeschwindigkeit würde aus dieser Gleichung z. B. mit $v' = 0{,}5\,c$ und $u = 0{,}8\,c$ die Überlichtgeschwindigkeit $1{,}3\,c$ folgen. Die klassische Addition muss daher durch die *relativistische Geschwindigkeitsaddition* ersetzt werden:

$$v = \frac{v' + u}{1 + \frac{v' u}{c^2}} = \frac{0{,}5\,c + 0{,}8\,c}{1 + \frac{0{,}5\,c \cdot 0{,}8\,c}{c^2}} = 0{,}93\,c$$

Diese Formel, die aus den Relativitätspostulaten folgt, liefert für v stets Werte, die nicht größer als $1\,c$ sind. Bei kleinen Geschwindigkeiten (v', $u < 0{,}1\,c$) ist der Term $v'u/c^2 << 1$ vernachlässigbar klein, sodass dann die klassische Geschwindigkeitsaddition gilt.

Die relativistische Geschwindigkeitsaddition genügt dem Prinzip der Konstanz der Lichtgeschwindigkeit: Fliegt der radioaktive Kern mit beliebiger Geschwindigkeit u und sendet in seinem Ruhesystem Strahlung mit $v' = c$ aus, so folgt für die Geschwindigkeit v der Strahlung im Laborsystem I:

$$v = \frac{v' + u}{1 + \frac{v' u}{c^2}} = \frac{c + u}{1 + \frac{c u}{c^2}} = \frac{c + u}{\frac{c + u}{c}} = c$$

Licht hat in jedem System Lichtgeschwindigkeit.

> **Relativistische Geschwindigkeitsaddition**
> Hat ein Körper im System I′, das sich relativ zu einem System I mit der Geschwindigkeit u bewegt, die Geschwindigkeit v', so hat es in I die Geschwindigkeit v, für die gilt:
> $$v = \frac{v' + u}{1 + \frac{v' u}{c^2}}$$

Aufgaben

1. Ein radioaktiver Kern fliegt mit $u = 0{,}8$ c und sendet in seinem Ruhesystem Elektronen mit den Geschwindigkeiten $v' = \pm\,0{,}6\,c$ in und entgegen der Flugrichtung aus. Berechnen Sie die Geschwindigkeiten, die die Elektronen im Laborsystem haben.
2. Der Geschwindigkeitsrekord eines Düsenjets beträgt 3529 km/h. Die größte Geschwindigkeit eines Geschosses ist 1750 m/s. Berechnen Sie die Geschwindigkeit des Geschosses relativistisch, wenn der Jet das Geschoss abfeuert. Zeigen Sie damit, dass die relativistische Korrektur vernachlässigbar klein ist.

4.1.4 Myonen in der Atmosphäre

Die Erdatmosphäre wird ständig von einem Strom extrem hochenergetischer Protonen getroffen. Diese *primäre Höhenstrahlung* wird hauptsächlich von der Sonne ausgesandt. Beim Eintritt der Strahlung in die Atmosphäre treffen die Protonen in einer Höhe zwischen 20 km und 10 km auf Stickstoff- und Sauerstoffatome der Luft, wodurch deren Kerne gespalten werden. Dadurch entsteht eine ebenfalls sehr energiereiche sekundäre Höhenstrahlung aus γ-Photonen, Protonen, Neutronen und Pionen. Die Pionen sind sehr kurzlebig und wandeln sich nach 10^{-16} s um, wobei Myonen entstehen. Die Myonen, deren Erzeugung in 10 km Höhe abgeschlossen ist, fliegen von da an mit mehr als 99 % der Lichtgeschwindigkeit zur Erdoberfläche. Dort können sie nachgewiesen werden:

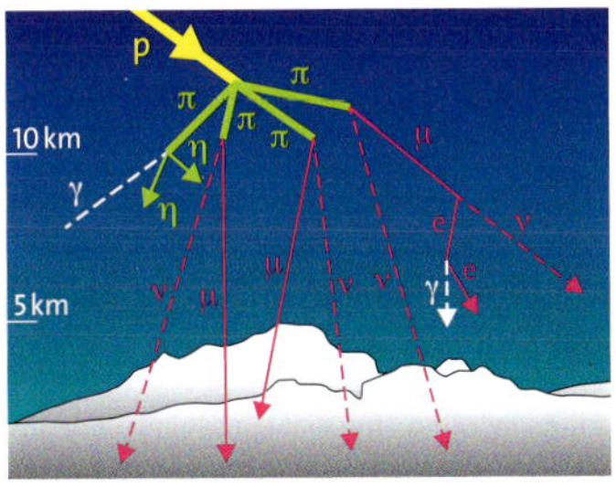

Grundversuch – Das Kamiokanne-Experiment:
Auf eine mit Wasser gefüllte Thermoskanne ist ein Fotomultiplier aufgesetzt (**Abb. 185.1 a**). Myonen der Höhenstrahlung können die Wand der Kanne durchdringen und fliegen mit nahezu Lichtgeschwindigkeit durch das Wasser. Dadurch tritt Čerenkov-Strahlung auf. Dies ist eine bläuliche Strah-lung, die immer dann beobachtet wird, wenn sich Teilchen in einer Flüssigkeit schneller bewegen als Licht in diesem Medium. Fällt Čerenkov-Strahlung auf den Fotomultiplier, so wird durch den lichtelektrischen Effekt ein elektrischer Impuls erzeugt. Das so nachgewiesene Myon kann durch die Kanne hindurch fliegen oder im Wasser stecken bleiben. Hier interessieren nur die Myonen, die in der Kammer zur Ruhe gekommen sind, denn deren Halbwertszeit soll gemessen werden. Myonen sind nämlich instabil und wandeln sich innerhalb von Mikrosekunden um, wobei unter anderem ein hochenergetisches Elektron entsteht. Dieses Elektron erzeugt ebenfalls Čerenkov-Strahlung, die vom Fotomultiplier nachgewiesen wird (**Abb. 185.1 b**). Die Zeit zwischen den beiden Impulsen ist die Lebenszeit des in der Kanne zur Ruhe gekommenen Myons.
Auswertung: Ein Computerprogramm ermittelt die Anzahl der Myonen, die während der ersten, der zweiten, der dritten, ... Mikrosekunde zerfallen sind. Wird diese Anzahl über der jeweiligen Lebenszeit aufgetragen, so ergibt sich eine exponentiell abfallende Kurve gemäß dem Zerfallsgesetz (**Abb. 185.2**). Nach der *Halbwertszeit* $t_H = 1{,}52$ µs ist jeweils die Hälfte der zuvor existierenden Myonen nicht mehr vorhanden (→ 3.3.3). ◀

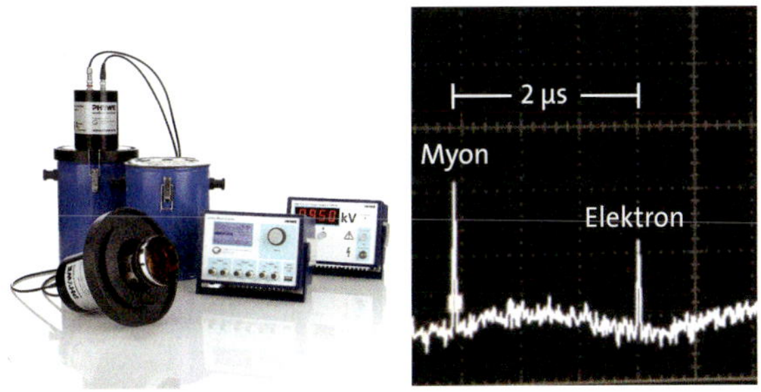

Abb. 185.1 a) Das Kamiokanne-Experiment besteht aus einer mit Wasser gefüllten Thermoskanne, auf die ein Fotomultiplier gesetzt ist. **b)** Der Fotomultiplier weist ein Myon und kurz danach ein Elektron nach. Die elektrischen Impulse werden mit einem Oszilloskop aufgezeichnet.

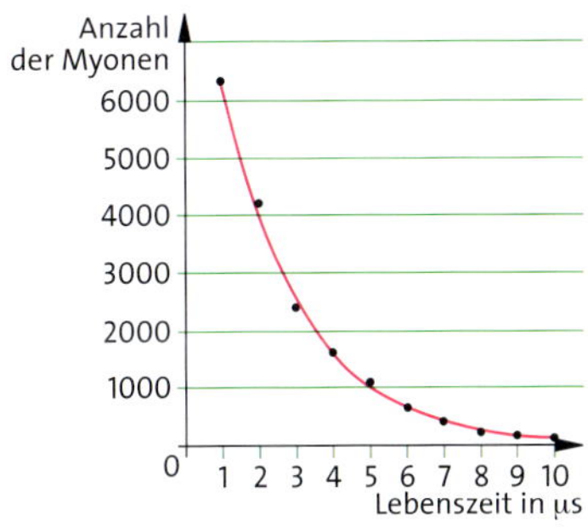

Abb. 185.2 Anzahl der während einer Mikrosekunde umgewandelten Myonen aufgetragen über der jeweiligen Lebenszeit

Während der Zeit $t_H = 1{,}52$ µs legen die mit nahezu Lichtgeschwindigkeit fliegenden Myonen die Strecke

$$\Delta s = c\, t_H = 3 \cdot 10^8 \text{ m/s} \cdot 1{,}52 \text{ µs} = 456 \text{ m}$$

zurück. Nach $\Delta s = 456$ m sollte daher nur noch die Hälfte der Myonen existieren, nach weiteren 456 m nur noch ein Viertel usw. Dies wird jedoch nicht beobachtet. Auf Meereshöhe werden rund 100 Teilchen/(m^2 s) gezählt. In 456 m Höhe müsste es die doppelte Anzahl, also 200 Myonen/(m^2 s) sein. Tatsächlich werden aber nur 107 Myonen/(m^2 s) gezählt. Es scheint so, als würden die mit nahezu Lichtgeschwindigkeit fliegenden Myonen weniger schnell zerfallen als ruhende Teilchen. Damit wäre zu verstehen, wieso überhaupt Myonen trotz ihrer kurzen Lebensdauer in großer Zahl aus 10 km Höhe bis zur Erdoberfläche gelangen können. Eine Erklärung für dieses auch als *Myonen-Paradoxon* bezeichnete Phänomen wird in → 4.1.5 gegeben.

Aufgaben

1. Informieren Sie sich im Internet über die Herkunft des Kunstworts „Kamiokanne“.
2. Ermitteln Sie die Anzahl der Myonen, die in 10 km Höhe ohne das „Myonen-Paradoxon“ gezählt würden.

4.1.5 Eigenzeit und Zeitdilatation

Die Relativitätstheorie erklärt, wieso die in 10 km Höhe gebildeten Myonen bis zur Erdoberfläche gelangen können. Um die Aussagen der Theorie einfach zu verstehen, wurde die Lichtuhr erfunden, die sich auf das Prinzip von der Konstanz der Lichtgeschwindigkeit stützt. Solche Uhren werden zwar nicht gebaut, dienen aber dazu, den Gang von Uhren zu verfolgen, wenn diese mit nahezu Lichtgeschwindigkeit bewegt werden. Der Taktgeber einer Lichtuhr ist ein Lichtimpuls, der ständig zwischen einem oberen und einem unteren Spiegel hin und her reflektiert wird (**Abb. 186.1**). Hat die Lichtuhr eine Höhe von $h = 0{,}30$ m, so ist die Dauer für das Hin- bzw. Herlaufen des Lichts gerade eine Nanosekunde (1 ns):

$$\Delta t = \frac{h}{c} = \frac{0{,}30\ \text{m}}{3 \cdot 10^8\ \text{m/s}} = 1 \cdot 10^{-9}\ \text{s} = 1\ \text{ns}$$

Die Lichtuhr zählt, wie oft das Licht hin und herläuft, und zeigt die Anzahl als Zeit in Nanosekunden an.

Grundversuch – Gedankenexperiment mit Lichtuhren: Es werden drei Lichtuhren eingesetzt (**Abb. 186.1**). Zwei Uhren A und B ruhen in einem Inertialsystem I und gehen synchron. Die dritte Uhr C bewegt sich mit der Geschwindigkeit v an den Uhren A und B vorbei. Beim Passieren von A wird die Uhr C gestartet. Es soll die Zeitspanne ermittelt werden, die vergeht, während C von A nach B läuft.

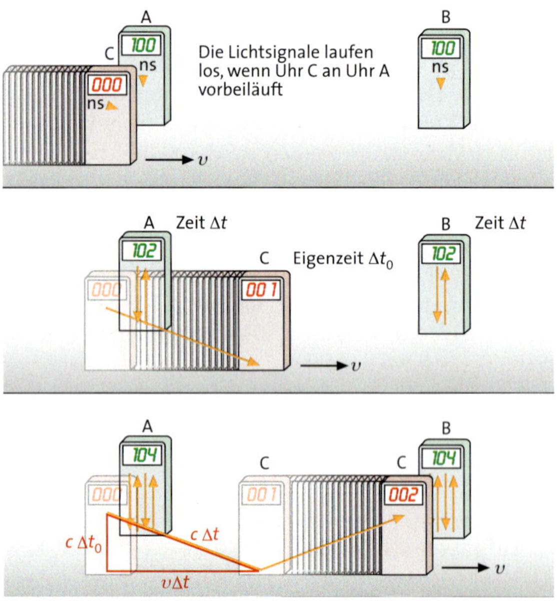

186.1 Während in den Lichtuhren A und B das Lichtsignal auf und ab läuft: tick, tack, tick, tack, … läuft in der bewegten Lichtuhr C das Lichtsignal schräg auf und ab, weswegen die Uhr C langsamer geht: tiiick, taaack, tiiick …

Beobachtung: Während aus Sicht des Inertialsystems I in den Uhren A und B die Lichtimpulse auf und ab laufen, läuft das Licht in der bewegten Uhr C schräg und muss daher einen längeren Weg zurücklegen. Während die Uhren A und B „tick, tack, tick, tack …" machen, geht die Uhr C wegen des längeren Lichtwegs und der Konstanz der Lichtgeschwindigkeit langsamer: „tiiick, taaack, tiiick, taaack, …"
Die synchronisierten Uhren A und B gehen schneller als die bewegte Uhr C. Während die Uhr C für den Weg von A nach B eine Zeitspanne von 2 ns misst, vergeht für die synchronisierten Uhren A und B währenddessen eine Zeitspanne von 4 ns.
Ergebnis: Die im Inertialsystem I von den Uhren A und B gemessene Zeit ist größer als die von der bewegten Uhr C ermittelte Zeit. Die einmal zu 2 µs und einmal zu 4 µs gemessene Zeitspanne scheint gedehnt, weswegen der Effekt als **Zeitdilatation** (*dilatare*, lat.: dehnen, strecken) bezeichnet wird. ◂

Dem möglichen Einwand, die Zeitdilatation sei nur eine Besonderheit von Lichtuhren während andere Uhren diesen Effekt nicht zeigen, kann wie folgt begegnet werden: Würden nicht alle Uhren der Zeitdilatation unterliegen, könnte mit Lichtuhren ein Bezugssystem gefunden werden, in dem die Zeitdifferenz zu anderen Uhren am größten oder auch am kleinsten wäre. Dieses Bezugssystem wäre vor anderen Systemen ausgezeichnet, was nach dem Relativitätsprinzip nicht erlaubt ist. Außerdem verstehen wir unter „Uhren" nicht nur die technischen Geräte zur Zeitanzeige, sondern grundsätzlich alle Erscheinungen, die ein Vergehen der Zeit erkennen lassen. Dazu gehören die Jahreszeiten mit ihrer jährlichen Wiederkehr ebenso wie die Jahresringe eines Baumstamms. Und auch die Menschen, deren Entwicklung und Alterung das Vergehen der Zeit erkennen lässt, sind natürliche Uhren. Nach der Relativitätstheorie ist für all diese Uhren das Vergehen der Zeit nicht gleich, sondern hängt vom Bezugssystem ab:

> Das Vergehen der Zeit hängt davon ab, ob die Zeit von synchronisierten Uhren in einem Inertialsystem gemessen wird, oder von einer Uhr, die sich relativ zu diesem System bewegt. **Zeit ist relativ**.

Die Zeitdilatation erklärt die längere Lebensdauer der Myonen in der Atmosphäre. Während für die Myonen die Halbwertszeit $t_H = 1{,}52$ µs vergeht (Uhr C), wird im Inertialsystem „Erde" für die Halbwertszeit der bewegten Myonen eine *längere* Zeit gemessen (Uhren A und B). Die bewegten Myonen leben für *uns länger* und können während dieser längeren Zeit zur Erdoberfläche gelangen. Damit erweist sich die Zeitdilatation als eine beobachtbare Naturerscheinung.

Der Lorentz-Faktor γ

Das Gedankenexperiment mit den Lichtuhren kann quantitativ ausgewertet werden. Dazu werden folgende Bezeichnungen verwendet: Das von den synchronisierten Uhren eines Inertialsystems I gemessene Zeitintervall wird als **Zeit Δt** bezeichnet. Das von einer einzelnen in I bewegten Uhr gemessene Zeitintervall heißt **Eigenzeit Δt_0**.

In **Abb. 186.1** ist ein rechtwinkliges Dreieck gezeichnet, das die folgenden Seitenlängen hat: Während einer bestimmten Zeit Δt bewegt sich aus Sicht der Uhren A und B die Uhr C mit der Geschwindigkeit v um die horizontale Kathete $v\,\Delta t$ nach rechts. Währenddessen läuft ein Lichtimpuls die schräge Hypotenuse $c\,\Delta t$ hinab. Die Uhr C bemerkt davon nichts. Für sie legt währenddessen der Lichtimpuls in der Eigenzeit Δt_0 die senkrechte Kathete $c\,\Delta t_0$ zurück. Mit dem Satz des Pythagoras folgt:

$$(v\,\Delta t)^2 + (c\,\Delta t_0)^2 = (c\,\Delta t)^2$$

Auflösen der Gleichung nach Δt_0 ergibt

$$\Delta t_0 = \Delta t\sqrt{1 - v^2/c^2}$$

oder aufgelöst nach Δt:

$$\Delta t = \frac{1}{\sqrt{1 - v^2/c^2}}\Delta t_0$$

Die im Inertialsystem I gemessene Zeit Δt ist um den Faktor $\gamma = 1/\sqrt{1-(v/c)^2}$ größer als die Eigenzeit Δt_0. Der Faktor γ heißt **Lorentz-Faktor** (**Abb. 187.1**).

Zeitdilatation

Bewegt sich ein Körper in einem Inertialsystem I mit der Geschwindigkeit v von einem Ort A zu einem Ort B, so vergeht eine gewisse Zeit Δt, die synchronisierte Uhren im System I messen. Für den bewegten Körper vergeht währenddessen die von einer mitgeführten Uhr gemessene Eigenzeit Δt_0. Die Zeit Δt ist um den Lorentz-Faktor γ größer als die Eigenzeit Δt_0:

$$\Delta t = \gamma\,\Delta t_0 \quad \text{mit} \quad \gamma = \frac{1}{\sqrt{1 - v^2/c^2}}$$

Abb. 187.1 zeigt, dass der Lorentz-Faktor erst ab etwa 10 % der Lichtgeschwindigkeit merklich größer als 1 ist. Daher macht sich die Zeitdilatation im Alltag nicht bemerkbar.

Bei relativistischen Rechnungen für Geschwindigkeiten von Flugzeugen und Satelliten gilt stets $v^2/c^2 << 1$. Dann kann der Lorentz-Faktor γ vereinfacht werden. Mit der aus der Mathematik bekannten Näherungsformel $(1+x)^k \approx 1 + kx$ für $x << 1$ folgt für $x = v^2/c^2 << 1$:

$$\gamma = \frac{1}{\sqrt{1 - v^2/c^2}} = \left(1 - (v^2/c^2)\right)^{-\frac{1}{2}} \approx 1 + \frac{1}{2}\frac{v^2}{c^2}$$

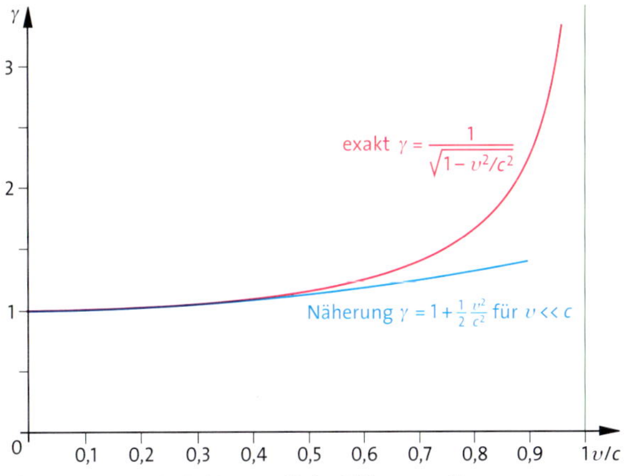

187.1 Der Lorentz-Faktor γ mit der Näherung für $v << c$

Die Näherung weist erst für Geschwindigkeiten $v/c > 0{,}4$ deutliche Abweichungen von der exakten Formel auf (**Abb. 187.1**). Für Geschwindigkeiten mit $v < 0{,}1\,c$ kann sie stets angewandt werden.

Näherungsformel für den Lorentz-Faktor

$$\gamma = \frac{1}{\sqrt{1 - v^2/c^2}} \approx 1 + \frac{1}{2}\frac{v^2}{c^2} \quad \text{für } v << c$$

Aufgaben

1. Berechnen Sie den Lorentz-Faktor für $v = 0{,}1\,c$; $0{,}4\,c$; $0{,}7\,c$ und vergleichen Sie mit den Werten, die sich mit der Näherungsformel ergeben.
2. In einem Inertialsystem I fliegt ein Raumschiff mit der Geschwindigkeit $v = \frac{12}{13}\,c$.
   a) Berechnen Sie den Lorentz-Faktor γ.
   b) Berechnen Sie die Zeit Δt im System I, wenn im Raumschiff 65 Minuten vergangen sind.
   (*Nutzen Sie bei der Rechnung, dass* $5^2 + 12^2 = 13^2$.)
3. Zwei synchronisierte Uhren A und B haben auf der Erde den Abstand $\Delta s = 6000$ km. Ein Raumschiff fliegt mit der Geschwindigkeit $v = 0{,}6\,c$ über die Uhren hinweg. Beim Überfliegen der Uhr A wird eine Uhr im Raumschiff gestartet. Ermitteln Sie deren Anzeige, wenn die Uhr B überflogen wird.
4. Die internationale Raumstation ISS fliegt in 400 km Höhe mit einer Geschwindigkeit von $v = 7{,}67$ km/s. Ein Umlauf dauert 5543 s ≈ 1,5 h. Die Erde soll gegenüber dem Satelliten näherungsweise als ruhend angesehen werden.
   a) Berechnen Sie den Lorentz-Faktor γ mit dem Taschenrechner und mit einem Computer-Programm.
   b) Berechnen Sie die Zeitdifferenz $\Delta t = t_{Erde} - t_{ISS}$, um die Uhren auf der Erde nach einem Umlauf gegenüber Uhren im Satelliten vorgehen. Kann Δt mit Atomuhren bei einer Ganggenauigkeit von $\Delta t/t = 10^{-11}$ gemessen werden?
   c) Berechnen Sie Δt auch mit der Näherungsformel und vergleichen Sie die beiden Ergebnisse.

4.1.6 Zeitdilatation und Längenkontraktion

Myonen im Speicherring

Es lag nahe, Myonen in einem Teilchenbeschleuniger zu erzeugen, um die Beobachtungen in der Atmosphäre genauer messen zu können. Dazu wurde am europäischen Kernforschungszentrum CERN in Genf ein Speicherring für Myonen aufgebaut (**Abb. 188.1**).

Längs des Rings, der einen Durchmesser von 14 m hat, lenken starke Elektromagnete die mit nahezu Lichtgeschwindigkeit fliegenden Myonen auf eine Kreisbahn. Zerfällt ein Myon, so entsteht ein leichteres Elektron, das von den Magneten in das Innere des Rings abgelenkt wird. Dort stehen Elektronendetektoren, die das Elektron und damit den Myonenzerfall nachweisen. Die Myonen werden mit Protonen erzeugt, die im Super-Proton-Synchrotron SPS beschleunigt und auf Materie geschossen werden. Der dabei entstehende Pionenstrahl wird in den Speicherring gelenkt, in dem das Magnetfeld so eingestellt ist, dass nur die beim Pionenzerfall entstehenden Myonen im Ring kreisen können, die genau die Geschwindigkeit $v = 0{,}9994\,c$ haben. Die Halbwertszeit $t_H = \Delta t_0 = 1{,}52$ µs der Myonen wird damit im Labor als „gedehnte" Zeit zu $\Delta t = 43{,}9$ µs gemessen (**Abb. 188.2**):

$$\Delta t = \frac{\Delta t_0}{\sqrt{1 - v^2/c^2}} = \frac{1{,}52\ \mu s}{\sqrt{1 - (0{,}9994)^2}} = 43{,}9\ \mu s$$

Das mit großem Aufwand im CERN durchgeführte Experiment hat die Zeitdilatation mit einer Genauigkeit von einem Promille bestätigt.

188.1 Aufbau des Myonen-Speicherrings im europäischen Kernforschungszentrums CERN

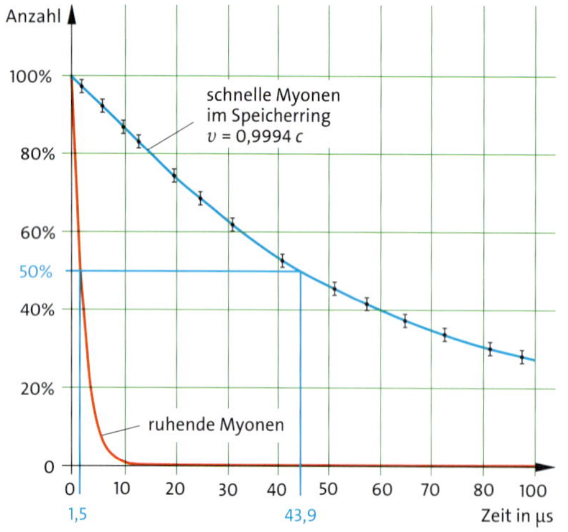

188.2 Zerfallskurven von ruhenden und von schnellen Myonen. Während die Halbwertszeit von ruhenden Myonen nur 1,52 µs beträgt, wird die Halbwertszeit der im Speicherring mit 0,9994 *c* kreisenden Myonen zu 43,9 µs gemessen.

Die Längenkontraktion

Myonen in der Atmosphäre werden im Inertialsystem „Erde" betrachtet (→ 4.1.4). Aufgrund der Zeitdilatation gelangen sie in großer Zahl zur Erdoberfläche. Nach dem Relativitätsprinzip können wir uns aber auch in das Ruhesystem der Myonen begeben und mit den Myonen zur Erdoberfläche fliegen. Jetzt saust die Atmosphäre an den Myonen vorbei. Erst kommen die hohen Bergspitzen auf die Myonen zu, dann die Täler und schließlich die Meeresoberfläche. Wie können die Myonen dorthin gelangen, da die Halbwertszeit in ihrem Ruhesystem nur 1,5 µs beträgt?

Um das zu verstehen, betrachten wir nochmals das Gedankenexperiment mit den Lichtuhren und bestimmen den Abstand der beiden Uhren A und B.

In **Abb. 186.1** hat der Lorentz-Faktor den Wert $\gamma = 2$.

Aus $\gamma = 2 = \frac{1}{\sqrt{1 - v^2/c^2}}$ folgt $1 - \frac{v^2}{c^2} = \frac{1}{4}$

und damit die Geschwindigkeit zu

$$v = \sqrt{1 - \frac{1}{4}} = \sqrt{\frac{3}{4}}\,c = 0{,}866\,c.$$

Mit der Geschwindigkeit v kann der Abstand berechnet werden, den die beiden Uhren A und B haben: Für die Uhren A und B vergeht die Zeit $\Delta t = 4$ ns, in der sich die Uhr C mit $v = 0{,}866\,c$ von A nach B bewegt. Wird dieser im Ruhesystem der beiden Uhren gemessene Abstand als Eigenlänge l_0 bezeichnet, so gilt:

$$l_0 = v\,\Delta t = 0{,}866\,c \cdot 4\ \text{ns} = 1{,}04\ \text{m}\,.$$

Der Abstand kann auch aus Sicht der Uhr C bestimmt werden: Für C vergeht nur die Zeit $\Delta t_0 = 2$ ns, während zunächst die Uhr A, dann die Uhr B an ihr vorbeiläuft. Daraus berechnet sich der bewegte Abstand l der Uhren A und B zu:

$$l = v\,\Delta t_0 = 0{,}866\,c \cdot 2\ \text{ns} = 0{,}52\ \text{m}$$

Wir sehen, dass ein bewegter Abstand um den Faktor

$$\sqrt{1 - v^2/c^2}$$

verkürzt ist, was als **Längenkontraktion** (*contrahere*, lat.: zusammenziehen) bezeichnet wird.

Längenkontraktion
Bewegt sich ein Körper mit der Geschwindigkeit v, so ist seine Länge l in Bewegungsrichtung verkürzt im Vergleich zu der am ruhenden Körper gemessene Eigenlänge l_0. Es gilt:

$$l = l_0\sqrt{1 - v^2/c^2}$$

Myonen in der Atmosphäre

Die Längenkontraktion liefert eine zweite Erklärung für die Beobachtung, dass Myonen in großer Zahl an der Erdoberfläche ankommen. Die Höhe von 10 km ist aus Sicht der Myonen bei $v = 0{,}999\,c$ auf

$$l = 10\text{ km}\sqrt{1 - 0{,}999^2} = 447\text{ m}$$

kontrahiert. Diese verkürzte Höhe können die Myonen in ihrer Halbwertszeit von 1,5 µs in genügend großer Zahl durchfliegen. Zeitdilatation und Längenkontraktion sind komplementäre Effekte, deren Anwendung vom Bezugssystem abhängt, von dem aus ein Vorgang betrachtet wird.

Das Zwillingsparadoxon

Das Zwillingsparadoxon ist ein häufig diskutiertes Problem der Relativitätstheorie. Angenommen, EINSTEIN hätte einen Zwillingsbruder gehabt. Als beide 30 Jahre alt waren, rechnete Albert vor: „Wenn du mit einem Raumschiff vier Jahre lang mit $v = 0{,}995\,c$ durch das Weltall reist, werden aufgrund der Zeitdilatation mit dem Lorentz-Faktor

$$\gamma = \frac{1}{\sqrt{1 - v^2/c^2}} = \frac{1}{\sqrt{1 - 0{,}995^2}} = 10$$

für uns auf der Erde 40 Jahre vergehen. Bei deiner Rückkehr wirst du erst 34 Jahre alt sein, während ich mich schon im 70. Lebensjahr befinde.“ (**Abb. 189.1**)

Die meisten Physikerinnen und Physiker sind heute davon überzeugt, dass die Geschichte genau so ablaufen würde, wenn es möglich wäre, Raumschiffe mit nahezu Lichtgeschwindigkeit durch das Weltall zu schicken. Da unser Körper aus Elementarteilchen besteht, sollte er ebenso wie die Myonen der Zeitdilatation unterliegen.

Paradox wird die Geschichte erst, wenn das Relativitätsprinzip angewandt wird. Kann nicht der Bruder behaupten, nicht er habe sich entfernt, sondern Albert sei der Reisende und zu ihm zurückgekehrt?
Dann wäre Albert der Weltraumreisende, der jung geblieben ist und der Bruder wäre beim Wiedersehen 70 Jahre alt. Diese Deutung ist jedoch nicht richtig, weil das Relativitätsprinzip hier nicht angewandt werden darf. Bei der Herleitung der Zeitdilatation (→ **Abb. 186.1**) wurde angenommen, dass sich die Uhr C gleichförmig mit einer bestimmten Geschwindigkeit v bewegt. Eine konstante Geschwindigkeit vereinfacht die Rechnung, ist aber für den Effekt der Zeitdilatation nicht notwendig. Die Uhr C darf sich beliebig beschleunigt hin und her bewegen. Da sie sich dann nicht ständig in einem Inertialsystem aufhält, kann jedoch nur ihre Eigenzeit Δt_0 gemessen werden. Um die gedehnte Zeit $\Delta t = \gamma\,\Delta t_0$ zu messen, sind synchronisierte Uhren in einem Inertialsystem notwendig. Dabei genügt auch eine Uhr im Inertialsystem, wenn die beschleunigte Uhr zu dieser zurückkehrt. Es steht außer Frage, dass eine Uhr, die sich ständig in einem Inertialsystem an einem Platz befindet und eine Uhr, die mindestens einmal ihr Inertialsystem wechselt, im Sinne des Relativitätsprinzips nicht gleichberechtigt sind. Das Beispiel der Myonen im Speicherring zeigt es: Die Geschwindigkeit der Myonen ist dem Betrage nach konstant, aber bei der Kreisbewegung werden sie ständig beschleunigt.

189.1 Albert EINSTEIN begrüßt im Alter von 70 Jahren seinen jung gebliebenen, im Weltraum gereisten Zwillingsbruder.

Während für die Myonen die Eigenzeit vergeht, messen die Uhren im Inertialsystem „Erde“ die gedehnte Zeit. Ein Vertauschen der beiden Systeme nach dem Relativitätsprinzip ist nicht erlaubt. Damit erweist sich das Zwillingsparadoxon als gar nicht mehr paradox.

Aufgaben

1. Berechnen Sie die Halbwertszeit der Myonen im Speicherring, wenn deren Geschwindigkeit $v = 0{,}9999994\,c$ wäre.

2. Die Caesium-Atomuhren der Physikalisch-Technischen Bundesanstalt (PTB) in Braunschweig haben eine Ganggenauigkeit von $\Delta t/t = 10^{-14}$. Die Ungenauigkeit beträgt demnach in 3 Millionen Jahren nur eine Sekunde.
a) Überprüfen Sie diese Aussage.
b) Aufgrund der Erddrehung bewegt sich ein Ort am Äquator mit der Geschwindigkeit $v_{\text{Äq}} = 1667$ km/h. Braunschweig hat die geographische Breite $\varphi = 52{,}3°$ und bewegt sich mit $v_{\text{PTB}} = 1019$ km/h.
a) Berechnen Sie die Zeitdifferenz, die im Laufe eines Jahres die Uhren der PTB gegenüber einer in der Nähe des Äquators stationierten Uhr haben.
b) Überprüfen Sie, ob die Zeitdifferenz bei einer Ganggenauigkeit von $\Delta t/t = 10^{-14}$ gemessen werden kann.

3. EINSTEIN saust auf einer Rakete sitzend mit nahezu Lichtgeschwindigkeit durch das Weltall.

a) Woran soll zu erkennen sein, dass EINSTEIN eine so große Geschwindigkeit hat?
b) Erklären Sie, welche Bedeutung der Handspiegel hat, in dem sich Einstein betrachtet.
Anmerkung: Dem Karikaturisten ist ein Fehler unterlaufen, denn die Längenkontraktion kann nicht fotografiert werden. Licht von nahen und entfernten Teilen des Körpers hat unterschiedliche Laufzeiten zum Objektiv, wodurch der Körper nicht kontrahiert, sondern gedreht abgebildet wird.

4.1.7 Zeitdilatation durch Gravitation

Neben der Zeitdilatation aufgrund einer Bewegung gibt es einen weiteren relativistischen Zeiteffekt, der durch die Gravitation hervorgerufen wird. Danach vergeht die Zeit in der Umgebung von Himmelskörpern *langsamer* als im Weltall. Der Effekt ist umso größer, je stärker das Gravitationsfeld ist. Da am Rande eines *Schwarzen Lochs* die Gravitationsfeldstärke extrem groß ist, bleibt die Zeit dort sogar stehen. EINSTEIN hat diesen Gravitationseffekt mit der *allgemeinen Relativitätstheorie* gefunden. Die allgemeine Relativitätstheorie baut auf der speziellen auf und berücksichtigt darüber hinaus den Einfluss der Masse großer Himmelskörper auf Raum und Zeit.

Für Uhren, die sich im Gravitationsfeld der Erde befinden, bedeutet dies, dass sie in der Höhe schneller gehen als am Boden. Beschränken wir uns auf Höhen innerhalb der Atmosphäre, so kann das Gravitationsfeld als homogen angesehen werden. Dann gilt, dass eine Uhr in der Höhe h nach Ablauf einer bestimmten Zeit t einen Gangunterschied Δt_{Grav} gegenüber einer Uhr am Boden aufweist.

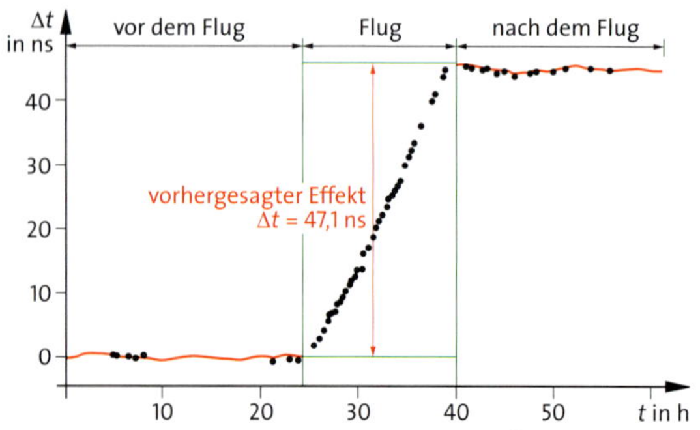

190.1 Ergebnis des Maryland-Experiments: Über der Versuchsdauer von 60 Stunden ist die Zeitdifferenz $\Delta t = t_F - t_B$ zwischen der Uhr im Flugzeug t_F und der Uhr am Boden t_B aufgetragen. Die durchgezogenen Kurven vor und nach dem Flug entstanden durch direkten Uhrenvergleich, die Messpunkte wurden mit Laserimpulsen ermittelt. Durch die Messpunkte lassen sich drei Geraden mit unterschiedlichen Steigungen zeichnen. Ursache sind unterschiedliche Flughöhen.

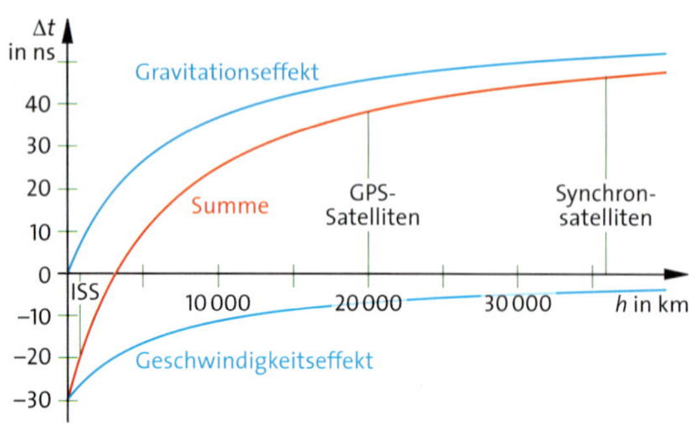

190.2 Zeitdilatation bei Satellitenflügen: Aufgetragen ist die sich in 24 Std. ergebende Zeitdifferenz Δt zwischen Satelliten- und Bodenuhren als Funktion der Flughöhe h.

Es gilt

$$\Delta t_{\text{Grav}} = t\,\frac{g\,h}{c^2} \quad (\rightarrow \text{Exkurs S. 204})$$

mit der Erdbeschleunigung $g = 9{,}8\ \text{m/s}^2$. Wegen des Quadrats der Lichtgeschwindigkeit im Nenner ist der Gangunterschied Δt_{Grav} aber so klein, dass er im Alltag nicht gemessen werden kann. 1976 jedoch haben Forscher der Universität Maryland in einem aufwändigen Experiment die Zeitdilatation mit Atomuhren gemessen.

Das Maryland-Experiment

Mit einem Flugzeug wurden Atomuhren auf verschiedene Höhen von etwa 10 000 m gebracht und der Gang der Uhren mit dem von Atomuhren am Boden verglichen. Insgesamt wurden fünf Flüge von je 15 Stunden Dauer durchgeführt. Das Flugzeug, das sich auf einem fest vorgegebenen Kurs bewegte, wurde ständig per Radar überwacht. Nach jeweils einer Sekunde wurden Höhe und Geschwindigkeit gemessen. Die eigentliche Zeitmessung erfolgte mit Laserimpulsen von 0,1 ns Dauer: Ein Impuls wird vom Boden zum Zeitpunkt t_{B1} zum Flugzeug ausgesandt. Dort wird die Ankunftszeit t_F registriert und der Impuls zum Boden reflektiert, wo er zum Zeitpunkt t_{B2} ankommt. Die Zeit t_B, zu der vom Boden aus gesehen der Impuls am Flugzeug eintrifft, wird als Mittelwert $t_B = (t_{B1} + t_{B2})/2$ berechnet. Die Zeitdilatation Δt_{Grav} ergibt sich dann zu

$$\Delta t_{\text{Grav}} = t_F - t_B = t_F - (t_{B1} + t_{B2})/2$$

Aufgrund des Gravitationseffekts ist die Zeitdilatation positiv, aufgrund des Geschwindigkeitseffekts negativ. Damit sich die beiden Effekte nicht aufheben, wurde die Geschwindigkeit des Flugzeugs mit 500 km/h klein gehalten. Mit den aufgezeichneten Messwerten wurde mit der Flugzeit $t = 15$ h für die Gravitation ein $\Delta t_{\text{Grav}} = 52{,}8$ ns und für die Geschwindigkeit ein $\Delta t_{\text{Gesch}} = -5{,}7$ ns berechnet. Die Summe von $\Delta t = 47{,}1$ ns stimmte mit der Zeitmessung auf 1% überein (**Abb. 190.1**). ◂

Zeitdilatation bei Satellitenflügen

Satelliten fliegen sehr schnell und sehr hoch, sodass die relativistischen Zeiteffekte der Geschwindigkeit und der Gravitation mit Atomuhren gemessen werden können. Die Bahngeschwindigkeit v eines Satelliten ist durch die Flughöhe h festgelegt. Mit dem Erdradius $R = 6370$ km gilt:

$$v = \sqrt{\frac{g\,R}{1 + h/R}} \quad (\rightarrow \text{Band E S. 76})$$

Mit der Näherung für den Lorentz-Faktor (→ 4.1.5) folgt für den Geschwindigkeitseffekt:

$$\Delta t_{\text{Gesch}} = -t \cdot \frac{1}{2}\frac{v^2}{c^2} = -t \cdot \frac{g}{2c^2} \cdot \frac{R}{1 + h/R}$$

Bei der Berechnung des Gravitationseffekts Δt_{Grav} ist in obiger Formel das inhomogene Gravitationsfeld zu berücksichtigen. Daher wird $g\,h$ ersetzt durch $g\,h/(1 + h/R)$:

$$\Delta t_{\text{Grav}} = t \cdot \frac{g}{c^2} \cdot \frac{h}{1 + h/R}$$

In **Abb. 190.2** sind der positive Gravitationseffekt und der negative Geschwindigkeitseffekt für die Zeit $\Delta t = 24$ Std. als Funktion der Flughöhe h dargestellt. Bei $h = 3000$ km heben sich die beiden Effekte auf.

Exkurs

Das Hafele-Keating-Experiment – Atomuhren messen erstmals die Zeitdilatation

1971 erfuhr die Weltöffentlichkeit durch einen Bericht der amerikanischen Zeitschrift TIME vom 18.10.71 von einem spektakulären Experiment, das die amerikanischen Physiker J. C. HAFELE und R. KEATING durchgeführt hatten. Sie waren mit Atomuhren ausgestattet in Linienmaschinen rund um die Welt geflogen und verglichen bei ihrer Ankunft am Ausgangsort die Zeitanzeige der mitgereisten Uhrengruppe mit der Anzeige einer am Boden verbliebenen Uhrengruppe. Mit diesem Experiment war es erstmals gelungen, die Zeitdilatation mit makroskopischen Uhren zu messen.

Bei der Berechnung der Zeitdilatation sind sowohl der Gravitations- als auch der Geschwindigkeitseffekt zu berücksichtigen. Bei der Berechnung des Geschwindigkeitseffekts ergibt sich ein Unterschied bei einer Erdumrundung in östlicher oder westlicher Richtung. Da sich das Flugzeug nicht ständig über einem Punkt der Erde befindet, ist zu berücksichtigen, dass auch die Uhren am Boden aufgrund der Erdrotation bewegt sind. Der Gang beider Uhrengruppen wird daher in einem Inertialsystem I betrachtet, das sich mit der Erde um die Sonne bewegt. Während des rund zwei Tage dauernden Fluges kann dieses System I in guter Näherung als Inertialsystem angesehen werden, da es sich fast nur geradeaus bewegt. Die Uhrengruppe A am Boden hat in diesem System am Äquator die Geschwindigkeit
$v_A = 40\,000 \text{ km}/24 \text{ h} = 1667 \text{ km/h}$.

Die Flugzeuguhren B haben im System I bei Ostflug eine andere Geschwindigkeit als bei Westflug: Bei einem Ostflug, wenn sich das Flugzeug *mit* der Erddrehung bewegt, ist zu v_A die Reisegeschwindigkeit des Flugzeugs zu addieren. Bei einem Westflug fliegt das Flugzeug *entgegen* der Erddrehung, daher ist von v_A die Reisegeschwindigkeit zu subtrahieren. Bei einer angenommenen Reisegeschwindigkeit von 800 km/h ergeben sich damit im System I folgende Geschwindigkeiten für die Flugzeuguhren B:

$$v_{B\,(Ost)} = (1667 + 800) \text{ km/h} = 2467 \text{ km/h}.$$

$$v_{B\,(West)} = (1667 - 800) \text{ km/h} = 867 \text{ km/h}.$$

HAFELE und KEATING waren zweimal um die Erde geflogen – einmal in östlicher und einmal in westlicher Richtung.

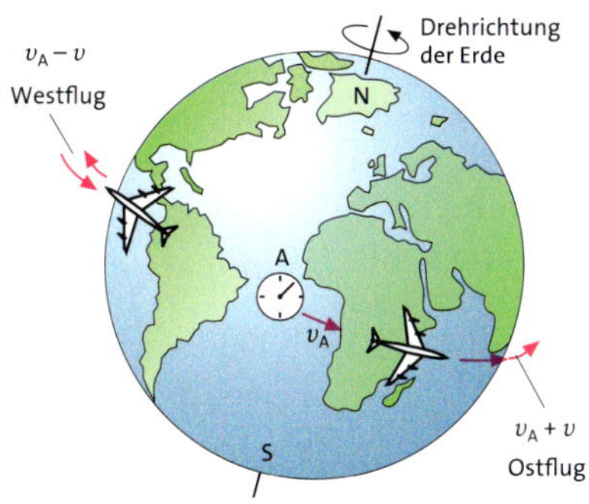

Mit einer Abschätzung lassen sich die Versuchsergebnisse gut vorhersagen. Bei einer Reisegeschwindigkeit von 800 km/h dauert eine Reise rund um den Globus
$t = 40\,000 \text{ km}/800 \text{ km/h} = 50 \text{ h}$.

Gravitationseffekt

Für den Gravitationseffekt ergibt sich bei einer durchschnittlichen Reisehöhe von $h = 10\,000$ m die Zeitdilatation zu

$$\Delta t_{Grav} = \frac{gh}{c^2} t \qquad (\rightarrow \text{Exkurs S. 204})$$

$$= \frac{9{,}8 \text{ m/s}^2 \cdot 10\,000 \text{ m}}{(3 \cdot 10^8 \text{ m/s})^2} \cdot 50 \text{ h} = 196 \text{ ns}$$

Um diese Zeitdifferenz gehen die Uhren in der Höhe *vor* gegenüber den Uhren am Boden.

Geschwindigkeitseffekt

Zur Berechnung des Geschwindigkeitseffekts sind die Eigenzeiten der Uhren am Boden t_A und im Flugzeug t_B mit der Zeit t_I im System I zu vergleichen. Es gilt

$$t_I = \gamma_A t_A \text{ und } t_I = \gamma_B t_B.$$

Um die Rechnung zu vereinfachen, wird für den Lorentz-Faktor γ die Näherung benutzt (→ 4.1.5):

$$\gamma = \frac{1}{\sqrt{1 - v^2/c^2}} \approx 1 + \frac{1}{2}\frac{v^2}{c^2}$$

Aus $t_I = \gamma_A t_A = \gamma_B t_B$ folgt dann

$$\left(1 + \frac{v_A^2}{2c^2}\right) t_A = \left(1 + \frac{v_B^2}{2c^2}\right) t_B$$

und daraus

$$t_B - t_A = \frac{v_A^2}{2c^2} t_A - \frac{v_B^2}{2c^2} t_B$$

Auf der rechten Seite kann $t_A \approx t_B = t = 50$ h gesetzt werden. Damit gilt

$$\Delta t_{Gesch} = t_B - t_A = \frac{v_A^2 - v_B^2}{2c^2} t.$$

Werden in diese Gleichung die Geschwindigkeiten bei West- bzw. Ostflug und die Reisedauer $t = 50$ h eingesetzt, so ergibt sich:

Ostflug $\Delta t_{Gesch} = -255$ ns
Westflug $\Delta t_{Gesch} = +156$ ns

Als Summe aus Gravitations- und Geschwindigkeitseffekt folgt für unsere Abschätzung:

Ostflug $\Delta t = 196 \text{ ns} - 255 \text{ ns} = -59 \text{ ns}$
Westflug $\Delta t = 196 \text{ ns} + 156 \text{ ns} = +352 \text{ ns}$

Anhand der Flugdaten berechneten HAFELE und KEATING:

Ostflug $\Delta t = (-40 \pm 23)$ ns
Westflug $\Delta t = (+275 \pm 21)$ ns

Dem ist als experimentelles Ergebnis die Anzeige der Atomuhren gegenüberzustellen:

Ostflug $\Delta t = (-59 \pm 10)$ ns
Westflug $\Delta t = (+273 \pm 2)$ ns

Mit makroskopischen Uhren waren erstmals die relativistischen Zeiteffekte der Relativitätstheorie bestätigt worden.

4.2 Die relativistische Dynamik

Die Veränderung von Zeit und Raum, die die Relativitätstheorie mit sich brachte, führte auch zu einer neuen Sicht der Begriffe Masse und Energie.

4.2.1 Die Massenzunahme

Das Verständnis der relativistischen Dynamik ist eng verbunden mit der Entwicklung von Beschleunigeranlagen, in denen Elektronen, Protonen und Ionen auf nahezu Lichtgeschwindigkeit beschleunigt werden. Die energiereichen Teilchen treffen als Geschosse auf Materie, wo sie entweder abgelenkt werden wie in RUTHERFORDS Streuversuch, oder andere Teilchen aus vorhandenen Strukturen herausschlagen oder auch neue, bis dahin unbekannte Teilchen erzeugen. Die Erkenntnisse, die aus solchen Streuversuchen gewonnen werden, sind umso aufschlussreicher, je größer die Energie der Geschosse ist.
Geladene Teilchen können beschleunigt werden, indem sie im elektrischen Feld z. B. eines Plattenkondensators eine Spannung U durchlaufen. Ein Teilchen der Ladung e nimmt dabei die Energie $E = e\,U$ auf. Die Elektrostatik kann aber nur Spannungen von einigen Millionen Volt bereitstellen, weil bei höheren Spannungen selbstständige Entladungen auftreten. Protonen erhalten bei $U = 1$ MV aber nur eine Geschwindigkeit von 5 % der Lichtgeschwindigkeit, während Elektronen wegen ihrer geringeren Masse fast schon Lichtgeschwindigkeit haben. Aber nicht die Geschwindigkeit ist entscheidend, sondern die Energie, die die Teilchen erhalten.

Grundversuch – Das Zyklotron
Um das Hochspannungsproblem zu umgehen, hatte E. O. LAWRENCE 1932 die entscheidende Idee. Die Teilchen sollten nicht nur einmal, sondern wiederholt ein elektrisches Feld durchlaufen und dabei jedes Mal Energie aufnehmen. Die Grundidee ist vom Fadenstrahlrohr abgeleitet (→ 1.2.5): Protonen werden von einem homogenen Magnetfeld auf Kreisbahnen gelenkt. Das Magnetfeld wird von einem Elektromagneten in einem evakuierten Raum erzeugt. Im Feld befinden sich zwei Elektroden aus Kupfer, die aussehen wie eine halbierte runde Schachtel und deswegen „Ds" genannt werden. Das Kupfer lässt das Magnetfeld hindurchtreten, schirmt aber den Innenraum vor elektrischen Feldern ab. Nur der magnetischen Lorentz-Kraft ausgesetzt bewegen sich Protonen, die aus einer Quelle in der Mitte austreten, auf Halbkreisen, bevor sie in den Raum zwischen den Ds eintreten (**Abb. 192.1**). Dort herrscht ein elektrisches Feld, hervorgerufen von einer an die Ds angelegten hochfrequenten Wechselspannung. Die Wechselspannung polt das Feld ständig um, sodass die Protonen bei jedem Durchgang ein Feld in ihrer Bewegungsrichtung antreffen und jedesmal beschleunigt werden. Das Beschleunigen mit einer konstanten Wechselspannungsfrequenz f funktioniert, weil die Umlaufzeit $T = 1/f$ unabhängig vom Bahnradius r ist: Die Zentripetalkraft $F_Z = m\,v^2/r$ für die Kreisbahn wird von der Lorentz-Kraft $F_L = e\,v\,B$ aufgebracht. Aus dem Gleichsetzen der Kräfte ergibt sich die Geschwindigkeit $v = e\,r\,B/m$. Die größere Geschwindigkeit führt zu einem größeren Bahnradius r, sodass die Protonen auf einer Spirale nach außen laufen. Dabei ist die Umlaufzeit $T = 2\,\pi\,r/v$ unabhängig von r:

$$T = \frac{2\,\pi\,r}{v} = \frac{2\,\pi\,m}{e\,B} = \frac{1}{f}$$

Bei einem starken Magnetfeld von $B = 1{,}5$ Tesla ergibt sich die Frequenz zu $f = 23$ MHz.

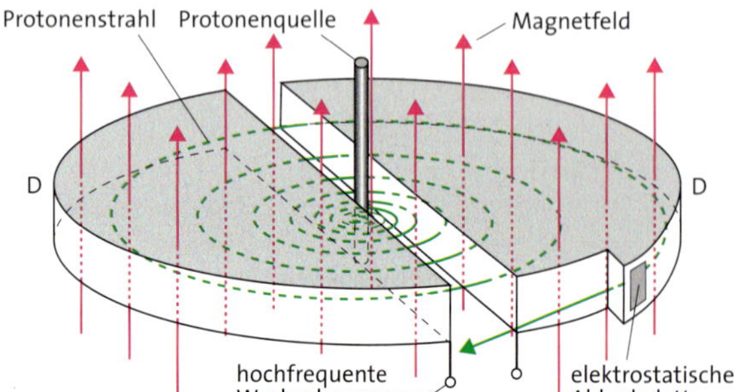

192.1 Das Zyklotron mit den D-förmigen Elektroden

Das Zyklotron versagt, wenn die Teilchen auf mehr als 10 % der Lichtgeschwindigkeit beschleunigt werden. Dann gilt obige Gleichung nicht mehr, denn T ist in dieser Gleichung die bei kleinen Geschwindigkeiten gemessene *Eigenzeit* T_0 der Protonen. Bei großen Geschwindigkeiten wird daraus die im Labor gemessene, um den Lorentz-Faktor γ vergrößerte Zeit $T = \gamma\,T_0$. Wird obige Gleichung mit γ multipliziert, ergibt sich:

$$T = \gamma\,T_0 = \frac{2\,\pi\,\gamma\,m}{e\,B}$$

Wie ist die rechte Seite der Gleichung zu verstehen? Während die Ladung e unabhängig von der Geschwindigkeit ist, ändert sich die Masse mit der Geschwindigkeit. Wird die bei kleinen Geschwindigkeiten gemessene Masse als **Ruhemasse m_0** bezeichnet, so kann aus der Gleichung eine neue, von der Geschwindigkeit abhängige Masse $m = \gamma\,m_0$ abgelesen werden. Sie heißt **dynamische Masse m** und wird für $v \to c$ beliebig groß:

$$m = \gamma\,m_0 = \frac{m_0}{\sqrt{1 - v^2/c^2}}$$

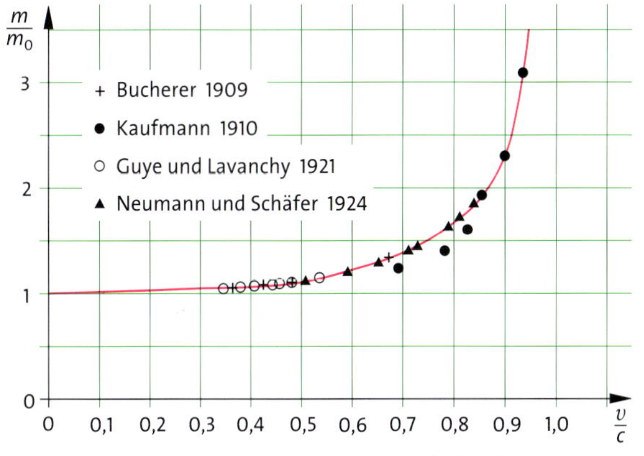

193.1 Die dynamische Masse m/m_0 als Funktion der Geschwindigkeit v/c. Zur theoretischen Kurve sind Messergebnisse an schnellen Elektronen der β-Strahlung eingetragen.

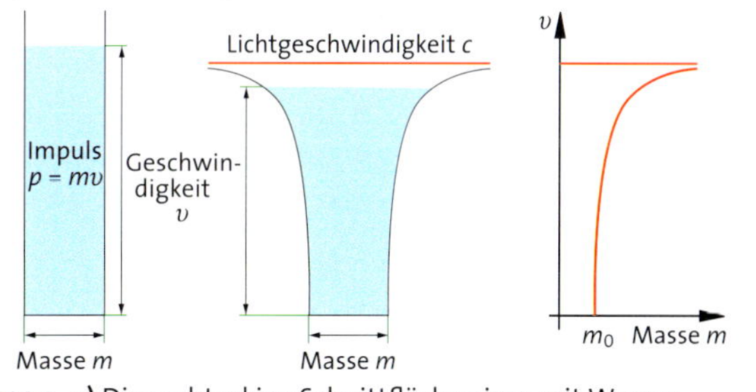

193.2 a) Die rechteckige Schnittfläche eines mit Wasser gefüllten Gefäßes veranschaulicht klassisch den Impuls $p = m\,v$, der sich als Produkt aus der Breite (Masse m) und der Füllhöhe (Geschwindigkeit v) berechnet.
b) Relativistisch gibt es wegen der Lichtgeschwindigkeit als Grenze einen höchsten Füllstand. Daher muss das Gefäß oben breiter werden.

Für einen Zyklotronumlauf gilt wieder die alte Gleichung $T = 2\pi\, m/e\,B$. Nun ist aber T die aufgrund der Zeitdilatation vergrößerte Umlaufzeit und m die dynamische Masse. Die Gleichung erklärt, warum das Synchrotron bei großen Geschwindigkeiten nicht mehr funktioniert: Die Teilchen werden träger ($m > m_0$) und brauchen länger ($T > T_0$) für einen Umlauf. Sie verspäten sich und geraten dadurch außer Takt mit der angelegten Wechselspannung.

Damit das Zyklotron weiterhin arbeiten kann, muss die angelegte Frequenz *synchron* mit der kleiner werdenden Umlauffrequenz verringert werden. Dies geschieht beim **Synchrozyklotron**. Während der Beschleunigung der Protonen im Synchrozyklotron wird beispielsweise die Frequenz von $f = 23$ MHz beim Start mit zunehmender Geschwindigkeit bis auf $f = 10$ MHz verringert, wenn die Teilchen 90 % der Lichtgeschwindigkeit erreicht haben. Dann ist $\gamma = 2{,}3$ und die dynamische Masse m ist um diesen Faktor größer als die Ruhemasse m_0.

Relativistische Massenzunahme
Die dynamische Masse m eines mit der Geschwindigkeit v bewegten Teilchens ist um den Lorentz-Faktor γ größer als die Ruhemasse m_0:

$$m = \gamma\, m_0 = \frac{m_0}{\sqrt{1 - v^2/c^2}}$$

Die Gleichung zur relativistischen Massenzunahme konnte als erste Aussage der Relativitätstheorie experimentell überprüft werden. 1909 gelang es A. Bucherer, die Masse schneller Elektronen aus der β-Strahlung zu bestimmen, indem er die Teilchen durch elektrische und magnetische Felder ablenkte. Seine Messungen, die später auch von anderen Physikern durchgeführt wurden, bestätigten die Massenzunahme (**Abb. 193.1**).

Masse und Impuls

Der Impuls p berechnet sich in der klassischen Physik als Produkt aus der Masse m und der Geschwindigkeit v eines Körpers: $p = m\,v$. Die Gleichung lässt sich mit einem Gefäß veranschaulichen, das mit Wasser gefüllt ist. Das Gefäß soll als senkrechte Schnittfläche ein Rechteck haben, dessen Breite die Masse m_0 und dessen Füllhöhe die Geschwindigkeit v darstellt. Steht das eingefüllte Wasser für die Menge an Impuls p eines Körpers, so kann der Inhalt p anschaulich als Rechteckfläche $p = m\,v$ verstanden werden. (**Abb. 193.2 a**).
Die Gleichung $p = m\,v$ gilt auch in der Relativitätstheorie, denn sie erklärt, was unter dem Begriff Masse m zu verstehen ist: Erhält ein Körper einen bestimmten Impuls p, so bestimmt seine Trägheit, beschrieben durch die Masse m, welche Geschwindigkeit v der Körper aufgrund des Impulses hat. Wird der Körper immer wieder angestoßen, so erhält er jedes Mal einen zusätzlichen Impuls Δp, wodurch der Impuls beliebig groß werden kann. Die Geschwindigkeit v hat aber in der Lichtgeschwindigkeit c eine Grenze. Dies lässt sich nur so lösen, dass die Masse m nicht konstant ist, sondern mit wachsender Geschwindigkeit größer wird. Für unser Gefäß bedeutet dies, dass es relativistisch keine rechteckige Schnittfläche haben kann. Nähert sich die Füllhöhe v der Grenze c, so muss das Gefäß breiter werden, sodass der Wasserstand nicht über c hinaus ansteigen kann (**Abb. 193.2 b**). Für den relativistischen Impuls gilt $p = m\,v$ mit $m = \gamma\, m_0$.

Aufgaben

1. Der Airbus A 380 hat beim Start eine maximale Masse von 569 Tonnen. Zeigen Sie, dass bei der Reisegeschwindigkeit von 946 km/h die relativistische Massenzunahme Δm nur etwa 200 µg (Mikrogramm) beträgt. Rechnen Sie mit der Näherungsformel für den Lorentz-Faktor (→ 4.1.5).
2. Berechnen Sie die Geschwindigkeit v, bei der die dynamische Masse um 5 % größer als die Ruhemasse ist.
3. Berechnen Sie den Lorentz-Faktor, um den sich die dynamische Masse gegenüber der Ruhemasse vergrößert, wenn ein Teilchen 99,9 % der Lichtgeschwindigkeit hat.

DIE RELATIVITÄT VON ZEIT UND RAUM

4.2.2 Masse und Energie

In einer Beschleunigeranlage sollen Protonen eine bestimmte Energie erhalten, z. B. die Maximalenergie des Super Proton Synchrotrons (SPS) des CERN von 400 GeV. Welche Geschwindigkeit v und welche Masse m haben dann die Protonen?

Die Gleichung der klassischen Physik für die kinetische Energie $E_{kin} = \frac{1}{2} m v^2$ gilt nicht mehr, denn die konstante Masse m ist eine wesentliche Voraussetzung bei der Herleitung der Gleichung und kann nicht nachträglich durch die dynamische Masse ersetzt werden. Bei der Suche nach einem neuen Zusammenhang zwischen Masse und Energie weist die Gleichung für die dynamische Masse einen Weg:

$$m = \gamma m_0 = \frac{m_0}{\sqrt{1 - v^2/c^2}}$$

Diese Gleichung kann für kleine Geschwindigkeiten mit der Näherungsformel für den Lorentz-Faktor γ (→ 4.1.5) vereinfacht werden:

$$m = \gamma m_0 = \frac{m_0}{\sqrt{1 - v^2/c^2}} \approx m_0 \left(1 + \frac{1}{2} \frac{v^2}{c^2}\right)$$

Auflösen der Klammer und Multiplizieren mit c^2 ergibt:

$$m c^2 = \frac{m_0 c^2}{\sqrt{1 - v^2/c^2}} \approx m_0 c^2 + \frac{1}{2} m_0 v^2$$

Diese Gleichung stellte für EINSTEIN eine neue Konsequenz aus den Relativitätspostulaten dar. Der Term $\frac{1}{2} m_0 v^2$ ist die kinetische Energie E_{kin} der klassischen Physik. Neben die kinetische Energie tritt nun aber eine weitere Energie $\boldsymbol{m_0 c^2}$. Diese Energie besitzt ein Teilchen offenbar allein aufgrund seiner Ruhemasse m_0. Diese sogenannte **Ruheenergie** $E_0 = m_0 c^2$ ist in der klassischen Physik nicht bekannt.

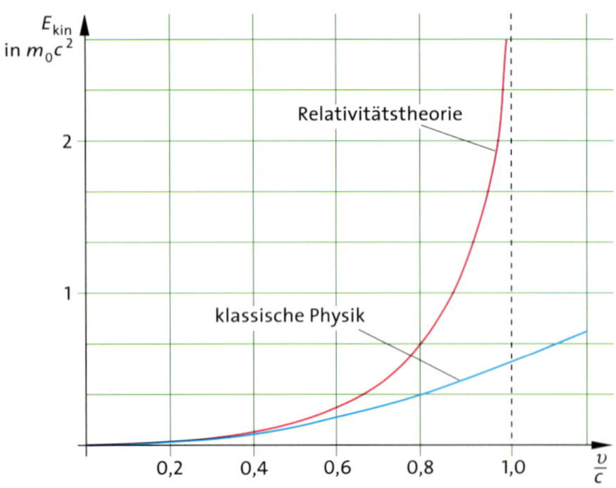

194.1 Die relativistische kinetische Energie als Funktion von v/c ist dem klassischen Verlauf gegenübergestellt.

Aus der Gleichung kann weiterhin gefolgert werden, dass sich die Ruheenergie E_0 und die kinetische Energie E_{kin} zur Gesamtenergie $E = m c^2$ addieren:

$$E = m c^2 \approx E_0 + E_{kin}$$

Wird das Ungefährgleich- durch ein Gleichheitszeichen ersetzt, also $E = E_0 + E_{kin}$, so ist damit die *relativistische kinetische Energie* als Differenz aus Gesamtenergie $E = m c^2$ und Ruheenergie $E_0 = m_0 c^2$ neu definiert:

Relativistische kinetische Energie

$$E_{kin} = E - E_0 = m c^2 - m_0 c^2 = E_0 (\gamma - 1)$$
$$= m_0 c^2 \left(\frac{1}{\sqrt{1 - v^2/c^2}} - 1\right)$$

Relativistische und klassische kinetische Energie stimmen für kleine Geschwindigkeiten ($v << c$) in ihrem Verlauf überein (**Abb. 194.1**).

Damit ist die berühmte Gleichung $E = m c^2$ gefunden. Sie sagt aus, dass Energie E und Masse m gleich sind. Dies wird als **Energie-Masse-Äquivalenz** bezeichnet. „*Masse ist nichts anderes als Energie*", sagt EINSTEIN. Der Faktor c^2 ist ein Proportionalitätsfaktor aufgrund der unterschiedlichen Maßeinheiten von Energie und Masse. In der Teilchenphysik wird entsprechend $E = m c^2$ die neue Masseneinheit **1 MeV/c^2** eingeführt:

$$1\ \text{MeV}/c^2 = \frac{10^6 \cdot 1{,}602 \cdot 10^{-19}\ \text{As} \cdot \text{V}}{(2{,}998 \cdot 10^8\ \text{m/s})^2} = 1{,}783 \cdot 10^{-30}\ \text{kg}$$

Die Masse des Protons $m_p = 1{,}673 \cdot 10^{-27}$ kg wird als $m_p = 1{,}673 \cdot 10^{-27}/(1{,}783 \cdot 10^{-30})\ \text{MeV}/c^2 = 938\ \text{MeV}/c^2$ angegeben. Wird ein Proton auf die Energie $E = 400$ GeV gebracht, so hat es die dynamische Masse $m = 400\ \text{GeV}/c^2$. Nur rund ein Vierhundertstel dieser Masse entfällt auf die Ruhemasse.

In der klassischen Physik sind Energie und Masse völlig verschiedene Größen. Daher gibt es mit dem *Energieerhaltungssatz* und dem Satz von der *Erhaltung der Masse* auch zwei getrennte Erhaltungssätze. In der Relativitätstheorie verschmelzen die beiden Sätze zu einem *einzigen* Satz von der Erhaltung der Energie bzw. der Masse.

Energie-Masse-Äquivalenz

$E = m c^2$ besagt, dass Energie und Masse gleich sind. Die Gesamtenergie $E = m c^2$ eines Teilchens ist die Summe aus seiner Ruheenergie $E_0 = m_0 c^2$ und der kinetischen Energie E_{kin}:

$$E = m c^2 = E_0 + E_{kin} = \frac{m_0 c^2}{\sqrt{1 - v^2/c^2}}$$

Die Gleichheit von Masse und Energie hat zur Folge, dass bei Teilchenreaktionen in Beschleunigeranlagen die Ruhemasse aller an einem Prozess beteiligten Teilchen in der Regel nicht konstant ist. Dabei kann Ruhemasse erzeugt werden. Umgekehrt kann sich Ruheenergie in kinetische Energie oder in Strahlungsenergie umwandeln und dadurch geringer werden.

Eine Teilchenreaktion bei der die Ruhemasse vollständig verschwindet, ist das Zusammentreffen eines Elektrons e^- mit seinem Antiteilchen, dem Positron e^+. Antiteilchen haben gegenüber ihren „normalen" Teilchen eine entgegengesetzte elektrische Ladung, stimmen jedoch in der Masse, der Lebensdauer und der Stärke der Wechselwirkung mit den „normalen" Teilchen überein. Theoretisch gibt es zu jedem Teilchen ein Antiteilchen, die im Experiment auch alle nachgewiesen wurden; speziell 1932 das Positron e^+ als Antiteilchen des Elektrons e^-, 1955 das Antiproton $\overline{p}$ und 1956 das Antineutron $\overline{n}$.

Positronen werden bei der β-Strahlung bestimmter Kerne ausgesandt oder treten bei der sekundären Höhenstrahlung auf. Trifft ein Positron auf ein Elektron, so „vernichten" sich die beiden, da sie Teilchen und Antiteilchen sind. Die Teilchenreaktion wird daher auch als *Annihilation* (*annihilatio*, lat.: Vernichtung) bezeichnet. Die negative Elementarladung −e des Elektrons hebt sich dabei mit der positiven Ladung +e des Positrons auf. Die Ruheenergie der beiden Teilchen tritt als Strahlungsenergie auf. Der Einfachheit halber betrachten wir den Vorgang im *Schwerpunktsystem* der beiden Teilchen (**Abb. 195.1**). In diesem Inertialsystem ruht der gemeinsame Schwerpunkt, d. h. die beiden Teilchen bewegen sich mit gleichem Impuls $p = m\,v$ und wegen der gleichen Masse auch mit gleicher Geschwindigkeit aufeinander zu. Bei der Vernichtung werden zwei Photonen erzeugt. Da Photonen Energie E_{Ph} und damit Masse m_{Ph} haben, fliegen die Photonen wegen der Impulserhaltung in entgegengesetzter Richtung auseinander.

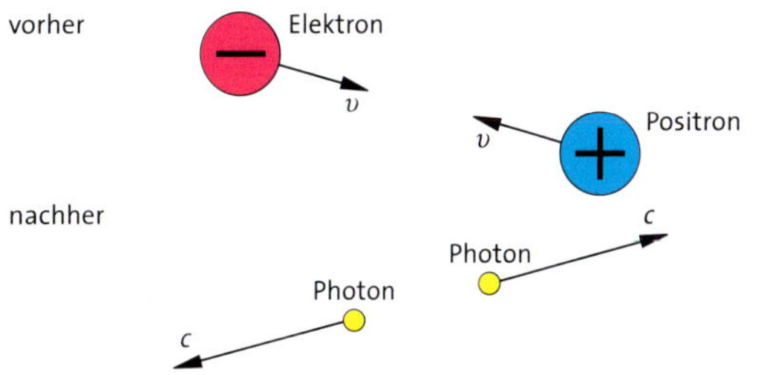

195.1 Teilchenreaktion eines Elektron-Positron-Paares betrachtet im Schwerpunktsystem von Elektron und Positron

Die Energie eines erzeugten Photons $E_{\text{Ph}} = m_{\text{Ph}}\,c^2$ ist wegen der Energieerhaltung gleich der Ruheenergie $E_0 = m_0\,c^2$ des Elektrons bzw. Positrons. Die Photonenmasse m_{Ph} kann jedoch nicht mit der Gleichung $m = \gamma\,m_0$ berechnet werden, da für die Lichtgeschwindigkeit c der Lorentz-Faktor γ unendlich groß wird. Damit die Photonenmasse m_{Ph} nicht auch unendlich groß wird, muss die Ruhemasse der Photonen null sein. Die Quantenphysik bestimmt die Energie der Photonen zu $E_{\text{Ph}} = hf$, wobei f die Frequenz des Photons und h das Planck'sche Wirkungsquantum ist (→ 1.3.3). Aus $E_{\text{Ph}} = hf = m_{\text{Ph}}\,c^2$ folgt für die Masse eines Photons $m_{\text{Ph}} = hf/c^2$.

> Photonen der Frequenz f haben die Masse $m_{\text{Ph}} = \dfrac{hf}{c^2}$.
> Die Ruhemasse der Photonen ist null.

Mit der Gleichung für die Wellenlänge $\lambda = c/f$ und der Ruhemasse $m_0 = 511\ \text{keV}/c^2$ des Elektrons bzw. Positrons ergibt sich für die Wellenlänge λ der Strahlung:

$$\lambda = \frac{c}{f} = \frac{h\,c}{E_{\text{Ph}}} = \frac{h\,c}{E_0} = \frac{h\,c}{m_0\,c^2}$$

$$= \frac{6{,}63\cdot 10^{-34}\ \text{Js}\cdot c}{511\ \text{keV}} = 2{,}4\cdot 10^{-12}\ \text{m}$$

Bei der Vernichtung eines Elektron-Positron-Paares wird tatsächlich γ-Strahlung mit einer Wellenlänge von 2,4 pm beobachtet.

Aufgaben

1. Berechnen Sie die Massenzunahme $\Delta m = m - m_0$ eines Pkw, der eine Masse von 1650 kg hat und auf der Autobahn mit einer Geschwindigkeit von 130 km/h fährt.
2. Eis hat die spezifische Schmelzwärme $Q/m = 334$ kJ/kg. Berechnen Sie, um wie viel Nanogramm (10^{-9} g) ein Kilogramm Eis beim Schmelzen schwerer wird.
3. 1974 wurde im Linearbeschleuniger von Stanford ein Experiment zur Lichtgeschwindigkeit als Grenze durchgeführt (→ 4.1.3). Dabei wurden Elektronen auf eine Energie von 20,5 GeV beschleunigt.
   a) Berechnen Sie, um wie viel größer die dynamische Masse der Elektronen im Vergleich zur Ruhemasse war.
   b) Berechnen Sie die Geschwindigkeit der Elektronen.
4. Lösen Sie die Gleichung $E = E_0/\sqrt{1 - v^2/c^2}$ nach v/c auf und berechnen Sie die Geschwindigkeit v/c eines Protons, das im Beschleuniger die Energie $E = 400$ GeV erhält.
5. Wechselwirkt γ-Strahlung mit dem elektrischen Feld eines Atomkerns, so kann dabei ein Elektron-Positron-Paar erzeugt werden. Ermitteln Sie die Photonenenergie E_{Ph}, die ein Gammaquant mindestens haben muss, um ein Elektron-Positron-Paar zu erzeugen. Berechnen Sie die Wellenlänge.
6. Bei chemischen Reaktionen gilt, dass die Masse aller Teilchen vor einer Reaktion gleich der Masse aller Teilchen nach der Reaktion ist. Diskutieren Sie, ob diese klassische Massenerhaltung exakt gilt, wenn relativistisch die Äquivalenz von Masse und Energie berücksichtigt wird.

4.3 Kernenergie

Mit der technischen Nutzung der Kernspaltung in Reaktoren und der Kernfusion als Zukunftsvision glaubte man in den 1960er Jahren, die Energieversorgung der Menschheit für alle Zukunft gesichert zu haben.

4.3.1 Kernfusion in der Sonne

Seit 4,5 Milliarden Jahren sendet die Sonne bei einer Oberflächentemperatur von 5800 K elektromagnetische Strahlung in den Weltraum. Die Strahlung erstreckt sich vom Ultravioletten über das sichtbare Licht bis hin zur Radiostrahlung. Erst in den 1930er Jahren wurde verstanden, aus welcher Quelle die Sonne ihre Energie bezieht: Es ist die **thermonukleare Fusion**, bei der im Sonnenkern bei Temperaturen über 10 Mio. K Wasserstoffkerne zu Heliumkernen *fusionieren*. Theoretisch möglich sind verschiedene Fusionsprozesse. Rechnungen zeigen, dass der im Folgenden erläuterte *Proton-Proton-Zyklus* 98 % der Energie liefert (**Abb. 196.1**).

Bei 10 Mio. K sind die Wasserstoffatome in Protonen und Elektronen zerlegt. Die Protonen haben aufgrund ihrer thermischen Bewegung Geschwindigkeiten von etwa 500 km/s. Damit können sich zwei Protonen trotz der Abstoßung durch die positiven Ladungen soweit nähern, dass sich ein neuer Kern bildet. Zwei Protonen können keinen Kern bilden, wohl aber wenn sich ein Proton in ein Neutron umwandelt, wodurch ein Deuteron ^{2}H entsteht. Dabei bleibt die Zahl der Baryonen, zu ihnen gehören die Protonen und die Neutronen, erhalten. Da auch die elektrische Ladung erhalten bleibt, wird ein Positron erzeugt. Schließlich muss auch die Zahl der Leptonen, zu denen Elektronen, Myonen und die Neutrinos gehören, erhalten bleiben. Da das erzeugte Positron ein Antiteilchen ist, bildet sich zur Erhaltung der Leptonenzahl ein Neutrino. Das emittierte Positron zerstrahlt mit einem der zahlreichen Elektronen, wobei Gammastrahlung entsteht. Zwei dieser Fusionsprozesse sind in der oberen Zeile in **Abb. 196.1** dargestellt. Dass der Zusammenstoß zweier Protonen zur Bildung eines Deuterons führt, ist ein extrem unwahrscheinlicher Prozess. Dies hat zur Folge, dass das *Wasserstoffbrennen*, wie die Fusion auch genannt wird, Milliarden von Jahren dauert und nicht in kurzer Zeit soviel Energie freigesetzt wird, dass die Sonne explodieren würde.

Ist ein Deuteron entstanden, so trifft es bald auf ein Proton und es bildet sich ein Heliumkern ^{3}He. Dieser Prozess, bei dem ein γ-Photon ausgesandt wird, ist in der mittleren Zeile von **Abb. 196.1** dargestellt.

Treffen zwei ^{3}He-Kerne zusammen, so bildet sich, wie die unterste Zeile zeigt, ein Heliumkern ^{4}He und zwei Protonen werden in den Zyklus zurückgegeben.

Zusammengefasst gibt die Sonne in den Zyklus vier Protonen und zwei Elektronen ein und erhält einen Heliumkern ^{4}He, 2 Neutrinos und 6 γ-Photonen:

$$4\,{}^1\text{p} + 2\,\text{e}^- \rightarrow {}^4\text{He} + 2\,\nu + 6\,\gamma \qquad (\Delta E = 26{,}7\ \text{MeV})$$

Entscheidend für den Energiehaushalt der Sonne ist die Energie, die bei den Kernreaktionen frei wird. Werden alle in **Abb. 196.1** angegebenen Werte ΔE addiert, so ergibt sich als Summe $\Delta E = 26{,}7$ MeV. Etwa 0,5 MeV dieser Energie werden für die Erzeugung der beiden Neutrinos benötigt. Diese Energie geht der Sonne verloren, weil die Neutrinos nahezu keine Wechselwirkung mit Materie haben und daher den Stern verlassen. Der Rest von 26,2 MeV liegt zunächst als Energie der bei der Fusion emittierten γ-Photonen und als kinetische Energie der He- und H-Kerne vor. Durch Absorption der Strahlung und durch Stöße der Teilchen untereinander wandelt sich die Energie in Wärmeenergie um, die an die Oberfläche transportiert wird, wo sie mit elektromagnetischer Strahlung in den Weltraum ausgesandt wird.

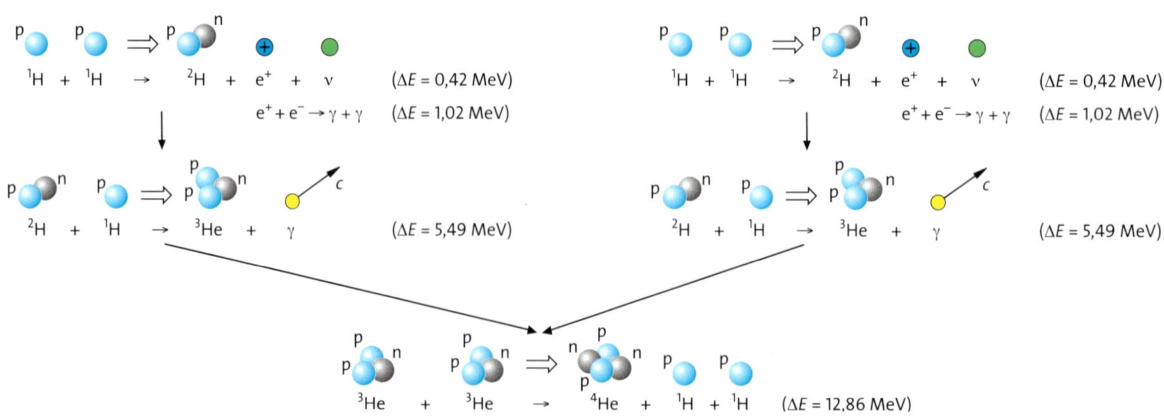

196.1 Der Proton-Proton-Zyklus, bei dem in der Sonne Wasserstoff zu Helium fusioniert

Die bei der Fusion von vier Protonen und zwei Elektronen zu einem ^{4}He-Kern frei werdende Energie $\Delta E = 26{,}7$ MeV fehlt dem neu gebildeten Kern. Er ist daher leichter als seine Ausgangsprodukte. Die Differenz kann mit den in der atomaren Masseneinheit 1 u angegebenen Werten berechnet werden. Mit den bekannten Werten $m_p = 1{,}007\,276$ u, $m_n = 1{,}008\,664$ u, $m_{He} = 4{,}001\,506$ u ergibt sich die Massendifferenz zu:

$$\Delta m = (4\,m_p + 2\,m_e) - m_{He}$$
$$= (4 \cdot 1{,}007\,276 \text{ u} + 2 \cdot 0{,}000\,549 \text{ u}) - 4{,}001\,506 \text{ u}$$
$$= 0{,}028\,697 \text{ u}$$

Da $1 \text{ u} = 931{,}5 \text{ MeV}/c^2$ gilt, folgt

$$\Delta m = 0{,}028\,697 \text{ u} = 26{,}7 \text{ MeV}/c^2.$$

Dies ist der gleiche Wert, wie er sich aus dem Proton-Proton-Zyklus in **Abb. 196.1** ergibt.

Ebenso wie beim Helium haben alle in einem Kern zusammengefügten Nukleonen eine geringere Masse als die freien Protonen und Neutronen. Diese Abnahme der Masse wird als **Massendefekt** Δm bezeichnet. Der Massendefekt gibt an, wie viel Energie die Nukleonen beim Zusammenbau zu einem Kern abgeben. Sollte ein Kern wieder in seine Bestandteile aus Protonen und Neutronen zerlegt werden, müsste die fehlende Energie zugefügt werden. Daher gibt der Massendefekt an, wie stark die Nukleonen aneinander gebunden sind. Die *Bindungsenergie* E_B eines Kerns folgt daher aus dem Massendefekt Δm zu $E_B = \Delta m\,c^2$. Wird die Bindungsenergie E_B durch die Summe aus Protonenzahl Z und Neutronenzahl N, also durch die Massenzahl $A = Z + N$ dividiert, so ergibt sich die *Bindungsenergie pro Nukleon*. Dies ist ein für jeden Kern charakteristischer Wert, der einen Vergleich verschiedener Kerne erlaubt.

Bindungsenergie pro Nukleon

$$E_B/A = \frac{\Delta m\,c^2}{A} = \frac{(Z\,m_p + N\,m_n - m_{Kern})\,c^2}{Z + N}$$

mit $m_p = 1{,}007\,276 \text{ u} = 938{,}272 \text{ MeV}/c^2$
$m_n = 1{,}008\,664 \text{ u} = 939{,}565 \text{ MeV}/c^2$.

Da die Massen der Kerne bekannt sind, kann die Bindungsenergie pro Nukleon E_B/A für jeden Kern berechnet werden. Für ^{4}He ergibt sich z. B.
$E_B/A = (2\,m_p + 2\,m_n - m_{He})/4 = 7{,}07$ MeV.

Wird die Bindungsenergie pro Nukleon E_B/A in Abhängigkeit von der Massenzahl A aufgetragen, so ergibt sich ein charakteristischer Verlauf (**Abb. 197.1**). E_B/A und damit auch der Massendefekt weisen bei der Eisengruppe mit ^{56}Fe und ^{62}Ni ein Maximum auf. Dort sind die Kerne am stärksten gebunden, da sie bei ihrer Bildung die meiste Energie abgegeben haben.

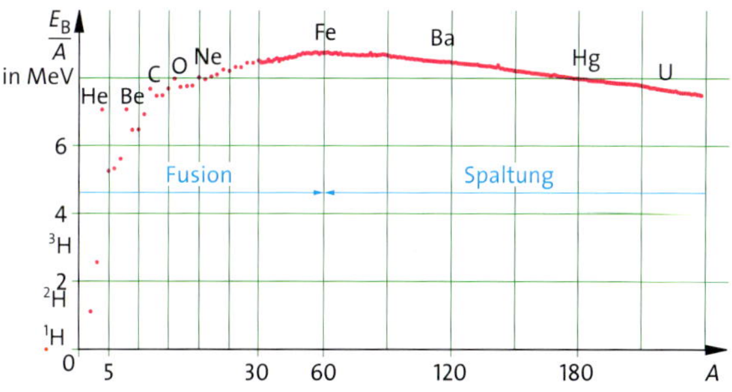

197.1 Die Bindungsenergie pro Nukleon in MeV aufgetragen über der Massenzahl $A = Z + N$

Die Entstehung der Elemente

In der Sonne wird in etwa 5 Mrd. Jahren der Wasserstoff der Kernzone zu Helium fusioniert sein. Das schwerere Helium sammelt sich im Zentrum an und drängt die Brennzone nach außen. Der Kern kühlt ab und wird von seiner eigenen Schwerkraft zusammengedrückt. Dadurch steigt die Kerntemperatur wieder an und bei $T \approx 100$ Mio. K setzt die Fusion von Helium zu Kohlenstoff und Sauerstoff ein. Die Sonne dehnt sich dabei über die Merkurbahn aus und wird zu einem *Roten Riesen* mit einer Oberflächentemperatur von etwa 3500 K. Rote Riesen sind instabil und stoßen einen großen Teil ihrer Masse als *planetarischen Nebel* ab. Der verbleibende Rest, der die Dichte von Atomkernen hat, leuchtet als *Weißer Zwerg*, kühlt aber aus, da in ihm keine Kernreaktionen mehr stattfinden.
Durch Kernfusion kann Energie bis zur Eisengruppe gewonnen werden. Dies bleibt allerdings Sternen mit mehr als 13 Sonnenmassen vorbehalten, da in deren Kern die notwendigen Temperaturen von einigen Milliarden Kelvin auftreten können. Dort erschließt der Stern immer neue, aber zunehmend weniger energiereiche Fusionsprozesse. Schließlich bedeutet das Erreichen der Eisengruppe das Ende der Fusion, wodurch der Stern in einen kritischen Zustand gerät. Die Temperatur und damit der thermische Druck werden nicht mehr aufrechterhalten, sodass der Stern aufgrund seiner Gravitation zusammenstürzt und in einer *Supernova* explodiert. Durch den β^+-Zerfall bilden sich in großer Zahl Neutronen, durch deren Einfang Kerne jenseits der Eisengruppe gebildet werden. In den Staubwolken der explodierten Sterne kondensieren neue Sterne.

Aufgaben

1. Die Solarkonstante $\sigma = 1{,}39$ kW/m^2 gibt die auf 1 m^2 bezogene Strahlungsleistung der Sonne an, wie sie in 150 Millionen km Entfernung bei der Erde gemessen wird. Berechnen Sie daraus die gesamte Strahlungsleistung der Sonne und geben Sie deren Massenverlust pro Sekunde an.

Exkurs

Energie aus Fusionsreaktoren – eine Zukunftsvision

Schon in den 1950er Jahren gab es Überlegungen zum Bau von *Fusionsreaktoren*, die wie die Sonne Energie durch Fusion freisetzen sollten. Erstes Ergebnis war der 1962 in Betrieb genommene russische Versuchsreaktor *Tokamak T3*. In der Folge wurden Versuchsreaktoren in anderen Ländern gebaut, doch schnell wurde erkannt, dass nur eine internationale Zusammenarbeit den wissenschaftlichen Herausforderungen, den notwendigen technischen Innovationen und den immensen finanziellen Aufwendungen gerecht werden konnte. Die Europäische Gemeinschaft beschloss 1973 den Bau des ***J**oint **E**uropean **T**orus* (**JET**) im britischen Culham, der 1983 in Betrieb genommen wurde. Dort gelang 1992 für 2 Sekunden die erste kontrollierte Kernfusion der Geschichte. Der nächste Schritt war ein globales Übereinkommen, aufgrund dessen seit 2009 der ***I**nternational **T**hermonuclear **E**xperimental **R**eactor* (**ITER**) im südfranzösischen Cadarache gebaut wird. Beteiligt sind China, die EU, Indien, Japan, Korea, Russland und die USA. Für 2020 ist die erste thermonukleare Reaktion vorgesehen. ITER wird noch keinen „Strom" liefern, soll aber erstmals wesentlich mehr thermische Energie abgeben als zum Betrieb an elektrischer Energie benötigt wird. Die Kosten waren ursprünglich auf 5,5 Mrd. Euro angesetzt, haben sich inzwischen aber verdreifacht. Ob ein kommerzieller Betrieb möglich sein wird, kann erst das bereits geplante Nachfolgeprojekt DEMO um 2040 entscheiden.

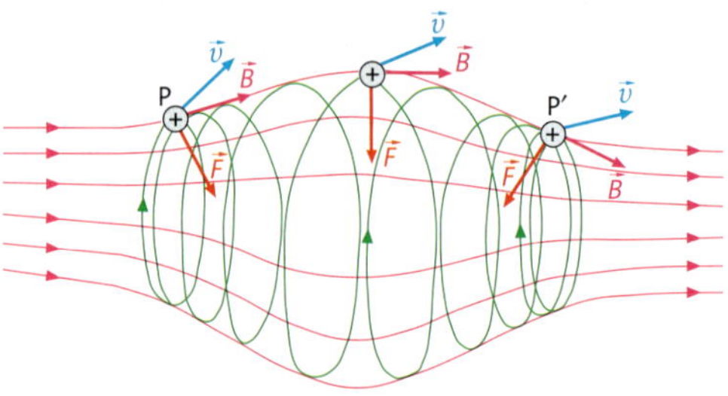

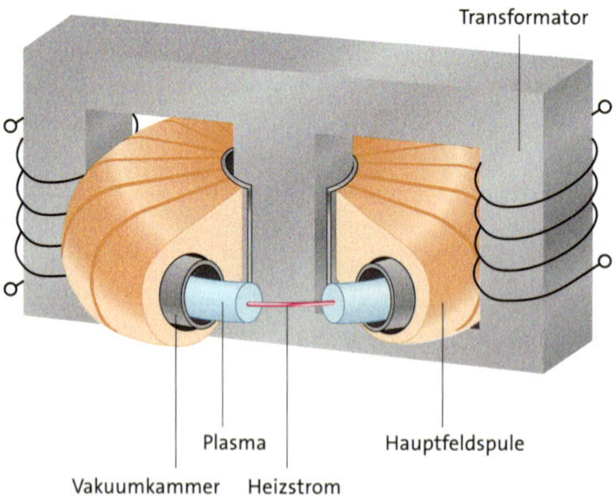

Die Fusion im Reaktor

Benötigt wird *nur* Wasserstoffgas bei einer Temperatur von 100 Mio. K. Dabei sind die Atome in ein *Plasma* aus Elektronen und Kernen zerlegt. Das Plasma muss bei genügend hoher Dichte möglichst lange – zumindest für einige Sekunden – zusammengehalten werden. Dann ist die Wahrscheinlichkeit gegeben, dass sich Kerne aufgrund ihrer hohen kinetischen Energie gegen die abstoßende Coulomb-Kraft der positiven Kerne so weit nähern, dass die starke Kernkraft wirksam wird und die Kerne im Proton-Proton-Zyklus fusionieren (→ 4.3.1).

Abschätzungen zeigen jedoch, dass die dazu notwendige Dichte der Kerne technisch nicht realisierbar ist. Daher werden die Versuchsreaktoren mit einem Gemisch aus Deuterium und Tritium gefüllt. Dann kann die wahrscheinlichere Reaktion, die Fusion des Deuterons $D = {}^2H$ und des Tritons $T = {}^3H$, ablaufen:

$$D + T = {}^2H + {}^3H \rightarrow {}^4He + n + 17{,}6\ \text{MeV}$$

Hier zeigt sich im Hinblick auf eine zukünftige Nutzung ein grundlegender Unterschied der Kernfusion zur Kernspaltung. Das fusionierte Helium ist nicht radioaktiv, sodass es keinen radioaktiven Abfall und auch keine gefährliche Nachzerfallswärme wie bei der Kernspaltung geben wird (→ 4.3.2).
Deuterium ist in natürlichem Wasserstoff zu 0,015 % vorhanden und kann gewonnen werden. Tritium kommt wegen der Halbwertszeit von 12,3 Jahren nur in geringen Spuren vor. Es kann aus Lithium durch Neutronenbeschuss nach der Reaktionsgleichung

$${}^6Li + n \rightarrow {}^4He + {}^3H + 4{,}8\ \text{MeV}$$

hergestellt oder sogar mit den bei der Fusion anfallenden Neutronen im Reaktor *erbrütet* werden.

Der Einschluss des Plasmas

Die russischen Physiker Andrei Sacharow und Igor J. Tamm hatten die entscheidende Idee, das heiße Plasma in einem *Torus* aus Magnetfeldspulen einzuschließen. Der Torus ist eine lange Spule, die mit den Enden zu einem Kreis zusammengeführt ist. Die Spule erzeugt längs der Achse ein starkes *toroidales* Magnetfeld aus kreisförmigen Feldlinien. Im Torus fliegende elektrisch geladene Teilchen werden von der Lorentz-Kraft auf Schraubenbahnen um das Magnetfeld gelenkt und dadurch von der Gefäßwand ferngehalten. In ähnlicher Weise fängt das magnetische Erdfeld die von der Sonne kommenden Protonen ein (→ Exkurs S. 44/45). Bei ITER hat der Torus einen äußeren Radius von 6,2 m. Die maximale Magnetfeldstärke wird $B = 5{,}3$ T betragen. Solch extrem große Feldstärken können nur mit supraleitenden Magneten erreicht werden. Mit flüssigem Helium werden die Spulen aus supraleitendem Material auf $T = 4\ \mathrm{K}$ abgekühlt, wobei der elektrische Widerstand bei einer bestimmten Temperatur sprunghaft auf null sinkt. Ein Strom kann dann ohne Antrieb beliebig lange fließen und das Magnetfeld aufrechterhalten.

Die Aufheizung des Plasmas

In einem Transformator, der bei ITER 10,7 m hoch ist, stellt das Plasma die aus einer einzigen Windung bestehende Sekundärwicklung dar. Wird die Primärspannung kontinuierlich erhöht, so erzeugt dies im Plasma einen Induktionsstrom, der bei ITER 15 Megaampere beträgt. Die ohmsche Heizleistung dieses Stroms liefert thermische Energie.

Der Heizstrom hat noch eine weitere Aufgabe. Anders als im homogenen Feld einer geraden Spule ist das Magnetfeld im Torus außen schwächer als innen, weil die Windungen außen weiter auseinander liegen. Das führt zu einer Drift der Teilchen nach außen. Der Heizstrom erzeugt zusätzlich zum toroidalen Feld ein sogenanntes *poloidales* Feld, das zirkular um die Torusachse verläuft. Die Überlagerung beider Felder ergibt ein *verdrilltes* Magnetfeld (**Abb a**). Die Verdrillung zwingt das Plasma, sich ständig um die Torusachse zu drehen, sodass die nach außen driftenden Teilchen immer wieder nach innen transportiert werden. Diese von SACHAROW und TAMM gefundene Technik wird als **Tokamak**-Prinzip bezeichnet. Ein Tokamak-Reaktor kann demnach nur im Pulsbetrieb arbeiten, weil die Zunahme der Primärspannung beim Erreichen der maximalen Feldstärke zu Ende ist. Bei ITER wird die Fusionsdauer während eines Pulses mindestens 400 Sekunden betragen. Damit soll der Reaktor im Vergleich zu dem für den Betrieb notwendigen elektrischen Energiestrom die zehnfache thermische Leistung abgeben. Ein thermisches Kraftwerk kann etwa 40 % der Wärmeenergie in elektrische Energie umwandeln, sodass ein Überschuss an elektrischer Energie bleiben sollte. Doch es ist noch ein weiter Weg (lat.: *iter*), bis die Kernfusion den Energiebedarf der Menschheit decken kann.

a) Tokamak

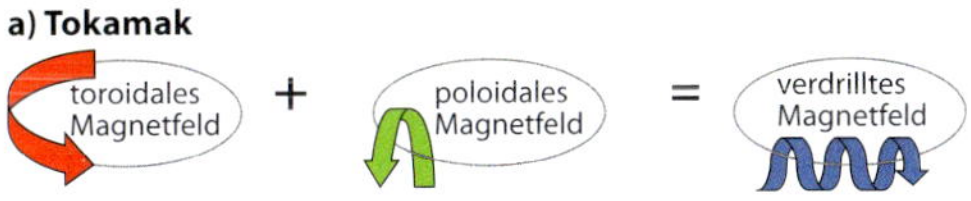

b) Stellarator

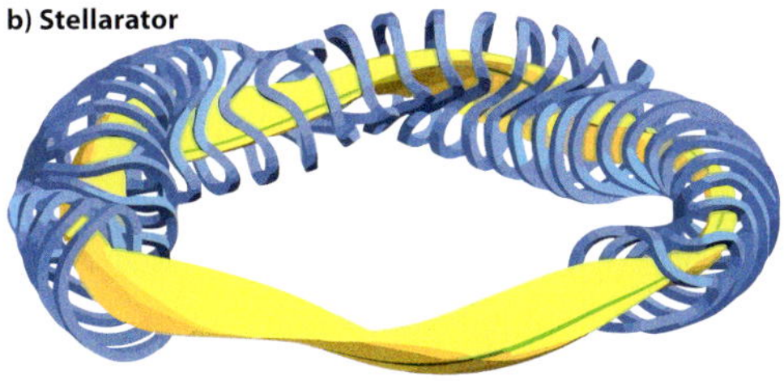

Deutschland betreibt seit 1997 unter Leitung des Max-Planck-Instituts für Plasmaphysik ein nationales Projekt zur Fusionsforschung in Greifswald (Mecklenburg-Vorpommern). Ziel ist es, neben dem Tokamak eine zweite Baulinie zu entwickeln. Dieses als **Stellarator** (*stella*, lat.: Stern) bezeichnete Prinzip vermeidet einen möglichen Nachteil des Tokamak. Dort wird das verdrillte Magnetfeld, das das Hinausdriften der Teilchen verhindert, mit dem Induktionsstrom erzielt. Damit ist diese Baulinie auf den gepulsten Induktionsbetrieb festgelegt, während der Stellarator kontinuierlich im stationären Zustand arbeitet.

Auch beim Stellarator wird das heiße Plasma in einem Torus von einem Magnetfeld eingeschlossen. Der entscheidende Unterschied besteht darin, dass das verdrillte Feld von den Magnetspulen allein erzeugt wird, die deswegen eine äußerst komplexe Struktur haben. Erst nachdem extrem leistungsfähige Computer zur Verfügung standen, konnte diese Struktur berechnet werden. **Abb. b)** zeigt eine schematische Darstellung der angestrebten Form des Plasmas (gelb) mit dem Verlauf einer (beispielhaften) magnetischen Feldlinie (grün) und dem dafür erforderlichen Magnetspulensystem (blau). Die Realisierung des Aufbaus erfordert ein entsprechend hohes Maß an Ingenieurwissen, handwerklichem Können und ausgefeilter Messtechnik zur Überwachung des Aufbaus. 2014 war das als **Wendelstein X-7** bezeichnete Projekt soweit fortgeschritten, dass der Torus geschlossen werden konnte.

Die **Abb. c)** zeigt einen Monteur bei den Endarbeiten im ringförmigen Plasmagefäß. Mit einem Durchmesser des Vakuumgefäßes von 16 m und einer Höhe von 5 m, einem mittleren großen Radius des Plasmas von 5,5 m und einer maximalen Feldstärke von 3 Tesla erreicht Wendelstein X-7 nicht ganz die Größe von ITER.

Nach dem Schließen konnte mit dem Evakuieren des Torus und dem Abkühlen der Magnetspulen begonnen werden. In einer ersten Versuchsreihe soll zunächst bei der Befüllung mit normalem Wasserstoff der Aufbau eines 100 Mio. K heißen stabilen Plasmas erreicht werden. Die Energiezufuhr erfolgt dabei durch die Einstrahlung von Mikrowellen. In einer weiteren Entwicklungsstufe werden später zusätzlich beschleunigte Teilchen eingeschossen. Diese Techniken zur Heizung des Plasmas werden auch bei ITER zur Anwendung kommen. Da Wendelstein X-7 ein Forschungsreaktor ist, wird nach dem Befüllen mit normalem Wasserstoff in einer weiteren Stufe das Arbeiten mit Deuterium erfolgen. Mit Tritium wird jedoch nicht gearbeitet werden, da der Reaktor hierzu nicht ausgelegt ist.

4.3.2 Die Kernspaltung

Die Kernspaltung wurde 1938 von den Chemikern Otto HAHN (1879–1968) und Fritz STRASSMANN (1902–1980) entdeckt. Sie hatten Urankerne mit Neutronen beschossen und anschließend in den bestrahlten Proben Barium und Krypton nachgewiesen. Ein Jahr später erklärten Lise MEITNER (1878–1968) und ihr Neffe Otto FRISCH (1904–1977) die Gründe für die Spaltung. In den Kernen der Eisengruppe sind die Nukleonen am stärksten aneinander gebunden (**Abb. 197.1**). Bei schwereren Kernen nimmt die Bindungsenergie pro Nukleon wieder ab. Wenn es möglich ist, einen schweren, schwächer gebundenen Kern in zwei leichtere, stärker gebundene Kerne zu spalten, wird die Differenz der Bindungsenergien freigesetzt. Aus dem Massendefekt hatten MEITNER und FRISCH pro gespaltenem Urankern eine frei werdende Energie von etwa 200 MeV berechnet: **Abb. 197.1** zeigt, dass die Bindungsenergie pro Nukleon für Uran etwa 7,5 MeV beträgt und für zwei Kernbruchstücke mittlerer Größe etwa 8,4 MeV. Aus der Differenz von (8,4 – 7,5) MeV = 0,9 MeV pro Nukleon und 235 Nukleonen im Urankern ergibt sich die von MEITNER und FRISCH berechnete Energie von 0,9 MeV · 235 = 212 MeV pro Nukleon. Wie groß diese Energiefreisetzung ist, wird deutlich, wenn die 200 MeV mit den 4 eV verglichen werden, die typischerweise bei der Verbrennung eines Kohlenstoffatoms mit einem Sauerstoffmolekül frei werden.

Nicht das zu über 99 % im natürlichen Uranerz vorkommende Isotop $^{238}_{92}U$ wird gespalten, sondern das nur zu 0,7 % enthaltene Isotop $^{235}_{92}U$. Damit es zur Spaltung kommt, muss einem Kern eine ganz bestimmte *Aktivierungsenergie* zugeführt werden. Diese Energie erhält der Kern durch den Einfang eines Neutrons. Dadurch entsteht zunächst aus $^{235}_{92}U$ das Isotop $^{236}_{92}U$. Dieser Kern ist hoch angeregt, denn durch den Einbau des Neutrons steht dessen Bindungsenergie von etwa 6,4 MeV zur Verfügung. Diese Energie führt zu einer starken Schwingung des Kerns, wodurch er in 85 % der Fälle gespalten wird (**Abb. 200.1**). Bei ^{235}U ist die durch den Einbau des Neutrons zur Verfügung stehende Energie größer als die Aktivierungsenergie, sodass es zur Spaltung kommt.

Grundsätzlich kann sich der Kern in zwei Bruchstücke mit beliebigem Massenverhältnis teilen. Äußerst unwahrscheinlich ist die Spaltung in gleich schwere Teile. Am häufigsten tritt eine Aufteilung im Massenverhältnis 3 : 2 auf. Eine typische Reaktion ist:

$$n + ^{235}_{92}U \rightarrow ^{236}_{92}U \rightarrow ^{141}_{56}Ba + ^{92}_{36}Kr + 3\,n$$

Bei der Spaltung werden neben den beiden Kernbruchstücken zusätzlich Neutronen ausgesandt; im Mittel sind es 2,5 Neutronen pro Kern. Diese Neutronen können weitere Kernspaltungsprozesse auslösen, sodass es zur **Kettenreaktion** kommt. Kernspaltungsbombe und Kernreaktor sind Anwendungen dieses Effekts. Bei der *unkontrollierten Kettenreaktion* in einer Bombe steigt die Zahl der Kernspaltungen in Sekundenbruchteilen exponentiell an. Bei der *kontrollierten Kettenreaktion* wird mit Neutronen absorbierenden Regelstäben erreicht, dass jedes Neutron, das eine Kernspaltung auslöst, durch *genau ein* Neutron ersetzt wird, das wiederum eine Spaltung bewirkt. Dabei sind für die Regelung neben den *prompten* Neutronen aus der Kernspaltung die *verspäteten* Neutronen wichtig, die mit zeitlicher Verzögerung von den radioaktiven Spaltprodukten ausgesandt werden. **Abb. 200.1** zeigt, dass alle Spaltprodukte radioaktiv sind. Dies erklärt das Stabilitätsband in der Nuklidkarte (→ 3.3.2). Mit zunehmender Massenzahl A wächst die Neutronenzahl N stärker als die Protonen-

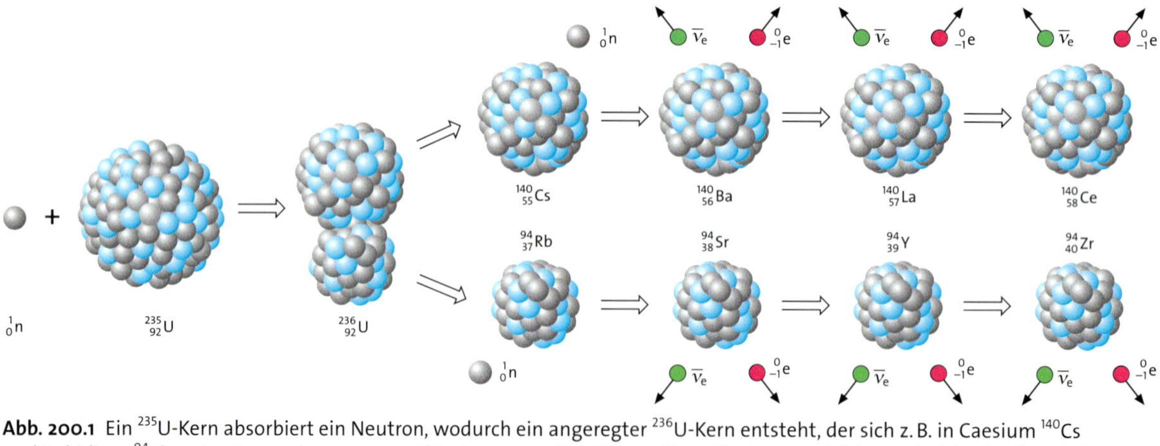

Abb. 200.1 Ein ^{235}U-Kern absorbiert ein Neutron, wodurch ein angeregter ^{236}U-Kern entsteht, der sich z. B. in Caesium ^{140}Cs und Rubidium ^{94}Rb unter Aussendung von zwei Neutronen spaltet. Wegen ihres Neutronenreichtums sind die Spaltprodukte radioaktiv.

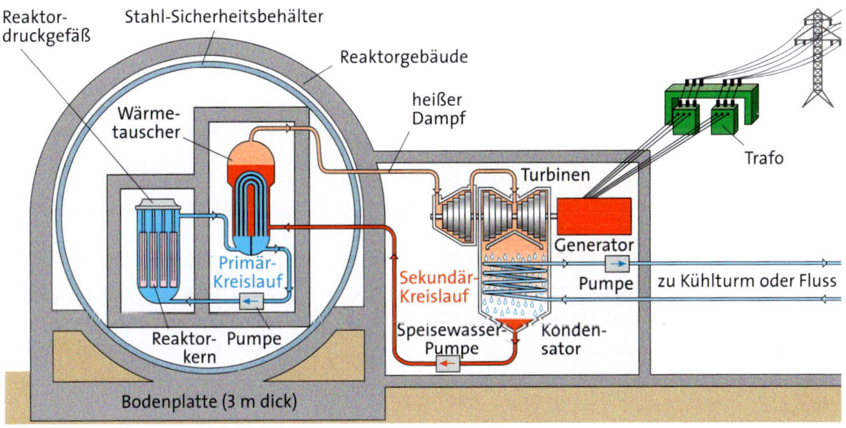

Abb. 201.1 Prinzipdarstellung eines Kernkraftwerks mit einem Druckwasserreaktor: In einem Sicherheitsbehälter aus Stahl befinden sich der 12 m hohe Reaktorkern und vier Wärmetauscher. Darin wird die Wärmeenergie des Kühlwassers des Primärkreislaufs, das bei einem Druck von 154 bar eine Temperatur von 300 °C hat, an den Sekundärkreislauf übergeben. Dabei wird Dampf von 220 °C unter einem Druck von 50 bar erzeugt, der die Dampfturbinen und über eine Welle den Generator antreibt.

zahl *Z*. Der Kern $^{236}_{92}$U hat Z = 92 Protonen und N = 236 − 92 = 144 Neutronen und damit das Neutron/Proton-Verhältnis *N*/*Z* = 1,6. Auch die Bruchstücke haben dieses Verhältnis, wohingegen stabile Kerne im mittelschweren Bereich ein Neutron-Proton-Verhältnis von 1,3 bis 1,4 besitzen. Die Bruchstücke haben demnach zu viele Neutronen und stoßen einige sofort ab. Die Folgekerne haben immer noch zu viele Neutronen, um stabil zu sein. Der β-Zerfall löst das Problem des Neutronenüberschusses, indem sich Neutronen im Kern in Protonen umwandeln, wobei ein Elektron und ein Elektron-Antineutrino ausgesandt werden (**Abb. 200.1**).

Die bei der Spaltung eines Urankerns frei werdende Energie von 200 MeV steckt zunächst in der kinetischen Energie der mit großer Geschwindigkeit auseinander fliegenden Spaltprodukte. Bei Stößen gegen andere Teilchen wandelt sich die kinetische Energie in Wärmeenergie um. Dadurch werden die 1 cm dicken Brennstäbe, in denen sich das Uran befindet, so heiß, dass sie mit Wasser gekühlt werden müssen, um nicht zu schmelzen. In einem Primärkühlkreislauf transportiert Wasser die Wärmeenergie zu Dampferzeugern. Der dort erzeugte Dampf wird zu Turbinen geleitet, die einen elektrischen Generator antreiben (**Abb. 201.1**).

Unter dem Eindruck der Katastrophe von Fukushima beschloss der Deutsche Bundestag das Atomkraftgesetz vom 06.08.2011, demzufolge bis 2022 alle Kernkraftwerke in Deutschland abgeschaltet werden. Eigentlich sollte der Betrieb eines Druckwasserreaktors gefahrlos sein. Das spaltbare Uran ^{235}U ist nur zu 4 % angereichert, während es bei einer Kernspaltungsbombe im reinsten Zustand vorliegen muss. Wenn bei einem **Größten Anzunehmenden Unfall** (GAU), dem Bruch einer Leitung im Primärkühlkreislauf, das Kühlwasser wegen der hohen Temperatur schlagartig verdampft, ist dadurch jede weitere Kernspaltung augenblicklich unterbunden. Das Kühlwasser hat nämlich noch eine weitere wichtige Funktion. Die bei der Spaltung ausgesandten Neutronen haben zunächst eine so hohe kinetische Energie, dass sie viel zu schnell sind, um eine Spaltung auszulösen. Erst wenn sie auf ihren Weg zwischen den Brennstäben durch viele Stöße mit den Protonen des Wassers auf sogenannte *thermische Neutronen* abgebremst sind, werden sie von den ^{235}U-Kernen eingefangen. Das Kühlwasser wirkt als sogenannter *Moderator*, ohne den Kernspaltungen nicht stattfinden. Die Gefahr geht von den hochradioaktiven Folgeprodukten aus. Dieser *radioaktive Abfall* erzeugt die sogenannte *Nachzerfallswärme*, die ohne Kühlung die Brennstäbe in kurzer Zeit schmelzen lässt und Radioaktivität freisetzt. Diese Gefahr besteht auch nach dem Austausch der ausgedienten Brennstäbe. Die folgende Abbildung zeigt, dass die Nachzerfallswärme und damit die Radioaktivität nach 100 Jahren erst auf $\frac{1}{10}$ abgeklungen sind. Der hochradioaktive Abfall muss daher über Jahrhunderte sicher gelagert werden. Diese Endlagerung ist ein weltweit ungelöstes Problem.

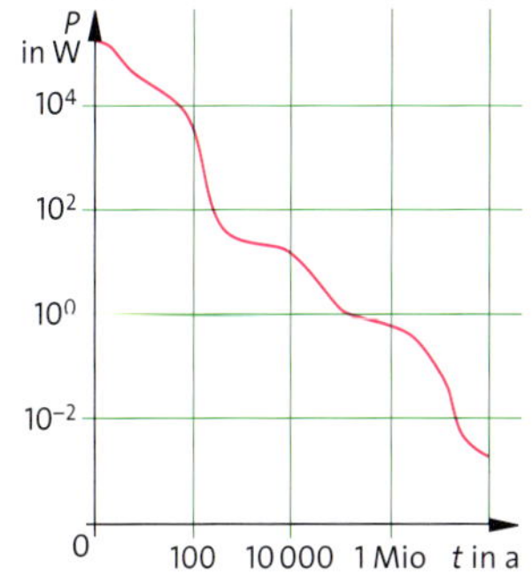

Aufgaben

1. Recherchieren Sie den Unfall von Fukushima und beurteilen Sie, ob das Management der Betreiberfirma Tepco die Freisetzung von Radioaktivität hätte verhindern können.
2. Bei der Fusion eines ^{4}He-Kerns werden 26,7 MeV abgegeben. Berechnen Sie die Energie, wenn 4 kg Helium – das sind $6{,}022 \cdot 10^{26}$ Kerne – gebildet werden. Vergleichen Sie die Energie mit dem elektrischen Energieverbrauch in Deutschland im Jahre 2012, der 595 TWh betrug.

Materialgestützte Aufgaben

Das Fizeau-Experiment

Auf der Suche nach den Eigenschaften des Äthers führte Hippolyte FIZEAU (1819–1896) im Jahre 1851 ein Experiment durch, das klären sollte, ob der nach damaliger Auffassung existierende Äther von strömendem Wasser mitgeführt wird oder ob der Äther davon unberührt bleibt.

Die Lichtgeschwindigkeit in ruhendem Wasser ist $c_n = c/n$, wobei $n = 1{,}33$ der Brechungsindex des Wassers ist. Wirkt sich das strömende Wasser nicht auf den Äther aus, so sollte die Geschwindigkeit

$$c_v = c/n$$

gemessen werden. Nimmt das Wasser den Äther mit, so sollte sich die Strömungsgeschwindigkeit v zur Lichtgeschwindigkeit c/n addieren:

$$c_v = c/n + v.$$

Das Fizeau-Experiment hatte keine dieser beiden Vorhersagen zum Ergebnis. Die Messungen konnten jedoch mit einer schon früher von A. J. FRESNEL (1788–1828) angegebenen Formel beschrieben werden:

$$c_v = c/n + v\,(1 - 1/n^2)$$

Demnach würde das Wasser den Äther nicht vollständig mitführen, sondern nur zum Teil mit dem sogenannten *Mitführungskoeffizienten*:

$$(1 - 1/n^2) = 1 - 1/1{,}33^2 = 0{,}435.$$

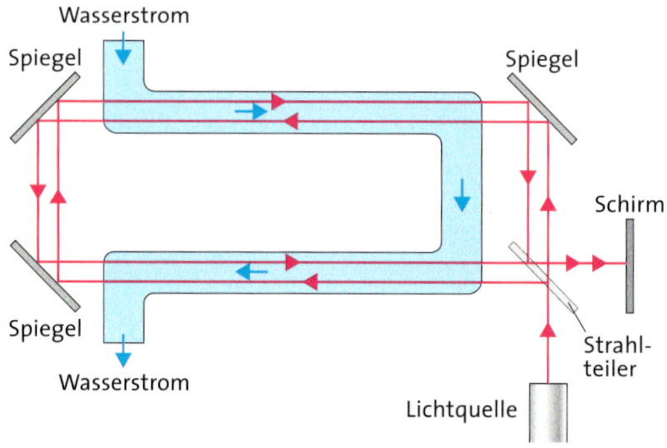

FRESNEL hatte um 1818 aufgrund von Beobachtungen den Mitführungskoeffizienten erschlossen, ohne ihn begründen zu können. Denn eine Erklärung dafür konnte die klassische Physik nicht geben. Die folgenden Überlegungen werden zeigen, dass die Relativitätstheorie allein mit der relativistischen Addition von Geschwindigkeiten eine Erklärung ohne irgendwelche zusätzlichen Annahmen gibt. EINSTEIN hat daher später wiederholt betont, welch großen Wert das Fizeau-Experiment für die Relativitätstheorie darstellte, indem es die erste experimentelle Bestätigung der Theorie lieferte.

Da die Strömungsgeschwindigkeit v sehr viel kleiner als die Lichtgeschwindigkeit c/n ist, stellt sich die Frage, wie FIZEAU so kleine Unterschiede messen konnte. Er benutzte wie später MICHELSON ein Interferometer und auch hier teilt eine halbdurchlässige Platte monochromatisches Licht in zwei interferenzfähige Lichtbündel auf. Mithilfe von drei Spiegeln werden die beiden Teilbündel in entgegengesetzter Richtung durch strömendes Wasser geleitet. Die Teilbündel treffen wieder auf den Strahlteiler, wo sie je zur Hälfte vereint werden und auf einem Schirm Interferenzstreifen erzeugen. Die Streifen rühren daher, dass die Spiegel insgesamt um einige Wellenlängen gegeneinander gekippt sind, sodass abwechselnd Interferenzmaxima und Interferenzminima auftreten.

Aufgaben

1. Auf einem Kongress um 1900 wurde vermutet, dass eine Bewegung der Erde durch den Äther deswegen nicht nachzuweisen sei, weil die Erde bei ihrer Bewegung um die Sonne den Äther mitführt. Liefern Sie hierzu einen Diskussionsbeitrag.
2. Zum Fizeau-Experiment: Ein mit der Wasserströmung mitbewegter Beobachter misst für das Licht die Geschwindigkeit c/n. Im Labor bewegt sich das Wasser mit der Geschwindigkeit v und für das Licht wird die Geschwindigkeit c_v gemessen. Addieren Sie die beiden Geschwindigkeiten c/n und v relativistisch zur Geschwindigkeit c_v.
3. Das Ergebnis der vorhergehenden Aufgabe stimmt noch nicht mit der Formel von FIZEAU überein. Dies liegt daran, dass die relativistische Herleitung exakt gilt, während die Formel $c_v = c/n + v\,(1 - 1/n^2)$ eine Näherung ist. Formen Sie daher das exakte Ergebnis mit der Näherungsformel $1/(1 + x) \approx (1 - x)$ um, wobei $x = v/(n\,c) << 1$ ist.
   Die Näherungsformel kann aus der 3. Binomischen Formel $(1 + x)(1 - x) = 1 - x^2$ hergeleitet werden. Da $x^2 << x << 1$ ist, kann x^2 gegenüber 1 vernachlässigt werden. Aus $(1 + x)(1 - x) \approx 1$ folgt durch Division von $(1 + x)$ die Näherung.
4. Im FIZEAU-Experiment läuft das eine Teilbündel mit der Strömung $(+\,v)$, das andere entgegen der Strömung $(-\,v)$.
   Mit der von FRESNEL angegebenen Geschwindigkeit $c_u = c/n \pm u\,(1 - 1/n^2)$ für das Licht in der strömenden Flüssigkeit ergibt sich für die beiden Teilbündel die folgende Wegdifferenz Δs:
   $$\Delta s = c\left(\frac{d}{c/n - v\,(1 - 1/n^2)} - \frac{d}{c/n + v\,(1 - 1/n^2)}\right)$$
   Ein Versuch werde mit rotem Licht der Wellenlänge $\lambda = 640$ nm bei einer gesamten Wasserstrecke von $d = 3{,}50$ m durchgeführt. Es soll $\Delta s = \lambda/2$ sein, sodass aus einem Maximum ein Minimum wird. Ermitteln Sie v, indem Sie die Gleichung im Rechner speichern und wiederholt Werte für v einsetzen. Startwert sei $v = 10$ m/s.
5. EINSTEIN hat wiederholt darauf hingewiesen, dass die von FIZEAU im Jahre 1851 erfolgte experimentelle Bestätigung des von FRESNEL um 1818 vorhergesagten Mitführungskoeffizienten wegweisend für die Entwicklung der Relativitätstheorie war. Begründen Sie in einem Kurzreferat, was der Mitfühungskoeffizient aussagt und worin die Stärke der Erklärung durch die Relativitätstheorie liegt.

Exkurs

Die allgemeine Relativitätstheorie: Grundlagen der Theorie

Im Jahre 1915 veröffentlichte EINSTEIN die *allgemeine* Relativitätstheorie. Sie ist eine Theorie der *Gravitation* auf der Grundlage der speziellen Relativitätstheorie. Zwar war es mit NEWTONS Gravitationsgesetz möglich, die Bewegung der Himmelskörper mit großer Genauigkeit zu berechnen – eine Erklärung über den Ursprung der Kraft gab das Gesetz aber nicht. EINSTEIN gelangte zu einem neuen Ansatz: Nicht eine Kraft ruft die Gravitationswirkung hervor, sondern die **Krümmung der Raum-Zeit.**

Wegbereiter für EINSTEINS Gravitationstheorie war Carl Friedrich GAUSS (1777–1855). Das *Parallelenaxiom* spielte dabei eine wichtige Rolle: Zu einer Geraden und einem Punkt außerhalb der Geraden gibt es *genau eine* Gerade durch diesen Punkt, die die erste Gerade *nicht* schneidet. GAUSS hatte erkannt, dass dieser Satz nicht aus den Lehrsätzen EUKLIDS folgt, sondern als Axiom zusätzlich postuliert werden muss. Dann sollte es aber *nichteuklidische Geometrien* geben, in denen dieser Satz nicht gilt.

Auf dieser Grundlage arbeitete Bernhard RIEMANN (1826–1866), ein Schüler von GAUSS, eine Theorie des *gekrümmten Raumes* aus, in der sich die Krümmung des Raumes von Punkt zu Punkt ändert, sodass sich auch parallele Geraden schneiden können (das obere Bild zeigt ein Beispiel im Zweidimensionalen). RIEMANN wies darauf hin, dass es tatsächlich eine großräumige Krümmung geben könne, ohne dass man davon bei alltäglichen Entfernungen etwas bemerken müsse. Die physikalische Erfahrung allein werde lehren, ob unser Raum euklidisch oder gekrümmt sei.

Um RIEMANNS genialer Idee Geltung zu verschaffen, bedurfte es jedoch erst der speziellen Relativitätstheorie. Sie zeigt, dass Raum und Zeit eine Einheit bilden – die Raum-Zeit. Nicht der Raum für sich allein, sondern die Raum-Zeit ist gekrümmt: Die Anwendung der Riemann'schen Theorie gekrümmter Flächen auf die vierdimensionale Raum-Zeit führt zur Gravitationstheorie EINSTEINS.

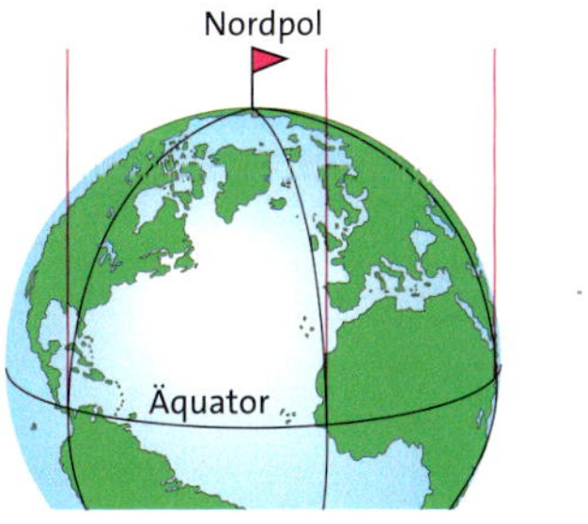

Der **allgemeinen Relativitätstheorie** liegt ein einfaches Prinzip zugrunde: Beobachtungen zeigen, dass alle Körper auf der Erde mit gleicher Beschleunigung g frei fallen. Außerdem erfahren alle Körper eine *Gewichts- oder Gravitationskraft*, die ihrer Masse proportional ist. Das gleiche Verhalten kann in einem Raumschiff beobachtet werden, das konstant mit g beschleunigt wird.

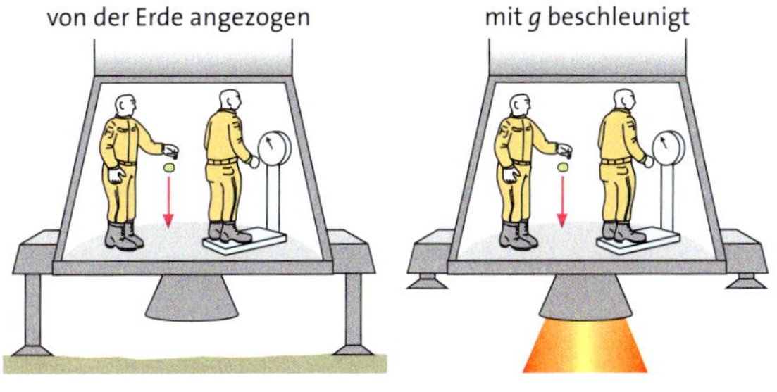

EINSTEIN postuliert dies als **Äquivalenzprinzip:** Die Vorgänge in einem homogenen Gravitationsfeld laufen wie die in einem gleichmäßig beschleunigten Bezugssystem ab.

Befinden sich auf der Erde frei fallende Körper in einem ebenfalls frei fallenden Kasten, so verhalten sich die Körper in diesem Raum nach dem Trägheitsprinzip. Ebenso würden sich die Körper verhalten, wenn kein Himmelskörper in der Nähe wäre, es also keine Gravitation gäbe. Mit keiner Messung innerhalb des abgeschlossenen Kastens könnte entschieden werden, ob die Schwerelosigkeit – z. B. in einem Raumschiff – auf fehlender Gravitation beruht oder ob der Raum *im freien Fall* auf einen Himmelskörper zufliegt. Das Trägheitsverhalten der Körper zeigt in allen Fällen, dass der Kasten ein *Inertialsystem* bildet. Dies gilt allerdings nur für kleine, streng genommen infinitesimal kleine Räume, da sonst wegen unterschiedlicher Abstände und Richtungen zum Newton'schen Gravitationszentrum sogenannte *Gezeitenkräfte* auftreten. In diesem Sinne genügend kleine Räume heißen *lokale Inertialsysteme:*

Frei fallende lokale Systeme sind Inertialsysteme. Sie bilden in EINSTEINS Gravitationstheorie die grundlegenden Bezugssysteme, in denen die spezielle Relativitätstheorie gilt.

Nach NEWTON erhalten die Körper ihre Gewichtskraft durch die Gravitationswechselwirkung mit der Erde. Nach dem Äquivalenzprinzip kann die Gewichtskraft aber auch mit einem beschleunigten Bezugssystem erklärt werden. Die Kraft tritt auf, weil die Körper daran gehindert werden, ihrer Trägheit folgend frei zu fallen. In der allgemeinen Relativitätstheorie fallen die Körper demnach nicht aufgrund einer *Gravitationskraft*, sondern die Körper bewegen sich gemäß ihrer *Trägheit* frei fallend in der gekrümmten Raum-Zeit. Ein Körper erscheint daher umso schwerer, je träger er ist.

Die von EINSTEIN aufgestellten Feldgleichungen ordnen die lokalen Inertialsysteme nicht mehr *eben* aneinander, sodass ein *flacher* euklidischer Raum entsteht, sondern die Massen großer Himmelskörper bestimmen die Anordnung zu einer *gekrümmten Raum-Zeit.* Ein Körper, z. B. die Erde im Gravitationsfeld der Sonne, bewegt sich dann *kräftefrei* von Inertialsystem zu Inertialsystem und durchläuft wegen der nichteuklidischen Anordnungen der kleinen Inertialsysteme eine gekrümmte Bahn.

Exkurs

Die allgemeine Relativitätstheorie: Experimentelle Tests der Theorie

Die Lichtablenkung

Im folgenden Bild ist die Krümmung des Raumes durch die Masse der Sonne in der *zweidimensionalen* Umlaufebene der Erde um die Sonne dargestellt. Mit der dritten Dimension kann die nichteuklidische Anordnung der lokalen Inertialsysteme (rechteckige Flächen) veranschaulicht werden. Während die Erde – weit entfernt von der Sonne – in einem nur schwach gekrümmten Raum umläuft, wird Licht, das nahe an der Sonne vorbeiläuft, in dem dort stark gekrümmten Raum abgelenkt.

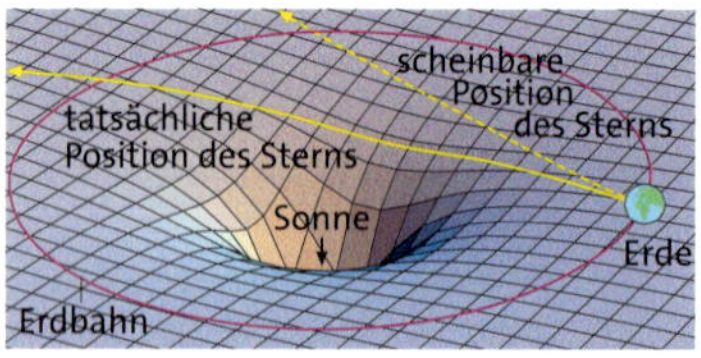

EINSTEIN hatte für Licht, das am Rand eines Himmelskörpers mit der Masse M und dem Radius R vorbeiläuft, eine Formel für die Winkelablenkung δ angegeben:

$$\delta = 2\,R_S/R \quad \text{mit} \quad R_S = 2\,\gamma M/c^2$$

Dabei ist R_S der **Schwarzschild-Radius,** der in der allgemeinen Relativitätstheorie eine zentrale Rolle spielt. Für die Sonne wird eine Ablenkung von $\delta = 1{,}75''$ berechnet. Diesen Wert hatte 1919 eine englische Expedition in Afrika mit Messungen während einer Sonnenfinsternis bestätigt. Allerdings sind solche Messungen auch heute noch sehr ungenau, doch das Problem hat eine andere Lösung gefunden: Alljährlich am 8. Oktober wird der Quasar 3C 279 von der Sonne verdeckt, wobei die Ablenkung der von diesem Objekt ausgesandten Radiostrahlung kurz vor und nach der Verfinsterung sehr genau gemessen werden kann. Man erhält in Übereinstimmung mit dem theoretischen Wert den Ablenkungswinkel $\delta = 1{,}73'' \pm 0{,}05''$.

Mit dem Hubble-Weltraumteleskop kann die Lichtablenkung direkt beobachtet werden. In der Abbildung Mitte oben wirkt der Galaxienhaufen Abell 2218 als *Gravitationslinse*: Licht von sehr weit hinter dem Haufen gelegenen Galaxien, das seitlich an diesem vorbeiläuft, wird zum Haufen hin abgelenkt, sodass die eigentlich unsichtbaren, weil verdeckt hinter dem Haufen befindlichen Galaxien als Bogenstücke zu sehen sind.

Der Uhreneffekt

In der gekrümmten Raum-Zeit, also in der Nähe großer Massen, gehen Uhren langsamer als in einer flachen Raum-Zeit.

Der Zusammenhang kann mit dem Äquivalenzprinzip hergeleitet werden. Dazu wird der Gang zweier Uhren betrachtet, die sich an der Spitze (Uhr A) und am Ende (Uhr B) einer auf der Erde stehenden Rakete befinden. Eine weitere Uhr C soll neben der Rakete frei fallen (**Abb. unten**). Nach dem Äquivalenzprinzip kann die Situation auch so aufgefasst werden, dass die Rakete mit g beschleunigt an der schwebenden Uhr C vorbeifliegt.

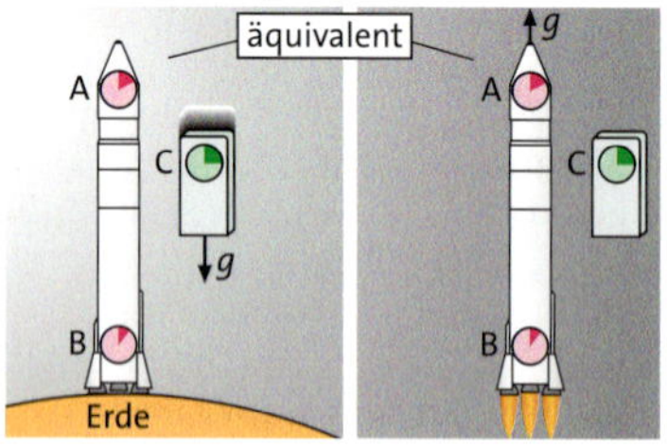

In beiden Betrachtungsweisen befindet sich die Uhr C in einem Inertialsystem, sodass die beschleunigten Uhren A und B schneller gehen als die in einem Inertialsystem ruhende Uhr C. Mit der Formel für die Zeitdilatation (→ 4.1.5) gilt demnach

$$t_{A;B} = t_C\sqrt{1 - v_{A;B}^2/c^2},$$

wobei v_A und v_B die Geschwindigkeiten relativ zu C im Moment des Vorbeiflugs sind. Mit der Beschleunigung der Uhren A und B nimmt deren kinetische Energie zu. Aus der Formel für die kinetische Energie (→ 4.2.2)

$$E_{kin\,(A;B)} = E_0\left(\frac{1}{\sqrt{1 - v_{A;B}^2/c^2}} - 1\right)$$

ergibt sich mit obiger Formel für die Zeitdilatation

$$E_{kin\,(A;B)} = E_0\left(\frac{t_C}{t_{A;B}} - 1\right).$$

Als Differenz der kinetischen Energie der beiden Uhren A und B folgt

$$E_{kin\,(B)} - E_{kin\,(A)} = E_0\left(\frac{t_C}{t_B} - \frac{t_C}{t_A}\right).$$

Der Differenz $E_{kin\,(B)} - E_{kin\,(A)}$ im gravitationsfreien Inertialsystem entspricht eine Differenz der potentiellen Energie ΔE_{pot} im Gravitationsfeld.

Mit der Höhendifferenz h der beiden Uhren A und B gilt im homogenen Gravitationsfeld $\Delta E_{pot} = mgh$. Aus $E_{kin\,(B)} - E_{kin\,(A)} = \Delta E_{pot} = m_0 gh$ folgt:

$$E_0\left(\frac{t_C}{t_B} - \frac{t_C}{t_A}\right) = mgh \quad \text{oder}$$

$$m_0 c^2 (t_A - t_B)\frac{t_C}{t_A t_B} = m_0 gh$$

Mit $t_A \approx t_B \approx t_C \approx t$ folgt als Differenz der Zeitanzeige der Uhren A und B

$$\Delta t = t_A - t_B = t\frac{gh}{c^2}.$$

Eine um h im Gravitationsfeld höher gelegene Uhr geht um Δt schneller.

Um diese Formel zu testen, wurde 1973 ein Experiment an der Universität Maryland (USA) durchgeführt, bei dem ein Flugzeug mit Atomuhren an Bord 15 Stunden lang in drei verschiedenen Höhen um $h = 10\,000$ m über einer Uhrengruppe am Boden kreiste. Nach 15 Stunden zeigten die Uhren am Boden eine um $\Delta t = 47{,}1$ ns geringere Zeit an. Mit diesem Ergebnis konnte anhand der genau bekannten Flugdaten obige Formel auf 1% bestätigt werden. Mit makroskopischen Uhren war gezeigt, dass die Zeit in der Nähe massereicher Körper langsamer vergeht.

Aus der Theorie folgt, dass bei Annäherung an den Schwarzschild-Radius eines Schwarzen Lochs der Effekt so stark zunimmt, dass bei Erreichen dieses Radius für einen fernen Beobachter die Zeit stillsteht.

Der Pulsar 1913+16

Die Entdeckung des Pulsars PSR 1913+16 durch TAYLOR und HULSE im Jahre 1974 erwies sich als wahrer Glücksfall für die allgemeine Relativitätstheorie. Pulsare sind kollabierte Sterne, die nur aus Neutronen bestehen. Ihre Masse liegt zwischen 1,4 und höchstens drei Sonnenmassen, wobei sie wegen ihrer hohen Dichte nur einen äußerst kleinen Radius von etwa 10 km besitzen. Ihren Namen verdanken die Pulsare kurzzeitigen, nur Millisekunden andauernden Radioimpulsen, die beobachtet werden. Tatsächlich rotieren diese Neutronensterne mit großer Geschwindigkeit und senden in Richtung ihrer magnetischen Achsen elektromagnetische Strahlung aus. Wie der Scheinwerfer eines Leuchtturms kann dieser Strahl periodisch die Erde überstreichen, wobei ein Radioimpuls registriert wird. Während aber die Pulsfrequenz der anderen bisher beobachteten Pulsare äußerst konstant ist, weist PSR 1913+16 eine Besonderheit auf. Einer mittleren Frequenz von 16,94 Pulsen pro Sekunde ist eine periodische Schwankung von 7,75 Stunden überlagert. Dafür bietet sich eine einfache Erklärung an. Der Pulsar bewegt sich alle 7,75 Stunden um einen anderen Himmelskörper und es wird die Doppler-Verschiebung der Strahlungsquelle gemessen, die sich einmal auf die Erde zu und wieder von ihr weg bewegt. Aufgrund der Bahndaten ist heute bekannt, dass die zweite Komponente des Binärsystems ebenfalls ein Neutronenstern ist.

Damit liegt hier eine besondere Konstellation vor: Das Binärsystem mit dem Pulsar PSR 1913+16 bietet sich mit seinen extremen Verhältnissen – zwei massereiche Körper, die auf engen, stark elliptischen Bahnen umeinander laufen – als Testobjekt für die allgemeine Relativitätstheorie an. Nach mehrjährigen Beobachtungen war klar, dass das Newton'sche Gravitationsgesetz die Bahnbewegungen nicht beschreiben konnte, stellt es doch nur eine Näherung der Einstein'schen Gleichungen für den Fall einer schwach gekrümmten Raum-Zeit dar. Mit den Lösungen der Einstein'schen Feldgleichungen, die sich allerdings nur mit Computern numerisch berechnen lassen, konnte die Bewegung des Binärsystems exakt bestimmt werden. Die relativistischen Rechnungen ergaben die 1,442- bzw. 1,386-fache Sonnenmasse. Die Abstände ändern sich auf den stark elliptischen Bahnen von 1,1 bis 4,8 Sonnenradien. Erstmals waren damit astrophysikalische Größen – die Massen von Sternen und deren Bahnparameter – mit EINSTEINS Theorie bestimmt worden.

Die Periheldrehung

Die Periheldrehung ist ein Effekt, der bei umeinander laufenden Himmelskörpern auftritt und nur mit der allgemeinen Relativitätstheorie erklärt werden kann.

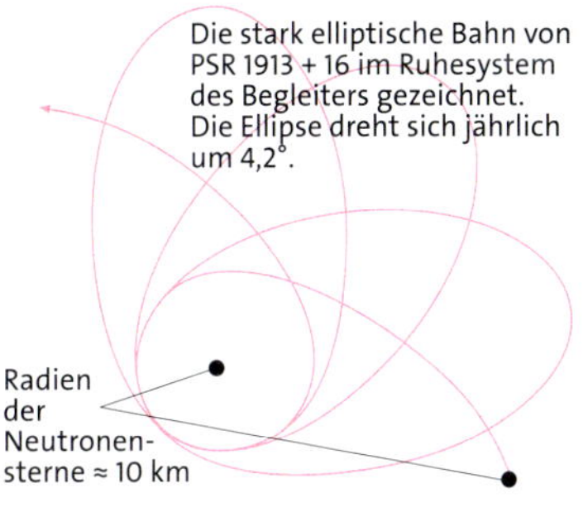

In der Abbildung ist im Ruhesystem des einen Neutronensterns der elliptische Umlauf des anderen dargestellt. Wegen der stark gekrümmten Raum-Zeit im Perihel (Punkt größter Annäherung) behält die große Halbachse der Ellipse ihre Lage im Raum nicht bei, sondern dreht sich, sodass sich eine rosettenartige Bahn ergibt. Im Sonnensystem ist dieser Effekt bei dem sonnennächsten Planeten Merkur zu beobachten. Seine Bahn präzediert um 574,2″ *pro Jahrhundert*, wovon aber nur 42,8″ auf den relativistischen Effekt entfallen; der überwiegende Anteil wird durch Störungen der Nachbarplaneten hervorgerufen. Bei PSR 1913+16 wird in Übereinstimmung mit der Rechnung eine Drehung von 4,2° *pro Jahr* beobachtet.

Gravitationswellen

Der größte Erfolg bei PSR 1913+16 war der indirekte Nachweis von Gravitationswellen, wofür TAYLOR und HULSE 1993 den Physik-Nobelpreis erhielten. Nach EINSTEINS Theorie wird die gekrümmte Raum-Zeit von stark beschleunigten Massen zu Schwingungen angeregt, die sich als Gravitationswellen mit Lichtgeschwindigkeit ausbreiten. Durch die Abstrahlung der Gravitationswellen verliert das Binärsystem Energie (etwa ein Fünftel der Strahlungsleistung der Sonne), die der Bahnbewegung entzogen wird. Die beiden Komponenten sollten sich demnach auf einer spiraligen Bahn immer näher kommen und zwar um 3,50 m pro Jahr, was einer Verkürzung der Umlaufzeit von 0,076 ms entspricht. Dies wird tatsächlich gemessen und nach fast 20-jähriger Beobachtung steht fest, dass die Verkürzung innerhalb von 3 Promille mit der Vorhersage der allgemeinen Relativitätstheorie übereinstimmt.

Die Gewissheit, dass Gravitationswellen existieren, hat in den Neunzigerjahren zur Planung und zum Bau eines weltweiten Netzes von sechs Laser-Interferometern geführt, die alle nach dem Prinzip des Michelson-Interferometers arbeiten (→ 4.1.1). Sie sollten in der Lage sein, Gravitationswellen direkt nachzuweisen. Ihre Funktionsweise ist folgende: Eine Gravitationswelle verursacht eine lokale periodische Deformation der Raum-Zeit. Wird einer der beiden rechtwinkligen Arme des Interferometers von der Welle in Längsrichtung durchlaufen, so sollte sich der Lichtweg periodisch ändern, was einer periodischen Längenänderung des Spektrometerarms gleichkommt und durch Interferenz mit dem Licht des anderen Arms nachgewiesen werden kann.

Forschungsarbeiten an Prototypen haben gezeigt, dass sehr lange Spektrometerarme benötigt werden, um die notwendige Empfindlichkeit zu erreichen. Eines der Interferometer wurde in britisch-deutscher Zusammenarbeit südlich von Hannover errichtet (GEO 600); es hat Armlängen von 600 m. Die anderen fünf Anlagen sind (Armlängen in Klammern): LIGO in den USA (4 km), VIRGO bei Pisa (3 km), TAMA 300 in Japan (300 m) und AIGO 400 in Australien (400 m).

Grundwissen Die Relativität von Zeit und Raum

Der Michelson-Morley-Versuch

Nach der klassischen Physik ist das Weltall mit dem Äther erfüllt, der als Träger der Lichtwellen angesehen wurde. Demnach sollte sich Licht nur im absoluten Raum in allen Richtungen mit Lichtgeschwindigkeit c ausbreiten. Auf der um die Sonne bewegten Erde hätte das Licht abhängig von der Ausbreitungsrichtung unterschiedliche Geschwindigkeiten – was aber nicht beobachtet wird.

Die Relativitätspostulate

Das Scheitern des Michelson-Morley-Versuchs bestätigte Einstein in seiner Ansicht, dass es keinen Äther gibt und damit auch keinen absoluten Raum.
Physikalische Vorgänge werden in *Inertialsystemen* beschrieben, die sich relativ zueinander gleichförmig bewegen. In ihnen gilt das Galilei'sche Trägheitsprinzip.

Einstein postuliert die beiden folgenden Prinzipien:

- **Relativitätsprinzip:** In jedem Inertialsystem gelten alle physikalischen Gesetze in gleicher Form. Alle Inertialsysteme sind zur Beschreibung der Naturabläufe gleichberechtigt.
- **Konstanz der Lichtgeschwindigkeit:** Licht breitet sich im Vakuum in jedem Inertialsystem unabhängig von der Richtung und unabhängig von der Bewegung der Lichtquelle mit Lichtgeschwindigkeit c aus.

Die Lichtgeschwindigkeit als Grenze

Kein Körper, kein Teilchen und keine Welle kann sich schneller als Licht bewegen. An die Stelle der klassischen Addition von Geschwindigkeiten $v = v' + u$ tritt die relativistische Geschwindigkeitsaddition: Hat ein Objekt im System I', das sich relativ zu I mit der Geschwindigkeit u bewegt, die Geschwindigkeit v', so hat es in I die Geschwindigkeit v. Es gilt

$$v = \frac{v' + u}{1 + \frac{v' u}{c^2}}, \quad \text{wobei stets } v \le c \text{ ist.}$$

Zeitdilatation und Längenkontraktion

Die Postulate haben als Konsequenz, dass der Ablauf der Zeit nicht absolut ist, sondern in verschiedenen Inertialsystemen unterschiedlich erfolgt. *Zeit ist demnach relativ.* Mit Lichtuhren lässt sich herleiten, dass die von einer bewegten Uhr in ihrem Ruhesystem I_0 gemessene Eigenzeit Δt_0 kleiner ist als die für den gleichen Vorgang von den synchronisierten Uhren in einem System I gemessene Zeit Δt. Der quantitative Zusammenhang für diese scheinbare Zeitdehnung kann mit Lichtuhren hergeleitet werden: Bewegt sich die Uhr in I mit der Geschwindigkeit v, so gilt:

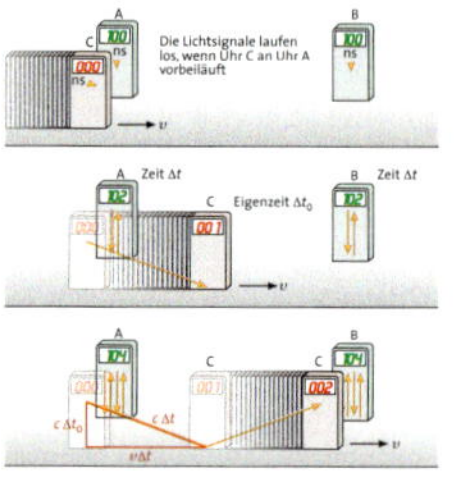

$$\Delta t = \gamma \, \Delta t_0$$

mit dem Lorentz-Faktor γ

$$\gamma = \frac{1}{\sqrt{1 - v^2/c^2}} \ge 1.$$

Da die Eigenzeit Δt_0 einer bewegten Uhr kleiner als die Zeit Δt ist, sagt man:
Bewegte Uhren gehen langsamer: tiiick, taaack, …

Für die Längenkontraktion gilt: Hat ein Körper in seinem Ruhesystem I_0 die Eigenlänge l_0, so hat er aus der Sicht eines mit der Geschwindigkeit v bewegten Systems I die in der Bewegungsrichtung verkürzte Länge l:

$$l = l_0 \sqrt{1 - v^2/c^2}$$

Die dynamische Masse

Die Masse m eines Körpers ist nicht – wie in der klassischen Physik angenommen – konstant, sondern wird mit zunehmender Geschwindigkeit größer und wächst bei Annäherung an die Lichtgeschwindigkeit über alle Grenzen. Ist m_0 die Ruhemasse eines Körpers, so gilt für seine dynamische Masse

$$m = \gamma \, m_0 = \frac{m_0}{\sqrt{1 - v^2/c^2}}$$

Die Äquivalenz von Masse und Energie

Die Zunahme der Masse mit größer werdender Geschwindigkeit erklärt die Relativitätstheorie damit, dass Energie nichts anderes ist als Masse. Daher wächst die Masse eines Teilchens mit der Zufuhr von kinetischer Energie. Allgemein gilt, dass Energie, ebenso wie die Masse, träge und schwer ist. Einer Energiemenge E entspricht eine bestimmte Masse m. Es gilt:

$$E = m c^2$$

Ein Körper der Ruhemasse m_0 hat die Ruheenergie $E_0 = m_0 c^2$. Für seine kinetische Energie E_{kin} folgt:

$$E_{\text{kin}} = E - E_0 = m c^2 - m_0 c^2 = m_0 c^2 \left(\frac{1}{\sqrt{1 - v^2/c^2}} - 1 \right)$$

Photonen haben keine Ruhemasse. Ihre Masse m wird durch die Quantenphysik bestimmt:

$$E = m c^2 = h f; \quad f \text{ ist die Frequenz des Photons}$$

Mit der Gleichung $E = m c^2$ verschmelzen die beiden klassischen Erhaltungssätze von der Erhaltung der Masse und der Erhaltung der Energie relativistisch zu einem einzigen Erhaltungssatz.

1. Relativistische Geschwindigkeitsaddition
Mit der Geschwindigkeit $v = 0{,}6\,c$ fliegende Kaonen zerfallen in je zwei π-Mesonen. Im Ruhesystem der Kaonen haben die π-Mesonen eine Geschwindigkeit von $0{,}85\,c$. Berechnen Sie die Geschwindigkeiten der π-Mesonen im Laborsystem, wenn diese in und entgegen der Flugrichtung der K-Mesonen ausgesandt werden.

2. Klassische Geschwindigkeitsaddition
Ein Flugzeug fliegt mit einer Geschwindigkeit von 1000 km/h und feuert in Vorausrichtung ein Geschoss mit ebenfalls 1000 km/h ab. Ermitteln Sie die Genauigkeit einer Messung der Geschossgeschwindigkeit, welche die relativistische Abweichung von der klassischen Addition der Geschwindigkeiten nachweisen könnte.

3. Ein relativistisches Geschoss
In einem Science-Fiction-Roman fliegt ein Raumschiff mit $0{,}2\,c$ durch die Milchstraße, als es von einer gegnerischen Rakete überholt wird. Diese durchquert mit $0{,}8\,c$ die Galaxis. Sofort feuert der Kommandant des Raumschiffs ein $0{,}7\,c$-Geschoss ab, das die gegnerische Rakete einholt und zerstört. Prüfen Sie, ob diese Geschichte wahr sein kann.

4. Weltraumreise und Zeitdilatation
Im Jahre 2030 startet ein 20-jähriger Astronaut zu einer Weltraumreise, bei der sein Raumschiff eine Geschwindigkeit von $v = (60/61)\,c$ hat. (Es gilt: $60^2 + 11^2 = 61^2$)
a) Berechnen Sie das Alter des Astronauten, wenn er an dem 8,6 Lichtjahre entfernten Sirius vorbeikommt.
b) Bei der Rückkehr von der Weltraumreise ist der Astronaut 53 Jahre alt. Bestimmen Sie das Alter, das sein Zwillingsbruder auf der Erde dann hätte.

5. Lebensdauer und Reichweite
Die mittlere Lebensdauer eines positiven Kaons K^+ beträgt 0,124 µs, gemessen an ruhenden Kaonen. Angenommen, ein Kaon wird erzeugt und fliegt mit der Geschwindigkeit $0{,}990\,c$. Geben Sie an, wie weit das Teilchen während seiner Lebensdauer fliegt. Es gilt die Gleichung $\Delta s = v\,\Delta t$.
a) Berechnen Sie die Flugstrecke Δs zunächst im Rahmen der klassischen Physik.
b) Berechnen Sie die Flugstrecke relativistisch, indem Sie die Lebensdauer der Kaonen im Laborsystem ermitteln.
c) Erklären Sie das Ergebnis mit der Längenkontraktion.

6. Lebensdauer eines instabilen Teilchens
Ein instabiles, energiereiches Teilchen tritt in einen Detektor ein und hinterlässt vor seinem Zerfall eine 1,05 mm lange Spur. Die Geschwindigkeit des Teilchens beträgt $0{,}992\,c$. Berechnen Sie die Zeit, die das Teilchen existiert hätte, wenn es relativ zum Detektor in Ruhe gewesen wäre.

7. Energie eines Teilchens
Setzen Sie in die Gleichung $E = m\,c^2$ die Formel für die dynamische Masse ein. Unter der Voraussetzung $v < 0{,}1\,c$ kann die Gleichung mit der Näherungsformel für den Lorentz-Faktor vereinfacht werden. Deuten Sie das Ergebnis.

8. Energie und Masse von Teilchen
a) Die Ruhemasse des Elektrons beträgt $m_0 = 9{,}11 \cdot 10^{-31}$ kg. Berechnen Sie damit die Ruheenergie $m_0\,c^2$ in MeV.
b) Berechnen Sie die Gesamtenergie E eines Elektrons, das im Beschleuniger die Energie 2,57 MeV erhalten hat.
c) Ein positives Elementarteilchen hat bei einer Geschwindigkeit $v = 2{,}996 \cdot 10^8$ m/s die Masse $m = 28{,}12$ u. Finden Sie heraus, um welches Teilchen es sich handelt.

9. Elektronen im Synchrozyklotron
Elektronen werden im Synchrozyklotron beschleunigt.
a) Berechnen Sie die Geschwindigkeit der Elektronen, wenn deren Masse gleich der Ruhemasse von Protonen ist.
b) Ermitteln Sie die Magnetfeldstärke B, die erforderlich ist, um die Elektronen auf einem Kreisbahnradius vom Radius $r = 2{,}5$ m zu halten.

10. Massenzunahme eines Satelliten
Berechnen Sie die relativistische Massenzunahme eines erdnahen Satelliten von 150 Tonnen, der eine Geschwindigkeit von $v = 28\,000$ km/h hat.

11. Elektronen in einer Röntgenröhre
In einer Röntgenröhre werden Elektronen von der Spannung $U = 70$ kV beschleunigt. Ermitteln Sie den prozentualen Fehler, wenn bei der Berechnung der Geschwindigkeit die relativistische Massenzunahme nicht berücksichtigt wird.

12. Nichtzentraler elastischer Stoß

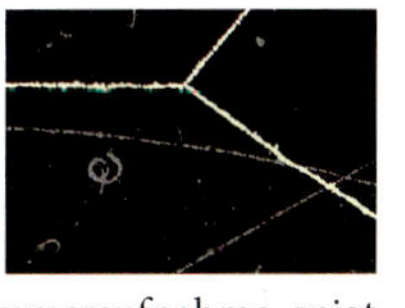

Bei einem nichtzentralen elastischen Stoß einer Münze auf glatter Unterlage gegen eine ruhende gleiche Münze fliegen die beiden Münzen unter einem rechten Winkel auseinander. Die Blasenkammeraufnahme zeigt die Spur eines von links mit $E_{kin} = 3$ GeV einfallenden Protons, das gegen ein ruhendes Proton stößt. Die Spuren der beiden wegfliegenden Protonen schließen einen Winkel ein, der kleiner als 90° ist. Erklären Sie dies ohne Rechnung qualitativ. Bestätigen Sie ihre Überlegung, indem Sie Stöße mit Münzen durchführen.

13. Kinetische Energie und Geschwindigkeit
Ein Bandgenerator aus der Physiksammlung kann unter günstigen Bedingungen eine Spannung von $U = 2$ Mio. V = 2 MV erzeugen. Werden Elektronen mit dieser Spannung im Vakuum beschleunigt, so erreichen sie sehr große Geschwindigkeiten.
a) Zeigen Sie, dass die klassische Rechnung $v > c$ ergibt.
b) Berechnen Sie den korrekten Wert für die Geschwindigkeit, indem Sie die relativistische Formel für die kinetische Energie als Ansatz nehmen. Ermitteln Sie auch die dynamische Masse der Elektronen.
c) Die Geschwindigkeit kann auch einfacher mit dem Energieerhaltungssatz ermittelt werden, wenn berücksichtigt wird, dass die Ruheenergie des Elektrons etwa $m_0\,c^2 = 0{,}5$ MeV beträgt. Führen Sie die entsprechende Rechnung durch.

5 GESCHICHTE DER MODERNEN PHYSIK

Die moderne Physik ist geprägt durch die Entwicklung der Quantenphysik und der Relativitätstheorie. Beide Wissenschaftsgebiete haben seitdem die gesamte Physik nachhaltig beeinflusst. Ohne sie sind die Elementarteilchenphysik, die Welt des Kleinsten, sowie die Astrophysik und Kosmologie als die Welt im Großen nicht mehr zu verstehen. Im Überblick ist im Folgenden die Forschungsgeschichte dieser vier Gebiete in Kürze stichwortartig nach Jahreszahlen geordnet zusammengestellt. Das Ganze ist am vorliegenden Buchtext orientiert, durch wichtige Schritte ergänzt und durch Erwähnung von Forscherpersönlichkeiten bereichert.

5.1 Quantenphysik

1900 Der 14. Dezember 1900 gilt als *„Geburtstag der modernen Physik"*. An diesem Tag trug Max PLANCK (1858–1947) vor der Deutschen Physikalischen Gesellschaft in Berlin sein Strahlungsgesetz vor, das erstmalig die experimentellen Befunde exakt wiedergab und ihn ungewollt zum Revolutionär der klassischen Physik werden ließ.
Es geht um die Wärmestrahlung. Wird Eisen erhitzt, wird es rot, dann weißglühend, bis es schmilzt. Es sendet elektromagnetische Strahlung als Wärme und sichtbares Licht aus. PLANCK betrachtete die Atome des strahlenden Körpers als Oszillatoren. Jeder Oszillator emittiert bei einer für die Temperatur des strahlenden Körpers charakteristischen Frequenz Energie in ganzzahligen Vielfachen eines *Energiequants* $E = hf$ mit einer neuen Naturkonstanten, deren Wert PLANCK zu $h = 6{,}55 \cdot 10^{-34}$ Js bestimmte.

1905 trat der junge Albert EINSTEIN mit drei grundlegenden Entdeckungen an die Öffentlichkeit. Die eine, seine Untersuchungen über den *lichtelektrischen Effekt*, erwies sich als der nach PLANCKS Entdeckung nächste wichtigste Schritt in der Entwicklung der Quantenphysik. Sie führte zu einer Beschreibung des Lichtes, die völlig verschiedenen war von der seit HUYGENS (1629–1695) üblichen Wellenvorstellung. Danach wirkt die elektromagnetische Welle der Frequenz f durch die einzelnen Quanten der Energie $E = hf$. Durch EINSTEINS Erklärung des Fotoeffekts mit seiner Hypothese der Lichtquanten bekam die Quantentheorie ihre fundamentale Bedeutung.

Max PLANCK entdeckte das Wirkungsquantum. Er war sich der Tragweite seiner Herleitung des Wirkungsquantums keineswegs bewusst. Diese Herleitung markiert dennoch den ersten Schritt bei der Einführung des Quantenkonzeptes. Für seine Entdeckung erhielt er 1919 den Nobelpreis des Jahres 1918 für Physik.

Albert EINSTEIN veröffentlichte 1905 eine für die Quantenphysik wegweisende Arbeit „Über einen die Erzeugung und Verwandlung des Lichts betreffenden heuristischen Gesichtspunkt". Für seine darin veröffentlichte Entdeckung des Gesetzes des fotoelektrischen Effekts erhielt EINSTEIN 1922 den Nobelpreis.
Max PLANCK und Albert EINSTEIN gelten als die Begründer der Quantenphysik.

1909 gelang es dem amerikanischen Physiker Robert A. MILLIKAN (1868–1953), die Größe der *Elementarladung e* genau zu bestimmen. Für seine Bestimmung der Elementarladung erhielt MILLIKAN 1923 den Nobelpreis für Physik.

1911 stelle der englische Physiker Ernest RUTHERFORD (1871–1937) durch die experimentelle Untersuchung der

Streuung von α-Teilchen an Goldatomen ein neues Atommodell, *das Rutherford'sche Atommodell*, auf. Er widerlegte damit das „Rosinenkuchen"-Modell (1897) von Joesph J. THOMSON (1856–1940).

1913 entwickelte der junge dänische Physiker Niels BOHR (1885–1962) aus dem Rutherford'schen Atommodell und der Planck'schen Quantenhypothese das *Bohr'sche Atommodell*. Es gilt aus heutiger Sicht als überholt. Trotzdem wird dieses Modell als ein Meilenstein der theoretischen Physik angesehen, da hier zum ersten Mal erfolgreich auf Atom-Niveau die Quantisierung in ein Atommodell integriert worden war.

1914 wiesen James FRANCK (1882–1964) und Gustav HERTZ (1887–1972) die Existenz von *diskreten Energieniveaus in Atomen* nach und stützten damit die Bohr'sche Theorie.

1924 führte der Franzose Louis DE BROGLIE (1892–1987) das *Konzept der Materiewelle* ein, für die er dem Photon die Wellenlänge $\lambda = h/(m\,c)$ zuordnete.
Nach DE BROGLIE, der dafür 1929 den Nobelpreis erhielt, erhielt, sollte diese Beziehung auch für Elektronen, Protonen oder Neutronen mit der Geschwindigkeit v gültig sein.

1925 schuf Werner HEISENBERG (1901–1972) mit seiner *Matrizenmechanik* die Grundlage einer streng gültigen Quantenmechanik. In der Mikrophysik sollte nicht nach Bahnen oder Umlaufzeiten wie bei BOHR, sondern nach messbaren Intensitäten der Spektrallinien eines Atoms geforscht und darauf eine quantenmechanische Theorie aufgebaut werden.

Werner HEISENBERG zählt zu den bedeutendsten Physikern des 20. Jahrhunderts. 1927–1941 Prof. der theoretischen Physik in Leipzig und Berlin, ab 1941 Prof. der theoretischen Physik in Leipzig und Berlin, ab 1941 Professor und Direktor des Max-Planck-Institutes für Physik in Berlin, Göttingen und ab 1955 in München. 1925 formulierte er sein positivistisches Prinzip, dass nur „prinzipiell beobachtbare" Größen in der Beschreibung der Quantenphysik herangezogen werden dürfen. In enger Zusammenarbeit mit BOHR gelang es HEISENBERG, den tieferen physikalischen Hintergrund der neuen Quantenphysik aufzuzeigen. 1932 erhielt er den Nobelpreis für die Begründung der Quantenphysik.

Erwin SCHRÖDINGER, österreichischer Physiker, war 1921–27 Professor in Zürich, ging 1927 als Nachfolger PLANCKS nach Berlin und emigrierte 1933 als überzeugter Liberaler nach Oxford. Im gleichen Jahr erhielt er den Nobelpreis für Physik. 1936 wechselte er an die Universität Graz. Nach dem Anschluss Osterreichs emigrierte er abermals. 1956 kehrte SCHRÖDINGER nach Österreich zurück. Angeregt von der Dissertation DE BROGLIES und den Arbeiten EINSTEINS schuf SCHRÖDINGER die „Wellenmechanik". 1926 formulierte er die berühmte „Schrödinger-Gleichung". Sie ist eine „Wellengleichung", die den Wellencharakter von Teilchen beschreibt und die weitreichende Gültigkeit besitzt und die Grundgleichung der Quantenphysik ist. Im März 1926 zeigte er die mathematische Gleichwertigkeit seiner Theorie mit der „Göttinger Matrizenmechanik" [M. BORN, W. HEISENBERG und P. Jordan (1902-1980)]. Die statistische Interpretation der Quantentheorie, besonders die „Kopenhagener Deutung" hat SCHRÖDINGER (wie EINSTEIN, DE BROGLIE u. a.) stets bekämpft.

1925 entwickelte SCHRÖDINGER (1887–1961) die Idee, DE BROGLIES diskrete Energien in einem System als stehende Wellen aufzufassen, zu einer mathematischen Theorie, der *Wellenmechanik*. In ihr beschrieb er den Zustand des Elektrons durch Wellen-funktionen. Die *Schrödinger-Gleichung* hat die gleiche Funktion wie die Newtonschen Gesetze und die Energieerhaltung in der klassischen Mechanik. Sie bildet auch heute noch das Fundament für fast alle Anwendungen der Quantenmechanik.

1927 wies Werner HEISENBERG (1901–1976) nach, dass bei einer Messung Ort x und Impuls p eines Teilchens oder eines Wellenpaketes nur mit einer Ortsunschärfe Δx und einer Impulsunschärfe Δp angegeben werden können, für die gilt $\Delta x\,\Delta p \geq h/2\pi$.

1927 formulierte Max BORN (1882–1970) seine *Wahrscheinlichkeitsinterpretation*: Nicht der Aufenthaltsort, wohl aber kann, streng und nachprüfbar, vorhergesagt werden, mit welcher Wahrscheinlichkeit der Ort eines Quantenobjekts nachzuweisen sein wird.

1927 stellten BOHR und HEISENBERG auf der Basis der Born'schen Wahrscheinlichkeitsinterpretation die *Kopenhagener Interpretation* der Quantenphysik auf.

1927 auf der berühmten *Solvay-Konferenz* der führenden Pioniere der Quantentheorie war man sich einig, dass der Formalismus zu einem gewissen Abschluss gekommen sei und man sich nun den Anwendungen zuwenden könne.

1928 wurde die von DE BROGLIE aufgestellte Hypothese der Materiewellen durch Lester H. GERMER (1896–1971) und Clinton J. DAVISSON (1881–1958) experimentell bestätigt.

1935 konstruierten EINSTEIN, PODOLSKY (1896–1966) und ROSEN (1909–1995) das „*ERP-Paradoxon*".

1935 führt SCHRÖDINGER den Begriff *Verschränkung* in die Quantenphysik ein: Quanten *können* über beliebige Entfernungen hinweg verbunden sein – klassisch nicht denkbar.

1945 erfand John BARDEEN (1908–1991) zusammen mit William B. SHOCKLEY (1910–1998) und Walter H. BRATTAIN (1902–1987) den *Transistoreffekt* und konstruierte 1947 den ersten *Bipolartransistor*, der durch die Möglichkeiten der Miniaturisierung eine elektronische Revolution auslöste und viele Entwicklungen der Mikroelektronik und Computertechnologie ermöglichte. Dafür erhielt BARDEEN mit seinen beiden Kollegen 1956 den Nobelpreis für Physik.

1947 entwickelte Richard P. FEYNMAN (1918–1988) zusammen mit Shinichirō TOMONAGA (1906–1979) und Julian SCHWINGER (1918–1994) die *Quantenelektrodynamik* (QED), wofür die drei Forscher 1965 den Nobelpreis für Physik erhielten. Die QED verknüpft die Elektrodynamik mit der Quantenmechanik und der speziellen Relativitätstheorie. Ihre Vorhersagen stimmen mit einer in der Physik einmaligen Präzision mit Experimenten überein.

John BARDEEN, hochintelligenter Schüler, begann bereits mit 15 Jahren ein Studium der Elektrotechnik, Physik und Mathematik. Zusammen mit William B. SHOCKLEY und W. BRATTAIN löste er 1947 durch die Entdeckung des Transistors die elektronische Revolution aus, für die er 1956 gemeinsam mit seinen beiden Kollegen den Nobelpreis für Physik erhielt. 1957 entwickelte er mit Leon N. COOPER und John R. SCHRIEEFER zusammen die Theorie der Supraleitfähigkeit: das Verschwinden des elektrischen Widerstandes bestimmter Metalle und Legierungen bei Temperaturen in der Nähe des absoluten Nullpunktes. 1972 erhielt er dafür mit den beiden seinen zweiten Physiknobelpreis. BARDEEN war damit der erste Wissenschaftler, der den Nobelpreis zweimal in derselben Kategorie empfing.

Richard P. FEYNMAN gilt als einer der großen Physiker des 20. Jahrhunderts, der wesentliche Beiträge zum Verständnis der Quantenfeldtheorien geliefert hat und dafür 1965 mit dem Nobelpreis bedacht wurde.
In New York geboren studierte der hochbegabte FEYNMAN Physik. Während des Zweiten Weltkrieges beteiligte er sich wie viele amerikanische Physiker in Los Alamos am Manhattan-Projekt, dem Bau der ersten Atombombe. Die von ihm entwickelte *Quantenelektrodynamik* stellt die genaueste physikalische Theorie dar. Das Besondere daran steckt in der bildhaften Methode, die FEYNMAN bereits 1949 als junger Wissenschaftler in den nobelpreisgekrönten *Feynman-Diagrammen* gefunden hat. In den 1960er Jahren hat er mit seinen legendären *Feynman Lectures of Physics* an Raffinesse alle anderen Lehrenden übertroffen und neue didaktische Maßstäbe für unsere Zeit gesetzt.

1954 wurde an den Bell Laboratories in New Jersey von Daryl CHAPIN (1906–1995), Calvin S. FULLER (1902–1994) und Gerald PEARSON (1905–1987) die kristalline Silicium-Solarzelle vorgestellt. Damit begann der *Siegeszug der Solarzelle*.

1957 gelang es John BARDEEN, Leon N. COOPER (*1930) und John R. SCHRIEFFER (*1931), die *Supraleitung* quantenphysikalisch zu begründen.

1959 wies Claus JÖNSSON (*1930) an der Universität Tübingen erstmals *die Interferenz von Elektronen am Doppelspalt* experimentell nach.

1960 entwickelte Theodore MAIMAN (1927–2007) den ersten *Laser* – einen Rubinlaser.

1964 leitete John S. BELL (*1928) die *Bell'sche Ungleichung* her, nach der es keine verborgenen Parameter gibt, wie EINSTEIN annahm.

1969 erfanden Willard BOYLE (1924–2011) und George E. SMITH (*1930) den *CCD-Sensor* (**c**harge-**c**oupled **d**evice) für lichtempfindliche elektronische Bildaufnahmeelemente in Digital-, Fernseh- und Videokameras. An beide ging 2009 der Nobelpreis für Physik.

1971 baute Intel den ersten *Mikroprozessor*, den 4 Bitprozessor Intel 4004 als Integration von 2300 Transistoren. Zum Vergleich: 2014 enthält der neuste Mikroprozessor von Intel 5 Milliarden Transistoren.

1973 entwickelten Paul C. Lauterbur (1929–2007) und Peter Mansfield (*1933) die *Magnetoresonanztomographie* (MRT) oder *Kernspintomographie* (2003 Nobelpreis für Physiologie bzw. Medizin).

1974 wies der Österreicher Helmut Rauch (*1939) den *Wellencharakter von Neutronen* nach.

1981 erfanden Gerd Binnig (*1947) und Heinrich Rohrer (1933–2013) das *Rastertunnelmikroskop*, basierend auf dem Tunneleffekt der Quantenphysik.

Anton Zeilinger (*1945) ist Quantenphysiker an der Universität Wien, der sich durch seine Forschungen und medienwirksame Experimente auf dem Gebiet der Anwendungen der Quantenphysik, insbesondere Quanteninformation und Quantenkryptografie, einen Namen gemacht hat. 2012 stellte seine Gruppe einen Rekord in der Quantenteleportation über eine Distanz von 143 km auf. Sein Hauptinteresse gilt jedoch den Grundlagen der Quantenphysik.

1985 fand Klaus von Klitzing (*1943) den *Quanten-Hall-Effekt.* Er erhielt 1985 den Nobelpreis für Physik.

1997 gelang dem Österreicher Anton Zeilinger die *Quantenteleportation*, eine Übertragung von Quantenzuständen – z. B. Spin nach unten – über eine räumliche Distanz hinweg,

2015 Der *Quantencomputer* befindet sich trotz 20 Jahre Forschung weiterhin in der Entwicklung. Einziger Vorteil: Er soll viel schneller rechnen als klassische Computer.

5.2 Relativitätstheorie

1887 lief der *Michelson-Moorley-Versuch.* Sein negativer Ausgang ließ nur die (spätere) Deutung zu, dass ein Äther als Ausbreitungsmedium des Lichts nicht existiert.

1904 veröffentlichte Hendrik A. Lorentz (1853–1928) die *Lorentztransformation* zur Längenänderung bewegter Körper, der Massenänderung und der Zeitdehnung – Fundamente für die spezielle Relativitätstheorie Einsteins.

1905 begründete Einstein die *spezielle Relativitätstheorie* (SRT). Darin leitet er die Äquivalenz von Masse und Energie her: Grundlage für die Energieerzeugung in den Sternen und auf der Erde durch Kernspaltung und Kernfusion.

1916 veröffentlichte Einstein die *allgemeine Relativitätstheorie* (ART), die immense Bedeutung für unser physikalisches Weltbild hat. Die ART sagte abweichend von der klassischen Physik voraus: die *Rotverschiebung der Spektren* im Weltall, die *Lichtablenkung* am Rand der Sonne und die *Periheldrehung* des Merkur.

Albert A. Michelson (1852–1931), US-amerikanischer Physiker, führte zusammen mit Edward Morley (1838-1923) den nach beiden benannten Versuch durch, um die Erdgeschwindigkeit relativ zum Äther nachzuweisen.

Hendrik A. Lorentz (1853–1928), niederländischer Mathematiker und Physiker und Freund Einsteins. Zur Erklärung des Michelson-Morley-Versuchs hielt er an der Äther-These fest und begründete die scheinbare Verkürzung der Längen mit einer Stauchung in Bewegungsrichtung.

1919 maß der Brite Arthur S. Eddington (1882–1944) die von Einstein in der ART vorausgesagte *Ablenkung eines Lichtstrahls* beim nahen Vorbeigang an der Sonne während einer Sonnenfinsternis.

1971 maßen Joseph C. Hafele (*1933) und Richard E. Keating (1941–2006) die *Zeitdilatation in einem bewegten System.* Beide wurden mit dem Nobelpreis geehrt.

1974 entdecken Russel A. Hulse (*1950) und Joseph H. Taylor (*1941) an einem Doppelsternsystem indirekt Gravitationswellen.

1993 ging das *global positioning system* (GPS) in Betrieb.

5.3 Elementarteilchenphysik

4./5. Jahrh. v. Chr. Die griechischen Vorsokratiker DEMOKRIT und LEUKIPP vertraten als Erste die Ansicht, dass „*die gesamte Natur aus kleinsten, unteilbaren und ununterscheidbaren Einheiten, den Atomen*", bestände. Diese sind gleichsam die *Elementarteilchen des Altertums*.
Die moderne Physik geht auf der Suche nach den Elementarteilchen von ähnlichen Kriterien aus. Bis kurz vor 1900 wurden durchweg die Atome der chemischen Elemente für unteilbar gehalten.

1897 entdeckte der englische Physiker Joseph J. THOMSON (1856–1940) das Elektron, das *erste fundamentale Elementarteilchen* der modernen Physik.

1900 leitete Max PLANCK ein allgemeingültiges Strahlungsgesetz her: Die Strahlungsenergie wird nicht kontinuierlich, sondern *quantenförmig in Energiepaketen* (hier den späteren Photonen) abgegeben oder aufgenommen.

1903 entwickelte Joseph J. THOMSON das erste Atommodell. Damit verlieren die Atome ihre *Elementarteilcheneigenschaft*.

1905 deutete EINSTEIN den lichtelektrischen Effekt mit seiner Hypothese der Lichtquanten oder Photonen. Das *Photon* ist das *zweite fundamentale Elementarteilchen* der modernen Physik.

1909 gelang Robert A. MILLIKAN (1868–1953) die direkte Beobachtung der Quantisierung und Bestimmung der elektrischen Ladung des Elektrons.

J. J. THOMSON (Foto im Cavendish-Laboratorium Cambridge, 1897) bewies, dass Katodenstrahlen aus Elektronen bestehen, und bestimmte deren spezifische Ladung. 1906 wurde er dafür mit dem Nobelpreis für Physik ausgezeichnet. Thomson entwickelte entscheidend die Elektrodynamik weiter.

Robert A. MILLIKAN studierte Mathematik und Griechisch, danach kurz Physik und betätigte sich nach seinem Abschlussexamen als Physiklehrer. 1895 ging er für ein Jahr nach Deutschland., u. a. zu PLANCK. 1896 in die USA zurückgekehrt, begann er 1909 mit der Bestimmung der elektrischen Ladung von Elektronen, wofür er 1923 den Nobelpreis erhielt.

Ernest RUTHERFORD, einer der bedeutendsten Experimentalphysiker, erkannte 1897, dass die ionisierende Strahlung des Urans aus mehreren Teilchenarten besteht. 1902 stellte er die Hypothese auf, dass chemische Elemente durch radioaktiven Zerfall in Elemente mit niedrigerer Ordnungszahl übergehen. Er teilte 1903 die Radioaktivität in α-, β und γ-Strahlung und führte den Begriff der Halbwertszeit ein.

1911 entdeckte Ernest RUTHERFORD (1871–1931) bei seinen Streuversuchen von α-Teilchen an Goldfolie, dass Atome einen kleinen, positiv geladenen Kern besitzen.

1917 wies RUTHERFORD erstmals experimentell nach, dass durch Bestrahlung mit α-Teilchen ein *Atomkern* (Stickstoff) in einen anderen (in das nächstschwerere Element Sauerstoff) *umgewandelt* werden kann.

1919 ermittelte RUTHERFORD experimentell das *Proton* als Kernteilchen, das als *unteilbar* angenommen wurde.

1923 beobachtete und interpretierte der amerikanische Physiker Arthur H. COMPTON (1892–1962) die mit einem Energieverlust verbundene Streuung von Röntgenstrahlung als elastischen Stoß des Photons mit einem Elektron und verschaffte dadurch der Vorstellung des *Photons als Teilchen* allgemeine Anerkennung.

Ab **1928** wiesen John D. COCKCROFT (1897–1967) und Ernest T.S. WALTON (1897–1995) mit dem von ihnen entwickelten ersten *Teilchenbeschleuniger* die Auslösung von Kernreaktionen an leichten, mit Protonen beschossenen Atomkernen nach. Damit war die vielleicht wichtigste experimentelle Methode der Kernphysik geschaffen worden. Beide erhielten 1951 den Physik-Nobelpreis.

1932 bestätigte James CHADWICK (1891–1974) experimentell die *Existenz des Neutrons* als neutrales Kernteilchen.

1932 entdeckte der US-Amerikaner Carl D. Anderson (1905–1991) das Positron als Antiteilchen des Elektrons.

1937 entdeckte Anderson in der kosmischen Strahlung das *Myon*, ein Elementarteilchen, das sich als schwererer „Bruder“ des Elektrons herausstellt.

1947 wurde das *Pion* nachgewiesen, nachdem es bereits 1935 von Hideki Yukawa (1907-1981), einem jungen japanischen Physiker, theoretisch vorhergesagt worden war.

1947 wurde auch das *Kaon* in der Höhenstrahlung als erstes *seltsames Teilchen* entdeckt, das eine neue Art von Quark enthält, das *Strange-Quark*.

1947 wurde das *BNL* bei New York (**B**rookhaven **N**ational **L**aboratory) als eines der zehn großen US-amerikanischen Forschungszentren gegründet.

1950 und später werden immer mehr neue Elementarteilchen gefunden; man sprach bald von einem *Teilchenzoo*.

1955 erfolgte die Grundsteinlegung des *CERN-Laboratoriums* (**C**onseil **E**uropéen pour la **R**echerche **N**ucléaire, die *europäische Organisation für Kernforschung*). Das CERN ist das weltgrößte Forschungszentrum für Teilchenphysik, gelegen nahe Genf. Am CERN wird mit 3200 Mitarbeitern und 10 000 Gastforschern jährlich (Stand 2011) physikalische Grundlagenforschung betrieben, insbesondere wird mit Hilfe großer Teilchenbeschleuniger der *Aufbau der Materie* erforscht. Der derzeit bedeutendste Beschleuniger ist der *Large Hadron Collider* (LHC).

Carl D. Anderson, US-amerikanischer Physiker, entdeckte 1932 in der Wil-son'schen Nebelkammer das 1929 postulierte Positron als Antiteilchen des Elektrons, ein erstes Beispiel von Antimaterie, wofür er 1936 den Nobelpreis erhielt. 1937 fand er das Myon, das dem Elektron ähnelte.

Wolfgang E. Pauli war ein österreichischer Wissenschaftler und Nobelpreisträger, der zu den bedeutendsten Physikern des 20. Jahrhunderts zählt. 1933 sagte Pauli die Existenz des Neutrinos voraus.

Murray Gell-Mann, US-amerikanischer Physiker, ist heute einer der bekanntesten Wissenschaftler. Er erhielt 1969 den Nobelpreis für Physik „für seine [damals sensationellen und im Gegensatz zur allgemeinen Auffassung stehenden] Beiträge und Entdeckungen betreffend der Klassifizierung der Elementarteilchen.“ Versuche am SLAC mit hochbeschleunigten Elektronen hatten gezeigt, dass die positive Ladung des Protons auf noch kleinere Raumteile des Protons verteilt war, und zwar genau ein Drittel bzw. zwei Drittel der Elemen-tarladung. 1972 führte er mit anderen den Farb-freiheitsgrad der Quarks ein und begründete die *Quantenchromodynamik*.

1956 wurde das schon 23 Jahre zuvor von Wolfgang Pauli (1900–1958) zur Erklärung des radioaktiven β-Zerfalls postulierte *Neutrino* experimentell nachgewiesen.

1962 wurde das *SLAC*, Kalifornien (**s**tanford **n**ational **a**ccelerator **l**aboratory) als Forschungseinrichtung der USA mit dem Schwerpunkt *Elementarteilchenphysik* gegründet.

1964 *postulierte* der US-amerikanische Physiker Murray Gell-Mann (*1929) die *Existenz der Quarks*. Für die Schematisierung des hadronischen „Teilchenzoos“ mittels der Quarks erhielt er 1969 den Nobelpreis für Physik.

1974 entdecken fast gleichzeitig zwei Gruppen am Teilchenbeschleuniger des SLAC und am BNL ein neues Teilchen, das deshalb bis heute den *Doppelnamen* J/Ψ trägt. Die Besonderheit dieses Teilchens ist, dass es aus einer weiteren neuen Quarkart besteht, den *Charm-Quarks*.

1975 wurde ebenfalls am SLAC das τ entdeckt, das schwerste bisher bekannte Lepton.

1977 entdeckte Leon M. Lederman (*1922) am Teilchenbeschleuniger des *Fermilab* (FNAL) bei Chicago das Υ und damit seine Bestandteile, die *Bottom-Quarks*.

1983 entdeckte eine Gruppe um Carlo Rubbia (*1934) und Simon van der Meer (1925–2011) am europäischen Forschungszentrum CERN *W-* und *Z-Bosonen*, die Teilchen der schwachen Wechselwirkung, z. B. beim radioaktiven β-Zerfall.

1995 wurde das letzte der sechs heute bekannten Quarks, das *Top-Quark*, von einer großen Forschergruppe am FNAL entdeckt. Es ist deutlicher schwerer als alle anderen Quarks und wurde dadurch erst relativ spät experimentell gefunden, obwohl es bereits lange theoretisch erwartet wurde.

2008 ging der LHC am CERN in Betrieb und öffnete das Tor zu einem bisher unbekannten Bereich der Elementarteilchenphysik. Man erhofft sich Erkenntnisse über den Ursprung der Masse durch Entdeckung des lange postulierten Higgs-Teilchens und möglicherweise einer Vielzahl neuer Teilchen, die im Rahmen einer supersymmetrischen Theorie vorhergesagt wurden.

Peter HIGGS ist ein britischer Physiker. 2013 wurde ihm zusammen mit dem belgischen Physiker François ENGLERT der Nobelpreis für Physik zuerkannt. HIGGS war ab 1960 Lehrbeauftragter für Mathematische Physik in Edinburgh. Dort schrieb er 1964 die Arbeit, die ihn später berühmt machte. Ab 1980 war er Professor für theoretische Physik in Edinburgh. 1996 wurde er emeritiert.
François ENGLERT machte 1955 sein Diplom als Ingenieur in Brüssel und promovierte dort 1959 in Physik. Danach dort Professor für theoretische Physik. 1964 entdeckte er unabhängig von HIGGS den nach jenem benannten Higgs-Mechanismus. 1998 wurde er emeritiert.

2013 ging der Nobelpreis für Physik an Peter HIGGS (*1929) und François ENGLERT (*1932) für die Entdeckung des theoretischen Mechanismus, der zu unserem Verständnis des Ursprungs der Masse von Fundamentalteilchen beiträgt. Dieser Mechanismus war durch die Entdeckung des vorhergesagten Teilchens bestätigt worden.

2014 Die Entdeckung des Higgs-Feldes und -Bosons bilden einen fundamentalen Baustein unseres physikalischen Weltbilds. Denn sie erst verleihen der Materie ihre Masse. Nachweisen lässt sich das *Higgs-Teilchen* durch seine Zerfallsprodukte. Im LHC des CERN gelang dies mit Hilfe von Zerfällen des Higgs in bestimmte Bosonenpaare.

5.4 Astrophysik und Kosmologie

Die *Astronomie* ist eine der ältesten Wissenschaften. Sie ist in erster Linie auf die Beobachtung der Himmelskörper aus. Die *Astrophysik* beschäftigt sich eher mit ihrem Aufbau und ihrem Werden und Vergehen, die *Kosmologie* hat das Weltall insgesamt im Blick.

1859 begann mit der *Spektralanalyse* durch G. KIRCHHOF (1824–1887) und Robert W. BUNSEN (1811–1899) sowie der *Deutung der Fraunhoferlinien im Sonnenspektrum* die *Astrophysik*, die Erforschung der Sterne mit physikalischen Methoden. den Abschluss der durch die klasische Physik bestimmten Epoche. Ihre Ergebnisse umfassen die Entfernung und Massen der Sterne, weiter die Klassifikation der Sternspektren über Temperatur und Leuchtkraft.

1912 entdeckte die Astronomin Henriette S. LEAVITT (1868-1921) einen Zusammenhang zwischen der scheinbaren Helligkeit und der Periode der Leuchtkraft der Cepheiden. Auf dieser *Periode-Leuchtkraft -Beziehung* beruht eine der wichtigsten Methoden zur *Entfernungsbestimmung von Sternen und Galaxien.*

1913 bildete die Entdeckung des **Hertzsprung-Russel-Diagramms** für die Astrophysik

Karl SCHWARZSCHILD, deutscher Astronom, 1901 bis 1909 Direktor der Sternwarte Göttingen und ab 1909 des Astrophysikalischen Observatoriums in Potsdam bis zum frühen Tod 1916. Nach ihm wurden wichtige Eigenschaften der Schwarzen Löcher benannt.

1914 wandte der deutsche Astrophysiker Karl SCHWARZSCHILD (1873–1916) als einer der ersten Astrophysiker die *Bohr'sche Quantentheorie auf die Strahlungsprozesse* der Sterne an und wurde Wegbereiter der modernen Astrophysik.

1916/26 verband der britische Astrophysiker Sir Arthur S. EDDINGTON (1882–1944) die Quantentheorie mit der Theorie der Spektren von Sonne und Sternen. Er vermutete damals, dass die ihnen *ausge-*

strahlte Energie durch die Kernfusion von Wasserstoff in Helium erzeugt wird.

1916 veröffentlichte Albert EINSTEIN seine *allgemeine Relativitätstheorie* und wurde zum Begründer der modernen Kosmologie.

1918 bestimmte Harlow SHAPLEY (1885–1972) mit der Periode-Leuchtkraft-Beziehung die Größe der Milchstraße. Die Hauptmasse der Sterne bildet eine flache Scheibe von 30 kpc Durchmesser (1 pc = = 1 Parsec = $3 \cdot 10^{16}$ m), in der sich unser Sonnensystem etwa 8 kpc vom Mittelpunkt entfernt befindet.

1923 gelang es Edwin H. HUBBLE (1889–1953), mit dem 2,5 m-Teleskop des Mt. Wilson Observatoriums die Ränder des Andromeda-Nebels in einzelne Sterne aufzulösen und damit ihn und unsere *Milchstraße* als *selbständige Galaxien* zu erkennen.

1927 vermutete der belgische Astrophysiker und katholische Geistliche Georges LEMAÎTRE (1894–1966) dass das *Universum* als *„heißes und dichtes Uratom"* in einem *„Urknall"* entstanden sei und sich daraus durch Expansion entwickelt habe.

1929 machte HUBBLE eine zweite Entdeckung größter Reichweite: Die Galaxienspektren zeigten eine Rotverschiebung proportional zu ihrer Entfernung. Das würde bedeuten, dass sich diese fernen Galaxien umso schneller von uns fortbewegten, je weiter sie entfernt seien.

Edwin HUBBLE, US-amerikanischer Astrophysiker, machte die Welt der Galaxien zugänglich, formulierte das auch heute noch benutzte Ordnungsschema der Galaxien, die *Hubbel-Sequenz*, und fand das nach ihm benannte Hubble-Gesetz, zog daraus jedoch nicht die physikalische Schlussfolgerung einer Expansion des Weltalls.

Stephen HAWKING, britischer theoretischer Physiker und Astrophysiker, ist vielleicht der berühmteste lebende Naturwissenschaftler, nicht nur wegen seiner wissenschaftlichen Leistungen, sondern auch wegen seiner Tapferkeit, mit der er gegen seine (Total-) Lähmung ankämpft. Stephen Hawking lieferte bedeutende Arbeiten zur Kosmologie, zur allgemeinen Relativitätstheorie und zur Physik der Schwarzen Löcher.

1933 schloss HUBBLE daraus auf die im Einklang mit Einsteins allgemeiner Relativitätstheorie stehende Expansion des Weltalls. Rechnet man die Flucht der Galaxien zurück, so wäre der gesamte Kosmos „auf kleinstem Raum" vor etwa $13{,}5 \cdot 10^9$ Jahren „zusammen gedrängt gewesen" . Zum Vergleich: Das Alter der Erde ist ca. $4{,}5 \cdot 10^9$ Jahre.

1948 sagte der russische Astrophysik George A. GAMOW (1904–1968) die kosmische Hintergrundmikrowellenstrahlung voraus, die dann zwanzig Jahre später durch Zufall entdeckt wurde.

1964 gelang die Entdeckung der *kosmischen Hintergrundstrahlung* durch die beiden US-amerikanischen Radioastronomen Arno PENZIAS (*1933) und Roger WILSON (*1936), die dafür 1978 den Nobelpreis erhielten.

1974 konnte Stephen HAWKING (*1942) zeigen, dass Schwarze Löcher, deren Existenz er vorausgesagt hatte und deren Gravitation eigentlich so extrem stark sein sollte, dass aus diesem Raumbereich nichts nach außen entweichen kann, dennoch strahlen können (Hawking-Strahlung).

2010 sendete die Raumsonde *WMAP* abschließend Daten der Temperaturverteilung der kosmischen Hintergrundstrahlung (Nachfolger ist die Raumsonde *PLANCK*), die die Materieverteilung im Universum zum Zeitpunkt der Entkopplung von Strahlung und Materie 300 000 Jahre nach dem Urknall widerspiegelt.

Seit ihren Anfängen vor gut einhundert Jahren hat sich die moderne Physik mit der Quantentheorie und der Relativitätstheorie zu einer der erfolgreichsten Wissenschaften entwickelt. Ihre Auswirkungen auf den Alltag der Menschen wie auch auf die Arbeitswelt, Wirtschaft und Industrie sind heute allgegenwärtig, , an erster Stelle die überall herrschende Digitalisierung. In die Grundlagen und Ideen der modernen Physik einzuführen, war das Ziel dieses Unterrichtswerkes der Metzler-Physik Ausgabe Nordrhein-Westfalen.

Musteraufgaben mit Lösungen

Beugung von Elektronen und Photonen an Grafit (Kap. 1)

1. Eine Elektronenbeugungsröhre wird verwendet, um die Welleneigenschaften von Elektronen zu zeigen. **Abb. a)** zeigt eine schematische Darstellung der Elektronenbeugung an einer dünnen Folie aus Grafitkristallen, **Abb. b)** das Schirmbild.

a)

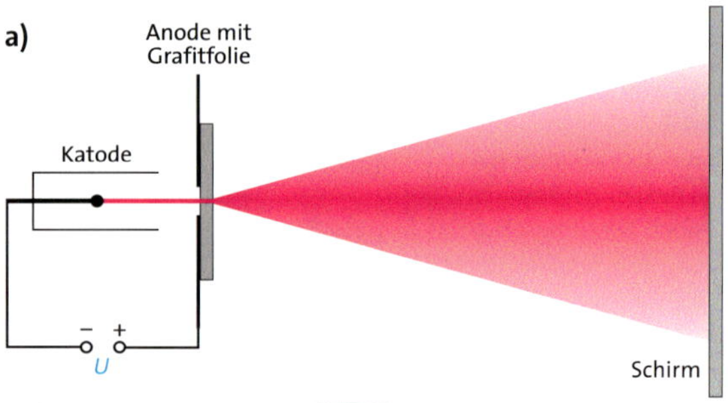

b)

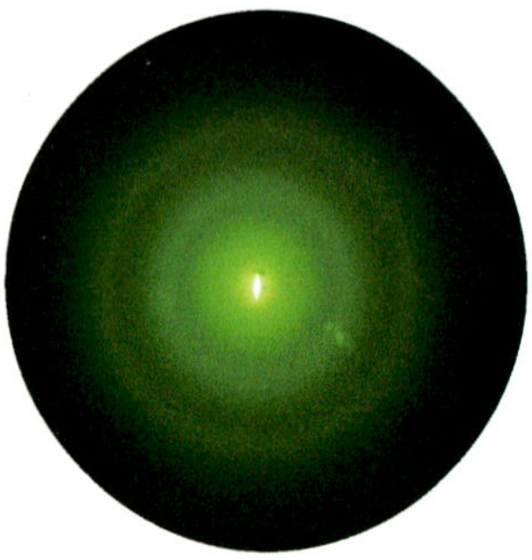

a) Dazu wird ein Elektronenstrahl hergestellt. *Beschreiben Sie die Bewegung der Elektronen von der Katode zur Anode bei der angelegten Spannung U.*

b) *Zeigen Sie durch eine Rechnung, dass die kinetische Energie der Elektronen bei* $U = 4{,}00$ kV *den Wert* $6{,}41 \cdot 10^{-16}$ J *hat.*

c) *Berechnen Sie für Elektronen mit der kinetischen Energie* $6{,}41 \cdot 10^{-16}$ J *den Impuls* $p = 3{,}42 \cdot 10^{-23}$ m kg/s.

2. Der Elektronenstrahl fällt unter dem Winkel ϑ auf die Netzebenen eines Mikrokristalls und wird um 2ϑ abgelenkt.
Beim Durchgang der Elektronen durch die Grafitfolie werden sie, abhängig von ihrer Wellenlänge λ, zum Maximum erster Ordnung ($n = 1$) um den Winkel 2ϑ abgelenkt (siehe **Abb. c)** und **d)**. Dabei gilt $2\vartheta = 2\sin^{-1}(\lambda/(2d))$. Im Abstand l zur Streufolie wird ein äußerer, heller Interferenzring mit dem Radius r beobachtet (**Abb. b**). Dabei ist $d = 123$ pm der Abstand der Gitterebenen in den Grafitkristallen in der Grafitfolie (siehe **Abb. e**).

c)

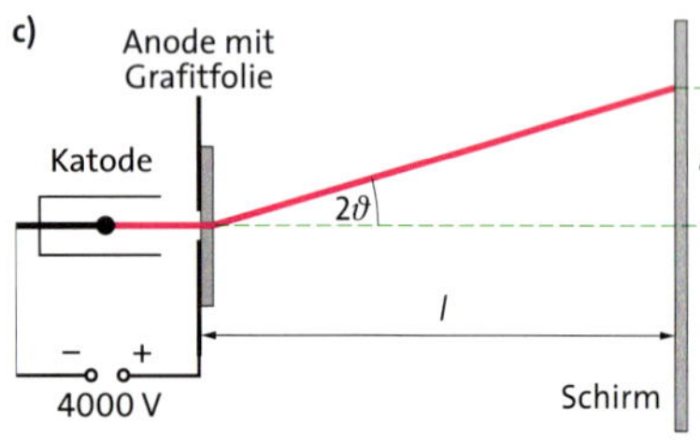

d)

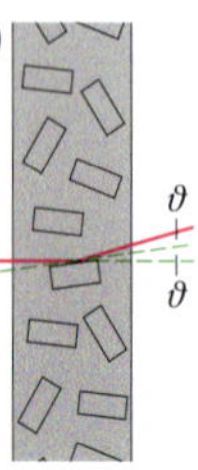

a) *Zeigen Sie, dass* $\lambda = 19{,}4$ pm *die De-Broglie-Wellenlänge von Elektronen ist, wenn deren Impuls* $p = 3{,}42 \cdot 10^{-23}$ m kg/s *ist.*

b) *Berechnen Sie den Winkel* 2ϑ *der Ablenkung für Elektronen mit der Wellenlänge* $\lambda = 19{,}4$ pm.

c) *Beschreiben Sie den weiteren Verlauf der Bewegung der Elektronen von der Grafitfolie zum Schirm.*
Markieren Sie in **Abb. b)** *das Helligkeitsmuster, welches sich durch die Ablenkung um den Winkel* 2ϑ *ergibt und erläutern Sie die Skizze.*

d) Neben dem betrachteten Abstand $d = 123$ pm der Gitterebenen besitzen die Grafitkristalle einen weiteren, größeren Abstand der Gitterebenen in einer anderen Raumrichtung. Dieser führt zu dem inneren Ring im Schirmbild in **Abb. b)**. *Erläutern Sie den Zusammenhang.*

3. Die Beschleunigungsspannung der Elektronenbeugungsröhre wird von $U = 4{,}00$ kV auf einen größeren Wert gesteigert.

a) *Beschreiben Sie die Änderungen, die sich für die Bewegung der Elektronen und ihre Bahnen ergeben.*

b) *Skizzieren Sie die Veränderungen des Schirmbildes und kommentieren Sie Ihre Ergebnisse.*

c) Mit einem Experiment soll gezeigt werden, dass Elektronen und nicht etwa Licht bzw. elektromagnetische Strahlung in der Elektronenbeugungsröhre das Schirmbild erzeugen. *Beschreiben Sie ein Experiment sowie geeignete Hilfsmittel, die die Elektronen als Ursache des Beugungsbilds bestätigen und Licht ausschließen.*

4. Die Ablenkung der Elektronen in Grafitkristallen lässt sich mit der konstruktiven Überlagerung von Teilwellen erklären. Die Wegdifferenzen von Teilwellen zeigt **Abb. e)**.

a) *Untersuchen Sie in* **Abb. e)** *die Wegdifferenz benachbarter Teilwellen.*

e)

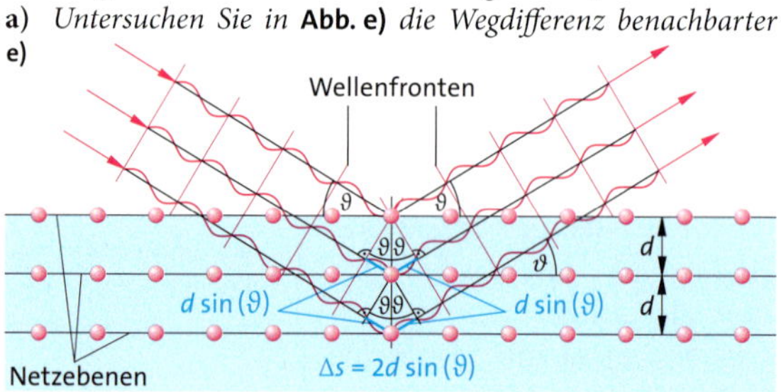

b) *Zeigen Sie mit* **Abb. e)**, *dass die halbe Wegdifferenz benachbarter Teilwellen* $\Delta s/2 = d\sin(\vartheta)$ *beträgt.*

c) *Zeigen Sie, dass für das erste Maximum mit* $\Delta s = \lambda$ *der Zusammenhang* $\lambda = 2d\sin(\vartheta)$ *folgt.*

d) *Erläutern Sie, dass das Teilchenmodell für Elektronen im Gegensatz zum Wellenmodell für die Beschreibung der Elektronenbeugung ungeeignet ist.*

e) Mit der Wellenwanne wird die **Abb. e)** nachgestellt. Eine Welle trifft auf nahezu punktförmige Hindernisse oder auf nahezu punktförmige Öffnungen. *Beschreiben Sie, wie Wellen von diesen Hindernissen ausgehen. Begründen Sie, in welcher Richtung konstruktive Interferenz zu erwarten ist.*

f) Lichtwellen oder Wasserwellen werden an der Oberfläche eines Spiegels reflektiert. *Begründen Sie, warum die Reflexion in diesen Fällen von der Wellenlänge* λ *unabhängig ist.*

5. Die Beugung an Grafitkristallen wird mit Photonen statt mit Elektronen durchgeführt. Die Photonen sollen die gleiche Wellenlänge wie die Elektronen besetzen.

a) *Begründen Sie, dass das Interferenzbild mit Photonen genauso aussieht wie das für Elektronen.*

b) *Berechnen Sie die Energie, die Elektronen und Photonen der Wellenlänge* $\lambda = 19{,}4$ pm *beim Auftreffen auf dem Schirm abgeben.*

Lösungen

1. a) Die Elektronen werden im elektrischen Feld zwischen Katode und Anode beschleunigt. Die angelegte Spannung U führt zu einer elektrischen Kraft auf die Elektronen. Die Elektronen nehmen aus dem Feld die Energie $E = e\,U$ auf, die sie an der Anode als kinetische Energie haben.

b) Die von den Elektronen aufgenommene Energie ist $E = e\,U = 1{,}602 \cdot 10^{-19}\,\text{C} \cdot 4{,}00 \cdot 10^{3}\,\text{V} = 6{,}41 \cdot 10^{-16}\,\text{J}$.

c) Für die kinetische Energie gilt $E_{\text{kin}} = \frac{1}{2} m_e v^2$. Die Geschwindigkeit v ist dann

$$v = \sqrt{\frac{2\,E_{\text{kin}}}{m_e}} = \sqrt{\frac{2 \cdot 6{,}41 \cdot 10^{-16}\,\text{J}}{9{,}11 \cdot 10^{-31}\,\text{kg}}} = 3{,}75 \cdot 10^{7}\,\frac{\text{m}}{\text{s}}$$

Mit $p = m_e\,v$ ist der Impuls

$$p = 9{,}11 \cdot 10^{-31}\,\text{kg} \cdot 3{,}75 \cdot 10^{7}\,\text{m/s} = 3{,}42 \cdot 10^{-23}\,\text{kg m/s}$$

2. a) Die Wellenlänge ist

$$\lambda = h/p = 6{,}63 \cdot 10^{-34}\,\text{J s} / 3{,}42 \cdot 10^{-23}\,\text{kg m/s} = 19{,}4\,\text{pm}.$$

b) Der Ablenkwinkel ist

$$2\,\vartheta = 2 \sin^{-1}\left(\frac{\lambda}{2d}\right) = 2 \sin^{-1}\left(\frac{19{,}4\,\text{pm}}{2 \cdot 123\,\text{pm}}\right) =$$
$$= 2 \sin^{-1}(0{,}0789) = 9{,}04\,°.$$

c) Ein Teil der Welle läuft mit hoher Amplitude zum zentralen Maximum. So entsteht der helle Bereich im Zentrum des Schirmbildes. Weitere Teilwellen werden um kleine Winkel von der Mittelachse weg gebeugt. Sie verursachen konzentrische Kreise um das zentrale Maximum.

Die Teilwellen, die um den Winkel $2\,\vartheta$ abgelenkt werden, führen im Schirmbild zu einem relativ scharf begrenzten Kreis um das zentrale Maximum herum (**Abb. b**). Im Vergleich zur Interferenz am Gitter wird deutlich, dass mit der Zahl der Teilwellen, die sich an einem Punkt auf dem Kreis überlagern, die Schärfe der Maxima zunimmt. Bei begrenzter Zahl der Teilwellen ist das Maximum in Richtung des Radius ausgedehnt.

d) Neben der Ablenkung um den Winkel $2\,\vartheta = 9{,}05\,°$, welche den äußeren hellen Kreis in **Abb. f)** bewirkt, ist ein weiteres Maximum für einen kleineren Winkel zu erkennen. Entsprechend $2\,\vartheta = 2 \sin^{-1}(\lambda/(2\,d))$ folgt für einen größeren Wert von d ein kleinerer Wert für den Ablenkwinkel $2\,\vartheta$.

f)

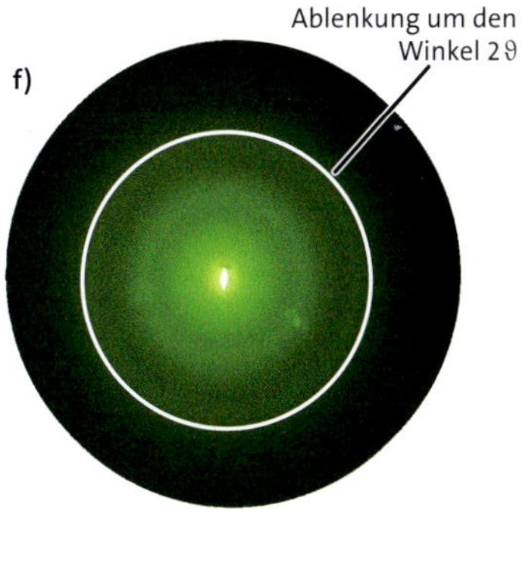

3. a) Die Elektronen bewegen sich beschleunigt zum Gitter und erreichen bei $U > 4{,}00$ kV eine größere Endgeschwindigkeit. Deshalb ist ihr Impuls größer und die De-Broglie-Wellenlänge kleiner. Beim Durchgang durch die Grafit-Kristalle verringert sich mit der Wellenlänge der Ablenkwinkel $2\,\vartheta$. Das Schirmbild wird kleiner, da sich die Radien der Beugungskreise wegen des kleineren Ablenkwinkels verringern. Die Elektronenwellen laufen also hinter den Grafitkristallen weniger breit auseinander.

b) Aufgrund des geringeren Ablenkwinkels haben die hellen Kreise auf dem Schirm einen geringeren Radius (**Abb. g**).

g)

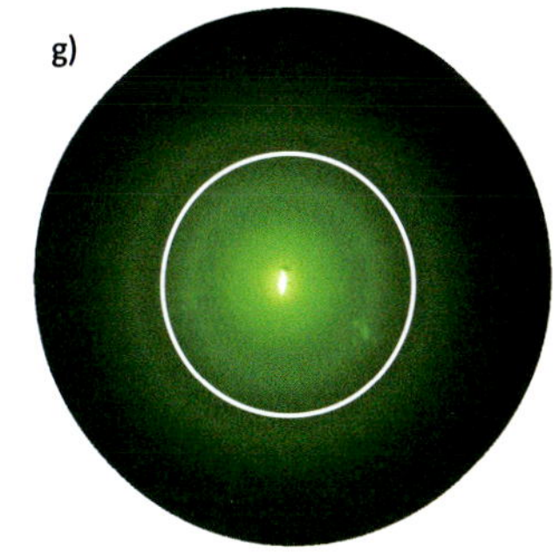

c) Um zu zeigen, dass sich Elektronen in der Beugungsröhre bewegen, wird der Magnet an die Anode herangeführt. Im Feld des Magneten werden die Elektronen durch die Lorentzkraft abgelenkt. Die Kraft steht senkrecht auf der Bewegungsrichtung der Elektronen und der Feldstärke des Magnetfelds. Die Ablenkung der Elektronen bewirkt, dass sich das Schirmbild in Richtung der Ablenkung aus dem Zentrum des Schirms herausbewegt. Da Licht oder Strahlung im Magnetfeld nicht abgelenkt werden, zeigt der Versuch, dass sich Elektronen in der Beugungsröhre bewegen.

4. a) Die Markierungen sind in **Abb. h)** blau eingezeichnet.

h)

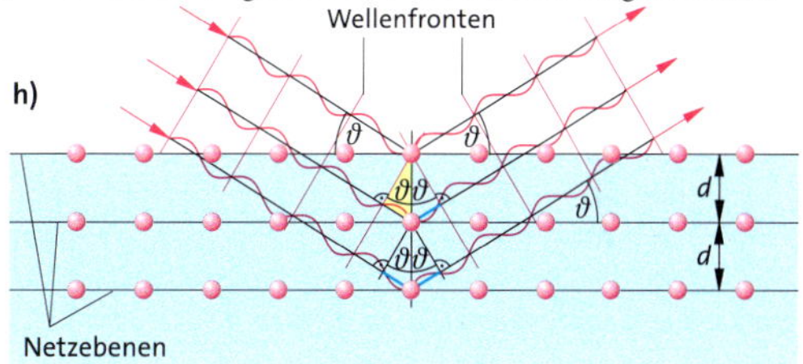

b) Für das gelb unterlegte Dreieck gilt: $\sin(\vartheta) = (\Delta s/2)/d$. Nach $\Delta s/2$ umgestellt folgt $\Delta s/2 = d \sin(\vartheta)$.

c) Für das erste Maximum ist die Wegdifferenz Δs gleich der Wellenlänge λ. Dann ist $\lambda/2 = d \sin(\vartheta)$ oder $\lambda = 2\,d \sin(\vartheta)$.

d) Im Teilchenmodell ist ein Elektron ein kleiner massiver Körper. Es befindet sich zu einem bestimmten Zeitpunkt an einem Punkt im Raum. Die punktförmige Ausdehnung verhindert, dass Interferenzen zwischen einem Teil des Elektrons und einem anderen Teil auftreten. Ferner hat das punktförmige Elektron keine Wellenlänge, da es nicht ausgedehnt wie eine Welle ist. Daher lässt sich die von der Wellenlänge abhängige Reflexion an den Grafitkristallen nicht erklären.

Eine Welle bewegt sich ebenfalls im Raum, zeigt dabei aber im Gegensatz zum klassischen Teilchen Interferenz- und Beugungsphänomene. Weiterhin ist die Welle im Raum ausgedehnt, also keinesfalls punktförmig, und hat auch keine festen Grenzen. Wie sich bei Reflexion, Brechung und Beugung zeigt, ist die Ausdehnung wie die Verteilung der Welle im Raum

Musteraufgaben mit Lösungen

nicht fest. Es lässt sich auch kein genauer Bahnverlauf angeben.

e) Treffen in der Wellenwanne ebene Wellen auf punktförmige Hindernisse oder Öffnungen, dann breiten sich dahinter Huygens'sche Elementarwellen, also Kreiswellen aus. Zur konstruktiven Interferenz führen die Kreiswellen, deren Wegunterschied Δx null oder ein Vielfaches der Wellenlänge λ ist. In Ausbreitungsrichtung der ebenen Welle ist für den Ablenkwinkel $2\vartheta = 0°$ zum zentralen Maximum die Wegdifferenz $\Delta x = 0$. Die Bedingung für das zentrale Maximum ist für jede Wellenlänge erfüllt. Für die Wegdifferenz $\Delta x = \lambda$ mit $2\vartheta > 0°$ ist der Ablenkwinkel von der Wellenlänge abhängig.

f) Die Reflexion an der Oberfläche eines Spiegels unterscheidet sich von der Reflexion an Kristallen dadurch, dass die Welle nicht in den Spiegel eindringt (oder nur zu Bruchteilen einer Wellenlänge). Der Wegunterschied für benachbarte Teilwellen ist null, wenn der Einfallswinkel gleich dem Reflexionswinkel ist. Die Reflexion ist deshalb nicht von der Wellenlänge abhängig.

5. a) Wenn Photonen und Elektronen die gleiche Wellenlänge haben, dann erfolgt die Ablenkung durch den Grafitkristall um die gleichen Winkel. Im Ergebnis hat das Schirmbild die Ringe der Maxima am gleichen Ort. Das Wellenmodell beschreibt Elektronen und Photonen in gleicher Weise. Unterschiede können sich hinsichtlich der Intensität der Maxima ergeben.

b) Die Energie, die ein Photon mit der Wellenlänge $\lambda = 19{,}4$ pm überträgt, ist $E = hf$. Die Frequenz f berechnet sich aus der Wellenlänge mit

$$f = c/\lambda = 3{,}00 \cdot 10^{8}\ \text{m/s} \ / \ 19{,}4 \cdot 10^{-12}\ \text{m} = 1{,}55 \cdot 10^{19}\ \text{Hz}$$

Dann ist

$$E = 6{,}63 \cdot 10^{-34}\ \text{J s} \cdot 1{,}55 \cdot 10^{19}\ \text{Hz} = 1{,}02 \cdot 10^{15}\ \text{J}.$$

Die Energie von Elektronen mit der Wellenlänge $\lambda = 19{,}4$ pm wurde bereits in Aufgabenteil 1 b) bestimmt:

$$E = 6{,}41 \cdot 10^{-14}\ \text{J}.$$

Die Energie, die Elektronen im Vergleich zu Photonen bei gleicher Wellenlänge abgeben, ist geringer.

Anwendungen der Induktion (Kap. 2)

1. Zwei aktuelle technische Anwendungen der Induktion sollen miteinander verglichen werden.

Energieversorgung der Apple Clock

… Deshalb hat Apple eine möglichst einfache Lösung mit Magnetanschluss und induktiver Ladung entwickelt. Es gibt keine Kontakte für die Stromversorgung: Der Nutzer hält einfach den Connector, also den Anschluss zum Laden, in die Nähe der Rückseite der Uhr.

Energieversorgung des leuchtenden Duschkopfes

… Die LEDs werden durch den Wasserdruck mittels Induktion aktiviert, so dass Sie sich keine Sorgen um Batterien oder Kabel in der Nähe Ihres Bades oder Dusche machen müssen.

a) *Erläutern Sie für die beiden vorgestellten Anwendungen der Induktion, in welcher Weise die Uhr bzw. die LEDs mit elektrischer Energie versorgt werden.*

b) *Ermitteln Sie für die beiden vorgestellten Anwendungen Gemeinsamkeiten und Unterschiede bei der Erzeugung der Induktionsspannung. Begründen Sie jeweils die Induktionsspannung mit dem Induktionsgesetz:*

$$U = n\,A\,\frac{\Delta B}{\Delta t} + n\,B\,\frac{\Delta A}{\Delta t}$$

c) *Beschreiben Sie die beiden Grundversuche, mit denen eine Induktionsspannung durch die Rate der Flächenänderung $\Delta A/\Delta t$ und der Feldstärkeänderung $\Delta B/\Delta t$ erzeugt wird. Vergleichen Sie die Grundversuche mit den beiden vorgestellten Anwendungen.*

d) *Analysieren Sie den Text zur Funktion der Apple Clock hinsichtlich der Anschlüsse (eng. Connector) zur Energieversorgung. Erläutern Sie, ob tatsächlich elektrische Anschlüsse bzw. Kontakte vorhanden sind oder nicht. Entwickeln Sie einen alternativen Text, der die Energieübertragung zur Apple Clock sachgerecht beschreibt.*

2. Der Motor einer elektrisch betriebenen Zahnbürste wird über eine Ladestation durch Induktion mit Energie versorgt.

a) Zur Messung der Induktionsspannung werden auf die Ladestation Spulen der Windungszahl $n_1 = 15$, $n_2 = 30$, $n_3 = 45$ und $n_4 = 60$ aufgestellt (**Abb. a**). Die Messwerte für die Induktionsspannung sind $U_1 = 0{,}9$ V, $U_2 = 1{,}8$ V, $U_3 = 2{,}3$ V und $U_4 = 3{,}2$ V.

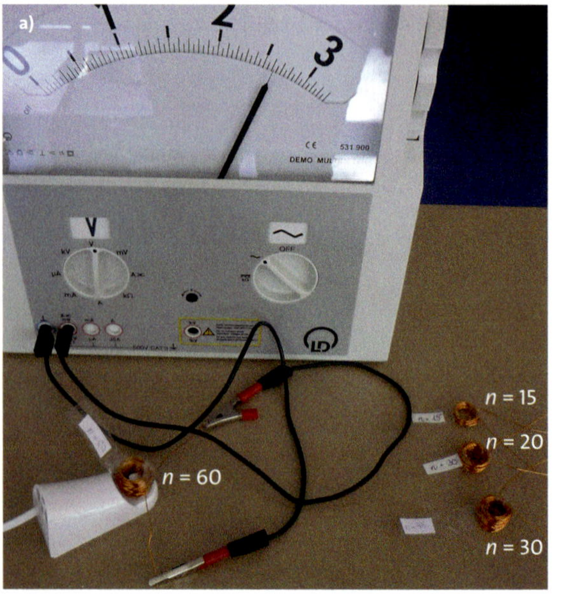

Tragen Sie die Messwerte in ein n-U-Diagramm ein. Werten Sie das Diagramm aus. Begründen Sie das Ergebnis mit dem Induktionsgesetz.

b) Die Induktionsspannung verringert sich, wenn die Spule ein wenig von der Ladestation entfernt wird oder wenn sie über der Ladestation bewegt wird. *Begründen Sie das Versuchsergebnis.*

c) Die Ladestation ist an die Netzspannung angeschlossen. *Erklären Sie, welche für die Induktion erforderlichen Bauteile in der Ladestation vermutlich vorhanden sind.*

3. Die Induktionsspannung wird im Zeitverlauf mit einem Oszilloskop gemessen und angezeigt (**Abb. b**).

b)

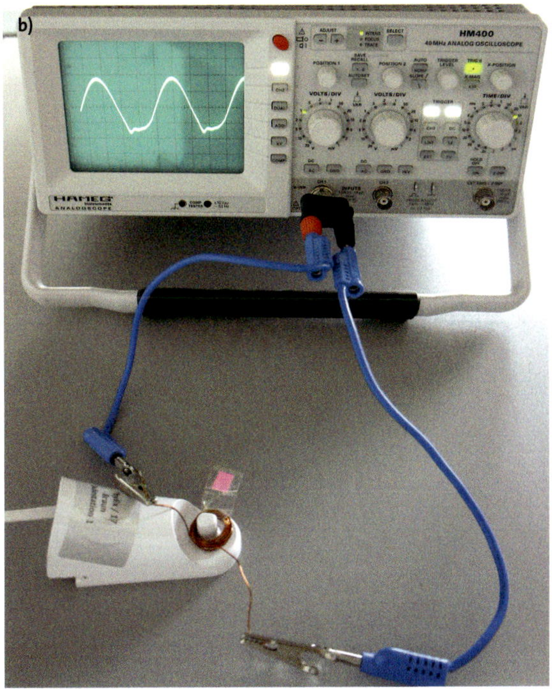

a) *Bestätigen Sie aus den Einstellungen* 1 V/Teilstrich *und* 10 ms/Teilstrich *die Amplitude* $u = 1{,}5$ V *und die Periodendauer* $T = 42$ µs *einer Schwingung.*

b) *Berechnen Sie die Frequenz f der Schwingung.*

c) *Beurteilen Sie die Vorteile hoher Frequenzen für die Energieübertragung.*

4. Mit einem Leistungsmesser wird die von der Ladestation auf der Primärseite aufgenommene Leistung gemessen. Der Sekundärkreis besteht aus einer Spule und einem Widerstand $R = 100\ \Omega$. Spannung und Stromstärke am Widerstand werden auf der Sekundärseite jeweils mit einem Multimeter gemessen (**Abb. c**).

c)

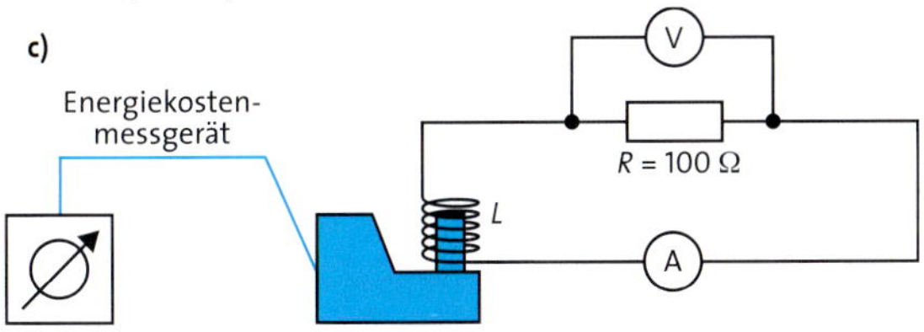

a) Am Widerstand wird $U_R = 3{,}2$ V und $I_R = 35$ mA gemessen. *Berechnen Sie die im Widerstand umgesetzte Leistung.*

b) Der Energiestrom in die Ladestation beträgt 1,5 J/s = 1,5 W. *Berechnen Sie den Wirkungsgrad η der Anordnung.*

c) Ein Experiment zeigt, dass der Energiestrom in die Ladestation nur unwesentlich davon abhängt, ob die Spule aufgesteckt ist oder nicht. *Bewerten Sie das Ergebnis.*

Lösungen

1. a) Die Uhr wird kontaktlos mittels Induktion mit Energie versorgt. Ohne bewegliche Teile wird für die Induktion ein sich zeitlich änderndes Magnetfeld $\Delta B/\Delta t$ benötigt. Eine Spule, deren Strom I sich zeitlich ändert, erzeugt ein solches magnetisches Wechselfeld. Die Spule muss möglichst nahe an die Induktionsspule in der Uhr gebracht werden, damit die Feldstärkeänderung ΔB in der Uhr möglichst groß wird.

Die Versorgung der LEDs im Duschkopf mit elektrischer Energie erfolgt durch die Umwandlung mechanischer Energie in elektrische Energie. Das bewegte Wasser treibt eine Turbine an, die wiederum einen Generator antreibt. Im Generator wird beispielsweise eine Spule im Magnetfeld eines Permanentmagneten gedreht. Mit der Drehung ändert sich die effektive Fläche ΔA der Spule in Bezug auf die Magnetfeldlinien. Je größer die Änderungsrate der effektiven Fläche ΔA, desto größer ist die induzierte Spannung an der Spule.

b) In beiden technischen Anwendungen wird eine Induktionsspannung U erzeugt. Durch diese Spannung kann mit einem elektrischen Stromkreis elektrische Energie zum Verbraucher, der Uhr bzw. den LEDs im Duschkopf, transportiert werden. Die Erzeugung der Induktionsspannung erfolgt auf unterschiedlichen Wegen: Bei der Uhr ändert sich die Fläche ΔA der Induktionsspule nicht. Die Induktionsspannung wird durch die zeitliche Feldstärkeänderung $\Delta B/\Delta t$ erzeugt.

$$U = n\,A\,\frac{\Delta B}{\Delta t} + n\,B\,\frac{\Delta A}{\Delta t}$$

Im Duschkopf kann keine stromdurchflossene Spule ein Magnetfeld erzeugen, da keine elektrische Energie zugeführt wird. Die mechanische Energie von der Turbine wird verwendet, um die Induktionsspule im Magnetfeld eines Permanentmagneten zu drehen.

c) Die Energieversorgung der Uhr erfolgt durch eine Induktionsspule in einem sich zeitlich ändernden Magnetfeld. **Abb. d)** zeigt den Versuch. Ein Funktionsgenerator liefert einen Strom I durch die äußere Spule, dessen zeitliche Änderung $\Delta I/\Delta t$ die Feldstärkeänderung $\Delta B/\Delta t$ bewirkt, die wiederum eine Induktionsspannung $U \sim \Delta B/\Delta t$ an den Anschlüssen der inneren Spule erzeugt.

d)

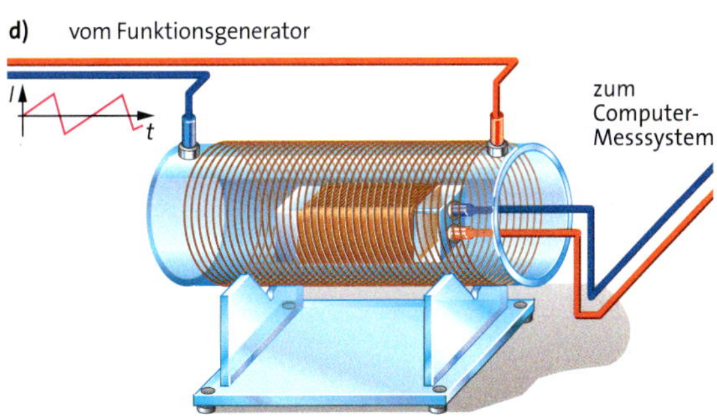

e)

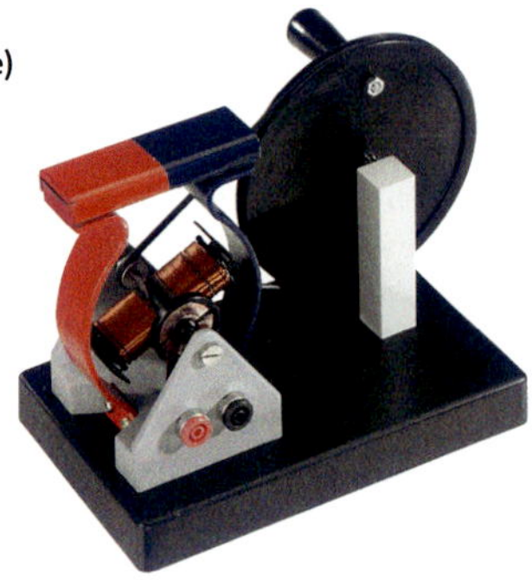

Abb. e) zeigt einen Versuch, bei dem sich die Induktionsspule in einem Magnetfeld dreht. Die Feldlinien verlaufen waagerecht von links nach rechts. Die Querschnittsfläche A der Spule verändert während der Drehung ihre Lage bezogen auf die Richtung der Feldlinien. Die Flächenänderung $\Delta A / \Delta t$ der effektiven Fläche der Spule bewirkt im Magnetfeld eine Spannung U an den Anschlüssen der Spule.
Im Duschkopf dreht der Wasserstrom eine Turbine, die mit der Spule mechanisch gekoppelt ist. Die Fließbewegung des Wassers wird auf die Drehbewegung der Turbine und die der Induktionsspule übertragen. An den Anschlüssen der Induktionsspule entsteht die Spannung $U \sim \Delta A / \Delta t$.
d) Der Text verweist auf einen magnetischen Kontakt und auf die induktive Ladung. Ferner wird klargestellt, dass es keine Kontakte für die Stromversorgung gibt. Hingegen befindet sich, so heißt es, der Anschluss zum Laden auf der Rückseite der Uhr.
Aus dem Text wird nicht klar, ob elektrische Kontakte (Anschlusskontakte) vorhanden sind, über die elektrische Energie in die Uhr gelangt. Der Hinweis auf die induktive Ladung bedeutet, dass keine elektrischen Kontakte erforderlich sind. Hingegen ist ein geringer Abstand zwischen der Spule, die ein magnetisches Wechselfeld erzeugt, und der Induktionsspule günstig, um einen guten Wirkungsgrad der Energieübertragung zu erreichen.
Eine verbesserte Formulierung des Textes lautet:
... Deshalb hat Apple eine möglichst einfache Lösung für die kontaktlose induktive Aufladung entwickelt. Es gibt keine Anschlussstecker für die Stromversorgung: Der Nutzer hält einfach die Rückseite der Uhr an eine Ladestation, von der die Energie über ein magnetisches Wechselfeld drahtlos in die Uhr gelangt.

2. a) Das n-U-Diagramm der Messwerte (**Abb. f**) zeigt den proportionalen Zusammenhang von Windungszahl n und Induktionsspannung U. Das Induktionsgesetz

$$U = n\,A\,\frac{\Delta B}{\Delta t}$$

bestätigt das Ergebnis, da A und $\Delta B / \Delta t$ für die Messungen gleiche Werte aufweisen, also konstant sind.

f)

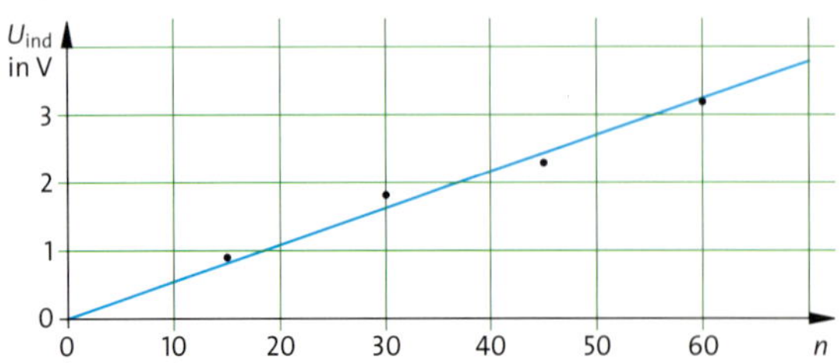

b) Wenn eine Spule mit der Windungszahl n von der Ladestation entfernt wird, dann verringert sich die magnetische Feldstärke B und somit $\Delta B / \Delta t$ in der Spule. Ferner nimmt die Lage der Querschnittsfläche A in Bezug auf die Feldlinien Einfluss auf die Induktionsspannung. Beim Wegbewegen der Spule von der Ladestation verringern sich die Werte von A und $\Delta B / \Delta t$ bei konstanter Windungszahl n. Nach dem Induktionsgesetz

$$U = n\,A\,\frac{\Delta B}{\Delta t}$$

verringert sich die Induktionsspannung.

c) In der Ladestation wird ein Magnetfeld erzeugt, welches sich zeitlich ändert. Dieses Magnetfeld kann durch eine Spule erzeugt werden, die an die 230 V-Wechselspannung des Stromnetzes angeschlossen ist.

3. a) Der Messwert der Spannung beträgt etwa $U_{max} - U_{min} =$ $= 3$ Teilstriche. Daraus folgt mit 1 V/Teilstrich: $\hat{u} = 1{,}5$ V.
Der Messwert der Periodendauer T beträgt für den zeitlichen Abstand von U_{max} und U_{min} 4,2 Teilstriche. Darauf folgt mit 10 µs/Teilstrich $T = 42$ µs.
b) Die Frequenz f ist $f = \frac{1}{T} = \frac{1}{42 \cdot 10^{-6}\,\text{s}} \approx 24$ kHz.
c) Die Energie wird mittels des Magnetfeldes zum Stromkreis transportiert, der von der Induktionsspannung angetrieben wird. Mit jeder Periodendauer T wird dem Magnetfeld Energie ΔE zugeführt und vom Stromkreis entnommen. Je kürzer die Periodendauer T, desto größer ist der Energiestrom $\Delta E / T$.

4. a) Der Widerstand R setzt die Leistung $P_R = U_R I_R$ um:
$P_R = 3{,}2\text{ V} \cdot 35\text{ mA} = 112\text{ mW}$.
b) Mit der Eingangsleistung $P_E = 1{,}5$ W ist der Wirkungsgrad
$\eta = P_R / P_E = 0{,}112/1{,}5 = 7{,}5\ \%$.
c) Da die Eingangsleistung P_E von der Ausgangsleistung nahezu unabhängig ist, wird der überwiegende Teil der zugeführten elektrischen Energie in Wärme umgewandelt. Der Wirkungsgrad ist mit 7,5 % vergleichsweise schlecht. Moderne Schaltungen weisen einen Wirkungsgrad von über 90 % auf.
d) Die in einem Jahr umgesetzte Energie beträgt
$E = P\,t = 1{,}5\text{ W} \cdot 24\text{ h} \cdot 365 \approx 13\text{ kWh}$.
e) Da die Ladestation keinen Ein- und Ausschalter besitzt, findet die Energieumwandlung in Wärme ständig statt. Die nutzlose Umwandlung von elektrischer Energie in Wärme sollte durch geeignete Maßnahmen unterbunden werden.

Der Franck-Hertz-Versuch (Kap. 3)

1. Der Franck-Hertz-Versuch untersucht die Energieübertragung von Elektronen auf Quecksilberatome. **Abb. a)** zeigt ein schematisches Schaltbild.

a)

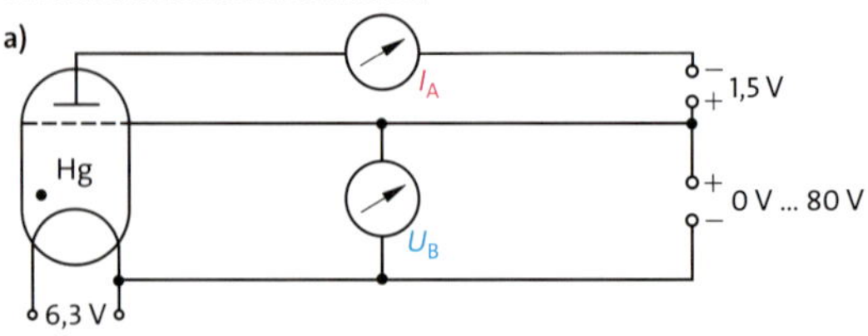

In **Abb. b)** ist ein typisches Messergebnis zu sehen: Der Anodenstrom ist in Abhängigkeit von der Beschleunigungsspannung dargestellt.

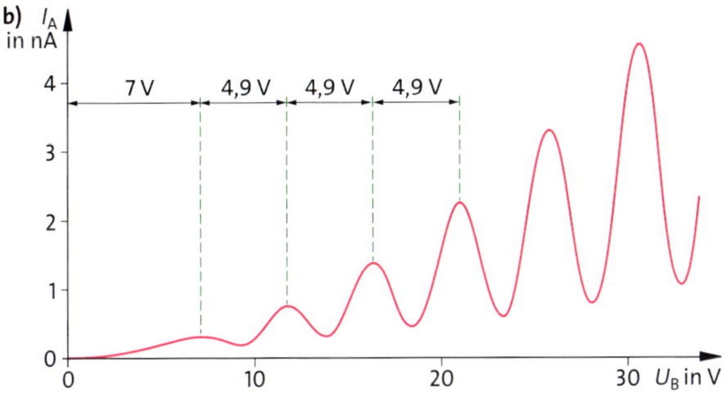

a) *Erläutern Sie den Versuchsaufbau sowie die Durchführung des Versuchs. Gehen Sie dabei speziell auf die Funktion der verschiedenen Spannungen ein.*
b) *Beschreiben Sie den Kurvenverlauf der Anodenstromstärke und erläutern Sie sein Zustandekommen. Bestimmen Sie aus der Kurve die Anregungsenergie für Quecksilberatome.*
c) *Beschreiben Sie die Atommodelle von* Rutherford *und* Bohr. *Bewerten Sie die Bedeutung des Versuchsergebnisses im Hinblick auf diese beiden Modelle. Erläutern Sie die Vorteile eines quantenphysikalischen Atommodells gegenüber dem Bohr'schen Atommodell.*
d) Die Anregung von Atomen durch Elektronenstoß unterscheidet sich von der Anregung der Atome durch Photonen. Wird Kochsalz in eine Flamme eines Bunsenbrenners gebracht und diese mit dem Licht einer Natriumdampflampe beleuchtet, so ist auf einem Schirm hinter der Flamme ein Schatten zu sehen. *Erklären Sie diese Beobachtung und erläutern Sie daran den Unterschied der Anregungsmechanismen.*
e) *Zeigen Sie durch die Bestimmung der zugehörigen Wellenlänge, dass das Licht, welches die Quecksilberatome nach ihrer Anregung mit einer Energie von* 4,9 eV *emittieren, nicht sichtbar ist.*

2. Anstelle von Quecksilber kann die Elektronenröhre auch gasförmiges Helium enthalten. Wird die Beschleunigungsspannung variiert und die Anodenstromstärke gemessen, so ergibt sich die **Abb. c)**.
a) *Bestimmen Sie aus dem Diagramm die Anregungsenergie für Helium.*

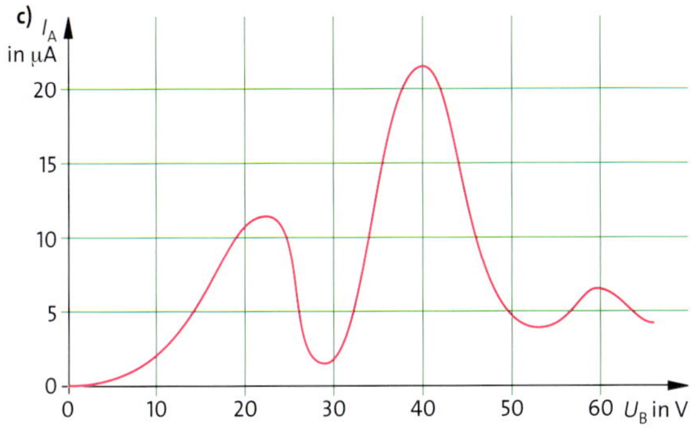

b) Wenn das Licht der Glühkatode abgeschirmt wird, dann kann bei Beschleunigungsspannungen oberhalb von ca. 24 V ein schwaches Leuchten beobachtet werden. Eine spektrale Analyse zeigt, dass dieses Licht die Wellenlängen 502 nm und 447 nm enthält. *Berechnen Sie die zugehörige Energie der emittierten Photonen, zeichnen Sie ausgehend vom 1. Anregungsniveau ein vereinfachtes Energieniveauschema für Helium und erläutern Sie die Entstehung des Lichtes. Begründen Sie, dass zusätzlich Licht einer anderen Wellenlänge emittiert werden kann. Zeigen Sie durch Berechnung der zugehörigen Wellenlänge, dass dieses Licht nicht sichtbar ist.*

Lösungen

1. a) In einer Elektronenröhre mit drei Elektroden (Glühkatode, Gitter und Anode) befindet sich Quecksilberdampf. Eine Heizspannung von 6,3 V lässt einen elektrischen Strom durch die Glühkatode fließen, sodass durch den glühelektrischen Effekt Elektronen austreten. Diese werden mithilfe einer variablen Beschleunigungsspannung U_B zwischen Katode und Gitter Richtung Anode beschleunigt. Zwischen dem Gitter und der Anode wird eine konstante Spannung von 1,5 V als Gegenspannung angelegt. Im Anodenkreis befindet sich ein empfindliches Strommessgerät. Die von diesem Gerät gemessene Stromstärke ist ein Maß für die Anzahl der Elektronen, die genügend Energie besitzen, um das Gegenfeld zwischen Gitter und Anode zu überwinden, und wird in Abhängigkeit von der der angelegten Beschleunigungsspannung gemessen.
b) Die Kurve der Anodenstromstärke weist in regelmäßigen Abständen Maxima und Minima auf. Der Kurvenverlauf lässt sich wie folgt erklären: Wird die Beschleunigungsspannung U_B zwischen der Katode und dem Gitter erhöht, so nehmen die Elektronen immer mehr Energie aus dem elektrischen Feld auf, sodass eine immer größere Anzahl der Elektronen das Gegenfeld überwinden und so die Anode erreichen kann. Die Anodenstromstärke steigt und erreicht ihr erstes Maximum. Die Stromstärke sinkt nun wieder, da die Elektronen genügend Energie besitzen, um mit den Quecksilberatomen unelastisch zu stoßen. Sie geben einen Teil ihrer Energie an die Atome ab und können das Gegenfeld nun nicht mehr überwinden. Durch weiteres Erhöhen der Beschleunigungsspannung wird ihre kinetische Energie wieder größer, es erreicht eine immer größere Anzahl von Elektronen die Anode: Die Stromstärke steigt. Übersteigt die kinetische Energie der Elektronen wieder den Mindestwert für einen unelastischen Stoß, so werden Quecksilberatome angeregt und die Elektronen erreichen die Anode nicht mehr. Die Stromstärke sinkt zum nächsten Minimum. Diese Vorgänge wiederholen sich ein paar weitere Male. Aus der Lage der Maxima kann die Anregungsenergie bestimmt werden. Zwischen 12 V und 55 V liegen 10 Maxima, daher ergibt sich ihr durchschnittlicher Abstand zu ca. 4,7 V. Die Anregungsenergie für Quecksilberatome beträgt also 4,7 eV.
c) Rutherford schloss aus seinen berühmten Streuversuchen, dass ein Atom aus einem massiven und elektrisch positiv geladenen Kern besteht, der von einer von Elektronen gebildeten Hülle umschlossen wird (Kern-Hülle-Modell). Damit die Elektronen nicht in den Kern stürzen, bewegen sie sich auf beliebigen kreisförmigen Bahnen um den Kern. Da eine Kreisbewegung eine beschleunigte Bewegung ist, muss ein Elektron

Musteraufgaben mit Lösungen

aus klassischer Sicht auf einer Kreisbahn elektromagnetische Wellen abstrahlen und somit Energie verlieren. Der Radius der Kreisbahn müsste sich kontinuierlich verkleinern. Das Atom ist somit nicht stabil. Das Bohr'sche Atommodell versucht dieses Defizit zu beheben. BOHRS erstes Postulat legt fest, dass nur gewisse Bahnen stabil sind. Auf diesen strahlt das Elektron keine Welle und damit keine Energie ab. Bei einer Änderung der Bahn wird Energie, die der Energiedifferenz der beiden Bahnen entspricht, aufgenommen bzw. abgegeben. Somit kann das Versuchsergebnis nicht mit dem Rutherford'schen Atommodell, aber mit dem Bohr'schen Atommodell erklärt werden. Die Existenz einer Mindestenergie der Elektronen für einen elastischen Stoß zeigt den quantenhaften Energieübertrag.
Allerdings gibt es im Bohr'schen Modell noch Elektronenbahnen und die Strahlungsfreiheit wird einfach postuliert. Das Elektron wird nicht als Quantenobjekt behandelt, sondern als klassisches Teilchen. Diese Defizite löst ein quantenphysikalisches Modell auf, bei dem das Elektron als Welle betrachtet wird. Stehende Wellen führen zu stationären Ladungsverteilungen, die daher nicht strahlen. Das Wellenmodell des Elektrons führt automatisch zu diskreten Energiezuständen des Atoms.

d) Atome können Photonen absorbieren, wenn deren Energie genau so groß ist wie die zur Anregung nötige Energie. Wird eine Bunsenbrennerflamme, in der sich Natriumatome befinden, mit dem Licht einer Natriumdampflampe bestrahlt, so ist ein Schatten hinter der Flamme zu beobachten. Das Licht der Lampe entsteht dadurch, dass in ihr Natriumatome von einem angeregten Zustand wieder in den Grundzustand übergehen und dabei Photonen der entsprechenden Energiedifferenz emittieren. Die Energie eines Photons kann daher auch im umgekehrten Prozess ein Natriumatom vom Grundzustand in den angeregten Zustand bringen. Dies geschieht in der Bunsenbrennerflamme. Die Photonen werden absorbiert (Resonanzabsorption). Gehen die Natriumatome in der Flamme wieder in den Grundzustand über, so er erfolgt die Emission der Photonen in alle Raumrichtungen. Da nur ein kleiner Teil dieser Photonen auf den Schirm gelangt, entsteht ein Schatten. Es entsteht ein Schatten. Bei der Anregung eines Atoms durch Photonen muss die Energie genau passen. Photonen mit anderen Energien werden nicht absorbiert. Ein entsprechendes Experiment mit einer Quecksilberdampflampe zeigt keinen Schatten und damit keine Absorption. Beim Elektronenstoß bedarf es lediglich einer Mindestenergie. Der Restbetrag bleibt beim Elektron.

e) Aus $\Delta E = hf = hc/\lambda$ folgt $\lambda = hc/\Delta E$. Einsetzen der Werte ergibt eine Wellenlänge von 253 nm. Diese Wellenlänge ist dem ultravioletten Licht zuzuordnen – daher handelt es sich um nicht sichtbares Licht.

2. a) Das erste Maximum liegt bei 21 V, das dritte bei 60 V. Daher ergibt sich der Abstand zwischen den Maxima zu 19,5 V. Die Anregungsenergie für Helium beträgt daher 19,5 eV.

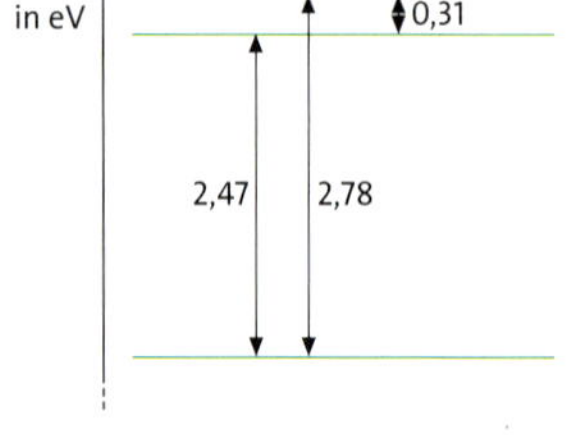

b) Aus der Wellenlänge lässt sich mit $\Delta E = hf = hc/\lambda$ die Energie der Photonen berechnen: 2,47 eV und 2,78 eV. Das zugehörige Energieniveauschema lässt sich damit zeichnen.
Mit Beschleunigungsspannungen oberhalb von 24 V lassen sich auch höhere Anregungszustände des Heliums erreichen. Durch die Emission eines Photons der entsprechenden Energiedifferenz geht das Atom in den 1. angeregten Zustand über. Das Atom kann aber auch vom dritten Anregungszustand in den zweiten übergehen. Die zugehörige Energie beträgt dabei 0,31 eV. Die Berechnung der Wellenlänge mittels $\lambda = hc/\Delta E$ ergibt eine Wellenlänge von 4000 nm. Da sich die Wellenlängen des sichtbaren Bereichs von etwa 400 nm bis 800 nm erstrecken, ist dieses emittierte Licht nicht sichtbar.

Die C14-Methode (Kap. 3)

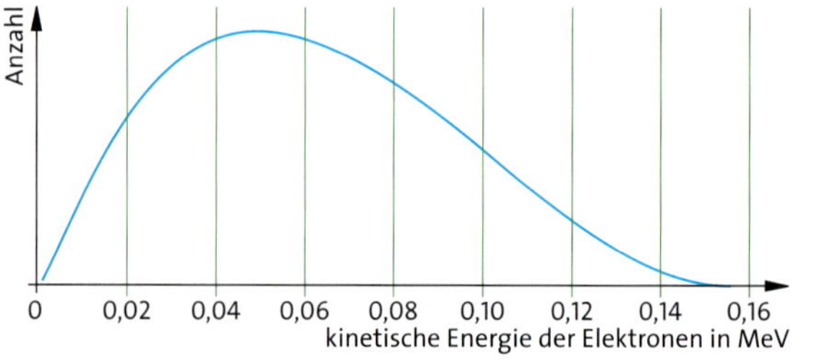

1. Die Radiokarbonmethode wurde 1946 von dem Chemiker W. F. LIBBY (Nobelpreis 1969) entwickelt und ist ein Verfahren zur Altersbestimmung organischer Materialien. Dabei wird der Zerfall des Kohlenstoffisotops C14, auch Radiokohlenstoff genannt, ausgenutzt.

a) C14 entsteht durch die kosmische Strahlung in der Atmosphäre, wenn das Stickstoffisotop N14 ein Neutron einfängt und danach ein Proton emittiert.
Geben Sie die Reaktionsgleichung für die obige Kernreaktion an.

b) C14 unterliegt dem β^--Zerfall mit einer Halbwertszeit von 5730 Jahren. Zeigen Sie, dass diese Zerfallsart energetisch die einzig mögliche ist, indem Sie die Zerfallsgleichungen (α-, β^-, β^+-Zerfall) aufstellen und die zugehörigen Massendefekte und Energieumsätze berechnen. Vergleichen Sie die von Ihnen berechnete Energie mit dem obigen Spektrum und erläutern Sie daran, dass neben dem Elektron auch ein Neutrino als Reaktionspartner vorhanden ist.
Benötigte Nuklidmassen: He4: 4,002 603 u, C14: 14,003 242 u, N14: 14,003 074 u, B14: 14,025 404 u, Be10: 10,013 533 u.

c) *Erläutern Sie die wesentliche Grundidee der C14-Methode.*

d) In einem lebenden Organismus beträgt das Verhältnis von C14 zu C12 etwa $1{,}35 \cdot 10^{-12}$. *Berechnen Sie die durchschnittliche Anzahl der in einer Minute stattfindenden Zerfälle in einem Gramm Kohlenstoff.* [Kontrollergebnis: 15,6 1/(g min)]

e) Ein Knochenfund enthält 300 g Kohlenstoff. Die Aktivität wird auf 600/min bestimmt. *Begründen Sie durch eine grobe Abschätzung, dass das Alter der Probe deutlich höher sein muss als 2000 Jahre. Berechnen Sie das Alter des Knochens.*

f) *Begründen Sie, dass eine Altersbestimmung mit der C14-Methode für Dinosaurierknochen nicht geeignet ist.*

g) Der nach dem Kernphysiker H. E. SUESS benannte Effekt beschreibt den Einfluss der Verbrennung fossiler Energieträger auf den C14-Gehalt in der Atmosphäre. *Erläutern Sie den Einfluss auf die Altersbestimmung von Proben.*

Lösungen

1. a) ${}^{0}_{1}n + {}^{14}_{7}N \rightarrow {}^{14}_{6}C + {}^{1}_{1}p$

b) α-Zerfall (hypothetisch): ${}^{14}_{6}C \rightarrow {}^{10}_{4}Be + {}^{4}_{2}He$

β^--Zerfall: ${}^{14}_{6}C \rightarrow {}^{14}_{7}N + {}^{0}_{-1}e + \bar{\nu}_e$

β^+-Zerfall (hypothetisch): ${}^{14}_{6}C \rightarrow {}^{14}_{5}B + {}^{0}_{+1}e + \nu_e$

Der Massendefekt wird für jede Zerfallsart berechnet. Ist er positiv, so handelt es sich um eine exotherme Reaktion, d.h. um eine Reaktion, bei der Bindungsenergie frei wird. Ein negativer Wert zeigt, dass bei einer solchen endothermen Reaktion Energie zugeführt werden muss, und diese daher nicht selbstständig abläuft.

α-Zerfall: $\Delta m = m_{C14} - (m_{Be10} + m_{He4}) = -0{,}013\ u < 0$

β^+-Zerfall: $\Delta m = m_{C14} - (m_{B14} + 2\,m_e) = -0{,}023\ u < 0$

β^--Zerfall: $\Delta m = m_{C14} - m_{N14} = 1{,}69 \cdot 10^{-4}\ u > 0$

Die Umrechnung in eine Energie geschieht mithilfe von EINSTEINS Gleichung: $\Delta E = \Delta m\, c^2$. Es ergibt sich eine Energie von 0,158 MeV. Ein Vergleich mit dem obigen Spektrum der emittierten Elektronen zeigt, dass es sich hierbei um die Maximalenergie handelt. Die Elektronen besitzen ein kontinuierliches Energiespektrum, obwohl der Energieumsatz aufgrund der konstanten Massendifferenz immer 0,158 MeV beträgt. Daher muss es aufgrund des Energieerhaltungssatzes ein weiteres Teilchen bei diesem Zerfall geben, welches dann den Restenergiebetrag erhält.

c) C14 wird durch die kosmische Höhenstrahlung in der oberen Atmosphäre erzeugt, verteilt sich gleichmäßig auf der ganzen Erde und wird von Lebewesen aufgenommen. Solange der Stoffwechsel existiert, stellt sich durch Aufnahme und Zerfall ein konstantes Verhältnis zwischen C14 und C12 ein. Stirbt der Organismus, so wird die Neuaufnahme von C14 gestoppt. Es zerfällt, während C12 stabil ist. Daher ändert sich nach dem Todeszeitpunkt das Verhältnis von C14 zu C12 zugunsten von C12. Mithilfe der Halbwertszeit von C14 kann nun der Todeszeitpunkt des Organismus bestimmt werden, indem dieses Verhältnis über Aktivitätsmessungen bestimmt wird.

d) 12 Gramm C12 besitzen $6{,}022 \cdot 10^{23}$ Teilchen (Avogadro-Konstante). Die Umrechnung auf 1 g sowie die Berücksichtigung des angegebenen Verhältnisses führt auf ca. $6{,}77 \cdot 10^{10}$ Nuklide des Isotops C14. Mithilfe von $\lambda\, T_H = \ln(2)$ ergibt sich die Zerfallskonstante zu ca. $3{,}84 \cdot 10^{-12}\ s^{-1}$. Die Aktivitätsberechnung erfolgt über $A = \lambda N$. Ein Gramm Kohlenstoff besitzt dann pro Gramm eine Aktivität von 15,6 min^{-1}.

e) 300 Gramm eines lebenden Organismus müsste eine Aktivität von ca. 4680 min^{-1} besitzen. Nach nur einer Halbwertszeit würde die Aktivität noch 2340 min^{-1} betragen. Das ist ein wesentlich größerer Wert als oben angegeben. Daher ist die Probe sogar deutlich älter als 5730 Jahre. Die Division von 4800 durch 8 ergibt 600. Daher ist der Knochenfund ca. 3 Halbwertszeiten und damit etwa 17 000 Jahre alt.

Zur genauen Berechnung wird das Zerfallsgesetz benutzt: $600 = 4680\left(\frac{1}{2}\right)^{t/T_H}$, Umformung und Logarithmieren liefert ein Alter von 16 980 Jahren.

f) Die letzten Dinosaurier lebten etwa vor 65 Millionen Jahren auf der Erde. Dieser Zeitraum ist viele Größenordnungen größer als die Halbwertszeit von C14. Daher gibt es kein C14 in einem Dinosaurierknochen, es ist schon komplett zerfallen.

g) Durch die Verbrennung fossiler Energieträger wird Kohlendioxid erzeugt, welches aber kein C14 mehr enthält, da Erdöl, Erdgas und Kohle vor mehreren Millionen Jahren entstanden sind. Daher verkleinert sich das natürliche Verhältnis von C14 zu C12. Wird dies nicht berücksichtigt, so kann es zu Fehlern in der Datierung kommen: Das jetzige Verhältnis in der Natur ist kleiner als vor zum Beispiel 5000 Jahren. Wird aber von dem heutigen Verhältnis ausgegangen, so wird das Alter der Probe unterschätzt.

Massenbestimmung von Elektronen (Kap. 1+4)

1. Die Aufgabe behandelt die Bestimmung der Masse von langsamen Elektronen ($v \leq 0{,}1\,c$), deren Bewegung noch mit den Gesetzen der klassischen Physik berechnet werden kann, und von schnellen, sogenannten *relativistischen* Elektronen.

Mit dem Fadenstrahlrohr kann die Masse von langsamen Elektronen bestimmt werden. In einer kugelförmigen Glasröhre von ca. 18 cm Durchmesser befindet sich ein Elektrodensystem mit einer Glühkatode und einer Anode zur Erzeugung eines Elektronenstrahls. Zwischen Katode und Anode werden Spannungen zwischen U = 150 V und 300 V angelegt. Der Elektronenstrahl ist sichtbar, weil sich in der Röhre Gas unter geringem Druck von 10^{-6} bar befindet. Helmholtz-Spulen erzeugen ein homogenes Magnetfeld senkrecht zur Bewegungsrichtung der Elektronen, wodurch diese auf eine Kreisbahn abgelenkt werden.

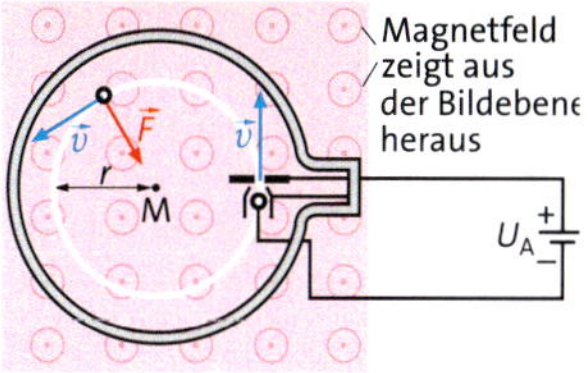

a) *Erläutern Sie, wie der Elektronenstrahl erzeugt wird und warum er sichtbar ist.*

b) *Skizzieren Sie eine kreisförmige Bahnkurve und in einem beliebigen Punkt der Bahn für ein einzelnes Elektron den Geschwindigkeitsvektor $\vec{v}$, die auf das Elektron wirkende Zentripetalkraft $\vec{F}_Z$, sowie die Richtung des Magnetfeldes.*

c) *Begründen Sie, warum der Betrag der Geschwindigkeit konstant ist.*

d) *Begründen Sie, warum sich die Elektronen im Fadenstrahlrohr stets auf Kreisbahnen bewegen und warum eine elliptische Bahn nicht möglich ist.*

e) *Leiten Sie für langsame Elektronen eine Gleichung her, mit deren Geschwindigkeit v nach Durchlaufen der Spannung U berechnet werden kann. Zeigen Sie, dass Elektronen nach Durchlaufen der Spannung U = 250 V nicht relativistisch sind.*

f) In einer Messreihe werden durch Verändern der Spannung U bei konstanter Magnetfeldstärke B = 1,05 mT verschiedene Radien r eingestellt:

Radius *r* in cm	4,0	4,3	4,7	5,1	5,5
Spannung *U* in V	155	182	214	249	293

Musteraufgaben mit Lösungen

Zeigen Sie mithilfe einer grafischen Darstellung, dass die Spannung proportional zum Quadrat der Radien ist und bestimmen Sie die Proportionalitätskonstante C in der Gleichung $U = C\,r^2$.

g) *Stellen Sie mit der Zentripetalkraft F_Z eine Gleichung für die Kreisbewegung der Elektronen auf und zeigen Sie, dass für die Konstante C die Gleichung $C = e\,B^2/(2\,m)$ gilt.*
Bestimmen Sie mit dem Wert für C die Masse der langsamen Elektronen.

2. In den 1960er Jahren wurden Präzisionsexperimente zur dynamischen Masse $m = \gamma\,m_0$ durchgeführt, um die exakte Gültigkeit dieser Gleichung zu bestätigen. Dabei wurden schnelle Elektronen mit magnetischen und elektrischen Feldern abgelenkt, um unabhängig von relativistischen Gleichungen die Geschwindigkeit v und die Masse m der Teilchen zu bestimmen (siehe Abbildung).
Eine Hochspannungsquelle von ca. 2,5 Mio. Volt beschleunigt Elektronen auf nahezu Lichtgeschwindigkeit. Zur Bestimmung der Geschwindigkeit v werden die Elektronen auf Ausschnitten von Kreisbahnen abgelenkt. Zunächst bewegen sich die Elektronen wie im Fadenstrahlrohr aufgrund eines homogenen magnetischen Feldes auf einem Halbkreis mit dem Radius $R_m = 0{,}500$ m. Anschließend lenkt das elektrische Feld eines zu einem Viertelkreis gekrümmten Plattenkondensators die Elektronen auf eine Kreisbahn mit dem Radius $R_e = 100$ cm. Bei konstanter Hochspannung wird zunächst die magnetische Feldstärke B so eingestellt, dass sich die Elektronen auf dem vorgeschriebenen Halbkreis bewegen. Anschließend wird die Spannung am Kondensator so geregelt, dass die Elektronen auch den Viertelkreis durchfliegen. Während die Beschleunigungsspannung von etwa 2,5 Mio. Volt nur ungenau gemessen werden kann, werden die magnetische Feldstärke B und mit einem speziellen Messverfahren die Kraft F_e auf die Elektronen im Plattenkondensator sehr genau bestimmt.

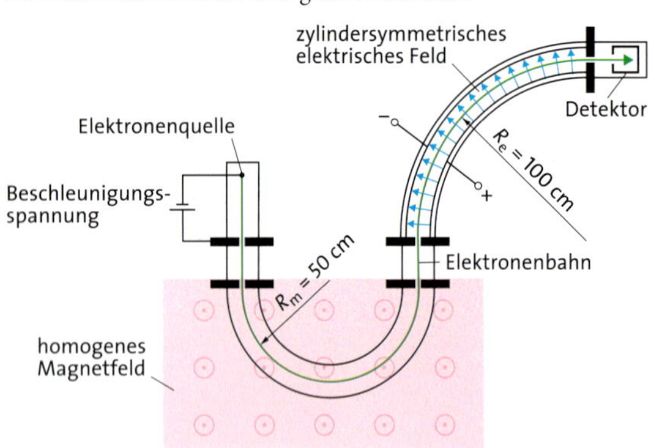

a) *Erklären Sie, wieso die Elektronen vom elektrischen Feld im kreisförmig gekrümmten Plattenkondensator auf eine Kreisbahn gehalten werden.* (Denken Sie sich dazu den gekrümmten Kondensator in viele schmale ebene Plattenkondensatoren zerlegt.)
Beschreiben Sie, wie eine Ablenkung in einem homogenen elektrischen Feld erfolgen würde.

b) In der Aufgabe 1 e) wird mit dem klassischen Energieerhaltungssatz die Geschwindigkeit v der von der Spannung U beschleunigten Elektronen berechnet.
Erläutern Sie, in welcher Weise sich der Energieerhaltungssatz in der Relativitätstheorie von dem klassischen Erhaltungssatz unterscheidet und geben Sie ihn an.

c) *Setzen Sie in den relativistischen Energieerhaltungssatz aus Aufgabe 2 b) die Gleichung für die dynamische Masse ein und berechnen Sie damit den Quotienten v/c für Elektronen, die ihre kinetische Energie von der Beschleunigungsspannung $U \approx 2{,}5$ MV erhalten haben. Rechnen Sie zur Vereinfachung mit der Ruhemasse $E_0 = m_0\,c^2 \approx 0{,}5$ MeV.*

d) *Stellen Sie zur Bestimmung der Geschwindigkeit in diesem Experiment die Gleichungen für die Kräfte auf die Elektronen im magnetischen und im elektrischen Feld auf und zeigen Sie, dass sich aus diesen beiden Gleichungen die folgende Formel für die Geschwindigkeit ergibt:*

$$v = \frac{R_e F_e}{e\,R_m\,B}$$

e) *Berechnen Sie mit der Gleichung in 2 d) die Geschwindigkeit v der Elektronen in Einheiten von c, also den Quotienten v/c, mit folgenden Messwerten: $B = 20{,}840$ mT, $F_e = 4{,}9394 \cdot 10^{-13}$ N. Rechnen Sie mit $c = 2{,}99792 \cdot 10^8$ m/s.*

f) *Berechnen Sie mit der Geschwindigkeit v aus einer der beiden Gleichungen in 2 d) das Verhältnis m/m_0 aus dynamischer Masse und Ruhemasse.*
Rechnen Sie mit $e = 1{,}6022 \cdot 10^{-19}$ As; $m_0 = 9{,}1094 \cdot 10^{-31}$ kg.

g) *Prüfen Sie die Gleichung für die dynamische Masse, indem Sie das Verhältnis m/m_0 mit der Gleichung $m = \gamma\,m_0$ berechnen. Erläutern Sie, wieso das Ergebnis eine Bestätigung der Relativitätstheorie ist.*

Lösungen

1. a) Ein Heizstrom bringt die Katode zum Glühen, sodass aufgrund des glühelektrischen Effekts Elektronen in die Röhre emittiert werden. Die zwischen Katode und Anode anliegende Spannung U erzeugt ein elektrisches Feld, das die Elektronen zur Anode hin beschleunigt. Eine zylinderförmige Elektrode bündelt die Elektronen, sodass ein scharfer Strahl durch eine Öffnung in der Anode austritt. Treffen die beschleunigten Elektronen auf Moleküle des unter geringem Druck befindlichen Gases, so werden die Moleküle durch unelastische Stöße zum Leuchten angeregt. Dadurch wird der Strahl sichtbar.

b) Ein Beispiel für den tangential gerichteten Geschwindigkeitsvektor $\vec{v}$ und die zugehörige, zum Kreismittelpunkt gerichtete Zentripetalkraft $\vec{F}_Z$ zeigt die erste der obigen Abbildungen.

c) Die Lorentzkraft $\vec{F}_L$ wirkt senkrecht zur momentanen Geschwindigkeit, sodass nur deren Richtung und nicht der Betrag verändert werden.

d) Bewegt sich ein Körper auf einer Kreisbahn, so wirkt auf ihn eine dem Betrage nach konstante, in jedem Moment senkrecht zur Bewegung gerichtete Zentripetalkraft F_Z. Da die Lorentzkraft F_L auf ein senkrecht durch ein homogenes Magnetfeld bewegtes elektrisch geladenes Teilchen eine dem Betrage nach konstante Kraft senkrecht zur momentanen Bewegungsrichtung ausübt, lenkt sie das Teilchen auf eine Kreisbahn ab. Für eine elliptische Bahn müsste eine Zentralkraft unter Winkeln ungleich 90° zur Bewegungsrichtung wirken, wodurch sich auch der Betrag der Geschwindigkeit ändern würde.

e) Die angelegte Spannung U ruft zwischen Katode und Anode ein elektrisches Feld hervor, das die Elektronen bis zur Geschwindigkeit v beschleunigt. Jedes Elektron entnimmt dabei dem elektrischen Feld die Energie $E_{el} = eU$, die das Elektron aufgrund seiner Bewegung als kinetische Energie $E_{kin} = mv^2/2$ speichert. Der Energieerhaltungssatz besagt, dass die dem Feld entnommene Energie gleich der kinetischen Energie des Teilchens ist:

$$eU = \frac{1}{2}mv^2. \text{ Daraus folgt } v = \sqrt{\frac{2eU}{m}}.$$

Damit berechnet sich v/c zu:

$$v/c = \frac{1}{c}\sqrt{\frac{2eU}{m}} = \sqrt{\frac{2eU}{mc^2}} = \sqrt{\frac{2 \cdot 250\,\text{eV}}{0{,}511\,\text{MeV}}} = 0{,}031 << 1$$

Für Geschwindigkeiten $v/c < 0{,}1$ kann mit der klassischen Mechanik gerechnet werden.

f) Es ergibt sich eine Ursprungsgerade, d.h. U und r^2 sind proportional zueinander.

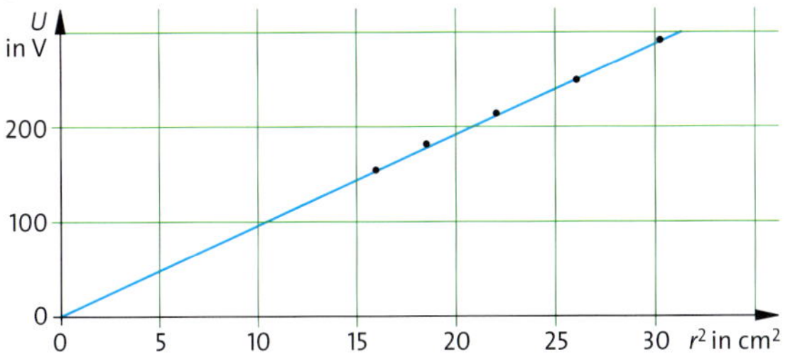

Es gilt $U = Cr^2$ mit der Konstanten $C = 293\ \text{V}/(5{,}5\,\text{cm})^2 = 97\ \text{kV/m}^2$.

g) Die Zentripetalkraft $F_Z = mv^2/r$ wird von der Lorentzkraft $F_L = evB$ aufgebracht. Aus $F_Z = F_L$ folgt $mv^2/r = evB$ oder $mv = eBr$. Wird diese Gleichung quadriert und $v = \sqrt{2eU/m}$ eingesetzt, so folgt

$$m^2\frac{2eU}{m} = e^2B^2r^2 \quad \text{und daraus} \quad U = \frac{eB^2}{2m}r^2.$$

Mit der Konstanten $C = eB^2/(2m) = 97\,\text{kV/m}^2$ berechnet sich die Masse zu:

$$m = \frac{eB^2}{2C} = \frac{1{,}6 \cdot 10^{-19}\,\text{As} \cdot (1{,}05 \cdot 10^{-3}\,\text{Vs/m}^2)^2}{2 \cdot 97 \cdot 10^3\,\text{V/m}^2} = 9{,}1 \cdot 10^{-31}\,\text{kg}$$

$(= 0{,}511\ \text{MeV}/c^2)$

2. a) Wird der gekrümmte Kondensator in viele schmale ebene Plattenkondensatoren zerlegt, so zeigt in jedem der Kondensatoren das elektrische Feld vom Kreismittelpunkt radial nach außen. Auf die Elektronen, die auf dem Viertelkreis fliegen, wirkt daher überall eine zum Zentrum gerichtete elektrische Kraft F_e, die auf dem Kreis konstant ist. Für die Kreisbahn muss bei vorgegebener Geschwindigkeit v die elektrische Kraft F_e gleich der Zentripetalkraft $F_Z = mv^2/R_e$ sein.

In einem *homogenen* elektrischen Feld wirkt überall die gleiche Kraft, die nicht nur dem Betrage nach konstant ist, sondern auch an jedem Ort die gleiche Richtung hat. Dies führt zu einer parabelförmigen Bahn. Dabei ändern sich ständig sowohl der Betrag als auch die Richtung der Geschwindigkeit.

b) Im Unterschied zur klassischen Mechanik ist die kinetische Energie $E_{kin} = eU$ relativistisch nicht gleich dem Term $mv^2/2$, sondern ergibt sich als Differenz aus der Teilchenenergie $E = mc^2$ und der Ruheenergie $E_0 = m_0c^2$:

$$E - E_0 = E_{kin} = eU$$

c) Wird in $E - E_0 = eU$ die Gleichung für die dynamische Masse eingesetzt, so ergibt sich:

$$\frac{m_0c^2}{\sqrt{1-(v/c)^2}} - m_0c^2 = eU.$$

Mit $E_0 = m_0c^2 = 0{,}5\ \text{MeV}$ und $eU = 2{,}5\ \text{MeV}$ folgt:

$$\frac{0{,}5\,\text{MeV}}{\sqrt{1-(v/c)^2}} - 0{,}5\,\text{MeV} = 2{,}5\,\text{MeV} \text{ und daraus}$$

$$\frac{0{,}5\,\text{MeV}}{\sqrt{1-(v/c)^2}} = 3\,\text{MeV} \quad \text{oder} \quad \frac{1}{\sqrt{1-(v/c)^2}} = 6$$

Nach v/c aufgelöst, ergibt sich

$$v/c = \sqrt{1-(1/6)^2} = 0{,}99.$$

d) Im homogenen Magnetfeld der Stärke B wird die Zentripetalkraft $F_Z = mv^2/R$ von der Lorentzkraft $F_L = evB$ aufgebracht. Im elektrischen Feld wirkt die Kraft F_e als Zentripetalkraft. Mit den Kreisradien R_m und R_e für den magnetischen bzw. elektrischen Fall ergeben sich die Gleichungen:

$$mv^2/R_m = evB$$
$$mv^2/R_e = F_e$$

Aus der unteren Gleichung folgt $mv^2 = R_eF_e$. Wird mv^2 in die obere Gleichung eingesetzt und diese nach v aufgelöst, ergibt sich:

$$v = \frac{R_eF_e}{eR_mB} \quad \text{oder} \quad \frac{v}{c} = \frac{R_eF_e}{ceR_mB}.$$

e) Einsetzen der Werte für E, B, R_e und R_m in die obige Gleichung ergibt:

$$\frac{v}{c} = \frac{R_eF_e}{ceR_mB}$$

$$= \frac{1{,}0\,\text{m} \cdot 4{,}9394 \cdot 10^{-13}\,\text{N}}{2{,}99792 \cdot 10^8\,\frac{\text{m}}{\text{s}} \cdot 1.6022 \cdot 10^{-19}\,\text{As} \cdot 0{,}5\,\text{m} \cdot 0{,}020840\,\frac{\text{Vs}}{\text{m}^2}} = 0{,}9869$$

f) Aus $mv^2/R_m = evB$ folgt $m = eBR_m/v$. Wird die Gleichung durch die Ruhemasse m_0 dividiert, folgt für das Verhältnis m/m_0 aus dynamischer Masse und Ruhemasse:

$$\frac{m}{m_0} = \frac{eBR_m}{m_0v}$$

$$= \frac{1{,}6022 \cdot 10^{-19}\,\text{As} \cdot 0{,}02084\,\text{Vs/m}^2 \cdot 0{,}500\,\text{m}}{9{,}1094 \cdot 10^{-31}\,\text{kg} \cdot 0{,}98688 \cdot 299792458\,\text{m/s}} = 6{,}194$$

g) Die Gleichung für die dynamische Masse liefert mit $v = 0{,}9869\,c$ das Massenverhältnis

$$\frac{m}{m_0} = \frac{1}{\sqrt{1-(v/c)^2}} = \frac{1}{\sqrt{1-(0{,}9869)^2}} = 6{,}198$$

Mit der Ablenkung von geladenen Teilchen im magnetischen und im elektrischen Feld können die Geschwindigkeit und die Masse der Teilchen sehr genau bestimmt werden. Die dabei benutzten Gleichungen der Elektrodynamik gelten ganz allgemein, d.h unabhängig davon wie schnell die Teilchen sind. Dass die auf diese Weise bestimmte Masse im Rahmen der Messgenauigkeit mit der unabhängig davon berechneten dynamischen Masse der Relativitätstheorie übereinstimmt, ist eine wichtige Bestätigung der Theorie.

Prüfungsorientierte Aufgaben

Vom Doppelspalt zum Spektrum (Kap. 1)

Ein aufgeweiteter Laserstrahl ($\lambda = 633$ nm) trifft auf einen Doppelspalt. Im Abstand $a = 10{,}0$ m vom Spalt ist das im Maßstab 1 : 1 abgebildete Interferenzmuster vom linken Maximum 1. Ordnung bis zum rechten Maximum 1. Ordnung zu beobachten.

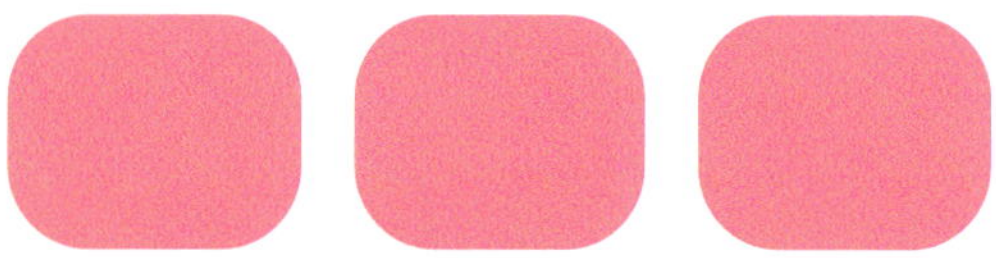

a) *Berechnen Sie den Abstand der Spaltmitten.*

b) Der Doppelspalt wird durch einen Zehnfach-Spalt ersetzt, wobei der Abstand benachbarter Spaltmitten unverändert bleibt. Übertragen Sie das abgebildete Interferenzmuster auf ein Blatt und skizzieren Sie darunter das zu erwartende Interferenzmuster des Zehnfach-Spaltes.

c) Das Laserlicht aus Aufgabe a) wird nun durch weißes Glühlicht ersetzt, das parallel auf den Zehnfach-Spalt trifft. Skizzieren Sie mit Farbstiften das hierbei zu erwartende Interferenzmuster.

Spektrum einer Quecksilberdampflampe (Kap. 1)

Das Spektrum einer Quecksilberdampflampe enthält im Bereich von 405 nm bis 578 nm Licht folgender Wellenlängen: $\lambda_{violett} = 405$ nm, $\lambda_{blau} = 436$ nm, $\lambda_{grün} = 546$ nm, $\lambda_{gelb} = 578$ nm. Das Quecksilberlicht fällt senkrecht auf ein Gitter mit der Gitterkonstante $g = 9{,}60 \cdot 10^{-6}$ m. Ein 10 cm breiter, ebener Schirm ist 25,0 cm vom Gitter entfernt und parallel zu diesem aufgestellt. Auf dem Schirm ist ein Interferenzmuster zu beobachten, dessen Maximum 0. Ordnung in der Schirmmitte liegt.

a) *Erklären Sie das Zustandekommen des Interferenzmusters und leiten Sie anhand einer Skizze eine Formel zur Berechnung der Beugungswinkel her, unter denen Maxima zur Wellenlänge λ auftreten.*

b) Durch Verwendung eines geeigneten Filters wird erreicht, dass nur Licht der Wellenlänge λ_{gelb} das optische Gitter durchsetzt. *Berechnen Sie den Abstand der Minima 3. Ordnung auf dem Schirm.*

c) Die beiden Maxima 4. Ordnung zur Wellenlänge λ_{gelb} sollen jeweils im Abstand 1,0 cm vom Rand entfernt auf dem Schirm erscheinen. *Berechnen Sie, in welchem Abstand vom optischen Gitter dazu der Schirm aufgestellt werden müsste.*

d) Der Filter wird abgenommen; der Schirm wird wieder in seine ursprüngliche Entfernung zum Gitter (25,0 cm) gebracht. Am Schirm wird nun ein Spektrum aus diskreten Linien beobachtet. *Untersuchen Sie, ob das Spektrum 3. Ordnung vollständig auf dem Schirm beobachtet werden kann, wenn das Maximum 0. Ordnung wieder in der Schirmmitte liegt.*

e) Wird anstelle des gewöhnlichen Schirms ein Schirm verwendet, der mit fluoreszierendem Zinksulfid beschichtet ist, so erscheint eine weitere Linie im Quecksilberspektrum. *Geben Sie an, welchem Teil des elektromagnetischen Spektrums diese Linie zugeordnet werden kann und wo sie auf dem Schirm erscheint.*

f) Ein halbkreisförmiger Schirm, in dessen Mittelpunkt das Gitter steht, tritt nun an die Stelle des ebenen Schirms. Die Bereiche der Spektren aufeinanderfolgender Ordnung können sich überlagern. *Bestimmen Sie die kleinste Ordnung, bei der dies eintreten kann. Zeigen Sie, dass dieses Ergebnis nicht von der Gitterkonstante g abhängt. Begründen Sie, warum bei einem Gitter mit* $g = 1{,}0 \cdot 10^{-6}$ m *eine Überlagerung dennoch nicht beobachtet werden kann. Berechnen Sie die Bedingung, die die Gitterkonstante erfüllen muss, damit* λ_{gelb} *in der dritten Ordnung gerade noch beobachtet werden kann.*

Interferenz am Reflexionsgitter (Kap. 1)

Bei der Betrachtung einer Compact-Disc (CD) fällt auf, dass sie einfallendes Licht spektral zerlegt. Ihre Oberfläche enthält winzige Rillen, die ein Reflexionsgitter bilden. Das Licht eines Lasers ($\lambda = 633$ nm) wird senkrecht auf eine CD gerichtet. Das Interferenzmaximum zweiter Ordnung tritt dann gerade unter dem Winkel 37,7° bezüglich der Rillenebene der CD auf.

a) *Fertigen Sie eine Skizze, mit deren Hilfe der Gangunterschied der von benachbarten Rillen ausgehenden Strahlen bestimmt werden kann, und berechnen Sie mit den gegebenen Daten den Abstand g benachbarter Rillen.*

b) *Erklären Sie das Auftreten von Farben bei der Betrachtung einer CD, die mit weißem Licht bestrahlt wird.*

Das subjektive Verfahren (Kap. 1)

In einer vertikal orientierten Spektralröhre befindet sich atomarer Wasserstoff, welcher durch eine Spannung zum Leuchten angeregt wird. Hinter der Spektralröhre ist ein Maßstab angebracht. Die Spektralröhre und der dahinter angebrachte Maßstab können mit bloßem Auge durch ein Gitter mit 300 Strichen auf den Millimeter beobachtet werden, das $l = 50$ cm vor dem Maßstab angebracht ist. Dabei erscheinen seitlich um die Strecke d verschobene Bilder der Wasserstoffröhre in verschiedenen Farben.

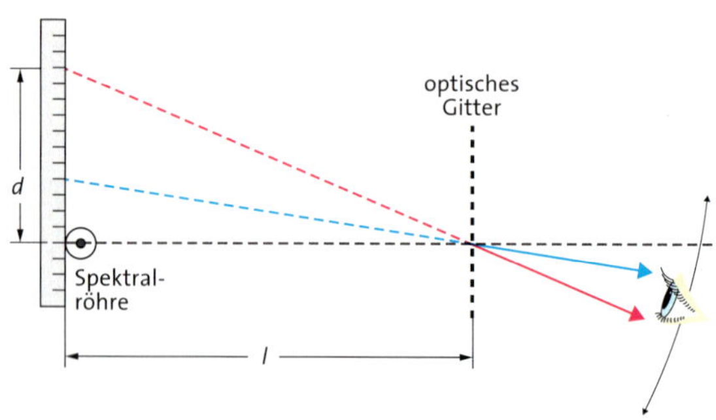

a) *Erklären Sie anhand einer Skizze, wie die farbigen Abbilder der Wasserstoffröhre bei Betrachtung durch das Gitter zustande kommen.*

b) Bei $d = 10{,}0$ cm ist die erste rote Linie zu sehen, bei $d = 7{,}5$ cm die erste türkisfarbene und bei $d = 6{,}5$ cm die erste blaue. *Berechnen Sie die drei zugehörigen Wellenlängen aus dem Wasserstoffspektrum.*

c) Eine rote und eine blaue Linie erscheinen nahezu unter dem gleichen Beugungswinkel. *Ermitteln Sie die Ordnung der beiden Interferenzmaxima und berechnen Sie den zugehörigen Abstand d.*

Flugzeit-Massenspektrometer (Kap. 1)

In einem Flugzeit-Massenspektrometer durchlaufen Ionen aus einer Probe, welche durch gepulste Bestrahlung freigesetzt wurden, eine Beschleunigungsspannung U_B. Aus der Flugzeit der Ionen bis zum Detektor, die sehr genau gemessen werden kann, lässt sich auf deren Masse m schließen. Die Anfangsgeschwindigkeit der Ionen werde vernachlässigt, ihr Flug wird unterteilt in eine Beschleunigungsphase und in eine Driftphase mit konstanter Geschwindigkeit.

a) *Berechnen Sie die Beschleunigungszeit t_B.*

b) *Zeigen Sie, dass für die gesamte Flugzeit t_{ges} bis zum Detektor gilt:*

$$t_{ges} = \sqrt{\frac{2m}{q\,U_B}}\left(b + \frac{d}{2}\right).$$

c) Bei einer Messung benötigen N_2^+-Ionen, die durch die Spannung $U_B = 1450$ V beschleunigt werden, für die gesamte Flugstrecke mit $b = 9{,}00$ mm und $d = 2{,}350$ m eine Flugzeit von $t_{ges} = 23{,}69$ µs. *Berechnen Sie daraus die Masse der N_2^+-Ionen.*

d) *Berechnen Sie die prozentuale Abweichung der Flugzeit, die sich für ein N_2^+-Ion ergibt, das ein ^{15}N-Atom enthält.*

Ablenkung eines Elektronenstrahls im elektrischen und magnetischen Feld (Kap. 1)

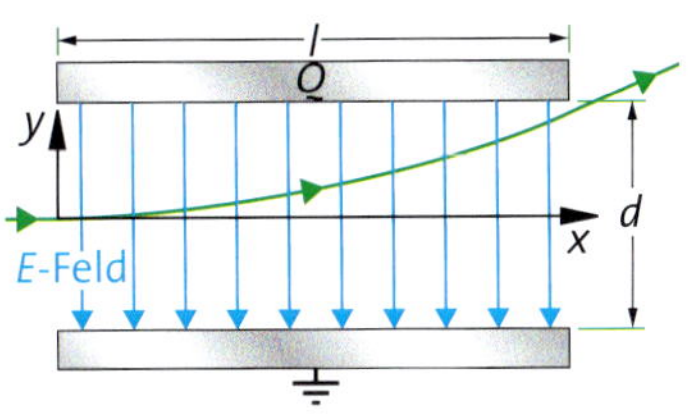

In einer Elektronenstrahlröhre wird ein in x-Richtung eingeschossener Elektronenstrahl im durch die Ablenkspannung U_A erzeugten elektrischen Feld eines Plattenkondensators (Plattenfläche $A_P = 30$ cm^2, Plattenabstand $d = 5{,}0$ cm, Länge der Anordnung $l = 2d = 10{,}0$ cm) vertikal in y-Richtung abgelenkt. Der Kondensator, dessen untere Platte geerdet ist, trägt zunächst die Ladung Q. Die Elektronen haben eine Beschleunigungsspannung von $U_B = 1{,}0$ kV durchlaufen, bevor sie mittig in das elektrische Feld des Kondensators eintreten.

a) *Leiten Sie Gleichung $y(x) = \frac{U_A}{4dU_B}x^2$ der Bahnkurve der Elektronen im elektrischen Feld her.*

b) *Zeigen Sie, dass der Elektronenstrahl für $U_A = U_B/2$ den Kondensator gerade verlassen kann, die Elektronen also nicht mehr auf die obere Platte treffen.*

c) Dem elektrischen Feld des Kondensators wird für $U_A = U_B$ ein Magnetfeld einer langgestreckten rechteckigen Spule (1200 Windungen, Länge $l_S = 20$ cm, Spulenquerschnitt $A_Q = 50$ cm^2) so überlagert, dass der Elektronenstrahl die Anordnung unabgelenkt passiert. *Bestimmen Sie die Stromstärke in der Spule.*

d) *Erläutern Sie, ob es möglich ist, dass der Strahl den Kondensator passieren kann, wenn der Ablenkkondensator entladen, die Spule jedoch nach wie vor vom Strom durchflossen wird.*

e) *Erläutern Sie Gemeinsamkeiten und Unterschiede der Kräfte aus den Teilaufgaben **b)** und **d)** und erklären Sie damit die unterschiedlichen Strahlverläufe.*

Das Sektorfeld-Massenspektrometer (Kap. 1)

Wasserstoffkerne mit kontinuierlicher Geschwindigkeitsverteilung treten in das elektrische Feld eines Plattenkondensators ein. Der gesamte Raum rechts von der Lochblende L_2 wird von einem homogenen Magnetfeld der Feldstärke B durchsetzt. Am anderen Ende des Kondensators befindet sich ein Auffangschirm mit der Lochblende L_3.

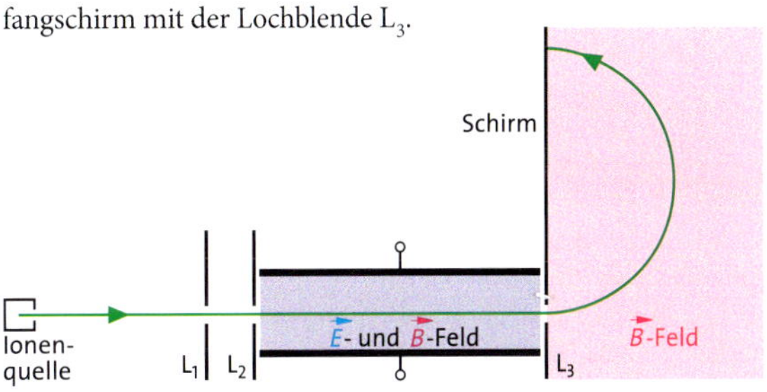

a) *Erläutern Sie, warum durch geeignete Wahl der beiden Felder erreicht werden kann, dass nur H-Kerne einer bestimmten Geschwindigkeit den Kondensator geradlinig passieren und danach nach oben abgelenkt werden. Geben Sie dazu die Orientierung des magnetischen Feldes und die Polung des Kondensators an.*

b) Die Geschwindigkeit der geradlinig durchfliegenden H-Ionen beträgt $v = 5{,}15 \cdot 10^5$ m/s, für die magnetische Feldstärke gilt $B = 75{,}0$ mT. *Berechnen Sie die Feldstärke E im Kondensator und die Entfernung vom Loch der Blende L_3, in der die Protonen bzw. die Deuteronen auf dem Schirm auftreffen.*

Die spezifische Ladung des Elektrons (Kap. 1)

Eine Elektronenstrahlablenkröhre befindet sich innerhalb einer $l = 0{,}34$ m langen Spule mit $n = 530$ Windungen. Der mit der Spannung $U_a = 265$ V beschleunigte unabgelenkte Elektronenstrahl verläuft exakt in der Spulenachse und erzeugt auf dem Schirm einen Leuchtpunkt in der Mitte des Schirms. Bei Anlegen einer kleinen Wechselspannung an die Horizontalablenkplatten wird der Elektronenstrahl zu einer horizontalen Strecke symmetrisch zur Mitte des Schirms auseinandergezogen.

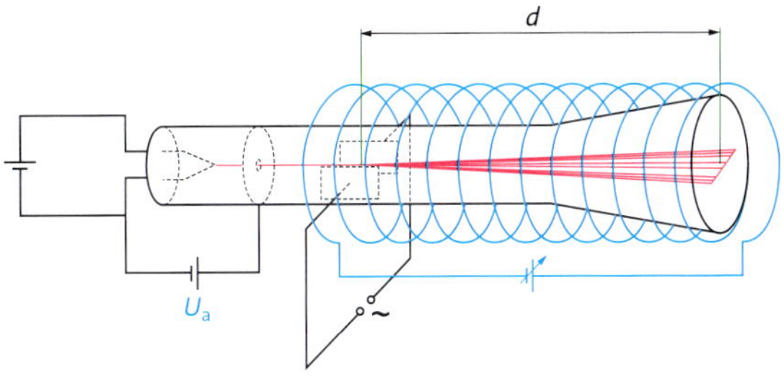

Wird nun die Spannung an der Spule von null an langsam vergrößert, sodass ein Strom durch die Spule fließt, so dreht sich die Strecke entgegen dem Uhrzeigersinn und verringert dabei ihre Länge. Zu einer bestimmten Stromstärke I gehört genau ein Drehwinkel β. Bei einer Stromstärke von $I = 1{,}1$ A hat sich die Strecke um 180° gedreht und ist auf einen Leuchtpunkt in der Schirmmitte geschrumpft. Liegt keine Wechselspannung an den Ablenkplatten, so wird die Lage des Leuchtpunktes auf dem Schirm nicht durch einen Spulenstrom beeinflusst.

Prüfungsorientierte Aufgaben

a) *Erklären Sie die Drehung der Strecke und zeichnen Sie die Projektionen der Elektronenbahnen in die y-z-Ebene und in die x-z-Ebene mit folgendem Koordinatensystem:*
x-Achse: Richtung des unabgelenkten Elektronenstrahls;
y-Achse: Richtung von der vorderen zur hinteren Ablenkplatte;
z-Achse: vertikal nach oben.
b) Wenn die Leuchtstrecke nach einer Drehung um 180° wieder zu einem Punkt geschrumpft ist, gilt für die spezifische Ladung der Elektronen die Gleichung

$$\frac{e}{m} = \frac{8\pi^2 U_a}{d^2 B^2},$$

wobei $d = 0{,}16$ m der Abstand von der Mitte der Ablenkplatten zum Schirm ist. *Leiten Sie die gegebene Formel her und berechnen Sie die spezifische Ladung.*
c) *Zeigen Sie, dass bei der Drehung der Leuchtstrecke deren Geradlinigkeit erhalten bleibt.*

Der lichtelektrische Effekt (Kap. 1)

1888 bestrahlte W. Hallwachs eine elektrisch geladene, auf einem Elektroskop sitzende Metallplatte mit UV-Licht.
a) *Beschreiben Sie die experimentellen Beobachtungen, aus denen Hallwachs folgern konnte, dass bei Lichteinstrahlung nur negative Ladungsträger aus der Metallplatte austreten und dass der Fotoeffekt erst ab einer bestimmten Frequenz des eingestrahlten Lichts auftritt.*
Nach dem Einschalten der Beleuchtung zeigt ein an eine Vakuumfotozelle angeschlossenes (extrem hochohmiges) Spannungsmessgerät die im Diagramm dargestellte zeitabhängige Spannung.

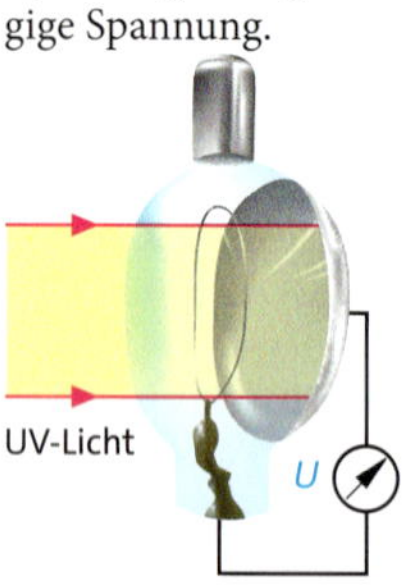

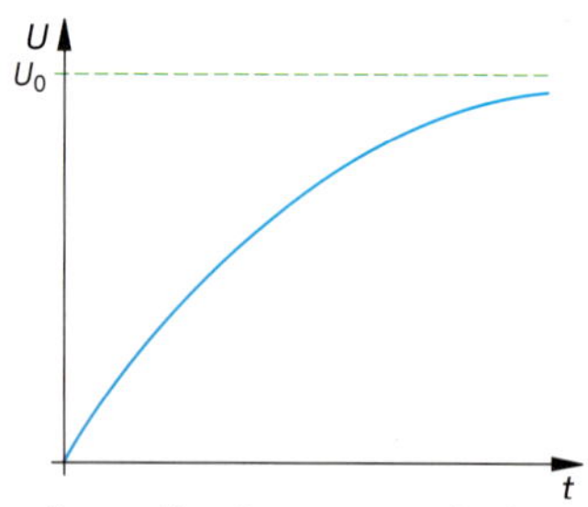

b) *Erklären Sie, wie der dargestellte Spannungsverlauf zustandekommt.*
c) *Beschreiben Sie, wie sich U_0 und die Form der t-U-Kurve verändern, wenn im Versuch bei gleich bleibender Wellenlänge die Intensität der Bestrahlung erhöht wird. Geben Sie für ihre Antwort eine kurze Begründung.*

Deutung des lichtelektrischen Effekts (Kap. 1)

Eine Fotozelle wird mit Licht unterschiedlicher Frequenzen f aus dem Spektrum einer Quecksilberdampflampe bestrahlt. Zwischen den Elektroden der Fotozelle wird die Spannung U gemessen.

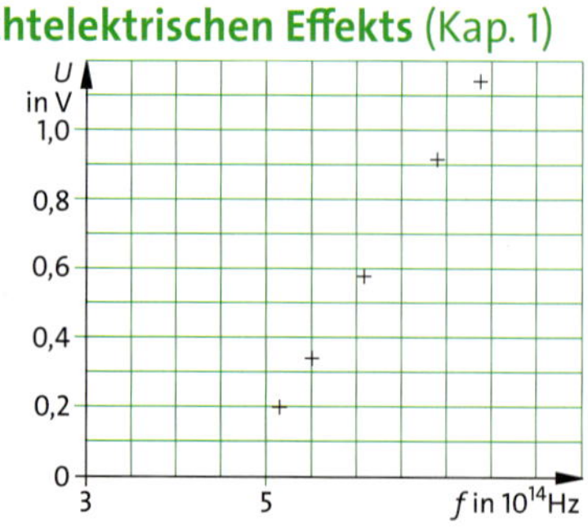

Das Ergebnis ist in dem f-U-Diagramm unten links dargestellt. Eine Veränderung des Abstandes d zwischen Lichtquelle und Fotozelle ergibt keine Veränderung der gemessenen Spannung. Der Zeiger des Messgerätes reagiert bei größeren Abständen ($d \geq 1{,}0$ m) ohne Verzögerung auf das Einsetzen der Bestrahlung.
a) *Nennen Sie die wesentlichen den Versuch betreffenden Aussagen der klassischen Lichtwellentheorie und erläutern Sie, inwiefern sich aus den Ergebnissen des Versuchs Widersprüche dazu ergeben.*
b) *Nennen Sie die wesentlichen Aspekte der Einstein'sche Lichtquantenhypothese und erläutern Sie, inwiefern diese durch das Experiment gestützt wird.*
c) *Berechnen Sie mithilfe des Diagramms das Planck'sche Wirkungsquantum und ermitteln Sie unter Zuhilfenahme eines geeigneten Tafelwerkes das Material der Fotokatode.*

Zeitverzögerung bei kontinuierlicher Energieverteilung nach klassischem Wellenmodell des Lichts (Kap 1)

Licht der Wellenlänge $\lambda = 400$ nm mit einer Intensität von $I = 0{,}01$ W/m² trifft auf eine Kaliumoberfläche, für die die Austrittsenergie $E_A = 2{,}2$ eV beträgt.
a) *Berechnen Sie unter der Annahme einer gleichmäßigen Verteilung der Energie auf die bestrahlte Fläche und unter der Annahme, dass ein Elektron Energie aus der Querschnittsfläche eines Atoms mit einem Radius von $r = 1 \cdot 10^{-10}$ m aufnehmen kann, wie lange es dauert, bis ein Elektron ausgelöst wird.*
b) *Bestimmen Sie die Anzahl der Photonen, die bei dieser Intensität in einer Sekunde auf eine Fläche von 1 mm² treffen.*

Raumsonde mit Sonnensegel (Kap. 1)

Unter der Leuchtkraft der Sonne wird die von ihr insgesamt abgegebene Strahlungsleistung $P_{Sonne} = 3{,}82 \cdot 10^{26}$ W verstanden. Eine Raumsonde befindet sich in $1{,}496 \cdot 10^8$ km Entfernung vom Mittelpunkt der Sonne (Anfangsgeschwindigkeit $v_0 = 0$). Sie soll durch ein Sonnensegel in die äußeren Gefilde des Sonnensystems getrieben werden (Gesamtmasse des Raumfahrzeugs: $m = 400$ kg). Das kreisförmige Sonnensegel mit einem Durchmesser von $d = 10$ m ist mit einer spiegelnden Schicht versehen, welche das auftreffende Sonnenlicht reflektiert. Der Einfachheit halber soll angenommen werden, dass es sich bei der Sonnenstrahlung um monochromatisches Licht der Wellenlänge $\lambda = 600$ nm handelt.

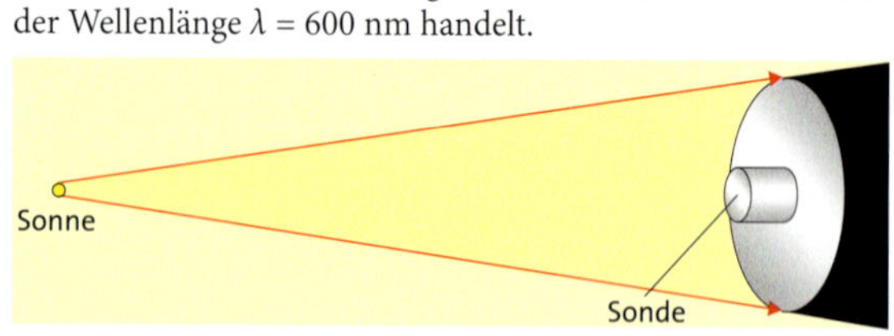

a) *Berechnen Sie, wie viele von der Sonne stammende Photonen pro Sekunde auf das Sonnensegel treffen.*
b) *Berechnen Sie die Beschleunigung, die aufgrund der Reflexion der Photonen am Sonnensegel auf die Sonde wirkt.*
c) *Bestimmen Sie die Geschwindigkeit, die die Sonde nach einer Woche erreicht hat.*

Wellencharakter von He-Atomen (Kap. 1)

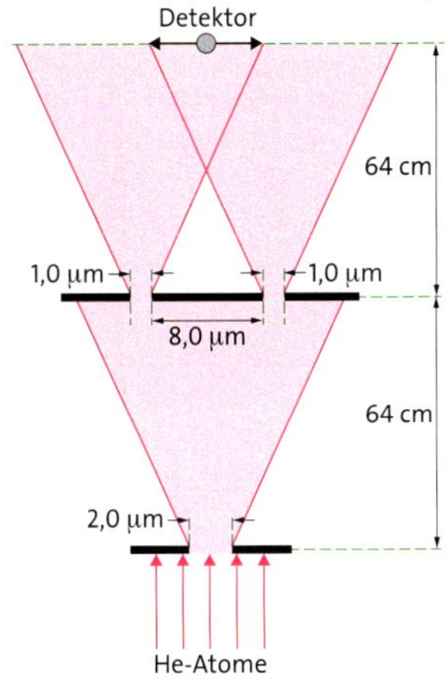

1991 führten CARNAL und MLYNEK eines der ersten Doppelspaltexperimente mit Atomen durch. Die Heliumatome trafen mit einheitlicher Geschwindigkeit v in y-Richtung auf einen Beugungsspalt und in 64 cm Entfernung dahinter auf einen Doppelspalt. 64 cm hinter dem Doppelspalt wurde die Anzahl der in 10 Minuten auftreffenden He-Atome mit einem Detektor aufgezeichnet (Intensität).

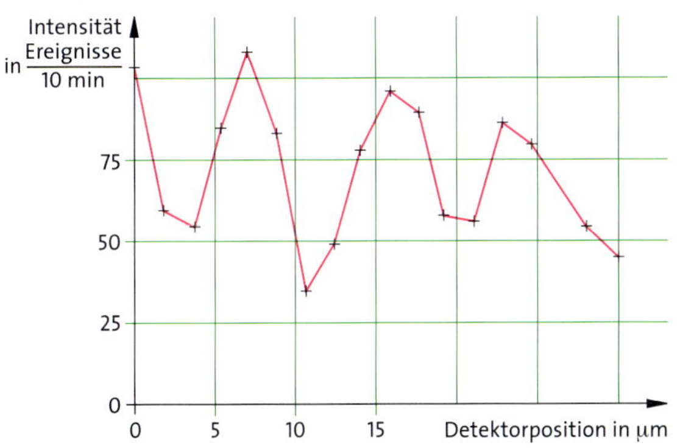

Die übrigen Abmessungen der Versuchsapparatur und die Intensitätsverteilung sind den Abbildungen zu entnehmen.

a) *Erläutern Sie, inwiefern der Versuch die Welleneigenschaften bei der Ausbreitung von Heliumatomen bestätigt.*

b) *Berechnen Sie mithilfe der abgebildeten Intensitätsverteilung die De-Broglie-Wellenlänge λ und die Geschwindigkeit v der Heliumatome.*

Dabei können Sie die für kleine Winkel gültige Näherung $\sin\alpha \approx \tan\alpha$ verwenden. (Zur Kontrolle: $v = 8{,}7 \cdot 10^2$ m/s)

c) Die Geschwindigkeit der He-Atome ist für Quantenobjekte sehr gering. Nennen Sie Vorteile, die eine geringe Geschwindigkeit für den Versuch hat.

d) Die sehr niedrige Zählrate lässt erkennen, dass die He-Atome *einzeln* durch den Doppelspalt gelangen. *Erläutern Sie, welche Bedeutung die gemessene Intensitätsverteilung für das einzelne Heliumatom hat.*

e) *Erklären Sie, inwiefern sich das Versuchergebnis ändert, wenn die Spalte des Doppelspalts während der Messwerterfassung wechselweise für jeweils 5 min einzeln geöffnet werden.*

Induktionsspule auf Rollwagen (Kap. 2)

Auf einem reibungsfrei beweglichen Wagen ist eine rechteckige Spule befestigt. Die Spule hat $n = 10$ Windungen, ihr Querschnitt hat die Maße $b = 5{,}0$ cm und $l = 10$ cm. Ihr ohmscher Widerstand beträgt $R = 0{,}20\ \Omega$. Der Wagen hat zusammen mit der Spule die Masse $m = 0{,}120$ kg. Direkt vor der Spule beginnt ein nach rechts unbegrenztes homogenes Magnetfeld der Stärke $B = 800$ mT, das senkrecht zur Spulenfläche von oben nach unten (in die Blattebene hinein) gerichtet ist.

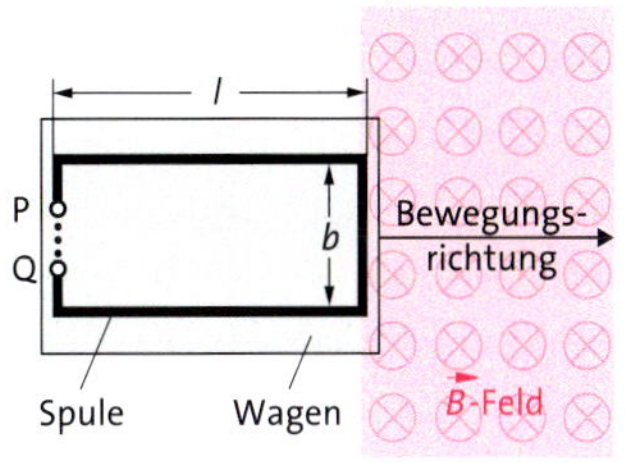

a) Der Wagen fährt ab dem Zeitpunkt $t_0 = 0$ s mit der konstanten Geschwindigkeit $v_0 = 20$ cm/s nach rechts in das Magnetfeld hinein. *Leiten Sie eine Gleichung zur Berechnung des Betrags der Induktionsspannung U_{ind} zwischen den beiden Punkten P und Q her. Berechnen Sie den sich einstellenden Spannungswert und geben Sie die Polung von P und Q an.*

b) *Bestimmen Sie den Zeitpunkt, ab dem keine Induktionsspannung mehr auftritt. Geben Sie dafür eine Begründung.*

c) Ab dem Zeitpunkt 1,0 s (die Spule befindet sich zu diesem Zeitpunkt vollständig im Feld) wird die Feldstärke innerhalb des Zeitraums $\Delta t = 0{,}40$ s gleichmäßig auf null reduziert. *Berechnen Sie die Induktionsspannung während der Zeitspanne* $1{,}0\ \text{s} \le t \le 1{,}4$ s *und geben Sie eine Begründung für die nun vorliegende Polung von P und Q.*

d) *Zeichnen Sie das t-U_{ind}-Diagramm für* $0\ \text{s} \le t \le 2$ s.

e) Werden die Punkte P und Q leitend miteinander verbunden, so wird der Wagen beim Hineinfahren in das Magnetfeld abgebremst. *Erklären Sie diese Beobachtung.*

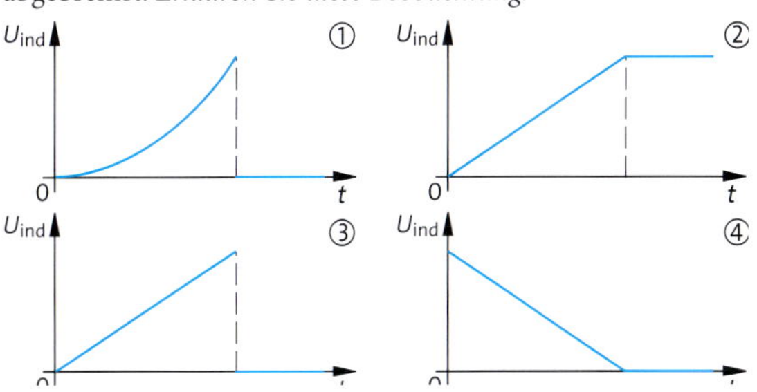

Induktionsspule in Form eines Kreissektors (Kap. 2)

Eine Leiterschleife OPQ hat die Form eines Kreissektors mit dem Mittelpunktswinkel 90° und dem Radius r. Sie rotiert mit der konstanten Winkelgeschwindigkeit $\omega = \Delta\varphi/\Delta t$ im Uhrzeigersinn um den Punkt O (siehe Abbildung). Unterhalb der x-Achse befindet sich ein homogenes Magnetfeld der Stärke B. Zur Zeit $t = 0$ ist $\varphi = 0$, die Umlaufdauer ist T.

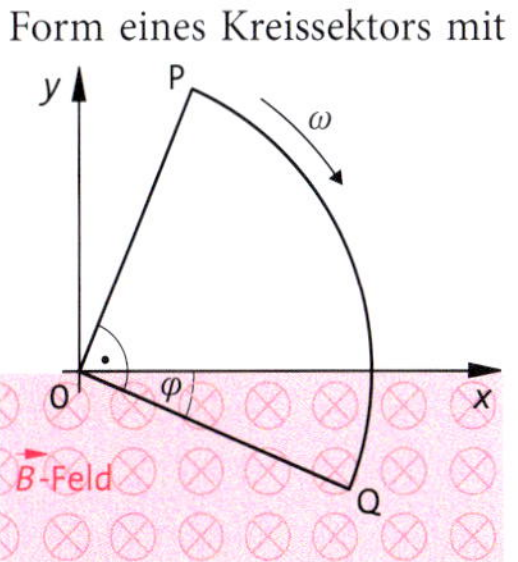

a) *Bestimmen Sie die Richtung des Induktionsstromes beim Eintauchen in das Magnetfeld.*

b) *Entscheiden Sie begründet, welches der folgenden t-U_{ind} -Diagramme den Vorgang korrekt beschreibt.*

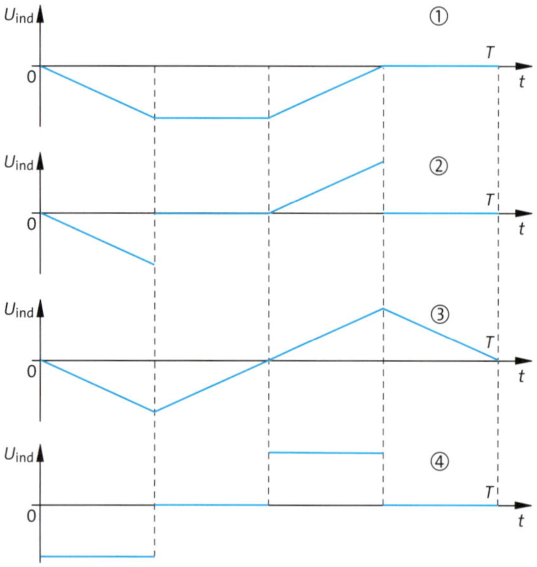

Spule im Magnetfeld (Kap. 2)

Auf einer schiefen Ebene mit Neigungswinkel 30° befindet sich ein Wagen, auf den eine rechteckige Spule mit den Anschlüssen A und B montiert ist (Gesamtmasse des Wagens mit Spule: $m = 300$ g, Höhe der Spule: $h = 6{,}5$ cm, Windungszahl: $n = 300$, Wicklungswiderstand: $R = 4{,}0\ \Omega$). Beim Hinabrollen passiert der Wagen einen Bereich, der von einem homogenen Magnetfeld der Stärke $B = 120$ mT durchsetzt wird.

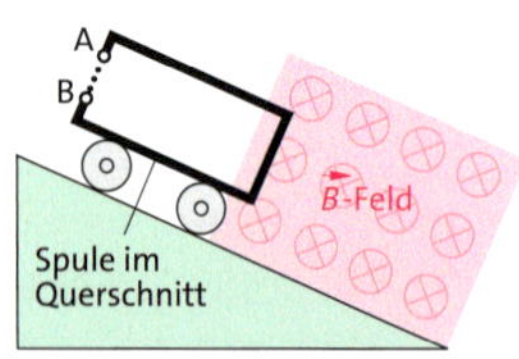

a) Wird zwischen A und B eine Batterie mit geeigneter Spannung angeschlossen, so kann verhindert werden, dass der Wagen die schiefe Ebene hinabrollt. *Ermitteln Sie, wo der Pluspol dieser Batterie liegen muss und wie groß die notwendige Batteriespannung ist.*

b) Die Batterie wird entfernt, A und B durch ein Stück Draht verbunden und der Wagen losgelassen. *Schildern Sie, was beim Eintauchen der Spule in das Magnetfeld beobachtet werden kann, und begründen Sie Ihre Antwort. Geben Sie an, in welche Richtung dabei der Induktionsstrom fließt.*

c) Das Drahtstück wird wieder entfernt, sodass die beiden Spulenanschlüsse A und B nicht miteinander verbunden sind. Die Diagramme rechts zeigen die Geschwindigkeit v des Wagens bzw. die induzierte Spannung U, die an den Anschlüssen abgegriffen werden kann, in Abhängigkeit von der Zeit t. *Beschreiben und erklären Sie das Zustandekommen der Diagramme.*

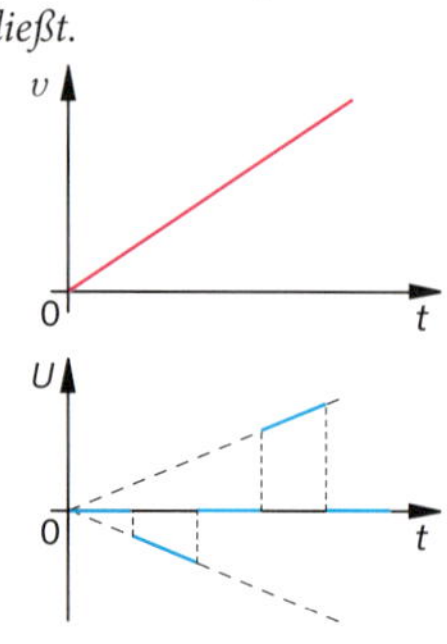

Emission und Absorption bei Wasserstoff (Kap. 3)

Die Abbildung zeigt eine Spektrallampe und das Spektrum von Wasserstoff im sichtbaren Bereich durch ein Gitter mit 600 Spalten pro Millimeter in subjektiver Beobachtung.

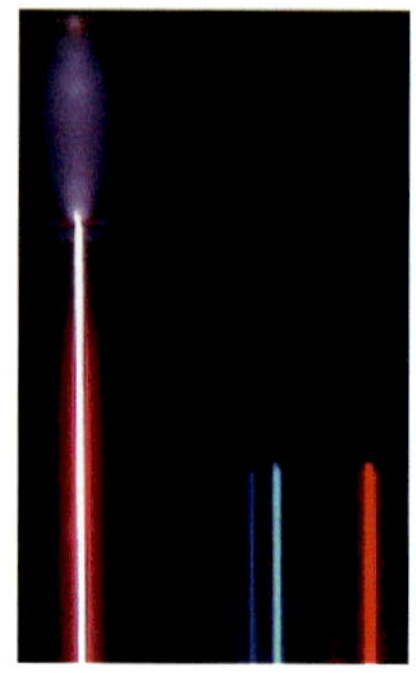

a) Balmer ermittelte 1884 aus den im sichtbaren Bereich gemessenen Wellenlängen λ die Serienformel

$$f = R\left(\frac{1}{4} - \frac{1}{n^2}\right)$$

mit $R = 3{,}2898 \cdot 10^{15}$ Hz.
Berechnen Sie, wie viele Spektrallinien im sichtbaren Bereich (390 nm ≤ λ ≤ 780 nm) liegen.

b) Die langwelligste Linie der Balmer-Serie liegt bei $\lambda = 657$ nm. *Berechnen Sie die Energie, die mindestens nötig ist, um ein Wasserstoffatom im Grundzustand zur Aussendung eines entsprechenden Photons anzuregen.*

c) *Erläutern Sie den grundlegenden Unterschied zwischen der Anregung eines Atoms durch Absorption eines Photons bzw. durch Elektronenstoß.*

d) Ein ruhendes Wasserstoffatom absorbiert ein Photon, das es aus dem Grundzustand in den Zustand $n = 3$ hebt. *Berechnen Sie die Energie des Photons sowie die Wellenlängen des Lichts, das bei den möglichen Übergängen dieses Atoms in den Grundzustand emittiert werden kann, und geben sie an, zu welchen Serien es gehört.*

e) *Berechnen Sie den Impuls und Geschwindigkeit des H-Atoms nach der Absorption.*

Versuche mit Helium (Kap. 3)

Bei einer Franck-Hertz-Röhre mit He-Füllung wird bei einer Beschleunigungsspannung von $U = 1{,}76$ V eine Leuchterscheinung unmittelbar vor dem Anodengitter beobachtet.

a) *Erklären Sie, wie die Leuchterscheinung zustande kommt, insbesondere, warum die Leuchterscheinung von allen Seiten beobachtbar ist.*

b) *Berechnen Sie die Wellenlänge des ausgesandten Lichts und bestimmen Sie dessen Farbe.*

c) Das Licht eines in der Frequenz zwischen 690 nm und 710 nm verstimmbaren Lasers wird durch einen halbdurchlässigen Spiegel S in zwei gleich intensive Teilstrahlen aufgeteilt.

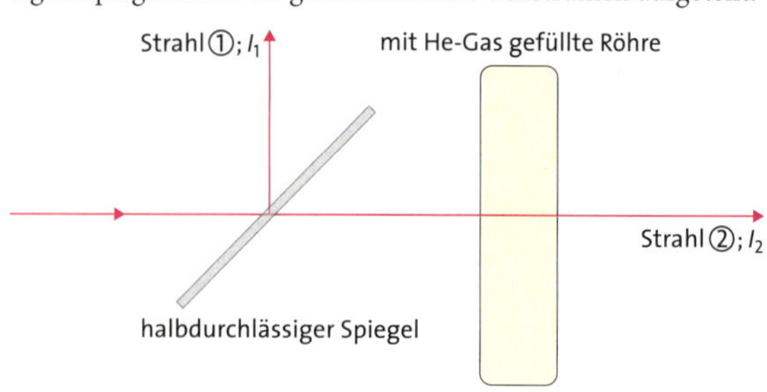

I_1 ist die Intensität von Strahl ①. Strahl ② wird durch eine mit He-Gas gefüllte Röhre gelenkt und anschließend dessen Intensität I_2 bestimmt. *Zeichnen Sie ein Diagramm von I_2/I_1 in Abhängigkeit von der Laserwellenlänge λ.*

Stoßanregung von Helium (Kap. 3)

Zur Untersuchung der Anregung von Heliumatomen werden Elektronen mit einer Spannung $U_B = 50$ V beschleunigt, in einen mit Helium-Gas gefüllten Raum geschossen und anschließend in einem Magnetfeld, das senkrecht zur Geschwindigkeit der Elektronen steht, abgelenkt. Die abgelenkten Elektronen werden mit einer Fotoplatte registriert, wobei deren Schwärzung proportional zur Anzahl der Elektronen ist. **Abb. a)** zeigt schematisch den Versuchsaufbau und Abb. b) das Messergebnis. Dabei ist die Anzahl der um die Strecke d von der Achse abgelenkten Elektronen durch die Länge des Balkens in **Abb. b)** dargestellt.

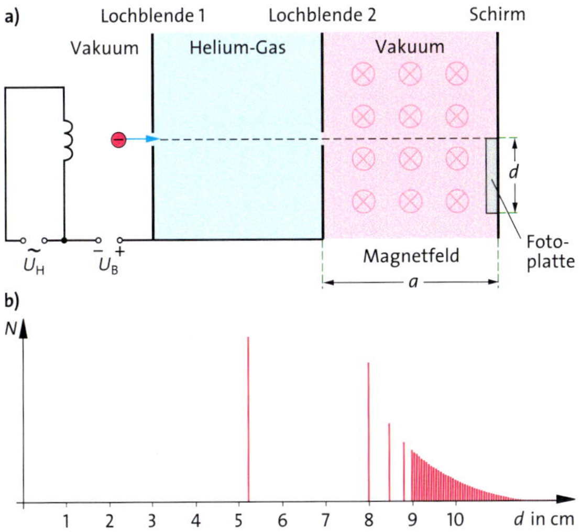

a) *Begründen Sie, dass sich die Elektronen im Magnetfeld auf einer Kreisbahn bewegen, und zeigen Sie, dass die Energie der Elektronen gegeben ist durch*

$$E = \frac{e^2 B^2}{2m} r^2 \quad \text{mit} \quad r = \frac{d^2 + a^2}{2d}, \; a = 15\text{ cm und } B = 0{,}1\text{ mT.}$$

b) *Bestimmen Sie die Energien der in den Abständen 5,3 cm; 8,0 cm; 8,5 cm; 8,8 cm und 9,0 cm registrierten Elektronen und erklären Sie das Zustandekommen des diskreten und des kontinuierlichen Teils des Energiespektrums.*

c) *Ermitteln Sie auf der Grundlage dieser Versuchsergebnisse ein Energieniveauschema des Helium und berechnen Sie die Wellenlängen des Lichts im sichtbaren Bereich.*

Franck-Hertz-Versuch mit Neon (Kap. 3)

In einer Franck-Hertz-Röhre werden Neon-Atome durch Elektronenstoß angeregt. Hierbei absorbieren die Ne-Atome aus dem Grundzustand heraus bevorzugt die Energie 18,9 eV. Die Anodenstromstärke I_A wird mit einem empfindlichen Stromstärkemessgerät gemessen, während die Spannung U_G zwischen Katode und Gitter von 0 V bis 40 V erhöht wird.

a) *Geben Sie ein Schaltbild des Versuchsaufbaus an und skizzieren Sie qualitativ den Verlauf des U_G-I_A-Diagramms.*

b) *Erklären Sie die periodische Abnahme der Anodenstromstärke bei einem Anwachsen der Spannung um $\Delta U_G \approx 19$ V.*

c) Die Abnahme der Anodenstromstärke geht einher mit der Emission von Licht der Wellenlänge $\lambda = 585$ nm. *Geben Sie eine Erklärung für die Emission der Photonen im sichtbaren Bereich und berechnen Sie die Wellenlänge der Strahlung, die zusätzlich zu der sichtbaren Linie emittiert wird.*

Röntgenstrahlung (Kap. 3)

In der medizinischen Röntgendiagnostik wird weiches Gewebe mit Molybdän als Anodenmaterial untersucht.

a) *Berechnen Sie die Wellenlänge der K_α-Strahlung und der kurzwelligen Grenzstrahlung, wenn die Röntgenröhre bei einer Anodenspannung von $U_A = 40$ kV betrieben wird.*

b) *Berechnen Sie die Winkel, unter denen die Strahlung dieser Wellenlängen bei einer Bragg-Reflexion an einem Kristall mit dem Netzebenenabstand $d = 201$ pm beobachtet werden.*

α-Zerfall und β-Zerfall (Kap. 3)

Das Radiumnuklid Ra226 ist ein α-Strahler mit der Halbwertszeit $1{,}6 \cdot 10^3$ a und der Atommasse 226,02540 u.

a) *Stellen Sie die Zerfallsgleichung für den α-Zerfall von Ra226 auf und berechnen Sie die bei einem Zerfall freigesetzte Energie.* (Atommassen: Rn222 222,01757 u; He4 4,002603 u)

b) *Die freigesetzten α-Teilchen haben eine maximale Energie von 4,8 MeV. Beim Zerfall entstehen auch γ-Quanten der Energie 0,26 MeV. Bestimmen Sie die möglichen Energiewerte der von dem Ra226-Präparat ausgesandten α-Teilchen.*

c) Das Radiumnuklid Ra225 ist ein β-Strahler mit einer Halbwertszeit von 15 Tagen und der Atommasse 225,02360 u. *Stellen Sie die Zerfallsgleichung für den β-Zerfall von Ra225 auf und berechnen Sie die bei einem Zerfall freigesetzte Energie.* (Atommasse von Ac225: 225,02322 u)

Aktivität einer Radiumprobe (Kap. 3)

a) Eine Radiumprobe enthält 1,0 µg Ra226 und 0,00010 µg Ra225. *Bestimmen Sie die Aktivität der Probe.*

b) *Berechnen Sie, auf welchen Wert die Radium-Aktivität nach 30 Tagen abgesunken ist.* (Die Aktivität der entstehenden Zerfallsprodukte soll unberücksichtigt bleiben.)

Kernreaktionen und Neutronenstrahlung (Kap. 3)

Als einfache Neutronenquelle eignet sich ein Gemisch aus Radiumsulfat und Beryllium-Pulver, das in ein Nickel-Röhrchen eingeschlossen ist. Die von dem Radiumsulfat freigesetzten α-Teilchen reagieren mit den Be9-Kernen, wobei jeweils ein Neutron freigesetzt wird.

a) *Berechnen Sie die bei einer solchen Kernreaktion freigesetzte Energie und bestimmen Sie, wie diese sich auf die bei der Kernreaktion entstehenden Teilchen verteilt.* Nehmen Sie vereinfachend an, dass die miteinander reagierenden Teilchen vor der Wechselwirkung ruhen. (Atommassen: von Be9: 9,012182 u; von He4: 4,002603 u; von C12: 12 u)

b) *Erläutern Sie, welche Rolle das Nickel-Röhrchen für die Einsetzbarkeit als Neutronenquelle spielt.*

c) *Erläutern Sie, warum die Neutronenquelle z. B. mit Paraffin ummantelt werden muss, wenn die Neutronenstrahlung zur Kernspaltung eingesetzt werden soll.*

Prüfungsorientierte Aufgaben

Der Radioisotopen-Generator der Raumsonde Cassini (Kap. 3)

Am 15.10.1997 wurde die Raumsonde Cassini gestartet, die am 01.07.2004 den den Saturnmond Titan erreichte, den sie genauer untersuchte. Weil bei so großer Sonnendistanz die Stromversorgung durch Solarzellen versagt, hatte Cassini einen Radioisotopen-Generator an Bord. In ihm wird thermische Energie, die als Folge von radioaktiven Zerfällen autritt, in elektrische Energie umgewandelt. Der Radioisotopen-Generator von Cassini enthielt beim Start 28,8 kg des α-Strahlers Pu238 (Halbwertszeit $t_H = 87{,}7$ a) in Form von Plutoniumdioxid (PuO_2). Zum Zeitpunkt des Starts lieferte der Generator eine elektrische Leistung von $P = 888$ W.

a) *Stellen Sie die Gleichung des Pu238-Zerfalls auf und geben Sie an, zu welcher Zerfallsreihe der Tochterkern gehört. Begründen Sie, warum der Zerfall dieses Tochterkerns und nachfolgende Zerfälle für die Stromversorgung von Cassini praktisch keine Rolle spielen.*

b) *Bestimmen Sie die Aktivität des mitgeführten Plutoniums beim Start der Sonde.* (Zur Kontrolle: $1{,}83 \cdot 10^{16}$ Bq).

c) Die elektrische Leistung des Generators ist ungefähr proportional zur Pu238-Aktivität. *Berechnen Sie den Prozentsatz, um den die Leistung im Verlauf des Flugs zum Saturn abnahm, sowie die dann noch vorliegende elektrische Leistung.*

d) 71 % der Zerfälle von Pu238 führen direkt zum Grundzustand des Tochterkerns, wobei jeweils ein α-Teilchen mit der kinetischen Energie von 5,499 MeV emittiert wird. 29 % der Zerfälle führen zum ersten angeregten Zustand des Tochterkerns. Dabei beträgt die kinetische Energie des emittierten α-Teilchens 5,456 MeV und es wird anschließend ein γ-Quant mit der Energie 43,5 keV ausgesandt. *Skizzieren Sie aufgrund dieser Angaben das Energieniveauschema für den α-Zerfall von Pu238.*

Bestrahlung von Gehirntumoren mit Neutronenstrahlung (Kap. 3)

Für die Behandlung bestimmter Gehirntumore werden derzeit Studien zu Therapiemöglichkeiten mit Neutronen durchgeführt. Dabei wird dem Patienten ein borhaltiges Medikament verabreicht, das sich bevorzugt in Tumorzellen anreichert. Dann wird der Patient kontrolliert der Neutronenstrahlung eines Forschungsreaktors ausgesetzt. Dabei fängt ein (ruhender) B10-Kern ($m_{B10} = 10{,}012\,937$ u) mit großer Wahrscheinlichkeit ein thermisches Neutron ein und zerfällt dann sofort in einen stabilen Restkern, wobei ein α-Teilchen mit der kinetischen Energie 1,47 MeV und ein γ-Quant mit der Energie 0,478 MeV emittiert werden.

a) *Geben Sie die Reaktionsgleichung an.*

b) *Berechnen Sie die kinetische Energie des entstandenen Restkerns.* Die kinetische Energie des Neutrons kann hierbei vernachlässigt werden. ($m_{Li7} = 7{,}016\,003$ u)

c) Schnelle Neutronen werden nach dem Eintritt in den Körper zunächst moderiert. *Erläutern Sie diesen Vorgang.*

d) Das bei der Reaktion entstandene α-Teilchen verliert auf seinem Weg im Körper etwa alle $2 \cdot 10^{-10}$ m durch Wechselwirkung mit Molekülen bzw. Atomen im Durchschnitt 40 eV seiner kinetischen Energie. *Schätzen Sie die Reichweite des α-Teilchens ab* (zum Vergleich: Zelldurchmesser $2 \cdot 10^{-5}$ m).

Positronen-Emissions-Tomographie (PET) (Kap. 3)

Ein diagnostisches Verfahren der Nuklearmedizin ist die sogenannte Positronen-Emissions-Tomographie (PET). Zum Einsatz kommen hierbei künstlich erzeugte β^+-Strahler mit nicht zu langer Halbwertszeit, die leicht in geeignete Trägersubstanzen („Tracer") eingebaut werden können. Diese Eigenschaft besitzt das Kohlenstoff-Isotop C11, dessen Atommasse $m_{C11} = 11{,}011\,433$ u beträgt. C11 lässt sich durch Bestrahlung von ruhenden N14-Atomen mit Protonen der Geschwindigkeit $v_P = 2{,}8 \cdot 10^7$ m/s erzeugen. (Für die beiden folgenden Teilaufgaben genügt eine nicht-relativistische Rechnung.)

a) *Stellen Sie die Gleichung dieser Kernreaktion auf und begründen Sie durch eine Energiebetrachtung, dass Protonen mit der Geschwindigkeit v_P für die Erzeugung von C11 aus N14 ($m_{N14} = 14{,}003\,074$ u) geeignet sind.*

b) Das erzeugte C11 wird chemisch aufbereitet und dem zu untersuchenden Patienten verabreicht. Bei den meisten Zerfällen von C11 entstehen Positronen, die innerhalb einer Strecke von wenigen Millimetern vollständig abgebremst werden. *Geben Sie die Zerfallsgleichung für den β^+-Zerfall von C11 an und zeigen Sie, dass dieser Zerfall energetisch möglich ist.* ($m_{B11} = 11{,}009\,305$ u)

c) Das abgebremste Positron reagiert mit einem Elektron aus der Umgebung, wobei die Teilchen in zwei Photonen zerstrahlen. *Berechnen Sie deren Wellenlänge und begründen Sie, warum der Zerfall in ein einziges Photon ausgeschlossen ist.*

d) In der abgebildeten Anordnung treffen die beiden Photonen aus der Vernichtung eines Elektron-Positron-Paares auf zwei geeignete Detektoren im Abstand von 60 cm.

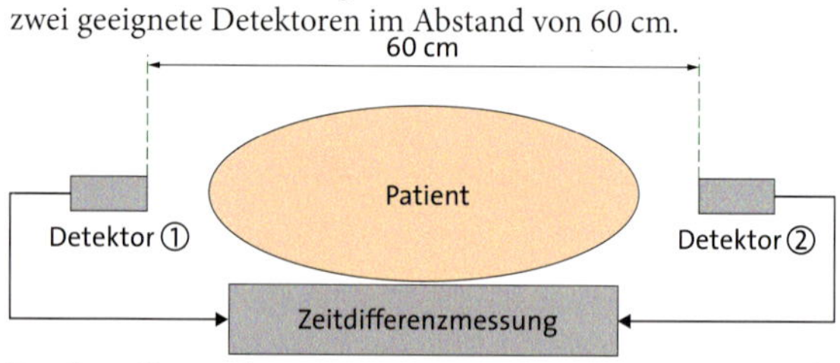

Detektor ① spricht um 0,80 ns später an als Detektor ②. *Bestimmen Sie den Zerfallsort und geben Sie ihn eindeutig an. Begründen Sie kurz Ihr Vorgehen.*

e) Bei der Positronen-Emissions-Tomografie umgibt ein Ring aus vielen solcher Detektoren das zu untersuchende Organ. *Erläutern Sie, wie mithilfe einer solchen Anordnung die Position eines Tumors ermittelt werden kann, auch wenn keine Zeitdifferenzmessungen an sich jeweils gegenüberliegenden Detektoren durchgeführt werden. Berücksichtigen Sie, dass sich der Positronenstrahler C11 im Tumorgewebe stärker anreichert als im übrigen Teil des Körpers.*

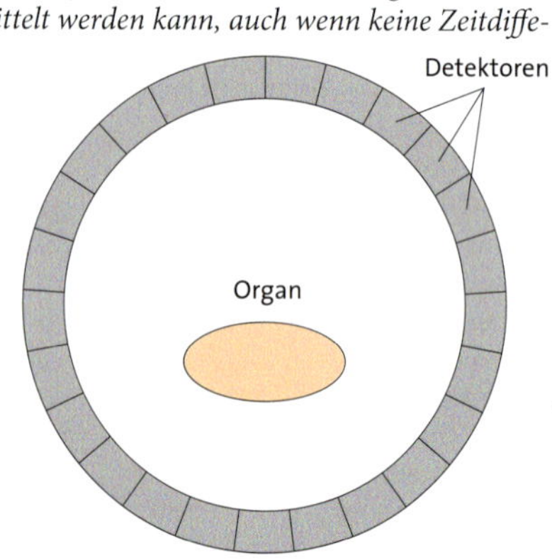

Mordfall Litvinenko (Kap. 3)

Anfang November 2006 kam das Polonium-Isotop Po210 (Halbwertszeit 138 d; $m_{Po210} = 209{,}98285$ u) wegen eines spektakulären Mordfalls in die Schlagzeilen. Der α-Strahler wurde dem russischen Ex-Agenten Alexander Litvinenko ins Essen gemischt. Dies führte innerhalb von drei Wochen zu dessen Tod. Zur Zeit des Mordfalls war in einer Zeitung zu lesen: „Da die Zerfallsrate von Polonium210 sehr hoch ist, ist auch die Strahlungsintensität sehr hoch. Um die tödliche internistische Dosis zu erzeugen, sind gerade einmal ein 0,1 Millionstel eines Gramms notwendig, eine Giftmenge von der Größe eines Stecknadelkopfes. [...] In der Raumfahrt dient Polonium210 als leichtgewichtige Wärmequelle. So kann ein Gramm Polonium210 etwa 140 W Wärmeleistung erzeugen."

a) *Ordnen Sie Po210 einer natürlichen Zerfallsreihe zu und begründen Sie Ihre Zuordnung.*

b) Geben Sie die Zerfallsgleichung von Po210 an und berechnen Sie die gesamte bei diesem Zerfall freiwerdende Energie E. ($m_{Pb206} = 205{,}974440$ u; zur Kontrolle: $E = 5{,}41$ MeV)

c) Als maximale kinetische Energie der von ^{210}Po emittierten α-Teilchen wird in der Nuklidkarte 5,30 MeV angegeben. *Geben Sie eine mögliche Ursache für den Unterschied zu E an.*

d) *Berechnen Sie die Aktivität einer Probe von* 1,0 g *Po210.* (Zur Kontrolle: $A = 1{,}7 \cdot 10^{14}$ Bq).

e) Bei der Aufnahme von Po210 in den Körper ist bereits eine Aktivität von $1{,}5 \cdot 10^7$ Bq tödlich. *Zeigen Sie, dass dies bei der im Zeitungstext angegebenen Masse von „0,1 Millionstel eines Gramms" der Fall ist.*

Entdeckung des Neutrons (Kap. 3 + 4)

1930 beobachteten Bothe und Becker, dass beim Beschuss von Beryllium Be9 mit α-Teilchen der kinetischen Energie 5,4 MeV eine sehr durchdringende Strahlung ausgelöst wurde.

a) *Geben Sie an, wie experimentell gezeigt werden konnte, dass die Strahlung nicht aus geladenen Teilchen bestand.*

b) Man nahm zunächst an, dass bei dem Versuch von Bothe und Becker ein angeregter Zwischenkern entsteht, der durch einen γ-Übergang in den Grundzustand übergeht. *Geben Sie die Gleichung für diese aufeinanderfolgenden hypothetischen Reaktionen an und berechnen Sie die größtmögliche Energie der entstehenden γ-Quanten.* Rückstoßeffekte können unberücksichtigt bleiben. (Zur Kontrolle: 16 MeV)

c) Die beobachtete Strahlung löste aus einem wasserstoffhaltigen Material Protonen aus, deren maximale kinetische Energie 7,5 MeV war. Skizzieren Sie das Impulsdiagramm für einen vollkommen elastischen zentralen Stoß zwischen einem γ-Quant und einem ruhenden Proton, bei dem der Impuls des gestreuten γ-Quants die entgegengesetzte Richtung aufweist wie der des einfallenden γ-Quants. *Berechnen Sie für diesen Stoß die Energie des einfallenden γ-Quants.* (Relativistische Rechnung mithilfe der Beziehung $E^2 = E_0^2 + c^2 p^2$ zwischen Gesamtenergie E und Impuls p eines Teilchens.)

d) Chadwick konnte 1930 zeigen, dass die Widersprüche zwischen den Ergebnissen von b) und c) nicht auftreten, wenn angenommen wird, dass bei der vorliegenden Reaktion kein γ-Quant, sondern ein dem Proton vergleichbares, jedoch ungeladenes Teilchen, das „Neutron", emittiert wird. *Geben Sie die daraus folgende Gleichung für die betrachtete Kernreaktion an.*

Neutronenaktivierung bei Halbleitern (Kap. 3)

Halbleiterbauelemente werden z. B. aus Silicium hergestellt. Um dem Material die benötigten Leitungseigenschaften zu verleihen, wird das Silicium dotiert, d. h. ein Teil der Atome im Silicium-Kristallgitter wird durch andere Atome, z. B. Phosphor, ersetzt. Für spezielle Anwendungen wird nicht das übliche Diffusionsverfahren angewandt, sondern der aufwendigere Weg von Kernumwandlungen beschritten. Beim Bestrahlen mit thermischen Neutronen in einem Reaktor geht das Silicium-Isotop Si30 in Si31 über. Si31 ist instabil und geht durch β^--Zerfall in das stabile Phosphor-Isotop P31 über.

a) *Erklären Sie den Begriff „thermisches Neutron" und begründen Sie, warum solche Neutronen besonders gut zur Auslösung von Kernreaktionen geeignet sind.*

b) *Begründen Sie im Hinblick auf die besonderen Eigenschaften des Neutrons, warum das Bestrahlen von Silicium mit Neutronen zu einer Dotierung im gesamten Bereich des bestrahlten Siliciums führt.*

c) *Geben Sie die Kernreaktionsgleichung für die Umwandlung von Si30 in Ph31 an. Begründen Sie durch Rechnung, dass es sich bei dieser Kernumwandlung um einen exothermen Vorgang handelt.* (Atommassen: $m_{Si30} = 29{,}973771$ u, $m_{P31} = 30{,}973762$ u)

e) Direkt nach der Bestrahlung können die Siliciumstäbe nicht zur Verarbeitung weitergegeben werden, da die Radioaktivität des Si31 erst abklingen muss. *Berechnen Sie, wie lange es dauert, bis die Aktivität auf* 1 % *des Anfangswertes abgesunken ist.* Die Halbwertszeit von Si31 beträgt 2,6 h.

Versuch von Bucherer (Kap. 4)

Im Jahr 1905 schickte Einstein eine kleine Formel als Nachtrag zu einer seiner Arbeiten an die Fachzeitschrift „Annalen der Physik". Der Nachtrag unter dem Titel „Ist die Trägheit eines Körpers von seinem Energieinhalt abhängig?" wurde zur berühmtesten Formel der Physik: $E = m c^2$.

Diese Äquivalenz von Energie und Masse bedeutet, dass mit zunehmender kinetischer Energie eines Körpers, die Masse des Körpers ebenfalls zunimmt. Der Zusammenhang der Masse mit der Geschwindigkeit ist durch die Gleichung

$$m = \frac{m_0}{\sqrt{1 - v^2/c^2}}$$

gegeben.

Diese Geschwindigkeitsabhängigkeit der Masse wies der Physiker A. Bucherer 1908 durch ein Experiment nach, dessen Prinzip dem abgebildeten Aufbau entspricht.

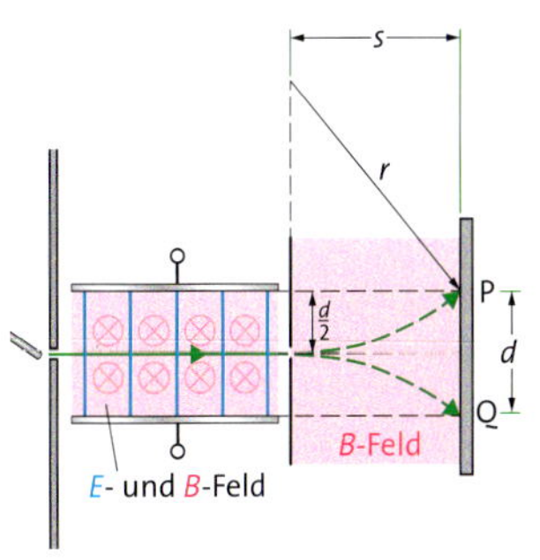

a) Durch eine Blende treten die Elektronen der β-Strahlung eines radioaktiven Präparats in einen Plattenkondensator mit einem gekreuztem magnetischen und elektrischen Feld ein. *Erklären Sie, wie mit einer solchen Anordnung Elektronen mit einer bestimmten Geschwindigkeit aus dem β-Spektrum des Präparats ausgewählt werden können.*

b) Am Kondensator mit dem Plattenabstand $d = 4{,}0$ mm liegt eine Spannung von 36 V und das Magnetfeld hat eine Stärke von $4{,}0 \cdot 10^{-5}$ T. *Berechnen Sie die Geschwindigkeit der nicht abgelenkten Elektronen und begründen Sie die Polung der Spannung am Kondensator und die Richtung des elektrischen Feldes.*
c) Nachdem die Elektronen die gekreuzten Felder durchlaufen haben, treten sie in ein Magnetfeld gleicher Stärke ein, das stets senkrecht zur Zeichenebene verläuft. Die Elektronen werden auf eine Kreisbahn abgelenkt und treffen je nach Richtung des Magnetfeldes in den Punkten P bzw. Q auf, die voneinander den Abstand $d = 4{,}0$ mm haben. Die Fotoplatte hat von der zweiten Blende den Abstand $s = 44{,}0$ cm. *Leiten Sie aus der Geometrie des Aufbaus in der Abb. die Formel $r = (s^2 + d^2/4)/d$ für den Bahnradius her und berechnen Sie ihn*
d) *Geben Sie die Bedingung für die Bewegung der Elektronen auf einer Kreisbahn im Magnetfeld an und berechnen Sie unter Verwendung des Radius die Masse der Elektronen.*
e) *Zeigen Sie, unter Verwendung der berechneten Geschwindigkeit, dass die gegebene Formel für die Abhängigkeit der Masse von der Geschwindigkeit richtig ist und berechnen Sie die Energie der Elektronen.*

Zum Zwillingsparadoxon (Kap. 4)

Sie möchten einen Rundflug in einem Raumschiff antreten. Das Schiff soll sich ein Jahr lang mit konstanter Geschwindigkeit von der Erde entfernen, anschließend umkehren und mit derselben Geschwindigkeit zur Erde zurückkehren. Bei ihrer Rückkehr sollen auf der Erde seit Beginn der Reise 1000 Jahre vergangen sein.
a) *Berechnen Sie die Geschwindigkeit v/c, mit der das Raumschiff fliegen muss.*
b) *Erläutern Sie, ob es eine Rolle spielt, wenn der Flug geradlinig oder im Kreis erfolgt.*

Längenkontraktion und Zeitdilatation (Kap. 4)

Die Westernhelden Billy the Kid und Lucky Luke stehen am Bahngleis des Relativitätsexpresses. Sie haben längs des Gleises einen Abstand von $d = 40$ m, als der Zug mit $v = 0{,}6\,c$ zuerst an *Billy*, dann an *Lucky* vorbeikommt. Ihre Uhren haben sie mithilfe eines von der Mitte ihres Abstandes ausgehenden Lichtblitzes synchronisiert. Sie geben zu einem verabredeten Zeitpunkt gleichzeitig einen Schuss auf den Zug ab. Dabei erfolgen die Einschläge praktisch noch zum gleichen Zeitpunkt. Der im Zug mitreisende Doc Holliday will den Vorgang rekonstruieren und überlegt: Billy und Lucky bewegen sich relativ zu meinem System ‚Zug' mit der Geschwindigkeit $-0{,}6\,c$. Der Abstand der beiden Schützen von $d_{\text{Gleis}} = 40$ m ist daher im System ‚Zug' kontrahiert. Er rechnet:

$$d_{\text{Zug}} = d_{\text{Gleis}} \sqrt{1 - (v/c)^2} = 40\text{ m}\sqrt{1 - (0{,}6)^2} = 32\text{ m}$$

Beim nächsten Halt misst er den Abstand der Einschusslöcher und erhält ein anderes Ergebnis. Er fragt sich, was an seiner Überlegung nicht richtig ist.
a) Es wäre einfacher gewesen, Doc Holliday hätte die Überlegung im Bezugssystem ‚Gleise' durchgeführt. *Erläutern Sie diese Überlegung und berechnen Sie den sich daraus ergebenden Abstand d_{Zug}.*
b) Nach dem Relativitätsprinzip ist auch die Überlegung, die zu 32 m führt, richtig.
Erklären Sie, was bei dieser Überlegung aber nicht berücksichtigt wurde.
c) *Berechnen Sie die zwischen den beiden Schüssen zurückgelegte Strecke und bestimmen Sie d_{Zug}*

Protonen aus der Höhenstrahlung (Kap. 4)

Das energiereichste Proton aus der Höhenstrahlung, das je auf der Erde nachgewiesen wurde, hatte eine kinetische Energie von $E_{\text{kin}} = 3{,}0 \cdot 10^{20}$ eV. Die physikalischen Gegebenheiten dieses extrem relativistischen Teilchens sollen betrachtet werden.
a) Um eine Vorstellung von der Energie dieses Teilchens zu bekommen, kann dessen Energie mit der Energie ΔE zur Erwärmung von Wasser verglichen werden. Für die Erwärmung von Wasser gilt $\Delta E = c_W\, m\, \Delta T$, wobei $c_W = 4182$ J/(kg K) die spezifische Wärmekapazität von Wasser ist.
Berechnen Sie die Temperaturerhöhung von 1 g Wasser, das die kinetische Energie E_{kin} des Protons als Wärmeenergie aufnimmt.
b) Die Ruhemasse von Protonen beträgt $m_0 = 938$ MeV/c². Für die dynamische Masse m und die Ruhemasse m_0 gilt die Beziehung $m = \gamma\, m_0$.
Zeigen Sie, dass für den Lorentz-Faktor γ die Gleichung $\gamma = 1 + E_{\text{kin}}/E_0$ gilt und berechnen Sie den Lorentz-Faktor für das energiereiche Proton.
c) Unsere Milchstraßen-Galaxie hat einen Durchmesser von etwa 110 000 Lj.
Zeigen Sie, dass die Geschwindigkeit des Protons quasi gleich der Lichtgeschwindigkeit ist, und berechnen Sie die Zeit, die für das Proton verstreicht, während der es die Galaxie durchquert.
d) *Berechnen Sie die kontrahierte Länge l, die der Durchmesser der Milchstraße im Ruhesystem des Protons hat.*

Geschwindigkeit und Impuls schneller Myonen (Kap. 4)

Ein in Ruhe befindliches Myon hat die mittlere Lebensdauer $\tau_0 = 2{,}2$ µs und die 207fache Elektronenmasse. Für Myonen aus einem Strahl, der aus einem Teilchenbeschleuniger austritt, wird eine Lebensdauer von $\tau = 6{,}9$ µs gemessen.
a) *Berechnen Sie die Geschwindigkeit v/c dieser Myonen.*
b) *Berechnen Sie deren kinetische Energie E_{kin} in* MeV.
c) Für den Impuls $p = m\,v$ relativistischer Teilchen gilt wegen $E = m\,c^2$ die Beziehung $p = E\,v/c^2$.
Berechnen Sie den Impuls der Myonen in MeV/*c*.

Geschwindigkeit eines Pions (Kap. 4)

In 20 km Höhe trifft ein energiereiches Proton aus der kosmischen Höhenstrahlung auf ein Teilchen der Atmosphäre. Dabei entsteht ein Pion mit einer Gesamtenergie von $E = 3{,}35 \cdot 10^5$ MeV, das in Richtung Erdoberfläche fliegt. In seinem Ruhesystem hat das Pion eine mittlere Lebensdauer von 26,0 ns, bevor es zerfällt. Die Ruheenergie des Pions ist $E_0 = 139{,}6$ MeV.
a) *Berechnen Sie die Geschwindigkeit v/c des Pions.*
b) *Berechnen Sie den Weg, den das Pion während seiner mittleren Lebensdauer zurücklegt.*

Bestimmung der Ruhemasse (Kap. 4)

In Beschleunigeranlagen können mit entsprechenden Nachweisgeräten die kinetische Energie E_{kin} und der Impuls p von Teilchen bestimmt werden. Aus diesen beiden Messwerten lässt sich die Ruheenergie bzw. die Ruhemasse $E_0 = m_0 c^2$ der Teilchen berechnen. Dazu folgende Überlegung:

Aus $p = m\,v = \frac{m\,c^2}{c^2}\,v = \frac{E}{c}\,v/c$ folgt $v/c = \frac{p\,c}{E}$.

Dies eingesetzt in $E = \gamma E_0 = \frac{E_0}{\sqrt{1-(v/c)^2}}$ ergibt nach einer Umformung $E_0^2 = E^2 - (p\,c)^2$.

Die Gleichung $E_0^2 = E^2 - (p\,c)^2$ ist grundlegend in der Relativitätstheorie, denn sie setzt die Ruheenergie E_0, die Gesamtenergie E und den Impuls p in Beziehung.

a) *Zeigen Sie, dass sich durch Einsetzen von $E = E_0 + E_{kin}$ in die Gleichung $E_0^2 = E^2 - (p\,c)^2$. nach einer Umformung die folgende Gleichung ergibt, mit der aus dem Impuls und der kinetischen Energie die Ruheenergie E_0 berechnet werden kann:*

$$E_0 = m_0 c^2 = \frac{(p\,c)^2 - E_{kin}^2}{2\,E_{kin}}$$

b) *Berechnen Sie die Ruheenergie eines Teilchens mit einer kinetischen Energie von E_{kin} = 55,0 MeV und einem Impuls von* 121 MeV/*c*.

c) *Berechnen Sie die Ruhemasse m_0 des Teilchens in Einheiten der Ruhemasse des Elektrons m_e = 0,511 MeV/c^2 und identifizieren Sie das Teilchen.*

Quasare (Kap. 4)

Quasare sind Kerne aktiver, im Frühstadium ihrer Entwicklung befindlicher Galaxien. Ein typischer Quasar strahlt einen Energiestrom von $P = 10^{41}$ Watt ab.

a) *Berechnen Sie die Rate, mit der die Masse des Quasars abnehmen muss, damit diese Energie freigesetzt werden kann. Geben Sie das Ergebnis in Sonnenmassen pro Jahr an. Die Sonne hat die Masse $m_S = 2{,}0 \cdot 10^{30}$ kg.*

b) Aus Messungen der Rotverschiebung des von einem Quasar Q_1 emittierten Lichts ist bekannt, dass sich Q_1 mit einer Geschwindigkeit von 0,800 *c* von der Erde entfernt. Quasar Q_2 befindet sich in derselben Raumrichtung, ist aber der Erde näher und entfernt sich nur mit 0,600 *c* von uns. *Berechnen Sie die Geschwindigkeit v, mit der sich Q_1 von Q_2 aus gesehen entfernt.*

Identifizierung eines Teilchens (Kap. 4)

Ein zweifach geladener Atomkern bewegt sich mit einer Geschwindigkeit von $v = 0{,}710\,c$ senkrecht zu einem Magnetfeld der Stärke B = 1,00 T durch ein Magnetfeld, das ihn auf eine Kreisbahn mit dem Radius r = 6,28 m ablenkt.

a) *Erklären Sie, wie die Kreisbahn zustande kommt und leiten Sie nach der klassischen Physik die Gleichung für den Kreisradius r her.*

b) *Erklären Sie, wie relativistisch die große Geschwindigkeit des Teilchens zu berücksichtigen ist.*

c) *Lösen Sie die zuvor erhaltene Gleichung nach der Ruhemasse m_0 auf und berechnen Sie diese.*

d) *Geben Sie die Ruhemasse in atomaren Masseneinheiten* $1\,u = 1{,}66 \cdot 10^{-27}$ kg *an und identifizieren Sie das Teilchen.*

Geladene Teilchen im Magnetfeld der Erde (Kap. 4)

Ein 10-GeV-Proton aus der kosmischen Strahlung fliegt senkrecht zur Erdachse auf die Erde zu und durchquert dabei das vom Südpol zum Nordpol verlaufende Magnetfeld der Erde.

a) *Erklären Sie, warum das Proton dabei einen Kreisbogen durchfliegt und geben Sie an, in welcher Richtung das Proton abgelenkt wird.*

b) *Berechnen Sie den Kreisbahnradius r, wenn die nach Norden zeigende Komponente des Erdfeldes die Stärke B* = 55 µT *hat.*

Untersuchung der β-Strahlung eines Radiumpräparats (Kap. 4)

Zur Untersuchung der β-Strahlung eines Radiumpräparats kann das Metallrohr, an dessen einem Ende sich das Präparat befindet, um die Mitte eines Magnetfeldes geschwenkt werden (siehe **Abb. a**). Die Intensität der Strahlung wird mit einem fest stehenden Zählrohr registriert (siehe **Abb. b**).

a)

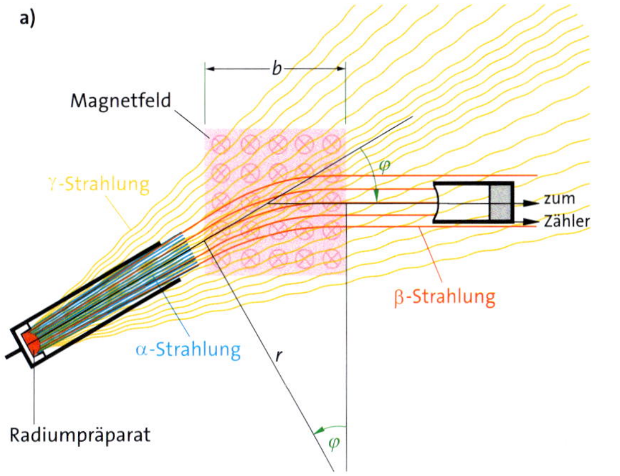

b)

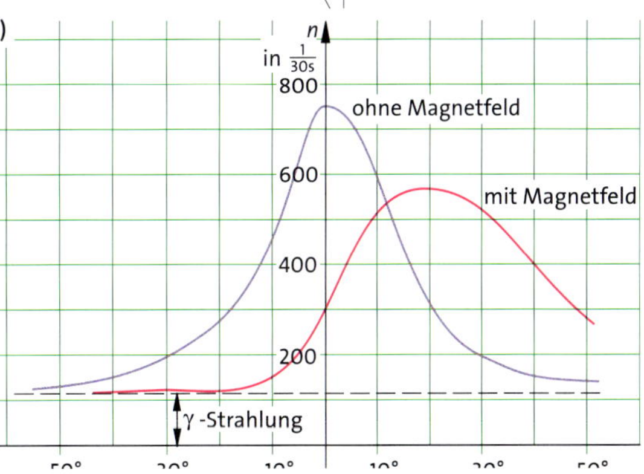

a) *Erklären Sie das Zustandekommen der beiden unterschiedlichen Intensitätsverteilungen.*

b) Das ablenkende Magnetfeld der Stärke B = 38 mT existiert zwischen zwei Polschuhen der Breite b = 4,0 cm.
Bestimmen Sie mithilfe von Abb. 1 den Bahnradius der unter einem Winkel von φ = 20° registrierten β-Teilchen und unter Berücksichtigung der relativistischen Massenveränderlichkeit deren Geschwindigkeit.

c) *Berechnen Sie die kinetische Energie dieser Elektronen.*

Sachverzeichnis

Namenverzeichnis

Bildquellenverzeichnis

© 2012 3B Scientific, Hamburg - www.3bsientific.com:91.1b – Agentur Focus, Hamburg (SPL):207.1 – Agentur Focus, Hamburg (SPL/Andrea Lambert Photography):216.1; 217.1-2 – Agentur Focus, Hamburg (SPL/Emilio Segre Visual Archives/American Institute of Physics):214.2 – Agentur Focus, Hamburg (SPL/Physics Today Collection/American Istitute of Physics):210.1 – Agentur Focus, Hamburg (SPL/Stanford Linear Accelerator Center):184.1 – Agentur Focus, Hamburg (SPL/U.S. Dept. of Energy):159.2 – Agentur Focus, Hamburg (SPL/Volker Steger):211.1 – Agentur Focus, Hamburg (SPL/Weiqun Zhang/Stan Woosley):Umschlag (Gammastrahlen) – akg-images, Berlin:113.1; 208.2 – alamy images, Abingdon/Oxfordshire (Dudley Wood):96.2a – American Physical Society (APS), College Park (World Year of Physics: 2005 © American Physical Society):178.2a – Andrea Renner & Ludwig Huber, Pfarrkirchen:218.3; 219.1 – APA-PictureDesk, Wien (ÖNB-Bildarchiv):213.2 – Arbeitsgruppe Physikdidaktik der Universität Osnabrück (Corinna Erfmann, Markus Moormann)/Heiner Schwarze:92.1a-h – Astrofoto, Sörth:44.1-2; 45.1 – Astrofoto, Sörth (Bernd Koch):130.2; 138.1 – bpk, Berlin (Staatsbibliothek zu Berlin/Dietmar Katz):179.2 – Bridgeman, Berlin:76.1 – Bundesamt für Strahlenschutz, Salzgitter:164.2; 165.1 – Can Stock, Halifax, Nova Scotia (zigzagmtart):85.2 – CERN, for the benefit of the CMS Collaboration, Geneva 23:173.1 – CERN, Geneva 23:131.1; 166.2; 170.2; 188.1 – CERN, Geneva 23 (ATLAS Experiment © 2014 CERN):161.2a – Christian Firneis, Hannover:136.2 – Conatex-Didactic Lehrmittel, www.conatex.de, Kirkel :91.1a; 220.1 – Corbis, Berlin (Bettmann):209.4; 212.3 – Dr. Volker Bosch, Leinfeklden-Echterdingen:108.2a-b – Dr. Wolfgang Philipp:108.1 – E. Stade, Kiel:44.4; 198.1 – ELWE Technik, Cremlingen/Schandelah:54.2 – FOCUS Magazin Verlag, München:170.1 – fotolia.com, New York (Davidus):30.1 – fotolia.com, New York (Elenathewise):95.1 – fotolia.com, New York (Gomaespumoso):144.1 – fotolia.com, New York (Mykhailo Kovtoniuk):218.1 – Getty Images, München (Joe Munroe/Hulton Archive):210.2 – Getty Images, München (John Lund):Umschlag (Komet) – Getty Images, München (NYPL/Science Source):179.1 – Hans Tegen, Hambühren:8.1; 33.1 – Hartmut Wiesner, Christine Waltner, Giuseppe Colicchia: Die Interferenzbrille. In: PdN PHYSIK in der Schule, H. 3/2011, S. 34-37:10.2a-b; 10.3a-d – Heiner Müller-Krumbhaar, Hermann-Friedrich Wagner (Hrsg.): Was die Welt zusammenhält. 143 Seiten. 2001. Copyright Wiley-VCH Verlag GmbH & Co. KGaA, Weinheim. Reproduced with permission:153.1 – Heiner Schwarze, Kiel:10.1; 11.2a-c; 16.2a-d; 18.1a-d; 20.3; 21.1a-c; 72.1a-c, 23.1; 23.2; 27.3a-b; 137.1; 39.2; 47.1; 79.1; 126.2; 85.1b; 88.1; 90.1-2; 106.1; 161.1 – Helmut Mallas, Kronshagen:29.1-2 – Hyperphysics, Georgia State University (USA), Atlanta, Georgia.:230.1 – IBM, Crommie, Lutz & Eigler, Boeblingen:9.5; 142.4 – Interfoto, München (Friedrich):208.1 – iStockphoto.com, Calgary (35007):96.3a – iStockphoto.com, Calgary (StevanZZ):79.2, 126.1 – Jens During und Sven, Cottbus:109.1 – Johnson Controls, Hannover:96.3b – Jörg Arend, Wedel:116.1; 127.1 – Jürgen Meyndt, Freiburg:185.1b – Kamioka Observatory, ICRR, The University of Tokyo, Hida-city, Gifu 506-1205:171.2a – LEYBOLD®/LD Didactic GmbH, Hürth:38.1; 40.1; 44.3 – LEYBOLD®/LD Didactic, Hürth:72.2; 135.1; 223.1 – LEYBOLD®/LD Didactic, Hürth (Foto des Interferenzmusters auf dem durchscheinenden Schirm – http://www.ld-didactic.de/literatur/hb/d/p5/p5341_d.pdf):181.2b – LEYBOLD®/LD Didactic, Hürth (http://www.ld-didactic.de/literatur/hb/d/p5/p5341_d.pdf):181.2a – Markus Mettin, Offenbach:18.2; 136.4 – mauritius images, Mittenwald (Science Source):215.1 – Max-Planck-Institut für Plasmaphysik (IPP), Garching:199.1 – Michael Fabian, Hannover:54.1 – NASA, Houston/Texas (Andrew Fruchter and the ERO Team [Sylvia Baggett (STScI), Richard Hook (ST-ECF), Zoltan Levay (STScI)] (STScI)):204.1 – Okapia, Frankfurt (CNRI):153.2 – Okapia, Frankfurt (NAS/Omikron):148.1 – Osram, Garching:105.1 – panthermedia.net, München (Foto-Ruhrgebiet):20.1 – panthermedia.net, München (Rupert Trischberger):107.1 – Phywe Systeme, Göttingen:185.1a – Picture-Alliance, Frankfurt (Delius/Leemage):211.3 – Picture-Alliance, Frankfurt (dpa):70.1; 96.2b; 191.1; 199.2; 214.1 – Picture-Alliance, Frankfurt (dpa/dpaweb):178.2b – Picture-Alliance, Frankfurt (Everett Collection):178.1 – Picture-Alliance, Frankfurt (Jiu - Imaginechina):213.3 – Picture-Alliance, Frankfurt (MP/Leemage):212.1 – Prof. Dr. Rainer Müller, Braunschweig:32.1a-b; 32.2 – Roland Berger und Markus Schmitt, Osnabrück:124.1; 124.2a-b – RWE Deutschland, Essen:77.3 – RWE Deutschland, Essen (Luftbild: „Darstellung aus HK Luftbilder/Karten Lizenz Nr. 197/2012 mit Genehmigung vom Amt für Geoinformation, Vermessung und Kataster der Stadt Essen vom 13.02.2012"):77.2 – Shutterstock.com, New York (CkyBe):218.2 – Siemens, München (www.siemens.com/presse):118.1; 120.1 – Silit Werke, Riedlingen:101.1 – State Bank Museum & Art Gallery of Pakistan, Karachi (Dr. Asma Ibrahim):158.1 – Stefan Scheer, Hagen (Stefan Scheer, CC Lizenz):103.1 – Technische Universität, Dortmund (Experimentelle Physik IV):161.2b – Tipler „Physik", Spektrum Akademischer Verlag, Heidelberg, Berlin, Oxford 1994:9.6 – TopicMedia Service, Putzbrunn (Daily Telegraph Colour Library):215.2 – TRELOCK, Münster:94.1 – ullstein bild, Berlin:209.3 – ullstein bild, Berlin (Granger, NYC):211.2; 212.2 – ullstein bild, Berlin (NMSI/Science Museum/Science Museum):35.1-2 – ullstein bild, Berlin (Süddeutsche Zeitung Photo/Scherl):213.1 – Universitätsklinikum, Bonn:48.1 – Universitätsklinikum, Erlangen:162.1 – V. Nordmeier, F. Pech, D. Zasov u. R. Kastl, Smartphone und Digitalkamera als Spektrometer selbst gebaut, PdN PHYSIK in der Schule, H. 6/2014, 63. Jg., S. 20 ff., Abb. 20; 4; 10:19.1c; 28.1; 28.3 – Vladislav Yakovlev, Armin Scrinzi, Ferenc Krausz, Garching:30.2 – wikipedia.org (Walter Dvorak, Wikipedia-Gnu-Lizenz, GFDL|cc-by-sa-3.0,2.5,2.0,1.0):101.2 – www.mipow.de, Röthenbach/Pegnitz:96.1

Es war nicht in allen Fällen möglich, die Inhaber der Bildrechte ausfindig zu machen und um Abdruckgenehmigung zu bitten. Berechtigte Ansprüche werden selbstverständlich im Rahmen der üblichen Konditionen abgegolten.

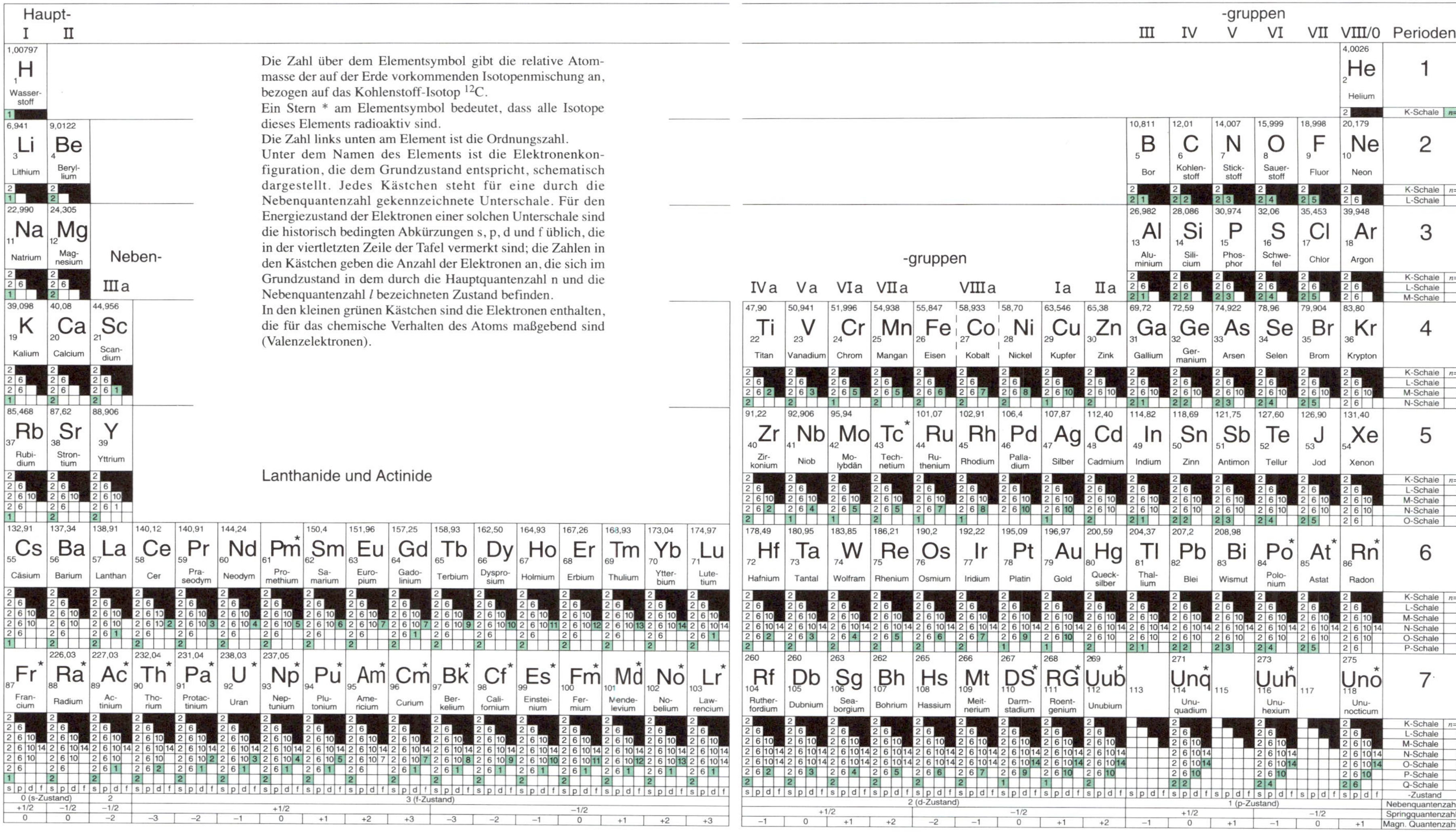

Die Zahl über dem Elementsymbol gibt die relative Atommasse der auf der Erde vorkommenden Isotopenmischung an, bezogen auf das Kohlenstoff-Isotop ^{12}C.
Ein Stern * am Elementsymbol bedeutet, dass alle Isotope dieses Elements radioaktiv sind.
Die Zahl links unten am Element ist die Ordnungszahl.
Unter dem Namen des Elements ist die Elektronenkonfiguration, die dem Grundzustand entspricht, schematisch dargestellt. Jedes Kästchen steht für eine durch die Nebenquantenzahl gekennzeichnete Unterschale. Für den Energiezustand der Elektronen einer solchen Unterschale sind die historisch bedingten Abkürzungen s, p, d und f üblich, die in der viertletzten Zeile der Tafel vermerkt sind; die Zahlen in den Kästchen geben die Anzahl der Elektronen an, die sich im Grundzustand in dem durch die Hauptquantenzahl n und die Nebenquantenzahl l bezeichneten Zustand befinden.
In den kleinen grünen Kästchen sind die Elektronen enthalten, die für das chemische Verhalten des Atoms maßgebend sind (Valenzelektronen).

Im Periodensystem sind die Elemente nach ähnlichen chemischen und physikalischen Eigenschaften in Gruppen zusammengefasst, die Elemente einer Gruppe jeweils in einer Spalte untereinander. Eine Ausnahme bilden die Lanthaniden und Actiniden, die keiner Haupt- oder Nebengruppe zugeordnet sind. Die Tafel lässt erkennen, wie das gleichartige Verhalten der Elemente einer Gruppe durch die Gleichartigkeit der Elektronenkonfiguration, insbesondere durch die gleiche Anzahl der Valenzelektronen, zu erklären ist.
In den Hauptgruppen befinden sich die Valenzelektronen in der äußeren Schale: Die Nummer der Hauptgruppe gibt daher die Zahl der (Valenz-)Elektronen in der äußeren Schale an. In den Nebengruppen befinden sich die Valenzelektronen sowohl in der äußeren als auch in der nächst-außeren Schale; dort sind es die Elektronen der letzten Unterschale. Bei den Lanthaniden und Actiniden sitzen die Valenzelektronen zusätzlich auch noch in der dritten Schale von außen.
Die Periodennummer bezeichnet in jedem Fall die äußere Schale des Atoms, sie stimmt mit der Hauptquantenzahl in der äußeren Schale überein.
Die drei letzten Zeilen der Tafel zeigen, wie viele Elektronen nach dem Pauliprinzip in jeder Unterschale möglich sind. Im p-Zustand ($l = 2$) z. B. können die Elektronen die Orientierungsquantenzahlen $m = -1, 0, +1$ annehmen und sich außerdem noch in der Spinquantenzahl $s = +\frac{1}{2}$ bzw. $s = -\frac{1}{2}$ unterscheiden; danach sind also 6 Elektronen im p-Zustand möglich.

Spektraltafel

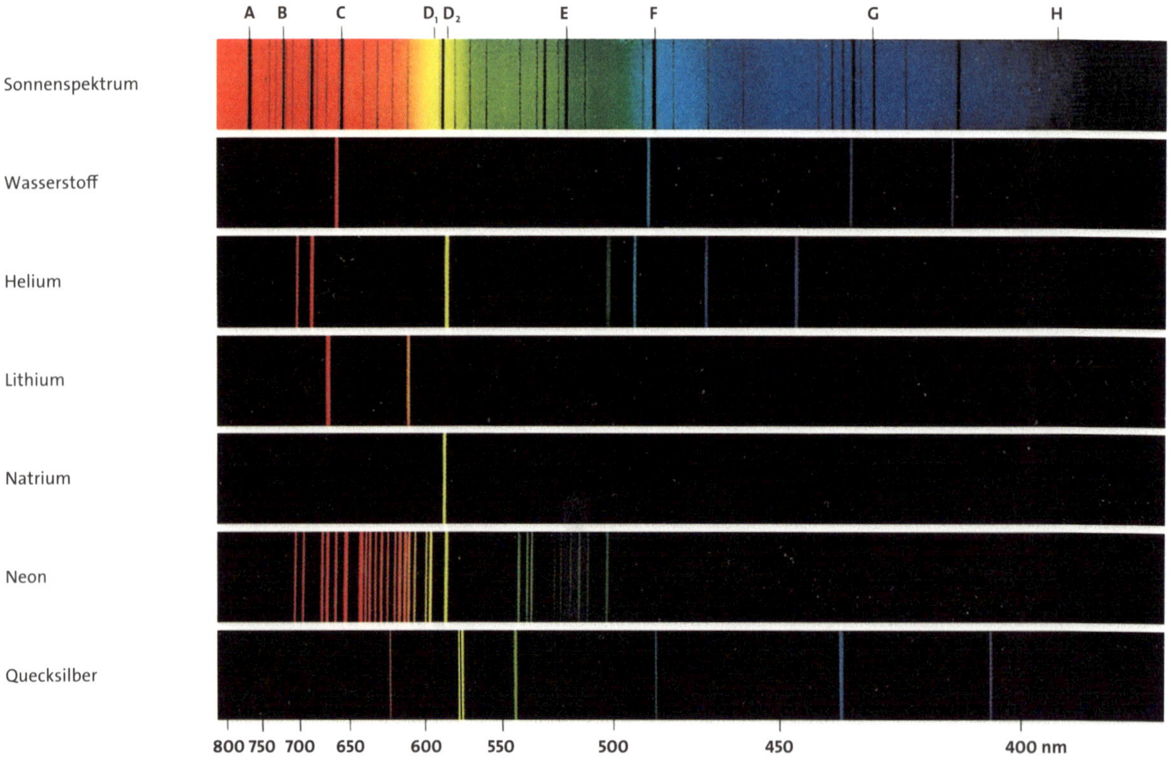

Die Spektraltafel zeigt einige einfach aufgebaute Spektren einiger Elemente. Die Spektren sind mit einem Prisma aufgenommen, sodass sich zum blauen Ende des Spektrums ein gedehnter Maßstab ergibt.
Das Spektrum der Sonne zeigt viele dunkle Linien, die sogenannten *Fraunhofer'schen Linien*, die zum einen durch Absorption des aus der Photosphäre stammenden Sonnenlichts in der Chromosphäre der Sonne, zum anderen durch Absorption des Sonnenlichts in der Erdatmosphäre entstehen. Es ist ein sogenanntes *Absorptionsspektrum*.
Die anderen Spektren sind *Emissionsspektren*. Die unterschiedliche Helligkeit der Linien beruht auf der verschiedenen Häufigkeit der Übergänge zwischen den einzelnen Energieniveaus der Atome, die dieses Licht emittieren.

Atommassen einiger Nuklide

Nuklid	**Masse** in u	**Nuklid**	**Masse** in u	**Nuklid**	**Masse** in u	**Nuklid**	**Masse** in u
H1	1,007 825	O16	15,994 915	I127	126,904 47	Th231	231,036 30
H2	2,014 102	O17	16,999 132	I131	130,906 12	Th232	232,038 05
H3	3,016 049	Ne20	19,992 440	Cs133	132,905 45	Th233	233,041 58
He3	3,016 029	Na22	21,994 437	Cs137	136,907 08	U233	233,039 63
He4	4,002 603	Na23	22,989 770	Pb204	203,973 03	U234	234,040 95
Li6	6,015 122	Mg24	23,985 042	Pb206	205,974 45	U235	235,043 92
Li7	7,016 004	Ni28	27,976 927	Pb207	206,975 88	U238	238,050 78
Be7	7,016 929	K39	38,963707	Pb208	207,976 64	U239	239,054 29
Be9	9,012 182	K40	39,963 990	Po210	209,982 86	Np237	237,048 17
C12	12	K41	40,961 826	Po211	210,986 64	Np239	239,052 93
C13	13,003 355	Co59	58,933 200	Po216	216,001 91	Pu239	239,052 16
C14	14,003 242	Co60	59,933 822	Rn220	220,011 38	Pu240	240,053 81
N14	14,003 074	Sr88	87,905 614	Rn222	222,017 57	Pu241	241,056 85
N15	15,001 09	Sr90	89,907 738	Ra226	226,025 40	Am241	241,056 82

Physikalische Konstanten (nach Codata-Datenbank 2010)

Name	Zeichen	Größenwert
Atomare Masseneinheit	1 u	$(1{,}660\,538\,921 \pm 0{,}000\,000\,073) \cdot 10^{-27}$ kg
Elektrische Feldkonstante	ε_0	$(8{,}854\,187\,817\ldots) \cdot 10^{-12}$ As/(Vm) (exakt)
Elementarladung	e	$(1{,}602\,176\,565 \pm 0{,}000\,000\,035) \cdot 10^{-19}$ C
Energieeinheit Elektronvolt	1 eV	$(1{,}602\,176\,565 \pm 0{,}000\,000\,035) \cdot 10^{-19}$ J
Erdbeschleunigung (Normwert)	g	$9{,}806\,65$ m/s^2
Gravitationskonstante	γ	$(6{,}673\,84 \pm 0{,}000\,80) \cdot 10^{-11}$ m^3/(kg s^2)
Lichtgeschwindigkeit	c	299 792 458 m/s (exakt)
Magnetische Feldkonstante	μ_0	$4\pi \cdot 10^{-7}$ Vs/(Am) = $(1{,}256\,637\,061\,4\ldots) \cdot 10^{-6}$ Vs/(Am) (exakt)
Masse des Elektrons	m_e	$(9{,}109\,382\,91 \pm 0{,}000\,000\,40) \cdot 10^{-31}$ kg $(5{,}485\,799\,094\,6 \pm 0{,}000\,000\,002\,2) \cdot 10^{-4}$ u
Masse des Neutrons	m_n	$(1{,}674\,927\,351 \pm 0{,}000\,000\,074) \cdot 10^{-27}$ kg $(1{,}008\,664\,916\,00 \pm 0{,}000\,000\,000\,43)$ u
Masse des Protons	m_p	$(1{,}672\,621\,777 \pm 0{,}000\,000\,074) \cdot 10^{-27}$ kg $(1{,}007\,276\,466\,812 \pm 0{,}000\,000\,000\,090)$ u
Planck'sches Wirkungsquantum	h	$(6{,}626\,069\,57 \pm 0{,}000\,000\,29) \cdot 10^{-34}$ J s